J. C. POGGENDORFF

BIOGRAPHISCH-LITERARISCHES HANDWÖRTERBUCH DER EXAKTEN NATURWISSENSCHAFTEN

Herausgegeben von der

Sächsischen Akademie der Wissenschaften zu Leipzig

Band VIIb · Teil 4

4. Lieferung

Leitung der Redaktion

PROF. DR. HANS SALIÉ

AKADEMIE-VERLAG · BERLIN

1973

Dieser Lieferung liegt das Titelblatt für den Teil 4: Hen—K bei

Redaktionsschluß: 31. 3. 1971

Erschienen im Akademie-Verlag GmbH, 108 Berlin, Leipziger Straße 3—4

Lizenznummer: 202 · 100/429/73
Gesamtherstellung: VEB Druckerei „Thomas Müntzer", 582 Bad Langensalza/DDR
Bestellnummer: 3050/IV/4 · ES 18 A
EDV 761 80 86
36,—
Printed in German Democratic Republic

[de l'Académie polonaise des sciences, Comité de géodésie] à 11e Assemblée générale de l'Union géodésique et géophysique internationale, Toronto 1957 (Warszawa '57) 6 S. – Ephemerides for determining the azimuth from transit times of star pairs across the same almucantar for latitudes from 40° to 60 °N (Łódź-Warszawa '62) 294 S. [poln. m. engl. Zusammenfassg.].

Acta astron. [Polonia], C Längenbestimmung des Astronomischen Observatoriums an der Polytechnischen Hochschule Warszawa: **2** ('34) 93f. – Apparition de la comète périodique 1906 IV (Kopff) en 1951, 6: **5** ('52/55) 186–88; Le mouvement de la comète périodique 1906 IV (Kopff), 7: **7** ('57) 103–09; The motion of the periodic comet 1906 IV (Kopff), 8: **8** ('58) 193–223; The motion of P/Comet 1906 IV (Kopff) in the years 1958–64, 9: **13** ('63) 87–91. – Ephemeris of the periodic comet 1906 IV (Kopff): **6** ('56) 194f.; ~ [3]): **7** ('57) 110, 255f.; ~ for 1964: **13** ('63) 190–96. – Criterium de l'identité de deux comètes: **10** ('60) 85–88. – The motion of P/Comet 1906 IV (Kopff) in the sphere of predominance of Jupiter in the first half of the year 1954: 209–20. – Apparition de la comète périodique 1906 IV (Kopff) en 1958 et quelques essais pour former les éléments provisoires de son orbite: **11** ('61) 135–39. – On correcting the orbits of planets and comets: 217–21.

Astronomische Nachr. Zum Ableben von L. Hufnagel: **248** ('33) 143.

Biuletyn Obserwat. astron. Uniw. Kopernika Toruniu Liaison de quatre apparitions de la comète périodique 1906 IV (Kopff) 1919, 1926, 1932, 1939: **21** ('59) 1–6.

Bull. int. Acad. polon. Sci. et Lettres, Sér. A Die Bewegung des periodischen Kometen Kopff (1906 e), 1: **1932**, **34–45**; The motion of the periodic comet Kopff 1906 e, 2: **1936**, 327–44; ~ 3: **1938**, 179–202.

Bull. Acad. polon. Sci., Cl. III A statement concerning researches on the motion of the P/Comet 1906 IV (Kopff): **3** ('55) 483–85.

Nauka polska Über die polnische Übersetzung (1953) des Hauptwerkes von Nikolaus Kopernikus: **2** ('54) Nr. 1, 202f. [poln.].

Postępy Astron. O przebiegu prac nad ruchem okresowej komety 1906 IV (Kopff): **4** ('56) 145f. – Kilka wzorów z teorii specjalnych zakłóceń planetoid i komet: 195f. – O badaniach ruchu komet, wykonanych w Polsce w ciagu ostatnich lat: **5** ('57) 91–96. – Zakrycie Regulusa przez Wenus dn. 7 lipca 1959: **7** ('59) 219f. – Ruch okresowej komety 1906 IV (Kopff) w latach 1951–58: 285–87. – Stacjonarność geocentrycznego ruchu planet: **8** ('60) 151–53. – Wyznaczenie prowizorycznych elementów orbity komety Kopffa z obserwacji 1958 r: **10** ('62) 71. – Wzory na poprawianie orbit komet i planet: 71. – O wzmożeniu zainteresowań mechanika nieba (z przemówienia na zjeździe PTA w Warszawie we wrześniu 1961 r): 140. – Ze statystyki komet: 363f. – Materiały do rozważań o pochodzeniu komet: **11** ('63) 193–201. – Paralaksa Słońca w świetle starych i nowych badań: 281–84. – Ze statystyki orbit komet długookresowych na granicy oddziaływania planet wielkich: 284f. – Zasłużeni astronomowie Szkoły Głównej. W stulecie założenia Szkoły Głównej w Warszawie[1]): 301–07. – Nowe stałe astronomiczne: **13** ('65) 211f.

Przegląd geodez. Algorytm rozwiązania równań normalnych i równań względnych: **3** ('47) 129–32. – Dzieło Mikołaja Kopernika jako astronoma: **9** ('53) 338–44. – Konsekwencje nierównomierności ruchu obrotowego Ziemi: **11** ('55) 284f.

Publ., Inst. Astron. prat. Ecole polytechn. Varsovie The return of the periodic comet Kopff (1906 e) to the sun in 1932: **7** ('32) 1–4. – Détermination de la latitude géographique et de l'heure par l'observation de trois étoiles à la même hauteur. Choix d'étoiles pour cette méthode: **9** ('32) 3–8 [poln. m. französ. Zusammenfassg.]. – Position géographique de différents piliers de l'Observatoire Astronomique de l'Ecole Polytechnique de Varsovie: **10** ('33) 1f. [französ.]. – Ephemeris of the comet Kopff: 3. – Occultations des étoiles par la lune, observées à l'Observatoire Astronomique de l'Ecole Polytechnique de Varsovie: 4f. – Observations de la comète Peltier et de la planète Euterpe effectuées à l'Institut d'Astronomie Pratique de l'Ecole Polytechnique de Varsovie[2]): 6–10. – Simultaneous azimuth, time and latitude determination from the time and azimuth differences of three stars: **11** ('33) 12 S. [poln. m. engl. Zusammenfassg.]. – Mikrophotometrische Messungen des Veränderlichen SU Draconis in den Jahren 1931–34[2]): **13** ('34) 18 S. [m. poln. Zusammenfassg.]. – Längenbestimmung des Astronomischen Observatoriums an der Polytechnischen Hochschule Warszawa anläßlich der Internationalen Längenbestimmung 1933: **14** ('35) 37 S. [poln. m. deutscher Zusammenfassg.]. – Zeit-, Polhöhen- und Azimutbestimmung auf Grund von Sternpaardurchgängen durch zueinander senkrechte Vertikale: **15** ('36) 1–10 [~]. – A nomogram for the horizontal coordinates of the Polaris: 11–14 [poln. m. engl. Zusammenfassg.]. – The motion of the periodic comet Kopff 1906 e, 2: **16** ('36) 3–20; ~ 3: **20** ('38) 179–202; ~ 4: **23** ('46) 7–9. – Observations d'étoiles variables et de Novae en 1936: **17** ('37) 5–21. – Détermination de l'azimut par la méthode des hauteurs correspondantes, appliquée aux observations des paires d'étoiles: **21** ('38) 3–11 [poln. m. französ. Zusammenfassg.]. – Détermination simultanée de l'azimut et de la latitude géographique, effectuée à l'aide des observations des étoiles circumpolaires en élongation: 12–17 [~]. — Reduction tables for the computation of barycentric coordinates of the sun for the year 1939: **22** ('38) 3–11. — Dr Mieczysław Kowalczewski, 1898–1943: **23** ('46) 3–6 [poln.]. — Notre Institut pendant les années 1939–1945: 6f. — Exact ephemeris of the periodic comet 1906 IV, 1946: 9–11. — Sur la méthode de la détermination simultanée de l'azimut, de la latitude géographique et de l'heure à base des mesures de la différence des azimuts de deux étoiles et de la hauteur d'une d'elles: 11–17. — Méthode de la détermination simultanée de l'azimut et de la latitude géographique, basée sur la mesure des différences des azimuts de trois étoiles observées à la même hauteur: 17–23. — The simultaneous determination of geographical latitude and time by measuring the altitude of two stars: **24** ('47) 14–21. — A method of determining the azimuth, the geographical latitude and respectively also the time, by measuring the difference of azimuths of 2 stars and the altitude of one of them: 21–26. — Barycentric reductions of the sun coordinates X, Y, Z for the years 1940–1946: **25** ('48) 1–15; ~ 1947–1949: **28** ('52) 41–48. — The motion of the periodic comet 1906 IV (Kopff) and its apparition in 1951, 5: **26** ('50) 1–9 [m. poln. u. russ. Zusammenfassg.]. — La comète périodique 1906 IV (Kopff) à son apparition en 1939 et 1945: 11–14 [m. russ. Zusammenfassg.].

Roczn. astron. Metoda Hosmera wyznaczania azymutu na mocy pomiaru kąta horyzontalnego między Biegunową a inną gwiazdą: **1** ('46) 104–07.

Sprawozd. Posiedzeń Towarz. nauk. warszawsk., Wyd. III Barycentric reductions of the sun co-ordinates for the years 1947–1949: **42** ('49) 41–47.

Studia Soc. Sci. torunensis, Sect. F Liaison de 4 apparitions de la comète périodique 1906 IV (Kopff) 1919, 1926, 1932, 1939: **2** ('59) Nr. 4, 1–6.

Urania [Polska] Einfluß der Extinktion auf die scheinbare Helligkeit der Sterne: **15** ('37) 24–29. — Die nationale Nikolaus-Kopernikus-Ehrung (1543–1943): **18** ('46) 43–48. — Periodische Kometen: **31** ('60) 199–203. — W. Dziewulski, 1878, Sept. 2 - 1962, Febr. 6: **33** ('62) 90. — Der Stern von Bethlehem: **34** ('63) 322f. — — Alle Arbeiten poln.

Wiadomości Służby geogr. Bestimmung der geografischen Breite und der Zeit aus der Beobachtung dreier auf gleicher Höhe befindlicher Sterne: **1932**, Nr. 2, 7 S. [poln.]. — Längenbestimmung des Astronomischen Observatoriums an der Technischen Hochschule Warszawa anläßlich der Internationalen Längenbestimmung 1933: **1935**, 253–87 [poln. m. deutscher Zusammenfassg.]. — Zeit-, Polhöhen- und Azimutbestimmung auf Grund von Sternpaardurchgängen durch zueinander senkrechte Vertikale: 311–18 [~]. — Azimutbestimmung aus Beobachtungen von Sternpaaren auf gleicher Höhe von beiden Seiten eines Meridians in der Nähe des Ersten Vertikals. Gleichzeitige Bestimmung des Azimuts und der geografischen Breite aus Beobachtungen von Zirkumpolarsternen in Elongation: **1938**, Nr. 2, 17 S. [poln.].

Wszechświat Die Dimensionen und das Alter des Universums nach Jeans: Nr. **5** ('36) 145–50 [poln.].

Zeszyty nauk. Politechn. warszawsk. O wyznaczaniu azymutu i szerokości geograficznej w pobliżu elongacyj: Nr. **20** ('56) 2–11. — O doborze gwiazd, które w pobliżu ich górowania znajdują się wraz z Biegunową na tym samym almukantaracie, i tworzeniu z nich par gwiazd do metod wyznaczania szerokości geograficznej: 13–16.

Weitere Beobachtungen von Ephemeriden in: Beob.-Zirk. Astronomische Nachr. **22**, **31**, **37**; Circulaire, Union astron. int. [København] **710**, **716**, **729**, **734**.

Mit: [1]) I. Korzeniewska; [2]) M. Kowalczewski; [3]) G. Sitarski.

VI **KERÄNEN,** Jaakko. Geophysik, Meteorol. — 1911–28 Leitender Magnetiker bei d. Magnet. Erkundung, '21–33 Leiter d. Abteilg. f. Klimatologie u. Wetterdienst, '31–33 stellvertr. Dir., '33–53 Dir. u. Prof., Meteorologisches Zentralamt, Helsinki; '29–31 Doz. f. Luftfahrt-Meteorol., Finn. Militärakad.; '30–56 Doz. f. landwirtsch. u. synopt. Meteorol., '56–65 Konsultant f. Geomagnetismus, Univ. Helsinki; '51–66 wiss. Konsultant, Geodät. Inst. d. Landwirtschaftsministeriums. — '58 Dr. h. c. (Univ. Helsinki). — '42 Mannerheim Medaille, '57 Medaille „Natio ostsotniensis 1641–1906" (Finn. Staat); '57 Silbermedaille (Ges. f. Lappländ. Kultur); '61 Ehren-Preis (Finn. Akad. d. Wiss. u. Literatur); '67 Diplom Paul Tissandier (Fédérat. aéronautique internat.); '71 Finnland-Medaille in Silber (Finn. Geogr. Ges.).

*1883, Juni 1, Paltamo.

Zum 70. Geb.tag M. Franssila, E. Sucksdorff, Geophysica [Helsinki] 4 ('51/53) 83–86.

HZ. (Redakt.) Veröff. geophys. Observat. finn. Akad. Wiss. **1** ('21)–. — Suomen meteorol. Vuosikirja **30**.1930 ('32)–; darin eig. Beiträge: Jährliche Berichte über die meteorologischen Beobachtungen in Finnland (m. V.

Väisälä). — Mitt. meteorol. Zentralanst. [Helsinki].

S. Jouko 3 (Helsinki '37) 28–34: Viimeaikaisesta ilmaston lämpiämisestä Oulun ilmatieteellisten havaintojen mukaan. — The Lapps to-day in Finland, Norway and Sweden (R. G. P. Hill) 1 (Paris '60) (Bibliothèque arctique et antarctique, 1) 75f.: Climate as a factor in inner Fenno-Scandia.

W. Suomen magneettiset kartat heinäkuun 1 p:nä 1930 [A magnetic survey of Finland on July 1, 1930] (Helsinki '33) 39 S. (Maamagneettisia tutkimuksia [Erdmagnetische Untersuchungen in Finnland], 17). — A geomagnetic survey of Finland for 1960.0 (m. C. Sucksdorff) (Helsinki '60) (~ 19). — Über die Sonnen- und Himmelsstrahlung in Sodankylä während des Polarjahres 1932/1933 (m. H. Lunelund) (Helsinki '38) 48 S. (Veröffentlichungen des Geophysikalischen Observatoriums der Finnischen Akademie der Wissenschaften zu Sodankylä. Spezielle Untersuchungen von dem Internationalen Polarjahre 1932/1933, 2).

Acta forest .fenn. Conditions of temperature at the northern most limits of trees and some bushes in Finland: **40** ('34) 619–40 [finn. m. engl. Zusammenfassg.]. — Die Erwärmungsperiode und deren Wärmefaktoren im Klima Finnlands: **62** ('55) 1–42 [finn.].

Bull., Assoc. Magnétisme et Electr. terrestres; C. R. Assemblée Finland. Progress of work in terrestrial magnetism and electricity in 1934–1936: Nr. **10** ('37) 58–60.

Bull., Union géodés. et géophysique int., Sect. Magnétisme et Electr. terrestres Report of Committee to promote international comparisons of magnetic standards. Transactions of Oslo meeting, August 19–28, 1948: **13** ('50) 2 S.

Fennia Climate [of Finland][5]): **72** ('52) 100–28. — Terrestrial magnetism: 129–35. — On frost formation in soil: **73** ('50/51) Nr. 1, 14 S. — On temperature changes in Finland during the last hundred years: **75** ('52) 5–16.

Geophysica [Helsinki] The mean and extreme values of temperature at the main stations of Finland: **3** ('48) 7 S. — H. W. Lunelund †: **4** ('51/54) 1–3. — Weather conditions and weather service at Helsinki in connection with the Olympic Games: 79–82. — Variation of the compass magnetic declination 1950: **5** ('52/58) 50–52. — G. E. Sucksdorff †: 58–62. — Johan Jacob Nervander, founder of the magnetic-meteorological observatory in Helsinki, 1805–1848: **6** ('57) 30–35.

Időjárás Über die landwirtschaftlichen Beziehungen des Klimas von Finnland: **42** ('38) 49–61 [ungar.; deutsche Zusammenfassg. S. 91–97].

Meteorologische Abh., Inst. Meteorol. u. Geophys. der freien Univ. Berlin Temperaturschwankungen in Finnland seit dem Jahre 1830: **2** ('55) Nr. 4, 25–38.

Meteorologische Z. G. Melander †: **55** ('38) 410–12.

Metsäntutkimuslaitoksen Julkaisuja Über Besonderheiten der Gewitter mit Erdblitzen und Waldbrandgefahr im nördlichen Finnland: **55** ('62) Nr. 31, 3 S.

S.-Ber. finn. Akad. Wiss. Die Polarforschung und die Teilnahme Finnlands an derselben: **1932** ('34) 70–84. — Die erdmagnetische Forschung in Finnland: **1934** ('36) 8 S. — Gustaf Melander †: **1940** ('44) 13 S. — Über die Temperaturschwankungen in Finnland und Nord-Europa in den letzten hundert Jahren: **1941** ('44) 25 S. — Dan Barfod La Cour †: **1943** ('44) 7 S. — Übersicht über die Tätigkeit des Observatoriums zu Sodankylä in den Jahren 1914–43: **1944**, 21 S. — Die Strahlungs- und erdmagnetischen Beobachtungen während der Sonnenfinsternis am 9. Juli 1945: **1946**, 3 S. — Gustaf Eyvind Sucksdorff †: **1956** ('57) 35–42. — Das Internationale Geophysikalische Jahr 1957–1958: 207–25. — Übersicht über die Tätigkeit der geophysikalischen Institutionen in Sodankylä: **1964** ('66) 123–43.

Suomalaisen Tiedeakatemian Toimituksia, Sarja A Über die photometrische Ortshelligkeit in Helsinki und Sodankylä nach Messungen mit Graukeilphotometern: **36** ('33) Nr. 2, 22 S.

Suomen geod. Laitoksen Julkaisuja On the secular variation of the geomagnetic force in Finland since 1830: **36** ('49) 3 S.

Suomen meteorol. Vuosikirja Meteorologische Beobachtungen in Finnland im Jahre 1939[2]): **39**, Nr. 1 ('53) 93 S. — — [Redakt. d. Meteorologischen Beobachtungen seit 1916].

Suomen valtion meteorol. Keskuslaitoksen Toimituksia Normale Werte der Lufttemperatur in Finnland (Temperaturens normalvärden) 1901–1930: **9/11** ('46) 3 S. — Temperaturkarten von Finnland für den Zeitraum 1901–1930: **36** ('52) 24 S.

Terra [Helsinki] Forschungen im Internationalen Polarjahr: **44** ('32) 154–64 [finn. m. deutscher Zusammenfassg.]. — Wärmehaushalt und Temperatur als agroklimatische Faktoren in Finnland: **54** ('42) 132–51 [~].

Terrestrial Magnetism and atmospher. Electr. Report of temporary sub-commission on liquidat on of agenda of the International Commission for the Polar Year 1932–33[1])[3])[4]): **52** ('47) 531–33.

Veröff. geophys. Observat. finn. Akad. Wiss. Über die Sonnen- und Himmelsstrahlung in Sodankylä während des Polarjahres 1932–1933[2]): Nr. **2** ('38) 48 S.

Z. angew. Meteorol. Zu P. Diesner: Die beste Begrenzung des meteorologischen Tages: 51 ('34) 198.

Ferner: 3 Karten „Geomagnetismus" in „Suomen Kartasto. Atlas of Finland 1960" (Geographical Society of Finland and Geographical Department of the Helsinki Univ.). — Wiedergabe von 4 Vorträgen, gehalten auf Geophysikalischen Tagungen der Universität Oulu (1965–1968).

Mit: [1]) J. A. Fleming; [2]) V. S. Rossi; [3]) J. M. Stagg; [4]) A. Thomson; [5]) V. V. Korhonen.

VI von **KERÉKJÁRTÓ**, Béla. Math. — 1925–29 außerord. Prof., '29–38 ord. Prof., Univ. Szeged; '38–46 Prof., Univ. Budapest. (⊠)
*1898, Okt. 1, Budapest;
†1946, Mai 27, Budapest.

Nekr. Acta Sci. math. [Szeged] 11 ('46) V–VII, 128.

MHZ. Acta Sci. math. [Szeged] 6 ('33) – 10 ('43).

S. C.R. Congrès international des mathématiciens, Oslo 1936, 2: Conférences de sections (Oslo '37) 128–: Topologie des transformations; 170–: Sur la géométrie hyperbolique. — Encyclopédie française 1: L'outillage mental, 3: Mathématique (Paris '37) 1·90, 9–16: La topologie. — Travaux 9e Congrès international de philosophie. Congrès Descartes 6: Logique et mathématiques (Paris '37) (Actualités scientifiques et industrielles, 535) 166–73: La méthode de Descartes et la géométrie moderne. — Atti del Convegno matematico, Roma 1942 (Roma '45) 35–47: Topologia dei gruppi di trasformazione delle superficie.

W. A geometria alapjairól 2: Projektív geometria (Budapest '44) 29 + 613 S.; 2. Aufl. u. d. T.: Les fondements de la géométrie 2: Géométrie projective ²(Budapest–Paris '66) 528 S.

Acta Litt. ac Sci. [Szeged], Sect. Sci. math. Über die fixpunktfreien Abbildungen der Ebene: 6 ('34) 226–34. — Topologische Charakterisierung der linearen Abbildungen: 235–62; 7 ('34/35) 58f. — Über reguläre Abbildungen von Flächen auf sich: 65–75. — Über die regulären Abbildungen des Torus: 76–84. — Démonstration nouvelle d'un théorème de Klein et Poincaré: 160–62. — Sur l'indice des transformations analytiques: 163–72. — Bemerkung über reguläre Abbildungen von Flächen: 206.

Acta Sci. math. [Szeged] Sur les groupes transitifs de la droite: 10 ('41) 21–35.

Acta math. Sur les groupes compacts de transformations topologiques des surfaces: 74 ('41) 129–73. — Sur le caractère topologique du groupe homographique de la sphère: 311–41.

Annali R. Scuola norm. sup., Pisa Sur le groupe des transformations topologiques du plan: (2) 3 ('34) 393–400.

Commentarii math. helvet. Nouvelle méthode d'édifier la géométrie plane de Bolyai et de Lobatchefski: 13 ('40/41) 11–48. — Sur le groupe des homographies et des antihomographies d'une variable complexe: 68–82.

C. R. hebd. Séances Acad. Sci., Paris Sur le caractère topologique des représentations conformes: 198 ('34) 317–20. — Sur la régularité des transformations d'un groupe continu simplement transitif: 1114–16. — Sur les similitudes de l'espace: 1345–47. — Stabilité permanente et l'hypothèse ergodique: 201 ('35) 123f. — Sur les inversions dans un groupe commutatif: 210 ('40) 288f.

Enseignement math. Sur la structure des transformations des surfaces en elles-mêmes: 35 ('36) 297–316.

J. Math. pures et appl. Sur le caractère topologique du groupe homographique de la sphère: (9) 21 ('42) 67–100.

Matematikai és fizik. Lapok Transformations topologiques et groupes continus: 46 ('39) 1–12 [ungar. m. französ. Zusammenfassg.]. — Sur les fondements de la géométrie des cercles: 47 ('40) 48–57 [~].

Matematikai és term. Értesítő Théorie des transformations régulières de surfaces: 53 ('35) 371–406. — Sur l'indice des transformations analytiques: 407–19. — Sur la géométrie hyperbolique plane: 59 ('40) 19–61. — Sur le caractère topologique du groupe homographique de la sphère: 420–41. — Sur les fondements topologiques de la géométrie projective complexe: 442–54. — Sur les groupes transitifs de la droite: 455–75. — Sur les transformations périodiques du plan projectif: 798–804. — Sur les groupes compacts de transformations topologiques de la sphère: 805–28. — Sur les groupes compacts de transformations topologiques de surfaces en elles-mêmes: 60 ('41) 9–32. — Sur les groupes intégrables d'ordre trois: 683–99. — — Alle Arbeiten ungar. m. französ. Zusammenfassg.

Mathematische Ann. Über die dreigliedrigen integrierbaren Gruppen: 118 ('41/43) 365–78.

VI **KERKHOVEN-WYTHOFF**, Anna Geertruida. Math., Mech. — 1884–86 Oberschullehrerin, Middelburg.
*1859, Aug. 30, Amsterdam;
†1953, März 13, Apeldoorn.

Todesanzeige Nieuw Arch. Wiskunde 1 ('53) 155.

VI **KERMACK,** William Ogilvy. Biochem., Statistik. — 1921–49 in Charge of Chem. Sect., Research Labor., Roy. College of Physicians, Edinburgh; '49–68 Prof., '68–70 Prof. Emer. and Research Fellow, Univ. of Aberdeen. — '37 Hon. LL.D. (Univ. of Saint Andrews). — '25 Freeland Barbour Prize (Roy. College of Physicians, Edinburgh); '29 Macdougall Brisbane Prize (Roy. Soc. Edinburgh). — '24 Loss of eyesight resulting from a laboratory accident during research work.

*1898, Apr. 26, Kirriemuir, Schottland; †1970, Juli 20.

Zur Biogr. Nature [London] **162** ('48) 604f.

Nekr. Nature [London] 228 ('70) 194.

Ü. (aus d. Deutschen) Carl Rast, Modern views of atomic structure (London '35) 10 + 156 S.

S. Proc. 3rd International congress of biochemistry, Brussels 1955 (New York '56) 137: Action of various antimalarial drugs and related compounds on the hexokinase of Plasmodium berghei[15]).

W. The stuff we're made of. A biochemical survey of life, for the general reader (m. Ph. Eggleton) (London–Toronto '38) 8 + 341 S.; [2]('48) 8 + 354 S.

Archives Disease Childhood The electrical conductivity and chloride content of women's milk, 1: Methods and practical application[30]): 26 ('51) 265–69.

Biochemical J. Fructose metabolism in the intact animal[8])[31])[36]): **30** ('36) 433–41. — Complex formation between polypeptides and metals, 1: Application of various experimental methods to the glycine–copper system[9])[24]): **59** ('55) 240–46; ~ 2: The reaction between cupric ions and some dipeptides[9]): 246–57; ~ 3: The reaction between cupric ions and diglycylglycine[9]): 257–64. — Some non-protein constituents of the tissues of the lobster[24])[43]): **60** ('55) 424–28. — Synthesis of some analogues of glutathione[29]): **65** ('57) 45–48. — The effects of some analogues of glutathione on the glyoxalase system[29]): 48–58. — Nitrogenous constituents of the thoracic muscle of the African migratory locust (Locusta migratoria migratorioides)[35]): **71** ('59) 648–54. — The metabolism of Plasmodium berghei, the malaria parasite of rodents, 2: An effect of mepacrine on the metabolism of glucose by the parasite separated from its host cell[4])[18])[33]): **78** ('61) 472–78.

British J. Pharmacol. and Chemotherapy Inhibitory action of some antimalarial drugs and related compounds on the hexokinase of yeast and of Plasmodium berghei[15]): **12** ('57) 16–23.

Chemical Products and chem. News Synthetic antimalarials: **2** ('39) 5–9. — Boiling and bubbling[13]): **8** ('45) 75–80.

Chemistry and Industry Metric units of volume: **12** ('34) 227f.

Edinburgh med. J. Effect of constitutional "vitality" on prognosis, as illustrated by acute appendicitis[27]): **43** ('36) 324–28. — Some recent advances in chemotherapy: **49** ('42) 429–57.

Experimental Parasitol. The metabolism of Plasmodium berghei, the malaria parasite of rodents, 1: The preparation of the erythrocyte form of P. berghei separated from the host cell[4])[18]): **9** ('60) 131–36. — Proteolytic enzymes of the erythrocytic forms of rodent and simian species of malarial plasmodia[7])[18]): **11** ('61) 372–79.

Indian J. med. Res. Mathematical analysis of age distribution of Dr. Napier's statistics of household infection in Kala-azar[27]): **19** ('31/32) 343–50.

J. chem. Soc., London Bromination of 2-nitro-p-cresol[34]): **1932**, 2946–48. — Attempts to extend the Mannich reaction to derivatives of 4-methylquinoline and 2,4-dinitrotoluene [32]): **1933**, 300–02. — 2-Hydroxy-6-methoxy-4-methylquinoline[1]): **1934**, 377. — Arsonic and stibonic acids derived from quinoline and acridine, 1[3])[19]): 433–35. — Conversion of 3-nitro-4-methylphenylarsonic acid into 3-amino-4-carboxyphenylarsonic acid by intramolecular dismutation, and the action of hydrobromic acid on m-arsanilic acid and 3-amino-4-carboxyphenylarsonic acid[19])[34]): **1935**, 470f. — Attempts to find new antimalarials, 13: Synthesis of ω-substituted derivatives of 8-methylquinoline[32])[42]): 1143–45; ~ 14: Derivatives of 8-methylquinoline[42]): 1421–26; ~ 15: The synthesis of acridine compounds related to atebrin[17]): **1936**, 1546–50; ~ 16: Synthesis of some derivatives of 4-carboline and 5,6-benzo-4-carboline[38]): **1940**, 314–18; ~ 17: Derivatives of 5,6,3′,2′-pyridoquinoline[39]): 1164–69; ~ 18: Derivatives of m-phenanthroline[40]): **1942**, 213–18; ~ 23: Derivatives of 3,4,2′,3′-pyridoacridine and 1,2,2′,3′-pyridoacridine[10]): **1946**, 150–55; ~ 24: Derivatives of o-phenanthroline (7,8,3′,2′-pyridoquinoline)[20]): 155–57; ~ 25: Some derivatives of 3,4,2,3-pyridoacridine substituted in the 2-position: **1947**, 678–81; ~ 26: Further derivatives of p-phenanthroline[11])[23]): 1659–61; ~ 27: Derivatives of various benzacridines and pyridoacridines[10])[22]): **1948**, 123–26; ~ 28: p-Phenanthroline derivatives substituted in the 4-position[11]): **1949**, 1017–22; ~ 29: Synthesis of various derivatives of 2,3-benz-γ-carboline[37]): **1950**, 607–12; ~ 30: The synthesis of derivatives of quinolino

(4′,3′,2,3)quinoline[37]): **1951**, 1389–92. – The action of phosphorus pentachloride on derivatives of diphenylamine[17]): **1936**, 1163–66. – Nitration of derivatives of 4-hydroxyquinaldine[39]): **1939**, 563–66. – 3-Nitro- and 3-amino-4-hydroxybenzenesulphonamide[34])[38]): 608–10. – Pyridine and piperazine derivatives of sulphanilamide[38]): **1940**, 202–06. – Some anilinopyridine derivatives[39]): **1942**, 726. – Synthesis of 4-hydroxy-5,6,2′,3′-pyridoquinoline (4-hydroxy-m-phenanthroline)[38]): **1945**, 375–78. – Nitration of 4-chloro- and 4-hydroxy-quinaldine[20]): 415–17. – Diethylaminoalkylation of 9-amino-p-phenanthroline (7-amino-6,5,2′,3′-pyridoquinoline)[23]): **1946**, 62. – Some halo derivatives of 2,3-benzacridine[5]): **1950**, 1322–27. – Reaction of paludrine (proguanil) with ethyl acetoacetate[16]): **1951**, 2682–86. – The isolation of α-spinasterol from colocynth[21]): **1952**, 5051f.

J. Hyg. [London] Death-rates in Great Britain and Sweden: expression of specific mortality rates as products of two factors, and some consequences thereof[27])[28]): **34** ('34) 433–57. – Contributions to the mathematical theory of epidemics, 4: Analysis of experimental epidemics of the virus disease mouse ectromelia[27]): **37** ('37) 172–87; ∼ 5: Analysis of experimental epidemics of mouse-typhoid; a bacterial disease conferring incomplete immunity[27]): **39** ('39) 271–88. – Scottish cancer mortality; a comparison of urban and rural rates for various tumour locations 1931–1937, and a survey of recent trends[2]): **40** ('40) 63–83. – Comparison of the specific mortality rates in town and country districts of Scotland since 1871[2])[27]): 423–33.

J. incorporated Brewers' Guild Glycogen and starch: **32** ('46) 309–15. – Partition chromatography: **33** ('47) 81–84. – Chemical competition in biochemistry and medicine: 419–26. – Action of 8-hydroxyquinoline on molds and bacteria: **34** ('48) 169–72. – Recent study of the fermentation reaction: **35** ('49) 207–15.

Brewers' Guild J. Einige biochemische Fragen, 1: Das Vorkommen von Lactose in Milch: **39** ('53) 300–06 [engl.]. – Trace metals and complex formation: **42** ('56) 508–23.

J. Obstetr. and Gynaecol. brit. Empire Leucorrhoea in pregnancy. Hydrogen-ion concentration and lactic acid content of vagina[25])[6])[12])[23]): **54** ('47) 592–606.

Lancet Death-rates in Great Britain and Sweden; some general regularities and their significance[27])[28]): **226** ('34) 698–703.

Mathematical Gaz. Some properties of points arranged at random on a Möbius surface [27]): **22** ('38) 66–72.

Monthly Notices roy. astron. Soc. On Milne's theory of world structure[26]): **93** ('33) 519–29.

Nature [London] Changes of average maternal age[2]): **143** ('39) 804f. – Choice of a "reality index" for suspected cyclic variations: **159** ('47) 305f. – A. J. G. Barnett †: **179** ('57) 1332.

Proc. Cambridge philos. Soc. Note on the equation $f(z)K'_n(z) - g(z)K_n(z) = 0$ [14]): **41** ('45) 74f.

Proc. Edinburgh math. Soc. On professor Whittaker's solution of differential equations by definite integrals, 1[26]): (2) **2** ('30/32) 205–19; ∼ 2: Applications of the methods of non-commutative algebra[26]): 220–39.

Proc. London math. Soc. The solutions of sets of simultaneous integral equations related to the equation of Volterra[27]): (2) **41** ('36) 462–82.

Proc. roy. Soc. Edinburgh An operational method for the solution of linear partial differential equations[26]): **51** ('31) 176–89. – On properties of null geodesics, and their application to the theory of radiation[26])[41]): **53** ('32/33) 31–47. – Tests for randomness in a series of numerical observations[27]): **57** ('36/37) 228–40. – Some distributions associated with a randomly arranged set of numbers [27]): 332–76. – The decline of the birth-rate: Regularities revealed by an analysis of the rates observed in certain European countries [2]): **58** ('37/38) 55–72. – The fertility of Scottish married women, with special reference to the period 1926–1935[2]): **59** ('38/39) 62–80. – The design and interpretation of experiments based on a four-fold table: the statistical assessment of the effect of treatment[27]): **60** ('39/40) 362–75.

Proc. roy. Soc. Edinburgh, Sect. A A problem in the random distribution of particles [13]): **62** ('43/49) 103–15.

Proc. roy. Soc. Edinburgh, Sect. B Fall in fertility of Scottish women during period 1875–1939; comparison of trends in various geographical localities[2]): **63** ('47/49) 149–62.

Proc. roy. Soc. London, Ser. A Contributions to the mathematical theory of epidemics [,1] [27]): **115** ('27) 700–21; ∼ 2: The problem of endemicity[27]): **138** ('32) 55–83; ∼ 3: Further studies of the problem of endemicity[27]): **141** ('33) 94–122.

Quarterly J. Math., Oxford Ser. On compatible differential equations and the orthogonal properties of their solutions[26]): **4** ('33) 81–92.

Science in Progr. Recent advances in science: Biochemistry: **27** ('32/33) 415–23; **28** ('33/34) 115–23, 286–94, 682–88; **29** ('34/35) 287–93, 692–97; **30** ('35/36) 295–302, 457–59, 667–72; **31** ('36/37) 306–12, 690–96; **32** ('37/38) 309–16, 722–29; **33** ('38/39) 296–303; **34** ('39/40) 320–28; **34** ('46/47) 586–94, 778–86; **35** ('47/48) 299–, 688–96; **36** ('48/49) 666–76;

37 ('49/50) 283–93, 693–705. – Chemosynthetic microorganisms[24]): **40** ('52) 44–53.

Yearb. roy. Soc. Edinburgh Robert Henry Slater †: **1954**, 36. – Philip Eggleton †: **1955**, 17–19. – Adam John Guilbert Barnett †: **1958**, 13f.

Mit: [1]) O. G. Backeberg; [2]) R. S. Barclay; [3]) M. M. Barnett; [4]) I. B. R. Bowman; [5]) B. Cairns; [6]) F. B. Chisholm; [7]) L. R. Cook; [8]) J. N. Davidson; [9]) H. Dobbie; [10]) J. Dobson; [11]) B. Douglas; [12]) A. P. T. Easson; [13]) P. Eggleton; [14]) A. Erdélyi; [15]) D. M. Fraser; [16]) G. P. Fraser; [17]) R. R. Goodall; [18]) P. T. Grant; [19]) A. H. C. P. Gillieson; [20]) B. E. Halcrow; [21]) B. Hamilton; [22]) W. C. Hutchison; [23]) R. G. Jacomb; [24]) H. Lees; [25]) W. G. Liston; [26]) W. H. McCrea; [27]) A. G. McKendrick; [28]) P. L. McKinlay; [29]) N. A. Matheson; [30]) R. A. Miller; [31]) D. M. Mowat; [32]) W. Muir; [33]) D. Ogston; [34]) W. T. Spragg; [35]) J. M. Stein; [36]) C. P. Stewart; [37]) N. E. Storey; [38]) W. Tebrich; [39]) A. P. Weatherhead; [40]) W. Webster; [41]) E. T. Whittaker; [42]) T. W. Wight; [43]) J. D. Wood.

VI **KERNER,** Michał. Math. – 1929–30 Assist., Inst. theoret. Mech., Univ. Warszawa.

*1902, Mai 21, Warszawa;

†1943, Jan., Gaskammer von Treblinka.

W. Teorija wyznaczników. Zarys elementarny (m. B. Iwaszkiewicz) (Warszawa '34) 80 S. (Wydawnictwa Koła matematyczno-fizycznego słuchaczów Uniwersytetu warszawskiego, 28). – Maksima i minima w dziedzinie geometrii (Lwów '35) 37 S. (Biblioteczka matematyczna, 7).

Acta math. Flächenprobleme der Variationsrechnung bei fester und variabler Begrenzung und für geschlossene Flächen: **70** ('39) 1–55.

Annali Mat. pura ed appl. Sur les variations faibles et fortes d'une fonctionnelle: (4) **10** ('32) 145–64. – L'extremum dans l'espace hilbertien: 183–202.

Annals Math. Die Differentiale in der allgemeinen Analysis: (2) **34** ('33) 546–72. – Linienoperationen: 573–87.

Compositio math. Abstract differential geometry: **4** ('37) 308–41.

Mathematische Z. Minimaxeigenschaft der offenen und geschlossenen Extremalen: **34** ('32) 645–67.

Monatsh. Math. u. Physik Drei Beiträge zum Flächenproblem der Variationsrechnung: **46** ('37) 209–31.

Prace mat.-fizyczne Gewöhnliche Differentialgleichungen der allgemeinen Analysis: **40** ('33) 47–67.

VI **(von) KERPELY,** Kálmán. Metallurgie. – 1934–43 Chef-Metallurge im Betrieb f. Waggonbau, später auch im Betrieb f. Schiffsbau, '43– Dir. d. Fabrik Törzs, Ganz-Werke, Budapest; '49–50 Hon.-Doz., Techn. Univ. Budapest; '49–51 Leiter d. metallurg. Abteilg., Forschungsinst. f. d. Eisenindustrie; '51–57 Leiter d. Abteilg. f. qualitat. u. techn. Entwicklg. d. Stahlerzeugung, Labor. f. Eisen- u. Stahlgießerei, Budapest-Kőbánya.

*1894, Dez. 16, Debrecen;

†1959, Juli 1, Budapest.

Nekr. Kohászati Lapok **15** ('60) Nr. 1, 24–26 (m. Bildn.).

HZ. Bányászati és kohászati Lapok 1946–1949.

S. A Nehézipari Központ Öntödei Kongresszusa, Budapesten 1948. Előadások és hozzászólások (Budapest '48): Qualitative Fragen des Eisen- und Stahlgusses [ungar.]. – Az acélgyártás időszerű kérdései. A Mérnöki Továbbképző Intézet előadássorozatából, 1952. évi acélgyártás-tanfolyamának anyaga (V. Zsák) (Budapest '53): Elektro-Stahlerzeugung in Induktionsöfen mit hoher Periodenzahl [ungar.].

W. Vas- és fémipari anyagismeret [Materialkunde der Eisen- und Buntmetallindustrie] (m. L. Gillemot) (Budapest '52) 598 S. – Metallurgiai folyamatok fizikai kémiája [Physikalische Chemie der metallurgischen Prozesse] (Budapest '52) 96 S. (Mérnöki Továbbképző Intézet előadássorozatából, K. 8 [1286]); Nachdrucke: ('53, '54). – Az acélgyártás salakreakciós eljárásai [Die Schlackenreaktionsverfahren bei der Stahlerzeugung] (Budapest '52) 27 S. (~ K. II-1 [1299]). – Záródmányszegény és különleges acélok gyártása elektrokemencében [Erzeugung von einschlußarmen Stählen und Sonderstählen im Elektroofen] (Budapest '53) 68 S. (~ K. II-5 [1784]). – Sav- és hőálló acélok, különös tekintettel az ötvözőanyagtakarékossági lehetőségekre [Säure- und temperaturbeständige Stähle mit besonderem Hinblick auf die Möglichkeiten der Einsparung von Legierungsstoffen] (Budapest '54) 46 S. (~ 2338). – Kiskonverter alkalmazása acélöntődéinkben [Anwendung des Kleinkonverters in unseren Stahlgießereien] (Budapest '54) 22 S. (~ 2440). – Konverteracélgyártási eljárások és azok hasai alkalmazásának lehetőségei [Die Konverter-Stahlerzeugungsverfahren und ihre Anwendungsmöglichkeiten in Ungarn] (Budapest '54) 44 S. (~ 2620). – Vaskohászati folyamatok és fizikai kémiájuk [Die Eisenverhüttungsprozesse und ihre physikalische Chemie] (m. N. Hajtó, Z. Horváth) (Budapest '53) 324 S. – Hőkezelési eljárások [Temperverfahren] (Budapest '53) 171 S. – Az elektroacélgyártás gyakorlata [Die Praxis der Elektrostahlerzeugung] (Budapest '55) 224 S. –

Az acélingot öntése [Blockstahlguß] (Budapest '56) 244 S. — Kohászati táblázatok [Hochofen-Tabellen] (Budapest '57) 427 S.

Bányászati és kohászati Lapok Abschnitte aus der Entwicklung des Hüttenwesens mit besonderer Berücksichtigung der ungarischen Verhältnisse: **72** ('39) 137–43 [ungar.]. — Die Aufgaben der Investition und Produktion in unserer Eisenhüttenindustrie im Zusammenhang mit dem 3-Jahresplan: [N.S.] **2** ('47) 130–32 [ungar.].

Magyar Mérnök- és Építész-Egylet Közlönye Elektrische Roheisen-Produktion: **78** ('44) 9–15 [ungar.].

Magyar Nehézipar Neue Entwicklungslinien der Roheisen- und Stahlerzeugung: **1948**, 43–46 [ungar.].

Magyar Techn. Der gegenwärtige Stand der ungarischen Eisenindustrie: **1** ('46) 153–56 [ungar.].

Magyar tudományos Akad. műszaki Tudományok Osztályának Közleményei Das Frischen mit Sauerstoff und Preßluft in den Martin- und Elektrostahlöfen: **2** [oder **1**?] ('51) 369–91 [ungar.]. — Gedenkrede zum 50. Todestag von Antal Kerpely: **22** ('58) Nr. 1/3, 217–26 [ungar.].

Stahl u. Eisen Fehlererscheinungen durch Sandstellen bei geschmiedeten Kurbelwellen: **54** ('34) 1153–58, 1180–86.

VI **KERPPOLA,** William. Biochem., Physiol., Innere Med. — 1926–38 Chefarzt der Abteilung f. Innere Med. d. Städt. Krankenhauses Kivelä, Helsinki; '22 Doz., '35 tit. Prof., '40–60 Prof. Inn. Med., Univ. Helsinki; '26–47 zunächst Arzt, später Chefarzt der Finn. Lebensversicherungsgesellschaft. — '61 Medaille (Finn. Ärztevereinigung).
*1891, Jan. 5, Helsinki.

S. Proc. 15th Scandinavian congress for internal medicine, Oslo 1931 (C. Müller) (Oslo '32) (Acta med. scand., Suppl. 50) 277–80: Extraction method for quantitative determination of bilirubin in different body-fluids. — C. R. 20e Congrès de médecine interne des pays du nord, Gothenbourg 1946 (M. Odin) (Helsinki '48) (~ 206) 412–15: On the function of purified alkaline phosphatase and thymonucleinic acid as its inactivator. — Proc. 22nd Scandinavian congress for internal medicine, Helsingfors 1950 (E. Adlercreutz) (Helsinki '51) (~ 262) 43f.: Observations on the phosphatase content of the blood and bone marrow cells in normal and pathologic hemopoiesis. — Proc. 23rd Scandinavian congress for internal medicine, Oslo 1952 (O. J. Broch) (Oslo '53) (~ 287) 29f.: Inhibition of phosphorylase with cortisone and its activation with adrenaline in rabbit. — Proc. 3rd International congress of internal medicine, Stockholm 1954 (Stockholm '56) (~ 312) 742–45: Disturbance in coenzymes with a vitamin B content in various diseases.

Acta med. scand. Zur Chemie des Bilirubins, 8: Die Bestimmung des Bilirubins in den Körperflüssigkeiten, mit seiner Eigenfarbe und der Diazofarbe als Maßstab; ein neues quantitatives Extraktionsverfahren[1]): **78** ('32) 24–41. — Ein kontrolliertes Verfahren zur quantitativen Bestimmung des Bilirubins. Die Diazofarbe und die Eigenfarbe des Serums als Maßstab des Bilirubins: **89** ('36) 387–407. — Über die klinischen Kennzeichen und das Auftreten des Ikterus und seiner verschiedenen Formen: **98** ('38) 262–79. — Über die Pseudoachylie: **99** ('39) 45–52. — Über Symptome von Hypophysenschwäche in Fällen von Untergewicht: 287–96. — Eine auf der Diazofarbe beruhende Methode zur quantitativen Bestimmung des aus Flüssigkeit extrahierten Bilirubins: **112** ('42) 291–301. — Accumulation of pyruvic acid in the blood during treatment with cortisone or ACTH and in Cushing's syndrome: **145** ('53) 357–60. — The content of riboflavin and riboflavin-containing coenzymes in the blood in health and in various diseases, in particular schizophrenia, neurocirculatory asthenia and tuberculosis: **153** ('55) 33–48. — Serum TPN-linked enzymes glucose-6-phosphate dehydrogenase, isocitric dehydrogenase and glutathione reductase activities in health and in various disease states[2])[4]): **164** ('59) 357–65. — Serum glucose-6-phosphate dehydrogenase in the diagnosis of myocardial infarction. Comparison of its clinical value with that of glutamic-oxalacetic transaminase[2])[4]): **166** ('60) 17–24. — On the occurrence of the α isomer of diphosphopyridine nucleotide and on the dehydrogenases activated by it, in leucocytes and neoplastic tissues: **183** ('68) 407–13.

Annales Med. exper. et Biol. Fenniae Cocarboxylase content of human blood; studies with normal subjects and in neurocirculatory asthenia, thyrotoxicosis, adiposity, and some other diseases. A preliminary report[5]): **31** ('53) 111–16. — Pyridine nucleotides (coenzymes I and II) of blood in normal subjects and in various diseases, especially tuberculosis[3]): **32** ('54) Suppl. 7, 30 S. — Oxidative phosphorylation, catalase and peroxidase in mitochondria from normal and leukemic human leukocytes and from chloroma: **44** ('66) 563–66. — Oxidative and glycolytic phosphorylation and lactic dehydrogenase isoenzymes in neoplastic tissue (human leukemia, rat chloroma and hepatoma, human cancer) and their dependence on pyridine nucleotides: 567–72.

J. C. POGGENDORFF

Biographisch-literarisches Handwörterbuch der exakten Naturwissenschaften

J. C. POGGENDORFF

BIOGRAPHISCH-LITERARISCHES HANDWÖRTERBUCH DER EXAKTEN NATURWISSENSCHAFTEN

Herausgegeben von der

Sächsischen Akademie der Wissenschaften zu Leipzig

Band VIIb · Teil 4: Hen – K

Berichtsjahre 1932 bis 1962

Leitung der Redaktion

PROF. DR. HANS SALIÉ

AKADEMIE-VERLAG BERLIN

1973

Erschienen im Akademie-Verlag GmbH, 108 Berlin, Leipziger Straße 3 – 4

Lizenznummer: 202 · 100/429/73
Gesamtherstellung: VEB Druckerei „Thomas Müntzer", 582 Bad Langensalza/DDR
Bestellnummer: 3050/IV · ES 18 A
Printed in German Democratic Republic

Blood Observations on the phosphatase content of blood and bone marrow cells in normal and pathologic hemopoiesis: **6** ('51) 454–65.

Duodecim [Helsinki] Controlled quantitative procedure for determination of bilirubin; diazo reaction and color of serum as index of bilirubin: **52** ('36) 375–94. — Clinical aspects of various forms of jaundice: **53** ('37) 915–30.

Endocrinology Inhibition of phosphorylase with cortisone and its activation with adrenaline in the rabbit: **51** ('52) 192–202. — The action of cortisone on oxidative and glycolytic liver enzyme activities in rats of different age and sex[4]): **67** ('60) 162–65. — Uncoupling of the oxidative phosphorylation with cortisone in liver mitochondria: 252–63.

Scandinavian J. clin. and Labor. Investigat. Acetylation in diabetes mellitus[2]): **9** ('57) 105f.

Mit: [1]) E. Leikola; [2]) E. A. Nikkilä; [3]) J. Pätiälä; [4]) E. Pitkänen; [5]) T. Vartio.

VI **KERTESZ,** Zoltan Imre. — Biochem., Nahrungsmittelchem. — 1929–30 Instruct. and Assist., '30–40 Assist. Prof. and Research Assoc., '40–62 Prof. Chem., Departm. of Food Sci. and Technol., New York State Agricultural Exper. Station, Cornell Univ., Geneva, N.Y.; '52–53 Dir. of Food Research, Food and Agricult. Organizat., UN, Ceylon; '61–62 Assist. to Dir. of the Nutrit. Divis., '62–66 (in Rome) Chief of the Food Sci. and Technol. Branch, '66–68 Secretary of the Protein Advisory Group, Food and Agricult. Organizat., UN; Consultant and Nutrit. Surveyor in Korea, Turkey, Libya, Ethiopia, Taiwan, Thailand. — Award (National Canners Assoc.); '67 International Award (Inst. of Food Technologists).

*1903, Sept. 2, Budapest;

†1968, Aug. 23, Geneva, N.Y.

H. Economic crops. A series of monographs on the chemistry, physiology, and technology of food and food products **1** ('50) –.

HZ. (Editor-in-Chief) Food Res. 1950–1952.

MHZ. Food Technol. 1950–1952.

S. The enzymes; chemistry and mechanism of action (J. B. Sumner, K. Myrbäck) **1**, **2** (New York '51) 745–68: Pectic enzymes. — Encyclopaedia Britannica. A new survey of universal knowledge **9** (Chicago–London–Toronto '63) 543–45: Food preservation: Drying and dehydration, salting and pickling, smoking, chemical preservatives, thermal processing. — Encyclopedia of chemical technology (R. E. Kirk, D. F. Othmer) **10** [2](New York '66) 23–61: Food and food processing.

W. Some developments in the agricultural sciences in Hungary during world war II ([Washington, D.C.] '45) 14 S. — Some developments in the German preserves industry during world war II ([Washington, D. C.] '45) 14 S. — The German pectin industry during world war II ([Washington, D.C.] '45) 30 S. — Observations on the German fruit juice industry ([Washington, D.C.] '45) 10 S. — The pectic substances (NewYork–London '51) 16 + 628 S.

Advances Carbohydrate Chem. Enzymes acting on pectic substances[27]): **5** ('50) 79–102.

American J. digest. Diseases Effect of feeding apple sauce on induced diarrhea in rats[54])[26]): **8** ('41) 124–28.

Analytical Chem. Anthocyanin pigments[46]): **20** ('48) 245–48.

Archives Biochem. Pectic enzymes, 7: Preparation of tomato pectin-methylesterase[27])[32]): **10** ('46) 479–84; ~ 8: A comparison of fungal pectin-methylesterase with that of higher plants, especially tomatoes[27]): **13** ('47) 217–29. — An unusually heat-resistant pectolytic factor from tomatoes[27]): **17** ('48) 197–99.

Arkiv Kemi, Mineral. och Geol. On the alleged ascorbic acid component of liver esterase: **12B** ('38) Nr. 57, 4 S.

Biochemical J. Observations on the system ascorbic acid – glutathione – ascorbic acid oxidase: **32** ('38) 621–25.

Botanical Gaz. Changes which occur in apple tissue upon treatment with various agents and their relation to the natural mechanism of softening during maturation[16]): **108** ('46) 279–85.

Bull., New York State agric. Exper. Stat. Abnormal enlargement of peas from plants affected with root-rot[18]): Nr. **621** ('33) 20 S. — Some carbohydrate changes in shelled green peas: Nr. **622** ('33) 14 S. — Relation of copper-containing fungicides to the ascorbic acid and copper content of tomato juice[37])[41])[49]): Nr. **725** ('47) 18 S. — Pectic substances of mature John Baer tomatoes[27]): Nr. **745** ('50) 15 S. — Effect of blanching and subsequent holding on some chemical constituents and enzyme activities in peas, snap beans, and Lima beans [32])[37])[49]): Nr. **754** ('52) 33 S.

Canner Inactivating the respiration of cannery peas by heat: **76** ('33) Nr. 11, 7f. — Quality of canned whole-kernel maize: **80** ('35) Nr. 11, 12f. — The effect of calcium on plant tissues: **88** ('39) Nr. 7, 26f. — Effect of added calcium on canned tomatoes: Nr. 24, 14–16. — Application of calcium in the commercial canning of whole tomatoes[51])[24])

[39]): **90** ('40) Nr. 12II, S. 52. — Effect of calcium treatment on the acid content and pH of canned tomatoes[23]): Nr. 21, 12. — Penetration of calcium into whole canned tomatoes[24]): **92** ('41) Nr. 10, 11–13. — Conserving vitamin C in peas during processing[32])[37]): **108** ('49) Nr. 17, 18f. — A simple turbidity tester: **110** ('50) Nr. 20, 15f.

Chemical and Engng. News Report of Committee for the Revision of the Nomenclature of Pectic Substances[2])[19])[57])[58]): **22** ('44) Nr. 2, 105f.

Circular, New York State agric. Exper. Stat. What root rot does to the quality of peas[18]): Nr. **141** ('34) 3 S.

Ergebn. Enzymforsch. Pectic enzymes: **5** ('36) 233–58.

Food Industries Objective method to determine maturity of canned peas: **6** ('34) 168–70. — To reduce color loss in strawberry preserves[46]): **20** ('48) 106–08, 214–16. — Tests point way to reduce color loss in strawberry preserves[46]): 1300–02, 1408–10.

Food Res. Vitamin C in vegetables, 3: The oxidation of ascorbic acid by metallic catalysts[29]): **1** ('36) 377–82. — Pectic enzymes, 2: Pectic enzymes of tomatoes: **3** ('38) 481–87; ∼ 3: Heat inactivation of tomato pectinmethoxylase (pectase): **4** ('39) 113–16. — Identification of calcium pectate as the tissue-firming compound formed by the treatment of tomatoes with calcium chloride[24]): **6** ('41) 499–508. — Kinetics of the oxidation of strawberry anthocyanin by hydrogen peroxide[46]): **17** ('52) 288–98. — Participation of ascorbic acid in the destruction of anthocyanin in strawberry juice and model systems[46]): **18** ('53) 475–79. — Determination of acetyl groups in pectic substances[22]): **19** ('54) 627–32. — Effects of ionizing radiations on plant tissues, 2: Softening of different varieties of apples and carrots by gamma rays[3])[14])[7]): **22** ('57) 89–95; ∼ 4: Some effects of gamma radiation on starch and starch fractions[42])[12])[13]): **24** ('59) 609–17.

J. Food Sci. Apple cellulose[11])[12]): **26** ('61) 14–19. — Effects of ionizing radiations on plant tissues, 3: Softening and changes in pectins and cellulose of apples, carrots, and beets[14])[3])[34])[30]): **29** ('64) 40–48; ∼ 5: Some effects of gamma radiation on lettuce leaves[30])[50]): **26** ('61) 389–96. — Effect of gamma radiation on cherries[30])[37])[47])[48])[4]): **30** ('65) 759–65.

Food Technol. Recent developments of practical significance in the field of pectic enzymes[27]): **3** ('49) 94–96. — Practical determination of size distribution of suspended particles in macerated tomato products[20]): **6** ('52) 68–71. — Some problems of applying food technology in underdeveloped nations: **15** ('61) Nr. 11, 10f., 13. — Storage behavior of powdered dehydrated cranberries[30])[34])[44]): **17** ('63) Nr. 12, 97–100.

Fruit Products J. and American Vinegar Industry The browning of yellow peaches: **13** ('33/34) 304–06. — The effect of calcium on plant tissues: **18** ('38/39) 176–87

Fruit Products J. and American Food Manufacturer Comparative usefulness of various calcium salts in the firming of canned and frozen sliced apples[17]): **28** ('48/49) 37f., 42.

Gartenbauwissenschaft Metaxenia and xenia in apples, 4[33]): **9** ('34/35) 45–64.

Hoppe-Seyler's Z. physiol. Chem. Wärmetönungskonstante der Hefesaccharase in unterkühlten Lösungen: **216** ('33) 229–32.

J. agric. Res. Some effects of root rot on the physiology of peas[18])[15]): **44** ('32) 833–48. — Deterioration in shelled green peas held a few days in storage prior to canning[15]): **45** ('32) 361–70. — Aberrations in the chemical composition of peas from plants affected with root rot[18])[38]): **49** ('34) 799–814.

J. amer. chem. Soc. Note on the esterase character of pectase (pectin-demethoxylase): **55** ('33) 2605. — Water relations of enzymes, 1: Influence of viscosity on invertase action: **57** ('35) 345–47; ∼ 2: Water concentration required for invertase action: 1277–79. — Pectic enzymes, 4: Structural considerations in connection with the enzymic hydrolysis of pectins: **61** ('39) 2544–48. — The calculation of weight average molecular weights during the course of decomposition of homogeneous linear polymers[10]): **62** ('40) 1196–98. — Invertase activity in identical mixtures in the liquid and frozen state: **64** ('42) 2577f. — "Browning (Maillard)-reaction" in heated solutions of uronic acids[43]): **68** ('46) 2178f. — Color formation in furfural systems[36])[49]): **69** ('47) 1798–800. — Anthocyanin of strawberries[46]): **70** ('48) 3476–79.

J. amer. Soc. Agron. Effect of calcium and potassium fertilizers on the solidity and the calcium and potassium content of canned tomatoes[40])[24]): **32** ('40) 389–94.

J. Assoc. offic. agric. Chemists Determination of ammoniacal nitrogen in fertilizers without distillation[21])[5]): **16** ('33) 233–40.

J. biol. Chemistry Glucoreductone for the standardization of 2,6-dichlorophenolindophenol solutions used for the estimation of ascorbic acid (vitamin C): **104** ('34) 483–85. — The determination of glucuronic and galacturonic acids by Bertrand's method: **108** ('35) 127–29. — Vitamin C in vegetables, 4: Ascorbic acid oxidase[9])[29]): **116** ('36) 717–25. — Pectic enzymes, 1: The determination of pectinmethoxylase activity: **121** ('37) 589–98; ∼ 6: Use of an ion-exchange resin for the complete removal of pectin methylesterase from commercial pectinases[27]): **160** ('45) 149–54.

J. Nutrition [USA] Pectic enzymes, 5: The fate of pectins in the animal body: **20** ('40) 289–96. — Effect of manufacturing methods on the ascorbic acid content and consistency characteristics of tomato juice[37]): **30** ('45) 435–42. — Nutrition survey of the armed forces of the Republic of Korea[55])[6])[28]): **68** ('59) Suppl. 1, 1–80.

J. Polymer Sci. Effect of gamma-radiation on cellulose[14]): **26** ('57) 289–97. — Effect of gamma-radiation on the structure of pectin: An electrophoretic study[45]): **47** ('60) 99–109.

Methods Enzymol. Pectic enzymes: **1** ('55) 158–66. — Preparation and determination of pectic substances: **3** ('57) 27–30.

Obst- u. Gemüse-Verwertungs-Industrie Die Wirkung von Calcium auf das Pflanzengewebe: **26** ('39) 290–. — Die Wirkung von Calcium auf konservierte Tomaten: 551–54.

Plant Physiol. Carbon dioxide content of the gas from pea pods: **9** ('34) 339–50. — Chemical analysis of plant tissue. Determination of carbohydrates. Determination of nitrogen in relatively simple compounds[25])[35])[52]): **10** ('35) 383–99. — Observations on the cracking of cherries[33]): 763–72. — On the determination of plant enzymes: **12** ('37) 845–51. — Criticism of a recent paper on the pectic content of plant materials: **15** ('40) 565f. — Possible nonenzymic mechanism of changes occurring in the pectic substances and other polysaccharides in living plants: **18** ('43) 308f. — "Thermal maceration" of plant tissue[37])[32]): **24** ('49) 317–19.

Radiation Res. Effects of ionizing radiations on plant tissues, 1: Quantitative measurements on softening of apples, beets and carrots[14])[3])[53])[56]): **5** ('56) 127–33. — Effect of ionizing radiations on pectin[31])[53])[22]): 372–81.

Science [USA] The similarity between the mechanism of the rennin and pectase (pectinmethoxylase) reactions[8]): **83** ('36) 56. — Aftereffect in the degradation of cellulose and pectin by gamma-rays[14]): **124** ('56) 893f. — Ozone formation in air exposed to cobalt-60 gamma radiation[34]): **142** ('63) 1289f.

Technical Bull., New York State agric. Exper. Stat. Oxidase system of a non-browning yellow peach: Nr. **219** ('33) 14 S. — Chemical determination of the quality of canned green peas: Nr. **233** ('35) 22 S. — Use of calcium in the commercial canning of whole tomatoes[51])[24])[39]): Nr. **252** ('40) 3–22. — Chemical composition of maturing New York State grapes: Nr. **274** ('44) 10 S. — Chemical composition of ripe Concord-type grapes grown in New York in 1947[37])[1]): Nr. **285** ('49) 3–16.

Mit: 1) A. W. Avens; 2) G. Baker; 3) F. P. Boyle; 4) J. P. van Buren; 5) A. W. Clark; 6) G. F. Combs; 7) M. A. Connor, jr.; 8) A. C. Dahlberg; 9) R. B. Dearborn; 10) W. H. Durfee; 11) M. Eucare; 12) G. Fox; 13) M. Gibson; 14) R. E. Glegg; 15) E. L. Green; 16) J. H. Griffin; 17) K. Holgate; 18) J. G. Horsfall; 19) G. H. Joseph; 20) L. B. Kimball; 21) F. J. Kokoski; 22) M. I. Lavin; 23) F. A. Lee; 24) J. D. Loconti; 25) W. E. Loomis; 26) C. M. McCay; 27) R. J. McColloch; 28) W. J. McGaulty; 29) G. L. Mack; 30) L. M. Massey, jr.; 31) B. H. Morgan; 32) J. C. Moyer; 33) B. R. Nebel; 34) G. F. Parsons; 35) T. G. Phillips; 36) R. C. Rice; 37) W. B. Robinson; 38) A. H. Rouse; 39) E. H. Ruyle; 40) C. B. Sayre; 41) W. T. Schroeder; 42) E. R. Schulz; 43) J. L. Seaver; 44) M. Simon; 45) E. R. Skinner; 46) E. Sondheimer; 47) J. F. Spaid; 48) D. F. Splittstoesser; 49) E. H. Stotz; 50) D. F. Tallman; 51) T. G. Tolman; 52) W. E. Tottingham; 53) L. W. Tuttle; 54) M. S. Walker; 55) R. R. Williams; 56) D. E. Wilson; 57) H. H. Mottern; 58) A. G. Olsen.

IV–VI **KESTER,** Frederick Edward. Physik. — 1909–43 Prof., '44–54 Prof. Emer., Univ. of Kansas, Lawrence, Kan.

*1873, Febr. 22, Eaton, Ohio;

†1954, März 31, Lawrence, Kansas.

Nekr. Lawrence Journal World **1954**, Apr. 1, 1f.

American J. Physics Another demonstration of the Bernoulli principle: **13** ('45) 349.

Trans. Kansas Acad. Sci. The Whittaker quantum mechanism: **38** ('35) 231f.

IV–VI **KEYES,** Charles Rollin. Geol. — 1890–92 Consulting Mining Geologist; Dir. of the United States Geol. Survey; 1902–06 Pres., New Mexico State School of Mines.

*1864, Dez. 24, Des Moines, Ia.;

†1942, Mai 18, Tucson, Ariz.

Todesanzeige Nature [London] **150** ('42) 116. — Proc. Vol. geol. Soc. America **1948** ('49) 108.

HZ. Pan-american Geologist 1922–1942.

S. Report 16th Session, International geological congress, Washington, D.C., 1936, **1** (Washington, D.C. '36) 233: Measure of late geologic time. — Abstracts of papers, 17th International geological congress, Moscow 1937 (Moskva '37) 226: A cosmical correlation of glacial epochs in America; 235f.: Physiographic origin of mighty ocean: a genetic basis for an absolute geological time-scale.

Iowa J. History and Politics Shall Iowa have national monuments?: **31** ('33) 31–46.

Pan-american Geologist Delimitation of Shakopee dolomite of upper Mississippi Basin: **57** ('32) 45–50. — Unique contribution to geology [Penrose bequest to Geological Society of America]: 51–54. — Critique of continental glaciation cosmically controlled: 101–30. — Charting American geological terranes: 143–46. — Mechanics of orogenic overthrusting in desert ranges: 197–212. — New trend in geological research: 213–16. — Chetopa formation of western interior coal field: 217–19. — Synonymy of Lawrence shales in Iowa: 219–22. — Terranal naming of Iowa coal measures: 222–26. — What is the Galena limestone? A curious problem in regional correlation: 279–96. — Physical method in geological correlation: 297–300. — Great coal-measures delta in continental rôle: 335–62. — Guadalupan series restricted: 365–68. — Benjamin Kendall Emerson: **58** ('32) 1–6. — Zuni uplift; precedent in cubist projection technique: 45–60. — Glacial theory through a century: 61–64. — Buoyancy law of petroleum pooling: 107–18. — Supaian correlations in Arizona: 119–28. — Plattin and Kimmswick in synonymy in Missouri: 129–32. — Nacimientan series of New Mexico: 132–35. — Span of the Sandia formation: 135–37. — Alamito coal measures of New Mexico: 137–41. — Revision of glacial Wisconsin tills scheme: 141–45. — Izard dolomite in Missouri: 145f. — Elaboration of glacial concept in America: 197–220. — Cretacic age of Puercan series: 221–24. — First recognition of English Cretacic in America: 225–27. — Quantitative measure of desert denudation: 285–300. — Iowan till débâcle: 301–10. — Ulysses Sherman Grant, petrographer: 321–44. — Basin ranges in the making: 363–72. — Synonymy of Waucoma dolomite in Iowa: 377f. — Goweran vs. Leclairan in serial title: 378–80. — Early Yorkic succession in Iowa: **59** ('33) 57–72. — The geological formation: 73f. — Synonymy of Buffalo River terranal title of Arkansas: 75–80. — Late Carbonic homogeny of continental interior: 127–50. — Entitlement of North American glaciations: 157–60. — Diversity of usages of Iowan as till title: 207–12. — Limitations of geographic designation of geologic terranes: 213–16. — Hueco vs. Magdalena in New Mexico; Modoc limestone of eastern Arizona; Synonymy of Devonic Percha shales of New Mexico: 217–24. — Genetic glaciology through its first century: 283–98. — Murchisonian Permian in provincial series: 299–302. — Contrasted reliefs of glacial till terrepleins: 351–66. — Forecasting of earthquakes: 367–70. — Standard Carbonic succession in diastatic analysis: **60** ('33) 37–54. — Quadruple glaciations of Wisconsin epoch: 55–58. — Spergen limestone of Iowa: 59–63. — Titular validity of Golconda limestone: 63f. — Methodical scheme of geological classification for Iowa: 111–32. — Diversity of the interglacial: 133–36. — Cerro Tucumcari and American Jurassic: 137–39. — Kincaid title in preoccupation: 139f. — Measure of late geologic time: 205–18. — Crack of doom in Great Basin: 219–22. — Terranal composition of Yorkic Rockfordian series of Iowa: 223–26. — Magnitude of Great Basin erosion: 287–96. — Geological chronology at XVIth International Geological Congress: 297–300. — Type locality of Mississippian Osage group: 361–68. — Volcanic ash falls as exact criteria in correlation: 369–72. — Methodical scheme of geological chronology: **61** ('34) 39–62. — Periodicity in orogenesis: 63–66. — Fundamental crystalline complex in Arizona: 67–70. — Paleozoic diastrophism of Colorado dome: 107–32. — Man in an ice age: 133–36. — Taxonomic status of Bethany title: 137–40. — Rate of deposition of loess: 221–30. — Practicability in geological nomenclature: 231–34. — Ordovicic anomaly in New Mexico: 235–38. — Willow dolomite of upper Mississippi Valley: 239f. — Walcott and American Cambric débâcle: 279–90. — Essentials of geological definition: 293–96. — Diverse affinities of so-called Loveland gumboloess of Iowa: 297–99. — Terranal title Grand Canyon: 299f. — Warren Upham, glacialist: 321–28. — Strategic role of Jordan sandstone of Minnesota: 355–66. — Cambric Richmond sandstone of Iowa: 379f. — William Morris Davis and American physiography: **62** ('34) 1–16. — Polarine glaciation in retreat: 35–54. — Dust storms in geological economy: 55–58. — Formational nomenclature for Iowa Carbonic: 59–64. — End of Rocky Mountains: 65f. — Note on so-called Iowa marble: 66. — Recessional rivers in glacial role: 103–24. — Hemeral subdivision of mappable terranes: 125–28. — Chouteau limestone in Iowa: 129–32. — Modernity in paleozoic starfishes[1]): 197–212. — Return to drainage normalcy in glaciated regions: 213f. — Ste. Geneviève limestone of Iowa: 215–18. — Taxonomic anomaly of Cretacic Benton shales: 219–21. — Aux Vases vs. Ferruginous sandstone in Missouri: 222f. — Serial fauna in the making: 224–26. — Black grassy shale in Iowa: 226–30. — Glacial concept before Agassiz: 283–300. — Factual setting of geological definition: 301–04. — Taxonomic status of Greenhorn limestone: 305–08. — Synonymy of Hackberry as terranal title: 308. — Thomas Huston Macbride [1848–1934]; his geological work: 321–28. — Geological work of winds on the Great Plains: 359–70. — Taxonomic status of Wisconsin glacial title: 371–74. — Faunal integrity of Burlington limestone: 375–78. — Patrician glaciation interval in Iowa: **63** ('35) 11–13. — Strategic role of Patrician glaciation in cosmic scheme: 26–30. — Rocky Mountain Cretacic geosyncline: 41–72. — Stratigraphic disuse of group rank: 73–76. — Mesa Verde terranal title in redefinition: 77f. — Taxonomic rank of Niobrara chalk: 78–80. — Last epochal glaciations in cosmical paradigm: 119–50. — Terranal nomenclature of Owen's Lower Magnesian limestone: 155–60. — Glacial origin of the Grand Coulee: 189–202. — Wisconsin glaciation in original definition: 217–22. — Possibility of early Carbonic Oshawanan sediments in Arizona: 223–30. — What shall Permian be?: 230–35. — Dakotan sandstone at type section and as basinal basilium:

236–40. — Terranal resolution of Iowa's rock column: 271–90. — Transmigration of pre-Cambric faunas: 291–94. — First American discovery of Cretacic rocks: 295–97. — Early discovery of Mississippian Burlington limestone fauna in Arizona: 297–99. — Life before the Cambric: 341–64. — Beginning and end of Basin Range hypothesis: **64** ('35) 8–34. — Rothpletz and pre-Cambric of Rocky Mountains: 55–58. — Comanche in synonymy as terranal title: 59–62. — Eearliest recognition of Cretacic rocks in Arizona region: 62–64. — Early Cretacic prospect from southeastern Arizona: 125–40. — Priority vs. usage in geological terminology: 141–44. — Biostratigraphy of Chouteau limestone in Iowa: 145–48. — Ultimate test of Duttonian isostasy: 193–220. — Isostasy in the proving: 221–24. — Age of Ceja Glorieta sandstone: 263–78. — Note on marine fauna in Permian of Bachmut: 286. — Strategic role of Taconic in paleontological geology: 297–300. — Where is Shakopee dolomite?: 301–05. — Invalidity of Chupadera as terranal title: 305f. — Southern tectonic ending of Rocky Mountains: 355–72. — Permian as a world problem: 373–76. — Guadalupan series, its span and affinities: **65** ('36) 35–56. — Resolution of our pre-Cambric transition rocks: 57–60. — Taxonomic status of Triassic Chinle formation: 61–63. — Taxonomic redundancy of Prairie du Chien title: 63–66. — Terranal equivalence of Hueco limestone: 66–68. — Eastward extension of Shinarump basilium: 68–71. — Incongruity of Chupadera formation: 71–74. — Proper title of so-called Lewis shales in Arizona: 74f. — Biotic sequence verifiable by volcanic ash falls: 75f. — Developmental stages of the peneplain: 125–48. — Coon Butte's little brother [Zuni volcanic crater]: 149–54. — Henry Fairfield Osborn [1857–1935], modern paleontologist: 161–78. — Reorganization of the peneplane, a symposium: 179–81. — Tectonic paradigm of southern Rocky Mountains: 209–28. — Passing of Lyell's Pleistocene term from glacial geology: 229f. — Role of Baconian cycle in secular glaciation: 273–94. — Is Texan Malone formation Jurassic?: 295–300. — Navajo sandstone in synonymy: 301f. — Validity of Dutton's Jurassic Zunian series in Arizona: 302–06. — Mesa Verde coal formation in Arizona: 306–10. — Correlation in European and American glaciation: 348–66. — Redefinition of our Cambric: 367–70. — Reorganization of the peneplane, a symposium: Peneplanation in driftless area of Iowa: **66** ('36) 14–18. — Peneplane; realistic vs. theoretic: 41–62. — American paradigm for European glaciations: 63–68. — Tertic basilium of northwestern New Mexico: 69–71. — Tyende title as substitute for Lohali formation: 71f. — Age and synonymy of Animas sandstone of New Mexico: 72–74. — Todilto limestone in unique pose: 74–77. — Discovery of Conrad's type fossils-localities of the United States and Mexico Boundary Survey: 77–80. — Terranal terminology in Rocky Mountains: 89–94. — Assiniboine great sedimental cycle: 113–36. — Communications to the XVIth International Geological Congress: 137–48. — Horizon of type section of Benton formation: 149f. — Nuttall and first recognition of Cretacic rocks in America: 151–54. — Yanktonian series for so-called Benton shales of Iowa: 154–56. — Geological age of rim rocks of the Grand Canyon: 195–216. — Drifting are the continents?: 217–20. — Earliest recognition of Dakota sandstone as a geological formation: 221f. — Primary usage of Aubrey as terranal title: 222–24. — Marine Jurassic horizon of Montezuma: 224–26. — Midcontinental diastrophism in late Paleozoic times: 279–306. — Origin of the oceans: 307–10. — Passing of Supai as terranal title: 311–13. — Validity of Kaskaskia limestone title: 313–16. — Iowa Rockford fauna reported from Arizona: 316. — Diastatic measure of biotic chronology: 363–76. — Structure of the Sandia Mountains [New Mex.]: **67** ('37) 39–58. — Tree-ring dating for pre-history events: 59f. — First geographic designation of Receptaculites limestone in upper Mississippi Valley: 61–65. — Cimarron term usage in New Mexico: 65–67. — Invalidity of Ordovicic Prosser term in Missouri: 67f. — Primary source of gigantic gypsum dunes of Hueco desert [N. Mex.]: 129–42. — Homotaxial principle in modern geology: 143–48. — Extension of Missouri's Charette title into Iowa?: 149–51. — Biotic significance of Decorah volcanic ash-bed in Missouri: 152–56. — Chronologic status of Frederick limestone of Maryland: 156–58. — Titular pre-occupation of Labette shales of Kansas and Oklahoma: 159f. — Note on relation of sun-heat to glaciation: 171–74. — Homotaxial principle in geological classification: 215–30. — Absolute scale of geological ages: 231–34. — Extension of Wisconsin's Beloit limestone into Iowa: 235–37. — Extension of Missouri's Lexington formation into Iowa: 237–40. — Missouric period or Missourian series reflected in major sedimental cycle?: 281–302. — Methodology in geology: 303–06. — Taxonomic position of Tiptonian red clastics of Iowa: 307–09. — Geometry of Oologah limestone of Oklahoma coal measures: 310–14. — Stratigraphy of Tampico Embayment of Mexico, a review: 341–56. — Mapping unit in geology: 357–60. — Naming of Red Oak fault in Iowa: 361f. — Priority of Kansas City oölite as terranal title: 364–66. — Validity of Missourian Forbes limestone in Iowa: 366–70. — Taxonomy of Galena dolomite of upper Mississippi region, a symposium; prologue: **68** ('37) 23f. — Genesis of Iowan carbonic rocks in cyclic aspect: 35–50. — Cyclotheme in geology: 51–54. — Priority of Meek's Plattsmouth title in Iowa: 55–57. — Age of Red Oak fault of southwestern Iowa: 58–61. — Void of Iola limestone in Iowa: 61–64. — Foundation of peneplain theory: 64f. — Taxonomy of Meek's Platte shales of Nebraska and Iowa: 65–68. — Taxonomy of Galena dolomites of upper Mississippi region, a symposium; Galena dolomite as a geological formation: 101–10. — Classificatory expression in geological mapping: 141–44. — Earliest life in the Northwest: 145. — Genetic emendation of Pennsylvanian series: 145–49. — Synonymy of Carbonic Bethany title: 149–52. — Reconditioning of Swallow's Stanton limestone in Iowa: 152–54. — Bethany solidarity and the geological formation: 199–216. — Adequacy of definition of geological formations: 219–22. — Linwood shales in Iowa: 223–26. — Age and origin of magnetitic iron-ores of Chupadera Mesa [N. Mex.]: 230–34. — Fast vanishment of morainic front of glacial till-sheets: 263–84. — Genesis in terranal organization: 285–88. — Validation of Wabaunsee formation through conditional unconformity: 291–94. — Related interpretation of Geinitz's Carbon-formation and Dyas in Nebraska: 294–98. — Pre-occupation of Hertha title in Iowa: 298f. — Redundancy of Sedalia limestone title in Missouri: 299–302. — Atchison shales vs. Wabaunsee in Iowa: 355–58. — Kinship of so-called Fern Glen limestone of Missouri: 359–61. — Genetic significance of geographic distribution of Burlington limestone: 362–64. — Genetic affinities of so-called Sylamore sandstone in central Missouri: 364–66. — Physiography of oceans: **69** ('38) 27–46. — Elision of Murchisonian Permian in America: 47–50. — Lake Valley limestone and some of its equivalencies: 51–54. — Wisconsin vs. Cary as glacial till title: 54–56. — Cosmical correlation of glacial epochs in America: 105–30. — Finest extant mountain of circumdenudation: 131–34. — Emendation of Geuda title for great Kansan salt-bed: 135f. — Bernalillo shales as priority term for New Mexican older red-beds: 137–39. — Guadalupan fauna; what it is not: 139–44. — Genetic setting of some American red-beds: 207–28. — Pelican Rapids [Minn.] geology: 229–32. — Tazewell till title in synonymy: 233f. — Guadalupan series in taxonomic status: 237–40. — Genetic role of Lake Valley limestone in American Carbonic taxonomy: 249–62. — Lauderback-like features in fact and fancy: 291–94. — Santa Rita limestone of Arizona in synonymy: 295–97. — Inadequacy of Cimarron series in Kansas: 297f. — What is the Hueco limestone?: 299f. — Demotion of Murchison's Permian: 343–58. — Stability of geological terminology: 359–62. — Flint Hills of Kansas in reef role: 363–65. — Debacle of Williams' Chouteau fauna: 365–68. — Physiography of Iowa: **70** ('38) 35–60. — Serial reconditioning of American Carbonic taxonomy: 61–64. — Nomenclature of pre-Cambric basement complex of Arizona: 65–67. — Easternmost overlap of Keokuk limestone and its taxonomic significance: 67–69. — Priority of Swallow's Chester title: 69f. — Basement complex of the Grand Canyon: 91–116. — Validity of Grand Canyon formational title: 149f. — Kinderhook formation at type section: 152–54. — Kinderhook centrum; what is it? and where?: 183–96. — Geological periods and diastrophic circuits: 221–24. — Extension of Iowan Rockford shales into Missouri: 225–27. — Protozoic clastics of Tijeras Canyon, N. Mex.: 229f. — Diastrophic kinships of Warsaw shales formation: 289–300. — Aux Vases in basilium function: 301–04. — Some curious incongruities of early Carbonic Meramec division: 305–07. — Possible cycle role of Pella shales of Iowa: 308–10. — Cyclic significance of Pella shales: 349–54. — Genetic emendation of Chartresan series: 363f. — Age of Chattanooga black shales: 364–66. — Diversity of Escabrosa limestone of Arizona: 366–68. — Exploratory geology of Benjamin Franklin Shumard: **71** ('39) 1–10. — Deltaic anomaly of the Supai of the Grand Canyon: 55–62. — Error of the three Archimedean limestones: 63–66. — Fredonia oölite title of Kentucky in synonymy: 67f. — Substitute title for Protozoic Chiquito sandstone of Grand Canyon: 69. — Synonymy of Protozoic Nunkoweap title of Arizona: 70. — Diastrophism as ultimate basis of geologic chronology: 133–48. — Geosynclinal theory of maximal sedimentation: 149–52. — Why Pennsylvanian series occurs not in Grand Canyon region: 153–57. — Hampton terranal title of Iowa in synonymy: 157–59. — Pre-occupation of Uncompahgran time title: 159f. — Faunal migrations of the geologic past: 225–28. — Stratigraphic position of great Graphiocrinus colony at Kansas City: 229–31. — Extension of Siluric Fusselmann limestone westward from type locality: 231–35. — Invalidation of Fern Glen terrane of Missouri, Iowa, and Illinois: 235–38. — Taxonomy of Lake Valley limestone of New Mexico: 238–40. — A passing of the ancient crinoids: 241–58. — Lex prioritatis and Pleistocene term: 297–300. — Cambric succession of upper Mississippi region: 301–04. — Winterset limestone of Iowa; redundancy of title: 304–08. — Ouachita orogeny in light of geosynclinal theory of major sedimentations: 359–68. — Burlington limestones of southwestern flanks of Ozarks: 369–72. — Titular extension of terranal units in geosynclinal sedimentations: 373–76. — Graphiocrinus in America: 376–78. — Kansas City group in taxonomy: 378–80. — William Phipps Blake [1826–1910], pioneer of southwest: **72** ('39) 1–8. — Geosynclinal theory of sedimental cycle and American Devonic: 45–60. — Geosynclinal Linnian series of western Devonic: 63–65. — Callaway limestone of Missouri in Iowa: 65f. — Titular synonymy of Sulphur Springs formation of southeast Missouri: 66–69. — Devonic Megistocrinus zone in Missouri: 69f. — Cambric formational synonymy in upper Mississippi province: 123–40. — Swallow's Cooper limestone in Iowa: 145–47. — Bailey limestone of southeastern Missouri in synonymy: 147f. — Elimination of Iola limestone title from terranal nomenclature of Iowa: 148–50. — Chronologic standard for world pre-Cambric stratigraphy: 150–56. — Nature's reclamation of the dust-bowl: 215–22. — Recovery of Izard dolomite: 223–26. — Possible genetic function of Devonian Wittenberg shales of Missouri: 227f. — Synonymy of glacial till titles in Iowa: 228–32. — Validity of Clear limestone as formational title in Missouri: 232f. — Reputed Kinderhook rocks in Arizona: 233f. — Genetic revision of Devonic formations of Iowa: 293–302. — Reconditioning of our geological correlation practice: 303–06. — Redundancy of Ordovicic Kimmswick title of Missouri: 307–10. — Chouteau fauna in Arizona: 310f. — Beloit limestone in Missouri: 312–15. — Oldest flowering flora of which we know, and Des Moines coal measures: 355–62. — Initial location in polarine ice-cap formation: 363f. — Place of Devonic fauna of Bisbee [Ariz.]: 365–67. — What is the stratigraphic span of Cretacic Benton formation?: 367–70. — Joseph Granville Norwood [1807–1895]: **73** ('40) 1–10. — Kinderhook problems in Iowa: 29–58. — Membership of Hannibal shales: 59f. — Soundness of Gilbert's Cretacic Greenhorn title of Colorado: 61–63. — Preoccupation of formational Madison term of Wisconsin: 63–65. — Inutility of Wassonville limestone term in Iowa: 65–68. — Invalidity of McKerney limestone of Illinois: 68–70. — Lowland ice-cap in the making: 117–34. — Unconformities of Kinderhook: 137–40. — Stratigraphic position of so-called Maple Hill shales of Iowa: 141–46. — Northward extension of Saverton shales into Iowa: 146–48. — Entitlement of ancient metamorphics in Arizona: 148–50. — Eparchean interval in Arizona: 211–28. — Shandon quartzite of New Mexico in synonymy: 233f. — Passing of English River gritstone in Iowa: 234–36. — Eastward extension of Aubreyan limestone from Grand Canyon: 236–40. — Range of the Redwall of Grand Canyon: 269–81. — Sequential order of the red-beds [of New Mexico]: 289–94. — Dragoon quartzite of Arizona: 295–97. — Bernalillan series of New Mexico red-beds: 297–99. — No Henrietta coal title for Iowa: 299–301. — Percha shales of New Mexico in synonymy: 301–04. — Post of Berenda limestone of Lake Valley [N. Mex.]: 304–06. — Invalidity of Manzano group of New Mexico: 306–08. — Yorkian sedimental cycle as a geosynclinal deposition: 345–48. — Famous Manzano fauna of New Mexico is what?: 361f. — Composite character of Longfellow limestone of Arizona: 363f. — Synonymy of Little Sale limestone of Missouri: 364f. — Exit of Mimbres limestone title from New Mexico: 365–68. — Gym limestone of New Mexico is what?: 368–70. — Supernumerary Magdalena Group of New Mexico: 370–74. — Peneplanal unconformities through the ages in Arizona: 376. — Darwin's natural selection theory of biotic evolution as reflected in Arizona: 378f. — Paleontological achievements of Fielding Bradford Meek [1817–1876]: **74** ('40) 1–12. — Genetic revision of Devonic of Missouri: 47–60. — Passing of Comanche: 61f. — Place of Madera limestone in New Mexico: 64–68. — Devonic Ouray limestone of Colorado in Arizona: 68–70. — Genetic relations of Alamito coal measures of Socorro: 70–72. — Correct usage of terranal Mansano term in New Mexico: 72–74. — Position of Cretacic Beartooth sandstone of northernmost Sierra Madre: 74–76. — Outlines of New Mexico geology: 103–42, 181–234. — Cambric anomalies in the southwest: 143f. — Paleozoic affinities of so-called pre-Cambrian quartzites of Franklin Mountains of trans-Pecos Texas: 145f. — Early Cretacic Barberian series of Kansas: 147–49. — Stratigraphic position of Apache group of Arizona: 149–53. — Early Cretacic Tucumarian series of New Mexico: 153f. — Yaquian series of the Grand Canyon: 154–56. — Great Mazatzal quartzite of Arizona; its horizon and synonymy: 156f. — Equivalency and synonymy of Tohachi shales of northeast Arizona: 157–60. — Physiographic significance of Protozoic Cardenas lava-flows of Grand Canyon: 235f. — Outlines of Arizona geology: 251–89, 331–66; **75** ('41) 19–52. — Fantasy of the Osage fauna: **74** ('40) 297–300. — Early Cretacic Purgatoire formation of southeastern Colorado: 301–03. — Nature of sub-Bethany unconformity in Missouri: 303–05. — Inutility of Triassic Chinle formation of Arizona: 305f. — Early Cretacic Revuelto formation of the Cerro Tucumari [N. Mex.]: 306f. — Invalidity of so-called Virgil series in Iowa: 307–09. — Original span of Sandia sandstone of New Mexico: 310f. — Fallacy of early Carbonic Meramec grouping of Missouri and Illinois: 311–16. — Paleozoic affinities of so-called pre-Cambric quartzites of Franklin Mountains of trans-Pecos Texas: 316–18. — Chetopa shales: 318–20. — Defense of Missourian: 367–72. — Early Cretacic Barberian series in New Mexico: 373f. — Standard equivalency of Boone chert of Arkansas: 374–77. — Cretacic Dixon chalk of northeastern Nebraska: 377–80. — Des Moines coal measures series in Illinois: 380–82. — Fiction of the Nemo arch: **75** ('41) 62–66. — Genetic relations of Cambrian provincial series of upper Mississippi basin: 69–72. — Taxonomic rank of type Ozarkian section: 72–74. — Cambric Lansingham series of upper Mississippian basin: 74–76. — Pennsylvanian coal measures series in Iowa: 76–78. — Cambrian Hanoverian series of Minnesota and Iowa: 78–80. — Outlines of Iowa geology: 95–145, 165–220, 259–305. — Why our Carbonic?: 146–50. — Première setting of American coal measures: 151–55. — Revised chart of geological formations of Missouri: 156f. — Revival of Swallow's Pawnee limestone series of Kansas: 158–60. — Kansas Riley limestone in trans-Pecos Texas?: 229f. — Revival of Broadhead's Ordovicic Charette title in Missouri: 231–35. — Remnantal Pennsylvanian coal measures series in Missouri: 235f. — Superfluity of Cambric Doe Run dolomite title in Missouri: 236–39. — Decatur shales of Tennessee Valley: 239f. — Fallacy of Kansas City group, basal Missourian section: 306–08. — Navajo coal measures of northwestern New Mexico Laramian: 309f. — Intra-Devonic erosional unconformity in Missouri: 310–12. — Bronson group of Kansas in synonymy: 312–14. — Synonymy of St. Laurents limestone of Missouri: 314–16. — Invalidity of Cambric Elvins formation in Missouri: 316–18. — Cimarron red-beds in New Mexico: 318–20. — Outlines of Missouri geology: 337–66; **76** ('41) 29–52, 105–38, 185–228. — Validity of Missourian Linwood shales: **75** ('41) 367f. — Cretacic Wiskanian series of Colorado and Kansas: 369–71. — Pennsylvanian void in Kansas: 371–74. — Precise dating of Nemaha orogeny in Nebraska and Kansas: 374–76. — Invalidity of Marmaton group of Kansas: 376–78. — Correlation of coal measures of southwest Missouri: 378f. — Age and synonymy of great Lanoria quartzite of trans-Pecos Texas: 379–81. — Serial resolution of Gargantuan Cretacic centrum shales of Cordilleran region: 381–84. — Invalidity of Labette shales in Kansas: 384f. — Revised chart of geological formations of Kansas: 386. — Measure of arid deflation [Potrillo Mts, Tex.]: **76** ('41) 53f. — Preoccupation of Nebraskan till title in Nebraska: 55–57. — Old glacial tills of Missouri: 57–60. — Age diversity of certain Carbonic limestones of Arizona: 60–62. — Revised chart of geologic formations of Illinois: 63f. — Outlaw Bronson formation of Kansas: 65–68. — Pre-occupation of Cherokee coal measures title in Missouri: 68–70. — Broadhead's Ordovicic Charette limestone applicable in Illinois: 70–72. — Need of genetic period in geology: 139f. — Glaciation in Kansas: 141–43. — Cambric Shakopee dolomite in Illinois: 143–45. — Kaaterskillian series and New York Devonic: 145–47. — Stratal position of Smoky Hill chalk of Kansas: 147f. — Apostasy of Chamberlin's Wisconsin glacial epoch: 148–50. — Duality of Devonic in Illinois: 150–52. — Derelict surface of retreating ice-sheet: 155f. — That new metamorphic paleontology: 229–32. — Type section of Kinderhook of Burlington, Iowa: 233–36. — Ancient peneplanations of Grand Canyon region: 275–98. — Body of the loess: 299–302. — Synonymic and bogus terranal titles in Kansas: 303–15. — Devonic Wittenberg shales in Illinois: 315f. — Possible genetic function of Devonic Wittenberg shales of Missouri: 316f. — Validity of Broadhead's Atchison shales formation: 317–20. — Outlines of Kansas geology: 343–68; **77** ('42) 43–62, 107–42, 185–224. — Novelty in geology [Criticism of geological map of Adams County, Iowa]: **76** ('41) 369f. — Gove chalk of northwestern Kansas: 371f. — Invalidation of Mankato till as Iowa glacial title: 372–74. — Fallacy of so-called Cretacic Pierre formation in Kansas: 374–76. — Over-naming of Atchison shales formation: 376–79. — Keyes' Forbes limestone a proper terranal title in Missouri, Iowa, Kansas and Nebraska: 379–82. — Real stratigraphic position of Cretacic type Benton shales: 382–84. — Pioneer geological work of [Orestes Hawley] St. John [1841–1921]: **77** ('42) 1–18. — San Andrés limestone, a stray uncorrelatable remnant: 63–68. — Louisville vs. New Albany black shales in Illinois and Indiana: 69f. — Stratal equivalency of Jurassic La Plata formation of Colorado: 71–73. — Cretaceo–Tertic boundary in northwestern New Mexico: 73–76. — Diversity of Gregory's Chinli formation: 76f. — Easternmost extension of western Devonic limestones: 78f. — Outpost occurrence of Oshawanan deposits northwestern Arkansas: 79f. — Some Basin ranges as exhumed Jurassic monadnocks: 91–104. — Tri-serial set-up of American coal measures: 143–50. — Cactocrinus proboscidialis as premier index fossil of lower Burlington limestone: 151f. — Validity of Dawson's Bellyan series: 152f. — Cimarron vs. Chaves for Guadalupan red-beds in New Mexico: 153–55. — Synonymy of Naco limestone of Bisbee [Ariz.]: 155f. — Great Red Oak fault and geological re-mapping of Iowa: 169–75. — Revision of Devonic stratigraphy of Arizona: 225–28. — Kinship remoteness of Chouteau and Louisiana limestones of Missouri: 229–31. — Validity of Broadhead's Atchison shales formation: 231–34. — Devonic Wittenberg shales in Illinois: 234. — Peneplane in the making: 264–72. — Outlines of Illinois geology: 285–306, 351–69. — Precise stratigraphic horizon of oldest fossils: 307–09. — Triplicity of sub-Aubreyan peneplanation of Grand Canyon: 309f. — Derelict Devonic fauna in far Southwest: 311f. — Aulopora gracilis in synonymy: 312f. — Fallacy of Osage group in Iowa: 313–18. — Paucity of Siluric rocks in New Mexico: 318–20. — Passing of Cretacic Colorado group: 327–39. — Curiously persistent error concerning Tirjeras quartzite of Sierra del Oro [N. Mex.]: 371f. — Possible marine anomaly of Missourian coal measures of continental interior: 373f. — Cretacic Buckskinian series of Kansas and Colorado: 375f. — Possible genetic function of Devonic Wittenberg shales of Missouri: 376–78. — Invalidity of Gordon's so-called Magdalena group of New Mexico: 378–80.

Proc. Iowa Acad. Sci. Arthur Gray Leonard, 1865–1932: **40** ('33) 31f.

Mit: [1]) B. H. Beane.

VI **KEYES,** Donald Babcock. Chem. Technol. — 1925–45 Prof. Chem. Engng., Head of the Division, Univ. of Illinois, Urbana, Ill.; '45–51 Vice Pres., '51–56 Special Consultant, Heyden Chem. Corp., New York; '51–54 Consultant, '51–58 Representative, Arthur D. Little Inc., Cambridge, Mass.; '54 Pres., Amer. Inst. Chemists, New York. — '46 Hon. D. Sc. (Univ. of New Hampshire, Durham, N. H.); '47 Hon. D. Eng. (Stevens Inst. Technol., Hoboken, N. J.).

*1891, Febr. 8, Westerly, R. I.

Zur Biogr. Chemical and Engng. News **27** ('49) 1276.

W. Co-operative research in chemical engineering at the University of Illinois (Urbana, Ill. '33) 21 S. (Preprint from American Institute of Chemical Engineers, Chicago meeting 1933). — Chemical engineers' manual (m. A. G. Deem) (New York '42; London '43) 7 + 221 S. — Industrial chemicals (m. W. L. Faith, R. L. Clark) (New York '50) 11 + 652 S.; [2]('57) 9 + 844 S.

Bull. Ser., Univ. Illinois, Engng. exper. Stat. The catalytic partial oxidation of ethyl alcohol in the vapor phase, 5: Use of a liquid salt bath for temperature control[6]): Nr. **252** ('32) 12 S. — A study of the plate factors in the fractional distillation of the ethyl alcohol – water system[4]): Nr. **328** ('41) 64 S.

Chemical and Engng. News Training men to appraise and develop markets for chemicals: **27** ('49) 488f. — Organized commercial chemical development: **30** ('52) 1718f. — Technical audit[11])[2]): **32** ('54) 3534–36.

Chemical Engng. Progr. History and philosophy of chemical engineering education: **49** ('53) 635–40.

Chemical and metallurg. Engng. Plate efficiency study in ethyl alcohol distillation[4]): **48** ('41) Nr. 7, 85–87.

Chemistry and Industry A study of the absorption of sulphur dioxide from flue gases: **12** ('34) 692–95.

Chimie et Industrie Recherches préliminaires sur les facteurs déterminant le rendement des plateaux d'appareils distillatoires: **45** ('41) Nr. 3 bis, 176–78.

Circular Ser., Univ. Illinois, Engng. exper. Stat. Chemical engineering unit process-oxidation: Nr. **34** ('38) 38 S. — Factors involved in plate efficiencies for fractionating columns: Nr. **35** ('38) 14 S.

Industrial and Engng. Chem. Catalytic partial oxidation of alcohols in the vapor phase, 4[6])[15]): **24** ('32) 924–26. — Co-operative chemical engineering research in the university: 947–49. — Esterification processes and equipment: 1096–103. — Catalytic vapor-phase oxidation of tetraalkylmethanes[6])[17]): **25** ('33) 224. — Liquid-vapor composition curves of acetic acid and water at sub-atmospheric pressures: 569. — Oxidation of pyritic sulfur in bituminous coal[13])[16]): 1355–58. — Effect of catalysts on the reaction between olefins and hydrogen sulfide[5])[16]): **26** ('34) 91–93. — Equilibria in a chemical system. Hydrogen sulphide – propylene – isopropyl mercaptan – n-propyl mercaptan[1]): 1111–14. — Recovery of sulfur dioxide from waste gases. Distillation of a three-component system ammonia – sulfur dioxide – water[9]): **27** ('35) 659–65. — Catalysts for the vapor-phase oxidation of acetaldehyde[7]): **29** ('37) 1254–60. — Catalysts for the equilibrium ethylene–water–ethanol [14])[17]): **30** ('38) 173–75. — Surface tension of ethyl alcohol – water mixtures[3])[4]): **32** ('40) 532–34. — Binary liquid mixtures: **33** ('41) 1019–21. — Vapor-phase partial oxidation of ethyl alcohol. Variables influencing catalyst behavior[12]): **34** ('42) 138–46. — Vapor–liquid equilibrium data on ethyl alcohol – water and on isopropyl alcohol – water[10]): 938–42. — Isopropyl alcohol – water system. Density–composition data and pyknometric technique [10]): **35** ('43) 459–64. — Plate factors in fractional distillation of isopropyl alcohol – water mixtures[10]): 464–69. — Engineer's assistance: **49** ('57) Nr. 3, 97 A. — Evaluating the evaluators: **51** ('59) Nr. 6, 46 A–48 A.

J. amer. chem. Soc. The activities of ethylene and ethanol in sulfuric acid[8]): **56** ('34) 2221–24.

J. chem. Educat. Developments in chemical engineering education: **10** ('33) 717–20. — Teaching chemical engineering unit processes from the quantitative aspect: **15** ('38) 480–83. — Training the chemical engineer to meet the specifications of industry: **18** ('41) 184–87.

National Petroleum News New rotary-type plate improves vacuum fractionating column: **24** ('32) Nr. 45, 22–24, 26f.

Science [USA] The value of the determination of free-energy change for organic reactions: **77** ('33) 202–04.

Scientific Monthly Chemical research in ice manufacture: **34** ('32) 176–81. — Pure air for our cities: **35** ('32) 427–30.

Trans. amer. Inst. chem. Engr. Cracking of petroleum: an example of the methods of teaching the fundamentals of unit processes: **32** ('36) 472–92. — Insurance plants for the chemical industry: **40** ('44) 408–12. — Effect of added components on the relative volatilities of two binary mixtures[18])[10]): **41** ('45) 717–36.

Trans. Illinois State Acad. Sci. Study of boiler waters in high-pressure plants. A review of Straub's work: **26** ('34) 77.

Mit: [1]) F. T. Barr; [2]) L. W. Bass; [3]) W. S. Bonnell; [4]) L. Byman; [5]) H. R. Duffey; [6]) W. L. Faith; [7]) H. D. Foster; [8]) M. Gallagher; [9]) H. F. Johnstone; [10]) W. M. Langdon; [11]) W. C. Lothrop; [12]) L. R. Michels; [13]) H. W. Nelson; [14]) A. J. Paik; [15]) P. E. Peters; [16]) R. D. Snow; [17]) S. Swann, jr.; [18]) O. L. Updike.

V, VI **KEYES,** Frederick George. Chem. (physikal.). — 1916–19 Assoc. Prof., '20–45 Dir. of the Research Labor. of Physical Chem., '22–50 Prof., '22–45 Head of the Departm. of Chem., '50 Prof. Emer., Massachusetts Inst. of Technol., Cambridge, Mass. — '34 Hon. D. Sc. (Yale Univ., New Haven, Conn.); '42 Hon. D. Sc. (Rhode Island State College, Kingston, R. I.); '63 Hon. D. Sc. (Brown Univ., Providence, R. I.). — '42 Theodore William Richards Medal (Amer. Chem. Soc.); '48 Gold Medal (Amer. Soc. Mechan. Engrs.).

*1885, Juni 24, Kingston, Ont., Can.

Biogr. C. A. Kraus, The scientific contributions of F.-G. Keyes: Nucleus [Cambridge, Mass.] **19** ('42) 195, 201.

S. Temperature, its measurement and control in science and industry (New York '41) 45–59: Gas-thermometer scale corrections based on an objective correlation of available data for hydrogen, helium and nitrogen.

W. Thermodynamic properties of steam; including data for the liquid and solid phases (m. J. H. Keenan) (New York '36) 89 S.; Neuaufl. ('47) 89 S.; weitere Neuaufl. u. d. T.: Steam tables. The thermodynamic properties of water substance, incl. vapor, liquid and solid phases (m. J. H. Keenan, P. G. Hill, J. G. Moore), English units (New York '69) 162 S.; International edition – Metric units ('69) 162 S.

Analytical Chem. Note on a reversed oxyacetylene flame: **36** ('64) 439.

Biographical Mem., Nation. Acad. Sci. USA Arthur Becket Lamb, 1880–1952: **29** ('52) 201–34.

Chemical Reviews The relation between the dielectric constants of some compressed gases and the density[7]): **19** ('36) 195–212. — Five years of applied science in the low-temperature field: **39** ('46) 449–80.

International J. Heat and Mass Transfer The second virial coefficient for steam: **5** ('62) 137–42. — The thermal conductivity of steam [11]): **7** ('64) 33–40.

J. amer. chem. Soc. Low temperature studies, 1: The production of liquid hydrogen without expensive equipment[2])[3]): **59** ('37) 1426–37. — Note on a corresponding-states equation of practical interest for general physico-chemical computations: **60** ('38) 1761–64. — The accuracy of estimation of hydrogen peroxide by potassium permanganate titration[4]): **70** ('48) 1640–44. — The density of aqueous hydrogen peroxide solutions[4]): 2578–83. — A measurement of the diffusion coefficient of hydrogen peroxide vapor into air[6]): 3755–58. — The viscosity and heat conductivity of steam: **72** ('50) 433–36. — Error in the average coefficients of specific volume change from 0 to 20° in aqueous solutions of hydrogen peroxide[4]): 5324f.

J. appl. Mech. Comments on the enthalpy of saturated steam from 0 to 100 °C and other steam properties: **7** ('40) 22f.

J. chem. Physics The dependence of the dielectric constants of gases on temperature and density[10])[5]): **1** ('33) 155–59. — The thermodynamic properties of water substance 0 to 150 °C, 6: **15** ('47) 602–12; The consistency of the thermodynamic data for water substance vapor phase to 550 °C, 7: **17** ('49) 923–34.

J. physic. Chem. Note on the year's progress in the precise measurement of the effects of intermolecular potential in gases[1]): **43** ('39) 5–14.

Mechanical Engng. Progress in steam research: Work at Massachusetts Institute of Technology, 1[9]): **54** ('32) 123f.; ∼ 2[9]): 125f. — Report of progress in steam research at Massachusetts Institute of Technology, 1[9]): **55** ('33) 113f.; ∼ 2[9]): 114–16. — A comparison of derived and observed quantities by means of an equation of state for steam based on the new Massachusetts Institute of Technology volume data[9])[2]): **56** ('34) 87–92. — An equation for the volume of liquid water[9]): 92–94. — The equation of state for superheated steam and some comments on derived quantities[9])[2]): **57** ('35) 164f. — The present status of steam properties: **77** ('55) Febr.-Nr., 127–32. — Report: International Co-ordinating Committee on the Properties of Steam met in Moscow, July 21–22, 1958[13])[12]): **80** ('58) Nov.-Nr., 146–49.

News Edit., Amer. chem. Soc. Charles August Kraus: **18** ('40) 763f.

Nucleus [Cambridge, Mass.] The scientific contributions of Professor Charles A. Kraus: **1936**, Mai-Nr., 1–4. — Arthur Amos Noyes:

Okt.-Nr., 11–16. — Chemistry and intermolecular force: **19** ('42) 204–20.

Proc. amer. Acad. Arts and Sci. Methods and procedures used in the Massachusetts Institute of Technology. Program of investigation of the pressures and volumes of water to 460 °C, 1: **68** ('33) 505–64; Steam research program, 2: The vapor pressure of water[9])[2]): **69** ('34/35) 137–68; ~ 3: The volumes of unit mass of liquid water and their correlation as a function of pressure and temperature [9]): 285–312; ~ 3a: The compressibility of mercury from 30 to 300 °C: 313f.; ~ 4: The specific volume of steam in the saturated and superheated condition together with derived values of the enthalpy, entropy, heat capacity and Joule-Thomson coefficients[9])[2]): **70** ('35/36) 319–64; ~ 5: The heat capacity and pressure variation of the enthalpy for steam from 38 to 125 °C [1]): **72** ('37/38) 283–99. — Arthur Dehon Little (1863–1935): **71** ('36/37) 513–19.

Proc. nation. Acad. Sci. USA The pressure variation of the heat function as a direct measure of the Van der Waals forces[1]): **18** ('32) 328–33.

Refrigerating Engng. The present state of psychrometric data[9]): **27** ('34) 127–30.

Science [USA] Contrasts: **89** ('39) 207–12. — Symposium on cryogenic research of the American Chemical Society: **90** ('39) 348f.

Trans. amer. Soc. mech. Engr. Note on the viscosity of steam. Discussion of paper by Solberg: **62** ('40) 685–87. — Gas properties, 1: Introductory comments: **70** ('48) 621f.; ~ 5: Vapor pressure, specific volumes, and p–v–T data for H_2O, NH_3, CH_4, C_2H_4, with comments on mixtures: 641–44. — Experimental determination of heat conductivity for gases: **71** ('49) 939–44. — New measurements of the heat conductivity of steam and nitrogen[8]): **72** ('50) 767–78. — A summary of viscosity and heat-conduction data for helium, argon, hydrogen, oxygen, nitrogen, carbon monoxide, carbon dioxide, water vapor and air: **73** ('51) 589–96. — Measurements of the heat conductivity of nitrogen - carbon dioxide mixtures: 597–603; Additional measurements of heat conductivity of nitrogen, carbon dioxide, and mixtures: **74** ('52) 1303–06. — Thermal conductivity of gases: **76** ('54) 809–16; **77** ('55) 1395f. — The 1957 status of steam properties: **80** ('58) 555–60. — The thermal conductivity of nitrogen and argon[11]): **87** ('65) 177–83.

Mit: [1]) S. C. Collins; [2]) H. T. Gerry; [3]) J. F. G. Hicks, jr.; [4]) C. E. Huckaba; [5]) J. G. Kirkwood; [6]) R. L. McMurtrie; [7]) J. L. Oncley; [8]) D. J. Sandell; [9]) L. B. Smith; [10]) H. H. Uhlig; [11]) R. G. Vines; [12]) J. H. Keenan; [13]) B. H. Sage.

VI **KEYS,** David Arnold. Physik, Geophysik. — 1922–26 Assist. Prof., '26–29 Assoc. Prof., '29–47 Prof., McGill Univ., Montreal, Que., Can.; '47–55 Vice Pres. (scientific), Atomic Energy Divis., Nation. Research Council, Canada; '53–65 Scientific Advisor to Pres., Atomic Energy of Canada, Ltd., Chalk River, Ont., Can. — '47 Hon. D. Sc. (McGill Univ., Montreal, Que., Can.); '47 Hon. D. Sc. (McMaster Univ., Hamilton, Ont., Can.); '53 Hon. D. Sc. (Univ. of Toronto, Toronto, Ont., Can.); '57 Hon. D. Sc. (Univ. of Ottawa, Ottawa, Ont., Can.); '58 Hon. LL. D. (Mount Allison Univ., Sackville, N. B., Can.); '59 Hon. L. H. D. (Lawrence Inst. of Technol., Highland Park, Mich.). — '15 Loudon Gold Medal in Physics (Univ. of Toronto, Toronto, Ont., Can.); '15 Governor General's Medal (Trinity College, Univ. of Toronto); '64 Gold Medal (Canadian Assoc. of Physicists); '67 Canadian Medal of Service.

*1890, Nov. 4, Toronto, Ont., Can.

Zur Biogr. Current biography yearbook 1958 (M. D. Candee) (New York '58) 224f. (m. Bildn.). — Atoms at your service (Chalk River, Ont., Can. '68) (AECL-2645) vor S. 1 (m. Bildn.).

S. Proc. 5th Pacific science congress, Victoria and Vancouver 1933, **3** (Toronto, Ont., Can. '34) 1909–17: The application of magnetometric measurements to location and determination of geological structure. — Book of knowledge annual 1949 (E. V. McLoughlin) (New York '49) 47–50: Atomic energy, servant of humanity. — Trans. 4th World power conference, London 1950, **4** (London '52) 2456–70: Atomic energy development in Canada. — Encyclopaedia Britannica. A new survey of universal knowledge **5** (Chicago–London–Toronto ... '65) 242: Chalk River.

W. Heat, light and sound. A laboratory manual (Montreal, Can. '34) 61 S.; Neuaufl. (m. F. R. Terroux) ('41) 73 S. — Applied geophysics in the search for minerals (m. A. S. Eve) [2](Cambridge '33, New York '34) 10 + 296 S.; [3]('38); [4]('54, '56) 10 + 382 S. — College physics (m. C. E. Mendenhall, A. S. Eve) (Boston–New York–Chicago–London '35) 10 + 592 S.; [2]('44); 3. u. 4. Aufl. (m. C. E. Mendenhall, A. S. Eve, R. M. Sutton) [3]('50), [4]('55) 8 + 660 S. — An elementary college course in experimental physics (m. H. G. I. Watson) (Montreal, Can. '36) 109 S.; Revid. Aufl. (H. G. I. Watson, A. I. McPherson) ('44) 114 S. — Atoms at your service (Chalk River, Ont., Can. '68) 28 S. (AECL-2645).

Addresses, Empire Club Canada The peacetime applications of atomic energy: **1955,** 255–68.

Atomics Atomic energy development in Canada: **1** ('50) 262–65.

Bull., Canadian Inst. Mining and Metallurgy Magnetic surveys over mineral, diabase and artificial dikes[1]): **239** ('32) 119–25.

Canadian Banker Atomic energy – some practical applications: **58** ('51) 22–37.

Canadian J. Res. A piezo-electric method of measuring the pressure variations in internal combustion engines[2]): **6** ('32) 322–31.

Canadian Mining J. Our future source of power: **77** ('56) Nr. 6, 152f. — Peaceful applications of atomic energy: **78** ('57) Nr. 4, 92–95. — Canada's role in the peaceful uses of atomic energy: **80** ('59) Nr. 4, 116–19. — Recent developments in the Canadian atomic energy programme: **81** ('60) Nr. 4, 78–80.

Chemistry and Industry Atomic Energy of Canada Ltd.: The Chalk River plant: **1958**, 1039–41.

Commercial and financ. Chronicle Nuclear energy as future power sources for Canada: **183** ('56) 31, 45, 47, 49, 51.

Contributions, Amer. Inst. Mining and metallurg. Engr. A magnetic survey of the Ivry [Quebec] ilmenite deposit: Nr. **102** ('36) 7 S.

Industrial Canada Present and future applications of atomic energy to industry: **54** ('53) 273–78.

Ingénieur [Montréal] Recherches à Chalk River sur l'énergie atomique: **45** ('59) 9–12.

Inst. J., Professional Inst. civil Serv. Canada Some aspects of atomic energy: **28** ('49) 72–75.

McGill Univ. Engng. Mag. A brief survey of applied geophysics in its relation to mining: **1932**, 7–10.

Memoirs, Geological Survey, Dep. Mines, Canada Geophysical investigations at the Mammoth Cave, Kentucky, and at the Falconbridge Mine, Ontario, under the joint auspices of the Geological Survey, Canada, and the United States Bureau of Mines[1]): **170** ('32) 1–64.

Metal Progr. Atomic energy in Canada: **75** ('59) 90–94.

Mount Allison Univ. Publ. The problem of remaining in the vanguard of knowledge: **1958**, 51–58.

Nature [London] Royal Society of Canada. Annual meeting: **152** ('43) 362f. — Rutherford and nuclear power: **197** ('63) 842f.

New Commonwealth What atomic energy can do for Canada: **29** ('55) 527–31.

Precambrian Industrial applications of atomic energy to-day and to-morrow: **27** ('54) Juni-Nr., 14–16.

Proc. roy. canad. Inst. Atomic energy – to-day and to-morrow: **15** ('49/50) 28f.

Queen's Quarterly Atomic energy as the servant of humanity: **55** ('48) Nr. 2, 1–11.

Rep. (annu.) Meeting, Brit. Assoc. Advancement Sci. Magnetic and electrical surveys over mineral, diabase and artificial dikes: **1932**, 315.

Science [USA] The Royal Society of Canada: **92** ('40) 119–21.

Teachers Mag. Does the present course in physics fit a pupil for college and business?: **15** ('33) 22f.

Technical Publ., Amer. Inst. Mining and metallurg. Engr. A survey of methods of determining depth of magnetic ore bodies: Nr. **830** ('37) 8 S. — Teaching geophysics in the Department of Physics: Nr. **950** ('38).

Trans. amer. Inst. Mining and metallurg. Engr. Experimental verification of magnetic method of estimating depth of a narrow dike of limited extent: [Nr. **110**?] Geophysical Prospecting 1932 ('33?) 205–08.

Zahlreiche weitere Veröffentlichungen über die friedliche Anwendung der Atomenergie.

Mit: [1]) A. S. Eve; [2]) H. G. I. Watson.

V, VI **KEYSER,** Cassius Jackson. Math. — 1897–1900 Instructor, '03–04 Adj. Prof., '04–27 Prof., '10–16 Head of Departm., '27 Prof. Emer., Columbia Univ., New York. — '14 Hon. LL. D. (Univ. of Missouri, Columbia, Mo.); '29 Hon. Sc. D. (Columbia Univ., New York). (☒)
***1862, Mai 15, Rawson, O.;**
†1947, Mai 8, New York, N.Y.

Todesanz. Science [USA] **105** ('47) 521.

Nekr. Gedenkheft: Scripta math. [USA] **13** ('47) Nr. 1/2, 128 S. (m. Bildn.).

Zur Bibliogr. The collected works of Cassius Jackson Keyser **1**: Mathematics as a culture clue and other essays (New York '47) 7 + 277 S. (m. Bildn.); **2**: Rational and the super-rational; studies in thinking ('52) 8 + 259 S.

MHZ. Scripta math. [USA] **1** ('32/33) – **10** ('44).

S. Scripta mathematica forum lectures (New York '34) (Scripta mathematica library, 3): Mind, the maker; the world theory of the late William Benjamin Smith (31 S.). — Galois lectures; addresses delivered at the Galois Institute of Mathematics, Long Island University, Brooklyn, N.Y. (New York '41) (∼ 5) 87–112: Charles Sanders Peirce as a pioneer.

W. The cultural significance of Scripta mathematica (New York '33) 8 S. — Mathematics and the question of cosmic mind, with other essays (New York '35) 5 + 121 S.

(Scripta mathematica library, 2). — Meaning of mathematics [2](New York '39) 16 S. — Portraits of famous philosophers who were also mathematicians, with biographical characterizations (New York '39) [52] S. (Pictorial mathematics, portfolio, Nr. 3). — Role of mathematics in the tragedy of our modern culture (New York '40) 8 S. — The human worth of rigorous thinking; essays and addresses [3](New York '40) 323 S. — Thinking about thinking. Special edition (New York '42) 5 + 91 S.

Scientific Monthly Symposium on the life and work of René Descartes: Celebrating the tercentenary of the publication of his "La Géométrie": **44** ('37) 477–80.

Scripta math. [USA] The meaning of mathematics: **1** ('32/33) 15–28. — The bearings of mathematics: 93–110. — Mathematics as a culture clue: 185–203. — Scientists teach laymen: 327–41. — The nature of the doctrinal function and its role in rational thought: **2** ('33/34) 5–26. — Mathematics and the question of cosmic mind: 125–29. — The nature of the doctrinal function and its role in rational thought: 143–54. — Mathematics and the science of semantics: 247–60. — William Benjamin Smith: 305–11. — A glance at some of the ideas of Charles Sanders Peirce: **3** ('35) 11–37. — Mathematics and the dance of life: 120–31. — Three great synonyms: relation, transformation, function: 301–16. — Vilfredo Federico Damaso Pareto, mathematician, economist, sociologist: **4** ('36/37) 5–23. — Panthetics: 126–38. — The role of infinity in the cosmology of Epicurus: 221–40. — Benedict Spinoza: **5** ('38) 33–36. — A mathematical prodigy: history and legend: 83–94. — Roger Bacon: 177–80. — Pythagoras: **6** ('39) 17–22. — Henri Poincaré's style in philosophy: **9** ('43) 85. — Science and superstition: 86. — Portraits of book-reviewers drawn by themselves: 184. — Man and men: 232–36. — The significance of death: **11** ('45) 354–56.

V, VI **KHARASCH,** Morris Selig. Chem. (org.). — 1928–30 Assoc. Prof., '30–57 Prof., '56 Dir. of the Inst. of org. Chem., Univ. of Chicago, Chicago, Ill.; '54–57 Consultant, Fixed Nitrogen Research Labor., U.S. Departm. of Agric. — '35 Gold Medal (Amer. Medical Assoc.); '48 Presidential Merit Award; '49 John Scott Award (Franklin Inst., Philadelphia, Pa.); '52 Richards Medal (Northeastern Sect., Amer. Chem. Soc.). (☒)

*1895, Aug. 24, Kremenec, Ukraine; †1957, Okt. 9, København.

Zur Biogr. Chemical and Engng. News 27 ('49) 342f. (m. Bildn.).

Gedenkband Vistas in free-radical chemistry; published in memoriam to Dr. Morris S. Kharasch (W. A. Waters) (London '59) 9 + 251 S. (m. Bildn.) (Tetrahedron Suppl. 3 = International series of monographs in organic chemistry, 1); darin S. 143–50: C. Walling, Contribution of Morris S. Kharasch to polymer chemistry.

Nekr. H. Gilman, J. org. Chemistry **23** ('58) 1239f. (m. Bildn.). — D. H. Hey, Proc. chem. Soc., London **1958**, 361f. — F. H. Westheimer, Biographical Mem., Nation. Acad. Sci. USA **34** ('60) 123–52 (m. Bildn., Faks., Schr.verz.). — Chemical and Engng. News **35** ('57) Okt. 21, S. 122 (m. Bildn.).

MHZ. (Begründer) J. org. Chemistry **1** ('36)–; (USA-Redakt.) Tetrahedron **1** ('57).

S. Proc. 11th International congress of pure and applied chemistry, London 1947, **2** (London '50) 161f.: The addition of halogen containing compounds to olefins[126)56)].

W. Grignard reactions of nonmetallic substances (m. O. Reinmuth) (NewYork–London '54) 22 + 1384 S. (Prentice-Hall chemistry ser.).

American J. Obstetrics and Gynecol. A new active principle in ergot and its effects on uterine motility[26)2)101)68)]: **29** ('35) 155–67. — A study of a new and potent ergot derivative, ergotocin[2)26)68)]: **30** ('35) 466–80. — Solution of posterior pituitary sulfonate (pit-sulfonate) in labor[27)]: **44** ('42) 820–30.

Annual Survey amer. Chem. Aliphatic compounds[78)]: **10** ('36) 163–83.

Chemistry and Industry The solvent effect in the addition of hydrogen bromide to allyl acetic acid[74)]: **13** ('35) 989f. — The peroxide effect in the addition of reagents to unsaturated compounds, 12: The addition of hydrogen bromide to butadiene[79)83)]: **14** ('36) 663; ~ 16: The addition of thioglycolic acid to styrene and isobutylene[97)83)]: **16** ('38) 752f.; ~ 17: The addition of bisulphite[81)83)]: 774f.

Industrial and Engng. Chem. Inhibition of polymerization [,1]: Laboratory and plant control of popcorn polymer growth[88)56)33)82)]: **39** ('47) 830–37; ~ 2: Stabilization of cyanogen chloride[139)56)70)]: **41** ('49) 2840–42.

J. amer. chem. Soc. The decomposition of unsymmetrical mercuri-organic compounds: A method of establishing the relative degree of electronegativity of organic radicals, 2[35)]: **54** ('32) 674–92. — The peroxide effect in the addition of reagents to unsaturated compounds, 1: The addition of hydrogen bromide to allyl bromide[83)]: **55** ('33) 2468–96; ~ 2: The addition of hydrogen bromide to vinyl bromide[74)83)]: 2521–30; ~ 3: The addition of hydrogen bromide to propylene[74)83)]: 2531–

33; ~ 4: The addition of halogen acids to vinyl chloride[49]): **56** ('34) 712–14; ~ 5: The addition of hydrogen bromide to butene-1 [51]): 1212–14; ~ 6: The addition of hydrogen bromide to isobutylene[51]): 1243–45; ~ 7[51])[43]): 1642–44; ~ 8: The addition of hydrogen iodide to ethylene compounds[49]): 1782–84; ~ 9[74]): 1425; ~ 10: The addition of hydrogen bromide to methylacetylene (allylene) [73])[74]): **57** ('35) 2463–65; ~ 11: The solvent effect in the addition of hydrogen bromide to isobutylene[95]): **58** ('36) 57–59; ~ 20: The addition of hydrogen bromide to 1-butyne and 2-bromo-2-butene[128])[83]): **61** ('39) 1711–13, 3605; ~ 22: The addition of hydrogen bromide to trimethylethylene, styrene, crotonic acid, and ethyl crotonate[128])[83]): 2693–96; ~ 23: The reaction of styrene with bisulfite[108])[83]): 3092–98; ~ 24: The addition of hydrogen iodide to propene, 1-bromopropene, allyl chloride, and allyl bromide[87])[83]): **62** ('40) 81–86; ~ 25: The effect of metals on the addition of hydrogen bromide to allyl bromide[46])[83]): 2047–51; Peroxide effect in the addition of halogen acids to olefins, 26: The addition of halogen acids to trichloromethylethylene[102]) [31]): **63** ('41) 2558–60. – Addition of hydrogen bromide to 4,4-dimethylpentene-1 [49])[43]): **56** ('34) 244. – Factors governing the instability of a carbon to nitrogen bond, 1: The instability of the carbon to nitrogen bond in substituted methyl amines[54]): 1370–73. – Asymmetric rearrangement[110])[119])[21]): 1646f. – The chemistry of organic gold compounds, 5: Auration of aromatic nitriles[7]): 2057–60. – Ergotocin: The active principle of ergot responsible for the oral effectiveness of some ergot preparations on human uteri[68]): **57** ('35) 956f. – Ergotocin[68]): 1140f. – The peroxide effect in the Cannizzaro reaction[37]): 1510. – Co-ordination compounds of platinous halides with unsaturated (ethylene) substances[6]): **58** ('36) 1733–38. – Cis–trans isomerization by bromine atoms[76])[83]): **59** ('37) 1155. – The peroxide effect in the halogenation of aromatic side chains[79])[133])[83]): 1405f. – The addition of thiocyanic acid to olefinic double bonds[81])[83]): 1580. – The peroxide effect in the rearrangement of α-bromacetoacetic ester[120])[83]): 1655–57. – Co-ordination compounds of palladous chloride[111])[83]): **60** ('38) 882–84. – The catalytic condensation of Grignard reagents with hydrocarbons[45])[83]): 2004. – The reaction of esters with sodium in liquid ammonia[120])[83]): **61** ('39) 215. – The addition of hydrogen halides to cis- and trans-2-pentene[128])[83]): 1559–64. – The oxygen effect in the reaction of cyclopropane with bromine and with hydrogen bromide[32])[83]): 2139–42. – Chlorinations with sulfuryl chloride, 1: The peroxide-catalyzed chlorination of hydrocarbons[15]): 2142–50; ~ 2: The peroxide-catalyzed reaction of sulfuryl chloride with ethylenic compounds[15]): 3432–34; ~ 3: (a) The peroxide-catalyzed chlorination of aliphatic acids and acid chlorides; (b) The photochemical sulfonation of aliphatic acids[15]): **62** ('40) 925–29. – Syntheses of polyenes, 1: Hexatriene and its polymers[120]): **61** ('39) 2318–22; ~ 2: Reactions of β-methylallyl chloride with sodium amide in liquid ammonia[88])[120]): **62** ('40) 2034–36; ~ 3: A new synthesis of diethylstilbestrol[63]): **65** ('43) 11–15; ~ 4[88])[31]): **66** ('44) 1276–79. – Sulfonation reactions with sulfuryl chloride [,1][97]): **61** ('39) 3089–92; ~ 2: The photochemical sulfonation of aliphatic acids with sulfuryl chloride[20])[15]): **62** ('40) 2393–97. – The addition of N-haloamides to olefins[96]): **61** ('39) 3425–32. – The photochemical reactions of oxalyl chloride and phosgene with cyclohexane[15]): **62** ('40) 454. – The condensation of butyraldehyde and aniline[99])[83]): 494–97. – The presence of indole in "practical" α-methylnaphthalene[59])[15]): 2242f. – Factors influencing polysulfone formation [,1][120]): 2559f. – Reactions of atoms and free radicals in solution, 1: Study of the substitution of hydrogen on an asymmetric carbon atom; the chlorination of primary active amyl chloride [15])[20]): 3435–39; ~ 2: The non-isomerization of free alkyl radicals in solution[59])[15]): **63** ('41) 526–28; ~ 3: The introduction of a mercaptan group into cyclohexane[28]): 625; ~ 4: Decomposition of acetyl peroxide in aliphatic acids – a new synthesis of succinic acid and its substitution derivatives[44]): **65** ('43) 15–17; ~ 5: The non-coplanar free 1-apocamphyl radical[29])[126]): 2428f.; ~ 10: The addition of polyhalomethanes to olefins[56])[126]): **69** ('47) 1100–05; ~ 11: The addition of bromotrichloromethane to olefins[98])[126]): 1105–10; ~ 12: The addition of bromo-esters to olefins [113])[34]): **70** ('48) 1055–59; ~ 13: The reactions of diacetyl peroxide with aliphatic ketones – a new synthesis of 1,4-diketones[72])[126]): 1269–74; ~ 23: The peroxide-induced addition of sulfuryl chloride to 1-alkenes[136]): **73** ('51) 964–67; ~ 24: The reactions of acetyl peroxide with chloro- and dichloroalkanes[17]): 632–42. – Factors determining the course and mechanisms of Grignard reactions, 1: Preliminary study: the effects of metallic compounds on some Grignard-carbonyl interactions[62])[80])[83]): **63** ('41) 2305–07; ~ 2: The effect of metallic compounds on the reaction between isophorone and methylmagnesium bromide[123]): 2308–15; ~ 3: The effect of metallic halides on the reaction between benzophenone and methylmagnesium bromide[67]): 2315f.; ~ 4: The effect of metallic halides on the reaction of aryl Grignard reagents and organic halides[31]): 2316–20; ~ 5: The effect of metallic halides on the reaction of Grignard reagents with benzalacetophenone and with benzophenone [107]): **64** ('42) 2972–75; ~ 6: A new synthesis of hexestrol dimethyl ether (3,4-dianisylhexane)[63]): **65** ('43) 491–93; ~ 7: Analysis of gases formed during the reaction of phenylmagnesium bromide with organic halides in the presence of cobaltous halides[70)100)]: 493–05; ~ 8: The effect of metallic halides on the reaction of Grignard reagents with aromatic acyl halides[38)4)]: 495–98; ~ 9: The effect of metallic halides on the reaction of organolithium compounds with organic halides[70)100)]: 498–500; ~ 10: The oxidation of Grignard reagents – effect of metallic catalysts[100)]: 501–04; ~ 11: The effect of metallic halides on the reaction of Grignard reagents with vinyl halides and substituted vinyl halides[40)]: 504–07; ~ 12: The effect of cobaltous chloride on the reaction of methylmagnesium bromide with alicyclic chlorides[29)126)]: **66** ('44) 365–67; ~ 13: The effect of metallic halides on the reaction of sterically hindered acid halides with methylmagnesium iodide[85)126)]: 368–71; ~ 14: Replacement of halogen atoms of aromatic halides with hydrogen atoms by the action of Grignard reagents and cobaltous chloride[107)31)]: 481f.; ~ 15: The reaction of β,β-dimethylphenethyl chloride with phenylmagnesium bromide in the presence of cobaltous chloride[126)]: 1438–40; ~ 16: An isomer of isophorone: $\Delta^{3,4}$-3,5,5-trimethyl-cyclohexenone[123)]: **67** ('45) 128–30; ~ 23: The reactions of propylene oxide and related compounds with Grignard reagents[11)88)10)135)]: **83** ('61) 3229–32; ~ 24: Reactions of 1,3-disubstituted compounds, 1,2-hydrogen atom shift[130)88)10)129)135)]: 3232–34. – The oxygen effect in the reaction of bromine with neopentane, tert.-butylbenzene, and trimethylacetic acid[32)]: **63** ('41) 2776–79. – The effect of metallic halides on the reaction of organolithium compounds with alkyl and aryl halides[100)]: 3239. – Carboxylation, 1: Photochemical and peroxide-catalyzed reactions of oxalyl chloride with paraffin hydrocarbons[15)]: **64** ('42) 329–33; ~ 2: The reaction of oxalyl chloride with unsaturated hydrocarbons[59)15)]: 333f.; ~ 3: Peroxide-catalyzed action of oxalyl chloride with the side-chains of aralkyl hydrocarbons: a preliminary study of the relative reactivity of free radicals[59)15)]: 1621–24; ~ 4: Direct introduction of the chloroformyl (–COCl) group into alicyclic and aliphatic acid chlorides[28)63)]: 2975–77. – The reduction of dipole moment by steric hindrance in di-tert.-butylhydroquinone and its dimethyl ether[89)114)]: 937–40. – Addition of derivatives of chlorinated acetic acids to olefins[126)56)]: **67** ('45) 1626. – The addition of phosphorus trichloride to olefins[56)126)]: 1864f. – Addition of carbon tetrabromide and bromoform to olefins[56)126)]: **68** ('46) 154f. – The kinetics of nitration of aromatic nitro compounds in sulfuric acid [132)]: 1871–76. – Formation of quinone by the action of bromine oxide on benzene[92)126)]: **69** ('47) 2566. – Hydrogen exchange of phenols and phenol ethers with deutero-alcohol[125)16)]: **70** ('48) 2003–05. – A new synthesis of sulfonyl chlorides[136)]: 3526. – The preparation and properties of 2-chloro-2'-fluorodiethyl sulfide[131)56)]: **77** ('55) 3145f. – The reaction of tert.-butyl perbenzoate and olefins – a stereospecific reaction[116)]: **80** ('58) 756. – Reactions of tert.-butyl peresters, 1: The reaction of peresters with olefins[116)135)]: **81** ('59) 5819–24.

J. Bacteriol. Some chemical factors influencing growth and pigmentation of certain micro-organisms[23)14)]: **32** ('36) 533–40.

J. biol. Chemistry Metal catalysts in biologic oxidations, 1: The simple system: thioglycolic acid, buffer, metal, dithiol[68)134)41)]: **113** ('36) 537–55; ~ 2: Tissue inhibitors[68)134)41)]: 557–69.

J. chem. Educat. The electron in organic chemistry, 3: Thermal and hydrolytic stability and instability of the carbon-to-carbon bond[98)83)]: **11** ('34) 82–96; ~ 4: Monohydroxy compounds[98)83)]: **13** ('36) 7–19. – Ether peroxides[43)]: **16** ('39) 498. – The reactive paraffins[15)]: **18** ('41) 589.

J. chem. Physics Photobromination of pentane[138)88)]: **20** ('52) 1659f.

J. org. Chemistry Grignard reagents – their reducing action and rates of addition[131)]: **1** ('36) 209–30. – The hydrolytic instability of the carbon-to-carbon bond[93)]: 265–74. – The peroxide effect in the addition of reagents to unsaturated compounds, 13: The addition of hydrogen bromide to butadiene[79)83)]: 393–404; ~ 14: The addition of hydrogen bromide to the higher alkenes[95)]: **2** ('37/38) 195–97; ~ 15: The addition of hydrogen bromide to 1- and 2-bromo- and -chloropropenes[30)83)]: 288–302, 400; ~ 18: The addition and substitution of bisulfite[81)83)]: **3** ('38) 175–92; ~ 19: The addition of hydrogen bromide to trichloroethylene[87)83)]: 48–54; ~ 21: "Normal" and "abnormal" additions of hydrogen bromide[62)83)]: **4** ('39) 428–35; Peroxide effect in the addition of halogen acids to olefins, 27: Addition of halogen acids to allylamines and trialkylallylammonium salts[40)]: **10** ('45) 159–69; ~ 28: The addition of mercaptans to methylacrylate[40)]: **13** ('48) 97–100. – Provitamin D activity and structure-addition of Grignard reagents to 7-keto-cholesteryl acetate[131)]: **1** ('36) 490–95. – Exchange reactions in deutero-alcohol [,1][16)73)]: **2** ('37/38) 36–48; ~ 2[16)117)]: **4** ('39) 442–55. – The hydrolysis of carbon tetraiodide[3)83)]: **2** ('37/38) 76–83. – The addition of hydrogen chloride to butadiene[64)83)]: 489–96. – Factors affecting the addition of bromine to phenanthrene[133)83)]: 574–76. – Catalytic effects in the bromination of toluene[133)83)]: **3** ('38) 33–47. – The decomposition of unsymmetrical organomercuric compounds, 3: A method of establishing the relative degree of electronegativity of organic radicals[91)69)]: 347–54; ~ 4: A method of establishing the relative electronegativities of organic radicals[122]): 405–08; ~ 5: ≈[68])[117]): 409–13. – The reactions of epoxy compounds with reagents, 1: The interaction of phenylepoxyethane (styrene oxide) and arylmagnesium halides[22]): 355–60. – The reaction of sodium in liquid ammonia with esters[120])[83]): **5** ('40) 362–78. – The bromination of aliphatic acids and their acyl derivatives[52]): **6** ('41) 705–12. – Effect of organic peroxides in chlorination reactions[9]): 810–17. – The bromination of cyclohexane, methylcyclohexane, and isobutane[50])[83]): 818–29. – Condensation of epichlorohydrin with ethylene glycol. Some new polyfunctional derivatives [88]): **8** ('43) 189–93. – Rearrangements in the terpene series, 1: Isomerization and esterification of α-pinene[100]): **9** ('44) 148–54. – The conversion of quaternary pyrrolidinium salts to open-chain diamines[40]): 359–72. – The relative reactivities of aldehydes and ketones [24]): **10** ('45) 46–54. – Factors influencing the course and mechanism of Grignard reactions, 17: Interchange of radicals in the reaction of Grignard reagents and organic halides in the presence of metallic halides[40]): 292–97; ~ 18: The effect of metallic halides on the reactions of Grignard reagents with 1-phenyl-3-chloropropane, cinnamyl chloride, and phenylethynyl bromide[67])[126]): 298–306; ~ 19: The preparation of substituted bibenzyls from Grignard reagents, alkyl halides, and alkylbenzenes, in the presence and absence of cobaltous chloride[126]): **13** ('48) 101–09; ~ 20: The cleavage of ethers by Grignard reagents in the presence of cobaltous halides[55]): **17** ('52) 669–77; ~ 21: The reaction of haloalkyl phenyl ethers with Grignard reagents in the presence of cobaltous halides[118])[88]): **18** ('53) 575–81; ~ 22: The reaction of Grignard reagents with alkyl halides and ketones in the presence of manganous salts[48])[88])[123]): **21** ('56) 322–27. – Reactions of atoms and free radicals in solution, 6: Decomposition of diacetyl and other peroxides in aliphatic acids and substituted aliphatic esters[56])[126]): **10** ('45) 386–93; ~ 7: Diacetyl peroxide as an agent for linking α-carbon to α-carbon atoms in organic esters [72])[126]): 394–400; ~ 8: The reaction of diacetyl peroxide with alkylbenzenes. New synthesis of hexestrol dimethyl ether[72])[126]): 401–05; ~ 9: Thermal decomposition of α- and β-dinaphthoyl peroxides in carbon tetrachloride [25]): 406–13; ~ 14: Addition of polyhalomethanes to butadiene sulfone[38])[126]): **13** ('48) 570–75; ~ 15: The additions of bromodichloromethane and dibromodichloromethane to olefins; the preparation of 2-alkenals[65])[126]): 895–902; ~ 16: The reaction of allyl bromide with bromotrichloromethane[105]): **14** ('49) 79–83; ~ 17: Decomposition of diacetyl peroxide in allyl bromide[17]): 84–90; ~ 18: Decomposition of diacetyl peroxide in vic-glycols[39]) [126]): 91–96; ~ 19: The comparative reactivities of double bonds in cyclic olefins toward free radicals[39]): 239–47; ~ 20: The addition of aldehydes to olefins[126])[65]): 248–53; ~ 21: The relative reactivity of olefins toward a free trichloromethyl radical[105]): 537–42; ~ 22: The addition of polyhalomethanes to alkynes[57])[126]): **15** ('50) 966–72; ~ 25: The reactions of olefins with mercaptans in the presence of oxygen[88])[77]): **16** ('51) 524–32; ~ 26: Comparison of the reactions of lead tetraacetate and acetyl peroxide with acetic acid and isopropyl ether[39])[126]): 533–42; ~ 27: The decomposition of diacetyl peroxide in alcohols[103])[126]): 905–13; ~ 28: The addition of N-chlorosulfonylphthalimide to olefins[86]): **17** ('52) 453–56; ~ 29: The relative reactivities of olefins toward the free trichloromethyl radical[112])[88]): **18** ('53) 328–36; ~ 30: Dimerization of free radicals produced from olefins[109])[88]): 337–44; ~ 31: Reactions of free benzoyl radicals with azo compounds[137])[138])[88]): 1045–50; ~ 32: Reaction of free benzoyl radicals with pyridine in the presence of benzaldehyde[109])[137])[88]): 1051–54; ~ 33: Photochemical and peroxide-induced addition of cyclohexanone to 1-octene[66])[88]): 1225–32; ~ 34: Photochemical dissociation of disulfides into mercaptyl radicals[88])[84]): 1233–36; ~ 35: Migration of a methyl group in the rearrangement of the free di-tert-butylcarbinyl radical; the reaction of di-tert-butylcarbinyl chloride with a Grignard reagent in the presence of cobaltous bromide[71])[88]): **19** ('54) 1150–56; ~ 36: Formation of optically active esters in the decomposition of optically active diacyl peroxides in solution[66])[88]): 1283–89; ~ 37: The cleavage of quaternary ammonium salts with Grignard reagents[140])[88]): **20** ('55) 937–52; ~ 38: The reactions of trans-1,2- and -1,3-dibromocyclohexanes with Grignard reagents in the presence of cobaltous bromide[106])[88]): **21** ('56) 129–35; ~ 39: The reaction of diacetyl peroxide with sec-butyl nitrite and 3-amyl nitrite[84])[88]): **22** ('57) 37–39; ~ 40: Reaction of Grignard reagents with 1-bromooctane in the presence of cobaltous bromide [47])[104]): **24** ('59) 303–05. – Factors influencing polysulfone formation, 2: A new method of induction with control of polymer length[39]): **13** ('48) 882–85. – Alkylation reactions of tetraethyllead. A new synthesis of ethyldichloroarsine and related compounds[56])[131]): **14** ('49) 429–32. – Studies pertaining to the mechanism of the heterogeneous Cannizzaro reaction[115]): 819–35. – The chemistry of hydroperoxides, 1: The acid-catalyzed decomposition of α,α-dimethylbenzyl hydroperoxide (α-cumyl hydroperoxide)[36])[88]): **15** ('50) 748–52; ~ 2: The preparation and properties of α,α-dimethylbenzyl peroxide (α-cumyl peroxide) [36])[88]):753–62; ~ 3: The free radical decomposition of hydroperoxides[36])[88]): 763–74; ~ 4: Oxidation of tertiary aromatic alcohols with hydrogen peroxide or hydroperoxides[36,88,94]): 775–81; ∼ 5: The thermal decomposition of tert-alkyl peroxides[36,88]): **16** ('51) 105–12; ∼ 6: The thermal decomposition of α-cumyl hydroperoxide[36,88]): 113–27; ∼ 7: The ionic and free radical decomposition of α-phenylethyl hydroperoxide[36,88]): 128–30; ∼ 8: The acid-catalyzed decomposition of certain hydroperoxides[18]): 150–60; ∼ 9: Relative migratory aptitudes of groups in free radical rearrangements[94,36,88]): 1458–70; ∼ 10: The addition of free alkoxy radicals to conjugated systems[5,88]): 1556–65; ∼ 11: Hydroperoxides as oxidizing and reducing agents [36,88,12]): **17** ('52) 207–20; ∼ 12: The generation and properties of free tert-butylperoxy radicals[90,88]): **18** ('53) 322–27. – The preparation and oxidation of tert-diphenyldehydroabietinol[1]): **16** ('51) 447–56. – Reactions of diazoacetates and diazoketones, 1: Reaction of ethyl diazoacetate with cyclohexanone and with acetone[104,88,17]): **18** ('53) 1030–44. – The detection of free radicals in solution, 1: The reaction of phenoxyethyl bromide with isopropylmagnesium bromide (or with magnesium) in the presence of isoprene and cobaltous halides[141,88]): **19** ('54) 1477–82; ∼ 2: The reaction of alkyl and aryl halides with magnesium in the presence of isoprene[53,88]): 1600–07; ∼ 3: Formation of long-chain α,ω-dicarboxylic acids[88]): 1921–25; ∼ 4: The reaction of alkyl halides with sodium in the presence of isoprene [53,88]): **20** ('55) 920–26. – The mechanism of action of inhibitors in free radical initiated polymerizations at low temperatures[60,88]): **19** ('54) 1977–90. – Vapor phase photochemical bromination of 2,3-dimethylbutane and 2,2,4,4-tetramethylpentane[71,88]): **20** ('55) 680–88. – The reaction of triethyl phosphite with α-trichloromethyl carbonyl compounds[8]): 1356–62. – Vapor-phase bromination of alkyl halides[138,88]): 1430–42. – The role of mercaptans in polymerization of dienes and the copolymerization of styrene and dienes[88,60]): 1550–64. – Reactions of hindered phenols, 1: Reactions of 4,4′-dihydroxy-3,5,3′,5′-tetra-tert-butyl diphenylmethane[58]): **22** ('57) 1435–38; ∼ 2: Base-catalyzed oxidations of hindered phenols[58]): 1439–43; ∼ 3: Reaction of nitrous acid with hindered phenols[58]): **27** ('62) 651–53. – Bromination of octene-1 with N-bromosuccinimide[75,135]): **22** ('57) 1443f. – A modification of free radical reactions[36]): **23** ('58) 324. – A new method of introducing peroxy groups into organic molecules[36]): 324f. – Radical substitution reactions[36]): 325f. – Radiolysis of 1-hexene[19,127]): 779f. – Structure of peroxides from cyclohexanone and hydrogen peroxide[116]): 1322–26. – Metal salt-induced homolytic reactions, 1: A new method of introducing peroxy groups into organic molecules[36]): **24** ('59) 72–78; ∼ 2: Modification of free radical reactions by copper salt[36]): 606–14. – Organophosphorus chemistry[86,8]): **25** ('60) 1000–06. – Synthesis of symmetrically substituted ethane derivatives[107]): **26** ('61) 4210–14.

Nature [London] The new ergot alkaloid [61,121,124]): **137** ('36) 403.

Nucleus [Cambridge, Mass.] Free radical chain reactions in solution: **29** ('52) 242–.

Rapport et Discuss., Cons. Chim., Inst. int. Chim. Solvay The role of peroxides in addition reactions of olefins and in the polymerization of unsaturated compounds: 8 ('50) 177–96 [ ]; discussion: 197–216 [ ].

Schweizerische med. Wschr. Das neue Mutterkornalkaloid[61,121,124]): **66** ('36) 261.

Science [USA] Ergotocin[68]): **81** ('35) 388. – The new active principle(s) of ergot[68]): 614f. – Spectroscopic similarity between ergot (lysergic acid) and the yohimbine alkaloids[119,13,68]): **83** ('36) 36–38. – The new ergot alkaloid[61,121,124]): 206f. – Addition of carbon tetrachloride and chloroform to olefins [56,126]): **102** ('45) 128. – The formation of free alkoxy (RO-)radicals in solution[88,5]): **113** ('51) 392. – Photochemical para rearrangement of phenyl ethers[118,88]): **116** ('52) 309.

Tetrahedron Oxidative reactions of nitriles, 1: Autoxidation[116]): **3** ('58) 97–104; ∼ 2: Reactions with tert.-butyl hydroperoxide[116]): 105–12.

Mit: 1) R. M. Acheson; 2) F. L. Adair; 3) W. G. Alsop; 4) S. Archer; 5) F. S. Arimoto; 6) T. A. Ashford; 7) T. M. Beck; 8) I. S. Bengelsdorf; 9) M. G. Berkman; 10) A. Bhattacharya; 11) L. Biritz; 12) B. Bischof; 13) M. A. Bloodgood; 14) W. Bloom; 15) H. C. Brown; 16) W. G. Brown; 17) G. Büchi; 18) J. G. Burt; 19) P. C. Chang; 20) T. H. Chao; 21) J. A. Chenicek; 22) H. G. Clapp; 23) E. A. Conway; 24) J. H. Cooper; 25) R. L. Dannley; 26) M. E. Davis; 27) W. J. Dieckmann; 28) K. Eberly; 29) F. Engelmann; 30) H. Engelmann; 31) E. K. Fields; 32) M. Z. Fineman; 33) P. E. Fischer; 34) P. Fisher; 35) A. L. Flenner; 36) A. Fono; 37) M. Foy; 38) M. Freiman; 39) H. N. Friedlander; 40) C. F. Fuchs; 41) R. W. Gerard; 42) –; 43) M. M. Gladstone; 44) M. T. Gladstone; 45) W. Goldberg; 46) W. R. Haefele; 47) J. K. Hambling; 48) J. W. Hancock; 49) C. W. Hannum; 50) W. Hered; 51) J. A. Hinckley, jr.; 52) L. M. Hobbs; 53) P. G. Holton; 54) L. B. Howard; 55) R. L. Huang; 56) E. V. Jensen; 57) J. J. Jerome; 58) B. S. Joshi; 59) S. S. Kane; 60) F. K. Kawahara; 61) H. King; 62) S. C. Kleiger; 63) M. Kleiman; 64) J. Kritchevsky; 65) B. M. Kuderna; 66) J. G. Kuderna, jr.; 67) F. L. Lambert; 68) R. R. Legault; 69) J. H. Levine; 70) D. W. Lewis; 71) Y. Ch. Liu; 72) H. C. McBay; 73) J. G. McNab; 74) M. C. McNab; 75) R. Malec; 76) J. V. Mansfield; 77) G. J. Mantell; 78) C. M. Marberg; 79) E. T. Margolis; 80) J. A. Martin; 81) E. M. May; 82) D. L. Mayfield; 83) F. R. Mayo; 84) T. H. Meltzer; 85) R. Morrison; 86) R. A. Mosher; 87) J. A. Norton; 88) W. Nudenberg; 89) P. F. Oesper; 90) P. L. Pauson; 91) H. Pines; 92) P. B. Polen; 93) J. Porsche; 94) A. C. Poshkus; 95) W. M. Potts; 96) H. M. Priestley; 97) A. T. Read; 98) O. Reinmuth; 99) I. Richlin; 100) W. B. Reynolds; 101) G. Rogers; 102) E. H. Rossin; 103) J. L. Rowe; 104) T. P. Rudy; 105) M. Sage; 106) J. S. Sallo; 107) D. C. Sayles; 108) R. T. E. Schenck; 109) D. Schwartz; 110) J. K. Senior; 111) R. C. Seyler; 112) E. Simon; 113) P. S. Skell; 114) C. P. Smyth; 115) R. H. Snyder; 116) G. Sosnovsky; 117) W. R. Sprowls; 118) G. Stampa; 119) D. W. Stanger; 120) E. Sternfeld; 121) A. Stoll; 122) S. Swartz; 123) P. O. Tawney; 124) M. R.

Thompson; 125) P. F. Tryon; 126) W. H. Urry; 127) C. D. Wagner; 128) C. Walling; 129) Ting-I Wang; 130) M. Weiner; 131) S. Weinhouse; 132) F. H. Westheimer; 133) P. C. White; 134) A. B. Wilder; 135) N. C. Yang; 136) A. F. Zavist; 137) M. Zimmermann; 138) W. S. Zimmt; 139) A. R. Stiles; 140) G. H. Williams; 141) R. D. Mulley.

VI **KICHLU,** Pratap Kishan. Physik. — 1929– Lecturer, Governm. College, Univ. of the Panjab, Lahore, Panjab; then Prof., Univ. of Delhi, Delhi, Uttar Pradesh. (⊠)

*1899, Dez. 9, Rawalpindi.

Current Sci. Coronium spectrum[1]): **1** ('32) 133 f.

Mit: 1) B. M. Anand.

VI **KIEFER,** Adolf. Math. — 1882 Dr. phil., Univ. Zürich; 1881–82 Lehrer, 1894–1914 Rektor, Inst. Concordia, Zürich; 1882–94 Lehrer, 1886 Konrektor, 1888 Rektor, Thurgauische Kantonsschule, Frauenfeld; 1914– Lehrer, Mittelschulen u. Volkshochschule, Kanton Zürich.

*1857, Juli 22, Selzach, Solothurn; †1929, Nov. 15, Zürich.

Nekr. F. R. Scherrer, Vjschr. naturforsch. Ges. Zürich **74** ('29) 336–38 (m. Schr.verz.).

VI **KIEHL,** Samuel Jacob. Chem. — 1917–21 Instructor, '21–27 Assist. Prof., '27–38 Assoc. Prof., '38–43 Prof., '43 Prof. Emer., Columbia Univ., New York. — '21 Hon. Ph. D. (chem.) (Columbia Univ., New York); '47 Hon. D. Sc. (Otterbein College, Westerville, O.).

*1883, Mai 16, Herminie, Pa.; †1960, Juni 18.

J. amer. chem. Soc. Concerning the acidity of solutions of sodium metaphosphates; approximate strength of monometaphosphoric acid, 6[5]): **54** ('32) 1332–35; The dissociation pressures of magnesium ammonium phosphate hexahydrate and some related substances, 7[4]): **55** ('33) 605–18; Observations upon the ignition of magnesium ammonium phosphate, 8[4]): 3555–60. — Application of the glass electrode to unbuffered systems[2]): **57** ('35) 2139–44. — The purification of water and its pH value[2]): 2145–49. — Temperature coefficients in the acid hydration of sodium pyrophosphate[1]): 2284–89. — A study of heterogeneous equilibria in aqueous solutions of the sodium salts of the vanadic acids at 30°[8]): **59** ('37) 2118–26. — The stability of solutions of trivalent columbium in sulfuric acid[3])[4]): 2395–99. — The preparation of diammonium dihydrogen pyrophosphite[9]): **60** ('38) 47–49. — The hydration of diammonium dihydrogen pyrophosphite to orthophosphite at 30° [9]): 257–62. — A study of heterogeneous equilibria in aqueous solutions of the sulfates of pentavalent vanadium at 30° [6]): **62** ('40) 1660–65. — Solubility of lead iodide in solutions of potassium iodide. Complex lead iodide ions[6]): **63** ('41) 667–69. — A study of the reaction of ferric ion and orthophosphate in acid solution with thiocyanate as an indicator for ferric ions[6]): **64** ('42) 291–96. — A study of heterogeneous equilibria in aqueous solutions of the sulfates of quadrivalent vanadium at 30° [10])[6]): 2810–16.

J. physic. Chem. Fourth ionization constant of ferrocyanic acid[6]): **45** ('41) 300–04.

Review sci. Instruments A practical vacuum-tube circuit for the measurement of electromotive force[2]): **4** ('33) 131–37.

Trans. electrochem. Soc. Systematic pH values of some solutions in the alkaline range [7]): **67** ('35) 20 S.

Mit: 1) E. Claussen, jr.; 2) S. B. Ellis; 3) R. L. Fox; 4) H. B. Hardt; 5) T. M. Hill; 6) O. E. Lanford; 7) R. D. Loucks; 8) E. J. Manfredo; 9) M. F. Moose; 10) C. S. Rohrer.

VI **KIESEL,** Alexander Robertovič → VI **KIZEL'** (Kiesel), Aleksandr Robertovič

VI **KIESS,** Carl Clarence. Physik, Astrophysik. — 1917–19 Assist. Physicist, '19–24 Assoc. Physicist, '24–29 Physicist, '29–46 Senior Physicist, '46–57 Principal Physicist, Nation. Bur. of Standards, Washington, D. C.; '47–62 Lecturer, '62–67 Professorial Lecturer Astron., Georgetown College Observat., Washington, D. C. — '63 Hon. Sc. D. (Indiana Univ., Bloomington, Ind.). — '11 Donohoe Medal (Astron. Soc. Pacific); '46 Meritorious Service Award, '55 Exceptional Service Award (U. S. Departm. of Commerce); '67 Vicennial Medal (Georgetown Univ., Washington, D. C.).

*1887, Okt. 18, Fort Wayne, Ind.; †1967, Okt. 16, Washington, D. C.

Nekr. Optical Spectra **1** ('67) Nr. 4, S. 87.

S. Recent advances in astro-geophysics. A topical symposium based on lectures delivered at the summer conference for college professors of physics and astronomy, Washington, D. C., 1960 (M. P. Thekaekara) (Washington, D. C. '60) (Georgetown Observatory monograph 14) 6–8: Astrophysical research with high dispersion instruments; 28 f.: Comets.

W. The known physical characteristics of the moon and the planets (m. K. Lassovszky) (Washington, D. C. '58) 39 S. (Georgetown Observatory monograph 12). — Recent studies of the known physical characteristics of the moon and the planets (m. D. S. Birney) (Washington, D.C. '60) 18 S. (∼ 15). — Some descendants of Johann Friederich Kiess (Washington, D.C. '58) 28 S.

Astronomical J. Predicted lines of Fe I in the arc and in the sun[13]): **55** ('50) 173 f. — Neutral and ionized zirconium in stellar atmospheres: **58** ('53) 219. — A new explanation of Martian phenomena[9][10]): **65** ('60) 348.

Astrophysical J. The presence of phosphorus in the sun[13][1]): **80** ('34) 59 f. — Wavelengths of the (0,0) band heads in the infrared system of CN: **109** ('49) 551. — High-dispersion spectra of Mars[3][10][4]): **126** ('57) 579–84. — Revised term values of Ti I[17]): **130** ('59) 1008–20. — High-dispersion spectra of Jupiter[3][10]): **132** ('60) 221–31. — Faint terrestrial lines in the solar spectrum near 8200 Å[6][18]): **143** ('66) 595–97.

Contributed techn. Papers, Nation. geogr. Soc., Solar Eclipse Ser. Flash spectrum photographed with high dispersion: **2** ('42) 20–47. — Intensities in the flash spectrum[8]): 53–65.

J. opt. Soc. America Infrared spectrum photography[12][8]): **22** ('32) 428. — The first spark spectrum of chlorine and its structure[2]): **23** ('33) 121. — The structure of Ta I[10]): **41** ('51) 867. — The National Bureau of Standards–Georgetown Observatory solar spectrograph[6]): **42** ('52) 876. — Monolayer fluorescent screens: **43** ('53) 620. — Extension of the second spectrum of zirconium into the infrared: 1024–26. — Extension and revision of the third and fourth spectra of zirconium: **44** ('54) 823 f.

J. Res. nation. Bur. Standards The arc spectrum of phosphorus: **8** ('32) 393–401. — Infrared spectra photographed with xenocyanine[12]): **9** ('32) 309–26. — A new description and analysis of the arc spectrum of chlorine: **10** ('33) 827–39. — Preliminary list of terms for the arc spectrum of tantalum[10]): **11** ('33) 277 f. — Arc spectrum of silicon in the red and infrared: 775–82. — First spectrum of tantalum[16]): **12** ('34) 459–69. — Arc spectrum of copper in the infrared: **14** ('35) 519–21. — Infrared arc spectrum of chromium: **15** ('35) 79–85. — Infrared spectra of iron, titanium, and carbon: **20** ('38) 33–37. — Extension and revision of the arc spectrum of silicon: **21** ('38) 185–205. — Second spectrum of chlorine and its structure[2]): **23** ('39) 443–70. — Infrared arc spectrum of germanium: **24** ('40) 1–5. — Preliminary description and analysis of the first spectrum of uranium[8][11]): **37** ('46) 57–72. — Zeeman effect and g-values for neutral nitrogen and oxygen[15]): **42** ('49) 183–207. — Preliminary list of levels and g-values for Ta II[5][7]): **44** ('50) 245 f. — Description and analysis of the second spectrum of chromium, Cr II: **47** ('51) 385–426. — Wavelengths of rotational lines in the water-vapor bands at 0.93 and 1.13 microns: **48** ('52) 377–80. — Description and analysis of the first spectrum of chromium, Cr I: **51** ('53) 247–305. — New descriptions and analyses of the third and fourth spectra of zirconium, Zr III and Zr IV: **56** ('56) 167–77. — Description and analysis of the second spectrum of molybdenum, Mo II: **60** ('58) 375–422.

J. Res. nation. Bur. Standards, A Description and analysis of the first spectrum of iodine[3]): **63** ('59) 1–18. — Faint lines in the arc spectrum of iron (Fe I)[14][13]): **65** ('61) 1–29. — Description and analysis of the second spectrum of tantalum, Ta II: **66** ('62) 111–61.

Publ., Amer. astron. Soc. Some remarks on the spectrum of α Canum venaticorum: **7** ('32) 92. — Some infrared spectra of astrophysical interest: **8** ('35) 144. — The second spectrum of chromium, Cr II: **9** ('37/38) 8 f. — Extension and revision of the arc spectrum of silicon: 126. — The 1940 flash spectrum: **10** ('41) 133 f.

Publ. astron. Soc. Pacific Red and infrared bands of titanium and zirconium oxides: **60** ('48) 252 f. — A new interpretation of Martian phenomena[9][10]): **72** ('60) 256–67. — Oxides of nitrogen in the Martian atmosphere[9][10]): **75** ('63) 50–60.

Publ. U.S. naval Observat. Spectrographic observations of the chromosphere and corona (Total solar eclipse of January 24, 1925): **13** ('32) Appendix III, 91 f.

Science [USA] The presence of phosphorus in the sun [13][1]): **79** ('34) 390. — Zeeman effect and g-values for neutral nitrogen and oxygen[15]): **107** ('48) 649 f. — Spectrum of Venus in the violet and near-ultraviolet[6][10]): **130** ('59) 1195.

Mit: 1) H. D. Babcock; 2) T. L. de Bruin; 3) C. H. Corliss; 4) E. L. R. Corliss; 5) G. R. Harrison; 6) F. J. Heyden; 7) W. J. Hitchcock; 8) C. J. Humphreys; 9) S. Karrer; 10) H. K. Kiess; 11) D. D. Laun; 12) W. F. Meggers; 13) C. E. Moore; 14) V. Rubin; 15) G. Shortley; 16) E. Z. Stowell; 17) M. P. Thekaekara; 18) W. R. Willauer.

VI **KIKUCHI,** Seishi. Experimentalphysik. — 1933–55 Prof., Univ. Osaka; '55–59 Prof., Univ. Tokyo.

*1902, Aug. 25, Tokyo.

W. Genshikaku no sekai [Die Welt des Atomkerns] (Tokyo '57) 184 S.

Annual Rep. sci. Works, Fac. Sci., Osaka Univ. The Osaka University 44-inch cyclotron[u.a.]): **3** ('55) 1–24.

J. physic. Soc. Japan Elastic scattering of 14-MeV protons by deuterons and by protons[10)11)u.a.]: **15** ('60) 9–17. — A 160 cm synchro- and variable energy ordinary cyclotron[9)5)7)u.a.]: 41–59. — Protons from the p+d breakup reaction at proton energies of 14 MeV and 10 MeV[10)11)u.a.]: 749–53.

Nature [London] The Fermi proton effect in silver[8)2)]: **135** ('35) 905. — Recombination of neutron with proton[4)2)]: **137** ('36) 30 f. — Energy of γ-rays excited by slow neutrons[2)4)]: 186. — Excitation of γ-rays by fast neutrons[2)4)]: 398. — Excitation of γ-rays in boron[2)4)]: 745. — Quantum energy of γ-rays excited by slow neutrons[4)2)]: 992 f. — Emission of β-rays from substances bombarded with neutrons[2)4)]: **138** ('36) 841. — Wilson chamber photograph of the neutro-electric effect[2)]: **141** ('38) 328. — Wilson chamber study of the neutro-electric effect[2)]: 645. — The electron–neutron interaction[2)]: **142** ('38) 832 f.

Nuclear Instruments and Methods [Amsterdam] Efficient beam extraction from a synchrocyclotron at n=1[11)10)u.a.]: **5** ('59) 189–93.

Physical Rev. Scattering of the D–D neutrons[2)]: (2) **55** ('39) 108 f. — On the angular distribution of the fast neutrons scattered by atoms[2)13)]: 1264f. — Stars initiated by γ-rays: **80** ('50) 492. — Mechanism of star production by γ-rays: **81** ('51) 1060. — Stars initiated by synchrotron γ-rays: **83** ('51) 198. — On the photonuclear dissociation of nuclei by high energy γ-rays: 1254 f. — Photodissociation of the deuteron by high energy γ-rays: **85** ('52) 753 f., 1062 f. — Nuclear photodissociation by high energy synchrotron γ-rays: **86** ('52) 41–51. — The photodissociation of the helium nucleus by high energy γ-rays: 126 f.

Proc. imp. Acad., Tokyo Excitation of γ-rays by slow neutrons[4)2)]: **11** ('35) 253–55.

Proc. physico-math. Soc. Japan A note on some preliminary experiments with neutrons produced by the bombardment of deuterons with deuterons[8)2)4)]: (3) **17** ('35) 189–93. — Excitation of γ-rays by slow neutrons [,1][2)4)]: 369–77; ∼ 2: The interaction of neutron with proton[4)2)]: **18** ('36) 35–49; ∼ 3[2)4)]: 115–27; ∼ 4[4)2)]: 188–209. — An investigation on the cosmic ray shower[14)]: 210–24. — Excitation of γ-rays by the neutrons from Ra+Be tube[2)4)]: 297–304. — The emission of the electron from the substances traversed by fast neutrons[2)4)]: 727–44. — A note on the absorption of slow neutrons[12)6)]: **19** ('37) 43–52. — A further study on the emission of the electron from the substances traversed by fast neutrons[2)]: 734–48. — On the "neutro-electric effect"[2)]: **20** ('38) 403 f. — On the "neutron–electron interaction", proposed by us, and the γ-rays in the D–D reaction[2)]: **21** ('39) 20–25. — The scattering of the fast neutrons[2)]: 40 f. — The β-ray spectrum of ^{13}N[14)6)12)15)]: 41 f., 52–58. — The scattering of fast neutrons by atoms[2)]: 75–89. — β-Ray spectrum of ^{24}Na[14)6)12)15)]: 259 f. — γ-Rays accompanying the disintegration of ^{24}Na[14)6)12)15)]: 260 f. — On the disintegration of ^{24}Na[14)6)12)15)]: 381–89. — On the angular distribution of the fast neutrons scattered by the atoms [,1][2)13)]: 410–20; ∼ 2[13)]: 656–60. — A note on the scattering of neutrons[13)]: **22** ('40) 142–44. — On the angular correlation of successive quanta emitted from ^{24}Na and ^{38}Cl[1)4)6)u.a.]: **23** ('41) 568 f. — Separation of isotopes by thermal diffusion, 1: Preliminary test of the separation column[1)4)6)u.a.]: 590–98; ∼ 2: Separation of chlorine isotopes[1)4)6)]: 599–604. — The scattering of neutrons by protons[1)3)4)6)u.a.]: 855–60. — γ-Ray spectra of ^{52}V and ^{56}Mn: **24** ('42) 818–20. — β- and γ-Ray spectra of ^{13}N[14)6)u.a.]: **25** ('43) 502 f. — Precise determination of half-lives of some radioactive elements of short periods[14)6)u.a.]: 616.

Scientific Papers Inst. physic. and chem. Res. [Tokyo] Zur Reflexion der Kathodenstrahlen an der Einkristalloberfläche[8)]: **21** ('33) 80–91. — Die anomale Reflexion der schnellen Elektronen an die Einkristalloberfläche, 2[8)]: 256–65. — A note on the range of disintegration particles from lithium and boron by bombardment of protons[8)2)]: **26** ('35) 33–35. — A note on the counter of Wynn-Williams' type[2)]: 36–41. — On the theory of the refractive index of crystals for cathode rays and the breadth of reflexion line: 225–41. — An investigation on the interaction of neutron with deuteron[2)12)]: **31** ('37) 195–204. — The scattering of D–D neutrons[2)]: **34** ('38) 865–72.

Z. Physik Zum inneren Potential des Kristalls[8)]: **88** ('34) 757–62. — Bemerkung zu der Arbeit von Herrn Fleischmann: „Energietönung bei der Anlagerung von Neutronen"[4)2)]: **105** ('37) 265 f. — Über die Winkelabhängigkeit der zwei γ-Quanten, die von einem Atomkern kaskadenweise ausgestrahlt werden[14)6)]: **119** ('42) 185–87.

Mit: [1)] H. Akabori; [2)] H. Aoki; [3)] K. Goto; [4)] K. Husimi; [5)] H. Ikeda; [6)] J. Ito(h); [7)] H. Kumagai; [8)] Sh. Nakagawa; [9)] I. Nonaka; [10)] J. Sanada; [11)] Sh. Suwa; [12)] E. Takeda; [13)] T. Wakatuki; [14)] Y. Watase; [15)] S. Yamaguchi.

V, VI **KILBY,** Clinton Maury. Physik. — 1910–46 Prof. and Head of Departm. of Physics and Astron., '46–48 Prof. Emer., Randolph-Macon Woman's College, Lynchburg, Va.

*1874, Nov. 1, Suffolk, Va.;

†1948, März 13, Lynchburg, Va.

Nekr. A. A. Kern, Alumnae Bulletin of Randolph-Macon Woman's College **41** ('48) Nr. 3, 13 f. — Lynchburg Advance **1948**,

March 13 (m. Bildn.). — Lynchburg News **1948**, March 14 (m. Bildn.).

W. Introduction to college physics ²(New York '38) 9+398 S. — Laboratory manual of physics ²(New York '40) 6+146 S.

VI **KILPATRICK,** Martin. Chem. (physikal.). — 1923 Ph. D., New York Univ., New York; '19–23 Assist. Prof., Vassar College, Poughkeepsie, N. Y.; '23–25 Assist. Prof., Duke Univ., Durham, N. C.; '25–27 Nation. Research Council Fellow, Johns Hopkins Univ., Baltimore, Md., '27–28 Københavns Univ.; '28–37 Assist. Prof., '37–45 Assoc. Prof., '45–47 Prof., Univ. of Pennsylvania, Philadelphia, Pa.; '47–60 Prof. and Head of Chem. Departm., '60 Prof. Emer., Illinois Inst. of Technol., Chicago, Ill.; '60–64 Senior Chemist Emer., Argonne Nation. Labor., Univ. of Chicago, Chicago, Ill.; '65 Visiting Prof., Univ. College, Dublin, Ireland.

*1895, Apr. 3, New York.

S. Handbuch der Katalyse (G. M. Schwab) **1**: Allgemeines und Gaskatalyse (Wien '41) 234–43: Thermodynamic approach to catalysis; **2**: Katalyse in Lösungen ('40) 249–71: Activation energy of acid–base catalysis. — 9th Annual meeting of the American Society of Testing Materials. Symposium on pH measurement, Buffalo, N.Y., 1946 (Philadelphia, Pa. '47) (ASTM Technical publication 73) 65–70: Acid–base equilibria in aqueous and non-aqueous solutions. — Electrical engineers' handbook **1**: Electric power (H. Pender, W. A. Del Mar) ⁴(New York '49) Sect. 4, 1–31: Principles of electrochemistry[25]). — 5th Symposium (international) on combustion, Pittsburgh, Pa., 1954 (New York '55) 196–205: Fast reactions in fuel–oxidant systems[2]). — Structure of electrolytic solutions (W. J. Hamer) (New York '59) 291–97: Normal and abnormal mobilities in anhydrous hydrofluoric acid and hydrogen peroxide – water systems. — Noble-gas compounds (H. H. Hyman) (New York '63) 155–57: Aqueous solution chemistry of xenon; an introduction. — Chemistry of non-aqueous solvents (J. J. Lagowski) **2** (New York '67) 43–99: Anhydrous hydrogen fluoride as a medium for chemical reactions[22]).

Acta chem. scand. Studies on hydrolysis of metal ions, 18: The scandium ion, Sc^{3+}[8])[41])[52]): **10** ('56) 1327–39.

Advances Catalysis and related Subj. Acidic and basic catalysis: **6** ('54) 241–70.

Analytical Chem. Qualitative test for scandium employing 2,5-dihydroxy-1,4-benzoquinone[41]): **25** ('53) 1270–72.

Annals New York Acad. Sci. Determination of the dissociation constants of weak electrolytes in salt solutions: **51** ('49) 673–79.

Annual Rev. physic. Chem. Homogeneous chemical kinetics: **2** ('51) 255–86.

Annual Survey amer. Chem. Theories of solutions: **8** ('34) 7–25; **9** ('35) 7–34.

Canadian J. Chem. Limiting conductance of lyonium and lyate ions: **37** ('59) 173–77.

Chemical Engng. Chemical kinetics – an expanding field: **68** ('61) 111–16.

Chemical Reviews Acid and basic catalysis[25]): **10** ('32) 213–27. — Relative acid strengths in acetonitrile [25]): **13** ('33) 131–37. — The colorimetric determination of hydrogen-ion concentration in aqueous solution: **16** ('35) 57–66. — The effect of dielectric constant on acid–base equilibria: **30** ('42) 159–69.

Industrial and Engng. Chem., Analyt. Edit. A locknut for a weight buret: **12** ('40) 548.

J. amer. chem. Soc. The classical dissociation constant of bromcresol green, chlorophenol red and methyl red in potassium chloride solutions[11]): **54** ('32) 2284–92. — The "salting-out" and "salting-in" of weak acids, 1: The activity coefficients of the molecules of ortho, meta and para-chlorobenzoic acids in aqueous salt solutions[38]): **55** ('33) 4430–40; ∼ 2: The activity coefficients of the molecules of ortho, meta and para-hydroxybenzoic acids in aqueous salt solutions[38]): 4440–44. — A kinetic study of the oxidation of cystine by iodine, 1[50]): **56** ('34) 1466–72. — The thermodynamic dissociation constant of benzoic acid from conductance measurements[10]): 1483–86. — The classical dissociation constant of bromphenol blue in aqueous salt solutions: 2048–50. — A comparison of the colorimetric, electrometric and catalytic methods for determining hydrogen-ion concentration[11])[44]): 2051–53. — The effect of electrolytes in ionic reactions: 2326 f. — Note on the titration of p-hydroxybenzoic acid[38]): **57** ('35) 1053. — Relative acid strengths in normal butyl alcohol[32]): **59** ('37) 572–78. — The rate of reaction of magnesium with acids in ethyl alcohol[48]): 584–93. — The reaction of bromphenol blue, iodophenol blue and chlorophenol blue with hydroxyl ion[40]): 1871–76. — The dissociation constants of chlorophenol blue and iodophenol blue[40]): 1876–78. — The conductance of mixtures of strong electrolytes[26]): 1878–83. — Hydrolysis of sucrose[27]): **60** ('38) 1268. — The inversion of sucrose[27]): 2891–99. — The hydrolysis of ethylal[27]): **61** ('39) 2510–14. — The kinetics of neutralization: **62** ('40) 1094–96. — Note on the Grignard reagent[4]): 2242. — Acid–base equilibria in methyl alcohol[33]): 3047–51. — Acid–base equilibria in ethyl alcohol[33]): 3051–

54. — The dissociation constant of bromcresol green in water: **63** ('41) 2667 f. — The conductance of potassium iodate at 25° and the mobility of the iodate ion[26]): **64** ('42) 7–9. — Relative acid strengths of formic, acetic and propionic acids in alcohols and dioxane–water mixtures[14]): 2065–67. — The effect of substituents on the acid strength of benzoic acid, 6: The cyano group[14]): **65** ('43) 589 f. — The electrolyte effects in the hydration of isobutene[12]): **70** ('48) 639–46. — The effects of substituents on the dissociation constants of substituted phenols, 1: Experimental measurements in aqueous solutions[23]): **71** ('49) 3110; ~ 2: Calculations from the electrostatic theory[23]): 3115–20. — Kinetics of the reaction of lithium borohydride in aqueous acid solution[31]): **72** ('50) 5474–76. — The base strengths of aromatic hydrocarbons relative to hydrofluoric acid in anhydrous hydrofluoric acid as the solvent[30]): **75** ('53) 577–84. — The dissociation constants of acids in salt solutions, 1: Benzoic acid: 584 f.; ~ 2: Acetic acid[14]): 586 f.; ~ 3: Glycolic acid[14]): 587; ~ 4: Cyclohexanecarboxylic acid[14])[36]): 588 f.; ~ 5: Monohydroxycyclohexanecarboxylic acids[36]): 1846–53; ~ 6: Carbocyclic carboxylic acids[36]): 1854–56. — The chemistry of scandium, 4: The structure of scandium oxinate[41])[6]): 1254 f. — Effect of substituents on the protolytic constants of anilinium type protolytes[1]): 3812–21. — The dissociation of fluoroborate ion in anhydrous hydrofluoric acid[30]): **76** ('54) 5863–65. — The conductance and vapor pressure of boron trifluoride in anhydrous hydrofluoric acid[30]): 5865–68. — The decomposition of ozone in aqueous solution[25])[20]): **78** ('56) 1784–89. — The purification and specific conductivity of anhydrous hydrofluoric acid[46])[3]): 5183–86. — Ionic mobilities in anhydrous hydrofluoric acid[28]): 5186–89. — Chain conductance of the solvated proton in water – hydrogen peroxide[49])[45])[37]): 5190–93. — The Hammett acidity function H_0 for hydrofluoric acid solutions[21])[24]): **79** ('57) 3668–71. — The influence of an acidic environment on the spectra of benzene and some methylbenzenes [21]): **80** ('58) 77–83. — Deuterium isotope effects in transamination: L-alanine and pyridoxal[9])[51])[24]): **85** ('63) 294–97. — Kinetics of hydrolysis of acetals in protium and deuterium oxides: 1036–38. — The kinetics of the isomerization of the tetramethyl benzenes in anhydrous hydrofluoric acid[7])[25]): 1038–44. — The conductance of nitronium fluoroborate in anhydrous hydrogen fluoride[25])[22]): **87** ('65) 2806–09.

J. biol. Chemistry The stability of cystine in acid solution[50]): **105** ('34) 241–51.

J. chem. Educat. The teaching of the theory of the dissociation of electrolytes, 1: The application of the law of mass action to solutions of electrolytes: **9** ('32) 840–44; ~ 2: The definition of pH[25]): 1010–16; ~ 3: The colorimetric method: 1226–32. — Acids, bases, and salts: **12** ('35) 109–11. — The building of a chemistry department, 1: The undergraduate curriculum: **31** ('54) 247–50; ~ 2: The graduate curriculum: 313–16. — Solvents of high proton availability: **37** ('60) 403–06.

J. chem. Physics Barrier height and thermodynamic functions of gaseous HNO_3 and DNO_3[39]): **23** ('55) 1562 f.

J. electrochem. Soc. Acid dissociation of the aquoscandium ions [,1][41]): **100** ('53) 85–92; ~ 2: Effect of temperature and of ionic strength [41]): **101** ('54) 39–43. — Reaction of flowing steam with refractory metals, 2: Rhenium (850–1700 °C)[29]): **113** ('66) 15 f.; ~ 3: Tungsten (1000–1700 °C)[29]): 17 f.

J. less-common Metals [Amsterdam] Reaction of flowing steam with refractory metals niobium and tantalum[29]): **8** ('65) 299–305.

J. org. Chemistry The kinetics of the formation of the Grignard reagent, 1: Preliminary experiments[53]): **2** ('37) 459–69; ~ 2: The rate of reactions with ethyl bromide[18]): **5** ('40) 264–75. — Oxidation of n-octane with white fuming nitric acid[5])[16]): **23** ('58) 410–13.

J. physic. (and Colloid) Chem. The rate of solution of magnesium in acids[47]): **38** ('34) 269–306. — The effect of electrolytes upon the rate of hydrolysis of diethyl acetal[44]): **39** ('35) 561–69. — The classical dissociation constant of benzoic acid in various salt solutions[44]): 891–99. — The rate of reaction of amalgams with acids, 1: Lithium amalgams[17]): **42** ('38) 113–24; ~ 2: Sodium amalgams[13]): 215–28. — Acid–base equilibria in aqueous and non-aqueous solutions[35]): **43** ('39) 259–74. — The effect of substituents on the acid strength of benzoic acid[15]), 1: In methanol: **45** ('41) 454–65; ~ 2: In ethyl alcohol: 466–71; ~ 3: In ethylene glycol and butyl alcohol: 472–85; ~ 4: In dioxane–water: 485–92. — The hydrolysis of di-isopropyl fluophosphate[25]): **53** ('49) 1371–84. — A mechanism for the hydrolysis of di-isopropyl fluophosphate[25]): 1385–97. — Medium effects in the liquid phase: **55** ('51) 812 f. — Studies of fast reactions which evolve gases. The reaction of sodium–potassium alloy with water in the presence and absence of oxygen[2])[31]): **57** ('53) 385–90. — Association of N-H compounds, 1: In benzene[54]): **59** ('55) 1044–53; ~ 2: Infrared spectroscopic investigation of the self-association of 3,5-dimethylpyrazole in benzene and in carbon tetrachloride[55]): **68** ('64) 181–83. — The kinetics of the reactions of aromatic hydrocarbons in sulfuric acid, 1: Benzene[34])[25]): **64** ('60) 1433–35; ~ 2: Toluene, the xylenes, pseudocumene and hemimellitene[34]): **65** ('61) 530–32; ~ 3: Mesitylene[34])[25]): 1189–92; ~ 4: Durene, isodurene, prehnitene and pentamethylbenzene[34]): 1312–16. — The hydrogen fluoride–

antimony pentafluoride system[21][42][24]): 123–27. — Reaction of flowing steam with refractory metals, I: Molybdenum (1100–1700°) [29]): **69** ('65) 1638–40. – The nitration of nitrobenzene with nitronium fluoroborate in hydrogen fluoride[25][22]): 2248–55.

Review sci. Instruments An apparatus for measuring the rates of some rapid reactions[31]): **22** ('51) 590–97.

Special techn. Publ., Amer. Soc. Testing Materials Theoretical and practical problems in the measurements of acidity in non-aqueous media: **190** ('56) 73–77.

Trans. electrochem. Soc. Acidity in non-aqueous solutions: **72** ('37) 95–105. — Silver membranes[43]): **74** ('38) 341–64.

Yearb., Amer. philos. Soc. Relative acid strengths in ⟨aqueous and⟩ non-aqueous solutions: **1938** ('39) 193 f.; **1939** ('40) 251 f.; **1940** ('41) 199 f.

Mit: [1]) C. A. Arenberg; [2]) L. L. Baker; [3]) G. Balog; [4]) E. A. Barr, jr.; [5]) M. L. Bender; [6]) P. M. Bernays; [7]) J. A. S. Bett; [8]) G. Biedermann; [9]) M. I. Blake; [10]) F. G. Brockman; [11]) E. F. Chase; [12]) F. G. Ciapetta; [13]) W. G. Dunning; [14]) R. D. Eanes; [15]) J. H. Elliott; [16]) J. Figueras, jr.; [17]) F. A. Fletcher; [18]) F. C. Gzemski; [19]) –; [20]) C. C. Herrick; [21]) H. H. Hyman; [22]) J. G. Jones; [23]) C. M. Judson; [24]) J. J. Katz; [25]) Mary L. Kilpatrick; [26]) K. A. Krieger; [27]) P. M. Leininger; [28]) T. J. Lewis; [29]) S. K. Lott; [30]) F. E. Luborsky; [31]) C. D. McKinney, jr.; [32]) R. B. Mason; [33]) W. H. Mears; [34]) M. W. Meyer; [35]) L. J. Minnick; [36]) J. G. Morse; [37]) G. M. Nichols; [38]) A. Osol; [39]) A. Palm; [40]) F. W. Panepinto; [41]) L. Pokras; [42]) L. A. Quarterman; [43]) H. J. Read; [44]) L. C. Riesch; [45]) E. M. Roth; [46]) M. E. Runner; [47]) J. H. Rushton; [48]) M. Sclar; [49]) E. S. Shanley; [50]) K. Shinohara; [51]) F. P. Siegel; [52]) L. G. Sillén; [53]) H. P. Simons; [54]) N. E. White; [55]) S. N. Vinogradov.

VI **KILPI,** Sulo Taavetti (David). Chem. (analyt., Elektrochem.). — 1919–22 Doz., '22–38 Adjunkt, '38–55 Prof., '56– Prof. emer., Univ. Helsinki. — '67 Goldene Gadolin-Medaille (Finn. Chem. Ges.); '69 Ehrenpreis (Finn. Akad. d. Wiss.).

*1886, Febr. 13, Kustavi.

Zum 60. Geb.tag A. Meretoja, Suomen Kemistilehti **19A** ('46) 1–3 (m. Bildn.).

Zum 70. Geb.tag R. Näsänen, Suomen Kemistilehti **29A** ('56) 49 f. (m. Bildn.).

Zum 80. Geb.tag R. Näsänen, Suomen Kemistilehti **39A** ('66) 17 f.

W. Johdatus mitta-analyyttisten laskujen suorittamiseen [Einleitung in die Durchführung maßanalytischer Berechnungen] (Helsinki '32) 11 S.

Acta chem. scand. Die Dissoziationskonstanten von Hämoglobin und Hämatin und die Pufferkapazität des Blutes: **6** ('52) 475–93. — Die Geschwindigkeit der Äthanolyse und der Hydrolyse des Äthylbromids in Wasser–Äthanol-Gemischen: **11** ('57) 1143–52. — Lösungsmitteleinfluß und Elektrolytwirkung bei der Einwirkung von Chlorwasserstoff auf n-Propanol in n-Propanol–Wasser-Gemischen[4]): **15** ('61) 1999–2011. — Coulombsche Kräfte bei der Säure–Basen-Dissoziation in Eisessiggemischen[4]): **19** ('65) 1420–30.

Annales Chirurg. et Gynaecol. Fenniae The effect of glycylglycine on the buffer capacity of blood after hemorrhage; studies with rabbits[17][15]): **43** ('54) Suppl. 5, 136–42. — The effect of histidine on the buffer capacity of blood after hemorrhage; an experimental study on rabbits[17][14][15]): 143–51.

Esitelmät ja Pöytäkirjat, Suomalainen Tiedeakatemia Emil Salomon Tomula: **1952** ('53) 75–81.

J. amer. chem. Soc. A differential potentiometric method of measuring acid and base dissociation constants: **74** ('52) 5296–98.

S.-Ber. finn. Akad. Wiss. Väinö Ilmari Sihvonen (1889–1939): **1940** ('44) 51–59. — Matti Herman Palomaa (1871–1947): **1948** ('50) 45–55. — Coulombsche Kräfte und Solvatation in der elektrolytischen Dissoziation: **1962** ('63) 95–110.

Suomalaisen Tiedeakatemian Toimituksia, Sarja A Die potentiometrische Bestimmung des Ionenprodukts der absoluten Essigsäure[9]): **57** ('41) Nr. 10, 12 S.

Suomalaisen Tiedeakatemian Toimituksia, Sarja A II Über die Elektrolytwirkung bei der Säure–Basen-Titration: Nr. **10** ('44) 6 S. — Über die Elektrolytwirkung bei Reaktionsgleichgewichten zwischen Ionen gleichen Zeichens und verschiedener Valenz[6][11]): Nr. **52** ('53) 7 S. — Über die Säure–Basen-Dissoziation in wasserarmem Essigsäure–Wasser-Gemisch[4]): Nr. **121** ('63) 10 S. — Säure–Basen-Dissoziation in wasserarmen Eisessiggemischen in Beziehung zu dem Wassergehalt[4]): Nr. **129** ('64) 11 S. — Die Dissoziationskonstante der Essigsäure und die Dielektrizitätskonstante in Essigsäure–Wasser-Gemischen[4]): Nr. **136** ('67) 10 S. — Die Schattierung der Kernladung in der Elektronenhülle des Atoms nach dem Modell von Bohr: Nr. **156** ('70) 13 S.

Suomen Kemistilehti Über den Salzfehler der Indikatoren in der Säure–Basen-Titration [2]): **8B** ('35) 9f. — Die Genauigkeit der Säure–Basen-Titration berechnet nach der Titrierkurve: **9A** ('36) 93f. [finn.]; **9B** ('36) 19f. — Die Bestimmung der Basendissoziationskonstanten und des Ionenproduktes von Lösungsmitteln in Eisessig, 1: Die Gleichungen: 7f.; ~ 2: Messungsergebnisse: 9. — Über das Entwässern von Eisessig: **11B** ('38) 7. — Zur Bestimmung des Acetanhydridgehalts von Eisessig: **13B** ('40) 19. — Die ersten ausländischen Ehrenmitglieder der Suomalaisten Kemistien Seura: Professor Wilhelm Böttger:

14A ('41) 62 [finn.]. — Die Berechnung der pH-Werte der Acetat-Puffergemische: **16B** ('43) 23–25. — Entdeckung neuer chemischer Elemente seit Lavoisier: **17A** ('44) 66–71 [finn.]. — Die Pufferkapazität der ammoniumsalzhaltigen Silbernitratlösung in Beziehung zur Bildung des Silber–Ammoniak-Komplexes [7]): **17B** ('44) 9–11. — Die Elektrolytwirkung bei Glykokoll: **18B** ('45) 56–60; **19B** ('46) 51f. — Die Bestimmung der Dissoziationskonstante mittels des Wendepunktes der Titrationskurve: **19A** ('46) 138–43 [finn.]. — Zu F. Fr. Armstrong und H. M. Miall: Raw materials from the sea: 177–83 [finn.]. — Matti Herman Palomaa †: **20A** ('47) 185–87 [finn.]. — Die potentiometrische Bestimmung der Dissoziationskonstanten der Aminobenzoesäuren[3]): **21B** ('48) 14–18. — Ein Acetat–Phosphat-Puffersystem mit konstanter Ionenstärke: **23B** ('50) 11–14. — Ein Phosphat–Glykokollat-Puffersystem mit konstanter Ionenstärke: **24B** ('51) 3–6. — Über die Elektrolyt- und Temperaturwirkung bei der zweiten Dissoziation der Schwefelsäure[8])[10]): 31–36. — Emil Salomon Tomula (1889–1952): **25A** ('52) 23f. [finn.]. — Zur Pufferwirkung des Blutes: **25B** ('52) 36. — Über die Solvolyse von Äthylbromid in Äthanol–Wasser-Gemischen: **26B** ('53) 9–11. — Die potentiometrische Bestimmung der Dissoziationskonstanten von Histidin nach der Differentialmethode[12])[13]): **28B** ('55) 45–48. — Die Temperaturwirkung bei der Säure–Basen-Dissoziation von Histidin[13])[1]): 132–34. — Die Elektrolyt- und Temperaturwirkung auf die Dissoziationskonstanten von Glycylglycin und Diglycylglycin: **29B** ('56) 113–18. — Die Geschwindigkeit der Einwirkung von Bromwasserstoff auf Äthanol in Beziehung zu der elektrostatischen Ionenaktivität: **31B** ('58) 121–25. — Der Ionenaktivitätskoeffizient bei der Veränderung der Dielektrizitätskonstante mit der Konzentration: 375–81. — Der Ionenaktivitätskoeffizient von Cäsiumchlorid in Beziehung zu der Dielektrizitätskonstante der Lösung: **32B** ('59) 125–27. — Die Dielektrizitätskonstanten und Ionenaktivitätskoeffizienten der Alkalichloridlösungen: 256–58. — Der Geschwindigkeitskoeffizient der Einwirkung von Bromwasserstoff auf Äthanol in seiner Abhängigkeit von der Temperatur und von der Dielektrizitätskonstante des Lösungsmittels[4]): **33B** ('60) 17–20. — Die Berechnung der Dielektrizitätskonstante der Alkalichloridlösungen aus den Ionenaktivitätskoeffizienten: **34B** ('61) 12–15. — Dielektrizitätskonstante und Solvatation in Alkalichloridlösungen: 165–67. — Dissoziationskonstante der Essigsäure in NaCl-Lösungen in Beziehung zu der Dielektrizitätskonstante und zu dem Ionenabstand[4]): **36B** ('63) 81f. — Zur Dielektrizitätskonstante der wasserarmen Essigsäure–Wasser-Gemische[4]): **37 B** ('64) 65f. — Die Säure–Basen-Dissoziation der Aminobenzoesäuren in Eisessig: **41 B** ('68) 169–71.

Svensk kem. Tidskr. Über den Einfluß von Elektrolyt und Lösungsmittel auf die Ionenaktivität: **72** ('60) 178–87 [schwed.].

Z. analyt. Chem. Die Theorie des Titrierfehlers: **104** ('36) 390–400.

Z. physik. Chem., Abt. A Einwirkung von Chlorwasserstoff auf Propylalkohol. Zur Beziehung zwischen der Reaktionsgeschwindigkeit und der elektrostatischen Aktivität: **166** ('33) 285–304. — Der Äquivalenzpunkt in der Säure–Basen-Titration und die Elektrolytwirkung: **172** ('35) 277–99. — Pufferwirkung und die Reziprozität der Säure–Basen-Funktion: **173** ('35) 223–36. — Der Endpunkt der potentiometrischen Titration bei schwachen Säuren und Basen: 427–48. — Zur stufenweisen Titration einer zweibasischen Säure: **174** ('35) 441–44. — Die Theorie der stufenweisen Titration der Säure- und Basengemische: **175** ('36) 239–54. — Die Dissoziationskonstanten und die Basentitration in Eisessig in Beziehung zum Wassergehalt des Lösungsmittels: **177** ('36) 116–30. — Die Dissoziationskonstante der Essigsäure und das Ionenprodukt des Lösungsmittels in Wasser–Äthylalkohol-Gemischen[16]): 427–41. — Die Dissoziationskonstante der Essigsäure in Wasser–Essigsäure-Gemischen[5]): 442–52. — Die Elektrolytwirkung bei Essigsäure, 1: Die Dissoziationskonstante in wässerigen Alkali- und Ammoniumchloridlösungen[5]): **179** ('37) 371–92; ~ 2: Die Ionenaktivitätskoeffizienten in wässerigen Alkali- und Ammoniumchloridlösungen[5]): **180** ('37) 264–80. — Die Bestimmung der Dissoziationskonstante von Ammoniak und Wasser aus der Pufferkapazität: 464–74. — Bemerkungen wegen der Abhandlung von Werner Kern: Über heteropolare Molekülkolloide, 1: **181** ('38) 473f.; **182** ('38) 147f. — Die Basendissoziationskonstante und die Elektrolytwirkung in Eisessig[9]): **187** ('40) 276–84.

Mit: [1]) P. K. Kaipainen; [2]) A. Laaksonen (Meretoja); [3]) P. Harjanne; [4]) E. Lindell; [5]) A. Meretoja [= [2])]; [6]) K. S. Mikkola; [7]) R. Näsänen; [8]) A. Nurmi; [9]) M. Puranen; [10]) Y. Rinne; [11]) M. K. Valanki; [12]) J. Väänänen; [13]) N.-E. Virkola; [14]) P. Harjola; [15]) S. Jaakkola; [16]) H. Varsila; [17]) S. J. Viikari.

V, VI **KIMURA,** Hisashi. Meteorol., Geophysik. — 1899 Founder, 1899–1941 Head of International Latitude Observat., Mizusawa, Iwate-ken. — '11 Imperial Acad. Prize; '36 Gold Medal (Roy. Astron. Soc., London); '36 Asahi Prize (The Asahi Press); '37 Bunka Kunskô [Medal of Culture].

*1870, Sept. 10, Kanazawa, Isikawaken; †1943, Sept. 26, Tokyo.

Zur Biogr. Bull. Kwasan Observat., Kyoto imp. Univ. **4** ('36) Nr. 312. – J. brit. astron. Assoc. **46** ('36) 266–68. – Monthly Notices roy. astron. Soc. **96** ('36) 152. – Nature [London] **137** ('36) 101. – Populär astron. Tidskr. **17** ('36) 164.

Nekr. Y. Hagihara, Monthly Notices roy. astron. Soc. **107** ('43/45) 36.

W. Results of the International Latitude Service from 1922.7 to 1931.0 **7** (Mizusawa '35) 164 S.; ~ from 1922.7 to 1935.0 **8** (Mizusawa '40) 237 S.

Bull. géodés. Provisional result of the work of the International Latitude Service in the north parallel +39°8′ during the year 1932: Nr. **33** ('33) 3–10; ~ 1933: Nr. **42** ('34) 69–79; ~ 1934: Nr. **44** ('34) 288–95. – Report [on latitude variations] submitted to the General Assembly of International Astronomical Union, Cambridge, USA, September 1932: Nr. **35** ('34) 118–35.

Bull. Kwasan Observat., Kyoto imp. Univ. Elements of latitude variation: **4** ('36) Nr. 322, 2 S.

Proc. imp. Acad., Tokyo Provisional result of the work of the International Latitude Service in the north parallel +39°8′ during the year 1931: **8** ('32) 70–73; ~ 1932: **9** ('33) 143–45; ~ 1933: **10** ('34) 200–03; ~ 1934: **11** ('35) 135–37; ~ 1935: **12** ('36) 115–17. – On the analysis of Z terms for the International Latitude in the north parallel, for Washington and for Greenwich: **8** ('32) 74–77. – Preliminary result of the observations made at Adelaide International Latitude Station during the period 1931.64–1932.97: **9** ('33) 227–30; ~ during the year 1933: **10** ('34) 399–402; ~ 1934: **11** ('35) 251f.; ~ 1935: **12** ('36) 118f. – On the comparison between the observed declinations and proper motions of star-pairs for 1928.0 used for the North International Latitude Service during the period 1922.7–1931.0 and those of Boss' General Catalogue for 1950.0: **11** ('35) 395–97. – Preliminary result of the observations made at La-Plata International Latitude Station during the period 1934.64–1935.97: **12** ('36) 120f. – Results of the values of one revolution of the micrometer for two south stations and Batavia deduced from the observations of the international scale-pairs made in those stations and some north stations during the year 1935: 215–17. – New observing programme for the International Latitude Service: **14** ('38) 102–05. – On the results of the variation of latitude observed in the North International Latitude Stations during 4 years from 1936 to 1939: **17** ('41) 31–35. – On the analysis of Z for the three stations, Mizusawa, Carloforte and Ukiah during the period 1900.0–1922.7: **18** ('42) Nr. 7.

Weitere Berichte über die Tätigkeit des International Latitude Service.

V, VI **KIMURA,** Masamichi. Physik. – 1918 D. Sc.; '07–09 Instructor, '09–17 Assist. Prof., '17–43 Prof., '44–62 Prof. Emer., Kyôto Imperial Univ.; '49–53 Prof., Ritsumei-kan Univ., Kyôto; '43 Order of the Sacred Treasure (Japan. Government).

*1883, Nov. 8, Kobe, Hyôgo-ken;
†1962, Okt. 13, Kyôto.

S. Verhandelingen, op 25 Mei 1935 aangeboden aan P. Zeeman ('s Gravenhage '35) 241–52: Autoresonance spectrum of iodine[2]).

W. Spectroscopy [japan.] (Tokyo '31).

Bull. Inst. physic. and chem. Res. [Tokyo] After-effects produced on metallic surfaces by cathode-ray bombardment or by low-pressure gas discharges[1]): **15** ('36) 681–91.

Physical Rev. Resonance level of Hg at negative energy: (2) **60** ('41) 688f.

Scientific Papers Inst. physic. and chem. Res. [Tokyo] Ultra-violet absorption bands of sodium vapour[3]): **18** ('32) 109–18. – On the emission of yellow-red band spectrum of sodium[3]): 119–28. – The nature of light absorption by crystals and an optical method of determining the heat of sublimation: 129–40. – Energy levels of CdI_2 molecule and the relation between the absorption frequencies of the substance in the states of vapour and crystal: 141–49. – Absorption spectra of certain triatomic molecules and their dissociation products: 150–56. – The absorption spectra and certain thermo-chemical constants of lead halides[3]): 157–65. – A consideration on the emission of the auroral green light in the night sky: 166–76.

Mit: [1]) M. Hatoyama; [2]) K. Tonomura; [3]) Y. Uchida.

VI **KING,** Alphonso. Astron. – 1907–36 Master at the Council School, Ashby, North Lincolnshire; '29–36 responsible for the whole of the computing to the Meteorit. Sect., Brit. Astron. Assoc.

*1882, Jan. 17, Leicester;
†1936, Apr. 18, Ashby, Scunthorpe, Lincs.

Nekr. J. P. M. P(rentice), Monthly Notices roy. astron. Soc. **97** ('37) 274f. – L'Astronomie (BSAF) **50** ('36) 590. – J. brit. astron. Assoc. **46** ('36) 301 f. – Observatory **59** ('36) 204, 347f.

L'Astronomie (BSAF) Le bolide du 6 août 1932: **47** ('33) 280–82. – Le bolide du 13 déc. 1932: 370f.

J. brit. astron. Assoc. The meteorite of 1931, April 14: **42** ('32) 328–32. – Radiant of the Leonids: 341f. – The bolide of 1933, March 5: **44** ('34) 104–06. – Meteors of 1933, Oct. 9 (Giacobini-Zimmer): 111f. – The train of the fireball of 1933, Nov.12[1]): **49** ('39) 297f.; ~ of 1934, Oct. 11[1]): 298f.

Monthly Notices roy. astron. Soc. An ephemeris of the radiant-point of the Leonids: **93** ('33) 109–11.

Nature [London] Meteor shower of October 9, 1933: **132** ('33) 720.

Quarterly J. roy. meteorol. Soc. The great fireball of 1934, Oct. 11 and an instance of streak-drift: **62** ('34/36) 33–40.

Mit: [1]) J. P. M. Prentice.

v, vi **KING,** Arthur Scott. Astrophysik, Spektroskopie. – 1908–43 Superintendent, Physics Labor., Mount Wilson Observat., Carnegie Inst. Technol., Pasadena, Calif.; '44–46 Physicist, California Inst. Technol., Pasadena, Calif.; '46–54 Mathematician, Naval Ordnance Test Station, Pasadena, Calif.; '41 Pres., Astron. Soc. Pacific; '46–50 Pres., Meteoritical Soc. America.

*1876, Jan. 18, Jerseyville, Ill.;

†1957, Apr. 25, Pasadena, Calif.

Nekr. H. D. Babcock, Publ. astron. Soc. Pacific **69** ('57) 285, 333–35 (m. Bildn.); Science [USA] **126** ('57) 390. – Coelum **26** ('57) 57. – J. opt. Soc. America **50** ('60) 90f. – Sky and Telescope **16** ('57) 469.

Astrophysical J. The spectrum of doubly ionized cerium[3]): **75** ('32) 40–45. – Lines of tungsten and rhenium appearing in the spectrum of the electric furnace: 379–85. – Temperature classification of the spectrum of neodymium: **78** ('33) 9–45. – Temperature classification of infra-red iron lines: **80** ('34) 124–35. – Temperature classification of samarium lines: **82** ('35) 140–91. – Relative f-values for lines of Fe I from electric-furnace absorption spectra[3]): 377–95. – A spectroscopic examination of meteorites: **84** ('36) 507–16. – Relative f-values for lines of Fe I and Ti I[3]): **87** ('38) 24–39. – The spark spectrum of iron, λλ 5016–7712, with identifications of Fe II lines in the solar spectrum: 109–17. – Temperature classification of europium lines: **89** ('39) 377–430. – The arc spectrum of europium[8]): **90** ('39) 155–203. – Temperature classification of thulium lines: **94** ('41) 226–31. – Temperature classification of gadolinium lines: **97** ('43) 323–80. – The stronger lines of singly ionized dysprosium and identifications in the solar spectrum[6]): **98** ('43) 33–42. – Comparative study of the red and violet systems of cyanogen bands[10]): **101** ('45) 6–14. – – Alle Arbeiten auch als „Contributions from the Mount Wilson Observatory" erschienen (Nrn. 441. 448. 470. 496. 523. 528. 556. 581. 584. 608. 611. 651. 678. 681. 700).

J. amer. chem. Soc. An improved method of purifying europium [4])[7])[1])[11]): **59** ('37) 1131–34.

J. Res. nation. Bur. Standards, A Arc and spark spectra of columbium[5]): **16** ('36) 385–419. – Temperature classification of the spectrum of dysprosium (Dy I, Dy II)[12])[13])[6]): **74** ('70) 355–94.

Leaflet, Astron. Soc. Pacific The laboratory's part in astronomy: Nr. **162** ('42) 8 S.

Physical Rev. The arc spectrum of europium [8]): (2) **46** ('34) 1023f.

Popular Astron. An examination of the spectra of three meteorites: **44** ('36) 282f. – Spectra of meteors: 507–11. – The report of the retiring president of the Meteoritical Society for the 1946–1950 term: **58** ('50) 504–07.

Proc. amer. philos. Soc. Thorium in the sun[9]): **86** ('43) 339–41.

Publ. astron. Soc. Pacific Disrupted atoms as constituents of the stars: **46** ('34) 94–98. – A test of the abundance of the heavy isotope of carbon in a graphite meteorite[2]): **48** ('36) 323–25. – f-Values for Fe I and Ti I from electric-furnace absorption spectra, with a determination of solar temperature[3]): **49** ('37) 218f. – Lines of neutral europium appearing in the solar spectrum: **50** ('38) 221f. – Notes on the work of the Society during 1941: **54** ('42) 5–7. – Calcium oxide and chloride bands in the electric furnace: 157f. – Note concerning lines of neutral dysprosium: 201f. – Thorium in the sun[6]): **55** ('43) 36f. – The presence of gold in the sun[6]): 109f. – P. Zeeman, 1865–1943: 274f.

Science [USA] Thorium[6]): **97** ('43) Nr. 2513, Suppl. 10.

Trans. electrochem. Soc. Scandium in the stars: **89** ('46) 301–05.

Mit: [1]) G. P. Baxter; [2]) F. A. Jenkins; [3]) R. B. King; [4]) H. N. McCoy; [5]) W. F. Meggers; [6]) Ch. E. Moore; [7]) L. Pauling; [8]) H. N. Russell; [9]) Ch. M. Sitterly; [10]) P. Swings; [11]) F. D. Tuemmler; [12]) J. G. Conway; [13]) E. F. Worden.

vi **KING,** Cecil Victor. Chem. (physikal.). – 1928–40 Assist. Prof., '40–44 Assoc. Prof., '44–63 Prof., '63– Prof. Emer., New York Univ., New York; '63– Dir. of Research, '66 Pres., American Gas and Chem., Inc., New York; '68–71 Vice

Pres., '71 Pres., Amer. Electrochem. Soc. *1899, Dez. 22, Union City, Ind.

Bildnis J. electrochem. Soc. **115** ('68) 112 C.

MHZ. J. electrochem. Soc. 1954–1968.

S. Pittsburgh International conference on surface reactions, Pittsburgh, Pa., 1948 (Pittsburgh, Pa. '48) 5–9: Theory and technique of measuring metal solution rates. – Surface chemistry of metals and semiconductors. Symposium, Columbus, O., 1959 (New York '60) 357–80: Dissolution of metals.

W. Experiments in physical chemistry (m. O. F. Steinbach) (New York '50) 6 + 250 S.

Annals New York Acad. Sci. Adsorption and exchange in metal–metal ion systems: **58** ('54) 910–24. – Mercury: **65** ('57) 360–68.

Bull. India Sect., Electrochem. Soc. Silver in dissolution, adsorption and exchange experiments: **5** ('56) 36–41.

Canadian J. Chem. Exchange between metals and their ions in solution[30]): **37** ('59) 205–12.

Chemistry [Washington] How to find leaks: **42** ('69) 8–11.

Industrial and Engng. Chem. Heat-transfer and -diffusion rates at solid–liquid boundaries [18]): **29** ('37) 75–78.

J. amer. chem. Soc. The rate of solution of zinc in acids[6]): **54** ('32) 1744–57; ~[41]): **57** ('35) 1212–17. – The rate of decomposition of xanthic acid[12]): **54** ('32) 2177–86. – The rate of solution of marble in dilute acids[28]): **55** ('33) 1928–40. – Reaction rates at solid–liquid interfaces: **57** ('35) 828–31. – The rate of solution of copper in dilute aqueous reagents[49]): **58** ('36) 602–07. – The catalytic decomposition of diazoacetate ion in aqueous solution[5]): 1533–42. – The interdiffusion of acid and base in aqueous solution[9]): 1639–42. – The rate of dissolution of magnesium in acids[9]): **59** ('37) 63–67. – The rate of dissolution of benzoic acid in dilute aqueous alkali[7]): 1375–79. – Catalysis of nitramide decomposition by colloidal platinum and gold: **60** ('38) 144–54. – The oxidation of iodide ion by persulfate ion, 5: The rate at low ionic strength [21]): 687–91. – The rate of dissolution of iron in acids[1]): **61** ('39) 2290–95. – The catalytic decomposition of azodicarbonate ion: **62** ('40) 379–85. – Solution and diffusion rates in alcohol–water mixtures[39])[20]): **63** ('41) 284–87. – A study of Bredig platinum sols[34]): **65** ('43) 2112–15. – Effect of dielectric constant and temperature on the catalyzed decomposition of azodicarbonate ion[19]): **66** ('44) 767–71. – Ionization constants of very weak acids. Acetoxime, methyl ethyl and diethyl ketoximes[31]): 977–80. – Temperature and dielectric constant effects in the decomposition of nitrosotriacetoneamine[27]): **67** ('45) 2248–50. – Rate of solution of magnesium and zinc in acids[50])[4]): **68** ('46) 328f. – Transference numbers of zinc and cadmium sulfates at 25°, as functions of the concentration[51]): **71** ('49) 576–78. – Kinetics of the decomposition of ethylxanthic acid[10]): 3587–91. – Partial pressure of hydrogen chloride from its solution in aprotic solvents. Comparison of solubility and infra-red absorption studies[37]): 3632–34. – Decomposition rate of diazomalonate ions in dilute aqueous solutions[22])[33]): **72** ('50) 1906–09. – Base catalysis in the decomposition of diazomalonic acid[22]): **74** ('52) 3128–31. – Kinetics and mechanism of the acid-catalyzed decomposition of diazoacetone[29]): 6221–25. – Salt effects and chelation in the decomposition of diazomalonic acid[26]): **75** ('53) 3949–53. – Transference numbers in aqueous zinc and cadmium sulfates[24]): **76** ('54) 4716–18. – Kinetics of the decomposition of n-propylxanthic acid[43]): **77** ('55) 4745f.

J. chem. Educat. An experiment for physical chemistry laboratory: **9** ('32) 150–54. – Lecture demonstration of the arc process[2]): **10** ('33) 748.

J. electrochem. Soc. Rate of corrosion of metals in acid solutions containing depolarizers[17]): **97** ('50) 191–97. – Rate of corrosion of silver in solutions of ferric sulfate[40]): 290–97. – Rate of corrosion of silver in ferric perchlorate solutions[23]): **99** ('52) 295–300. – Inorganic corrosion inhibitors in acid solution [15])[32]): 423–26. – Rate of dissolution of zinc and cadmium in chromic chloride solutions[32]): **100** ('53) 473–79. – Rate of displacement of silver from aqueous silver nitrate by zinc and copper[14])[35]): 580–85. – Corrosion inhibition in acid solution[16]): **101** ('54) 79–83, 635. – Concentration polarization and overvoltage: **102** ('55) 193–97. – Flood control: 265 C. – Future plans and policy: 283 C. – Solution of cadmium in chromic chloride solutions[16]): **103** ('56) 261–65. – Inhibition of iron dissolution in acid solutions[38]): 331–37, 708. – Edward Goodrich Acheson: 45 C. – Energy from nuclear fusion: 91 C. – The graduate program in chemistry: 128 C. – Scientific manpower shortage: 143 C. – Recognition to the college professor: 162 C. – St. Lawrence Seaway: 186 C. – Our national highways: 227 C. – Radiation exposure records: 256 C. – Kinetics of silver–silver ion exchange[46]): **104** ('57) 194–97. – Dissolution of iron in acidified chromic chloride solutions[47]): 417–19. – The future of mankind: 50 C. – Mad scramble for graduates: 89 C. – Publication problems: 109 C. – Inflation: 123 C. – Training a chemist: 138 C. – Radioactive fallout controversy: 153 C f. – Specifications: 188 C. – Dielectric materialism: 247 C. – Of satellites and of men: **105** ('58) 4 C. – Automatic cathodic protection: 17 C. – Educational standards: 35 C. – Russian literature: 90 C. – The editor makes mistakes: 104 C. –

"Brief communications": 116 C. – University teaching and research: 206 C. – Electrochemistry in Japan: 224 C. – Anniversary greetings to AES: 247 C. – Science, the news, and the public: **106** ('59) 4 C. – Wisdom: 24 C. – Tuas [sic!] res agitur: 42 C. – Research of the future: 92 C. – Pugwash conferences: 138 C. – The numbers get larger: 156 C. – NSF will help: 185 C. – National goals: 238 C. – Report from Alaska: 264 C. – Science in the newspapers: 282 C. – The training of a teacher: 303 C. – Dissolution of nickel in acid ferric and ceric solutions[11]): **107** ('60) 493–95. – The preparation of the manuscript: 4 C. – Chemical industry runs the show: 28 C. – The census: 44 C. – MCA: 94 C. – Profits and policies: 144 C. – Abstracts: 164 C. – Racial discrimination and the ECS: 213 C. – Federal aid for school construction: 234 C. – University research equipment: 250 C. – Our future electrochemists: 264 C. – Exchange between single-crystal cadmium and its ions[36])[48]): **108** ('61) 291–93. – A story of research: 26 C. – Television in the classroom: 41 C. – Publications of the ECS: 82 C. – What are we teaching our students?: 98 C. – The Indianapolis meeting: 126 C. – "Growing up absurd": 148 C. – A bell for St. Michael's: 205 C. – Page charge for publication?: 224 C. – Water!: 240 C. – How can a college raise its standards: **109** ('62) 2 C. – A second publication?: 34 C. – False and misleading: 50 C. – Even margins: 106 C. – Dangerous radioactivity: 126 C. – Annals of science: 158 C. – Engineering research needs: 178 C. – Publicity for electrochemistry: 235 C. – Corrosion research in the university: 255 C. – Technical report writing: 270 C. – Young authors' award: 288 C. – Ion exchange on single-crystal silver and zinc[45])[3]): **110** ('63) 1261–64. – Electrochemical technology: 3 C. – A plug for our product: 39 C. – The Woodward retirement plan: 83 C. – Chemical abstracts: 103 C. – Leak detection: 132 C. – Food and population: 157 C. – Las cucarachas y las chinches: 229 C. – How long to boil an egg: 243 C. – ISA: **111** ('64) 23 C. – Cost of the Journal: 42 C. – The ICBM story: 95 C. – When is a news story . . . : 115 C. – Newspaper science: 161 C. – Federal aid to education: 223 C. – How long to publish: 238 C. – Publish abstracts only?: 257 C. – Where to publish: 269 C. – Air pollution – New York style: **112** ('65) 5 C. – College chemistry: 24 C. – Science fiction: 41 C. – The world needs truth and honesty: 102 C. – Salty waters: 117 C. – Basic research and its cost: 130 C. – What price gold: 161 C. – The case for going to the moon: 211 C. – The metric system: 236 C. – Dangerous chemicals in the laboratory: 251 C. – Westheimer Committee report: **113** ('66) 25 C. – The editor, the referee, and the author: 43 C. – In ridicule of basic research: 95 C. – A search for life on earth: 115 C. – Electrochemical power sources: 179 C. – Brief communications: **114** ('67) 5 C. – The naming of names: 21 C.

J. physic. Chem. The adsorption of silver salts on silver[44]): **57** ('53) 895–98. – The adsorption of copper sulfate on copper and silver[42]): **58** ('54) 180–82. – Adsorption and silver–silver ion exchange[25]): **59** ('55) 910–14. – Exchange between adsorbed and dissolved sulfate ions[25]): **60** ('56) 374–76. – Radiotracer studies of zinc–zinc ion exchange[13]): **63** ('59) 1816–18. – Radiotracer studies of cadmium–cadmium ion exchange[47]): 1819–21. – Radiotracer studies of iron in iron salt solutions[47]): 1822f.

Trans. electrochem. Soc. The rate of displacement of copper from solutions of its sulfate by cadmium and zinc[8]): **65** ('34) 115–22.

Trans. New York Acad. Sci. Rate of solution of metals in aqueous reagents: **10** ('48) 262–67.

Mit: 1) M. B. Abramson; 2) P. Arthur; 3) A. Berlin; 4) H. Bloodgood; 5) E. D. Bolinger; 6) M. M. Braverman; 7) S. S. Brodie; 8) M. Burger; 9) W. H. Cathcart; 10) A. Chatenever; 11) P. M. Christopher; 12) E. Dublon; 13) S. Evans; 14) R. Glicksman; 15) E. Goldschmidt; 16) E. Hillner; 17) M. Hochberg; 18) P. L. Howard; 19) J. J. Josephs; 20) S. Kipness; 21) O. M. Knudsen; 22) P. Kulka; 23) F. S. Lang; 24) R. E. Lang; 25) B. Levy; 26) I. A. Lichtman; 27) F. Lionetti; 28) Ch. L. Liu; 29) C. E. McCauley; 30) N. E. McKinney; 31) A. P. Marion; 32) N. Mayer; 33) A. Mebane; 34) J. Mindel; 35) H. Mouquin; 36) D. S. Newman; 37) J. O'Brien; 38) E. Rau; 39) E. J. Roehl; 40) H. Salzberg; 41) M. Schack; 42) L. R. Scharfstein; 43) M. L. Schochet; 44) R. K. Schochet; 45) T. Simmons; 46) A.-M. Simonsen; 47) R. Skomoroski; 48) E. Suriani; 49) L. Weidenhammer; 50) H. Wishinsky; 51) G. M. Wolten.

VI **KING,** Earl Judson. Biochem. – 1931–34 Assist. Prof. Medical Research and Dir. of Biochem. Sect. of the Banting Inst., Univ. of Toronto, Ont., Can.; '35–44 Reader Pathol. Chem., '35–57 Head of the Chemical Pathol. Departm., '43–46 Secretary and '51–55 Chairman of the Board of Studies in Biochem., '44–62 Subdean, '44–62 Prof. Chem. Pathol., '57– Dir. of the combined Departm. of Bacteriol., Biophysics, Chem. Pathol., Haematol. and Morbid Anatomy and Histol., Postgraduate Med. School, Univ. of London; '39–45 Sector Chemical Pathologist, Emergency Medical Service; '50–62 Consultant Biochem., Roy. Army Medical Corps; Cofounder and first Secretary, Canadian Biochem. Soc.; '52–55 Chairman, Central Academic Council,

Brit. Postgraduate Med. Federat.; '52–60 Chairman, Internat. Federat. of Clinical Chem.; '54–55 Pres., Brit. Occupational Hygiene Soc.; '53–55 Chairman, '56 Pres., Assoc. Clin. Biochemists. — D. Sc. (Univ. of London); '51 Hon. M. D. (Univ. Oslo); Hon. M. D. (Univ. of Iceland, Reykjavík). — '53 Queen's Coronation Medal.

*1901, Mai 19, Toronto, Can.;

†1962, Okt. 31, London.

Nekr. A. L. Latner, Nature [London] **197** ('63) 18.

MH. Biochemical disorders in human diseases (London–NewYork '57); darin eig. Beitr.: 352–400, ^{2}('64) 492–547: Diseases of bone and the parathyroid gland[27)]. — Industrial pulmonary diseases; a symposium held at the Postgraduate Medical School of London, 1957 and 1958 (London '60). — Biochemists' handbook (Princeton, N.J. '61).

MHZ. Biochemical J. 1946–1952.

S. International Labour Organization. Studies and reports. Series F (Industrial hygiene), Nr. **17**: Silicosis. Proc. International conference, Geneva 1938 (Genf '40) 167f.: Silica in body fluids in relation to silicosis; 211–17: Depression of silica solubility in body fluids by mineral dusts[79)57)]. — Gli enzimi (R. Peters, F. Dickens) (Roma '54): La fosfatasi alcalina plasmatica in patologia. — Résumés des communications. 2e Congrès international de biochimie, Paris 1952 (Paris '52) 255: Elevation of serum acid-phosphatase following palpation of the prostate[19)49)]; 361: The effect of cortisone on experimental silicosis [38)18)83)]; 362: Turbidimetric standards of methacrylate for the estimation of urine and cerebrospinal fluid protein[102)].

W. Micro-analysis in medical biochemistry (New York–London '46) 8 + 168 S., ^{2}('51) 8 + 222 S.; 3. u. 4. Aufl. m. I. D. P. Wootton ^{3}('56) 292 S., ^{4}('64) 254 S.; italien.: Microanalisi nella biochimica medica (Roma '51) 213 S. — The propagation of plants (London–NewYork '50) 264 S., ^{2}('52, '53) 264 S. (Hutchinson's scientific and technical publications).

A.M.A. Archives industr. Hyg. and occupation. Med. Effect of modifications of the surface of quartz on its fibrogenic properties in the lungs of rats. Quartz leached with Ringer solution. Quartz etched with hydrofluoric acid. Quartz coated with coal extract [61)38)64)]: **7** ('53) 455–77. — Acute toxicity of mineral dusts[18)]: 478–83. — Adsorption of dyes, amino acids, proteins, and metal hydroxides on quartz[18)]: 484–89.

A.M.A. Archives industr. Health Fibrogenic activity of different forms of free silica: The action of fused silica, quartz, cristobalite, and tridymite on the livers of mice[110)38)64)]: **13** ('56) 112–21. — Fibrogenic activity of free silica of different particle sizes: Tissue reactions in lungs of rats and livers of mice to different doses of ground flint of constant surface areas[110)38)64)]: 122–32. — The silica-solubility theory of silicosis, 2: Present difficulties of interpretation[110)64)]: 133–38. — The recovery of quartz and other minerals from the lungs of rats[64)65)7)108)]: **16** ('57) 188–202. — Experimental infective pneumoconiosis, 5: Massive fibrosis of the lungs produced by coal-mine dust and Mycobacterium tuberculosis var. muris (vole bacillus)[108)38)60)]: 380–92. — Fibrosis and collagen in rats' lungs produced by etched and unetched free silica dusts[24)108)64)]: **17** ('58) 287–94.

American J. Med. Introductory remarks to symposium [on diagnostic enzymology]: **27** ('59) 849–60.

Analyst A new form of the filter stick: its use in gravimetric analysis: **58** ('33) 325–28. — The colorimetric determination of silicon in the micro-analysis of biological material and mineral dusts[88)42)107)69)]: **80** ('55) 441–53.

Annals occupation. Hyg. Inhalation experiments with coal dust containing 5%, 10%, 20% and 40% quartz; tissue reactions in the lungs of rats[116)108)64)]: **5** ('62) 149–61. — The effects of small amounts of quartz in experimental pneumoconiosis[85)94)64)]: 177–82. — The retention of high and low rank coals in rats' lungs[117)115)64)]: **8** ('65) 183–92.

Annual Rev. Biochem. Clinical applications of biochemistry[105)59)]: **23** ('54) 437–58.

Archives environmental Health Infective pneumoconiosis. Variable coal with constant tuberculosis[85)94)]: **7** ('63) 33–46.

Arhiv Hig. Rada The pneumoconiosis in Great Britain: **2** ('51) 113–44 [kroat. m. engl. Zusammenfassg.].

Biochemical J. The colorimetric determination of phosphorus: **26** ('32) 292–97. — A titrimetric method for the micro-determination of barium: 586–89. — The action of bone phosphatase on the esters of phosphoric acid of the blood: 1697–703. — The iodimetric titration of cysteine and allied substances[53)]: 2076–89. — The enzymic hydrolysis of phosphatides, 2: Lysolecithin[22)]: **27** ('33) 403–09; ~ 3: The hydrolysis of natural and synthetic phosphatides: **28** ('34) 476–81. — The biochemistry of silicic acid, 1: Micro-determination of silica[89)]: **27** ('33) 990–1001; ~ 2: The presence of silica in tissues[89)22)]: 1002–06; ~ 3: The excretion of administered silica[89)22)]: 1007–14; ~ 4: Relation of silica to the growth of phytoplankton[20)]: 1015–21; ~ 5: The solution of silica and silicate dusts in body fluids[57)]: **32** ('38) 417–25; ~ 6: The solution and excretion of silica[57)]: 426–33; ~ 7: Depression of the apparent solubility of silica in body fluids[79]): 2283–87; ~ 8: The determination of silica: **33** ('39) 944–54; ~ 9: Isolation and identification of minerals in lung residues and air-borne dusts from coal mines [64]): **35** ('41) 152–58. – Glycerophosphoric acid, 1: The recognition and separation of α- and β-glycerophosphates[71])[48]): **28** ('34) 143–51. – The oxidation of lecithin and other fatty substances in the presence of glutathione [91]): **30** ('36) 285–90. – A new iodimetric procedure for the estimation of chloride in small amounts of blood[41]): 902–05. – The estimation of bilirubin in blood-plasma[41]): **31** ('37) 920–23. – A method for the determination of small amounts of phosphate by the use of 8-hydroxyquinoline[21]): 2046–48. – Ascorbic acid and phosphatase activity[21]): **32** ('38) 1157–62. – The phosphoric esters of the pancreas: sphingosine choline phosphate[86]): **33** ('39) 1135–39. – The preparation of phenyl phosphoric esters[66]): 1182–84. – The rates of enzymic hydrolysis of phosphoric esters [,1][21]): 1185–90; ~ 2: Relation of structure to dissociation constant, Michaelis constant and rate of hydrolysis[21]): **37** ('43) 547–50; ~ 3: Carboxy-substituted phenyl phosphates[96]): **47** ('50) 93–95. – The activation of phosphatase[21]): **38** ('44) 50–53. – Formation of hematins and hemochromogenes [21]): **39** ('45) 111–13. – A sodium carbonate-bicarbonate buffer for alkaline phosphatases [21]): 245. – Phosphoric esters of the pancreas: choline glycerophosphate[4]): 470–73. – Spectrophotometric study of the excretion products of mepacrine compared with synthetic acridine and diphenylamine derivatives[30])[92]): **40** ('46) 706–21. – Purification of alkaline phosphatase [1])[77])[93]): **44** ('49) 428–31. – Purification of fecal alkaline phosphatase[1]): 431–33. – Purification of alkaline phosphatase by tryptic digestion[1]): 434f. – Reactivation of alkaline phosphatases after dialysis[1]): 435–41. – Properties of the acid phosphatases of erythrocytes and of the human prostate gland[1]): **45** ('49) 51–60. – Estimation of protein in urine and cerebrospinal fluid with permanent turbidimetric standards of Perspex: **48** ('51) 50f. – A simplified silver iodate method for the determination of chloride[8]): 51–53. – Some observations on the absorption and excretion of 4,6-dinitro-o-cresol (DNOC), 1: Blood dinitro-o-cresol levels in the rat and the rabbit following different methods of absorption[40]): **53** ('53) 185–95; ~ 2: The elimination of 4,6-dinitro-o-cresol by man and by animals[40]): 196–200. – Characterization of tissue alkaline phosphatases and their partial purification by starch-gel electrophoresis[63])[15])[5]): **81** ('61) 441–47. – Properties of alkaline phosphatase fractions separated by starch-gel electrophoresis[63]): **84** ('62) 192–95.

Biochimica et biophysica Acta Placental phosphatases[2]): **34** ('59) 313–25. – The co-enzyme factor of alkaline phosphatase[2])[1]): **36** ('59) 228–40. – Purification of placental alkaline phosphatase[2]): **40** ('60) 320–28. – Kinetics of placental alkaline phosphatase[2]): **45** ('60) 581–92.

British J. exper. Pathol. Experimental infective pneumoconiosis, 2: Coal-mine dust with attenuated tubercle bacilli (B.C.G.) in the lungs of immunized guinea-pigs[110])[38])[60]): **36** ('55) 539–44; ~ 3: Coal-mine dust and isoniazid-resistant tubercle bacilli of moderate virulence[110])[38])[60]): 545–52; ~ 4: Massive pulmonary fibrosis produced by coal-mine dust and isoniazid-resistant tubercle bacilli of low virulence[110])[38])[60]): 553–59. – Effect of Triton, a surface-active polyoxyethylene ether, on the development of experimental silicosis[111])[38]): **41** ('60) 438–42. – Effect of Triton, a surface-active polyoxyethylene ether, on experimental infective pneumoconiosis[111])[38]): 472–77.

British J. industr. Med. Effect of aluminium on the silicosis-producing action of inhaled quartz[106])[73])[38]): **7** ('50) 27–36. – Effects of granite on the lungs of rats[73])[38])[64]): 37–41. – The action of variable amounts of quartz on the lungs of rats. The extent of pathological change in relation to the amount injected[73])[38]): **8** ('51) 62–67. – The action of small amounts of quartz and larger amounts of coal and graphite on the lungs of rats[73])[38]): 68–73. – The action of anthracite and bituminous coal dust mixed with quartz on the lungs of rats[73])[38]): 74–76. – The effect of cortisone on experimental silicosis[38])[18])[83]): **9** ('52) 165–72. – The action of different forms of pure silica on the lungs of rats[61])[38])[64]): **10** ('53) 9–17. – The action of flint of variable size injected at constant weight and constant surface into the lungs of rats[61])[38])[64]): 76–92. – The development of lymph nodes after injection of flint of variable size into the lungs of rats[64])[65])[38]): **11** ('54) 145–50. – Silica and collagen in the lungs of silicotic rats treated with cortisone[88]): 192–97. – Infective pneumoconiosis, 1: The influence of dead tubercle bacilli (B.C.G.) on the dust lesions produced by anthracite, coal-mine dust, and kaolin in the lungs of rats and guinea-pigs[7]) [38])[61]): 245–58. – Effect of cortisone on established silicotic fibrosis in the lungs of rats[38])[7]): **12** ('55) 228–32. – Further studies of the dust in lungs of coal miners[54])[64]): **13** ('56) 9–23. – The action of variable amounts of tridymite, and of tridymite combined with coal, on the lungs of rats[7])[38])[64]): 41–50. – Pneumoconiosis of kaolin workers[35])[32])[64]): 251–59. – The effect of diamond dust alone and mixed with quartz on the lungs of rats [108])[64]): **15** ('58) 92–95. – Tissue reactions produced by calcium fluoride in the lungs of rats[108])[64]): 168–71. – The tissue reaction in the lungs of rats after the inhalation of coal dust containing 2% of quartz[110)38)64]: 172–77. — The dust content of the lungs of coal workers from Cumberland[25)64]: **16** ('59) 43–50. — Dust content, radiology and pathology in simple pneumoconiosis of coal workers, 1: General observations; 2: Detailed analysis of the data[74)103)64]: **17** ('60) 78–108. — Dust and collagen content of lungs of coal workers with progressive massive fibrosis[64)74)94]: **20** ('63) 181–91.

British med. Bull. The quantitative approach to hospital biochemistry. Normal values and the use of biochemical determinations for diagnosis and prognosis[105)87]: **7** ('51) 307–11. — Plasma alkaline phosphatase in disease: **9** ('53) 160–64.

British med. J. Colorimetric standards for emergency estimations on certain constituents of blood and cerebrospinal fluid: **1940 II**, 445–47. — Estimation of haemoglobin by the alkaline haematin method[16]: **1942 II**, 329–33. — Haemoglobin equivalent of the B.S.I. Haldane standard[30)58]: **1944 I**, 250–52. — Plasma-acid phosphatase in carcinoma of the prostate and the effect of treatment with stilbestrol[97)21)34]: **1944 II**, 492–95. — Determination of haemoglobin content by the alkaline haematin method: **1947 II**, 349f. — Urinary excretion of acid phosphatase[19)49]: **1954 I**, 19–21.

Canadian Chem. and Metallurgy Perchloric acid in the colorimetric determination of phosphorus[22]: **16** ('32) 88. — A micro-burette for iodine determinations[68]: 88f. — "Vitamin A" research – the chemical aspects: 266–69. — Silicosis and the metabolism of silicic acid: **17** ('33) 146f.

Canadian med. Assoc. J. Intestinal erepsin and phosphatase of infants with acute intestinal intoxication[36)80)82]: **26** ('32) 293–96. — Phosphatase in obstructive jaundice[6)37]: **31** ('34) 14–20. — Silicosis and metabolism of silica[22]: 21–26. — Experimental silicosis: quartz, sericite, and irritating gases[76)44]: 237–45. — A convenient method for determining serum and bile phosphatase activity[6]: 376–81. — Serum-phosphatase in toxic and haemolytic jaundice[6]: **32** ('35) 379–83. — Silicon and dust deposits in tissues of persons without occupational exposure to siliceous dusts[12)44]: **34** ('36) 125–33.

Chemist – Analyst Eine geeignete automatische Filtriervorrichtung: **22** ('33) Nr. 3, S. 20 [engl.].

Clinica chim. Acta [Amsterdam] International enzyme units; an attempt at international agreement[15]: **6** ('61) 301–06.

Clinical Chemistry Enzymes in clinical biochemistry: **3** ('57) 507–47.

Enzymologia A carbonate veronal buffer solution covering pH 7.5 to 10.7[21]: **8** ('40) 278f. — The effect of silica and silicic acid on enzymes[81)79)49]: **17** ('54/56) 341–51 [m. deutscher Zusammenfassg.].

Fuel Sci. and Practice Silicosis; a review: **21** ('42) 74–79.

Industrial and Engng. Chem., Analyt. Edit. Apparatus for electrodialysis: **4** ('32) 201f.

Irish J. med. Sci. The accurate estimation of haemoglobin: (6) Nr. **282** ('49) 260.

J. amer. chem. Soc. Effect of NaCl on the ionization of boric acid at various temperatures[67]: **65** ('43) 1612–20.

J. biol. Chemistry A method for the microgravimetric determination of silica in tissue[62]: **95** ('32) 613–20.

J. clin. Pathol. The inhibition of acid phosphatases by formaldehyde and its clinical application for the determination of serum acid phosphatases[1]: **1** ('48) 80–90. — The laboratory diagnosis of Lymphogranuloma venereum[113)112)114]: **2** ('49) 241–49. — Determination of bilirubin with precipitation of the plasma proteins[17]: **3** ('50) 248–59. — King-Armstrong phosphatase estimation by the determination of liberated phosphate[1)96]: **4** ('51) 85–91. — Estimation of plasma phosphatase by determination of hydrolysed phenol with amino-antipyrine[49]: **7** ('54) 322–26. — A method for the determination of tartrate-labile prostatic acid phosphatase in serum[45]: **12** ('59) 85–89.

J. Obstetr. and Gynaecol. brit. Empire Nutritional study among pregnant women [109)104)105]: **53** ('46) 251–59.

J. Pathol. and Bacteriol. Silicotic nodule in human and experimental silicosis: comparative study[12)26]: **51** ('40) 263–67. — Silica content of tissues, with and without silicotic lesions[12]: 269–75. — Failure of aluminium to prevent experimental silicosis[12]: **54** ('43) 69–73. — Failure of aluminium to prevent silicosis [12]: **55** ('43) 69–77. — Preparation of phenolphthalein phosphate [as substrate for phosphatase]: 311–14. — Phosphatase reaction as aid to identification of micro-organisms using phenolphthalein phosphate as substrate[14]: 315–20. — Effect of olivine on the lungs of rats[78)30)31)64]: **57** ('45) 488–91. — A comparison of the effects of laevorotatory and dextrorotatory quartz in the lungs of rats [78)30)64]: 491–93. — Effect of asbestos on tissue cultures: a comparative study with quartz and coal dust[12)28]: **59** ('47) 159–64. — Case of idiopathic methaemoglobinaemia treated by ascorbic acid and methylene blue[101)30]: 181–88. — Tissue reaction to sericite and shale dusts treated with hydrochloric acid; an experimental investigation on the lungs of rats[30)72]: 324–27. — Effects of kaolin on the lungs of rats[38]: **60** ('48) 435–40. — Inhibition of quartz-induced fibrosis of the liver by aluminium[38,106]): **62** ('50) 443f. – The effect of felspar, slate and quartz on the lungs of rats[61,75,38,64]): **65** ('53) 501–12. – The effect of various forms of alumina on the lungs of rats[38,61,64]): **69** ('55) 81–93. – The effect of aluminium and of aluminium containing 5% of quartz in the lungs of rats[38,61,108]): **75** ('58) 429–34. – Tissue reactions to injected aluminium and alumina in the lungs and livers of mice, rats, guinea-pigs and rabbits[111,88,38,24]): **77** ('59) 407–16. – Tissue changes in rats' lungs caused by hydroxides, oxides and phosphates of aluminium and iron[88,38,64,65]): 417–26. – Experimental infective pneumoconiosis with Mycobacterium tuberculosis (var. muris) and the haematite by inhalation and by injection[111]): **81** ('61) 123–34.

J. Physiology The haemoglobin equivalent of N.P.L. Haldane standard[30,58]): **102** ('43) 21P f.

Laboratory Investigat. Experimental infective pneumoconiosis with coal, kaolin and mycobacteria[111]): **8** ('59) 647–64.

Lancet Phosphatase in fractures[13]): **228** ('35) 1267–70. – Permanent standards for the turbidometric estimation of protein[41]): **231** ('36) 1153. – Micro-chemical methods of blood analysis[41,21]): **232** ('37) 886–92. – The solubility of silica: **234** ('38) 1236–38. – A galactose-tolerance test in experimental liver necrosis[38,21]): **239** ('40) 541–43. – An intravenous galactose-tolerance test[3]): 543–45. – Preservation of blood for sugar analysis [70,11]): **240** ('41) 310. – Micro-chemical methods of blood analysis[41,21,11]): **242** ('42) 207–09. – Direct-reading photoelectric colorimeter: 511f. – Accuracy of haemoglobin methods[30,21]): **246** ('44) 239–43. – Field method of estimating mepacrine in urine[30]): **248** ('45) 686. – Field method for direct estimation of mepacrine in plasma and blood [30]): 814. – Estimation of paludrine in blood [105,30]): **250** ('46) 886f. – Determination of haemoglobin, 1: Determination by a cyanhaematin method[30]): **253** ('47) 201–05; ∼ 2: The Haldane haemoglobin standard compared with iron and gasometric estimations[30,105] u.a.): 789–92; ∼ 3: Reliability of clinical and other methods[56,105,30]): **254** ('48) 282–86; ∼ 4: A comparison of methods for determining iron content and oxygen capacity of blood [30,105] u.a.): 478–83; ∼ 5: Precision of colorimetric methods[30,105] u.a.): **255** ('48) 563–66; ∼ 6: Test of the M.R.C. grey-wedge photometer [105,23,84,56]): 971–74; ∼ 7: Standardized optical data for absolute estimations[23,84,105,56]): **260** ('51) 874–81; ∼ 8: Accuracy of methods applied to abnormal bloods[10,29,95,105,56,23,84]): 1044f. – Normal values for blood constituents. Inter-hospital differences[105]): **264** ('53) 470f. – Infective pneumoconiosis[39]): **1961** II, 1451. – Numbering of isoenzymes [118]): **1962** I, 589.

Mikrochemie Salts of silicomolybdic acid with organic bases: The gravimetric determination of small amounts of silica as pyramidone silicomolybdate[98]): **20** ('36) 49–56.

Nature [London] The Harding sugar reagent[41,33]): **137** ('36) 872. – Solubility of silica dusts: **140** ('37) 320. – Light filters of coloured "Perspex"[95]): **168** ('51) 702.

Occupational Med. Solubility theory of silicosis. A critical study: **4** ('47) 26–49.

Overseas post-graduate med. J. Acid and alkaline phosphatases in their relation to malignant disease[21]): **2** ('48) 419–26.

Physiological Rev. The physiological and pathological aspects of silica[12]): **18** ('38) 329–65.

Post-graduate med. J. Acid and alkaline phosphatases in their relation to malignant disease[21]): **24** ('48) 299–306.

Poultry Sci. Calcium-phosphorus metabolism in the chicken, 4: Ergosterol requirement of growing chickens[43,36]): **12** ('33) 1929–32.

Proc. Soc. exper. Biol. and Med. Fort Knox studies on proteolytic, fibrinolytic, antitryptic and antifibrinolytic activities in the blood of rats[100,50,55,46]): **75** ('50) 862–66.

Quarterly J. Med. Galactose-tolerance tests in thyrotoxicosis[9]): **12** ('43) 129–39.

Thorax [London] Effect of asbestos and of asbestos and aluminium on the lungs of rabbits[16,72]): **1** ('46) 188–97. – Experimental asbestosis in rats. The effect of particle size and of added alumina[87,105]): **6** ('51) 127–36.

Trans. roy. Soc. Canada, Sect. V The effect of activated ergosterol administration on the calcium of the cerebrospinal fluid[47]): (3) **27** ('33) 87–89. – Hypervitaminosis in the chicken: the mobilization of calcium under the influence of irradiated ergosterol[36]): 149–58.

Trans. roy. Soc. trop. Med. and Hyg. Measurement of the concentrations of miracil in biological fluids[51,17]): **41** ('47) 133–40.

Mit: 1) M. A. M. Abul-Fadl; 2) Z. Ahmed; 3) R. S. Aitken; 4) M. Aloisi; 5) E. Anagnostou-Kakaras; 6) A. R. Armstrong; 7) D. Attygalle; 8) D. S. Bain; 9) C. G. Barnes; 10) R. J. Bartholomew; 11) D. Beall; 12) T. H. Belt; 13) E. H. Botterell; 14) J. Bray; 15) D. M. Campbell; 16) J. W. Clegg; 17) R. V. Coxon; 18) J. C. Dale; 19) O. Daniel; 20) V. Davidson; 21) G. E. Delory; 22) M. Dolan; 23) R. Donaldson; 24) F. M. Engelbrecht; 25) J. S. Faulds; 26) A. A. Ferris; 27) R. Fraser; 28) I. Friedmann; 29) M. Geiser; 30) M. Gilchrist; 31) W. M. Goldschmidt; 32) J. Gough; 33) G. A. Grant; 34) A. Haddow; 35) L. W. Hale; 36) G. E. Hall; 37) R. I. Harris; 38) C. V. Harrison; 39) P. D. Hart; 40) D. G. Harvey; 41) G. A. D. Haslewood; 42) P. F. Holt; 43) H. Hull; 44) D. A. Irwin; 45) K. Jegatheesan; 46) H. Jensen; 47) C. R. K. Johnston; 48) H. D. Kay; 49) P. R. N. Kind; 50) W. Kocholaty; 51) A. L. Latner; 52) –; 53) C. C. Lucas; 54) B. A. Maguire; 55) B. McDonald; 56) R. G. Macfarlane; 57) M. McGeorge; 58) A. Matheson; 59) M. D. Milne; 60) D. A. Mitchison; 61) G. P. Mohanty; 62) J. C. Morgan; 63) D. W. Moss; 64) G. Nagelschmidt; 65) E. S. Nelson;

66) T. F. Nicholson; 67) B. B. Owen; 68) H. J. Perkin; 69) D. Pickles; 70) S. S. Pillai; 71) J. J. Rae; 72) V. M. (M. V.) Rae; 73) S. C. Ray; 74) D. Rivers; 75) D. C. Roberts; 76) W. D. Robson; 77) J. Roche; 78) N. Rogers; 79) W. Roman; 80) J. R. Ross; 81) E. Schmidt; 82) M. M. Shaw; 83) R. Sichel; 84) R. B. Sisson; 85) S. Sivalingam; 86) C. W. Small; 87) J. M. Smith; 88) B. D. Stacy; 89) H. Stantial; 90) –; 91) H. Tait; 92) A. L. Tárnoky; 93) N. van Thoai; 94) W. Trevella; 95) S. Ventura; 96) P. G. Walker; 97) J. Watkinson; 98) J. L. Watson; 99) –; 100) U. Westphal; 101) J. C. White; 102) H. Wiggin; 103) M. E. Wise; 104) E. Wood; 105) I. D. P. Wootton; 106) B. M. Wright; 107) D. M. Yates; 108) M. Yoganathan; 109) J. Young; 110) S. H. Zaidi; 111) P. D. Byers; 112) C. F. Barwell; 113) S. P. Bedson; 114) L. W. J. Bishop; 115) T. G. Morris; 116) H. F. Ross; 117) J. W. Skidmore; 118) R. H. S. Thompson.

VI **KING,** George. Versicherungsmath. – Private Consulting Actuary; 1877–82 Tutor, 1883–1916 Member of the Council, 1891–93 Hon. Secretary, 1893–1900, '02–05 Vice Pres., '11 Chairman of Board of Examiners, Inst. of Actuaries, London; General Director in England, Mutual Life and Citizens' Assurance Company, Sydney, New South Wales. – '27 Gold Medal (Inst. of Actuaries, London).

*1846, Juli 22, Ayrshire, Schottland;
†1932, Juli 2, Richmond, Surrey.

Nekr. S. Dumas, Mitt. Vereinig. schweizer. Versicherungs-Mathematiker **28** ('33) Okt.-H., XI f. – R. C. Simmonds, The work of George King: J. Inst. Actuaries **64** ('33) 241–63. – W. P. P., J. Inst. Actuaries **63** ('32) 528 f. – Trans. actuar. Soc. America **33** ('32) 555–59. – Post Mag. and Insurance Monitor **93** ('32) 1308.

MHZ. J. Inst. Actuaries 1896–1905.

V, VI **KING,** Harold. Chem. (org., pharmaz.). – 1919–50 Head of the Chemical Divis., Nation. Inst. for Medical Research, Hampstead, now Mill Hill. – '41 Hanbury Medal (Pharmac. Soc.); '52 Addingham Gold Medal (William Hoffman Wood Trust).

*1887, Febr. 24, Llanengan, Caernarvonshire, Wales;
†1956, Febr. 20, Wimborne, Dorset.

Nekr. C. R. Harington, Biographical Mem. Fellows roy. Soc. **2** ('56) 157–71 (m. Bildn., Faks., Schr.verz.). – J. Walker, Proc. chem. Soc., London **1957**, 66–69. – T. S. Work, Nature [London] **177** ('56) 604 f. – British med. J. **1956** I, 521 f.

S. T. E. Thorpe, Dictionary of applied chemistry (J. F. Thorpe, M. A. Whiteley) **3** [4](London '39) 459 f.: Curare.

Annals trop. Med. and Parasitol. Studies in chemotherapy, 19: Further report on new trypanocidal substances[17])[33]): **32** ('38) 177–92. – Some observations on the relation between chemical structure and drug resistance among arsenicals[25]): **36** ('42) 47–53.

Annual Rep. Progr. Chem. Organic chemistry, 3: Heterocyclic division: **29** ('33) 178–219; **30** ('34) 226–67.

Annual Rev. Biochem. The chemistry of the sterols, bile acids, and other cyclic constituents of natural fats and oils[22]): **3** ('34) 87–110.

Biographical Mem. Fellows roy. Soc. Sigmund Otto Rosenheim, 1871–1955: **2** ('56) 257–67.

British J. Pharmacol. and Chemotherapy Chemotherapeutic action of dyes in typhus infection of mice[3])[28]): **1** ('46) 15–20.

British med. Bull. Chemotherapy of rickettsial and virus diseases[3]): **4** ('46) 272–74.

Chemistry and Industry The ring-system of sterols and bile acids [,1][22]): **10** ('32) 464–66; ~ 2[22]): 954–57; ~ 3: Observations on the structure of the Diels' hydrocarbon $C_{18}H_{16}$[22]): **11** ('33) 299–301; ~ 4: The nomenclature of the cholane group[22]): **12** ('34) 91 f.; ~ 5: On the constitution of ergosterol and its irradiation products[22]): 196–200. – The constitution of calciferol (vitamin-D): a review and a suggestion[22]): **13** ('35) 699–701. – Tubocurare: 739 f.

Entomologist Freyer's pug, Eupithecia arceuthata, in a London garden: **83** ('50) 267 f.

Farmaco [Pavia] General aspects of drug resistance: **4** ('49) 730–34 [ ].

Gazeta méd. portuguesa Chemotherapie der Rickettsiosen und Viruskrankheiten[3]): **3** ('50) 88–94 [portugies.].

J. chem. Soc., London p-Xylylarsonic acid[5]): **1932**, 501–03. – Trypanocidal action and chemical constitution, 13: Arylthioarsinites from cysteine and glutathione[5])[25]): 2505–10; ~ 14: The relative velocity of oxidation of arylarsenoxides[5])[25]): 2866–72. – 4-Nitro-5-(3-pyridyl)pyrazole, a new oxidation product of nicotine, 2: Methylation products: 2768–70; ~ 3: Confirmatory synthetical experiments[12]): **1933**, 350 f. – The constitution of sulpharsphenamine [,1][8]): 1003–12; ~ 2: A new interpretation[8]): **1935**, 805–13. – The constitution of neoarsphenamine[8]): **1934**, 1707–18. – Curare alkaloids, 1: Tubocurarine: **1935**, 1381–89; ~ 2: Tubocurarine and bebeerine: **1936**, 1276–79; ~ 3: Pot-curare: **1937**, 1472–82; ~ 4: Bebeerine and tubocurarine; orientation of phenolic groups: **1939**, 1157–64; ~ 5: Alkaloids of some Chondrodendron species and the origin of Radix pareirae bravae: **1940**, 737–46; ~ 6: Alkaloids from Chondrodendron tomentosum R. and P.:

1947, 936 f.; ~ 7: Constitution of dextro-tubocurarine chloride: **1948**, 265 f.; ~8: Examination of commercial curare, Chondrodendron tomentosum R. and P. and Anomospermum grandifolium Eichl.: 1945–49; ~ 9: Examination of some Strychnos species from British Guiana: Characterization of diaboline, an alkaloid from Strychnos diaboli, Sandwith: **1949**, 955–58; ~ 10: Some alkaloids of Strychnos toxifera Rob. Schomb.: 3263–71. — Sulpharsphenamine. A new method of preparation[8]): **1935**, 1745–47. — George Aleck Crokker Gough, 1902–1935: **1936**, 547 f. — Synthesis of norharmancarboxylic acid and its bearing on the constitution of lysergic acid[23]): **1937**, 466–73. — Some guanyl- and guanidonaphthalenes. Group migration in cyanonaphthalenes[31]): **1939**, 253–57. — 4-Thiopyridone and derived substances[29]): 873–77. — Synthesis of diphenyl ethers containing methoxy- and ethoxy-groups: 1165–68. — Phthalic esters as alkylating agents[31]): 1168–70. — Amphiporine, an active base from the marine worm Amphiporus lactifloreus: 1365 f. — Antiplasmodial action and chemical constitution, 3: Carbinolamines derived from naphthalene and quinoline[30]): **1940**, 1307–15; ~ 5: Carbinolamines derived from 6-methoxyquinoline[30]): **1942**, 401–04; ~ 8: Guanidines and biguanides[27]): **1946**, 1063–69. — The alkaloids of Bulgarian Belladonna root[29]): **1941**, 331–37. — 2-Acetyl-1-methylpyrrolidine: 337–39. — Iso-oxazolidine and tetrahydro-1,2-iso-oxazine: **1942**, 432 f. — The conversion of hydroquininidine into hydrocinchonine and of cupreine into cinchonidine: **1946**, 523 f. — Some alkoxy- and alkylenedioxy-diamines and alkoxy- and alkylenedioxy-diguanidines[10]): **1947**, 963–69. — 2-Amino-1,3,4-indotriazine. The reaction between isatin and aminoguanidine[32]): **1948**, 2314–18. — The relation between the constitution of arsenicals and their action on cell division[18]): **1950**, 2086–88. — The isolation and identification of (–)-stachydrine ethyl ester periodide from the root of Courbonia virgata[14]): 2866–68. — Sigmund Otto Rosenheim, 1871–1955: **1956**, 799–801.

J. Pathol. and Bacteriol. Chemotherapeutic experiments with the viruses of influenza A, lymphogranuloma venereum, and vaccinia[3]) [9]): **55** ('43) 173–81.

Lancet New trypanocidal substances[17])[33]): **233** ('37) 1360–63. — Substances chemotherapeutically active against typhus rickettsiae[3]) [9])[28]): **246** ('44) 777–81.

Nature [London] The ring system of sterols and bile acids[22]): **130** ('32) 315. — Nomenclature of the œstrin group[1])[19])[6])[21])[7])[22]): **132** ('33) 205 f. — Curare: **135** ('35) 469 f. — Cholesterol and the adrenal cortical hormone [22]): **139** ('37) 1015. — F. L. Pyman, 1882–1944: **153** ('44) 189 f. — Botanical origin of tubecurare: **158** ('46) 515 f. — Dr. Otto Rosenheim †: **175** ('55) 1019 f.

Obituary Notices Fellows roy. Soc. London Frank Lee Pyman †: **4** ('42/44) 681–92.

Organic Syntheses, Collective Vol. D-Glutamic acid: **1** ('32) 281–83; [2]('51) 286–89. — Glycine[4]): **1** ('32) 292 f.; [2]('51) 298–301.

Pharmaceutical J. Chemistry and pharmacy: **147** ('41) 178 f.

Proc. roy. Soc. London, Ser. B Antiplasmodial action and chemical constitution, 1: Cinchona alkaloidal derivatives and allied substances[5]): **125** ('38) 49–60; ~ 2: Some simple synthetic analogues of quinine and cinchonine[2]): 60–92; ~ 9: Carbinolamines derived from 6,7-dimethylquinoline[32]): **135** ('48) 271–92. — Experimental chemotherapy of typhus. Antirickettsial action of p-sulphonamidobenzamidine and related compounds[3])[28]): **133** ('46) 20–62. — Amoebicidal action and chemical constitution[11])[15])[20])[32]): **137** ('50) 339–66.

Proc. and Trans., South London entomol. and natur. History Soc. Sex attractant principles of moths: **1946**, 106–08.

Trans. Faraday Soc. Chemical structure of arsenicals and drug resistance of trypanosomes: **39** ('43) 383–87.

Mit: [1]) N. K. Adam; [2]) A. D. Ainley; [3]) C. H. Andrewes; [4]) W. K. Anslow; [5]) A. Cohen; [6]) J. F. Danielli; [7]) E. C. Dodds; [8]) W. J. C. Dyke; [9]) M. van den Ende; [10]) A. T. Fuller; [11]) J. D. Fulton; [12]) G. A. C. Gough; [13]) –; [14]) A. J. Henry; [15]) L. P. Joyner; [16]) –; [17]) E. M. Lourie; [18]) R. J. Ludford; [19]) G. F. Marrian; [20]) J. M. Osbond; [21]) A. S. Parkes; [22]) O. Rosenheim; [23]) E. T. Stiller; [24]) –; [25]) W. I. Strangeways; [26]) –; [27]) I. M. Tonkin; [28]) J. Walker; [29]) L. L. Ware; [30]) T. S. Work; [31]) E. V. Wright; [32]) J. Wright; [33]) W. Yorke.

VI **KING**, Harold Skinner. Chem. (org.). — 1922–30 Assist. Prof., '30–42 Assoc. Prof., Dalhousie Univ., Halifax, N.S., Can.; '42–44 Chief Chemist and Chief Inspector of Ordnance, U. S. War Departm., Volunteer Ordnance Works, Tenn.; '44–46 Chief Chemist in Charge of Production, Ringwood Chem. Corp., Ill.; '46–59 Scientific and Techn. Advisor and Chief of the Scientific and Techn. Advisory Committee, Chem. Corps Board, U. S. Departm. of Army; '39 Pres., Nova Scotian Inst. of Science.

*1892, Apr. 5, Liverpool, N. Y.; †1967, Sept.

MHZ. Proc. Nova Scotian Inst. Sci. 1929–1940.

Canadian Chem. and Process Industries Organic sulfur compounds in Halifax city gas[3]): **23** ('39) 3 f.

Canadian Mining and metallurg. Bull. A warning concerning the use of carbon tetrachloride in the coal industry: Nr. **326** ('39) 287–91.

J. chem. Educat. Pioneering research on isotopes at Harvard: **36** ('59) 225–27.

Organic Syntheses Methyl iodide: **13** ('33) 60–65.

Proc. Nova Scotian Inst. Sci. The detection of methyl alcohol in the presence of ethyl alcohol[2]): **18** ('30/35) 11–13. — Side-chain chlorination of toluene[1]): 204–12. — Fractional distillation: analysis of organic liquids: 272–75. — Preparation of m-xylyl chloride[4]): 276–81.

Trans. canad. Inst. Mining and Metallurgy Warning concerning the use of carbon tetrachloride in the coal industry: **42** ('39) 579 f.

Mit: [1]) W. B. Beazley; [2]) A. C. Bell; [3]) F. B. Maddock; [4]) M. K. Merriam.

V, VI **KING,** Louis Vessot. Physik. — 1909–10 Demonstrator, '10–13 Lecturer, '13–15 Assist. Prof., '15–20 Assoc. Prof., '20–38 Prof., McGill Univ., Montreal, Que., Can. — '18 Howard N. Potts Gold Medal (Franklin Inst., Philadelphia, Pa.); '34 Flavelle Gold Medal (Roy. Soc. Canada).

*1886, Apr. 18, Toronto, Ont., Can.; †1956, Juni 5, Guelph, Ont., Can.

Nekr. J. S. Foster, Biographical Mem. Fellows roy. Soc. **3** ('57) 101–08 (m. Bildn., Faks., Schr.verz.-Auszug). — Proc. roy. Soc. Canada **51** ('57) 95–102.

Canadian J. Res., Sect. A On the acoustic radiation field of the piezo-electric oscillator and the effect of viscosity on transmisson [,1]: **11** ('34) 135–55; ~ 2: 484–88.

Philosophical Mag. Electromagnetic shielding at radio frequencies: (7) **15** ('33) 201–23. — On some new formulae for the calculation of self and mutual induction of coaxial circular coils in terms of arithmetico-geometrical scales: 1097–114. — On the electrical and acoustic conductivities of cylindrical tubes bounded by infinite flanges: **21** ('36) 128–44.

Philosophical Trans. roy. Soc. London, Ser. A On the flow of electric current in semi-infinite media in which the specific resistance is a function of the depth: **233** ('34) 327–59. — On the radiation field of a perfectly conducting base insulated cylindrical antenna over a perfectly conducting plane earth, and the calculation of radiation resistance and reactance: **236** ('37) 381–422.

Physical Rev. On the mathematical analysis of cosmic-ray data: (2) **46** ('34) 154–56.

Proc. roy. Soc. London, Ser. A On the flow of electric current in semi-infinite stratified media: **139** ('33) 237–77. — On the acoustic radiation pressure on spheres: **147** ('34) 212–40. — On the acoustic radiation pressure on circular discs: inertia and diffraction corrections: **153** ('35) 1–16. — On the theory of the inertia and diffraction corrections for the Rayleigh disc: 17–40.

VI **KINGDON,** Kenneth Hay. Physik. — 1920–46 Research Associate, '54–59 Section Manager, Research Labor., General Electric Co., Schenectady, N. Y.; '46–54 Technical Manager, Knolls Atomic Power Labor., Schenectady, N.Y.; '59–68 Technical Consultant. — '44 Hon. D. Sc. (Union College, Schenectady, N. Y.).

*1894, Mai 13, Montego Bay, Jamaica, West Indien.

S. Great chemists (E. Farber) (New York '62) 1507–23: Irving Langmuir.

American Rev. Respiratory Diseases Relative humidity and airborne infection: **81** ('60) 504–12.

Edison electr. Inst. Bull. Basic ideas underlying the utilization of atomic energy for power production: **14** ('46) 209–12.

Electrical World Basic factors of atomic energy utilization: **125** ('46) Nr. 23, 76 f.

General Electric Rev. More neutrons per second: **40** ('37) 263. — The relation of residual ionization to arc-back in thyratrons[10]): **42** ('39) 474–78. — Another step toward atomic power: **43** ('40) 229. — Some problems in the industrial applications of atomic energy: **51** ('48) Nr. 8, 11–15. — Engineering education for atomic energy development: **53** ('50) Nr. 2, 7–13. — Production of enriched nuclear fuel: Nr. 5, 11 f. — Competitive electricity from sunshine[2])[3])[5])[6])[8]): **60** ('57) Nr. 9, 26–29.

J. appl. Physics [USA] Improvements in the stability of the FP 54 electrometer tube[9]): **17** ('46) 894–900. — The arc cathode spot and its relation to the diffusion of ions within the cathode metal: **36** ('65) 1351–60.

J. physic. Chem. Enhancement of the evaporation of water by foreign molecules adsorbed on the surface: **67** ('63) 2732–37. — Indirect inactivation of deoxyribonucleic acid: **71** ('67) 1710–16.

Mechanical Engng. Remote-control microscope: **74** ('52) 28 f.

Nature [London] Possible biological effects of electrically charged particles in tobacco smoke: **189** ('61) 180–82. — Influence of ambient gases on the rate of evaporation of water: **206** ('65) 1148.

Nucleonics Progress report on nuclear power: **10** ('52) Nr. 4, 18–23.

Physical Rev. Experiments with a condenser discharge x-ray tube[12]): **53** ('38) 128–34. — Fission of the separated isotopes of uranium[11])[1])[4]): **57** ('40) 749. — Distribution in mass and charge of fission products: **76** ('49) 136.

Physics Some experiments with gas-filled Cs-O-Ag photo cells[13]): **1** ('32) 343–51.

Physics in Med. and Biol. Interaction of atmospheric ions with biological material: **5** ('60) 1–10.

Proc. roy. Soc. Canada Progress report on power from the atom: **17** ('51/52) 39 f.

Radiology Some biological experiments with a condenser discharge type of x-ray tube[14])[7])[12]): **31** ('38) 52–58.

Mit: [1]) E. T. Booth; [2]) G. M. Branch; [3]) D. L. Douglas; [4]) J. R. Dunning; [5]) J. F. Flagg; [6]) R. E. Halsted; [7]) C. P. Haskins; [8]) L. R. Koller; [9]) J. M. Lafferty; [10]) E. J. Lawton; [11]) H. C. Pollock; [12]) H. E. Tanis; [13]) H. E. T. Thomson; [14]) P. A. Zahl.

III, IV, VI **KINGZETT,** Charles Thomas. Chem. — 1877 Cofounder of the Institute of Chemistry, London; 1878 Founder, 1878–1926 Dir. and Chemist (subsequently Chairman), Sanitas Co., Ltd. (☒)
*1852, Nov. 19, Oxford;
†1935, Juli 29, West Byfleet, Surrey.

Nekr. G. T. Morgan, J. chem. Soc., London **1935**, 1899–902. — Analyst **60** ('35) 649.

Zum 100. Geb.tag Proc. amer. Acad. Arts and Sci. **81** ('51/52) 67 f.

W. Chemical encyclopaedia (Popular dictionary of chemistry); an epitomized digest of chemistry and its industrial applications [5](New York–London '32) 8+1014 S.; [6]('40); [7]('45); [8]('52) 12+1186 S.

Analyst Absorption of oxygen by phosphorus: **59** ('34) 816.

Chemistry and Industry Concerning matter and chemical entities: **11** ('33) 115–17. — Microbes and disease: 165. — Metric units of volume: 799. — Chemical inexactitudes: **12** ('34) 717. — Transmutation of silver into cadmium: **13** ('35) 274.

IV–VI **KINSLEY,** Carl. Physik, Elektrotechn. — 1919– Consulting Engr. (☒)
*1870, Nov. 25, Lansing, Mich.;
†1959.

Proc. amer. Soc. Testing Mater. Steel structures identified and flaws located by means of balancing wave tests, 3: **37** ('37) 36–51.

Trans. amer. Soc. Metals Electromagnetic measurements and steel structures correlated: **26** ('38) 219–36.

VI **KIPPING,** Frederic Barry. Chem. (org.). — 1930–37 Demonstrator, '37–65 Lecturer, Univ. of Cambridge; '54– Fellow of St. John's College, Cambridge.
*1901, Apr. 14, Nottingham;
†1965, Jan. 12, Cambridge.

Nekr. F. G. Mann, Chemistry in Britain **1** ('65) 379 f. (m. Bildn.).

W. (Bearb.) Advanced organic chemistry (Neuaufl. von: Perkin and Kipping's Organic chemistry) **1–3** (m. Frederic Stanley Kipping) (Philadelphia, Pa. '32, '34, London-Edinburgh '40, '49, New York '50) 12+372 + 32 S., 12+324+32 S., 12+436+26 S.; **3** (London-Edinburgh '58). — An introduction to organic chemistry (Edinburgh-London '53) 301 S.

Annual Rep. Progr. Chem. Terpenes: **35** ('39) 268–81.

Chemistry and Industry Synthesis of vitamin-A methyl ether[5]): **17** ('39) 802. — Structure and configuration: **1945**, 103.

J. chem. Soc., London The stereoisomeric 2,3,5,6-tetramethylpiperazines, 3: The reduction products of 2,3,5,6-tetramethylpyrazine methiodide: **1932**, 1336–42; ~ 4: **1933**, 143 f.; ~ 5: **1937**, 368 f. — The attempted resolution of some substituted disulphonylmethanes and the resolution of α-p-carboxyphenylsulphonyl-α-p-tolylthioethane: **1933**, 1506–10. — The properties of some optically active sulphonylthioethanes: **1935**, 18–21. — The lactone of γ-hydroxyvinylacrylic acid, protoanemonin: 1145–47. — Experiments on the synthesis of irone[4]): **1939**, 435–39. — Interaction of β-ionone with halides in the presence of lithium and a synthesis of 1,6-dimethylnaphthalene[5]): **1940**, 1239–42. — Cyclobutane series, 1[1]): **1951**, 779–82; ~ 2[6]): **1957**, 1733–40; ~ 3: Attempts to obtain optically active substituted 1,2-dimethylenecyclobutanes[6]): 3246–51; ~ 4: The interaction of diethyl cis-cyclobutane-1,2-dicarboxylate with phenylmagnesium bromide[6]): 3251–55; ~ 5: cis- and trans-1-(4-Dimethylamino-α-phenylbenzylidene)-2-diphenylmethylenecyclobutane[6]): **1959**, 2465–73. — Phyllanthol. A new alcohol from the root bark of Phyllanthus engleri[1]): **1951**, 2296 f. — Studies in spectroscopy, 1: Steric effects in some substituted butadienes and cyclobutanes[1])[3]): **1952**, 3284–88. — Synthesis of analogues of pyridoxine[2]): **1953**, 1395–98.

Proc. chem. Soc., London James Bell Whitworth, 1895–1963: **1963**, 392.

Mit: [1]) K. B. Alberman; [2]) H. Davoll; [3]) R. N. Haszeldine; [4]) B. A. Kilby; [5]) F. Wild; [6]) J. J. Wren.

IV-VI **KIPPING,** Frederic Stanley. Chem. (org.). — 1897–1936 Prof., '36 Prof. Emer., Univ. College (now Univ.) of Nottingham. — '36 Hon. D.Sc. (Univ. of Leeds). — '09 Longstaff Medal, '18 Davy Medal (Roy. Soc. London).
*1863, Aug. 16, Manchester;
†1949, Mai 1, Criccieth, Caernarvonshire, Wales.

Zur Biogr. Chemistry and Industry **10** ('32) 393 f. (m. Bildn.). — F. Challenger in: Great chemists (E. Farber) (New York '61) 1159–79.

Nekr. F. Challenger, J. chem. Soc., London **1951**, 849–62 (m. Bildn.); Nature [London] **164** ('49) 93 f.; Obituary Notices Fellows roy. Soc. London **7** ('50/51) 183–219 (m. Bildn., Faks., Schr.verz.).

Zum 100. Geb.tag Chemistry and Industry **1963**, 1501.

MH. Traité de chimie organique **14**: Composés azotés de l'acide carbonique. Composés organo-arséniés, organophosphorés ou organosiliciés (Paris '39); darin eig. Beitr.: 553–70: Composés organiques du silicium[4]).

W. Advanced organic chemistry (Neuaufl. von: Perkin and Kipping's Organic chemistry) **1–3** (m. Frederic Barry Kipping) (Philadelphia, Pa. '32, '34, London–Edinburgh '40, '49, New York '50) 12+372+32 S., 12+324+32 S., 12+436+26 S.

Chemistry and Industry Condensation products of the organo-silane diols: **1945**, 168.

J. chem. Soc., London Organic derivatives of silicon, 46: Tetranitrotetraphenylsilicane[2]): **1932**, 2200–05; ~ 47: Cyclohexylphenyl and cyclohexyl derivatives[3]): 2205–09; ~ 48: Steric effects of the cyclohexyl group[3]): **1933**, 1040–43; ~ 49: The reduction of the tetranitrotetraphenylsilicanes[2]): **1935**, 1085–88; ~ 50: The nitration of phenyltriethyl-, diphenyldiethyl-, and triphenylethylsilicane[3]): 1088–91; ~ 51: Bisdihydroxytetraphenylethane orthosilicate[1]): **1944**, 81–84. — The preparation of amino-alcohols, 1[1]): **1934**, 1988–91; ~ 2[1]): **1936**, 1480 f. — Herbert Marsden, 1883–1943: **1943**, 341.

J. Soc. chem. Industry, Trans. Magnesium for Grignard reagents[3]): **53** ('34) 213 f.

Proc. roy. Soc. London, Ser. A The Bakerian lecture: Organic derivatives of silicon: **159** ('37) 139–48.

Mit: [1]) J. T. Abrams; [2]) J. C. Blackburn; [3]) N. W. Cusa; [4]) J. Doeuvre.

VI **KIREEV,** Valentin Aleksandrovič. Chem. (physikal.). — 1927–32 Labor.-Leiter, Karpov-Inst. f. Physikal. Chem., Moskva; '35 Dr. d. chem. Wiss. u. Prof. f. physikal. Chem.; '37– Leiter d. Lehrstuhls f. Chem., Kujbyšev-Inst. f. Bauingenieurwesen, Moskva; außerdem zeitweilig: Dir. d. Chem. Inst., Fernöstl. Filiale d. Akad. d. Wiss. d. UdSSR, Vladivostok; Leiter d. Physikal.-Chem. Labor., Chem.-Pharmazeut. Unionsforschungsinst., Moskva. — Rotbannerorden (UdSSR). (☒)
*1899, Okt. 16 (3), Perm'.

Zum 60. Geb.tag Ja. I. Gerasimov, M. Ch. Karapet'janc, Ž. fizič. Chim. **34** ('60) 484 f. (m. Bildn.).

Zum 70. Geb.tag Ja. I. Gerasimov, M. Ch. Karapet'janc, Ž. fizič. Chim. **43** ('69) 2984 f. (m. Bildn.).

W. Učebnik fizičeskoj chimii (Dlja technikumov) [Lehrbuch der physikalischen Chemie (Für mittlere technische Fachschulen)] (m. I. F. Fedulov) (Moskva '51), [3]('52) 440 S., [4]('54), [5]('55) 488 S.; bulgar.: (Sofija '54) 496 S.; rumän.: (București '54) 453 S.; armen.: (Erevan '58) 560 S. — Kurs fizičeskoj chimii [Lehrgang der physikalischen Chemie] (Moskva '55) 832 S.; [2]('56) 832 S. — Kratkij kurs fizičeskoj chimii (Dlja nechimičeskich special'nostej vuzov) [Kurzer Leitfaden der physikalischen Chemie (Für Studierende der nichtchemischen Fachrichtungen)] (Moskva '59) 599 S., [2]('62), [3]('63) 648 S.; grusin.: (Tbilisi '65) 767 S. — Vysokomolekuljarnye soedinenija i materialy [Hochmolekulare Verbindungen und Materialien] [Lehrbuch] (Moskva '60) 52 S. (Moskovskij inženerno-stroitel'nyj institut im. V. V. Kujbyševa).

Acta physicochim. URSS Über die Mischungswärme von Flüssigkeiten, 3: Über die gesamten und partiellen Mischungswärmen von normalen Flüssigkeiten: **7** ('37) 363–80; ~ 4: Über die Mischungswärme normaler Flüssigkeiten bei der Bildung unbeständiger Molekülverbindungen: 381–400. — Über die Änderung der Entropie und der freien Energie bei der Bildung von Flüssigkeitsmischungen: **13** ('40) 531–51. — Zusammensetzung des Dampfes äquimolekularer Mischungen: 454–65. — Über die Spannung und Zusammensetzung des Dampfes von Flüssigkeitsgemischen: 552–64. — Zur Theorie der azeotropen Gemische: **14** ('41) 371–86. — A method for comparative calculation of the entropy, heat, and free energy of formation of chemical compounds, 1: **20** ('45) 905–22 [ ]; ~ 2: **21** ('46) 159–70 [ ].

Chimičeskoe Mašinostroenie Destillation eines Vierkomponentensystems[7])[5]): **5** ('36) Nr. 2, 34–39 [russ.].

Izvest. Sekt. fiziko-chim. Analiza Einfluß des Dispersionsgrades und der Konsistenz der Phasen auf die Gleichgewichte: **19** ('49) 134–43 [russ.].

Izvest. vysšich učebnych Zavedenij, Ivanovo, Chimija i chim. Technol. Atomare Bildungsentropie anorganischer Substanzen bei hohen Temperaturen: **6** ('63) 751–53. – Über die Reaktion von Tricalciumaluminat mit Wasser in Gegenwart von Natrium- und Kaliumsulfat bei erhöhten Temperaturen[8]): 896–900. – Beziehung zwischen den Wärmeeffekten anorganischer Reaktionen bei gleichen Temperaturen[4]): **7** ('64) 29–33. – – Alle Arbeiten russ.

Koks i Chim. Ein Nomogramm zur Bestimmung des Druckes der gesättigten Dämpfe von aromatischen Kohlenwasserstoffen: **3** ('33) Nr. 8, 56 f. [russ.].

Kolloid-Z. Über die Adsorption von Gemischen der Dämpfe gegenseitig löslicher Flüssigkeiten[21]): **69** ('34) 222–25.

Usp. Chim. Die Arbeit von D. I. Mendeleev über die Zustandsgleichung der idealen Gase: **20** ('51) 132–34. – Chemische Reaktionsfähigkeit und thermodynamische Eigenschaften einiger Kohlenwasserstoffe: Isomerisation und thermischer Zerfall: **23** ('54) 921–42. – Einige Besonderheiten der Hochtemperaturchemie unter dem Gesichtspunkt der chemischen Thermodynamik: **33** ('64) 707–31. – – Alle Arbeiten russ.

Z. anorg. u. allg. Chem. Über die Mischungswärme normaler Flüssigkeiten: **211** ('33) 423–26.

Z. Elektrochem. u. angew. physik. Chem. Über die Anwendung der Gleichung von Henglein für Lösungen und Gemische: **39** ('33) 268 f.

Ž. chim. Promyšl. Bestimmung der dynamischen Aktivität von Silicagel gegenüber Benzoldämpfen[7])[14]): **12** ('35) 291–93. – Siedetemperaturen und Zusammensetzung der Dämpfe im Dreistoffsystem Äthylacetat–Äthylalkohol–Wasser[7])[5]): 936–40. – Zur Frage der Bestimmung der Siedetemperaturen und der Zusammensetzung des Dampfes der ternären Gemische Schwefelsäure–Salpetersäure–Wasser[7])[5]): **13** ('36) 346–48. – – Alle Arbeiten russ.

Ž. fizič. Chim. Über die Mischungswärme normaler Flüssigkeiten: **4** ('33) 714–19. – Bestimmung der Löslichkeit von Acetophenon und Chloracetophenon in einigen Lösungsmitteln[6])[23]): **5** ('34) 739–41. – Über die Adsorption von Dampfgemischen gegenseitig löslicher Flüssigkeiten[21]): **6** ('35) 569–75. – Über Gleichgewichte in flüssigen Gemischen und Lösungen, 7: Dampfdruck und Dampfzusammensetzung sowie einige andere Eigenschaften der binären Gemische Benzol–Dichloräthan und Dichloräthan–Tetrachlorkohlenstoff[19]): **7** ('36) 63–70; ~ 8: Siedepunkte und Dampfzusammensetzung der binären Gemische von Dichloräthan mit Chloroform und Tetrachlorkohlenstoff[10]): 71–76. – Über die Mischungswärmen von Flüssigkeiten, 3: Über die gesamten und partiellen Mischungswärmen von normalen Flüssigkeiten: **10** ('37) 283–97; ~ 4: Über die Mischungswärmen von normalen Flüssigkeiten bei Bildung von unbeständigen Molekülverbindungen: 298–312; ~ 5: Bestimmung der Mischungswärme in den Systemen Benzol–Dichloräthan, Benzol–Tetrachlorkohlenstoff und Hexan–Heptan[1])[3]): 807–11. – Über die Zusammensetzung äquimolekularer Gemische: **14** ('40) 996–1003. – Über die Änderung der Entropie und der freien Energie bei der Bildung von Flüssigkeitsgemischen: 1456–68. – Über die Spannung und die Zusammensetzung des Dampfes von Flüssigkeitsgemischen: 1469–76. – Zur Theorie der azeotropen Gemische: **15** ('41) 481–91. – Bestimmung von Viskosität, Dichte, Zustand der Dämpfe und Verdampfungswärme der Mischungen von Methanol mit Chloroform sowie die Änderung der freien Energie und der Entropie bei der Bildung dieser Mischungen[18]): 492–99. – Änderungen der freien Energie bei der Bildung von Mischungen und Lösungen von Flüssigkeiten: **16** ('42) 124–35. – Die gegenseitige Löslichkeit von Flüssigkeiten: 136–47. – Die Entropie der chemischen Elemente und das Periodensystem: **20** ('46) 339–43. – Über die Bedingungen der Anwendbarkeit additiver Regeln zur Berechnung der Entropie anorganischer Verbindungen: **22** ('48) 847–58. – Phasengleichgewicht Flüssigkeit–Dampf in einigen binären Systemen[16])[12]): **26** ('52) 352–57. – Über die Anwendung der Methode der monotypischen (ähnlichen) Reaktionen in der organischen Chemie: **28** ('54) 372–76. – Über die Temperaturabhängigkeit der Gleichgewichtskonstanten von Reaktionen gleichen Typs: 568–75. – Über die Entropie und ihre Anwendung in der chemischen Thermodynamik: 2262–64. – Über die Entropieänderung bei chemischen Reaktionen in idealen Gasen: **29** ('55) 943–45. – Thermodynamik chemischer Gleichgewichte in Reaktionen gleichen Typs: **34** ('60) 945–56. – Thermodynamik von chemischen Reaktionen gleichen Typs und Verbindungen gleichen Typs: **35** ('61) 1393–405 [m. engl. Zusammenfassg.]. – Zur Thermodynamik chemischer Reaktionen gleichen Typs: **36** ('62) 2547–50. – Temperatureinfluß auf die molaren Bildungsentropien anorganischer Substanzen: **37** ('63) 211–14. – Doppelter Vergleich von Reaktionen und Verbindungen eines Typs: 452–56. – Thermodynamische Parameter chemischer Reaktionen und Phasenumwandlungen unter der Bedingung identischer Werte der Gleichgewichtskonstanten: 1381–84. – Säure–Base-Eigenschaften von Oxiden: **38** ('64) 1881–94. – Einfluß der

Temperatur auf die Wärmeeffekte chemischer Reaktionen und Phasenumwandlungen: **39** ('65) 463–66. — — Alle Arbeiten russ.

Ž. obščej Chim. Bestimmung der Löslichkeit von Äthen, Propen und γ-Buten in einigen Lösungsmitteln bei Temperaturen von −20 bis +40° und Drucken unter einer Atmosphäre[6])[15]): **5** ('35) 444–49. — Löslichkeitsbestimmung des Natriumcyanids in Wasser und wäßrigen Lösungen von Natriumhydroxid[22]): 963–66. — Bestimmung der Dampfdrucke der gesättigten Dämpfe einiger Substanzen [,1][13]): 1399–401; ∼ 2[11]): **6** ('36) 75–77. — Über das Gleichgewicht in flüssigen Gemischen und Lösungen, 6: Über die Löslichkeit von Phosgendämpfen in einigen Lösungsmitteln bei Drucken unterhalb einer Atmosphäre[6])[23]): 799–805; ∼ 9: Die Bestimmung der Löslichkeit des Acetylens und des Vinylchlorids in verschiedenen Lösungsmitteln bei 0° und einem Druck unterhalb einer Atmosphäre[15]): 78–80; ∼ 10: Die Bestimmung der Löslichkeit des Wasserstoffs und des Methans in einigen Lösungsmitteln bei Temperaturen von −20 bis +40° bei Drucken unter einer Atmosphäre[15]): 81–84. — Bestimmung der Dampfdrucke, Dampfzusammensetzungen und Brechungsindizes binärer Mischungen von Bromoform mit Methanol bzw. Äthanol[18]): **14** ('44) 786–94 [m. engl. Zusammenfassg.]. — Bestimmung des Dampfdruckes und der Dampfzusammensetzung der Mischungen von Benzol mit Chloroform sowie die Änderungen der freien Energie und der Entropie bei der Bildung dieser Mischungen[18]): **16** ('46) 979–82. — Die Standardentropien der Chlorate und Bromate von Natrium, Silber und Thallium sowie der Jodate von Natrium und Thallium im kristallinen Zustand: 1199–201. — Die Standardentropien der Metasilicate von Strontium, Barium, Zink, Cadmium, Blei und Eisen: 1391 f. — Die Entropien der Sulfide des Berylliums, Magnesiums, Strontiums, Bariums und Zinns sowie des Calciumtellurids: 1569–72. — Die Standardentropien der Chromate des Natriums, Kaliums, Ammoniums und Quecksilbers: **17** ('47) 1229 f. — Einfluß der Temperatur auf die Entropieänderung bei chemischen Reaktionen: **33** ('63) 724–28. — Einfluß der Temperatur auf die Wärmetönungen chemischer Reaktionen: 1391–96. — Über die geeigneten Temperaturen chemischer Reaktionen: **35** ('65) 409–14. — — Alle Arbeiten russ.

Ž. prikl. Chim. Eine Schnellmethode zur Bestimmung der Dampfspannungsisotherme von Flüssigkeitsgemischen und Lösungen[17])[9]): **6** ('33) 769–71. — Über die Methoden der praktischen Dampfdruckberechnungen: **7** ('34) 1–15. — Über das Gleichgewicht in flüssigen Gemischen, 1: Die Siedetemperaturen und die Zusammensetzung des Dampfes von wäßrigen Lösungen von Äthylenglykol und Äthylenoxid[13]): 489–94; ∼ 2: Die Siedetemperaturen und die Zusammensetzung des Dampfes von Äthanol–Äther-Gemischen[2]): 405 f.; ∼ 3: Siedetemperatur und Dampfzusammensetzung der Systeme Benzylchlorid–Toluol und Äthylenchlorhydrin–Wasser[6])[20]): 1333–38; ∼ 4: Siedetemperatur und Zusammensetzung des Dampfes der Lösungen des Phosgens in Dichloräthan und Xylol[6])[20]): **8** ('35) 949–51. — Bestimmungen des Sättigungsdampfdrucks von Bromoform[18]): **14** ('41) 483–85 [m. deutscher Zusammenfassg.]. — Umsetzung von Tricalciumaluminat mit Wasser in Gegenwart von Calcium-, Natrium- und Kaliumchlorid bei erhöhten Temperaturen[8]): **37** ('64) 194–96. — Umsetzung von Tricalciumsilicat mit wäßrigen Lösungen einiger Chloride und Sulfate bei erhöhten Temperaturen[8]): 450–53. — Über den Temperatureinfluß auf die Bildungswärme organischer Verbindungen[4]): 1642–44. — — Alle Arbeiten russ.

Zavodskaja Labor. Methode zur Bestimmung der Spannung und Zusammensetzung des Dampfes von Flüssigkeitsgemischen[18]): **10** ('41) 509–13 [russ.].

Mit: [1]) V. T. Bykov; [2]) E. M. Chačadurova; [3]) V. V. Chodorčenko; [4]) V. B. Gorbušina; [5]) A. N. Grigorovič; [6]) S. I. Kaplan; [7]) I. Ja. Klinov; [8]) G. V. Liberman; [9]) N. S. Matjušin; [10]) Z. D. Monachova; [11]) V. A. Nikiforova; [12]) E. M. Peresleni; [13]) A. A. Popov; [14]) A. M. Rambaeva; [15]) M. A. Romančuk; [16]) Ju. N. Šejnker; [17]) E. N. Serpinova; [18]) I. P. Sitnikov; [19]) A. A. Skvorcova; [20]) V. N. Slobin; [21]) N. D. Sologub; [22]) L. I. Vagranskaja; [23]) K. I. Vasneva.

VI **KIRKPATRICK,** Paul Harmon. Physik. — 1916 B. Sc., Occidental College, Los Angeles, Calif.; '16–18 Instructor, Hangchow College, Nation. Univ. of Chekiang, Hangchow, Chekiang, China; '19–23 Postgraduate Studies, '23 Ph. D., Univ. of California, Berkeley, Calif.; '23–31 Prof., Univ. of Hawai, Honolulu, Hawai; '31–37 Assoc. Prof., '37–59 Prof., '41–48 Execut. Head, '44–59 Dir. of the x-Ray Labor., '59 Prof. Emer., Stanford Univ., Stanford, Calif.; '59– Physics Consultant; Visiting Prof.: '49 Bowdoin College, Brunswick, Me., '60 Dartmouth College, Hanover, N. H., '60–61 Wesleyan Univ., Middletown, Conn.; '46 Vice Pres., '47–48 Pres., American Assoc. of Physics Teachers; '56–58 Educational Consultant, Univ. of the Philippines, Quezon City. — '54 Hon. Sc. D. (Occidental College, Los Angeles, Calif.). — '54 Distinguished Service Citation, '58 Oersted Medal (American Assoc. of Physics Teachers).

*1894, Juli 21, Wessington, S. D.

Zur Biogr. V. E. Eaton, American J. Physics 27 ('59) 388 f. (m. Bildn.).

S. Handbuch der Physik (S. Flügge) **30**: Röntgenstrahlen (Berlin-Göttingen-Heidelberg '57) 305–36: x-Ray microscopy[7]). – x-Ray microscopy and microradiography (V. E. Cosslett u. a.) (New York '57) 17–23: The problem of reflection microscopy. – Proc. Conference on lecture demonstrations, Wesleyan Univ., Middletown, Conn., 1959 (Middletown, Conn. '59) 10–: Evaluating results. – 3rd International symposium on x-ray optics and x-ray microanalysis, Stanford, Calif., 1962 (H. H. Pattee, V. E. Cosslett, A. Engström) (New York '63) 247–53: Grazing incidence telescopic systems. – Higher education in engineering and science (H. A. Estrin) (New York '63) 191–201: On colleagues and clients. – Science and mathematics education in Indian schools (New Delhi '64) (National Council of Educational Research and Training, New Delhi) 185–215: Report on science education in India. – Handbook of x-rays for diffraction, emission, absorption, and microscopy (E. F. Kaelble) (New York '67) 48.1–48.10: Reflection microscopy.

W. College physics (m. F. A. Saunders) (= 4. Auflage von F. A. Saunders, Survey of physics for college students) [4](New York '53) 603 S.; [5]('60) 13+674 S. – Examination and study questions in physics **1–5** (Cambridge, Mass. '56) 215 S. (Addison-Wesley study series).

Academic J. [Baguio City] Artificial earth satellites: **1958**, Febr.-Nr., 8 f.

Advances biol. and med. Physics Approaches to x-ray microscopy[7]): **3** ('53) 247–83.

American Physics Teacher Violators of Brewster's law: **5** ('37) 186. – Illogic in textbooks: 283. – A survey of surveys: **6** ('38) 74–77.

American J. Physics Device for illustrating the production of Laue spots: **8** ('40) 319. – A laboratory course in x-rays: **9** ('41) 14–21; ~: Supplementary experiments: **10** ('42) 233–36. – Neglected lesson from the Cartesian diver: 160. – Misconceptions about science: **11** ('43) 163 f. – Effects of form and rotation of the earth upon ranges of projectiles: 303–11. – Bad physics in athletic measurements: **12** ('44) 7–12. – Laboratory method for exploring the field intensity about a magnetic pole[16]): 230. – The carpenters' rule: an optical instrument: **13** ('45) 116. – Completely inverted images: 203; **15** ('47) 94. – A problem in psychophysics: **13** ('45) 267. – Meeting at St. Louis, June 20 and 21, 1946: **14** ('46) 341. – A mercury spectrum source: **15** ('47) 359. – AAAS registration fee for annual meetings: 433. – Oersted award: **17** ('49) 266. – Address of recommendation of Professor Arnold Sommerfeld for the 1948 Oersted medal for notable contributions to the teaching of physics: 312–14. – Simple determination of electron mass: 320. – Address of recommendation of Professor Orrin Harold Smith for the 1949 Oersted Medal for notable contributions to the teaching of physics: **18** ('50) 254 f. – Modernizing the constitution and by-laws: 323 f. – A binocular illusion: **22** ('54) 493. – Simple free-fall apparatus: **23** ('55) 299. – Momentum of a Rifle Bullet: **24** ('56) 414 f. – Doppler beats and musical tones: 463 f. – The green flash: 532 f. – Note on the Carnot cycle: **25** ('57) 382 f. – Notes on jumping: 614–16. – On colleagues and clients: **27** ('59) 390–96. – Batting the ball: **31** ('63) 606–13.

Astronomical J. Measurement of stellar x-ray spectra[15]): **71** ('66) 854 f.

Electrical Engng. [USA] A rotary voltmeter: **51** ('32) 863–65.

J. higher Educat. On colleagues and clients: **31** ('60) 413–.

J., Natural Sci. Soc., Manila Better microscopes, a case study in scientific development: **1** ('57) Nr. 1, 1–4.

J. opt. Soc. America Formation of optical images by x-rays[1]): **38** ('48) 766–74. – x-Ray images by refractive focusing: **39** ('49) 796. – Image formation by reconstructed wave fronts, 1: Physical principles and methods of refinement[3]): **46** ('56) 825–31.

Mathematics Teacher Probability theory of a simple card game: **47** ('54) Nr. 4.

Modern Med. [Minneapolis] x-Ray microscopy: **24** ('56) 15. Mai, S. 149–.

Nature [London] An approach to x-ray microscopy: **166** ('50) 251–53.

Phi Delta Kappan On colleagues and clients: **41** ('60) 254–59.

Physical Rev. Absolute x-ray reflectivities of single crystals of calcite, rocksalt, Rochelle salt and barite[10]): (2) **43** ('33) 596–600. – Weak x-ray lines of columbium and antimony[10]): 1036. – Lateral distribution of photoelectrons and the measurement of x-ray polarization[4]): 1037. – The constant in the Compton equation[10]): **45** ('34) 223. – Confirmation of crystal wave-length measurements and determination of $h/e^{4/3}$[10]): 454–60. – Effect of electron binding upon the magnitude of the Compton shift[10]): **46** ('34) 668–73. – Depth distribution of origins of characteristic x-rays from thick targets[4]): 831–36. – Characteristics of the Compton modified band[10])[9]): **50** ('36) 928–35. – Quantum limit of the continuous spectrum[10]): **51** ('37) 529. – Double scattering of polarized x-rays: **52** ('37) 1201–09. – Search for weak lines in the molybdenum L spectrum[12]): **56** ('39) 705. – x-Ray diffraction maxima at other than Bragg angles: **59** ('41) 452–55. – Intensities of monochromatic continuous x-rays from atomic targets of nickel[5]): **62** ('42) 334–39. — Efficiency of production of continuous x-radiation: **66** ('44) 156 f. — Absolute K-ionization cross-section of the nickel atom under electron bombardment at 70 kV[11]): **67** ('45) 153–61. — Theoretical continuous x-ray energy and polarization[14]): 321–39. — The probability of K-ionization of nickel by electrons as a function of their energy[8])[13])[5]): **71** ('47) 330–38. — Absolute energies of K_α-radiation from thick targets of silver[1]): 521–29.

Physics Teacher [Manila] Producers and distributions of science: **1957**, Nr. 1. — Wave particle dualism: **1958**, Nr. 4.

Radiology New methods for the determination of high potentials and high potential wave forms: **21** ('33) 378–.

Research Quarterly amer. Assoc. Health, physic. Educat. and Recreat. Erroneous measurements in the field events: **8** ('37) 28–.

Review sci. Instruments Generating voltmeter for the measurement of high potentials[6]): (N. S.) **3** ('32) 1–8. — Further development of the rotary voltmeter: 430–38. — A ring-target x-ray generator adapted to scattering, fluorescence and irradiation experiments[10]): **4** ('33) 645–48. — Determination of voltage wave forms with the rotary voltmeter: **5** ('34) 33–37. — New arrangement for demonstrating and studying the Zeeman effect: **6** ('35) 205. — Ion optics of equal coaxial cylinders[2]): **7** ('36) 24–26. — Simple circuit for generator voltage stabilization[5]): **8** ('37) 430 f. — A static balancing of rotating parts possessing bearing friction: **9** ('38) 140–. — On the theory and use of Ross filters [,1]: **10** ('39) 186–91; ∼ 2: **15** ('44) 223–29. — High-intensity x-ray monochromator: **12** ('41) 552–54.

Rights [New York] Not a special privilege: **3** ('56) Nr. 7, 13–.

Science [USA] Symposium on x-ray microscopy: **125** ('57) 30.

Science and Culture On colleagues and clients: **25** ('59/60) 563–69.

Scientific American Unscientific measurement in athletics: **156** ('37) 226–28. — The x-ray microscope: **180** ('49) 44–47.

Stanford today Holography: Ser. 1, **1966**, Nr. 16, 6–11.

Technological Trends [Manila] Wave particle dualism: **2** ('58) Nr. 5, S. 6.

Umschau Wiss. u. Techn. Ein Weg zur Röntgenstrahlen-Mikroskopie: **50** ('50) 499–501.

Welch Physics and Chem. Digest Simple free fall apparatus: **6** ('56) 13–.

Mit: [1]) A. V. Baez; [2]) J. G. Beckerley; [3]) H. M. A. El-Sum; [4]) D. G. Hare; [5]) K. Harworth; [6]) I. Miyake; [7]) H. H. Pattee, jr.; [8]) L. T. Pockman; [9]) H. O. Ritland; [10]) P. A. Ross; [11]) A. E. Smick; [12]) W. Veith; [13]) D. Webster; [14]) L. Wiedmann; [15]) P. C. Fisher; [16]) W. L. Braxton.

VI **KIRRMANN,** Albert. Chem. (org.). — 1930–34 Prof., Univ. de Bordeaux; '34–55 Prof., Univ. de Strasbourg; '55–70 Prof. tit., Fac. des Sci., Univ. de Paris; '55–70 Dir. Adjoint, Ecole Normale Supér. — '43 Prix Paul Marguerite de la Charlonie, '48 Prix Henri de Parville, '51 Prix Jecker (Acad. Sci. Paris); Prix des Trois Physiciens.

*1900, Juni 28, Straßburg.

H. (Redakt.) Encyclopédie française **12**: Chimie, science et industries (Paris '58); darin eig. Beiträge: 12·04, 3f.: Introduction, 2: Les branches de la chimie; 12·10, 1–4: Le symbolisme chimique et la signification des formules; 12·14, 1–6: Les composés du carbone.

MH. (Redakt.) Monographies de chimie organique **4** (Paris '61); **7** ('70).

S. Trabajos IX Congreso internacional de química pura y aplicada, Madrid 1934, 4 (Madrid '35) 263–66: Etudes sur la transposition allylique. — Traité de chimie organique (V. Grignard, G. Dupont, R. Locquin) **2** (Paris '48) 809–50: Transpositions intramoléculaires; **19** ('42, '54) 201–67: Pigments tétrapyrroliques. — Proc. 11th International congress of pure and applied chemistry, London 1947, **1** (London '50) 495–98: Données empiriques sur la fréquence éthylénique dans les spectres Raman. — Centenaire de la Société Chimique de France (1857–1957) (Paris '57) 176f.: Albin Haller; 181f.: Maurice Hanriot; 200–02: Georges Urbain; 210–12: Pierre Jolibois; 212–14: Georges Dupont; 217f.: Louis Hackspill.

W. Chimie organique, **1**: Chimie organique générale (Paris '47) 220 S., [3]('55), [4]('60) (Collection Armand Colin: Section de Chimie, Nr. 246); **2**: Fonctions simples ('47) 195 S., [2]('51), [3]('55), [4]('60) (∼ 247); **3**: Fonctions complexes ('50) 183 S., [2]('58) (∼ 264). — Les fonctions hydroxylées (Paris '52) 11 S. (Centre de perfectionnement technique. Cours-conférences. Fasc. No. 2904).

Bull. Soc. chim. France, Mém. Sur la théorie ionique des réactions organiques, 3: La tautomérie anneau-chaîne, et la notion de synionie[49]): (4) **53** ('33) 253–60. — Sur les acétopyruvates d'alcoylidène: 295–301. — Etudes cinétiques sur hydrolyse des éthers-sels par l'eau pur, 1: Allure du phénomène: (5) **1** ('34) 247–54; ∼ 2: Le mécanisme structural de l'hydrolyse: 254–59. — Etudes sur la transposition allylique, 3: Etudes sur les propylènes dichlorés[45])[12]): 860–71; ∼ 6: Le diacétate d'allylidène: **4** ('37) 502–09; ∼ 7: L'acétochlorure d'allylidène: **5** ('38) 256–60; ∼ 9: Spectres Raman de quelques dérivés de l'acroléine: 915–19. — Sur une synthèse de carbures benzéniques[25]):

1 ('34) 1494–98. – Sur l'aldéhyde β-chloropropionique et quelques-uns de ses dérivés[24])[6]): 2 ('35) 2143–52. – Etudes sur l'effet Raman: La fréquence caractéristique de la liaison éthylénique: 6 ('39) 841–48; ∼: Fréquence caractéristique de la double liaison des imines[38]): 1657–63. – Etudes sur deux trichloro-isobutènes[32]): 7 ('40) 586–93. – Les chlorophylles, leur structure chimique, état actuel de leur synthèse: 9 ('42) 212. – Sur quelques isobutènes halogénés: 219f. – Spectre Raman des systèmes conjugués: 11 ('44) 109. – Etudes sur les halogénures allyliques trichloro-1,1,3-propène-1 [37]): 113. – Absorption des hexènes par l'acide sulfurique[54]): 12 ('45) 809–14. – Etudes sur les composés éthyléniques halogénés, 1: Isobutènes halogénés: **1948**, 163f.; ∼ 3: Propylènes trichlorés du type allylique[37]): 166–68; ∼ 4: Propylènes di- et trihalogénés de type non allylique[44]): 168–70; ∼ 5: Considérations générales sur les spectres Raman: 170–73. – Les théories électroniques de la structure en chimie organique: 249. – Sur la structure d'un trichloropropène[44]): 250. – Etudes cinétiques sur l'hydrolyse des halogénures du type allylique[48]): 745f. – Etudes sur l'électrochimie des solvants organiques, 1: Mesures de potentiel de l'électrode à hydrogène[65]): **1949**, 538–42. – Etudes sur les aldéhydes α-bromés, 1: Hydrolyse normale de l'halogène[7])[19])[61]): **1950**, 707–11; ∼ 2: Hydrolyse anormale de l'halogène[7]): 711–13; ∼ 4: Action des organo-magnésiens[7]): **1951**, 227f.; ∼ 6: Hydrolyse catalytique et isomérisation[35]): **1953**, 225–29; ∼ 7: Cinétique de l'hydrolyse alcaline[19])[35]): **1954**, 1288f.; ∼ 8: Analyse cinétique de l'hydrolyse par dosages chimiques et polarographiques simultanés: 1293–98; ∼ 13: Etudes sur les α-aminoaldéhydes[42])[53]): **1958**, 1469–74; ∼ 18: Les substitutions nucléophiles dans les aldéhydes α-halogénés: **1961**, 657–62; ∼ 19: Aminoaldéhydes et aminocétones; étude par résonance magnétique nucléaire et identification chimique[20])[15]): 1238–41; ∼ 27: Les α-hydroxy- et α-mercapto-isobutanals[5])[62])[40]): **1963**, 1067–73; ∼ 28: Les α-alcoxyaldéhydes[33]): 1681–84; ∼ 29: La transposition de Favorsky avec le chloroisobutanal[33]): 2483–86; ∼ 30: Transpositions des aldéhydes chlorés sous l'influence des alcoolates[13]): **1964**, 1098–103. – Le rôle des organo-magnésiens dans la transposition allylique: **1951**, C9–C13. – Etudes cinétiques sur l'hydrolyse des halogénures du type allylique, 1: Vue d'ensemble[48])[56])[54]): **1952**, 502–04; ∼ 5: Discussion des résultats [56])[54]): 515–17. – Etudes sur l'acide vinylacétique α-chloré[56])[19])[11]): 612–14. – Spectres Raman et infrarouge de quelques éthers vinyliques et allyliques[7]): **1954**, 1338–40. – Etudes sur l'effet Raman. Observations sur la fréquence des doubles liaisons C=C et C=O [19])[3]): 1466–70. – Synthèse de quelques composés aliphatiques à longue chaîne[22]): **1955**, 991–94. – Sur la fréquence de vibration C=N dans les hydrazones: **1956**, 1751f. – Nouvelle préparation d'oxacyclanes[29]): **1957**, 789–91. – Etudes polarographiques sur les halogénures allyliques, 1: Le bromure d'allyle et les composés allyle-mercuriques[47]): 894–99. – Etude polarographique des aldéhydes α-halogénés, 1: Aldéhydes monobromés et monochlorés[19]): **1958**, 944–49. – Georges Dupont et le Laboratoire de Chimie de l'Ecole Normale: **1959**, 1322f. – Etude de la réaction d'un réactif nucléophile NaXH (X=O ou S) sur l'α-chloroisobutanal. Structure des dimères obtenus[5])[62])[40]): **1963**, 448. – Etudes cinétiques sur l'estérification de l'alcool butylique dans l'acide formique[10])[1]): 1073–80. – Etude de la composition des solutions de Grignard[30])[31]): 1395–403. – Etudes sur les solutions de diéthylmagnésium[58])[18]): 1408–10. – Colloque sur les organométalliques: Conclusions: 1507f. – Sur les chloro-époxydes. Isolement d'un intermédiaire de réaction, le phényl-2 chloro-2 époxy-1,2 éthane[15])[43]): **1964**, 3264–67. – Sur une préparation d'oxacyclanes, 2: Action du chlorure ferrique sur des méthoxy-γ- et -δ-halogénures[64]): **1965**, 3077–83; ∼ 3: Mécanisme de la cyclisation d'éthers méthyliques γ et δ halogénés en présence d'acides de Lewis. Isolement de sels d'oxonium intermédiaires[64]): **1966**, 3825–27. – Première synthèse d'α-aminoaldéhydes linéaires libres; mécanisme de leur transposition en α-aminocétone[14])[15]): 1732–40. – Comparaison par spectrographie de masse de l'aglycone ascarylique B et du dihydroxy-2,6 hentriacontane[63]): **1967**, 937–40. – Etudes sur les organo-magnésiens dans les amines tertiaires, 1: Action des cétones[50]): 2370–73; ∼ 2: Action des nitriles [50]): **1968**, 4908–13. – Préparation d'α-aminoaldéhydes linéaires libres par action des amines secondaires sur les aldéhydes α bromés [15])[14]): 1091–93. – Les propriétés des chloroépoxydes[43]): 3213–20. – Isomérisation des composés α-aminocarboxylés[43])[17]): **1969**, 2385–91.

C.R. hebd. Séances Acad. Sci., Paris Un nouvel exemple de transposition allylique[51]): **194** ('32) 1168–70. – Condensation de l'acide pyruvique avec les aldéhydes: 1944–46. – Sur la transposition allylique. Etudes par l'effet Raman: **199** ('34) 1228f. – Sur le mécanisme de la transposition allylique[52]): **202** ('36) 1934f. – Etude sur la transposition allylique. Un trichloroisobutène[32]): **203** ('36) 1528f. – Sur la structure de quelques aldéhydes halogénés et d'un dérivé methoxylé [39]): **206** ('38) 1259–61. – La fréquence éthylénique dans les éthers vinyliques: **208** ('39) 353–55. – Etude spectrale d'une réaction luminescente[27]): **215** ('42) 275f. – La fréquence caractéristique des doubles liaisons dans les systèmes conjugués: **217** ('43) 148–50. – Sur des dérivés d'aldéhydes du type glycérique[36]): **225** ('47) 581–83. — L'hydrolyse des halogénures du type allylique[48]): **228** ('49) 1649–51. — Etudes polarographiques sur les aldéhydes: le bromoéthanal[19]): **230** ('50) 1066–68. — Synthèse de longues chaînes aliphatiques par une méthode de récurrence[2]): **234** ('52) 1373f. — Dosage d'un mélange d'acides en milieu organique[9]): **236** ('53) 1361–63. — Etude polarographique des halogénures du type allylique[47]): **238** ('54) 804–06. — Etudes sur les aldéhydes halogénés. Action des amines[42]): 906–08; **239** ('54) 1807–09. — Préparation des α-aminoaldéhydes: le mécanisme de la réaction[53]): **243** ('56) 808–10. — Etude polarographique des α-aminoaldéhydes [55]): **247** ('58) 1192–94. — Sur les dichlorocyclohexanones[60])[66]): **248** ('59) 418–20. — Etude polarographique des halogénures du type allylique. Le dibromo-1,3 cyclopentène-4 cis[57]): 1177–79. — Structure de la bande d'absorption du carbonyle à 290 mμ (ultraviolet proche)[5]): 1968–70. — Les α-aminoaldéhydes aliphatiques. Leurs propriétés réductrices anormales[15]): **249** ('59) 424f. — Synthèse d'acides du type triphényl-3,5,7 heptanoïque[34]): 2790–92. — Etude polarographique d'un aldéhyde α,β-dichloré[28]): **250** ('60) 1492–94. — Etude de l'équilibre de la formation d'hémiacétals par les éthanols et éthanals chlorés[5]): 2714–16. — Synthèses par des composés ω-méthoxy-undécyliques[16])[14]): 3190f. — Sur la préparation des α-aminoaldéhydes[15]): 3334f. — Méthode de préparation de tétrahydrofurannes α,α'-disubstitués [64]): 3492–94. — Sur la composition des solutions de Grignard[30]): **251** ('60) 2990f. — Etude des aldéhydes aliphatiques en milieu anhydre[55])[41]): **253** ('61) 1106–08. — Sur la structure de l'acide phellonique[14]): **254** ('62) 1303–05. — Action du diéthylmagnésium sur la diisopropylacétone[58])[18]): 2995f. — Transposition de méthylthioaldéhydes en méthylthiocétones[62])[40])[5]): **255** ('62) 728–30. — Réactivité des halogénures aliphatiques en fonction de la longueur de chaîne dans des réactions de substitution nucléophile bimoléculaire[10]): **257** ('63) 127–30. — Sur une préparation de tétrahydrofurannes α-substitués[64]): **259** ('64) 2857f. — Les α-hydroxyaldéhydes et leurs isomérisations en hydroxycétones[13]): 3285–87. — Invariance de la réactivité d'halogénures aliphatiques à très grande longueur de chaîne[10]): **260** ('65) 6600f. — Acylation des énamines de cétones à grand cycle. Synthèse de β-dicétones macrocycliques[63]): **261** ('65) 759–61. — Rôle de la catalyse acide dans la solvolyse du fluorure de benzyle dans l'acide formique[1])[10]): 4075–78.

C.R. hebd. Séances Acad. Sci., Paris, Sér. C Action des organomagnésiens sur les dibromures d'énamines[17])[59]): **262** ('66) 1268–70. — Synthèse de l'heptacosanol-2 et du dihydroxy-2,6 hentriacontane[63]): 1325–27. — Sur le mécanisme d'alcoylation des énamines[17]): **267** ('68) 623–25. — Action des organomagnésiens sur des fluorures de type benzylique et allylique[64])[63])[67]): **268** ('69) 517–50.

C.R. (hebd.) Séances (et Mém.) Soc. Biol. Action des aldéhydes et des cétones halogénées sur les cellules de levure[23]): **112** ('33) 1383–85.

Industrie chim. belge Quelques applications de la polarographie à la chimie organique: **21** ('56) 895–900.

J. Chim. physique Sur le dédoublement de la fréquence éthylénique dans les spectres Raman: **45** ('48) 64f. — La synthèse des composés aliphatiques définis à longue chaîne [21])[2]): **48** ('51) 605–08. — Polarographie systématique des halogénures aliphatiques [54])[19]): **49** ('52) C154–C158.

J. Physique et Radium Structure chimique et effet Raman: (7) **9** ('38) 48S.

Liebigs Ann. Chem. Umlagerungen von α-Epoxiden mit nukleophilen Substituenten [15])[43]): **691** ('66) 33–40.

Revue Chim., Acad. Républ. popul. roumaine Etudes sur les aldéhydes α-substitués, 22: Les dérivés sulfurés[5])[62]): **7** ('62) 1011–24. — Cyclisations par l'intermédiaire de sels d'oxonium[64]): **10** ('65) 1277–83.

Revue philos. France et Etranger Aspects actuels de la chimie organique: **156** ('66) 53–58.

Mit: 1) C. Beguin; 2) S. Berschandy; 3) P. Bieber; 4) —; 5) J. Cantacuzène; 6) M. Chahidzadeh; 7) P. Chancel; 8) —; 9) N. Daune-Dubois; 10) J.-J. Delpuech; 11) M.-L. Dondon; 12) H. Dosque; 13) F. Druesne; 14) L. Duhamel; 15) P. Duhamel; 16) R. Dulou; 17) E. Elkik; 18) J.-F. Fauvarque; 19) P. Federlin; 20) R. Freymann; 21) M. Fritz-Brini; 22) S. Geiger-Berschandy; 23) L. Genevois; 24) M. Goudard; 25) M. Graves; 26) —; 27) P. Groh; 28) D. Haas; 29) N. Hamaide; 30) R. Hamelin; 31) S. Hayes; 32) R. Jacob; 33) H. I. Joschek; 34) O. Julg-Colbe; 35) A. Krattiger; 36) F. Krausz; 37) G. Krémer; 38) P. Laurent; 39) J. Lichtenberger; 40) M. Martin; 41) N. Moe; 42) R. Muths; 43) (M.) R. Nouri-Bimorghi; 44) G. Oestermann; 45) R. A. Pacaud; 46) —; 47) M. Peter; 48) H. Pourrat; 49) C. Prévost; 50) J. Rabesiaka; 51) R. Rambaud; 52) P. Renn; 53) J.-J. Riehl; 54) E. Saïto; 55) J.-M. Saveant; 56) R. Schmitz; 57) F. Tailly; 58) M. Vallino; 59) P. Vaudescal; 60) M. Vilkas; 61) M. Vignalou; 62) L. Vio; 63) C. Wakselman; 64) L. Wartski (-Froim); 65) T. Yvernault; 66) D. Q. Quan; 67) N. Ragoussis.

VI **(von) KISS, Árpád.** Chem. (physikal.). — 1924–61 Prof., Dir. II. Chem. Inst., Univ. Szeged. — '55 Kossuth-Preis 2. Kl. (Volksrepubl. Ungarn).
*1889, Sept. 16, Sárospatak;
†1968, Nov. 10, Szeged.

Bildnis Akadémiai Értesítő **62** ('55) 167.

Zum 60. Geb.tag u. zur 25jähr. Professur Festheft: Acta Univ. szegediensis, Sect. Sci. natur., Acta chem. et physica **3** ('50) Nr. 1, 78 S.; darin Biogr. S. 1–11 (m. Schr.verz. 103 Nrn.).

Zum 70. Geb.tag J. Hires, Acta Univ. szegediensis, Acta physica et chem. (N. S.) 5 ('59) 3–5 (m. Bildn.). – Magyar Kémikusok Lapja 14 ('59) 499f.

Nekr. G. Schay, Magyar Tudomány 76 ('69) 230–32 (m. Bildn.). – Acta Univ. szegediensis, Acta physica et chem. (N. S.) 15 ('69) 3f.

S. Tagungsberichte der Chemischen Gesellschaft in der Deutschen Demokratischen Republik. Hauptjahrestagung, Leipzig 1954 (Berlin '55) 45–53: Zur Lichtabsorption von Komplexverbindungen. – ~ 1955: Elektronentheorie der homöopolaren Bindung (Berlin '56) 136–45: Zur Lichtabsorption der kondensierten aromatischen Verbindungen.

Acta Litt. ac Sci. [Szeged], Sect. chem., mineral. et physica Katalyse von Ionenreaktionen, 1: Katalyse von Persulfat–Jod-Ionenreaktionen durch Kobalt-Komplexe[8])[35]): 2 ('32) 210–29. – Einfluß von Nichtelektrolyten auf die Geschwindigkeit von Ionenreaktionen[8])[37]): 3 ('33/34) 20–35. – Neutralsalzwirkung bei der Hydrolyse von Essigsäureanhydrid[39]): 50–65. – Über den Mechanismus der Monobromacetat- und Xanthogenationenreaktion[8]): 99–114. – Über die Ursachen der Farbänderungen der Kobaltosalze in Neutralsalzlösungen[17]): 4 ('34/35) 124–46. – Über die Ursachen der Farbänderungen der Nickelsalze in Neutralsalzlösungen[7])[16]): 259–71. – Über die Feststellung der Extinktionskurven von gelösten Stoffen nach der photographischen Methode[16]): 272–. – Über den Mechanismus der Monobromacetat- und Hydroxylionenreaktion[8]): 5 ('36/37) 10–17. – Über den Mechanismus der Acetoxypropionat- und Hydroxylionenreaktion[21]): 17–26. – Zur photographischen Aufnahme der Absorptionsspektren von gelösten Stoffen im Ultraviolett [16]): 153–61. – Zur Analyse der Extinktionskurven von Lösungen: 6 ('37/38) 101–20. – Über die Löslichkeit des Chlors in wäßrigen Salzlösungen[35]): 305–14. – Zur Katalyse der Komplexverbindungen: 7 ('39/40) 26–29. – Über den Wechsel der Koordinationszahl als Ursache der Farbänderung bei den Kobaltosalzlösungen[11])[30]): 119–32. – Über die Neutralsalzwirkung bei der Reaktion zwischen Acetaldehyd und Chlor[35]): 204–13.

Acta chim. Acad. Sci. hung. Zur Lichtabsorption der kondensierten aromatischen Verbindungen, 1: Weiterbau der Theorie der orientierten Lichtabsorption: 8 ('56) 345–54; ~ 2: Die Lichtabsorption der linear kondensierten aromatischen Verbindungen: 11 ('57) 85–98; ~ 3: Die Lichtabsorption der angular kondensierten aromatischen Verbindungen: 99–111. – Über den Mechanismus der Lichtabsorption von hydratisierten Atomionen: 10 ('56/57) 39–49. – Über die Beeinflussung der Lichtabsorption durch sterische Hinderung, 1: Systematik der Wirkungsarten: 207–16. – Mechanismus der Lichtabsorption der Komplexe mit elektrostatischen Bindungen: 373–86. – Mechanismus der Lichtabsorption der Komplexe mit kovalenten Bindungen: 11 ('57) 113–23. – Über den Mechanismus der Lichtabsorption der Kobalti-Komplexe[9])[23]): 12 ('57) 73–81. – Beiträge zur Lichtabsorption der Chelat-Komplexe, 1: Theorie der Lichtabsorption: 14 ('58) 141–61; ~ 2: Über den Mechanismus der Lichtabsorption der Acetylaceton-Komplexe[9]): 13 ('57/58) 49–57. – Beiträge zum Mechanismus der Lichtabsorption von Cyankomplexen[9])[23]): 14 ('58) 225–36. – Beiträge zur Lichtabsorption der Ni(II)-Komplexe[9])[19]): 15 ('58) 151–61. – Theorie der Lichtabsorption von Komplex-Verbindungen, 1: Symmetrie- und Bindungsfragen der Komplexverbindungen: 17 ('58) 225–40. – Lichtabsorption der O-Phenanthrolinkomplexe[9]): 38 ('63) 405–19. – Lichtabsorption der 2,2′-Dipyridylkomplexe[9]): 421–34. – Über die Lichtabsorption von Cyanokomplexen der Übergangselemente[5]): 40 ('64) 397–417. – – Alle Arbeiten mit russ. u. engl. Zusammenfassg.

Acta Univ. szegediensis, Sect. Sci. natur., Acta chem. et physica Zur Lichtabsorption und Konstitution von organischen Verbindungen, 2: Zur Lichtabsorption der aromatischen Schiffschen Basen[4])[36]): 1 ('43) 155–76. – Investigations on the interaction of several chromophores in the same molecule[14])[24]): 2 ('48/50) 25–30. – Über die Mesomerie der Sulfogruppe[10]): 30–32. – Über den Einfluß der Ionisation auf die Extinktionskurven von Benzolderivaten[10]): 37–47. – Zur Lichtabsorption der Antipyrinkomplexe[4]): 47–49. – Sur les méthodes d'analyse des courbes d'absorption[31]): 71–76. – Zur Lichtabsorption der Nitroderivate des Benzols[20]): 76–82. – On the absorption of light by isomeric derivatives of benzalaniline[29]): 83–89. – On the light absorption by polychromates[6]): 90–95. – Zur Lichtabsorption der o-, m- und p-disubstituierten Benzolderivate, 1: Allgemeiner Teil: 129–32. – Über die mesomere und induktive Wirkung der Aminogruppe[10]): 132–38. – Zur Lösungsmittelabhängigkeit der Extinktionskurven von polyzyklischen Komplexen[33]): 155–62. – The mesomerism of propenylbenzene and of allylbenzene derivatives[14])[26]): 189–91. – Zur Lichtabsorption der N-[Aryl-thio-alkyl]-phthalimid-Derivate [38])[10]): 192–96. – Zur Lichtabsorption der Komplexe von Aminobenzolsulfosäuren[13]): 212–17. – Über den Einfluß von Lösungsmitteln auf die Extinktionskurven von organischen Verbindungen: 235–38.

Acta Univ. szegediensis, Acta physica et chem. Über die Bedeutung der Absorptionskurven in der Strukturforschung gelöster Komplexe: (N. S.) 2 ('56) 101–11. – Thermal decomposition of iso-butane, 1: Rate-pressure relations and the products of the reaction[40][41]): **15** ('69) 115–21; ~ 2: Effect of some products and other parameters on the reaction[40][41]): 123–32.

Bull. Soc. chim. France Les spectres d'absorption des dérivés phénoliques[26][31]): **1949**, 275–80.

C.R. hebd. Séances Acad. Sci., Paris Les spectres d'absorption des dérivés phénoliques et leur interprétation théorique[26][31]): **227** ('48) 724–26. — L'influence de l'ionisation sur les courbes d'absorption des dérivés benzéniques [10]): **228** ('49) 1423f. — Sur les spectres d'absorption de dérivés naphtaléniques: **229** ('49) 762–64.

J. prakt. Chem. Zur Lichtabsorption der polyzyklischen Komplexverbindungen, 2: Cuprikomplexe der Aldiminreihe[4][11]): **160** ('42) 1–20.

Magyar chem. Folyóirat Chemische Kinetik von Ionenreaktionen, 5: Die Gesetzmäßigkeit der Neutralsalzwirkung in konzentrierten Salzlösungen: **39** ('33) 162–68 [ungar. m. deutscher Zusammenfassg.]; ~ 6: Die Temperaturabhängigkeit der Geschwindigkeiten von Ionenreaktionen: **44** ('38) 13–21 [~]. — Über das Absorptionsspektrum von starken Elektrolyten: **42** ('36) 185–90 [~]. — Ergebnisse und Zielsetzungen unserer spektroskopischen Forschungen: **56** ('50) 41–43 [ ].

Magyar Kémikusok Lapja Die Arbeiten des Instituts für anorganische Chemie an der Universität Szeged: **3** ('48) 141– [ungar.]. — Lichtabsorption organischer Verbindungen: 393–98 [ungar.].

Magyar tudományos Akad. kém. Tudományok Osztályának Közleményei Die experimentelle Prüfung der Theorie der orientierten Lichtabsorption: **2** ('52) 329–38. — Die Wirkung der sterischen Hinderung auf die Lichtabsorption: **6** ('55) 27–35. — Die Gesetzmäßigkeiten der Lichtabsorption hydratisierter Ionen: 37–46. — Die Lichtabsorption der Naphthalinderivate: 47–61. — Die Lichtabsorption der angulär kondensierten aromatischen Kohlenwasserstoffe: 63–76. — Die Lichtabsorption elektrostatisch gebundener Komplexe: 77–87. — Die Lichtabsorption von Atombindungskomplexen: **7** ('56) 367–77. — Der Mechanismus der Lichtabsorption der Kobaltkomplexe[9][23]): **8** ('56) 59–66. — Die Lichtabsorption der Acetylacetonkomplexe[9][23]): 149–55. — Daten zur Lichtabsorption von Nickel(II)-Komplexen[9][19]): **9** ('57) 207–15. — Über die Lichtabsorption von Chelatkomplexen, 1: 257–74. — Über den Mechanismus der Lichtabsorption von Cyanokomplexen[9][23]): 281–91. — Theorie der Lichtabsorption von Komplexverbindungen, 1: Bestimmung der Symmetrieverhältnisse und der Bindungsart gelöster Komplexe: **10** ('58) 221–34. — — Alle Arbeiten ungar.

Recueil Trav. chim. Pays-Bas Über den Mechanismus der Persulfat–Jod-Ionenreaktion[8]): **51** ('32) 434–44. — Über den Mechanismus der Ferricyan- und Jodionenreaktion[8]): **52** ('33) 289–97. — Über die Neutralsalzwirkung bei Ionenreaktionen in konzentrierten Salzlösungen, 1: Die Monochloracetat- und Xanthogenationenreaktion[8]): **53** ('34) 903–16. — Über die Neutralsalzwirkung der Acetylglycolat- und Hydroxylionenreaktion in verdünnten Lösungen[21]): **54** ('35) 337–44.

Revue sci. Les spectres d'absorption des ions hydratés[31]): **87** ('49) 37–41.

Z. anorg. u. allg. Chem. Die Neutralsalzwirkung der Ferri-Jodionenreaktion, 3: Über den Einfluß von Nichtelektrolyten auf die Geschwindigkeit der Reaktion[37]): **206** ('32) 196–208. — Über die Neutralsalzwirkung der Thiosulfat- und Monobromacetationenreaktion[37]): **209** ('32) 236–40. — Über die Neutralsalzwirkung bei der Reaktion zwischen Ameisensäure und Jod[35]): **213** ('33) 353–64. — Über den Einfluß der Temperatur auf die Geschwindigkeit von Ionenreaktionen [,1][37]): **217** ('34) 305–20; ~ 2[21]): **223** ('35) 149–60. — Die Dunkelreaktion zwischen Natriumformiat und Jod[35]): **219** ('34) 348–56. — Über den Einfluß der Temperatur auf die Geschwindigkeit von Ionenreaktionen in wäßrigen Nichtelektrolytlösungen[8]): **224** ('35) 33–39. — Über den Mechanismus von Reaktionen, bei welchen die Reaktionskomponenten durch eine Membran diffundieren[35]): 40–48. — Zur Konstitution der Sulfatoverbindungen: **226** ('36) 141–44. — Über die Löslichkeit von Gasen in Wasser–Nichtelektrolyt-Gemischen [22][34]): **233** ('37) 346–52. — Zur Lichtabsorption der Kobaltikomplexe [,1]: **235** ('38) 407–26; ~ 2: Cyano- und Thiosulfatokomplexe [3][25]): **246** ('41) 28–34. — Zur Konstitution der zweischaligen Komplexverbindungen[12]): **239** ('38) 27–38. — Zur Bestimmung von Ionengewichten nach der Dialysenmethode [,1][15]): **244** ('40) 57–62; ~ 2: Fehlerquellen der Meßmethode[2]): **247** ('41) 190–204. — Zur Lichtabsorption der Ferrikomplexe[1][18]): **244** ('40) 98–110. — Zur Lichtabsorption von Nickelrhodanidlösungen [,1][11]): **245** ('41) 355–64; ~ 2: Nichtwäßrige Lösungen[11]): **247** ('41) 205–10. — Zur Lichtabsorption der polyzyklischen innerkomplexen Verbindungen, 3: Uranylkomplexe der Aldiminreihe[28]): **249** ('42) 340–56; ~ 4: Nickelkomplexe[32]): **252** ('43) 172–84. — Eine Theorie der Lichtabsorption von Komplexverbindungen: **282** ('55) 141–48. — Lichtabsorption des Berliner Blaues und Turnbullblaues[9]): **325** ('63) 43–46.

Z. physik. Chem., Abt. A Über die Neutralsalzwirkung bei den Ionenreaktionen, 5: Über die Neutralsalzwirkung in konzentrierten Salzlösungen[8]): **160** ('32) 290–94. — Über die Neutralsalzwirkung bei Ionenreaktionen in konzentrierten Salzlösungen[21]): **167** ('34) 354–

64. — Messungen mit Wasserstoff- bzw. Chinhydronelektrode in konzentrierten Salzlösungen[65]): **169** ('34) 31–40. — Über die Dissoziationskonstanten von Ameisen- und Essigsäure in konzentrierten Salzlösungen[35]): **171** ('34) 257–67. — Zur Lichtabsorption von Kobaltchloridlösungen [,1][16]): **180** ('37) 117–30; ~ 2: Nichtwäßrige Lösungen[30]): **187** ('40) 211–26. — Zur Lichtabsorption der Kobaltrhodanidlösungen [,1][11]): **186** ('40) 239–47; ~ 2: Wasser–Nichtelektrolyten als Lösungsmittel [11]): **188** ('41) 27–40. — Zur Lichtabsorption und Konstitution von organischen Verbindungen, 1: Zur Analyse der Extinktionskurven von aromatischen Schiffschen Basen [3]): **189** ('41) 344–63. — Zur Lichtabsorption von Kobaltthiosulfatlösungen[25]): 364–72. — Zur Lichtabsorption der polyzyklischen innerkomplexen Verbindungen, 1: Salicylaldehydäthylendiiminkomplexe[11])[28]): **190** ('42) 65–80.

Mit: 1) J. Ábrahám; 2) V. Ács; 3) G. Auer; 4) G. Bácskai; 5) M. I. Bán; 6) K. Bíró; 7) P. Boér; 8) I. Bossányi; 9) J. Császár; 10) E. Csetneky; 11) P. Csokán; 12) D. v. Czeglédy; 13) I. Faredin; 14) G. Fodor; 15) M. Gegö; 16) M. Gerendás; 17) M. Geszner; 18) I. Hegedüs; 19) E. Horváth; 20) J. Hyross; 21) R. Kukai; 22) I. Lajtai; 23) L. Lehotai; 24) A. Lózsa; 25) E. Major; 26) J. Molnár; 27) —; 28) G. Nyiri; 29) R. Pauncz; 30) M. Richter; 31) C. Sándorfy; 32) R. Szabó; 33) S. Szóke; 34) G. Thury; 35) A. Urmánczy; 36) E. Varga; 37) P. Vass; 38) E. Vinkler; 39) E. A. Kocsis; 40) F. Márta; 41) L. Seres.

VI **KISTIAKOWSKY,** George Bogdan. Chem. (physikal.). — 1930–33 Assist. Prof., '33–37 Assoc. Prof., '38–71 Prof., '47–50 Chairman of the Departm. of Chem., Harvard Univ., Cambridge, Mass.; '59–61 Special Assist. for Sci. and Technol. to the Pres. of the U.S.A.; '65–Vice Pres., Nation. Acad. Sci. — Hon. D.Sc.: '55 Harvard Univ., Cambridge, Mass.; '58 Williams College, Williamstown, Mass.; '59 Oxford Univ.; '60 Univ. of Pennsylvania, Philadelphia, Pa.; '60 Univ. of Rochester, Rochester, N.Y.; '61 Carnegie Inst. of Technol., Pittsburgh, Pa.; '62 Princeton Univ., Princeton, N. J.; '62 Case Inst. of Technol., Cleveland, O.; '67 Columbia Univ., New York. — '46 Medal for Merit (Pres. of the U.S.A.); '47 William H. Nichols Medal (Amer. Chem. Soc., New York Sect.); '48 British King's Medal for Services in the Cause of Freedom; '57 Exceptional Services Award (United States Air Force); '58 Priestley Award (Dickinson College, Carlisle, Pa.); '60 Willard Gibbs Medal (Amer. Chem. Soc., Chicago Sect.); '61 Medal of Freedom (Pres. of the U.S.A.); '61 George Ledlie Prize (Harvard Univ., Cambridge, Mass.); '61 Charles L. Parsons Award (Amer. Chem. Soc.); '61 B. Lewis Medal (Combustion Inst., Pittsburgh, Pa.); '63 Madison Marshall Award (Amer. Chem. Soc., Huntsville Sect.); '67 National Medal of Science (Pres. of the U.S.A.); '68 Peter Debye Award (Amer. Chem. Soc.); '68 Theodore William Richards Medal (Amer. Chem. Soc.); '68 Lehman Award (New York Acad. Sci.); '71 Priestley Medal (Amer. Chem. Soc.).

*1900, Nov. 18, Kiev.

Bildnis Scientific Monthly **48** ('39) 569.

Zur Biogr. D. Greenberg, Science Year **1968** (m. Bildn.). — Chemical and Engng. News **45** ('67) S. 59, 94. — Nature [London] **183** ('59) 1639; **187** ('60) 112f.

S. 3rd Symposium on combustion, flame and explosion phenomena, Madison, Wis., 1948 (Baltimore, Md. '49) 560–65: Initiation of detonation of explosives. — The threshold of space. Proc. Conference on chemical aeronomy, Cambridge, Mass., 1956 (M. Zelikoff) (New York–London '57) 200: Mass spectrometric study of the kinetics of nitrogen afterglow[11]). — 10th Symposium (international) on combustion, Cambridge, Mass., 1964 (New York '65) 513–22: Acetylene–oxygen and methane–oxygen reactions in shock waves [39])[70])[74]). — Encyclopaedia Britannica. A new survey of universal knowledge **6** (Chicago–London–Toronto ... '65) 941: Cyclonite[8]); **7** ('65) 315f.: Detonator; **8** ('65) 972–76: Explosives[34]); **15** ('65) 185: Mercury fulminate [u. a.]); **16** ('65) 536f.: Nitrocellulose; **17** ('65) 651f.: PETN [Pentaerythritol tetranitrate]; **22** ('65) 262: TNT [Trinitrotoluene].

W. Photochemical processes. Neuaufl. (New York '47) 270 S. (American Chemical Society monograph series, 43).

Chemical and Engng. News National policy for science: **40** ('62) 120–24.

Chemical Engng. Progr. Training scientists today: **49** ('53) 216–18.

Chemical Reviews The rates of atomic reactions: **10** ('32) 91–102. — Gaseous unimolecular reactions: **17** ('35) 47–52. — Energy changes involved in the addition reactions of unsaturated hydrocarbons[23]): **20** ('37) 181–94.

Chimia [Zürich] Stoß- und Detonationswellen: **11** ('57) 124–30.

Daedalus [USA] On Federal support of basic research: **94** ('65) 713–34.

Discuss. Faraday Soc. Ethane–ethylene and propane–propylene equilibria[73]): Nr. **10** ('51)

175–87. — Temperature pattern method in the study of fast chemical reactions[36][45]: Nr. **17** ('54) 32–39.

Industrial and Engng. Chem. Initiation of detonation in gases: **43** ('51) 2794–97.

Industrial and Engng. Chem., Analyt. Edit. Radioactive studies, 1: Analytical procedure for measurement of long-lived radioactive sulfur, ^{35}S, with a Lauritzen electroscope, and comparison of electroscope with special Geiger counter[51][67][90]: **18** ('46) 349–53.

J. amer. chem. Soc. The nature of activated adsorption: **54** ('32) 1693f. — Absorption spectra in solution at low temperatures[4]: 1713–22. — The photochemical decomposition of ammonia[113]: 1806–20. — Kinetics of a thermal cis-trans-isomerization, 2[72]: 2208–15; ∼ 3[97]: **56** ('34) 638–42; ∼ 4[97]: **57** ('35) 269–71; ∼ 5[97]: **58** ('36) 766–68; ∼ 6[97]: 2428–30. — Apparatus for quantum yields of gas reactions by actinometry[32][50]: **54** ('32) 3246–49. — An anomalous decomposition of ozone in the presence of chlorine[50][32]: **55** ('33) 223–31. — The thermal decomposition of tertiary butyl and tertiary amyl alcohols. Homogeneous unimolecular reactions[91]: **56** ('34) 395–98. — Kinetics of the thermal isomerization of cyclopropane[18]: 399–405. — The photochemical decomposition of ketene [,1][87]: 1112–15; ∼ 2[85]: **72** ('50) 321–26; ∼ 3[68]: **74** ('52) 88–91. — Heats of organic reactions, 1: The apparatus and the heat of hydrogenation of ethylene[83][88][96][106]: **57** ('35) 65–75; ∼ 2: Hydrogenation of some simpler olefinic hydrocarbons[88][96][106]: 876–82; ∼ 3: Hydrogenation of some higher olefins[88][96][106]: **58** ('36) 137–45; ∼ 4: Hydrogenation of dienes and of benzene [88][96][106]: 146–53; ∼ 5: Heats of hydrogenation of various hydrocarbons[31][43][106]: **59** ('37) 831–41; ∼ 6: Heats of hydrogenation of some oxygen-containing compounds[31][43][94][106]: **60** ('38) 440–50; ∼ 7: Addition of halogens to olefins[24][94]: 2764–71; ∼ 8: Further hydrogenations, including those of some acetylenes [24][94]: **61** ('39) 1868–76; ∼ 9: A new calorimeter and the denaturation of methemoglobin by alkali[24][82]: **62** ('40) 1895–905; ∼ 11: Denaturation of pepsin by alkali[24][42][82]: **63** ('41) 2080–85; ∼ 13: Heats of hydrolysis of some acid anhydrides[24][82][94]: **64** ('42) 1747–52. — The photochemical hydrogen–oxygen reaction[96]: **57** ('35) 835–40. — The thermal decomposition of tertiary butyl and tertiary amyl chlorides, gaseous homogeneous unimolecular reaction[14][99]: **58** ('36) 43–47. — The kinetics of gaseous Diels-Alder reactions [60]: 123–33. — The kinetics of racemization of 2,2′-diamino-6,6′-dimethylbiphenyl[97]: 1043–45. — The kinetics of cyclopentadiene[69]: 1060. — The kinetics of gaseous addition of halogen acids to isobutene[99]: **59** ('37) 165–70. — The thermal decomposition of gaseous hydrogen peroxide[86]: 422. - Internal free rotation in hydrocarbons[115]: **60** ('38) 494f. — The bromination of trimothylothylene[24][94]: **61** ('39) 216f. — The entropy and heat capacity of propylene[27][79][112][115]: 2980f. — Photochemical decomposition of cyclic ketones [9]: **64** ('42) 80–86. — Use of deuterium as a tracer in the Claisen rearrangement[105]: 2302f. — Radioactive exchange and adsorption of methyl bromide with several inorganic bromides[111]: **65** ('43) 1829–34. — Inhibition of urease[2][58]: **71** ('49) 1898f. — Anomalous temperature effects in the hydrolysis of urea by urease[62]: 2006–13. — Relative efficiencies of various surfaces for the recombination of hydrogen atoms[53][100]: 2258f. — Inhibition of urease by sulfur compounds[2][58]: **72** ('50) 317–21. — The nature of thermochromism[44]: 419–24. — Specificity of urease action[92]: 634f., 2817. — Gaseous detonations, 1: Stationary waves in hydrogen–oxygen mixtures[10][41]: 1080–86; ∼ 2: Initiation by shock waves[10][41]: 1086–91. — Inhibition of urease by silver ions [2][58]: **73** ('51) 1232–36. — The heat of dissociation of nitrogen[57][65]: 2972f. — The effects of electrolytes on urease activity[66][84][92]: **74** ('52) 5015–20. — The kinetics of urea hydrolysis by urease[84]: 5Q20–25. — On the mechanism of the inhibition of urease[92]: **75** ('53) 866–71. — Ureolytic activity of urease at pH 8.9 [92]: 2751–54. — The kinetics of ester hydrolysis by liver esterase [,1][66]: **78** ('56) 2964–69; ∼ 2 [25]: **80** ('58) 1574–79. — Kinetics of the urease-catalyzed hydrolysis of urea at pH 4.3[104]: **78** ('56) 4821–29. — Rate and mechanism of some reactions of methylene[89]: 5699f. — The photolysis of methyl ketene [,1][64]: **79** ('57) 2412–19. — A mass spectrometric study of flash photochemical reactions, 1[59]: 4825–30. — Reactions of methylene, 1: Ethylene, propane, cyclopropane and n-butane[33]: 6373–79; ∼ 2: Ketene and carbon dioxide[89]: **80** ('58) 1066–71; ∼ 3: Addition to carbon monoxide[116]: 2934–39; ∼ 4: Propylene and cyclopropane[16]: **82** ('60) 759–65; ∼ 5: The effect of inert gases on the reaction with cyclopropane[16]: **83** ('61) 1324–26; ∼ 6: The addition of methylene to hydrogen and methane[7]: **84** ('62) 3417–25. — The enzymic kinetics of carbonic anhydrase from bovine and human erythrocytes[107]: **83** ('61) 274–80. — Kinetics of pig liver esterase catalysis[1]: **84** ('62) 695–703.

J. appl. Physics [USA] Biological studies with radioactive carbon[49]: **12** ('41) 322.

J. biol. Chemistry Synthesis of radioactive lactic acid[26]: **137** ('41) 549–55. — Heat of an antibody–antigen reaction[12][24][42]: **139** ('41) 787–94. — Isolation and properties of pig liver esterase[1]: **236** ('61) 3240–45.

J. chem. Physics The thermal decomposition of ethylene iodide[4]: **1** ('33) 166–69, 287. — The thermal dissociation of cyanogen into cyanide radicals[38]): 432–39, 885. — The thermal equilibrium between ethylene iodide, ethylene and iodine[28]): **3** ('35) 631–34. — Resonance fluorescence of benzene, 2 [28]): **4** ('36) 9–15. — The ultraviolet absorption spectrum of benzene[98]): **5** ('37) 609–16. — Studies in gaseous polymerization[48][69]): 682–94. — The gaseous equilibrium of 1,2-diiodobutane, butene-1 and iodine[22]): 990. — The low temperature heat capacity of gaseous ethane[71]): **6** ('38) 18–24. — Hindered internal rotation of ethane[60][102]): 407. — Internal rotation of propane and propylene; the origin of the internal restricting potentials[60][78]): 900f. — Gaseous heat capacities, 1: The method, and the heat capacities of C_2H_6 and C_2D_6 [79]): **7** ('39) 281–88; ~ 2[79]): **8** ('40) 610–18; ~ 3[79]): 618–22. — The low-temperature gaseous heat capacities of C_2H_6 and C_2D_6 [60][102]): **7** ('39) 289–96. — The polymerization of gaseous butadiene[78]): 725–35. — Low temperature gaseous heat capacities of certain C_3 hydrocarbons[60][78]): **8** ('40) 970–77. — Ethylene–ethane and propylene–propane equilibria[73]): **10** ('42) 78f., 146. — Carbon–hydrogen bond strengths in methane and ethane[3][5]): 305. — Activation energy of the reaction $CH_3 + HBr = CH_4 + Br$ and the carbon–hydrogen bond strength in methane[3]): **11** ('43) 6–10. — Bromination of hydrocarbons, 1: Photochemical and thermal bromination of methane and methyl bromine; carbon–hydrogen bond strength in methane[5]): **12** ('44) 469–78. — Structural investigations by means of nuclear magnetism, 1: Rigid crystal lattices [46][75][77]): **17** ('49) 972–81. — The rate constant of ethane formation from methyl radicals[40]): **19** ('51) 85–91. — Density measurements in gaseous detonation waves: 1611f. — The kinetics of co-ordinate bond formation [,1][36]): **20** ('52) 105–13; ~ 2[114]): **23** ('55) 334–38; ~ 3: Method of temperature patterns and the reaction $NH_3 + BF_3$ [95]): **31** ('59) 621–32; ~ 4: Kinetic isotope effect in the reaction $NH_3 + BF_3$ [56]): **34** ('61) 712–14; ~ 5: Kinetics of the reaction $P(CH_3)_3 + BF_3$ [56]): 715–17. — Gaseous detonations, 3: Dissociation energies of nitrogen and carbon monoxide[57][65]): **20** ('52) 876–83; ~ 4: The acetylene–oxygen mixtures [57][65]): 884–87; ~ 5: Nonsteady waves in carbon monoxide – oxygen mixtures[57][65]): 994–1000; ~ 6: Rarefaction wave[59]): **23** ('55) 271–74; ~ 7: Study of thermodynamic equilibration in acetylene–oxygen waves[117]): 1889–94; ~ 8: Two-stage detonations in acetylene–oxygen mixtures[66]): **25** ('56) 516–19; ~ 9: A study of the reaction zone by gas density measurements[59]): 824–35; ~ 10: Study of reaction zones[20]): **28** ('58) 956–61; ~ 11: Double waves[19]): **29** ('58) 506–11; ~ 12: Rotational temperatures of the hydroxyl free radicals[103]): **30** ('59) 577–81; ~ 13: Rotational and vibrational distributions of OH radicals[63]): **35** ('61) 995–98. — Rate of association of methyl radicals[81]): **21** ('53) 1637–43. — Primary photochemical process in bromine[101]): 2218–23; **22** ('54) 1949. — Reaction zone in gaseous detonations[59]): 1940f. — Stability of ethylidene radicals[64]): **24** ('56) 922. — Mass spectrometric study of the kinetics of nitrogen afterglow[11][118]): **25** ('56) 457–66. — Reactions of nitrogen atoms, 1: Oxygen and oxides of nitrogen[108]): **27** ('57) 1141–49; ~ 2: H_2, CO, NH_3, NO, and NO_2 [108]): **28** ('58) 665–68. — Lewis-Rayleigh nitrogen afterglow[110]): **27** ('57) 1417f. — On the mechanism of the Lewis-Rayleigh nitrogen afterglow[6]): **29** ('58) 949f.; **32** ('60) 992–1000. — Density measurements in reflected shock waves[35]): **34** ('61) 1080f. — Shock wave studies by mass spectrometry, 1: Thermal decomposition of nitrous oxide[13]): **35** ('61) 256–63; ~ 2: Polymerization and oxidation of acetylene[13]): 264–70. — Thermal dissociation rate of hydrogen[35]): 1765–70. — Emission of vacuum ultraviolet radiation from the acetylene–oxygen and the methane–oxygen reactions in shock waves[80]): **36** ('62) 1707–14. — Ionization accompanying the acetylene–oxygen reaction in shock waves[47]): **37** ('62) 1239–45. — Mechanism of chemi-ionization in hydrocarbon oxidations[70]): **40** ('64) 1447f. — A synthesis of $C_3H_3^+$? [39]): 1448f. — Mechanism of the acetylene–oxygen reaction in shock waves[39][70][74]): **42** ('65) 608–21. — Effects of pressure on fluorescence and intersystem crossing in benzene vapor[76]): 2942–48. — Thermal decomposition of acetylene in shock waves[37][70][74]): **43** ('65) 1720–26. — Pyrolysis and oxidation of formaldehyde in shock waves[37][39][74]): 4017–22. — Reactions of metal carbonyls with active nitrogen[15]): **44** ('66) 2695–702. — Acetylene–oxygen reaction in shock waves: Origins of CH and CO[52]): **45** ('66) 1359f.; ~: Origin of CO_2 [52]): **46** ('67) 4213–18. — Pyrolysis of ethylene in shock waves[37][54][74]): **45** ('66) 2371–77. — Ethylene–oxygen reaction in shock waves[37][39][54]): **47** ('67) 313–20.

J. physic. Chem. Some aspects of investigations of molecular structure of organic compounds: **41** ('37) 175–83. — The photolysis of methylketene, 2[21]): **68** ('64) 1793–97. — The photolysis of ketene in the presence of trans-2-butene[17]): **70** ('66) 118–25. — Photochemical decomposition of diazoethane[55]): 126–32. — The photolysis of ketene in the presence of carbon monoxide[29]): **71** ('67) 1553f., 3984–93. — Photolysis of ketene by 2139-Å radiation[109]): **72** ('68) 3952–58.

Physical Rev. The heat of sublimation of carbon[106]): (2) **40** ('32) 457–62. — The resonance fluorescence of benzene [,1][72]): **41** ('32) 595–604. — The structure of the ultraviolet absorption spectrum of formaldehyde, 1 [30]): **45** ('34) 4–28.

Proc. chem. Soc., London The mechanism of oxidation of acetylene at very high temperatures: **1962**, 289–92.

Proc. nation. Acad. Sci. USA The rotational structure of the ultraviolet absorption bands of formaldehyde[30]): **18** ('32) 367–72. — Centennial celebration of the National Academy of Sciences, 4th scientific session, Oct. 1963. Introduction: **50** ('63) 1193f.

Review sci. Instruments A large grating spectrograph[61]): **3** ('32) 201–05. — High intensity source for the molecular beam, 2: Experimental[93]): **22** ('51) 333–37.

Science [USA] Heat of serological reactions[12)24)42)82)]: **92** ('40) 604f.

Mit: 1) A. J. Adler; 2) J. F. Ambrose; 3) H. C. Andersen; 4) L.-B. Arnold, jr.; 5) E. R. van Artsdalen; 6) K. D. Bayes; 7) J. A. Bell; 8) R. O. Bengis; 9) S. W. Benson; 10) D. J. Berets; 11) J. Berkowitz; 12) W. C. Boyd; 13) J. N. Bradley; 14) D. Brearley; 15) W. R. Brennen; 16) J. N. Butler; 17) R. W. Carr, jr.; 18) T. S. Chambers; 19) M. Cher; 20) J. P. Chesick; 21) D. P. Chong; 22) J. E. Cline; 23) J. B. Conant; 24) J. B. Conn; 25) N. C. Craig; 26) R. D. Cramer; 27) B. L. Crawford, jr.; 28) G. R. Cuthbertson; 29) B. A. De Graff; 30) G. H. Dieke; 31) M. A. Dolliver; 32) G. S. Forbes; 33) H. M. Frey; 34) P. M. Fye; 35) W. C. Gardiner, jr.; 36) D. Garvin; 37) I. D. Gay; 38) H. Gershinowitz; 39) G. P. Glass; 40) R. Gomer; 41) E. F. Greene; 42) D. C. Gregg; 43) T. L. Gresham; 44) W. T. Grubb; 45) V. P. Guinn; 46) H. S. Gutowsky; 47) C. W. Hand; 48) J. B. Harkness; 49) A. B. Hastings; 50) L. J. Heidt; 51) F. C. Henriques; 52) J. B. Homer; 53) S. Katz; 54) R. D. Kern; 55) Ch. L. Kibby; 56) C. E. Klots; 57) H. T. Knight; 58) A. G. Kridl; 59) P. H. Kydd; 60) J. R. Lacher; 61) A. L. Loomis; 62) R. Lumry; 63) R. K. Lyon; 64) B. H. Mahan; 65) M. E. Malin; 66) P. C. Mangelsdorf, jr.; 67) C. Margnetti; 68) W. L. Marshall; 69) W. H. Mears; 70) J. V. Michael; 71) F. Nazmi; 72) M. Nelles; 73) A. G. Nickle; 74) H. Niki; 75) G. E. Pake; 76) C. S. Parmenter; 77) E. M. Purcell; 78) W. W. Ransom; 79) W. W. Rice; 80) L. W. Richards; 81) E. K. Roberts; 82) R. M. Roberts; 83) H. Romeyn, jr.; 84) A. J. Rosenberg; 85) N. W. Rosenberg; 86) S. L. Rosenberg; 87) W. F. Ross; 88) J. R. Ruhoff; 89) K. Sauer; 90) W. G. Schneider; 91) R. F. Schultz; 92) W. H. R. Shaw; 93) W. P. Slichter; 94) E. A. Smith; 95) F. T. Smith; 96) H. A. Smith; 97) W. R. Smith; 98) A. K. Solomon; 99) C. H. Stauffer; 100) R. F. Steiner; 101) J. C. Sternberg; 102) F. Stitt; 103) F. D. Tabbutt; 104) W. E. Thompson; 105) R. L. Tichenor; 106) W. E. Vaughan; 107) H. de Voe; 108) G. G. Volpi; 109) T. A. Walter; 110) P. Warneck; 111) J. R. van Wazer; 112) A. J. Wells; 113) E. O. Wiig; 114) R. Williams; 115) E. B. Wilson, jr.; 116) T. B. Wilson; 117) W. G. Zinman; 118) W. A. Chupka.

IV–VI **KISTJAKOVSKIJ,** Vladimir Aleksandrovič. Chem. (physikal.). — 1930–39 Dir., '39–48 wissenschaftl. Leiter, Kolloid-Elektrochem. Labor. (seit '34 Kolloid-Elektrochem. Inst.), Akad. d. Wiss. d. UdSSR. — '45 Lenin-Orden (UdSSR). (⊠)

*1865, Okt. 12 (Sept. 30), Kiev; †1952, Okt. 19.

Zur Biogr. B. M. Berkengejm, Usp. Chim. **14** ('45) 113f. — Chimičeskie nauki [Chemische Wissenschaften] (S. I. Vol'fkovič) (Moskva–Leningrad '45) (Očerki po istorii Akademii Nauk, 1725–1945) 81f.

Zum 80. Geb.tag P. D. Dankov, Usp. Chim. **14** ('45) 341–48 (m. Bildn. u. Schr.verz.-Auszug 25 Nrn.); Ž. fizič. Chim. **19** ('45) 485–90 (m. Bildn. u. Schr.verz.-Auszug 28 Nrn.). — A. N. Frumkin, Leben und wissenschaftliche Tätigkeit des Akademiemitgliedes V. A. Kistjakovskij: Izvest. Akad. Nauk SSSR, Otdel. chim. Nauk **1946**, 121–25 [russ.]. — N. A. Izgaryšev, Über die Bedeutung des Werkes des Akademiemitgliedes V. A. Kistjakovskij im Rahmen der Begründung der modernen Elektrochemie: ibid. 127–35 [russ.]. — Vestn. Akad. Nauk SSSR **1945**, Nr. 12, 65–67.

Zum 85. Geb.tag Festheft: Ž. fizič. Chim. **24** ('50) Nr. 10 (m. Bildn. u. Gratulation vor S. 1169); darin S. 1170–73: K. M. Gorbunova, Die Arbeiten Kistjakovskijs und ihre Weiterführung [russ.]. — P. D. Dankov, Usp. Chim. **20** ('51) 265–69 (m. Bildn.). — I. V. Krotov, Izvest. Akad. Nauk SSSR, Otdel. chim. Nauk **1950**, 561–64 (m. Bildn.). — Vestn. Akad. Nauk SSSR **20** ('50) Nr. 12, 74–76.

Nekr. K. M. Gorbunova, Ž. fizič. Chim. **26** ('52) 1717–20 (m. Bildn.). — J. Mindowicz, Wiadomości chem. **7** ('53) 49–57. — Izvest. Akad. Nauk SSSR, Otdel. chim. Nauk **1953**, 394f. (m. Bildn.). — Vestn. Akad. Nauk SSSR **22** ('52) Nr. 12, S. 80.

Zum 100. Geb.tag Ju. I. Roman'kov, Chimija v Škole **20** ('65) Nr. 6, 13f. (m. Bildn.).

Zur Biobibliogr. P. D. Dankov, N. M. Nesterova, V. A. Kistjakovskij [russ.] (Moskva–Leningrad '48) 48 S. (m. Bildn. u. Faks.) (Materialy k biobibliografii učenych SSSR, Serija chim, Nauk, 10). — N. A. Figurovskij, Ju. I. Roman'kov, V. A. Kistjakovskij, 1865–1952 [russ.] (Moskva '67) 136 S. (m. Bildn. u. Faks.). — Ju. I. Solov'ev, Unveröffentlichte Briefe von S. Arrhenius, M. Leblanc und G. Bredig an V. A. Kistjakovskij: Trudy Inst. Istorii Estestvoznanija i Techn. **18** ('58) 412–17 [russ.]. — Ju. I. Solov'ev, A. A. Makarenja, Neue Materialien über das Akademiemitglied V. A. Kistjakovskij: Vopr. Istorii Estestvoznanija i Techn. **13** ('62) 94–101 [russ.] (m. Bildn.).

Zur Bibliogr. S. A. Pogodin in: Ė. Chedžs, Zaščitnye plenki na metallach [E. S. Hedges, Protective films on metals] (Moskva–Leningrad–Sverdlovsk '34) 3 f.: [Kurze Charakteristik der Arbeiten V. A. Kistjakovskijs auf dem Gebiet der Schutzfilme auf Metallen] [russ.]. — Ju. I. Solov'ev, Über eine unveröffentlichte Arbeit von V. A. Kistjakovskij

„Die Hypothese von Planck und Arrhenius": Ž. fizič. Chim. **30** ('56) 1910–15 [russ.].

S. Trudy Nojabr'skoj sessii [1931 g] Akademii Nauk SSSR na zavodach i fabrikach [Arbeiten der Novembersitzung [1931] der Akademie der Wissenschaften der UdSSR in Betrieben und Fabriken] (Leningrad '32) 116–27: Filmchemie und Metalle [russ.]. — Korrozija metallov i bor'ba s nej [Metallkorrosion und ihre Bekämpfung] (Moskva–Leningrad '32) 5–12: Über den Arbeitsplan des Kolloid-Elektrochemischen Laboratoriums der Akademie der Wissenschaften der UdSSR für das Gebiet der Metallkorrosion [russ.]. — Trudy Ijun'skoj sessii (Akad. Nauk SSSR), posvjaščennoj problemam Uralo-Kuzneckogo kombinata [Arbeiten der Junisitzung der Akademie der Wissenschaften der UdSSR zu Problemen des Ural-Kuzneck-Kombinates] (Leningrad '32) 111–31: Die Korrosion des Eisens im Kontakt mit den Grenzen zweier Phasen [russ.]. — Pjatiletnij plan rabot chimičeskoj associacii Akademii Nauk SSSR, 1933–1937 [Der Fünfjahres-Arbeitsplan der Chemischen Vereinigung der Akademii der Wissenschaften der UdSSR] **2** (Leningrad '33) 34–43: Das Kolloid-Elektrochemische Laboratorium (LAKĖ) [russ.]. — Trudy Nojabr'skoj jubilejnoj sessii (Akademii Nauk SSSR), posvjaščennoj 15-letnej godovščine Oktjabr'skoj revoljucii [Arbeiten der November-Jubiläumssitzung der Akademie der Wissenschaften der UdSSR zum 15. Jahrestag der Oktoberrevolution] 1932 (Leningrad '33) 253–65: Die Filmtheorie der Metallkorrosion [russ.]. — Bor'ba s korroziej – bor'ba za metall. Sbornik statej [Kampf gegen die Korrosion – Kampf für das Metall. Sammlung von Aufsätzen] (Moskva '35) 7–15: Korrosionsprozesse des Eisens bei Mehrphasenkontakt [russ.]. — Trudy Pervoj konferencii po korrozii metallov pri Akademii Nauk SSSR [Arbeiten der 1. Konferenz über Metallkorrosion an der Akademie der Wissenschaften der UdSSR] (Moskva–Leningrad '35) 5–7: Einleitung [russ.]; 9–17: Der gegenwärtige Stand der Lehre über die Korrosion der Metalle bei Temperaturen unter 50 °C [russ.]. — Sbornik naučnych rabot komsomol'cev Akademii Nauk SSSR [Sammlung wissenschaftlicher Arbeiten von Komsomolzen der Akademie der Wissenschaften der UdSSR] (Moskva–Leningrad '36) 239–43: Über junge Wissenschaftler des Kolloid-Elektrochemischen Instituts [russ.]. — Bol'šaja sovetskaja ėnciklopedija [Große Sowjetenzyklopädie] **34** (Moskva '37) 373–84: Korrosion der Metalle [russ.]. — Matematika i estestvoznanie v SSSR. Očerki razvitija matematičeskich i estestvennych nauk za dvadcat' let [Mathematik und Naturwissenschaft in der UdSSR] 1917–1937 (Moskva–Leningrad '38) 416–30: Kolloid-Elektrochemie [russ.]. — Trudy soveščanija po voprosam korrozii i bor'by s nej [Arbeiten der Konferenz über Fragen der Korrosion und ihre Bekämpfung] 1938 (Moskva–Leningrad '40) 3–5: Einleitung [russ.]; 173–78: Die Kolloid-Elektrochemie und die Lehre von der Korrosion der Metalle [russ.].

Dokl. Akad. Nauk SSSR Eine verallgemeinerte Regel für chemische und elektrochemische Reaktionen: **29** ('40) 454–59 [russ.].

Na Fronte Industrializacii Die Probleme der Korrosion und die Aufgaben zu ihrer Bekämpfung[2]): **1933**, Nr. 1, 69–71 [russ.].

Izvest. Akad. Nauk SSSR Zur Frage der Elektrokristallisation der Metalle, 2[1]): **1932**, 993–96 [russ.]. — Wilhelm Ostwald †: **1934**, 431–42 [russ.].

Izvest. Akad. Nauk SSSR, Ser. chim. Über einige Hypothesen und Gesetzmäßigkeiten der Kolloid-Elektrochemie: **1937**, 1049–63 [russ. m. deutscher Zusammenfassg.].

Izvest. Sekt. fiziko-chim. Analiza Über Methoden der physikalisch-chemischen Analyse: **8** ('36) 5–13 [russ.].

Korrozija i Bor'ba s nej Die [vorliegende] Zeitschrift und die gegenwärtigen Perspektiven der Lehre über die Metallkorrosion: **1** ('35) Nr. 1, 4–6 [russ.].

Usp. Chim. Probleme der Metallkorrosion und die Kolloid-Elektrochemie: **2** ('33) 237–48 [russ.].

Vestn. Akad. Nauk SSSR Eindrücke [Die Arbeit der auswärtigen Tagung der Akademie der Wissenschaften der UdSSR zu Fragen des Ural-Kuzbas-Problems]: **1932**, Nr. 8, 67–70. — Das Kolloid-Elektrochemische Laboratorium und seine Umgestaltung zum Institut: **1935**, Nr. 2, 7–14. — Ansprache auf der Sitzung der Akademie der Wissenschaften vom 19. 3. 36 [über die Arbeiten des Kolloid-Elektrochemischen Instituts im Jahre 1936]: **1936**, Nr. 4/5, 45 f. — Ein großes Ereignis der Weltgeschichte [Akademiemitglieder zur Stalinschen Verfassung]: Nr. 10, 10 f. — Die Konferenz [im Kolloid-Elektrochemischen Institut der Akademie der Wissenschaften der UdSSR] über Fragen der Korrosion und ihre Bekämpfung, 7.–10. Mai 1938: **1938**, Nr. 6, 50–56. — — Alle Arbeiten russ.

Mit: [1]) P. D. Dankov; [2]) M. Zorikov.

VI **KITA,** Gen'itsu. Chem. (technol.). — Stud., 1916–21 Assist. Prof., '19 D. Eng., Tokyo Imperial Univ.; '21–44 Prof., '30– Dir. of Inst. for Chem. Research, '39– Dean of Faculty of Engng., '44 Prof. Emer., Kyôto Imp. Univ.; '39– Pres., Japan Soc. of Chem. Industry; '49– Pres., Naniwa Univ., Osaka Prefecture; '50– Pres., Japan Chem. Soc. — '52

First Order of Merit (Emperor of Japan).
*1883, Apr. 8, Nara Prefecture;
†1952, Mai 21, Kyôto.

Bildnis Kagaku to Kôgyô [Tokyo] **1952**, Nr. 7.

MHZ. Kagaku Hyôron **1** ('35) – 8 ('42).

W. Chemistry and analysis of fats and oils (Tokyo '32, '57) [japan.]. — Über die Benzinsynthese aus Kohlenoxid und Wasserstoff unter gewöhnlichem Druck (Tokyo '36) (The Institute for Physical and Chemical Research monograph).

J. Fuel Soc. Japan Catalyst for the production of synthetic gasoline: **16** ('37) 497–511 [japan. m. engl. Zusammenfassg. S. 60–62].

J. Soc. chem. Industry, Japan Recent studies on the catalysts for the production of synthetic gasoline by the Fischer process: **41** ('38) 910–.

J. Soc. chem. Industry, Japan; Suppl. Binding Untersuchungen über Zellstoffe, 1: Aufschluß von Lärchenholz aus Honsyû nach dem Sulfatkochverfahren[1])[2]): **42** ('39) 367B–369B.

Kagaku Hyôron Review of Japanese chemical industries in 1936: **3** ('37) 74–79. — Acetylene as a raw material for synthetic chemicals: **4** ('38) 34–38. — Staple fiber industry and its future: 156–58. — Coal hydrogenation industry and its future: 291 f. — Artificial petroleum: 436–49. — Synthetic petroleum from water gas by iron catalyst: **7** ('41) 203–08.

Papierfabrikant Reisstroh und seine Verwendung als Rohstoff für die Herstellung von Zellstoff[4])[3]): **36** ('38) Techn.-wiss. Teil, 198 f. — Die Emulsionsluftseide[5]): 276–81.

Mit: [1]) Y. Fukuda; [2]) M. Horio; [3]) T. Kimura; [4]) S. Nagata; [5]) T. Suda.

VI **KITASATO,** Shibasaburo, Baron. Bakteriol. — Begründer d. Bakteriol. in Japan; 1917–28 Prof. Bakteriol., Keiogijuku-Univ., Tokyo; '16 Gründer u. '16–31 Präs., Gesellsch. japan. Ärzte. — '24 Verdienstorden 1. Klasse (Japan. Regierung); '25 Harben Gold Medal (Roy. Sanitary Inst., London).
*1852, Dez. 20, Ogunigo, Präfektur Kumamoto;
†1931, Juni 13, Tokyo.

Nekr. M. Miyajima, Deutsche med. Wschr. **57** ('31) 1167 f. (m. Bildn.). — G. Olpp, Münchener med. Wschr. **78** ('31) 1308 f. (m. Bildn.). — R. Otto, Medizinische Klin. **27** ('31) 1020. — P. Uhlenhuth, Z. Immunitätsforsch. **71** ('31) I f. — Lancet **220** ('31) 1426 f. (m. Bildn.). — Ostasiatische Rdsch. **12** ('31) 364. — Proc. roy. Soc. London, Ser. B **109** ('31) 11–16.

Zur Biogr. A. Berg in: Geschichte der Mikroskopie (H. Freund, A. Berg) **2**: Medizin (Frankfurt, M. '64) 169–76 (m. Bildn., Schr.-verz.). — In: W. Bulloch, The history of bacteriology (London–NewYork–Toronto '38). — M. Miyajima, Shi-tei, der Lehrer und sein Schüler (Tokyo '31); engl.: Teacher and pupil (Tokyo '35) 44 S. — G. Olpp, Hervorragende Tropenärzte in Wort und Bild (München '32) 197 f. (m. Bildn. auf Tafel XXXIV). — F. H. Garrison, L. T. Morton, A medical bibliography [2](London–NewHaven, Conn. '61) 448.

VI **KITASATO,** Zenjiro. Chem. (physiol.). — Stud. Tokyo, Manchester, München; D. Sc., Tokyo Imp. Univ.; 1929– Chemist, Chem. Labor, '49–61 Dir., '62– Hon. Chief, Kitasato Inst., Tokyo. — '37 Medal (Chem. Soc. Japan); '38 Medal (Japan Acad.); '68 3rd Order of Merit (Japan Governm.).
*1897, Dez. 26, Tokyo.

Sohn von Shibasaburo Kitasato VI, VII[b]

Acta phytochim. [Tokyo] Über die Konstitution des Hederagenins und der Oleanolsäure, 1[5]): **6** ('32) 179–222; ∼ 2[5]): 223–25; ∼ 3[5]): 305–14; ∼4[5]): **7** ('33) 1–26; ∼5: 169–86; ∼ 6: 8 ('34/35) 1–18; ∼ 7: 207–20; ∼ 8: 255–62; ∼ 9: 315–24; Über die Konstitution der sauren Sapogenine, 10: Über Hederagenin und Oleanolsäure: **9** ('36/37) 43–60; ∼ 11: Eine zusammenfassende Darstellung: 61–74; ∼ 12 (Zugleich Bemerkungen zu Arbeiten von L. Ruzicka): 75–82; ∼ 13: Über Hederagenin und Oleanolsäure: **10** ('37/38) 199–210; ∼ 14: ≈: 239–58; ∼ 15: ≈: **11** ('39/40) 1–25. — Bemerkungen zu einer Arbeit von S. Kuwada über Oleanolsäure: **8** ('34/35) 19–21. — Die Konstitution des Domesticins[3]): **9** ('36/37) 265 f. — Zur Konstitution von Betulin und Lupeol[4]): **11** ('39/40) 231–38.

J. chem. Soc. Japan Bimolecular alkaloids, 4: Constitutions of pseudomorphine and dithebainone[1]): **54** ('33) 178–83. — Constitution of sapogenins, 4: Hederagenin and oleanolic acid, 3[5]): 461–74; Constitution of hederagenin and oleanic acid, 5: **55** ('34) 231–40; Constitution of sapogenins, 16: Hederagenin and oleanolic acid: **60** ('39) 1055–72. — Remarks on S. Kuwada's paper "Chemical investigation of saponins, 9": **55** ('34) 731 f.

J. chem. Soc., London Preliminary synthetic experiments in the morphine group, 3: Some derivatives of papaveroline and laudanosoline[2]): **1932**, 785–89.

Liebigs Ann. Chem. Konstitution und Synthese des Domesticin-methyläthers (d-Epidicentrin)[3]): **527** ('37) 176–82.

Proc. Japan Acad. Interpretation of growth-inhibiting effect of platinum-hydro-sol on intracellular viruses by virtue of molecular vibrations[6]): **46** ('70) 688–93.
Mit: [1]) K. Goto; [2]) R. Robinson; [3]) H. Shishido; [4]) M. Sinkai; [5]) Ch. Sone; [6]) H. Kudo.

VI **KIUTI,** Masazô. Physik. — 1926–28 Assist. Prof., '28–53 Prof., Tokyo Imp. Univ.
*1892, Juli 14, Tokyo.

Proc. physico-math. Soc. Japan An attempt to interpret the observed Stark effect in hydrogen molecule[1]): (3) **19** ('37) 821–34. — Isotope displacement in tungsten lines[1])[2]): 1019–22. — A note on the Stark effect of secondary spectrum of hydrogen[1]): **20** ('38) 160 f.
Mit: [1]) H. Hasunuma; [2]) T. Kawada.

VI **KIZEL'** (Kiesel), Aleksandr Robertovič. Biochem. d. Pflanzen. — 1930–48 Prof. m. Lehrstuhl Biochem. d. Pflanzen, Univ. Moskva; '36 Dr. d. biol. Wiss.
*1882, März, Moskva;
†1948, Moskva.

Zum 80. Geb.tag V. L. Kretovič, Izvest. Akad. Nauk SSSR, Ser. biol. **1962,** 627–35 (m. Literaturangaben).

H. (Redakt.) Biochimija i mikrobiologija pšenicy [Biochemie und Mikrobiologie des Weizens] (Moskva–Leningrad '34) (Vsesojuznyj naučno-issledovatel'skij institut zerna i produktov ego pererabotki, 13); darin eigene Beiträge: 56–69: Fructose und Fructoside im Stoffwechsel der Pflanze[16]) [russ.]; 74–76: Über die Kleie Dr. Klopfers[16]) [russ.].

S. Problema belka. Trudy Belkovoj konferencii [Das Eiweißproblem. Arbeiten einer Eiweißkonferenz], Moskva 1933 (Moskva–Leningrad '34) 27–64: Moderne Ansichten über die Natur und Struktur des Eiweißes [russ.]. — Trudy VI Vsesojuznogo Mendeleevskogo s-ezda po teoretičeskoj i prikladnoj chimii [Arbeiten des VI. Mendeleev-Unionskongresses für theoretische und angewandte Chemie] 2 (Char'kov–Kiev '35) 141–57: Synthetische Prozesse in den Pflanzen [russ.]. — Zbirnyk prac', prysvjačenyj pam'jati akad. V. Ljubymenka [Sammlung von Arbeiten, dem Andenken des Akademiemitgliedes V. N. Ljubimenko gewidmet] (Kyïv [Kiev] '38) 267–: Die Verteilung des Wassers in Weizenkörnern mit unterschiedlichem Feuchtigkeitsgehalt und deren Bedeutung[28]) [ ]. — Prezidentu Akademii Nauk SSSR akademiku Vladimiru Leontoviču Komarovu k 70-letiju so dnja roždenija i 45-letiju naučnoj dejatel'nosti [Dem Präsidenten der Akademie der Wissenschaften der UdSSR, Akademiemitglied V. L. Komarov zum 70. Geburtstag und zum 45jährigen Jubiläum seiner wissenschaftlichen Tätigkeit] (Moskva '39) 406–10: Über „Ersatzstoffe" für Kohlenwasserstoffe in der Pflanze und über einen neuen derartigen Stoff im Blütenstaub der Libanonzeder [russ.].

W. Praktičeskoe rukovodstvo po biochimii rastenij [Praktischer Leitfaden zur Biochemie der Pflanzen] (Moskva–Leningrad '34) 311 S. — Chimija protoplazmy [Protoplasmachemie] (Moskva–Leningrad '40) 624 S.

Biochimija Über die Einwirkung des Trypsinfermentkomplexes auf substituiertes Eiweiß[24]): **1** ('36) 1–20 [m. deutscher Zusammenfassg.]. — Über Unterschiede in der Zusammensetzung der Eiweißkörper pflanzlicher Objekte und ihre Ursachen: 201–17. — Der Aminosäuregehalt der Eiweißkörper zweier eßbarer Pilze im Zusammenhang mit Fragen der Untersuchungsmethodik[15]): **2** ('37) 47–59. — Zur Frage der chemischen Veränderungen von Eiweiß bei der Hitzedenaturierung[19]): 82–89 [m. deutscher Zusammenfassg.]. — Studien über die Struktur der Eiweißkörper, 4: Über benzoylierte Eiweißstoffe[22]): 111–26; ~ 5: Über acetyliertes Eiweiß[12])[29]): 713–19. — Über den Unterschied in der Zusammensetzung der Aminosäuren der Blättereiweißstoffe männlicher und weiblicher Exemplare von Cannabis sativa[20]): 666–73. — Über die Verteilung der Fermente im Weizenkorn[18]): 734–40 [m. deutscher Zusammenfassg.]. — Beobachtungen über den Verlauf der fermentativen Proteolyse im Dilatometer[9]): 841–49. — On the free hydroxyl groups of proteins and their importance for the proteolysis by tryptic enzymes[7]): **4** ('39) 492–97 [m. engl. Zusammenfassg.]. — Über die Lage des isoelektrischen Punktes von acetyliertem und desaminiertem Cucurbitin[11]): **6** ('41) 276–79. — Zur Frage der Huminbildung während der Eiweißhydrolyse[14]): 280–83. — Charakteristische Eigenschaften von Adsorbentien, die zur Reinigung von Vitamin K enthaltenden Extrakten verwendet werden[25])[26]): 387–92 [m. deutscher Zusammenfassg.]. — — Alle Arbeiten russ.

Bjul. gos. okeanogr. Inst. Mannit im Stoffwechsel von Braunalgen (Laminaria digitata)[31]): Nr. **3** ('32) 3–15 [russ.].

Bjul. mosk. Obšč. Ispytat. Prirody, Otdel biol. Zur Kenntnis der Bildung von Pektinstoffen in Pflanzen[10]): **45** ('36) 441–45. — Die Nuklealreaktion bei Pflanzen, 1[5]): 446–55. — Über die Reaktion der pflanzlichen Zellwand mit fuchsinschwefliger Säure[5]): **46** ('37) 111–13. — Über die Aktivität der Fermente in Weizenkörnern mit unterschiedlichem Feuchtigkeitsgehalt während der Lagerung[8]): 339–50. — Untersuchungen über Protoplasma, 6: Über die Nukleinsäuren der Sporen von Fuligo varians und der Samenanlagen des Mohns[25]): **47** ('38) 20–29. — Über die Primärfunktion des Proteins im Organismus und in der Zelle: **49**

('40) Nr. 3/4, 5–16. — — Alle Arbeiten russ. m. deutscher Zusammenfassg.

Bull. Soc. Chim. biol. Recherches sur les différences sexuelles des protéines des feuilles de chanvre[20]): **20** ('38) 293–300.

Chimija i socialist. Chozjajstvo Die Hauptaufgaben der Biochemie der Pflanzen: **1932**, Nr. 7, 86–89 [russ.].

C.R. (Dokl.) Acad. Sci. URSS Translocation of moisture in the bulk of stored grain[30])[4]): **24** ('39) 786–90. — On the possible relation between the asymmetry of the organism and optical activity of substances it is composed of, 1: Amino acids from the conchiolin of shells with right and left direction of the whorls[6])[23]): **25** ('39) 481–83. — Asymmetry of the organism as linked up with optical activity of its constituent substances. Amino acids from proteins of leg of dextro-voluted and laevo-voluted forms of Fructicicola lantzi, Landh.: **31** ('41) 601–03.

Cytologia [Tokyo] Beitrag zur Kenntnis der Nuklealreaktion in Pflanzen[5]): Fujii-Festschrift **1937**, 104–07[ ].

Hoppe-Seyler's Z. physiol. Chem. Studien im Gebiete der Strukturchemie der Eiweißkörper, 1: Über Ringschließung und Sauerstoffanreicherung beim Methoxylieren des Glycinins[32]): **213** ('32) 89–109. — Vergleichende Untersuchungen über Organeiweiß von Pflanzen[2])[1])[3])[21]): **226** ('34) 73–86. — Untersuchungen über pflanzliche Fortpflanzungszellen, 4: Beitrag zur Kenntnis der chemischen Bestandteile der Sporen von Apsidium filix mas[27]): **229** ('34) 159. — Untersuchungen über Protoplasma, 5: Über die Nucleinsäure und die Nucleoproteide der Erbsenkeime[2]): 160–66. — Über Variationen in der Zusammensetzung der Eiweißkörper reifender Weizenkörner[13]): **230** ('34) 216–24. — Über chemische Vorgänge bei der Hitzedenaturierung von Eiweiß[17]): **238** ('36) 145–48. — Über die Einwirkung des Trypsin-Fermentkomplexes auf substituiertes Eiweiß[24]): 149–59.

Planta [Berlin] Ein Beitrag zur Kenntnis der Zellwandsubstanzbildung [in Pflanzen][10]): **24** ('35) 308–11.

Trudy Labor. po Izučeniju Belka i belkogo Obmena v Organizme Untersuchungen auf dem Gebiet der Eiweißstruktur [,1][32]): **5** ('33) 3–25; ∼ 2[32])[1]): **9** ('36) 93–122. — Merkmale von Eiweißstoffen der vegetativen Organe der Rübe[1]): **7** ('34) 3–16. — Phosphorylierung von Eiweißstoffen[16]): **9** ('36) 79–92. — — Alle Arbeiten russ.

Uč. Zap. mosk. gos. Univ. Untersuchungen über Eiweißstoffe vegetativer Organe grüner Pflanzen[2])[1])[3])[21]): Nr. **4** ('35) 194–208 [russ. m. deutscher Zusammenfassg.]. — Biochemie der Pflanzen an der Moskauer Universität: Nr. **54** ('40) 315–21 [russ.].

Usp. sovremennoj Biol. Kurze Darstellung der Entwicklung der Eiweißchemie und -biochemie in der UdSSR: **7** ('37) 358–80 [russ.]. — Über die Spezifität und Veränderlichkeit der Proteinstruktur im Organismus: **8** ('38) 151–67 [russ.]. — Neuzeitliche Probleme der chemischen Protoplasmaforschung: **11** ('39) 1–23 [russ.].

Mit: [1]) P. A. Agatov; [2]) A. N. Belozerskij; [3]) N. Byvšich; [4]) G. Cygankova; [5]) E. Dojnikova; [6]) E. Efimočkina; [7]) T. Evreinova; [8]) K. Gordienko; [9]) S. Gorjunova; [10]) R. Jacyna; [11]) V. Jurkevič; [12]) Z. Kaipova; [13]) M. Kastrubin; [14]) E. Kirjanova; [15]) S. A. Konovalov; [16]) V. L. Kretovič; [17]) S. Kuzmin; [18]) S. Michlin; [19]) K. Opaljar; [20]) V. Paševič; [21]) M. Pavlova; [22]) K. Pšenova; [23]) Ju. Rall'; [24]) O. P. Roganova; [25]) G. Šamšikova; [26]) E. Šelenina; [27]) G. Šipicina; [28]) K. Sorvačev; [29]) Z. Sosina; [30]) N. Vasil'eva; [31]) T. Voblikova; [32]) M. P. Znamenskaja.

IV–VI **KJELLIN,** Carl Oskar Daniel. Chem. — Mitbegründer, 1920–32 Sekretär, '20–40 Schatzmeister, Kemistsamfundet, Stockholm. — '22 Norblad-Ekstrandska Goldmedaille (Kemistsamfundet).

*1868, Aug. 19, Karlstad;

†1941, Juli 22, Stockholm.

Nekr. A. Bernton, Svensk kem. Tidskr. **53** ('41) 487 f.

HZ. (Schriftführer) Svensk kem. Tidskr. **32** ('20) - **53** ('41).

W. Kemistsamfundets historia 1883–1933 (Stockholm '33) 6 + 154 S.

VI **KLAPKA,** Jiří. Math. — 1921–28 Assist., '29–37 Privatdoz., '37–42 außerord. Prof., '42–71 ord. Prof., '52–71 Leiter d. Math. Inst., Techn. Hochsch., Brno. — '56 Dr. Sc. [Dr. d. physik.-math. Wiss.]. — '65 Goldene Medaille (Techn. Hochsch., Brno); '70 Orden d. Arbeit (Präs. d. ČSSR).

*1900, März 10, Skuteč.

Zum 60. Geb.tag O. Borůvka, K. Svoboda, Čas. Pěst. Mat. **85** ('60) 377–84 (m. Bildn., Schr.verz. 53 Nrn.). — L. Frank, Aplikace Mat. **6** ('60) 485–87 (m. Bildn.). — V. Havel, Pokroky Mat., Fysiky a Astron. **6** ('61) 48 f.

Zum 70. Geb.tag J. Vala, Čas. Pěst. Mat. **95** ('70) 223–26 (m. Bildn.). — J. Vaněk, Pokroky Mat., Fysiky a Astron. **15** ('70) Nr. 2, 1 S.

S. Der Begriff des Raumes in der Geometrie. Bericht von der Riemann-Tagung (J. Naas, K. Schröder) (Berlin '57) (Schriftenreihe des Forschungsinstitutes für Mathematik bei der Deutschen Akademie der Wissenschaften zu Berlin, 1) 158–61: Über Beziehungen einer Kurve auf einer Fläche im projektiven Raum S_3 zu den Komplexen ihrer kanonischen Geraden.

W. Úvod do vektorového počtu a jeho užití v elektrotechnice (Praha '32) 64 S. (Svět a práce, 21). — Jak se studují útvary v prostoru?, 1 (Praha '41), ²('46) 80 S. (Cesta k vědění, 18); Jak studovati geometrické útvary v prostoru, 2 ('42), ²('47) 114 S. (~ 23). — Deskriptivní geometrie. Přednášky pro posluchače odboru strojního a elektrotechnického inženýrství (Brno '49) 432 S. [Vorlesungsskripte]. — Deskriptivní geometrie (se zřetelem na její užití v strojní technice) (Praha '51) 397 S. — Deskriptivní geometrie pro směr stavební, zeměměřičský a architekturu (m.R. Piska, J. Zezula) 1 (Brno '52) 459 S., ²('54) 458 S.; 2 ('51) 274 S., ²('53) 329 S. [Vorlesungsskripten]. — Analytická geometrie. Učebnice pro studium na fakultách inženýrského stavitelství, architektury a pozemního stavitelství a ostatních fakultách technického směru (Brno '60) 378 S.

Čas. Pěst. Mat. a Fysiky Sur les surfaces réglées dont les courbes flecnodales sont distinctes et non planes: **64** ('35) 273–88. — Sur les surfaces réglées gauches d'espace noneuclidien: **74** ('50) 258–60 [tschech. m. französ. Zusammenfassg.]. — Prof. dr. Ladislav Seifert †: 370–76 [tschech.].

Mathematische Nachr. Über Paare der Geradenkongruenzen mit Rosenfeldschem Bild vom Charakter 4: **33** ('67) 205–19.

Našc Věda Jan Sobotka: **13** ('32) 87 f.

Práce moravské přírod. Společnosti Über die Regelflächen in linearen Räumen ungerader Dimension: **12** ('40) Nr. 4, 22 S. [tschech. m. deutscher Zusammenfassg.].

Sborn. vysoké Školy Stavitelství v Brně Über die Kongruenzen W in einem linearen Komplex: **4** ('55) 107–10 [tschech. m. russ. u. französ. Zusammenfassg.]. — Zur Differentialgeometrie des Euklidischen Raumes: 213–19 [~]. — Die Godeauxsche Theorie der Flächen und Raumkoordinaten im Euklidischen Raum: **5** ('56) 29–40 [tschech. m. französ. Zusammenfassg.].

Sborn. vysoké Školy techn. v Brně Supplément à la théorie métrique des surfaces réglées gauches: **11** ('37) Nr. 40, 1–15 [tschech. m. französ. Zusammenfassg.]. — Fluchtlinientafeln zur thermodynamischen Berechnung von Dampfkesseln¹): **15** ('46) Nr. 55, 85–116 [tschech. m. russ. u. engl. Zusammenfassg.]. — Několik vztahů mezi diferenciálními invarianty zborcené přímkové osnovy eliptického prostoru: **1949**, Jubiläumsband, 1–19 [m. französ. Zusammenfassg.].

Slovenský Stavitel Technickej verejnosti na Slovensku: **8** ('38) 214 f.

Spisy vydávané přírod. Fak. Masarykovy Univ., Brno Über Paare von konjugierten Kurven einer Regelfläche: Nr. **393** ('58) 161–88 [m. russ. Zusammenfassg.].

Věda a Život János Bolyai zum 100. Todestag: Nr. **4** ('60) 208 f. [tschech.].

Vyroční Zpráva, Moravskoslezská Akad. Věd. přírodn. Miloslav Pelíšek: **21** ('49) 41–43 [tschech.]. — Josef Klíma: 46–48 [~].

Mit: ¹) J. Čermák.

VI **KLARMANN,** Emil G. Chem., Physiol., Bakteriol. — 1924–26 Research Chemist, '26–44 Chief Chemist, '44–53 Vice Pres. in Charge of Research, '53–63 Vice Pres. and Manager of Techn. Service, Lehn & Fink, Products Corp., Bloomfield, N.J., later New York; '53–63 Lecturer, Post-Graduate Med. School, New York Univ., New York; '47 Pres., Soc. Cosmetic Chemists; '56 Pres., Chem. Specialities Manufacturers Assoc. — '53 Medal (Soc. Cosmetic Chemists).

*1900, Dez. 31, Brunn, Österreich; †1963, Aug. 30.

Zur Biogr. Chemical and Engng. News **31** ('53) 5288 f.

Nekr. Chemical and Engng. News **41** ('63) Nr. 41, 144.

MH. Cosmetics: science and technology (New York '57).

S. Proc. 41st Mid-year meeting of the Chemical Specialities Manufacturers Association, 1955: Detergent sanitizers (New York '55) 106 f.: Introductory remarks. — Encyclopedia of chemical technology (R. E. Kirk, D. F. Othmer) **2** ²(New York '63) 604–48: Antiseptics and disinfectants.

W. Cosmetic chemistry for dermatologists (Springfield, Ill. '62) 7 + 126 S. (American lecture series, 502; American lectures in dermatology).

Acta dermato-venerol. [Stockholm] Certain chemical and bacteriological aspects of antiperspirants and deodorants: **37** ('57) 59–81.

American J. Pharm. and Sci. supporting publ. Health A "semimicro" method for testing quaternary ammonium disinfectants⁷): **120** ('48) 146–57. — Disinfection and antisepsis: Trends and ideas, 1: 321–59; ~; 2: 367–85. — Application of the semimicro method to the evaluation of antiseptics⁷)⁵): **122** ('50) 5–14. — Are quaternary ammonium compounds sporicidal?⁷): 330–36. — In vitro studies relevant to control of secondary reservoirs of respiratory pathogens⁷)⁵): **123** ('51) 42–59. — Are "quats" fungicidal?⁷): **126** ('54) 267–73.

— The role of chemical disinfection in hospitals: **127** ('55) 239–54. — Some aspects of chemical "sterilization" of instruments: **128** ('56) 4–18. — Selected newer developments in the evaluation of germicides, 1: 150–71; ~ 2: 188–208. — Environmental disinfection – a factor in the control of staphylococcal hospital sepsis: **129** ('57) 42–52. — Chemical disinfection relevant to operating room activity: **131** ('59) 86–104.

American Perfumer and essent. Oil Rev. Hormone cream problem: **48** ('46) Nr. 11, 41–44. — Cosmetic aspects of perspiration and its control: **52** ('48) 33–40. — Sunburn and sun tan: **54** ('49) 33–38, 126–35. — Estrogenic hormones in cosmetics: **55** ('50) 461–66. — Hormone containing cosmetics[4]): **64** ('54) 341–46. — Perfume and the skin: 425–30.

American Perfumer and Aromatics Topical chemical antiinfectives: **73** ('59) Nr. 5, 48–50, 53.

Annals Allergy Perfume dermatitis: **16** ('58) 425–34.

Annals New York Acad. Sci. The rôle of antagonisms in the evaluation of antiseptics: **53** ('50) 123–46.

Applied Microbiol. Prolongation of the antibacterial potential of disinfected surfaces[7]) [5]): **1** ('53) 19–23.

Archives Dermatol. and Syphilol. Treatment of Acne vulgaris with estrone[4])[6]): **70** ('54) 452–67.

Drug and cosmet. Industry Deodorants and antiperspirants: **81** ('57) 176–78, 244–53. — Sunburn and its prevention: 299–301, 370, 377 f., 454–56, 522, 524, 526 f.

Industrial and Engng. Chem., Analyt. Edit. Bactericidal value of coal-tar disinfectants. Limitations of the B. typhosus phenol coefficient as a measure[5]): **8** ('36) 369–72.

J. amer. chem. Soc. Bactericidal properties of monoethers of dihydric phenols, 2: The monoethers of hydroquinone[3])[5]): **54** ('32) 298–305; ~ 3: The monoethers of pyrocatechol; comparative notes on the three series of monoethers[3])[5]): 1204–11. — Halogen derivatives of monohydroxydiphenylmethane and their antibacterial action[3])[5]): 3315–28. — The alkyl derivatives of halogen phenols and their bactericidal action, 1: Chlorophenols[5])[3]): **55** ('33) 2576–89; ~ 2: Bromophenols[3])[5])[2]): 4657–62, 5079.

J. Bacteriol. A method for the evaluation of water soluble and water miscible fungicides used in the prevention of the spread of "athlete's foot"[5])[1]): **42** ('41) 225–29.

J. Labor. and clin. Med. The bactericidal and fungicidal action of homologous halogen phenol derivatives and its "quasispecific" character, 1: Derivatives of parachlorphenol[5]) [3]): **19** ('34) 835–51; ~ 2: Derivatives of orthochlorophenol (with notes on chlorine-free alkyl phenol derivatives)[5])[3]): **20** ('34) 40–47.

J. Soc. cosmet. Chemists Chemical and bacteriological aspects of antiperspirants and deodorants: **7** ('56) 85–108. — Open problem of biological activity in cosmetics: **13** ('62) 65–80.

Manufacturing Chemist The evaluation of quaternary ammonium germicides: **20** ('49) 271–73. — Recent developments in the United States in the official examination of disinfectants: **26** ('55) 51–55.

Parfümerie u. Kosmetik Die östrogenischen Hormone in kosmetischen Präparaten: **31** ('50) 356–59, 395–98.

Perfumery and essent. Oil Rec. Perfume and the skin: **46** ('55) 48–54.

Practitioner Hormone cosmetics[4]): **173** ('54) 159–65.

Soap (and sanitary Chemicals) Recent developments in disinfection: **8** ('32) Nr. 1, 99 f., 105. — Recent advances in disinfectants and antiseptics: **9** ('33) Nr. 2, 87–89. — Antibacterial properties of soaps: Nr. 12, 23–27, 107–09, 111, 113, 115. — Disinfectant scientific committee: **10** ('34) Nr. 1, 87, 89, 91. — Scientific advances in 1934 in disinfectants and antiseptics: **11** ('35) Nr. 2, 87, 89, 91, 111; ~ 1935: **12** ('36) Nr. 1, 95, 97; ~ 1936: **13** ('37) Nr. 1, 104–08, 121; ~ 1937: **14** ('38) Nr. 1, 107–10; ~ 1938: **15** ('39) Nr. 2, 111, 113, 115, 117; ~ 1939: **16** ('40) Nr. 3, 109, 111, 113, 115, 117, 119, 121; ~ 1940: Nr. 12, 104–09, 123; ~ 1941: **18** ('42) Nr. 1, 99–101, 101A, 101B, 127. — Alkyl phenolic disinfectants from petroleum and the commercial standards: **16** ('40) Nr. 2, 90–92. — Are soaps germicidal?[5]): **17** ('41) Nr. 1, 23–26, 70. — Athlete's foot: method for testing water-soluble and water-miscible fungicides used in preventing its spread[5])[1]): Nr. 12, 129, 131, 147. — Effect of organic matter on germicidal performance[7]): **20** ('44) 103–05, 135. — Disinfectants and antiseptics: 109, 111, 113, 115, 117; **22** ('46) Nr. 2, 125–27, 129, 131; Nr. 3, 133, 135, 137, 139, 141, 147; **23** ('47) Nr. 1, 125, 127, 129, 131; Nr. 2, 139, 141, 143, 145. — Synthetic and semi-synthetic media for disinfectant testing[7]): **21** ('45) Nr. 1, 113, 115, 117, 119. — An inquiry into the germicidal performance of quaternary ammonium disinfectants[7]): **22** ('46) Nr. 1, 125, 127, 129, 131, 133, 135, 137. — Quaternary ammonium germicides[7]): Nr. 8, 139, 141, 143, 145, 147, 149, 163. — A note on the problem of bacteriological evaluation of "cationics"[7]): **23** ('47) Nr. 7, 151, 153, 155. — Expanding rationale of chemical disinfection: **25** ('49) Nr. 3, 122–25, 153, 155.

Mit: [1]) S. M. Costigan; [2]) P. H. Cox, jr.; [3]) L. W. Gates (Gatyas); [4]) S. M. Peck; [5]) V. A. Shternov; [6]) H. J. Spoor; [7]) E. S. Wright.

IV-VI **KLASON,** Johan Peter. Chem., chem. Technol. — 1890–1913 Prof., '13 Prof. Emer., Kungl. Tekniska Högskolan, 1890–1913 Vorstand d. Chem. Fachschule, Stockholm; '13–37 im Ruhestand in Stockholm lebend. — '28 Goldmedaille (Ingeniörsvetenskapsakademien); '29 Ekman-Goldmedaille (Svenska Pappers- och Cellulosaingeniörsföreningen).

*1848, Apr. 4, Sannarps gård, Årstad, Halland;

†1937, Jan. 1, Stockholm.

Zum 85. Geb.tag Svenska Bryggareffören. Månadsbl. **48** ('33) 121–24.

Nekr. H. Brahmer, G. Sundblad, Svensk Papperstidn. **40** ('37) 1 f. — E. Hägglund, Papierfabrikant **35** ('37) wirtschaftl. Teil, 131 f. — B. Holmberg, IVA **1943,** 339–43. — F. W. Klingstedt, Suomen Kemistiseuran Tiedonantoja **46** ('37) 90–96; Suomen Paperi- ja Puutavaralehti **19** ('37) 806–10. — C. Kullgren, Kungl. Landtbruks-Akad. Handl. och Tidskr. **76** ('37) 113–16; Svensk kem. Tidskr. **49** ('37) 323–25; Teknisk Tidskr. **67** ('37) 19 f. — S. A. G. Nauckhoff, Levnadsteckningar kungl. svenska Vetenskapsakad. Ledamöter **8** ('49/54) 567–634 (m. Bildn., Faks., Schr.verz. 294 Nrn.). — S. Nauckhoff, E. Söderbäck, B. Holmberg, Kungl. svenska Vetenskapsakad. Årsb. **1953,** 301–68 (m. Bildn., Faks., Schr.verz. 294 Nrn.). — A. S. W. Odelberg, O. Cyrén, Meddelanden Sveriges kem. Industrikontor **20** ('37) 13–16; Svensk kem. Tidskr. **49** ('37) Nr. 3, Suppl., 13–16. — L. Smith, Kungl. fysiogr. Sällsk. Lund Förh. **7** ('37) 85*–90* (m. Bildn., Faks.).

Acta Acad. åboensis, Math. et Physica Über die chemische Formel des Nadelholzlignins: **7** ('33) Nr. 2, 6 S.

Arkiv Kemi, Mineral. och Geol. Über die Ligninreaktionen[,1]: **11A** ('32/35) Nr. 1, 12 S.; ~ 2: Nr. 3, 4 S. — Über die Kohlensäureassimilation der Pflanzen: Nr. 19, 5 S. — — Alle Arbeiten schwed.

Ber. dtsch. chem. Ges. Beitrag zur Kenntnis des Lignins der Nadelhölzer, 16: **65** ('32) 625–28; Beiträge zur Konstitution des Lignins, 17: Über Tetra-coniferylaldehyd: **67** ('34) 302 f. — Über die Bildung von Lignin im Holz: **69** ('36) 676–78.

Cellulosechemie Zusammenfassung von Untersuchungen in der Chemie des Nadelholzes: **13** ('32) 113–19.

Svensk kem. Tidskr. Beitrag zur Kenntnis der Lignosulfonsäure: **44** ('32) 85–89. — Zusammenfassende Untersuchungen über Nadelholzchemie: 177–88. — Über die chemische Formel des Nadelholzlignins, 1: 285–88. — Über Tetrakoniferylaldehyd-hydrosulfonsäure (Tetralignosulfonsäure): **45** ('33) 221–26. — Untersuchungen über den Zusammenhang zwischen dem natürlichen System der Pflanzen und ihrem chemischen Bau: **46** ('34) 108–17. — Über die chemische Formel des Lignins: 140; ~ 2: 168 f. — Über die Kohlensäureassimilation der Pflanzen: 208–11. — Über die chemische Zusammensetzung von Tangarten: **47** ('35) 215–20. — Kommentar zu Prof. B. Hombergs Abhandlung „Thioglykolsäure als Ligninreagens": 220–23. — Über die quantitative Bestimmung von Lignin in Holz: 298–300. — — Alle Arbeiten schwed.

Svensk Papperstidn. Beitrag zur Kenntnis der Lignosulfonsäure, 1: **35** ('32) 16–21. — Über feste Lignosulfonsäuren: 118. — Über das Reservelignin in Fichtenholz: 152–55. — Zusammenfassende Untersuchungen in der Nadelholzchemie: 224–30, 375 f. — Über die chemische Formel des Nadelholzlignins, 1: 717 f.; ~ 2: **36** ('33) 47 f. — Über die aus Fichtenholz abspaltbaren Mengen von Essigsäure: 48. — Über die Möglichkeit, die quantitativen chemischen Charakteristika bei den Pflanzen als Stütze ihrer systematischen Klassifikation nachweisen zu können: 226–28. — Über die Tetrakoniferylaldehyd-hydrosulfonsäure (Tetralignosulfonsäure): 735 f. — Untersuchungen über den Zusammenhang zwischen dem natürlichen System der Pflanzen und ihrem chemischen Bau: **37** ('34) 302–06; **38** ('35) 450–54. — Über die chemische Formel des Lignins, 2: **37** ('34) 441. — Über die Kohlensäureassimilation der Pflanzen: 572 f. — Über den chemischen Bau des Fichtenholzlignins: **38** ('35) 517 f. — Die Konstitution des Lignins und die Chemie des Sulfitzellstoffprozesses: 552 f. — Die Konstitution des Lignins: 624. — Einfluß des Xylosegehaltes in Holz auf die Ligninbestimmung darin: 666. — Beitrag zur Kenntnis des Fichtenholzlignins: **39** ('36) 1 f. — Über die Bildung von Lignin im Holz: 140 f. — — Alle Arbeiten schwed. außer **39** ('36) 1 f. u. 140 f. [deutsch].

V, VI **KLEEMAN,** Richard Daniel. Physik. — D. Sc., Univ. of Cambridge, Engl.; 1914– Prof., Union College, Schenectady, N. Y.; later on private studies.

*1878, Jan., Australien;

†1932, Okt. 10, New York.

Nekr. New York Times **1932,** Okt. 18.

Philosophical Mag. and J. Sci. On the interaction of radiation and the electron: (7) **13** ('32) 69–76.

VI **KLEIN,** Oskar Benjamin. Theoret. Physik. — 1915–18 Assist., Nobelinst. f. Physikal. Chemie, Königl. Akad. Wiss., Stockholm; '18–22, '26–27 Assist., Inst.

f. Theoret. Physik, Univ. Stockholm; '23–25 Instructor u. Assist. Prof., Univ. of Michigan, Ann Arbor, Mich.; '27–30 Lektor, Assist. am Inst. f. Theoret. Physik, Univ. København; '30–62 Prof., '62 Prof. Emer., Univ. Stockholm. – '51 Dr. h. c. (Univ. Oslo); '65 Dr. h. c. (Univ. København). – '59 Max-Planck-Medaille (Deutsche Physikal. Ges.).

*1894, Sept. 15, Stockholm.

S. Åttonde [= 8.] Skandinaviska matematikerkongressen, Stockholm 1934 (Lund '35) 243–48: Ein Rekursionsverfahren zur Lösung der eindimensionalen Wellengleichung der Quantenmechanik. – Les nouvelles théories de la physique. Réunion, Varsovie 1938 (Paris '39) 81–98: Sur la théorie des champs associés à des particules chargées. – Vetenskap av i dag [Wissenschaft von heute] (G. Aspelin, G. Turesson) (Stockholm '40) 247–71: Atome, Atomkerne und kosmische Strahlen [schwed.]. – Vi och vår värld [Wir und unsere Welt] (G. Dahlberg) (Stockholm '41) 327–62: Etwas über Atome und ihre Kerne [schwed.]. – H. G. Garbedian, Albert Einstein, skaparen av en ny världsbild [Albert Einstein, der Schöpfer eines neuen Weltbildes] (Stockholm '41) (Natur och Kultur): Einsteins Relativitätstheorie (Eine Orientierung) [schwed.]. – Atomåldern [Das Atomzeitalter] (Stockholm '49) 55–65: Die Entstehung unserer Grundstoffe [schwed.]. – Rayons x et structure atomique (Orléans '50): Sur la théorie thermodynamique de la fréquence des éléments chimiques. – Boken om naturen [Das Buch über die Natur] (G. Jedenius) (Stockholm '53) 17–26: Als die Materie jung war [schwed.]; 27–45: Die Bewegung der Körper [schwed.]. – Niels Bohr and the development of physics. Essays dedicated to Niels Bohr on the occasion of his seventieth birthday (W. Pauli, L. Rosenfeld, V. Weisskopf) (London '55) 96–117: Quantum theory and relativity. – Fünfzig Jahre Relativitätstheorie. Verhandlungen, Bern 1955 (Basel '56) (Helvetica physica Acta, Suppl. 4) 58–71: Generalisations of Einstein's theory of gravitation considered from the point of view of quantum field theory; 147–49: On the Eddington relations and their possible bearing on an early state of the system of galaxies. – 7. Deutscher Physikertag, Berlin 1959 (E. Brüche) (Mosbach/Baden '60) 1–11: Zur Theorie der Elementarteilchen. – Werner Heisenberg und die Physik unserer Zeit (Braunschweig '61) 58–72: Einige Probleme der allgemeinen Relativitätstheorie. – Recent developments in general relativity (Oxford–London–NewYork–Paris '62) 293–302: Mach's principle and cosmology in their relation to general relativity. – Preludes in theoretical physics; in honor of V. F. Weisskopf (A. de Shalit u. a.) (Amsterdam '66) 23–26: Boundary conditions and general relativity. – Niels Bohr. His life and work as seen by his friends and colleagues (S. Rozental) (Amsterdam '67) 74–93: Glimpses of Niels Bohr as scientist and thinker [aus dem dän. Original in: Niels Bohr. Hans liv og virke fortalt af en kreds af venner og medarbejdere (København '64)].

W. Einsteins relativitetsteori i allmäntillgänglig form [Einsteins Relativitätstheorie in allgemein zugänglicher Form] (Stockholm '33) 137 S. (Natur och Kultur, 118). – Orsak och verkan i den nya atomteoriens belysning [Ursache und Wirkung im Lichte der neuen Atomtheorie] (Stockholm '35) 125 S. (~ 126). – Entretiens sur les idées fondamentales de la physique moderne [Übersetzg. aus d. Schwed.] (Paris '38) 332 S. – Från klassisk fysik till kvantteori [Von der klassischen Physik zur Quantentheorie] (Stockholm '52) 63 S. (Studentföreningen Verdandis småskrifter, 525).

Arkiv Fysik On the emission of sound waves from an electron in a metal and the theory of superconductivity: **5** ('52) 459–69. – On a class of spherically symmetric solutions of Einstein's gravitational equations: **7** ('54) 487–96. – On the systematics of elementary particles: **16** ('59) 191–96. – On the treatment of gravitational field in connection with the generally relativistic Dirac equation: **17** ('60) 517–20. – Matter–antimatter annihilation and cosmology[1]): **23** ('63) 187–94. – On the foundations of general relativity theory and the cosmological problem: **39** ('69) 157–70.

Arkiv Kemi, Mineral. och Geol. Considerations on the kinetics of respiration with special reference to the inhibition caused by carbon monoxide[4]): **14A** ('40) Nr. 4, 17 S.

Arkiv Mat., Astron. och Fysik Eine Verallgemeinerung der Diracschen relativistischen Wellengleichung: **25A** ('35/37) Nr. 15, 19 S. – On the meson-pair theory of nuclear interaction: **30A** ('44) Nr. 3, 13 S. – On the magnetic behaviour of electrons in crystals: **31A** ('44/45) Nr. 12, 15 S. – On the origin of cosmic radiation: Nr. 14, 9 S. – On the origin of the abundance distribution of chemical elements[2])[5]): **33B** ('46/47) Nr. 1, 7 S. – On the specific heat of the superconductive state: Nr. 2, 7 S. – Meson fields and nuclear interaction: **34A** ('47/48) Nr. 1, 19 S. – On a case of radiation equilibrium in general relativity theory and its bearing on the early stage of stellar evolution: Nr. 19, 11 S.

Astrophysica norveg. Some general aspects of Einstein's theory of relativity: **9** ('64) 161–69.

Elementa [Stockholm] Das Einsteinsche Additionstheorem für gleichgerichtete Geschwindigkeiten: **18** ('35) 9–13 [schwed.]. –

Etwas über die Wurfbewegung: **28** ('45) 81–85 [schwed.].

Fysisk Tidsskr. Die elektrische Elementarladung und die Quantentheorie: **33** ('35) 102–09 [dän.]. — Über Niels Bohrs wissenschaftliches Werk: **60** ('62) 3–25 [dän.].

Industritidn. Norden Etwas über den Atomkern und seinen Entdecker: **68** ('40) 291–94 [schwed.]. — Die physikalischen Voraussetzungen für die Gewinnung der Atomenergie: **74** ('46) 23–26, 35–39, 45–47 [schwed.].

J. Physique et Radium Quelques remarques sur le traitement approximatif du problème des électrons dans un réseau cristallin par la mécanique quantique: (7) **9** ('38) 1–12.

Kongel. norske Vid. Selsk. Forh. The Dirac theory of the electron in general relativity theory: **31.**1958 ('59) 47–51.

Kosmos [Stockholm] P. Ehrenfest: **11** ('33) 15–17. — Theoretische Vorstellungen über die Atomkerne: **14** ('36) 7–28. — Isaac Newton: **20** ('42) 16–38. — Aktuelle Probleme über die kleine und große Zahl in der Physik: **32** ('54) 33–52. — Wolfgang Pauli. Einige Gedenkworte: **37** ('59) 9–12. — — Alle Arbeiten schwed.

Kungl. Vet.-Soc. Årsb., Uppsala Niels Bohr: **1963** ('64) 33–37.

Lychnos Quelques controverses entre la philosophie et la physique du XVIIe siècle: **1939**, 136–58 [schwed. m. französ. Zusammenfassg.]. — Blaise Pascal und Niels Bohr: **1942**, 65–75 [schwed.].

Mémoires Soc. roy. Sci. Liège Some cosmological considerations in connection with the problem of the origin of the elements: **14** ('54) 42–51; Discuss.: 70–72.

Nature [London] Mesons and nucleons: **161** ('48) 897–99. — Theory of superconductivity: **169** ('52) 578 f. — Instead of cosmology: **211** ('66) 1337–41.

Nordisk Tidskr. Vet., Konst och Industri Wissenschaft und Vorurteile: **10** ('34) 489–502. — Niels Bohr als Denker: **11** ('35) 408–17. — Naturwissenschaftlicher Beitrag zu unserer Lebensanschauung: **19** ('43) 465. — — Alle Arbeiten schwed.

Nuclear Physics Some remarks on the inversion theorems of quantum field theory: **4** ('57) 677–86. — Who was Jordanus Nemorarius? Some remarks on an old problem in the history of mechanics and mathematics: **57** ('64) 345–50. — A tentative program for the development of quantum field theory as an extension of the equivalence principle of general relativity theory: **B21** ('70) 253–60.

Physical Rev. Letters Remark concerning the basic SU(3) triplets: **16** ('66) 63 f.

Prix Nobel The 1957 Nobel prize for physics: **1958**, 22–24 (18–21 schwed.).

Rapport et Discuss., Cons. Physique, Inst. int. Physique Solvay Some considerations regarding the earlier development of the system of galaxies: **11** ('58) 19 S.

Reviews modern Physics Some remarks on the quantum theory of the superconductive state[3]): **17** ('45) 305–09. — On the thermodynamical equilibrium of fluids in gravitational fields: **21** ('49) 531–33.

Science [USA] Arguments concerning relativity and cosmology: **171** ('71) 339–45.

Suppl. Nuovo Cimento On the statistical derivation of the laws of chemical equilibrium: (9) **6** ('49) 171–77. — Some remarks on general relativity and the divergence problem of quantum field theory: (10) **6** ('57) 344–48.

Svensk Naturvet. Resultat och problemställningar inom elementarpartikelfysiken: **12** ('59) 174–90 [m. engl. Zusammenfassg.].

Teknisk Tidskr. Die neue Atommechanik: **63** ('33) 421–23. — Maxwells elektromagnetische Theorie im Lichte der neuesten Atomforschung: **64** ('34) Elektronik, 1–7. — Relativität, Masse und Energie im Zusammenhang mit der neuen Kernphysik: **69** ('39) 137. — — Alle Arbeiten schwed.

Theoria [Göteborg-Lund] Philosophy and physics: **1938**, 59–61.

Z. Naturforsch. Antisymmetrische Feldquantisierung und funktionale Integration: **22A** ('67) 1291–93.

Z. Physik Zur Berechnung von Potentialkurven für zweiatomige Moleküle mit Hilfe von Spektraltermen: **76** ('32) 226–35. — Zur Frage der quasimechanischen Lösung der quantenmechanischen Wellengleichung: **80** ('33) 792–803.

Mit: [1]) H. Alfvén; [2]) G. Beskow; [3]) J. Lindhard; [4]) J. Runnström; [5]) L. Treffenberg.

V, VI **KLEMENSIEWICZ,** Zygmunt Aleksander. — Physik, Chem. (physikal.). — 1911–13, '19–39 Doz. Physikal. Chem., Univ. Lwów; '20–23 außerord. Prof., '23–35[?] ord. Prof. Physik, Techn. Hochsch. Lwów; '44 Gründer, '44–51 Prof., Polish Univ. College, London; '51–56 Forschungstätigkeit in Beckham b. London; '56–60 Prof., Schlesische Techn. Hochsch. Gliwice.

*1886, Apr. 24, Kraków;

†1963, März 25, Gliwice.

Nekr. Z. Bodnar, Postępy Fizyki **15** ('64) 3–10 (m. Bildn.). — M. Konopacki, J. Szpilecki, Wiadomości chem. **18** ('64) 137–45 (m. Bildn., Schr.verz.). — J. Szpilecki, Zeszyty nauk. Politechn. śląska **1963**, Nr. 84 (Energetyka, H. 11) 5–8 (m. Bildn.). — Review polish Acad. Sci. 8 ('63) Nr. 3, 127.

S. Leonardo da Vinci. W 500-lecie urodzin [Zum 500. Geburtstag] (M. Bohusz Szyszko u. a.) (Tunbridge Wells, Kent '53) 49–63: Leonardo da Vinci als Naturwissenschaftler [poln.]. — Sprawozdania z zebrań naukowych Oddziału Gliwickiego Polskiego Towarzystwa Mechaniki Teoretycznej i Stosowanej **1** (J. Kołakowski) (Gliwice '59) 7–21: Die Mechanik als Teil der Physik [poln.].

W. W rojowisku cząsteczek. O kinetycznej teorii materii [Im Schwarm der Moleküle. Über die kinetische Theorie der Materie] (Lwów '38) 79 S. (Biblioteka fizyczna, 6).

Acta physica polon. Sur le transport électrique du dépôt actif de radium dans quelques solvants organiques[2]: **2** ('33/34) 409–15 [m. poln. Zusammenfassg.]. — Über die vermutliche Radioaktivität von La, Y und Sb[1]): **3** ('34) 187–90 [poln. m. deutscher Zusammenfassg.]. — Czesław Reczyński: **6** ('37) 1–5 [deutsch m. poln. Zusammenfassg.].

American J. Physics Some remarks on D. Bernoulli's formula: **21** ('53) 144.

Arkiv Fysik The position of the LeChatelier-Braun principle as general criterion of stability: **1** ('50) 293–304.

Hutnik Über das Prinzip von Le Chatelier (Inaugurationsvortrag): **24** ('57) 473–77 [poln.].

Kosmos [Warszawa], Ser. B Marian Smoluchowski. Erinnerungen an die Zeit vor 40 Jahren: **4** ('58) 95–107 [poln.].

Nature [London] Thermal conductivity of powders: **164** ('49) 589. — Prof. C. Białobrzeski†: **173** ('54) 16.

Physica On the unorthodox versions of the LeChatelier-Braun principle: **16** ('50) 795–804.

Postępy Fizyki Tadeusz Godlewski (1878–1921): **8** ('57) 613–21 [poln.].

Roczn. Chem. Über die Leitfähigkeit der Lösungen einiger Stoffe in geschmolzenem Antimonchlorid[3]): **14** ('34) 14–18 [poln.].

Roczn. polsk. Towarz. nauk. na Obczyźnie Form und Inhalt in der Sicht der Naturforscher: **1950/1951** ('51) 24–26. — Leonardo da Vinci als Naturforscher: 29 f. — Über die Grundbedeutung des Prinzips von LeChatelier-Braun: **1953/1954** ('54) 64–71. — — Alle Arbeiten poln.

Scientia Sur une définition générale de l'équilibre et la stabilité: **84** ('49) 118–29. — La nature de la chaleur et ses analogies possibles: **88** ('53) 1–7.

Ferner als Manuskript gedruckt: „Optyka dla lotnikow" [Vorlesungen über Optik für Flieger] (Warszawa '34) und „A system of energetics" (London '52) 24 S. — Außerdem mehrere Veröffentlichungen über Hochgebirgstouristik einschl. spezieller Wanderhefte; Herausgeber der Bergsteiger-Zeitschrift „Taternik".

Mit: [1]) Z. Bodnar; [2]) K. Projekt; [3]) A. Żebrowska.

VI **KLÍMA,** Josef. Math. — 1927– Prof., Tschechische Techn. Hochsch., Brno.

*1887, März 8, Vranov;

†1943, Sept. 30.

Nekr. L. Seifert, Čas. Pěst. Mat. a Fysiky **71** ('46) D35–D42 (m. Bildn. u. Schr.verz. 36 Nrn.).

Zur Biogr. J. Klapka, Výroční Zpráva, Moravskoslezská Akad. Věd přírodn. **21** ('49) 46–48. — R., Čas. Pěst. Mat. a Fysiky **71** ('46) D100.

W. Deskriptivní geometrie [Darstellende Geometrie] (m. F. Kadeřávek, J. Kounovský) **1** (Praha '29) 420 S., ²('46), ³('50, '54) 432 S.; **2** ('32), Nachdruck ('54) 3 + 560 S. — — Außerdem zahlreiche Schulbücher über Darstellende Geometrie und Geometrisches Zeichnen.

Čas. Pěst. Mat. a Fysiky Sur quelques applications de la parabole de Steiner-Pelz: **61** ('32) 236–41. — Sur la détermination de l'angle de deux plans dans l'espace à quatre dimensions et sur quelques problèmes qui s'y rattachent: **62** ('33) 132–39. — Sur les courbes et les surfaces engendrées par les droites joignant les couples de points correspondants sur deux courbes en homographie: **63** ('34) 236–46. — Sur une représentation de l'espace réglé sur l'ensemble des paires de points dans le plan: **64** ('35) 194. — A propos de la méthodique de la géométrie descriptive: 250, D33–D38. — Sur une surface gauche dont une partie est topologiquement équivalente à la feuille de Möbius: **65** ('36) 211–16. — Sur une représentation linéaire spéciale de l'espace des droites par la variété des couples de points dans un plan: **67** ('38) 114–31. — — Alle Arbeiten tschech. m. französ. Zusammenfassg.

Práce Moravské přírod. Společnosti Síťové, středové a síťové a dvojsíťové promítání: **14** ('42) Nr. 6.

Sborn. vysoké Školy techn. v Brně La géométrie descriptive de l'espace à quatre dimensions: **12** ('38) Nr. 44, 22 S. [tschech. m. französ. Zusammenfassg.].

Věstn. král. české Spol. Nauk O jistém pohybu proměnné soustavy rovinné: **1944**, Nr. 5, 5 S.

Zeměměřičský Věstn. Grafické řešení prostorového zpětného protínání: **35** ('36).

V, VI **KLINE,** John Robert. Math. — 1920–28 Assist. Prof., '28–55 Prof., '40–54 Chairman of the Departm. of Math.,

Univ. of Pennsylvania, Philadelphia, Pa.; Visiting Prof.: '49 Univ. of Colorado, Boulder, Colo. and '52–53 Univ. Tübingen, Germany; '41–51 Secretary, Amer. Math. Soc. — '34 Hon. D. Sc. (Muhlenberg College, Allentown, Pa.).

*1891, Dez. 7, Quakertown, Pa.;

†1955, Mai 2, Swarthmore, Pa.

Bildn. Scientific Monthly 48 ('39) 90.

Zur Biogr. Bull. amer. math. Soc. **46** ('40) 189, 193. — The national cyclopaedia of American biography **45** (NewYork '62) 270 f. (m. Bildn.).

American math. Monthly What is the Jordan curve theorem?: **49** ('42) 281–86.

Science [USA] Summer meeting of the American Mathematical Society: **80** ('34) 528 f.

V, VI **KLING,** André. Chem. (analyt., industr.). — 1911–41 Dir., Labor. Municipal de Chimie, Paris; '11– Prés., Commission Technique permanente d'Electricité des Théâtres; '32– Prés., Commission de Protect., contre les Gaz, des Populations passives (Secrétariat de la Défense passive, Préfecture de Police); '22–23 Vice-Prés., Soc. chim. France; Vice-Prés., Soc. Chim. industr. — '04, '05 Prix Cahours, '04 Médaille Berthelot, '15 Prix Montyon, '27 Prix Jecker (Acad. Sci. Paris); '06 Prix de Chim. org. (Soc. chim. France); '15 Médaille d'Honneur en Or (Ministère de l'Intérieur); '21 Officier de l'Instruction Publique; '33 Médaille d'Or d'Hygiène Publique; plusieurs distinctions honorifiques étrangères.

*1872, Mai 26, Lille;

†1947, Aug. 8, Paris.

Nekr. A. Lassieur, Chimie analyt. **29** ('47) 195 f. — Nature [London] **161** ('48) 87.

Zur Biobibliogr. André Kling, Titres et travaux scientifiques (Paris '34) 46 S.

H. Méthodes actuelles d'expertises employées au Laboratoire municipal de Paris et documents sur les matières relatives à l'alimentation (Paris '21 ff.).

S. Trabajos IX Congreso internacional de química pura y aplicada, Madrid 1934 **7** (Madrid '36) 239–47: Einfluß der Fettbestandteile der Mehle auf deren Backfähigkeit[7])[4]) [ ].

Annales Falsificat. et Fraudes Méthode rapide pour la détermination de l'extrait sec des végétaux[8])[3]): **29** ('36) 70–76. — Etudes concernant les tomates et leurs produits de conserve[3]): 273–79. — Au sujet du dosage de l'acide tartrique à l'état de racémate de chaux: 409–11. — La maturité des tomates: **31** ('38) 24–26.

Bull. Acad. Méd. La stérilisation des eaux d'alimentation domestique par l'argent métallique: **107** ('32) 830–39. — Rôle que peuvent jouer les boissons acides et alcooliquse dans la prophylaxie de la fièvre typhoïde[5]): **110** ('33) 310–22. — Contribution à l'étude d'un mécanisme (chimique) suivant lequel les gaz de guerre, dits „suffocants", agissent sur le tissu pulmonaire, pour provoquer l'œdème aigu du poumon, 1: **116** ('36) 465–75; ~ 2: **117** ('37) 735–41. — La protection, contre l'oxyde de carbone, des occupants d'abris souterrains aménagés en vue de la défense passive: **116** ('36) 870–75. — Méthodes nouvelles permettant de contrôler les conditions de salubrité de l'air dans les espaces confinés: **118** ('37) 763–70. — Méthode générale et rationnelle de détection des gaz de guerre: **119** ('38) 75–82. — Dosage rapide de l'oxygène dans les atmosphères: 178–82. — Les huiles légères de goudron de houille constituent un facteur étiologique du cancer primitif du poumon[20])[9]): 439–43. — Le goudronnage des routes et chaussées, facteur étiologique possible du cancer primitif du poumon[20])[9]): **120** ('38) 130–43. — Des rapports éventuels entre le goudronnage des routes et chaussées et la recrudescence de fréquence des cancers primitifs du poumon[20])[9]): **121** ('39) 784–91. — Saccharine et dulcine édulcorants succédanés de saccharose[1])[19]): **124** ('41) 99–114. — Nouvelles recherches relatives à la toxicité de l'édulcorant dit "dulcine" NH_2-CO-NH-C_6H_4-O-C_2H_5 [1])[19]): **125** ('41) 69–72. — Nécessité de réglementer la teneur en acide sulfureux des produits dits "concrètes de fruits"[15]): **128** ('44) 405–07.

Bull. Soc. chim. France Notice sur la vie et les travaux de Maurice Hanriot: (5) **2** ('35) 1753–76. — Sur la vie et l'œuvre de Auguste Trillat: **14** ('47) 1–7.

Bull. Soc. Encouragement Industrie nation. La prévention des incendies à bord des navires: **132** ('33) 573–.

Bull. Soc. sci. Hyg. aliment. et Alimentat. ration. Homme Contribution à l'étude de la valeur alimentaire des fruits de tomates[20]): **25** ('37) 355–60.

Chimie et Industrie Insecticides modernes. Genèse de la découverte du D.D.T. Etudes le concernant: **57** ('47) 22–30.

C. R. hebd. Séances Acad. Sci., Paris Sur la transformation des carbures acycliques saturés en carbures éthyléniques[13])[5]): **194** ('32) 1040–43. — Contribution à l'étude du pouvoir bactéricide de l'argent métallique vis-à-vis du bacille typhique et du colibacille: 1402–04. —

Action des acides étendus sur la phénylimino-quinone-diazide[21]): 1585–87. — Sur l'inflammation accidentelle des vapeurs d'essences par les étincelles électriques[22]): **195** ('32) 1024–26. — Contribution à l'étude des processus chimiques intervenant pour produire l'œdème aigu de poumons ayant subi le contact de certains gaz agressifs qui furent utilisés comme armes chimiques de guerre: **197** ('33) 1782–84. — Le rôle joué par la matière grasse contenue dans les farines[7])[4]): **198** ('34) 389–91. — Sur la conductibilité électrique de l'eau[11]): **201** ('35) 203 f. — Substitution possible, pour l'analyse de divers produits naturels végétaux ou de leurs dérivés, de la détermination du carbone total à celle de leur extrait sec[8])[3]): 298–300. — Quelques dérivés fournis par action, sur le cholestérol, du phosgène, des chloroformiates et carbonate de méthyle chlorés[18]): 782–84. — Méthode rapide de détection des gaz de combat[18]): 1373–75. — Méthode rapide pour apprécier le taux de gaz carbonique dans les atmosphères gazeuses[18]): **202** ('36) 318–20. — Méthode simple pour apprécier le taux d'oxyde de carbone dans une atmosphère[18])[2]): 1178–80. — Influence exercée par la vitamine D, et par certains carbures cancérigènes, sur les valeurs prises par le coefficient d'hydrophilie des lipides[12]): 1535–38. — Dosage rapide de l'oxygène dans les atmosphères gazeuses[2]): **203** ('36) 319–21. — Influence exercée par deux vésicants de guerre, et par leurs produits d'hydrolyse, sur les valeurs des tensions interfaciales des lipides vis-à-vis du sérum physiologique, ainsi que sur selles de leur hydrophilie[12]): 1544–46. — Cancers primitifs du poumon provoqués chez les souris par les huiles légères du gaudron de houille[20])[9]): **206** ('38) 1268–70. — Contribution à l'étude du mécanisme suivant lequel le sulfure d'éthyle dichloré (ypérite) agit sur les cellules vivantes[6])[17]): **208** ('39) 1679–81. — Méthode optique permettant d'évaluer approximativement le taux en benzopyrène des goudrons[9]): 2075–77. — L'estimation des taux de benzopyrène dans les goudrons et dans les produits obtenus par distillation fractionnée[9]): **212** ('41) 348–50. — Action des ultrasons sur l'eau[10]): **223** ('46) 33 f. — Action des ultrasons sur les hydrocarbures halogénés en milieu aqueux[10]): 1131–33.

Documentat. sci. Mesures de conductivité et de pH[11]): **4** ('35) 225–29.

Gaz Combat Comment les gaz suffocants agissent sur le parenchyme pulmonaire: **2** ('36) 45–50.

Génie civil Méthode rapide de détection des gaz de combat[18]): **108** ('37) 43–. — Méthode rapide pour apprécier le taux de gaz carbonique dans les atmosphères[18]): 139–.

Industrie électr. Sur la conductibilité électrique de l'eau[11]): **44** ('36) 522.

J. Méd. Paris Contribution à l'étude de la valeur alimentaire des fruits de tomates[20]): **58** ('38) 178–.

Parfumerie Herstellung von Fettsäuren aus Paraffinen: **1** ('43) 185–88, 213–16 [französ.].

Peintures, Pigments, Vernis Über den antiseptischen Wert von Anstrichmitteln aus chlorierten und nichtchlorierten Phenolderivaten[16]): **9** ('32) 14–16 [französ.].

Presse méd. Maurice Hanriot: **41** ('33) 1723 f. — Le péril oxycarbonique créé par les circonstances actuelles: **51** ('43) 106 f.

Proc. int. Conf. bituminous Coal The role of catalysts in hydrogenation cracking[5]): **2** ('32) 28–34 [ ].

Revue Combustibles liquides Die Verwendung von Heizöl in der Bäckerei[23]): **15** ('37) 291–94 [französ.].

Revue Hyg. et Méd. prévent. Les principaux facteurs de pollution de l'air des villes: **60** ('38) 444–53.

Revue pétrolifère Die Verunreinigung der Luft durch Dieselmotore[14]): No. **768** ('38) 49–55 [französ.].

Z. ges. Getreide-, Mühlen- u. Bäckereiwesen Die Rolle, die die in den Mehlen enthaltenen Fette spielen: **21** ('34) 106 f.

Mit: [1]) D. Bovet; [2]) M. Claraz; [3]) J. Demesse. [4]) F. Dubois; [5]) D. Florentin; [6]) P. de Fonbrune; [7]) J. Froidevaux; [8]) E. Gelin; [9]) M. Heros; [10]) R. Kling; [11]) A. Lassieur; [12]) G. Lecordier; [13]) C. Matignon; [14]) Maurin; [15]) M. Pichard; [16]) P. Portier, [17]) F. Raynal; [18]) M. Rouilly; [19]) I. Ruiz; [20]) N. Samsonov (Samssonow); [21]) R. Schmutz; [22]) A. Soulier; [23]) M. Tiffeneau;

VI **KLINGSTEDT,** Fredrik Woldemar. Chem. (org., physikal.). — Stud., 1908–16 Assist., Univ. Helsinki; '16–22 leitende Forschungstätigkeit in d. chem. Industrie in Finnland; '22–23 Assist., Univ. Zürich; '24–28 mit d. Wahrnehmung einer Professur f. org. Chem. beauftr., '25 Doz. (habil.), '27 Dr. phil., '28–32 Prof. allg. Chem., '31–47 Prof. Holzchem. u. chem. Technol., Akad. Åbo; '22–41 Lehrer an d. Höheren Schwedischen Landwirtschaftslehranst., Åbo; '32–44 Lehrer f. Chem., Lehrkurse f. Krankenschwestern, Åbo; '44–52 Forschungs- u. Beratungstätigkeit in d. Industrie.

*1881, Okt. 19, Katajisto, Tavastehus; †1964, Febr. 23, Lovisa.

Zum 80. Geb.tag Festschrift: Acta Acad. åboensis, Math. et Physica **22** ('60/62) 10 Nrn.; darin Biogr. v. H. Aspelund, A. Pensar, IX–XXIV (m. Bildn., Faks., Schr.verz. 84 Nrn.).

Zur Biogr. C. E. Sundman, Åbo akademis lärare och tjänstemän 1918–1968 (Åbo '68) 111 f. (m. Bildn.).

Nekr. H. Aspelund, Årsskr. Åbo Akad. 47.1962/1963 ('64) 86–91; Suomen Kemistiseuran Tiedonantoja **73** ('64) 29–34.

HZ. (Redakt.) Suomen Kemistiseuran Tiedonantoja 1916.

Acta Acad. åboensis, Math. et Physica Über basische Kalziumsalze und die Bildung von Chlorkalk [,1]: **6** ('32) Nr. 18, 20 S. [schwed.]; ~ 2: **9** ('36) Nr. 1, 29 S.

Acta Soc. Fauna et Flora fennica Über die Flora im nördlichen Tavastland [,1]: **72** ('55) Nr. 13, 21 S. [schwed.]; ~ 2: **74** ('56) Nr. 1, 7 S. [~].

Årsskr. Åbo Akad. Adolf Ossian Aschan†: **26/27**. 1942/1943 ('45) 279–83 [schwed.]. — Lennart Forsén†: 294–99 [~]. — Justus Elias Montell†: **38/41**.1954/1957 ('58) 154–59 [~].

Finska Läkaresällsk. Handl. Über die Physiologie des Krebsgewebes: **80** ('37) 682–88 [schwed.].

Förh., Svenska tekn. Vetenskapsakad. Finland Henrik Ramsay†: **13** ('53) 115–24 [schwed.].

Kotitalousopetus Bedeutung des Eiweißes für die Ernährung: **7** ('43) 62–65 [finn.].

Mercantile [Helsinki] Zur Frage einheimischen Motorbrennstoffs: **2** ('38) 2–4 [schwed.].

Papirjournalen Über die chemischen Ursachen der Harzschwierigkeiten: **26** ('38) 239–45 [schwed.].

Suomen Kemistilehti Über die Chemie der Sulfitkochung: **10A** ('37) 151–53 [finn.].

Suomen Kemistiseuran Tiedonantoja Johan Peter Klason†: **46** ('37) 90–96. — Über die Acidyle des Holzes: 97–117 [deutsch]. — Adolf Ossian Aschan†: **49** ('40) 99–108. — Über Virusstoffe und Virosen: **50** ('41) 13–23. — Lennart Forsén†: **53** ('44) 11–21. — Festrede auf der 60. Jahresversammlung der Finnischen Chemischen Gesellschaft am 11. Dezember 1951: **60** ('51) 37–41. — Professor A. E. Šandelin als Forscher und Techniker – einige Gedenkworte: **65** ('56) 6–16. — Bombenattentat als Kampfmittel: **66** ('57) 50–56. — — Alle Arbeiten schwed. außer **46** ('37) 97–117.

Suomen Paperi- ja Puutavaralehti Über die Wirkung von Alkalien und Säuren auf Holzzellulose: **15** ('33) 258–70, 328–32 [schwed.]. — Über die Wirkung der Abwässer von Zellulosefabriken auf den Fischbestand: 616–21 [~]. — Über die quantitative Bestimmung der Zellulosefurfurolzahl[1]): 682 f. [~]. — Über die Acidyle des Holzes: **19** ('37) 613–18, 648–54; **20** ('38) 104 f. — Johan Peter Klason†: **19** ('37) 806–10 [schwed.]. — Über die chemischen Ursachen der Harzschwierigkeiten: **20** ('38) Kongr.-Nr. 15a, 22–30 [~]. — Struktur und Reaktionen des Holzes: **22** ('40) 407–14 [~]. — Über die Nutzung der Sulfitabwässer: 441 f. [~]. — Untersuchung über Furnierholz[2]): **23** ('41) 340–44, 362–66 [schwed. m. deutscher Zusammenfassg.].

Svensk Papperstidn. Über die Zusammensetzung von Fichtenholz: **35** ('32) 750 f. — Zusammenhang zwischen Alkalilöslichkeit und Mahlungsgeschwindigkeit bei Sulfitzellstoff[3])[4]): **40** ('37) 412–16. — Über die chemischen Ursachen der Harzschwierigkeiten: **42** ('39) 27–36. — Pyrolyse von Harzsäure: **50** ('47) Nr. 11B, 127–29. — — Alle Arbeiten schwed.

Talouselämä Der Sulfitalkohol bietet viele Anwendungsmöglichkeiten. Die Herstellungskosten sind jedoch zu hoch: **11** ('48) 518 [finn.].

Tekniska Fören. i Finland Förh. Über die Struktur der Zellulosemizellen: **60** ('40) 219–26 [schwed.]. — Über Verunreinigungen in Generatorgasaggregaten: **61** ('41) 89–97 [~]. — Eigenschaften und Anwendungen der Kunstfaser: 260–66 [~].

Z. analyt. Chem. Die Bestimmung des Schwefelgehalts in organischen Stoffen: **112** ('38) 101–03.

Z. physik. Chem., Abt. B Ultraviolett-Absorptionsspektren einfacher Benzolderivate, 2: **20** ('33) 125–41.

Mit: [1]) H. Aspelund; [2]) E. Barkoff; [3]) E. Degerholm; [4]) G. Wigrén.

V, VI **KLOBOUČEK**, Josef. Math. — 1919–38 Prof., Tschech. Techn. Hochsch., Bauingenieur-Hochsch., Praha.
*1875, Jan. 22, Pardubice;
†1939, Apr. 18, Praha.

Nekr. F. V., Večerník narodních listů **79** ('39) Nr. 110, S. 2. — Čas. Pěst. Mat. a Fysiky **68**.1938/39 ('39) D174. — Nature [London] **143** ('39) 845.

V, VI **van KLOOSTER,** Hendrik Sjoerd. Chem. (physikal.). — 1926–55 Prof., Rensselaer Polytechn. Inst., Troy, N.Y.
*1884, Nov. 26, Groningen.

Zur Biogr. F. M. Jaeger, Chemisch Weekbl. **32** ('35) 562 f. (m. Bildn., Schr.verz.).

S. Proc. International symposium on the reactivity of solids, Gothenburg 1952, **2** (Gothenburg '54) 1095–100: Van't Hoff (1852–1911) in retrospect.

W. Inleiding tot de metaalkunde (Amsterdam '35) 188 S. (De wetenschappelijke bibliotheek, Rubriek Natuurkunde). — Laboratory manual of physical chemistry (m. A. W. Davison) [2](NewYork '35, London '36) 11 + 238 S.; 3. Aufl. m. A. W. Davison, W. H. Bauer [3](New York '41) 8 + 229 S.

Chymia [Philadelphia] The beginnings of laboratory instruction in chemistry in the USA: **2** ('49) 1–15.

J. amer. chem. Soc. The binary system lead iodide – potassium iodide[9]): **55** ('33) 4121–23. — The ternary system KI–PbI_2–H_2O at 0° and 25°[1]): **56** ('34) 591 f. — The binary system lead iodide – lead oxide[6]): **57** ('35) 670 f.

J. chem. Educat. Vapor pressure – vapor composition curves of ideal solutions of two volatile, consolute liquids: **9** ('32) 1455 f. — Simple phase-equilibrium experiment: **10** ('33) 438 f. — A simplified mixture calorimeter: **12** ('35) 285 f. — Le Chatelier and the synthesis of ammonia (a correction): **15** ('38) 289. — Amos Eaton as a chemist: 453–60. — Some illustrations of the reactions between solids: **17** ('40) 361–63. — Geometric interpretation of the method of intercepts: **18** ('41) 283 f. — Hugo Rudolph Kruyt: **19** ('42) 165. — Lavoisier, bicentenary exhibition in Paris: **23** ('46) 210–12. — William Pitt Mason[2]): **24** ('47) 210–13. — Jan Baptist van Helmont: 319. — Bunsen, Berthelot and Perkin: **28** ('51) 359–63. — Johan Frederik Eykman, a physical chemist: 616–18. — Jan Ingenhousz: **29** ('52) 353–55. — Van't Hoff (1852–1911) in retrospect: 376–79. — Hilmar Johannes Backer: **31** ('54) 156 f. — F. E. C. Scheffer: 210 f. — Bakhuis Roozeboom and the phase rule: 594–97. — Emile Clapeyron (1799–1864): **33** ('56) 299. — Liebig and his American pupils: 493–97. — Herman Boerhaave: 546 f. — Story of Liebig's Annalen der Chemie: **34** ('57) 27–30. — Three centuries Rochelle salt: **36** ('59) 314–18. — J. J. van Laar, pioneer of chemical thermodynamics: **39** ('62) 74–76.

J. physic. Chem. The flocculation of the stannic oxide sols[7]): **40** ('36) 591–97. — The system acetic acid – triethylamine[4]): **49** ('45) 67–70.

Metals and Alloys Single crystals of the intermediate compound antimony-tin[3]): **4** ('33) Nr. 2, 23 f. — Rapid etching of cementite in steels[8]): **6** ('35) 57 f. — Magnesium silicide in 85-15 brass[5]): **7** ('36) 135–39.

Rensselaer polytechn. Inst. Bull., Engng. and Sci. Ser. Amos Eaton as a chemist: Nr. **56** ('38) 17 S. — Azariah Thomas Lincoln, scientist-educator: Nr. **65** ('51) 1–8.

Science Counselor How scientific discoveries are made: **10** ('47) 81–84, 101 f.

Mit: [1]) P. A. Balon; [2]) J. B. Cloke; [3]) M. O. Debacher; [4]) W. A. Douglas; [5]) J. E. Harris, jr.; [6]) R. M. Owens; [7]) A. Petrovich; [8]) W. J. Schaefer; [9]) E. I. Stearns.

VI **KLOOSTERMAN,** Hendrik Douwe. Math. — 1930–47 Lektor, '47–68 Prof., Rijksuniv. te Leiden; Gastprof.: Univ. of Michigan, Ann Arbor, Mich.; Univ. of Notre Dame, Ind. — '48–50 Vorsitzender, Wiskundig Genootschap.

*1900, Apr. 9, Rottevalle, Friesland; †1968, Mai 6, Leiden.

Nekr. F. van der Blij, N. G. de Bruijn, Nieuw Arch. Wiskunde (3) **16** ('68) 139–44. — J. P. Murre, Jaarb. Rijksuniv. Leiden **1968/1969**, 264 f. (m. Bildn.).

S. Proc. International congress of mathematicians, Cambridge, Mass., 1950, **1** (Providence, R. I. '52) 275–80: The characters of binary modulary congruence groups.

W. Waarde en waardeering der wiskunde [Wert und Bewertung der Mathematik. Rede bei der Annahme der Professur an der Reichsuniversität zu Leiden am 2. Mai 1947] (Groningen '47) 16 S. — Über Ableitungen und Differenzen (Amsterdam '48) 10 S. [niederländ., hektogr.] (Actual Mathematisch Centrum Amsterdam, ZW 1948).

Annals Math. The behaviour of general theta functions under the modular group and the characters of binary modular congruence groups, 1: (2) **47** ('46) 317–75; ~ 2: 376–447.

Duke math. J. Derivatives and finite differences: **17** ('50) 169–86.

Euclides [Groningen] Geschichte der Idealtheorie: **10** ('34) 110–24 [niederländ.]. — Zerlegungen: **21** ('46) 67–77 [~].

J. London math. Soc. On the convergence of series summable (C, r) and on the magnitude of the derivatives of a function of a real variable: **15** ('40) 91–96.

Mathematica [Zutphen] Die komplexen ganzen Zahlen von Gauss, 1: **1** ('32) 53–61; ~ 2: 125–34, 190–96; **2** ('33) 6–13. — In memoriam Prof. Dr. J. C. Kluyver: **1** ('32) 196 f. — — Alle Arbeiten niederländ.

Mathematica [Zutphen], A Der Lehrsatz von d'Alembert: **3** ('35) 115–22 [niederländ.].

Mathematica [Zutphen], B Endliche Abelsche Gruppen mit Anwendungen auf die Zahlentheorie: **2** ('34) 220–31; **3** ('34) 24–31, 118–22, 186–90; **4** ('35) 117–22, 155–65. — Über die Umkehrung einiger Grenzwertsätze: **8** ('39) 1–11. — — Alle Arbeiten niederländ.

Mathematische Ann. Simultane Darstellung zweier ganzen Zahlen als einer Summe von ganzen Zahlen und deren Quadratsumme: **118** ('41/43) 319–64. — Das Verhalten der Dedekindschen Funktion $\eta(\tau)$ unter Modulsubstitutionen: **150** ('63) 130–35.

Mathematische Z. Limitierungsumkehrsätze mit Lückenbedingungen für das C-Verfahren: **46** ('40) 375–79.

Physica Energy distribution between the products of the transmutation of boron atoms[2]) [1]): **1** ('34) 705–14.

Proc., Koninkl. nederl. Akad. Wet. On the singular series in Waring's problem and in the problem of the representation of integers as a sum of powers of primes: **42** ('39) 167–72. — Tauberian theorems for Cesàro-summability of double series: **43** ('40) 215–23. — The law of quadratic reciprocity: **68** ('65) 163 f.
Mit: [1]) F. J. Belinfante; [2]) A. D. Fokker.

V, VI **KLOPSTEG,** Paul Ernest. Physik. — 1921–30 Dir., '30–44 Pres., Central Scientific Company, Chicago, Ill.; '31–41 Member of the Board of Governors, '41–48 Chairman, Amer. Inst. Physics; '40–41 Deputy Chief of Instruments Sect., '41–45 Chief of Physics, Special Devices Divis., Nation. Defense Research Committee; '44–54 Dir. of Research, Northwestern Technological Inst., and Prof. Appl. Sci., '54 Prof. Emer., Northwestern Univ., Chicago, Ill.; '45–55 Chairman, '55–58 Member of Prosthetics Research Board, Committee on Artificial Limbs, Nation. Research Council; '51–58 Assoc. Dir., '55–62 Special Consultant, Nation. Science Foundat.; '59 Pres., Amer. Assoc. for the Advancem. of Sci.; '58–60 Chairman, Committee Atmospher. Sci., Nation. Acad. Sci., Nation. Research Council; '30 Founder, '53 Pres., Assoc. of Physics Teachers. — '42 Hon. Sc. D. (Northwestern Univ., Chicago, Ill.); '48 Hon. Sc. D. (Wesleyan Univ., Middletown, Conn.). — '40 Modern Pioneers Award (Nation. Assoc. Manufacturers); '48 Presidential Medal for Merit (President of USA).

*1889, Mai 30, Henderson, Minn.

Zur Biogr. Nature [London] **168** ('51) 724. — G. R. Harrison, Science [USA] **127** ('58) 395 f. (m. Bildn.).

MH. Human limbs and their substitutes; presenting results of engineering and medical studies of the human extremities and application of the data to the design and fitting of artificial limbs and to the care and training of amputees (Washington, D. C. '54; New York '55, '58); darin eig. Beitr.: The amputee and the problem.

S. Encyclopaedia Britannica. A new survey of universal knowledge 2 (Chicago–London–Toronto ... '65) 292–96: Archery[1]); **22** ('65) 924–35: Vacuum, management of the vacuum system[2])[5]); 935 f.: High-vacuum, commercial applications[4]).

W. Turkish archery and the composite bow: a review of an old chapter in the chronicles of archery and a modern addendum (Evanston, Ill. '34) 104 S.; [2](Glenview, Ill. '47) 6 + 187 S. — Archery, the technical side (m. C. N. Hickman, F. Nagler) (Redlanda, Calif. '47) 281 S.

American Physics Teacher Physics in relation to medicine[3])[6]): **2** ('34) 48–55.

American J. Physics Floyd Karker Richtmyer, 1881–1939: **8** ('40) 74–79. — Physics of bows and arrows: **11** ('43) 175–92. — Technological research in the university: **14** ('46) 165–73. — Presentation of the Oersted Award to Professor Vernet Eller Eaton: **23** ('55) 321 f.

Annual Rep. Board Regents Smithsonian Instn. Bows and arrows: A chapter in the evolution of archery in America: **1962** ('63) 567–92.

Geophysics Physics in America and the American Institute of Physics: **22** ('57) 2–8, 168.

Publ., Nation. Acad. Sci., Nation. Res. Council Instrumentation in biomedical research: **472** ('56) 14 f.

Review sci. Instruments The work of the War Policy Committee of the American Institute of Physics: **14** ('43) Nr. 8, 236–41. — Instrumentology and instrumentation: **22** ('51) 216.

Science [USA] Achilles de Khotinsky [Obituary]: **77** ('33) 382 f. — Photoelectric "colorimeters": **88** ('38) 336. — Alan T. Waterman: **135** ('62) 526–28.

Trans. amer. geophysic. Union Meteorology on the move: **42** ('61) Nr. 1, 3 f.
Mit: [1]) J. W. Anderson; [2]) E. N. da C. Andrade; [3]) W. J. A. Bliss; [4]) R. St. Morse; [5]) H. M. Sullivan; [6]) H. B. Williams.

III–VI **KLUG,** Lipót (Leopold). Math. — 1897–1917 Prof., Univ. Cluj; '17–44 im Ruhestand in Budapest lebend.

*1854, Jan. 23, Gyöngyös;
†1944, Budapest.

Zum 90. Geb.tag F. Zigány, Matematikai és fizik. Lapok **50** ('43) 205–22 (m. Schr.verz.).

Matematikai és fizik. Lapok Die Schmiegungskreise der Kegelschnitte: **47** ('40) 27–33 [ungar. m. deutscher Zusammenfassg.]. — Konjugierte Kegelschnitt-Tripel und ihre speziellen Fälle: **48** ('41) 144–61 [ungar. m. deutscher Zusammenfassg.].

Matematikai és term. Értesítő Desmische Vierecke: **48** ('32) 257–315. — Neue Eigenschaften der Involution: **49** ('33) 16–31. — Erweiterungen der Desarguesschen Konfiguration: **51** ('34) 70–133. — Beiträge zur Kenntnis der Struktur des Polarraumes: 134–98. — Projektionen von Kegelschnitten und von Flächen zweiter Ordnung in besonderen

Fällen: 199–218. — Über Tetraeder, deren Kanten eine Kugel berühren: **61** ('42) 23–35. — — Alle Arbeiten ungar. m. deutscher Zusammenfassg.

Mathematische u. naturwiss. Ber. Ungarn Verallgemeinerung einiger Sätze über Kegelschnitte und Flächen zweiter Ordnung: **38**. 1931 ('32) 53–79.

Ferner Aufgaben und Lösungen von Aufgaben in verschiedenen mathematischen Fachzeitschriften (1903–1943).

VI **KLUYVER,** Albert Jan. Mikrobiol. — 1921–56 Prof., '48–49 Rektor, Techn. Hochsch. Delft; '47–54 Präs. d. Abt. Naturwiss., Königl. Niederländ. Akad. d. Wiss. — '32 Hon. D. Sc. (Iowa State College, Ames, Ia.); '53 Dr. h. c. (Univ. de Louvain); '54 Hon. D. Sc. (Rutgers Univ., New Brunswick, N.J.); '55 Dr. techn. h. c. (Eidgenöss. Techn. Hochsch. Zürich). — '46 Emil-Christian-Hansen-Goldmedaille (Dänische Naturwiss. Ges., København); '53 Copley Medal (Roy. Soc. London); '54 Ehrenmedaille (Stadt Delft). (⊠)

*1888, Juni 3, Breda;

†1956, Mai 14, Delft.

Zur Biogr. E. D. Adrian, Proc. roy. Soc. London, Ser. A **221** ('54) 143. — A. Colt, Elseviers Weekbl. **1953**, 21. Nov. — G. van Iterson, jr., C. B. van Niel., T. Y. Kingma Boltjes, Chemisch Weekbl. **36** ('39) 307–23 (m. Bildn., Schr.verz. 86 Nrn.). — C. B. van Niel, The Delft school and the rise of general microbiology: Bacteriological Rev. **13** ('49) 161–74. — Nature [London] **169** ('52) 821; **172** ('53) 1021.

Nekr. Dupaix-Lasseur, Bull. Assoc. Diplômés Microbiol. Fac. Pharm. Nancy **64** ('56) 49 f. — A. B. G. Grever, Conserva **4** ('56) 358 f. — J. C. Hoogerheide, International Bull. bacteriol. Nomenclature and Taxonomy: **6** ('56) 129–31. — H. L. Jensen, Brygmesteren **13** ('56) 198–200. — T. Y. Kingma Boltjes, W. Verhoeven, Chemisch Weekbl. **52** ('56) 661–65 (m. Schr.verz.); T. Y. Kingma Boltjes, E. C. Wassink, Enzymologia **18** ('57) 3–6 (m. Bildn.). — T. Y. Kingma Boltjes, Vakbl. Biol. **36** ('56) 121–23. — V. J. Koningsberger, Acta bot. neerland. **5** ('56) 215–17. — D. A. A. Mossel, J. appl. Bacteriol. **19** ('56) 183 f. — C. B. van Niel, Antonie van Leeuwenhoek **22** ('56) 209–17; Bacteriological News **22** ('56) Nr. 3, 2–; Jaarb. koninkl. nederl. Akad. Wet. **1956/57** ('57) 231–37 (m. Bildn.); J. gen. Microbiol. **16** ('57) 499–521; Nature [London] **178** ('56) 14 f.; Science [USA] **124** ('56) 308. — G. Pontieri, Giorn. Microbiol. **1** ('55/56) 337 f. — A. van Rossem, Ingenieur ['s Gravenhage] **27** ('56) 335 f.; T.N.O.-Nieuws **11** ('56) 253 f. — T. O. Wikén, International Bull. bacteriol. Nomenclature and Taxonomy **6** ('56) 133–37; Schweizerische Z. allg. Pathol. u. Bakteriol. **19** ('56) 82–87. — M. W. Woerdeman, Versl. gewone Vergad. Afd. Natuurkunde, Koninkl. nederl. Akad. Wet. **65** ('56) 57–60. — D. D. Woods, Biographical Mem. Fellows roy. Soc. **3** ('57) 109–28 (m. Bildn., Faks., Schr.verz.). — Mededelingen vlaamse chem. Verenig. **18** ('56) 62–65.

Zur Biobibliogr. Albert Jan Kluyver. His life and work. Biographical memoranda, selected papers, bibliography and addenda (A. F. Kamp, J. W. M. La Rivière, W. Verhoeven) (Amsterdam '59) 15 + 567 S. (m. Bildn., Faks., Schr.verz.).

H. K. L. van Schouwenburg, E. C. Wassink, Het chemisme der ademhaling [2](Amsterdam '37).

S. Proc. 6. Internationaal botanisch Congres, Amsterdam 1935, **2** (Leiden '35) 273 f.: Die gegenseitigen Beziehungen zwischen dem Oxydationszustande in den Zellen und den Stoffwechselvorgängen. — Report of Proc. 2nd International congress for microbiology, London 1936 (R. St. John-Brooks) (London '37) 459–61: Intermediate carbohydrates metabolism of micro-organisms. — ~ 3rd ~, New York 1939 (New York '40) 73–86: Microbial metabolism and its significance to the microbiologist; 227 f.: A new type of bacterial pigment[8]). — ~ 4th ~, Copenhagen 1947 (København '49) 541 f.: Studies on methane fermentation[22]). — Atti VI Congresso internazionale di microbiologia, Roma 1953, Suppl.: Symposium Metabolismo microbico (Roma '53) 71–91: Some aspects of nitrate reduction. — Verzamelde geschriften van M. W. Beijerinck **6**, [Anhang:] Martinus Willem Beijerinck, his life and his work ('s Gravenhage '40) 97–154: Beijerinck, the microbiologist; 184–89: Ansprache zu Beijerincks Goldenem Doktorjubiläum 1927 [niederländ.]. — Leerboek der algemeene plantkunde, **2**: Physiologie en erfelijkheid (V. J. Koningsberger) (Amsterdam '42) 198–389: Der Stoffwechsel der pflanzlichen Zelle[29]) [niederländ.]. — Conférences et Communications. Congrès international des industries de fermentation (Gand '47) 13–30: Recent developments of our insight into fermentation. — Congrès des sciences pastoriennes pour le cinquantenaire de la mort de Louis Pasteur, Paris 1946 (Paris '48) 94–113: Les fermentations. — Eerste Nederlandse systematische encyclopaedie **6**: Biologie, anthropologie, geneeskunde en farmacie (Amsterdam '49) 18–27: Microbiologie. — Nicolaas Beets en Rembert Dodoens. Hulde op 16 en 17 October 1953 (Bruxelles '54) 70–78: Ansprache [niederländ.]. — Perspectives and horizons in microbiology (S. A. Waksman) (New Brunswick, N. J. '55) 213–20: From Dutch settlements to the Rutgers Institute of Microbiology.

W. Krachten der microbenwereld. Rede uitgesproken op de 107de gedenkdag der Technischen Hogeschool, 8 Jan. 1949 ([Delft] '49) 28 S. – Homo militans (Haarlem '49) 37 S. (Haarlemse voordrachten, 8). – The microbe's contribution to biology (m. C. B. van Niel) (Cambridge, Mass. '56) 182 S. (Harvard Univ., John M. Prather lectures, 1954).

Angewandte Chem. Mikrobenstoffwechsel und allgemeine Biologie: **46** ('33) 716.

Annales Brasserie et Distillerie Quelques remarques sur la classification des levures: **30** ('32) 230–34, 241–45.

Annual Rev. Biochem. Bacterial metabolism: **5** ('36) 539–60.

Antonie van Leeuwenhoek Die Welt der Mikroben, früher, jetzt und in Zukunft: **3** ('36) 110–33 [niederländ.]. – The suitability of disaccharides as respiration and assimilation substrates for yeasts which do not ferment these sugars[6]): **6** ('40) 121–62. – Some observations on the metabolism of bacteria oxidizing molecular hydrogen[14]): **8** ('42) 71–85. – Three decades progress in microbiology: **13** ('47) 1–20. – The determination of microorganisms in air[26]): **16** ('50) 299–310. – Some observations on air filtration[26]): 311–24. – The formation and consumption of lactobionic and maltobionic acids by Pseudomonas species[13])[20]): **17** ('51) 1–14. – The production of homogentisic acid out of phenylacetic acid by Aspergillus niger [30]): 315–24. – In memoriam Hendrik Christoffel Jacobsen. Obituary notice: **18** ('52) 167–70. – Studies on true dissimilatory nitrate reduction, 2: The mechanism of denitrification[25]): **20** ('54) 241–62; ~ 4: On adaptation in Micrococcus denitrificans[25]): 337–58.

Archiv Mikrobiol. Über Azotobacter agilis Beijerinck[19]): **4** ('33) 280–300; ~[4]): **7** ('36) 261–63.

Archives Biochem. On the fermentation of carbon monoxide by pure cultures of methane bacteria[22]): **14** ('47) 57–70.

Archives Rubber Cultivat. An attempt to produce more uniformly vulcanizing natural rubber by a bacterial treatment of latex[11]): **31** ('54) 277–95.

Bacteriological Proc. Pseudomonas aureofaciens nov. spec. and its pigments: **1956,** 53 [oder 33 ?].

Bergcultures G. van Iterson, jr., ein Vierteljahrhundert Hochschullehrer: **6** ('32) 1226–34 [niederländ.].

Biochemische Z. Zur Nomenklatur der an der alkoholischen Gärung beteiligten Katalysatoren[23]): **244** ('32) 366–69. – Über die Vergärung der Trehalose[21]): **245** ('32) 13–24. – Zur Methodik der Schimmelstoffwechseluntersuchung[18]): **266** ('33) 68–81. – Über die Bedingungen der Kojisäurebildung durch Aspergillus flavus Link[18]): 82–95. – Über die Beziehungen zwischen den Stoffwechselvorgängen der Mikroorganismen und dem Oxydoreduktionspotential im Medium, 1: Versuche mit denitrifizierenden Bakterien[31]) [7]): **270** ('34) 317–40; ~ 2: Versuche mit Hefearten[9]): **272** ('34) 197–214.

Chemisch Weekbl. G. van Iterson, jr., ein Vierteljahrhundert Hochschullehrer: **29** ('32) 542–52. – Neuere Untersuchungen über den Chemismus der Atmung: **31** ('34) 295–308. – Laktosevergärende Hefesorten: **32** ('35) 568. – Die mikrobiologischen Grundlagen der Nahrungsmittelkonservierung: **38** ('41) 383–95. – Einige interessante Resultate bei der Anwendung von Isotopen in der Stoffwechseluntersuchung: **43** ('47) 164–71, 180–84. – Einführung in die Biokatalyse und ihre Probleme: **47** ('51) 925–33. – – Alle Arbeiten niederländ.

Chemistry and Industry Microbial metabolism and its industrial implications: **1952,** 136–45.

C.R. hebd. Séances Acad. Sci., Paris L'influence de l'oxygène sur la fermentation alcoolique[9]): **196** ('33) 443–45.

Enzymologia Beziehungen zwischen den Stoffwechselvorgängen von Hefen und Milchsäurebakterien und dem Redox-Potential im Medium[9]): **1** ('36) 1–21. – Über die Vergärung von Rhamnose[22]): **4** ('37) 7–12. – On the pigment of Pseudomonas beijerinckii Hof[8])[3]): **7** ('39) 257–72.

Ergebn. Enzymforsch. Die bakteriellen Zuckervergärungen: **4** ('35) 230–73.

Gids Rede auf der Lorentz-Gedenkfeier am 31. Januar 1953: **116** ('53) 160–64 [niederländ.].

Handelingen nederl. natuur- en geneeskund. Congr. 's Levens nevels: **26** ('37) 82–106. – Isotopenanwendung in der Biologie: **30** ('47) 95–97 [niederländ.].

Ingenieur ['s Gravenhage] Rede zum hundertjährigen Jubiläum des Königlichen Ingenieur-Instituts: **59 A** ('47) 329–31 [niederländ.].

J. Bacteriol. Pseudomonas aureofaciens nov. spec. and its pigments: **72** ('56) 406–11.

J. Soc. chem. Industry, Trans. Some remarks on the metabolism of the lactic acid bacteria and on their rôle in butter making: **52** ('33) 367–73.

Jaarb. koninkl. nederl. Akad. Wet. Rede in der Sitzung vom 27. Oktober 1951 aus Anlaß der Gründung der Königlichen Akademie der Wissenschaften am 26. Oktober 1851: **1951/52** ('52) 80–97 [niederländ.]. – Biographie von Sergei Nikolaevitch Winogradsky (1. September 1856 – 24. Februar 1953): **1952/53** ('53) 315–20. – Mikrobe und Leben: **1954/55** ('55) 225–52. – Biographie von Sir Alexander Fleming (6. August 1881 – 11. März 1955): 262–74. – – Alle Arbeiten niederländ.

Jaarb. techn. Hogeschool Delft Kräfte der Mikrobenwelt: **1949**, 5–26 [niederländ.].

Mededelingen vlaamse chem. Verenig. Neue Entwicklungen unserer Anschauungen über die Gärung: **9** ('47) 265–78 [niederländ.].

Nature [London] Role, organisation and maintenance of collections of living microorganisms: **157** ('45) 360–.

Naturens Verden Three decades progress in microbiology: **30** ('46) 161– [ ].

Natuurkundige Voordrachten Die Chemie des Lebens: **13** ('35) 49–59 [niederländ.]. – Über Ultramikrobiologie: **17** ('39) 1– [~].

Natuurwetenschappelijk Tijdschr. Beijerinck und die Isolierung von Bacterium radicicola: **19** ('37) 37–40 [niederländ.].

Nederlandsch Tijdschr. Hyg., Microbiol. en Serol. Eine merkwürdige Gärungsbakterie: Lindners Thermobacterium mobile[10]): **6** ('32) 54–61 [niederländ.].

News Rep., Nation. Acad. Sci., Nation. Res. Council An aspect of the promotion of science: **3** ('53) 33–38.

Pharmaceutisch Weekbl. Die mikrobiologischen Grundlagen der Nahrungsmittelkonservierung: **78** ('41) 778–812 [niederländ.].

Proc., Koninkl. (nederl.) Akad. Wet. Amsterdam On some physiological artefacts[1]): **35** ('32) 370–78. – On the influence of monoiodo acetic acid on the respiration and the fermentation of yeast[9]): **36** ('33) 596–605. – On the presumed suitability of maltose as a respiration substrate for non-maltose fermenting yeasts[9]): 605–09. – Some remarks on the reduction intensity of living cells[9]): **39** ('36) 298–305. – On the production of acetylmethylcarbinol by Bacterium coli[15]): **42** ('39) 118–24. – The effect of radiation on light emission by luminous bacteria, 1[12])[5]): **45** ('42) 886–94; ~ 2[12])[5]): 962–67.

Proc. nation. Acad. Sci. USA Pulcherrimin, the pigment of Candida pulcherrima[28])[24]): **39** ('53) 583–93.

Proc. roy. Soc. London, Ser. B Leeuwenhoek lecture: The changing appraisal of the microbe: **141** ('53) 147–61.

Recueil Trav. chim. Pays-Bas On the oxidation of glucose by Acetobacter suboxydans[3]): **57** ('38) 609–15. – Note on the biochemical preparation of inosose[3]): **58** ('39) 956–58.

Revue gén. Caoutchouc Étude sur la préparation d'un caoutchouc naturel à vulcanisation plus uniforme par un traitement bactérien du latex[11]): **31** ('54) 717–23.

Science [USA] Microbial metabolism and its bearing on the cancer problem: **76** ('32) 527–32.

Scientific Monthly A tribute to Rutgers University and the State of New Jersey: **79** ('54) 359–62.

Suomalaisen Tiedeakatemian Toimituksia, Sarja A II Some observations on the nitrogen fixing bacteria of the genus Beijerinckia Derx. [2]): **60** ('55) 367–80.

Suomen Kemistilehti Die Kohlensäure im Stoffwechsel der Lebewesen: **12** ('39) 81–88 [ ].

T.H.-Mededelingen [Delft] Delft und die Biologie: **3** ('55) Nr. 2, S. 2– [niederländ.].

Tijdschr. algemeene techn. Vereen. Beetwortelsuikerfabrikanten en Raffinadeurs „Flatsour"-Bakterien und Konserven: **30** ('34) 26–28 [niederländ.].

Versl. gewone Vergad. Afd. Natuurkunde, Koninkl. Akad. Wet. Die vermeintliche Unabhängigkeit der chemischen Grundlagen von Atmung und Gärung[9]): **42** ('33) 72–74 [niederländ.]. – Ein neuer Typ Bakterienfarbstoff[8]): **48** ('39) 44–46 [~]. – Der Biolumineszenzprozeß der Leuchtbakterien[12])[5]): **51** ('42) 50f. [~].

Zbl. Bakteriol., Parasitenkunde u. Infektionskrankheiten, Abt. II Prospects for a natural system of classification of bacteria[16]): **94** ('36) 369–403. – Notiz über den Erreger der Warmwasserflachsröste in Holland[17]): **101** ('39) 257–61.

Mit: [1]) J. K. Baars; [2]) J. H. Becking; [3]) A. G. J. Boezaardt; [4]) M. T. van den Bout; [5]) A. van der Burg; [6]) M. Th. J. Custers; [7]) J. W. van Dalfsen; [8]) T. Hof; [9]) J. C. Hoogerheide; [10]) W. J. Hoppenbrouwers; [11]) E. H. Houwink; [12]) G. J. M. van der Kerk; [13]) J. de Ley; [14]) A. Manten; [15]) E. L. Molt; [16]) C. B. van Niel; [17]) A. D. Orla-Jensen; [18]) L. H. C. Perquin; [19]) W. J. van Reenen; [20]) A. Rijven; [21]) F. L. W. van Roosmalen; [22]) Ch. G. T. P. Schnellen; [23]) A. A. Stheeman; [24]) A. J. van Triet; [25]) W. Verhoeven; [26]) J. Visser; [27]) –; [28]) J. P. van der Walt; [29]) E. C. Wassink; [30]) J. C. M. van Zijp; [31]) B. Elema.

VI **KNAPP,** Oszkár. Technol. – 1923–59 Wiss. Mitarbeiter, Vereinigte Glühlampen- u. Elektrizitäts-A.G., Ujpest; '48–59 Leiter d. Fachgruppe Glas, Wiss. Ges. f. Baustoffe in Ungarn, Budapest; '61 Dr. techn. (Polytechn. Univ. Budapest).

*1892, Jan. 9, Budapest;

†1970, Nov. 14, Budapest.

S. Proc. 6th Conference on the silicate industry, Budapest 1961 (B. Beke, F. Tamás)

(Budapest '63) 215–20: Connection between hold temperature and hold time in glass annealing. – Üveg, kerámia és percelán [Glas, Keramik und Porzellan], Budapest 1967 (Budapest '67): Architektur und Glas [ungar. m. deutscher, engl. u. russ. Zusammenfassg.]. – Üvegipari Napok 1 [1. Glasindustrie-Tagung], Budapest 1966 (Budapest '68): Die Möglichkeiten zur Anwendung von Glasfasern [ungar.]. – Szilikátipari Konferencia 10 [10. Konferenz der Silikatindustrie] Budapest 1970 (Budapest '70): Die Struktur des Natriumsilikat-Glases [ungar.].

W. Az üveg [Das Glas] (Budapest '40) 14 S. (A kémia és vivmányai). – Az iparban használatos fémes anyagok (Anyagismeret, 2) [In der Industrie verwendete metallische Stoffe (Materialkunde, 2)] (Budapest '50) 103 S. (Népszava müszaki könyvtára. Vas- és fémipari sorozat). – Az iparban használatos nemfémes anyagok (~ 3) [In der Industrie verwendete nichtmetallische Stoffe (~ 3)] (Budapest '50) 148 S. (~). – Általános müszaki segédkönyv [Allgemeines technisches Hilfsbuch] (Budapest '50) 196 S.; [2]('51); [3]('57) 237 S. – Amit az üvegről tutnunk kell [Was man über das Glas wissen soll] (Budapest '51) 59 S. (Természettudományos kiskönyvtár, 79). – A porcelán [Das Porzellan] (Budapest '54) 56 S. (~ 107). – Az üvegek számított fizikai és kémiai tulajdonságai [Berechnete physikalische und chemische Eigenschaften der Gläser] (Budapest '51) 74 S.; Neudr.: ('52), ('53), ('54) (Mérnöki Továbbképző Intézet előadássorozatából, Éa. 3 [1727]). – Az üvegmegmunkáló ipar gázégőinek elvi kérdései, megoldások, egységesítési lehetőségek [Die Gasbrenner der Glasbearbeitungsindustrie: Grundprobleme, Lösungen, Standardisierungsmöglichkeiten] (m. László Bánki) (Budapest '54) 80 S. (~ 2506). – Követelmények a vacuumtechnikában alkalmazott üvegekkel szemben [Anforderungen an die Gläser in der Vakuumtechnik] (Budapest '54) 72 S. (~ 2822). – Üvegszáltextiliák és üvegszálbetétes müanyagok [Glasfasertextilien und Kunststoffe mit Glasfaserverstärkung] (Budapest '59) 84 S.; Nachdruck ('61) (~ 3723). – Épitészet és épitőkerámia [Architektur und Baukeramik] (Budapest '61) 81 S. (~ 3866). – Üveges testek fizikája [Physik glasartiger Körper] (Budapest '61) 111 S. (~ 3929). – Üvegszerkezetek és készülékek a vegyiparban [Glaskonstruktionen und Apparate in der chemischen Industrie] (Budapest '63) 29 S. (~ 4240). – Épitészet és üveg (Budapest '60) 180 S.; deutsch: Architektur und Bauglas in Vergangenheit und Gegenwart (Halle/S. '58) 173 S., [2](Berlin '62) 185 S. – Die Beleuchtungsgläser (Budapest '63) 159 S. – Aus der Welt des Glases (Leipzig '63) 179 S. (Polytechnische Bibliothek). – Aktuelle Glasfragen (Coburg '64) 214 S. (Silikat-Fachbuchreihe). – Szilikátüvegek kristályosodása [Kristallisation der Silikatgläser] (Budapest '64) 92 S. (Szilikátkémiai monográfiák, 6); engl.: Devitrification of silicate glasses (Budapest '65) 92 S. – Vákuumtechnikai üvegek [Vakuumtechnische Gläser] (Budapest '65) 127 S. (Az elektronikai ipar technológiái). – Glasfasern (Budapest '66) 233 S. – Építészet és kerámia [Architektur und Keramik] (m. Gy. Bretz) (Budapest '68) 218 S.

Acta techn. Acad. Sci. hungar. The devitrification behaviour of glasses used in vacuum technics: **8** ('54) 67–78 [m. deutscher u. französ. Zusammenfassg.]. – The devitrification behaviour of some borosilicate glasses: **28** ('60) 111–20 [m. deutscher, französ. u. russ. Zusammenfassg.]. – Ausdehnung und Struktur der Natronkalkgläser: **44** ('63) 195–204 [m. engl., französ. u. russ. Zusammenfassg.]. – Vergleich der Dreipunkt- und Zweipunktgleichung zur Berechnung des Zähigkeits–Temperatur-Verlaufes der Silikatgläser: **60** ('68) 307–14 [~]. – Beitrag zur Anomalie der Borsäure in Silikatgläsern: **65** ('69) 399–409 [m. engl. u. russ. Zusammenfassg.].

Anyag Die Entwicklung der Glasindustrie in den letzten zehn Jahren: **2** ('48) 64–66 [ungar.].

Csomagolástechn. Das Verpackungsglas: **6** ('61) 163–73 [ungar.].

Elektrotechnika [Budapest] Die elektrischen Eigenschaften der Gläser: **41** ('49) 176–83 [ungar.]. – Das Glas bei der Herstellung und Anwendung von Widerständen und Kondensatoren: **51** ('58) 503–06 [ungar.].

Élet és Tudomány „Keramik" aus Glas: **20** ('65) 1748–51 [ungar.].

Energia és Atomtechn. Die Rolle des Glases in der Forschung und bei der Ausnützung der Atomenergie: **11** ('58) 647–49 [ungar.]. – Lage der Wärmewirtschaft und Instrumentation im Silikathüttenwesen: **15** ('62) 414–16 [ungar.].

Építőanyag Die Möglichkeiten der Befriedigung des Wannenbedarfs für die Glasindustrie durch inländische Fabrikation: **1** ('49) Nr. 5/6, 20–22. – Färbung der Gläser mit Vanadiumsalzen: Nr. 9/10, 9f. – Die Sulfatschmelze im Spiegel der sowjetischen Fachliteratur: **2** ('50) 113–15. – Tafelglas mit Hohlräumen[1]): 143f. – Untersuchung der Bruchsicherheit von Flaschen mittels Druckproben: **3** ('51) 107–09. – Betriebskontrolle in Ziegeleien: 182–90. – Kühlung des Glases[3])[4]): **4** ('52) 121–27. – Die rechnerische Bestimmung der Eigenschaften von Emaillen und Glasuren: 231–37. – Halbmikrobestimmung des SiO_2-Gehaltes des Glases: **5** ('53) 258f. – Die Molekularstruktur des Glases auf Grund der Theorie der „höchsten Silikate": 420–22. – Zusammenhang von Viskosität und Temperatur bei

Silikatgläsern: **6** ('54) 198–203. – Die Bestimmung der Viskosität von Glasschmelzen: **7** ('55) 37–40. – Messen der Oberflächenspannung von Gläsern und Email²): 231–34. – Methoden der Qualitätskontrolle in der Glasbehältererzeugung: 311–17. – Bestimmung der Abkühlungsbedingungen von Gläsern auf rechnerischem Wege²): 397–400. – Vorschau auf künftige Verwendungsgebiete des Glases: **9** ('57) 94–97. – Die Viskositätsisothermen des Alkalisilikatglases: 310–13. – Neue Glasarten und -erzeugnisse: **10** ('58) 165–70. – Untersuchung der Kristallisationsverhältnisse industrieller Gläser: 239–49. – Die Berechnung der Viskosität der Alkali- und Erdalkalisilikatgläser auf Grund der Glaszusammensetzung: **11** ('59) 393–96. – Vitrokeramik: **12** ('60) 324–28. – Über den Stand der Gemischbereitung: **13** ('61) 26–30. – Moderne Ölbrenner: 309–14. – Gußwannensteine: **14** ('62) 347f. – Zusammenhang zwischen Zeitdauer und Temperatur des Temperungsabschnittes bei der Glaskühlung: 404–06. – Die Anwendung von Glas bei Atomkraftwerken: **15** ('63) 260–66. – Anwendung von Glasfaserprodukten im Bauwesen: **17** ('65) 19–26. – Struktur der Glasfaser: 250f. – Farbglas-Symposium in Jablonec: 470–73. – Halbleitende Gläser: **18** ('66) 342f. – Ein strahlender Rekuperator: **19** ('67) 77–79. – Anwendungsmöglichkeiten für die Glasfasern: 306–09. – Farbige Gläser und ihre Anwendungen: **20** ('68) 321–27. – Zusammenhang zwischen dielektrischer Verlustkonstante, Brechungsindex und Dichte der Silikatgläser: **21** ('69) 214–16. – Die Eigenschaften der Beleuchtungsgläser, 1: 471–76; ~ 2: **22** ('70) 18–25. – Neue Glassorten und vervollkommnete Herstellungsverfahren: 361–69. – – Alle Arbeiten ungar.

Glas-Email-Keramo-Techn. Die Überwachung der Hohlglaserzeugung: **15** ('64) 1–6. – Blasenbildung in der Glasschmelze bei der Berührung mit Stahl oder Kieselglas: **16** ('65) 41f. – Anwendung von Glaserzeugnissen in der chemischen Industrie: 180–83, 222–26. – Bericht vom Symposium über Farbglas in Jablonec nad Nisou [Tschechoslowakei] vom 17.–20. Aug. 1965: 425–27. – Beitrag zur Struktur der Natronkalkgläser: **17** ('66) 176–80. – Berechnung der Viskosität ternärer Silikatgläser aus der Zusammensetzung: **18** ('67) 52–56. – Herstellung von Mikroskop-Deckgläsern: 421–24. – Ablassen und Entfernen des Wanneninhalts einer Glasschmelzwanne nach Beendigung der Wannenreise: **19** ('68) 391–95. – Brikettieren und Granulieren des Glasgemenges: **20** ('69) 166–69.

Glas im Raum Über die Herstellung der spätrömischen Diatret-Gläser: **3** ('55) 8–11.

Glashütte Fortschritte der Glasindustrie 1931: **62** ('32) 22–24, 394f., 505f., 642f., 897–99; **63** ('33) 109–11; ~ 1932: 675f., 831–33; ~ 1933: **64** ('34) 315f., 463–65, 775–77; **65** ('35) 79–82. – Stand der Wannenströmungsforschungen: **64** ('34) 599–602. – Beurteilung der Qualität des Generatorgases: **65** ('35) 561–64. – Die Überwachung der beim Glasschmelzen verwendeten Thermoelemente: **66** ('36) 652–54. – Die technischen Borsäuregläser: **67** ('37) 495–99. – Die Ultraviolettdurchlässigkeit von gezogenen Flachgläsern: **68** ('38) 202–04. – Erwiderung zu der Arbeit: „Die Ultraviolettdurchlässigkeit von gezogenen Flachgläsern" von Dr. Čtyroky und Fanderlik: 473f. – Die brenntechnischen Eigenschaften des Gaserzeugergases: 553–56, 579f. – Die Phosphatgläser: 778–81, 794–97. – Die Bestimmung des Schlackenkohlegehaltes: **76** ('50) 106f.

Glass Technical boric oxide glasses: **14** ('37) 368–70. – Phosphate glasses: **15** ('38) 487–90.

Glass Industry Optical glasses: **19** ('38) 465–68, 471. – Alkali-free glasses: **21** ('40) 115f. – Testing the chemical resistancy of ampoules: **22** ('41) 17–19, 32. – German war efforts in replacing glass raw materials: **28** ('47) 413f. – Devitrification behaviour of glasses used in vacuum techniques: **36** ('55) 262–64, 284f. – Silicate glasses: Crystallization and composition: **43** ('62) 125–30.

Glastechnische Ber. Einfluß der Spannung auf die Biegefestigkeit des Glases: **10** ('32) 644–47. – Bestimmung der Viskositäts–Temperatur-Kurve aus zwei festen Punkten: **31** ('58) 94f. – Berechnung der Zähigkeit von Alkali- und Alkalikalkgläsern aus ihrer Zusammensetzung: **33** ('60) 338f. – Berechnung der Viskositäts–Temperatur-Kurve des Glases durch eine Zweipunkt-Methode: **38** ('65) 314.

J. Soc. chem. Industry, Japan, Suppl. Binding Solubility of lead glasses in relation to their alkali content: **35** ('32) 520B–522B.

J. Soc. Glass Technol. Calculation of the refractivity of glasses: **24** ('40) 37–40.

Kémikusok Lapja Determination of the C content of coal slag: **4** ('43) 12–14 [ungar.].

Keramische Rdsch. u. Kunstkeram. Diatreten und ihre Herstellungsweise: **40** ('32) 116–. – Kontrolle der Kühlung des Tafelglases: 204f. – Berechnung der Arbeitsfähigkeit von Gläsern: 425–27. – Vorausberechnung der Volumina von Natron–Bor–Kieselsäure-Gläsern: 659–62, 673–75. – Die chemischen Umschmelzungen beim Schmelzen der Soda-Erdalkali-Gläser: **41** ('33) 280–82, 298f., 310–12. – Über den Schmelzvorgang der Soda-Erdalkali-Gläser: 471–73. – Die chemische Reaktion des Salpeters im Verlaufe der Glasbildung: **43** ('35) 227–29. – Die Konstitution der Silikatgläser auf Grund der Biltz-Weibkeschen Hypothese: 423f. – Die Lumineszenzgläser: **44** ('36) 363–65. – Die ägyptischen „Nummi vitrei" des Mittelalters:

45 ('37) 384f. – Die Prüfung von Glasampullen: 589f., 600–03. – Über Molvolumina von Gläsern: **46** ('38) 231–34.

Magyar Építöipar Glas in der Architektur: **12** ('63) 289–92 [ungar.]. – Zeitgemäße Dichtungsmaterialien für Flachglas: **18** ('69) 527–30 [ungar.]. – Das Fenster und der Lärm: **19** ('70) 685f. [ungar.].

Magyar Híradástechn. Vakuumtechnische Gläser und ihre Eigenschaften: **3** ('52) 161–69 [ungar.].

Híradástechnika Eigenschaften der für elektronische Anwendung geeigneten Gläser: **16** ('65) 313–16 [ungar.]. – Die Anwendung von Glasfasern in der Fernmeldetechnik: **19** ('68) 75–78 [ungar.].

Magyar Kémikusok Lapja Neuere Kenntnisse über die Flamme: **2** ('47) 53–59. – Die Glasherstellung in Ungarn: 365–71. – Möglichkeiten für die Produktion optischer Gläser in Ungarn: **3** ('48) 169–74. – Synthetischer Glimmer: **12** ('57) 215f. – Drehbank für Glasbearbeitung: **13** ('58) 279–81. – – Alle Arbeiten ungar.

Magyar Mérnök- és Épitész-Egylet Közlönye Bestimmung des Heizwertes ungarischer Braunkohlen: **74** ('40) 97f. [ungar.].

Magyar Techn. Entwicklung der Glasindustrie in den letzten zehn Jahren: **3** ('48) Nr. 8, 74–76 [ungar.].

Magyar tudományos Akad. kém. Tudományok Osztályának Közleményei Bericht über neuere Erkenntnisse bezüglich der Struktur des Glases: **19** ('63) 259–66 [ungar.].

Magyar tudományos Akad. müszaki Tudományok Osztályának Közleményei Die Berechnung der Viskosität des Silikatglases: **15** ('55) 449–59. – Die Aktivierungsenergie der Viskosität des Silikatglases: **21** ('57) 51–59. – Netzverzierte Gläser und das Problem ihrer Herstellung: **31** ('62) 301–09. – Die Temperatur–Viskositäts-Funktion des Silikatglases: **39** ('67) 339–50. – – Alle Arbeiten ungar.

Muzsika Musikinstrumente aus Glas: **1** ('58) Nr. 11, 34f. [ungar.].

Silikat-Technik Eigenschaften und Einteilung der vakuumtechnischen Gläser: **5** ('54) 51–54. – Über die Herstellung der spätrömischen Diatret-Gläser: 378–81. – Die chemische Zusammensetzung der vakuumtechnischen Gläser: **6** ('55) 99–104. – Die Entstehung der Kristalle in Silikatgläsern: **8** ('57) 231f. – Die Lötgläser: **9** ('58) 153–55. – Kristallisationsvermögen und Zusammensetzung der Silikatgläser: **10** ('59) 405–08. – Verfahren zur Bestimmung der chemischen Widerstandsfähigkeit der Hohlgläser: **11** ('60) 149f. – Über die Herstellung von Fernsehkolben: 404–07. – Der Stand der Gemengehomogenisierung: **12** ('61) 67–70. – Identifizierung von Steinchen im Glas und ihre Entstehungsmöglichkeiten: **14** ('63) 75–77. – Struktur des Glasfadens: **16** ('65) 281–83. – Berechnung der Zähigkeits-Temperatur-Kurve des Glases nach dem Zweipunktverfahren: 314. – Symposium über Farbglas in Jablonec: **17** ('66) 96–98. – Berechnung der Viskositäts-Temperatur-Kurve des Glases aus festen Punkten: 139. – Farbige Opalgläser: 389f. – Zusammensetzung und Bruchsicherheit innendruckbeanspruchter Flaschen: **18** ('67) 358f. – Färbungsmittel und Farbgemenge für Silikatgläser: **19** ('68) 83–86.

Sklář a Keramik Lineare Abhängigkeit zwischen Temperatur und Viskosität bei Silikatgläsern: **5** ('55) 100–02 [tschech.].

Sprechsaal Keramik, Glas, Email Zusammenhang zwischen den lichttechnischen Eigenschaften und der chemischen Zusammensetzung der fluoridgetrübten Natron–Kalk-Kieselsäuregläser: **65** ('32) 707f. – Die Enteisenung des Sandes mit Chloriden: **66** ('33) 215–18. – Berechnung der Dichte der Silikatgläser aus der Oxidzusammensetzung: **101** ('68) 133–35.

Szkło i Ceramika Ausdehnung und Struktur von Soda–Kalk-Gläsern: **15** ('64) 240–43 [poln.].

Technikai Kurir Gläser spezieller Zusammensetzung: **8** ('37) 18–20 [ungar.]. – Optische Gläser: **9** ('38) 44–46 [ungar.]. – Untersuchung eines mittelalterlichen Nummus vitreus: 67 [ungar.].

Természettudomány Das Glas im Dienste des Arztes: **1** ('46) 106–12 [ungar.]. – Trocknung durch Wärmestrahlung: **3** ('48) 55–60 [ungar.].

Természettudományi Közlöny Einige neue Forschungsergebnisse in der Glasindustrie: [N.S.] **3** ('59) 73–75 [ungar.]. – Einige Ergebnisse der Forschungsarbeit in der keramischen Industrie: **6** ('62) 559–61 [ungar.].

Ziegelindustrie Zähigkeits-Isothermen der Alkalisilikatgläser: **11** ('58) 724f.

Mit: [1]) P. Gunszt; [2]) G. Katona; [3]) Gy. Korányi; [4]) J. Schlisz.

VI **KNASTER,** Bronisław. Math. – 1926–39 Doz., Univ. Warszawa; '39–41, '44–45 Prof., Univ. Lwów; '45–70 ord. Prof. u. Leiter d. Lehrstuhls f. Geometrie, Univ. Wrocław; '45– Prof., Math. Inst., Poln. Akad. Wiss. – Dr. h. c. (Med. Akad., Wrocław). – Mehrere staatl. Ehrenkreuze u. Orden.

*1893, Mai 22, Warszawa.

Zur Biogr. A. Lelek, Roczn. polsk. Towarz. mat., Ser. 2: Wiadomości mat. **11** ('69) 81–86 (m. Bildn.). – E. Marczewski, ibid. 86–91. – R. Sikorski, ibid. 91–93.

MH. Monografje matematyczne 1 (Warszawa '32) ff. – Biblioteka matematyczna 1 (Warszawa '53) ff. – Zygmunt Janiszewski: Œuvres choisies (Warszawa '62); darin eig. Beitr. 5–13: Zygmunt Janiszewski (1888–1920).

HZ. (Redakt.) Prace wrocławsk. Towarz. nauk., Ser. B 1946–1969. – Sprawozd. wrocławsk. Towarz. nauk., B 1946–1967.

MHZ. Colloquium math. [Polonia] 1 ('48) ff. – C. R. Soc. Sci. et Lettres Wrocław 1.1946 ('52) – 10.1955 ('64). – Fundamenta Math. [Warszawa] 36 ('49)–.

S. Verhandlungen des internationalen Mathematiker-Kongresses, Zürich 1932, 2 (Zürich–Leipzig '33) 193f.: Ein Zerlegungssatz über unikohärente Kontinua.

Annales Soc. polon. Math. Un théorème sur la compactification: **25** ('52) 252–67.

Bull. Acad. polon. Sci., Cl. III Sur la fixation des décompositions: **4** ('56) 193–96.

Čas. Pěst. Mat. a Fysiky Rapport sur la théorie des continus indécomposables: **62** ('33) 310–37 [tschech. m. französ. Zusammenfassg.]. – Über die Anwendungen der mathematischen Logik auf die Mathematik: **76** ('51) 3–22 [tschech.].

Colloquium math. [Polonia] Sur une équivalence pour les fonctions: **2** ('51) 1–4. – Points-limites et points de continuité[6][11]): **3** ('54) 164–69. – Un théorème sur les décompositions semicontinues: **4** ('56) 137. – Sur certaines bases dans les cubes à n dimensions: 138. – Sur les décompositions d'ensembles connexes[4][7]): **6** ('58) 227–46. – Kazimierz Zarankiewicz (2. V. 1902 – 5. IX. 1959)[1][2][7][9]): **12** ('64) 277–88.

C. R. Soc. Sci. et Lettres Wrocław Sur le partage pragmatique[10]): **2** ('47) No. 1, 1–13.

Fundamenta Math. [Warszawa] Sur un problème concernant les transformations continues[5]): **21** ('33) 85–90. – Un continu irréductible à décomposition continue en tranches: **25** ('35) 568–77. – Sur un problème de P. Alexandroff: **33** ('45) 308–13. – Sur la caractérisation topologique de l'ensemble des bouts d'une courbe[8]): **40** ('53) 13–28. – Un lemme sur les F_σ [8]): 172–79. – Notion d'homogénéité et prolongements des homéomorphies[8]): 180–93. – Sur les espaces complets séparables de dimension 0[11]): 194–202. – Coutures et tapis[4]): **45** ('57) 186–99. – Division des régions partielles par les frontières et des frontières par les points[6]): 306–13.

Matematičeskij Sborn. Sur une propriété caractéristique de l'ensemble des nombres réels: (N.S.) **16** ('45) 281–90 [m. russ. Zusammenfassg.]. – Sur les coupures biconnexes des espaces euclidiens de dimension n > 1 arbitraire: **19** ('46) 9–18.

Monatsh. Math. u. Physik Über rationale Kurven ohne Bögen: **42** ('35) 37–44.

Prace mat. Samuel Dickstein zum Gedenken: **1** ('55) 5–8 [poln.].

Proc., Koninkl. Akad. Wet. Amsterdam Ein Einbettungssatz über henkelfreie Kontinua[3]): **36** ('33) 557–60.

Roczn. polsk. Towarz. mat., Ser. 1: Prace mat. Une décomposition effective du carré en deux ensembles denses, ponctiformes, connexes et localement connexes: **14** ('70) 19–23.

Roczn. polsk. Towarz. mat., Ser. 2: Wiadomości mat. Zygmunt Janiszewski zum 40. Todestag: (2) **4** ('60) 1–9 [poln.]. – Kasimierz Zarankiewicz, 2. V. 1902 – 5. IX. 1959[1][2][7][9]): **9** ('67) 175–85 [poln.].

Sprawozd. wrocławsk. Towarz. nauk. Eduard Čech (1893–1960): **15**.1960 ('62) 6–13 [poln.].

Mit: [1]) S. Bergman; [2]) R. Duda; [3]) W. Hurewicz; [4]) A. Lelek; [5]) S. Mazurkiewicz; [6]) J. Mioduszewski; [7]) J. Mycielski; [8]) M. Reichbach; [9]) A. Schinzel; [10]) H. Steinhaus; [11]) K. Urbanik.

VI **KNAVE** [in VI: **BENGTSSON KNAVE**], Ernst Anton. Physik. – 1932–60 Doz., Stockholms Högskola; '33–63 Lektor, Sveaplans Gymnasium; '48–49 Vorsitzender des Dozentenvereins, Stockholm; '49–64 Vorsitzender des Vereins f. math.-naturwiss. Unterricht; '49–53 Vorsitzender des Reichsverbandes der Lehrer im Distrikt Stockholm.

*1895, Juli 3, Hälsingborg.

S. Verhandelingen, op 25 Mei 1935 aangeboden aan P. Zeeman ('s Gravenhage '35) 148–56: Isotopie-Effekte in den Bandenspektren der Hydride und Deutride, besonders AgH/AgD [1]).

Nova Acta regiae Soc. Sci. upsaliensis Über die Bandenspektren einiger Metallhydride: (4) **8** ('32) Nr. 4, 98 S.

Außerdem viele physikal. Lehrbücher für Grundschulen, Einheits- und Realschulen und Realgymnasien z. T. mit Gunnar Almkvist u. anderen Autoren, mit fortlaufenden Neudrucken bis zur Jetztzeit.

Mit: [1]) E. Hulthén.

VI **KNEBELMAN,** Morris Samuel. Math. – 1929–39 Assist. Prof., Princeton Univ., Princeton, N. Y.; '39– Prof. and Head of the Departm. of Math., then Prof. Emer., State College of Washington, Pullman, Wash.; ca. '65 [?] Visiting Prof., Bucknell Univ., Lewisburg, Pa. (☒)

*1891, Nov. 26, Odessa [oder Nikolaev ?], Rußland.

W. Principles of college algebra (m. T. Y. Thomas) (New York '42) 10 + 380 S.

American math. Monthly The Wronskian for linear differential equations: **56** ('49) 252–54. – Symposium on calculus teaching: **59** ('52) 594–. – Cauchy's criterion for convergence of sequences[2]): **69** ('62) 52–.

Annals Math. Classification of Lie algebras: (2) **36** ('35) 46–56. – Invariant theory of homogeneous contact transformations[1]): **37** ('36) 747–65. – Contact transformations: **39** ('38) 507–15. – Spaces of relative parallelism: **53** ('51) 387–99.

Bull. amer. math. Soc. On the equations of motion in a Rieman space: **51** ('45) 682–85.

Proc. amer. math. Soc. Homothetic mappings of Rieman spaces: **9** ('58) 926f. – On homothetic mappings of Rieman spaces[3]): **12** ('61) 300–03.

Proc. nation. Acad. Sci. USA A canonical form for a set of vectors: **19** ('33) 691–96.

Mit: [1]) L. P. Eisenhart; [2]) W. J. Firey; [3]) K. Yano.

IV–VI **KNIPP,** Charles Tobias. Physik, Elektrotechn. – 1903–15 Assist. Prof., '15–17 Assoc. Prof., '17–37 Prof. exper. Electricity, '37 Prof. Emer., Univ. of Illinois, Urbana, Ill.; '20–21 Vice Pres., '21–22 Pres., Illinois State Acad. Sci.

*1869, Aug. 13, Napoleon, Henry County, O.;

†1948, Juli 6, Denton, Tex.

Erfindungen Simple alpha-ray track apparatus; Efficient mercury vapor vacuum pumps; Electrodeless electrical discharge; Cold-cathode rectifier; (m. H. A. Brown) Alkali-vapor detector tube for use in radio.

Nekr. W. E. Edington, Proc. Indiana Acad. Sci. **58** ('48) 27–29.

S. Physics for students of science and engineering (A. W. Duff) [8](Philadelphia, Pa. '37): Electricity and magnetism[1]).

American Physics Teacher Joint meeting of the college physics teachers of Illinois: **6** ('38) 166–.

American J. Physics Meeting of the Illinois Chapter: **10** ('42) 165–.

J. chem. Educat. Sir James Dewar's coconut charcoal[2])[5]): **16** ('39) 267–70.

Physical Rev. The recovery of activity after heating as revealed in a Wilson expansion chamber: (2) **45** ('34) 744f.

Proc. Indiana Acad. Sci. High vacuum and electrodeless discharge technique: **41** ('32) 409f. – A cold cathode rectifier: **46** ('36) 190f.

Review sci. Instruments An oxygen liquefier [4]): (N.S.) **6** ('35) 203f.

Science [USA] Joint meeting of college physics teachers at Urbana, Illinois: **88** ('38) 169f. – On the path of the firefly while periodically flashing: **89** ('39) 386f.

Trans. Illinois State Acad. Sci. Liquid oxygen: **26** ('33/34) 75. – A compact vacuum gauge for measuring pressures ranging from 0.2 mm down to 0.0001 mm of mercury: **27** ('34/35) 127f. – Renewed activity of radium bromide after heating: 128f. – Model of an electric cell, simulating ion and electron flow: 129f. – Cold-cathode rectifier: **29** ('36) 209f. – Entstehung der positiven Strahlen in einer Kathodenstrahlentladungsröhre mit Hohlkathode[3]): 211–13 [engl.].

Mit: [1]) A. P. Carman; [2]) H. B. Hass; [3]) J. E. Holcomb; [4]) C. R. March; [5]) A. R. Padgett.

VI **KNOX-SHAW,** Harold. Astron. – 1924–50 Radcliffe Observer, Radcliffe Observat., Oxford, since '38 Pretoria; '31–33 Pres., Roy. Astron. Soc.; '41–42 Pres., Astron. Soc. Southern Africa. – '17 Order of the Nile, 4th Class, '26 ~ 3rd Class; '56 David Gill Medal (Astron. Soc. Southern Africa).

*1885, Okt. 10, St. Leonards-on-Sea, Sussex;

†1970, Apr. 11, Elgin, Cape Prov., Südafrika.

Zur Biogr. Monthly Notes astron. Soc. South Africa **9** ('50) 23; **15** ('56) 53. – Nature [London] **129** ('32) 275; **166** ('50) 674; **178** ('56) 620. – Observatory **76** ('56) 203f.

Nekr. A. D. Thackeray, Monthly Notes astron. Soc. South Africa **29** ('70) 54f.; Quarterly J. roy. astron. Soc. **12** ('71).

S. Vistas in astronomy (A. Beer) **1** (J. atmospher. and terrestr. Physics. Suppl. 3) (London–New York '56) 144–49: The Radcliffe Observatory.

W. The observations of the Reverend Thomas Hornsby, made with the transit instrument and quadrant at the Radcliffe Observatory, Oxford, in the years 1774 to 1798 (m. J. Jackson, W. H. Robinson) (London '32) 145 S. – The Radcliffe catalogue of proper motions in the selected areas 1 to 115 (m. H. G. Scott Barrett) (London '34) 48 + 352 S. – The Radcliffe Observatory, Pretoria (London '50) 15 S.

Astronomische Nachr. Observations of variable stars in the selected areas 1–115: **253** ('34) 217–22.

Monthly Notes astron. Soc. South Africa Installation of the 74-inch mirror at the Radcliffe Observatory, Pretoria: **7** ('48) 52f.

Monthly Notices roy. astron. Soc. Address on the award of the Gold Medal of the Society to Dr. Robert Grant Aitken for his work on double stars: **92** ('32) 354–60. — Address on the distances and motions of the extragalactic nebulae: **93** ('33) 304–17, 474. — An analysis of the Radcliffe proper motions in the selected areas: **94** ('34) 399–406, 677; **95** ('35) 496. — Atmospheric conditions at the site for the Radcliffe Observatory near Pretoria[2]): 447–50. — The inclinations of spiral nebulae to the line of sight: **98** ('38) 587f. — E. G. Williams, 1905 Oct. 13 – 1940 May 31: **101** ('41) 141f. — Magnitudes and colours of O- and early B-type stars south of −35° declination[3]): **102** ('42) 226–36. — Radcliffe Observatory, Pretoria, 1939–44[3])[1]): **105** ('45) 179–88.

Observatory Apology to a blink microscope: **57** ('34) 382. — Spectrophotometric work in the southern hemisphere: **65** ('44) 173f. — News of astronomy at the Radcliffe Observatory: **72** ('52) 99.

Occasional Notes roy. astron. Soc. The new Radcliffe Observatory: Nr. **4** ('39) 45–52.

Proc. roy. Instn. Great Britain The observational evidence for the expansion of the universe: **27** ('32/33) 480–508.

Mit: [1]) R. O. Redman; [2]) W. H. Steavenson; [3]) E. G. Williams.

IV–VI **KNUDSEN,** Martin Hans Christian. Physik (Hydrogr.). — 1902–41 Prof., Polytekn. Læreanst. (Danmarks Tekn. Højskole), København; '12–41 Prof., '27–28 Rektor, Univ. København; '00–40 Leiter, Selskab for Naturlærens Udbredelse; '02–48 Dän. Delegierter, '33–48 Vizepräs., Internation. Council for the Explorat. of the Sea; '11–37 Vizepräs., Danmarks Naturvidenskab. Samfund; '23–30 Vizepräs., '30–36 Präs., Assoc. internation. d'Océanogr. physique; '23–34 Vizepräs., Union internat. de Physique pure et appliquée. — '18 Dr. phil. h. c. (Univ. Lund). — '16 H. C. Ørsted Medaille (Selskab for Naturlærens Udbredelse); '36 Agassiz Medal (Nation. Acad. Sci., Washington, D.C.).

*1871, Febr. 15, Hasmark, Fyn;
†1949, Mai 27, Gentofte.

Zur Biogr. Scientific Monthly **45** ('37) 87 (m. Bildn. S. 88).

Zum 70. Geb.tag N. Bohr, N. Bjerrum, P. O. Pedersen, V. Poulsen, E. Rasmussen, Selskabet for Naturlærens Udbredelse 1939–1940 (København '41) IIIf. — G. Schott, Annalen der Hydrogr. u. maritimen Meteorol. **69** ('41) 59f. (m. Bildn.). — Fysisk Tidsskr. **39** ('41) 1f.

Nekr. N. Bohr, E. H. Rasmussen, Fysisk Tidsskr. **47** ('49) 145–64 (m. Schr.verz.). — J. C. Jacobsen, Festskr. Københavns Univ. **1949**, 193–201 (m. Bildn., Faks.); Oversigt Selsk. Virksomhed, Kgl. danske Vid. Selsk. **1949/1950** ('50) 55–61. — N. Bohr, ibid. 61–65 (m. Bildn., Faks.).

H. (Redakt.) Hydrographical tables according to the measurings of Carl Forch, J. P. Jacobsen, Martin Knudsen and S. P. L. Sørensen. Reprint (København '48) 68 S.; (New York '62) 63 S.

HZ. Bull. hydrogr., Cons. perm. int. Explorat. Mer [København].

S. The Carlsberg Foundation's oceanographical expedition round the world 1928–1930..., Dana-Report **1** (København–London '34) 3–5: In memoriam Johannes Schmidt. — Fiskeriet i Danmark (H. Blegvad) **1** (København '46) 37–78: Havets naturlære; hydrografi med særligt hensyn til de danske farvande. — Naturforskeren Johannes Schmidt, hans liv og ekspeditioner, skildret af venner og medarbejdere (Ö. Winge, Å. V. Tåning) (København '47) 108–12: De internationale havundersøgelser.

W. Fysiske opgaver [Physikalische Aufgaben] [3](København '33) 54 S. — The kinetic theory of gases. Some modern aspects (London–Toronto '34) 7 + 64 S.; [3](New York '50) 7 + 64 S. (Methuen's monographs on physical subjects).

Fysisk Tidsskr. Über Symbole, Einheiten und Nomenklatur in der Physik: **30** ('32) 28–32 [dän.].

Oversigt kongel. danske Vid. Selsk. Virksomhed Andreas Collstrop †: **1933/1934** ('34) 73–76. — Peder Oluf Pedersen †: **1941/1942** ('42) 45–49. — Dan Barfod la Cour †: **1942/1943** ('43) 69–74. — Valdemar Poulsen †: 75–79.

Publ. sci. Assoc. Océanogr. physique Urnormal 1937, or Primary standard sea-water 1937. Report[1]): **7** ('40) 38 S.

Mit: [1]) J. P. Jacobsen.

VI **KOBAYASHI,** Iwao. Physik (math.). — 1907–10 Stud., Tokyo Univ.; '14–19 Prof., Kyushu Imperial Univ., Fukuoka; '19–48 Prof., '28 D. Sc., '48 Prof. Emer., Tôhoku Imperial Univ., Sendai; '48–65 Prof., '65– Non-regular Prof., Nihon Univ., Kôriyama. — First Order of Merit (Emperor of Japan).

*1886, Juni 9, Tokyo.

Zur Bibliogr. Collected papers of Doctor Iwao Kobayashi (Kôriyama '70) 245 S.

Science Rep. Tôhoku imp. Univ., Ser. I Nichtstationäre geradlinige Translationsbewegungen einer Kugel in einer reibenden Flüssigkeit: **21** ('32) 88–95. – Das elektrostatische Potential um zwei auf derselben Ebene liegende und sich nicht schneidende gleichgroße Kreisscheiben: **27** ('39) 365–91. – Über die Darstellung eines Potentials unter Mischgrenzbedingungen durch unstetige Funktionen: **46** ('63) 153–65. – Über die Darstellung eines elektrostatischen Potentials unter Mischbedingungen durch unstetige Funktionen: **48** ('65) 129–41.

VI **KOCH,** Fred Conrad. Biochem. – 1912–16 Assist. Prof. Physiol. Chem., '16–24 Assoc. Prof., '24–40 Prof., '40–41 Distinguished Service Prof. Biochem., '41 Prof. Emer., Univ. of Chicago, Chicago, Ill.; '42–48 Dir. Biochem. Research, Armour and Co., Chicago, Ill. – '42 E. R. Squibb Award (Amer. Assoc. for Study of Internal Secretions); '43 Annual Award (Chicago Chapter of Amer. Inst. of Chemists).

*1876, Mai 16, Chicago, Ill.;

†1948, Jan. 26, Chicago, Ill.

Zur Biogr. Chemical and Engng. News **24** ('46) 1500. – National Math. Mag. **16** ('41/42) 109.

Nekr. M. E. Hanke, Science [USA] **107** ('48) 671f. – T. L. McMeekin, Archives Biochem. **17** ('48) 207–09. – Chemical and Engng. News **26** ('48) 402f. (m. Bildn.). – School and Soc. **67** ('48) 105.

MH. Sex hormones (Lancaster, Pa. '42) (Biological symposia, 9).

MHZ. Archives Biochem. 1942–1948.

W. Practical methods in biochemistry (London–Baltimore, Md. '34) 7 + 282 S.; [2]('37); [3]('41); [4]('44); 5. u. 6. Aufl. m. M. E. Hanke [5]('48) 9 + 419 S.; [6](Baltimore '53, London '54) 9 + 537 S.; italien.: Metodi pratici in biochimica (m. M. E. Hanke) (Napoli '52) 16 + 488 S.

American J. med. Sci. Effect of liver extracts on erythropoiesis in chick embryo[15])[25]): **203** ('42) 843–48.

Annals intern. Med. Recent studies on the excretion of male sex hormones in man: **11** ('37) 297–301.

Annual Rev. Biochem. Hormones: **9** ('40) 327–52. – Steroids: **13** ('44) 263–94.

Bull. New York Acad. Med. The chemistry and biology of male sex hormones: (2) **14** ('38) 655–80.

Cancer Res. Extraction of a carcinogenic fraction from human urine[37])[39]): **1** ('41) 614–17. – Possible carcinogenicity of overcooked meats, heated cholesterol, acrolein and heated sesame oil[39])[37]): **3** ('43) 100–07.

Cold Spring Harbor Sympos. quantitat. Biol. Recent advances in the field of androgens: **5** ('37) 34–43.

Endocrinology Studies on the extraction of the testicular hormone from tissues and on its quantitative distribution therein[44]): **16** ('32) 267–72. – The testicular hormone content of human urine[44]): 273–77. – Biochemical studies on the male hormone as obtained from urine[12]): **18** ('34) 107–12. – The nature of the estrogenic substance in human male urine and bull testis[12])[9]): **19** ('35) 33–41. – The effect of sex hormones on blood-calcium and inorganic blood-phosphate levels[27]): **21** ('37) 72–84. – The effect of testosterone propionate on nitrogen, electrolyte, water and energy metabolism in eunuchoidism[22])[36])[5])[23]): **23** ('38) 135–53. – The effect of testosterone propionate on the urinary excretion of androgens and estrogens in eunuchoidism[20])[7])[22]): **24** ('39) 702–10. – The reciprocal nature of the testis–comb relationship[20]): **25** ('39) 257–65. – The inhibition of comb growth in cockerels and capons by estrone[20]): 266–74. – A comparative study of the metabolic effects of testosterone propionate in normal men and women and in eunuchoidism[22])[23])[36])[26]): **26** ('40) 26–45. – The comparative assay of gonadotropic substances on rats, mice and chicks[11])[17])[40]): 1005–11. – Comparative study on the augmentation of the action of gonadotropins from various sources in the rat, mouse and chick [11])[17])[6]): 1012–21. – The baby cockerel test for androgens[20])[2])[7]): **28** ('41) 651–53. – The mouse uterine weight method for the assay of estrogens[11])[40]): 747–52. – Method for the assay of the gonadotropin content of normal human urine[40]): **30** ('42) 399–407. – A spayed-rat estrogen assay method and its application to pure estrogens and urine extract: **31** ('42) 162–66. – Comparative gonadotropin assays and use of calcium phosphate as an adsorbent in concentration of follicle-stimulating activity from pituitary gland[6]): 249–60. – Antagonism of estrogens by testosterone propionate in hypophysectomized female rats[30])[29]): **47** ('50) 73f. – Thyrotropin assay based on the depletion of iodine in chick thyroids[32])[38]): **52** ('53) 489–95.

Harvey Lectures Chemistry and biology of male sex hormones: **33** ('37/38) 205–36.

Hygeia [Chicago] Beriberi: **10** ('32) 31f. – Carbohydrates: donors of heat and energy: 620f. – Biochemistry: chemistry of living matter: **11** ('33) 628–31.

Industrial and Engng. Chem. Vitamin-C content of orange-crush beverage[24]): **24** ('32) 351f.

J. biol. Chemistry The effect of alkali on the testicular hormone[12]): **104** ('34) 611–17. — Provitamin-D potencies, absorption spectra, and chemical properties of heat-treated cholesterol[14]): **108** ('35) 773–82. — Studies on the trypsinogen, enterokinase, and trypsin system. Assay methods for trypsinogen and enterokinase[1]): **111** ('35) 197–215. — Provitamin-D potency of some sterol derivatives[24]): **116** ('36) 757–68. — The effect of acid hydrolysis on the yield of androgenic and estrogenic activities from human urine[31])[12]): **119** ('37) 185–88. — A new method for the determination of uric acid in blood with uricase[3]): **130** ('39) 443–54. — Application of the uricase method to the study of changes in vitro in the uric acid content of certain mammalian bloods[3]): 455–69. — A study of xanthine oxidase of rat blood[3])[13]): 471–86. — The colorimetric estimation of 17-ketosteroids and their application to urine extracts[19]): **135** ('40) 377–92. — The effect of testosterone propionate on induced creatinuria in rats[7]): 519–30. — Isolation of dehydroisoandrosterone sulfate from normal male urine[29])[12]): **152** ('44) 67–77. — Interference by cystine with the quantitative nitroprusside test for methionine[42]): **158** ('45) 535 f. — Isolation of α-monopalmitin from hog pancreas[21])[16])[29]): **181** ('49) 755–60. — A simple method for the determination of iodine in the chick thyroid[41]): **194** ('52) 427–34.

J. clin. Endocrinol. Association of short stature, retarded sexual development and high urinary gonadotropin titers in women[40])[22]): **2** ('42) 137–45. — Comparison of metabolic effects of testosterone propionate with those of chorionic gonadotropin[22])[26])[23])[29])[45]): 685–89.

J. clin. Investigat. The daily urinary excretion of estrogenic and androgenic substances by normal men and women[12])[31])[9])[22]): **16** ('37) 695–703. — The urinary excretion of androgenic and estrogenic substances in certain endocrine states. Studies in hypogonadism, gynecomastia and virilism[22])[12])[31])[9]): 705–17.

J. Nutrition [USA] Relative amounts of the heat-stable and heat-labile fractions of vitamin B in raw and pasteurized milk[35]): **5** ('32) 307–24.

J. Pharmacol. and exper. Therapeut. The quantitative assay for the testicular hormone by the comb-growth reaction, 2[12]): **55** ('35) 97–117.

J. Urology The biochemistry and physiological significance of the male sex hormones: **35** ('36) 382–98. — The chemistry and biological significance of the male sex hormones: **41** ('39) 199–205.

Physiological Rev. The male sex hormones: **17** ('37) 153–238.

Physiological Zool. The modification of sex development in the chick embryo by male and female sex hormones[43])[12]): **10** ('37) 101–22.

Proc. nation. Acad. Sci. USA Sex-modification in the chick embryo resulting from injections of male and female hormones[43])[12]): **21** ('35) 625–31. — Biological differences in the action of synthetic male hormones on the differentiation of sex in the chick embryo[43])[34]): **24** ('38) 176–82.

Proc. Soc. exper. Biol. and Med. Nutritional value of proteins as influenced by exposure to ultraviolet irradiation[24]): **29** ('32) 769–72. — Procedure for quantitative extraction of sex hormones from urine[12])[9]): **33** ('35) 440–44. — A new apparatus and an improved method for chromatographic adsorption[33]): **37** ('37/38) 300–03. — Effect of testosterone propionate in eunuchoidism[22])[36])[5])[23]): 683–85. — Studies on enzymatic formation and destruction of uric acid in mammalian blood[3]): **38** ('38) 638–41. — Effect of testosterone propionate on creatinuria[7]): **42** ('39) 779–82. — Amorphous pepsin of higher activity than crystalline pepsin from commercial and crystalline pepsin[4]): **52** ('43) 131 f.

Science [USA] Fractionation studies on provitamin D[24]): **82** ('35) 394 f. — William Clardy Austin: 543. — An apparatus for vacuum drying in the frozen state[15]): **95** ('42) 633.

Mit: [1]) R. W. Bates; [2]) G. W. Beach; [3]) M. B. Blauch; [4]) E. Borgstrom; [5]) A. H. Bryan; [6]) J. J. Ceithaml; [7]) J. R. Coffman; [8]) —; [9]) R. I. Dorfman; [10]) —; [11]) J. S. Evans; [12]) T. F. Gallagher; [13]) M. E. Hanke; [14]) M. L. Hathaway; [15]) E. E. Hays; [16]) A. E. Heath; [17]) L. R. Hines; [18]) —; [19]) A. F. Holtorff; [20]) W. H. Hoskins; [21]) M. E. Jones; [22]) A. T. Kenyon; [23]) K. Knowlton; [24]) E. M. Koch; [25]) J. H. Last; [26]) G. Lotwin; [27]) H. W. Marlow; [28]) —; [29]) P. L. Munson; [30]) D. Otway; [31]) D. H. Peterson; [32]) L. J. Piotrowski; [33]) A. M. Potts; [34]) M. E. Rawles; [35]) L. T. Samuels; [36]) I. Sandiford; [37]) R. Steele; [38]) S. L. Steelman; [39]) P. Steiner; [40]) R. F. Varney; [41]) L. J. Walaszek-Piotrowski; [42]) W. White; [43]) B. H. Willier; [44]) E. B. Womack; [45]) C. D. Johnston.

V, VI **KOCH,** Agathon John Hjalmar. Physik. — 1924–43 Prof., Univ. Lund. *1878, Okt. 28, Rö, Bez. Stockholm; †1950, Apr. 21, Lund.

Nekr. B. Edlén, Kungl. fysiogr. Sällsk. Lund Förh. **21** ('51) 41*–44* (m. Bildn., Faks.). — B. Kullenberg, Minnestal Göteborgs kungl. Vet.- och Vitterhets-Samhälle (Ser. från 1938) **3** ('53) 111–15.

Kungl. fysiogr. Sällsk. Lund Förh. Carl Wilhelm Oseen (1879–1944): **15** ('45) 43*–51*. — On refraction and dispersion of the noble gases krypton and xenon: **19** ('49) 173–87.

Minnestal Göteborgs kungl. Vet.- och Vitterhets-Samhälle Claes Albert Mebius: (Ser. från 1938) **3** ('53) 28–36.

VI **KÖHLER**, Hilding. Meteorol., Klimatol. — 1926–32 Assist., Meteorol. Inst., '36–55 Prof. Meteorol., '55 Prof. Emer. (bis '58 im Dienst), Univ. Uppsala; '32–36 Lehrer f. Physik u. Meteorol., Landwirtschafts-Hochsch. Ultuna. — '55 Björkén Preis (Univ. Uppsala).

*1888, Sept. 12, Tranemo, Bez. Älfborg, Västergötland.

Zur Biogr. Uppsala Univ. Matrikel 1937–1950 ('53) 307–09 (m. Schr.verz.).

HZ. Bull. mens. Observat. météorol. Univ. Upsal 67.1935 ('36) – 89.1957 ('61).

MHZ. Bull. mens. Observat. météorol. Univ. Upsal 66.1934 ('35).

S. Naturwissenschaftliche Untersuchungen des Sarekgebirges in Schwedisch-Lappland 5 (Stockholm '39) 211–319: Meteorologische Beobachtungen auf dem Pårtetjåkko (H = 1834 m Seehöhe; φ = 67°09′ 22,6″ N; λ = 17°37′57″ O) während des Beobachtungsjahres 1. Juli 1915 bis 30. Juni 1916.

W. Meteorologiprofessuren i Uppsala. Förklaring med anledning av besvär från docenten Anders Ångström och Dr. phil. Tor Bergeron (Uppsala '35) 45 S.

Arkiv Geofysik On evaporation from snow surfaces: **1** ('50/53) 159–85. — Some thermodynamic formulae and their interpretation: **2** ('54/58) 453–70.

Arkiv Mat., Astron. och Fysik Über die Chlorverteilung und die Tropfengruppen im Nebel und über Farbenberechnung der Kränze im weißen Lichte nebst einigen kritischen Bemerkungen der Koagulationstheorien der Nebeltropfen: **24A** ('33) Nr. 9, 50 S.

Beitr. Physik der freien Atmosph. Ein kurzes Studium des Austausches auf Grund des Potenzgesetzes: **19** ('32) 91–104.

Bull. geol. Instn. Univ. Upsala Studien über Nebelfrost und Schneebildung und über den Chlorgehalt des Nebelfrostes, des Schnees und des Seewassers im Halddegebiet: **26** ('37) 279–308.

Ergo [Uppsala] Forschung im Luftmeer. Skizze anläßlich des Vortrags von Picard: **9** ('32) 189 f. [schwed.].

Geofisica pura e appl. On the thermodynamic efficiency of steady atmospheric circulations[1]): **13** ('48) 102–08.

Gerlands Beitr. Geophysik Zur Frage der Verdunstung. Erwiderung auf Bemerkungen von A. Wagner: **37** ('32) 37–39.

Kosmos [Stockholm] Wasserdampfkondensation in der Atmosphäre und die Konstitution der Wolken: **10** ('32) 101–40 [schwed.]. — Nordlichtforschung: **16** ('38) 101–66 [schwed.].

Kungl. svenska Vetenskapsakad. Handl. Meteorologische Turbulenzuntersuchungen, 1: (3) **13** ('33) Nr. 1, 54 S.

Kungl. Vet.-Soc. Årsb., Uppsala Einblicke in die Untersuchungen höherer Luftschichten: **1938**, 71–117 [schwed.]. — Filip Åkerblom †: **1942**, 23–26 [~]. — Etwas über die frühere Geschichte des Thermometers: **1944**, 85–117 [~].

Lantbrukshögskolans Ann. Meteorologische Turbulenzuntersuchungen: **2** ('35) 107–13 [ ].

Nova Acta regiae Soc. Sci. upsaliensis An experimental investigation on sea water nuclei: (4) **12** ('41) Nr. 6, 55 S. — On the problem of condensation in the atmosphere: **14** ('50) Nr. 9, 76 S. — Quantitative chemical analysis of condensation nuclei from sea water[2]): **15** ('53) Nr. 7, 24 S. — Meteorological turbulence. Some consequences of the power law applied to the exchange coefficient: **16** ('55) Nr. 1, 21 S.

Populär astron. Tidskr. Temperaturschwankungen und etwas über ihren Zusammenhang mit der Sonnenfleckenfrequenz: **21** ('40) 81–114 [schwed.].

Svensk geogr. Årsb. Axel Hamberg: **1933**, 175–84.

Trans. Faraday Soc. The nucleus in and the growth of hygroscopic droplets: **32** ('36) 1152–61.

Ymer Wasser in der Atmosphäre: **65** ('45) 103–14 [schwed.].

Z. angew. Math. u. Mech. Ein Theorem über die stationäre Wirbelbewegung kompressibler Flüssigkeiten[1]): **29** ('49) 109–13.

Mit: [1]) H. Ertel; [2]) M. Båth.

V, VI **KÖNIG**, Dénes (Dionys). Math. — 1911–44 Doz., später Prof., Techn. Hochsch. Budapest.

*1884, Sept. 21, Budapest;
†1944, Okt. 19, Budapest (Freitod).

Zur Biogr. T. Gallai, Matematikai Lapok **15** ('64) 277–93 (m. Bildn., Schr.verz.). — T. Gallai, in: Müszaki Nagyjaink [Unsere großen Techniker] (B. Szöke) **3** (Budapest '67) 307–26 (m. Bildn., Schr.verz.).

W. Theorie der endlichen und unendlichen Graphen. Kombinatorische Topologie der Streckenkomplexe (Leipzig '36) 11 + 258 S. (Mathematik und ihre Anwendungen in Monographien und Lehrbüchern, 16); (New York '50) 9 + 258 S.

Acta Litt. ac Sci. [Szeged], Sect. Sci. math. Über trennende Knotenpunkte in Graphen (nebst Anwendungen auf Determinanten und Matrizen): **6** ('33) 155–79.

Középiskolai mat. és fizik. Lapok Kürschák József 1864–1933: **9** ('33) 205–09 [ungar.].

Matematikai és fizik. Lapok Ein Endlichkeitssatz mit zwei Anwendungen: **39** ('32) 27–29 [ungar. m. deutscher Zusammenfassg.]. – Die ersten 50 Jahre der Mathematischen und Physikalischen Gesellschaft „Loránd Eötvös": **48** ('41) 7–32 [ungar. m. französ. Zusammenfassg.].

VI **KÖSSLER,** Miloš. Math. – 1920–22 Privatdoz., '22–27 außerord. Prof., '27–54 ord. Prof., Karls-Univ., Praha.

*1884, Juni 19, Praha;

†1961, Febr. 8, Praha.

Zum 70.Geb.tag E. Čech, Čas. Pěst. Mat. **79** ('54) 374 f. – V. Jarník, Védecké práce M. Kösslera [Das wissenschaftliche Werk M. Kösslers]: Čas. Pěst. Mat. **80** ('55) 106–17 (m. Schr.verz. 38 Nrn.).

Zum 75. Geb.tag Čas. Pěst. Mat. **84** ('59) 489.

Nekr. J. Kopřiva, Pokroky Mat., Fysiky a Astron. **6** ('61) 226–30. – F. Nožička, Čas. Pěst. Mat. **87** ('62) 111–13 (m. Bildn.); Czechoslovak. math. J. **12** ('62) 153–56 (m. Bildn., Schr.verz. 38 Nrn.). – Čas. Pěst. Mat. **86** ('61) 253.

H. (Wiss. Redakt.) I. I. Privalov, Analytické funkce [Analytische Funktionen] (Praha '55).

S. Zprávy o druhém sjezdu matematiků zemí slovanských, Praha 1934 (Praha '35) 150 f.: Über Potenzreihen mit beschränktem Imaginärteile.

Čas. Pěst. Mat. (a Fysiky) Sur les graphes minima, contenant n points donnés[1]): **63** ('34) 223–35 [tschech. m. französ. Zusammenfassg.]. – Über Potenzreihen mit beschränktem Imaginärteil: **64** ('35) 150 f. – Signification of the number $\sup|a_n|^{1/n}$ in the theory of power series: **74** ('49) 47–53 [tschech. m. engl. Zusammenfassg.].

Czechoslovak math. J. Simple polynomials: **1** ('51) 5–15. – Über reelle Charakteristiken von Potenzreihen: **4** ('54) 274–82.

Rozpr. české Akad. Věd a Umění Développements asymptotiques pour les fonctions $\zeta(s)$ et $\zeta(a, s)$: **51** ('41) Nr. 32, 10 S. [tschech.].

Věstn. král. české Spol. Nauk Ein Beitrag zur Theorie der schlichten Potenzreihen: **1932** ('33) Nr. 5, 8 S. [m. engl. Zusammenfassg.]. – Über besondere Klassen von schlicht abbildenden Potenzreihen: **1934** ('35) Nr. 14, 7 S. [m. französ. Zusammenfassg.]. – Über Potenzreihen mit beschränktem Imaginärteile: **1935** ('36) Nr. 2, 8 S. [~]. – Einige Sätze aus der elementaren Zahlentheorie: **1942** ('43) Nr. 20, 18 S. – Über ein Teilerproblem: **1943** ('44) Nr. 11, 18 S. – Some properties of trigonometric and algebraic polynomials: **1948** ('50) Nr. 15, 6 S. [m. tschech. Zusammenfassg.].

Mit: [1]) V. Jarník.

VI **KÖSZEGI,** Dénes (Dionys). Chem. (pharmaz., analyt.), chem. Technol. – 1912–24 Assist., '24–33 Adjunkt, '33–46 Privatdoz., Univ. Szeged; '46–51 außerord. Prof., '51–63 ord. Prof., Med. Univ. Szeged. – '52 Kandidat d. chem. Wiss. (Ungar. Akad. Wiss.). – '61 Prominenter Berufstätiger d. Leichtindustrie (Ministerium f. Leichtindustrie); '63 Orden d. Arbeit in Gold (Ungar. Regierung).

*1888, Aug. 12, Nagylak, Com. Csanád;

†1970, Sept. 14, Szeged.

Zur Biogr. Gyógyszerészet **5** ('61) 429 (m. Bildn.); **7** ('63) 433.

Nekr. J. Morvay, Gyógyszerészet **14** ('70) 361 f. (m. Bildn.).

S. Gyógyszerész nagygyűlés [Apothekerkongreß], Szeged 1955 (Budapest '56) 75–79: Volumetrische Schnellbestimmungsmethode für Hypophosphate[5]) [ ].

Acta chim. Acad. Sci. hungar. Ein neues Verfahren zur maßanalytischen Bestimmung des Theophyllins und Theobromins mit Dikaliummercuritetrarhodanid[5]): **1** ('51) 124–29 [m. russ. Zusammenfassg.]. – Die Bestimmung des Acetats und der Acetylgruppe auf jodometrischem Wege[6]): **5** ('54) 33–42 [m. russ. u. engl. Zusammenfassg.]. – Maßanalytisches Ammoniakbestimmungsverfahren mit 0,1n Kaliumbromatlösung[5]): **7** ('55) 333–42 [~].

Acta pharm. hungar. Quantitative Bestimmung von Mercuriamidochlorid mit 0,1n Kaliumbromatlösung[9]): **27** ('57) 97–101 [ungar. m. deutscher Zusammenfassg.]. – Beiträge zur bromatometrischen Bestimmung des Antimonpentasulfids nach Zersetzung mit konzentrierter Salzsäure[2]): **32** ('62) 119–21 [~].

Biológiai Közlemények Az édescirok levének felhasználása takarmány és pékélesztő fermentálására[4])[11]): **11** ('63) 51–57.

Bumažnaja Promyšl. Die Verwertung von Zuckerhirse für die Zelluloseerzeugung[4]): **1959** Nr. 9, 25– [russ.].

Fáipar Herstellung von Faserplatten aus dem Preßrückstand der Zuckerhirse[10])[4]): **7** ('57) 248 f. [ungar.].

Gyógyszerész Die Wertbestimmung von Chinidinum sulfuricum und von Strychninum nitricum mit Hilfe von Dikaliummercuritetrarhodanid[5]): **6** ('51) 111–13 [ungar.]. – Der Hydrogencarbonatgehalt der Solvay-Soda: **7** ('52) 14 f. [~].

Gyógyszerészet Anwendung der essentiellen Fettsäuren in der Heilkunde und magistralen Rezeptur[4]): **5** ('61) 57–61 [ungar. m. deutscher Zusammenfassg.].

Gyógyszerészi Közlöny Bemerkungen zu einem Verfahren zur schnellen Prüfung von Acidum hydrochloricum dilutum: **57** ('41) 149 [ungar.].

Kísérletügyi Közlemények Bestimmung der Stärke in mit Mehl verfälschtem gemahlenem Gewürzpaprika[8]: **37** ('34) 170–73 [ungar.].

Magyar kém. Folyóirat Was für eine Manganverbindung entsteht bei der Oxydation des Manganohydroxids?: **38** ('32) 145–49 [ungar.]. — Eine neue maßanalytische Wertbestimmung des Mercuri- und des Mercurojodids[8]: **40** ('34) 96–99 [ungar. m. deutscher Zusammenfassg.]. — Über die gleichzeitige Einstellung maßanalytischer Lösungen von Säure und Lauge ohne Verwendung von Urtitersubstanz: **44** ('38) 61–65 [~]. — Quantitative Fällung des dreiwertigen Eisens in schnell filtrierbarer und auswaschbarer Form: **56** ('50) 169 f. [~]. — Ein neues Verfahren zur maßanalytischen Bestimmung des Theophyllins und Theobromins mit Dikaliummercuritetrarhodanid[5]: 380–83 [~]. — Maßanalytische Schwefelbestimmung in organischen Verbindungen[1]: **57** ('51) 342–45 [~]. — Neue maßanalytische Methode zur Bestimmung von Alkalicarbonaten und -bicarbonaten nebeneinander[5]: **58** ('52) 207–10 [~]. — Eine neue maßanalytische Bestimmung des Chinolins (C_9H_7N)[5]: 210–12 [~]. — Die Bestimmung von Jodid, Chlorid und Bromid nebeneinander nach einer maßanalytischen Methode[4]: **59** ('53) 49–52 [~]. — Die Bestimmung des metallischen Eisens in „Ferrum hydrogenio reductum" mit der Kupfersulfatmethode[3]: 112–16 [~]. — Jodometrische Bestimmung von Acetat und der Acetylgruppe[6]: **60** ('54) 231–35 [~]. — Über die maßanalytische Bestimmung von Ammoniak mit 0,1n Kaliumbromatlösung[5]: 301–06 [~]. — Quantitative bromatometrische Bestimmung von Ammoniumverbindungen und Formaldehyd in saurem Medium mit 0,1n $KBrO_3$[5]: **66** ('60) 142–47 [~].

Magyar Kémikusok Lapja Titrimetrische Bestimmung der Salpeter- und Schwefelsäure nebeneinander: **4** ('49) 482 f. [ungar.]. — Das Dikaliummercuritetrarhodanid als Reagens für Alkaloide und Amine nebst einigen praktischen Anwendungen[5]: 661–65 [~].

Növénytermelés Sorghum als einheimischer Rohstoff für Alkohol und Cellulose[4]: **4** ('55) 33–42 [ungar. mit russ. u. engl. Zusammenfassg.].

Papír- és Nyomdatechn. Der Aufschluß heimischer Einjahrespflanzen mit Salpetersäure zur Herstellung von Zellstoff: **6** ('54) 321–25 [ungar.].

Papíripar Großtechnische Versuche zum Aufschluß von Zuckerhirse in der Zellstofffabrik Szolnok[4]: **3** ('59) 81–85, 124–26 [ungar.].

Pharmazeutische Zentralhalle Deutschland Kolorimetrische Verfolgung der allmählichen Verringerung des freien Phosphorgehaltes phosphorhaltiger Pillen: **75** ('34) 34–36. — Eine neue maßanalytische Wertbestimmung des Mercuri- und des Mercurojodids[8]: 532–35. — Die Wertbestimmung des Chinidinsulfats und des Strychninnitrats mit Dikaliummercuritetrarhodanid[5]: **92** ('53) 157–60. — Bestimmung des Mercuriamidochlorids mit 0,1n Kaliumbromatlösung[9]: **96** ('57) 59–63. — Maßanalytisches Verfahren zur schnellen und genauen Bestimmung des elementaren Schwefels: **108** ('69) 401–04.

Z. analyt. Chem. Maßanalytische Bestimmung des Jod-Ions in Quecksilberverbindungen. Wertbestimmung $[HgJ_4]^{2-}$-haltiger Reagenzien[8]: **100** ('35) 257–59. — Über die gleichzeitige Einstellung maßanalytischer Lösungen von Säure und Lauge ohne Verwendung von Urtitersubstanz: **111** ('38) 343–48. — Jodometrische Bestimmung von Erdalkalihydroxyden in Anwesenheit von Carbonaten[7]: **122** ('41) 52–56. — Maßanalytische Bestimmung von Schwefelsäure und Salpetersäure nebeneinander: **129** ('49) 218–22. — Die quantitative Fällung des dreiwertigen Eisens in schnell filtrierbarer und auswaschbarer Form: **130** ('50) 401 f. — Das Dikaliumquecksilber-(II)-tetrarhodanid als Alkaloid- und Aminreagens und seine praktischen Anwendungen[5]: 403–11. — Gewichts- und maßanalytische Schwefelbestimmung in Kohlenstoffverbindungen[1]: **135** ('52) 349–54. — Neue maßanalytische Bestimmungsmethode des Chinolins[5]: **136** ('52) 411–15. — Neue maßanalytische Methode zur Bestimmung von Alkalicarbonaten und Alkalihydrogencarbonaten nebeneinander[5]: **137** ('52) 22–26. — Über ein Verfahren zur maßanalytischen Bestimmung von Ammoniak mit 0,1n Kaliumbromatlösung[5]: **143** ('54) 423 f. — Maßanalytisches Schnellverfahren zur Bestimmung der Hypophosphite[5]: **150** ('56) 262–67. — Die quantitative Oxydation von Ammoniumverbindungen und Formaldehyd mit Brom (Bromat–Bromid) in saurer Lösung[5]: **164** ('58) 320–27.

Z. Unters. Lebensmittel Bestimmung der Stärke in mit Mehl verfälschtem Gewürzpaprika[8]: **67** ('34) 538–41.

Mit: [1] I. Barcsay; [2] F. Gaizer; [3] Gy. Kis; [4] J. Morvay; [5] É. Salgó; [6] J. Simonyi; [7] A. Solt; [8] N. Tomori; [9] M. Tornyos; [10] L. Maurits; [11] E. Pettkó.

IV–VI **von KÖVESLIGETHY,** Radó. Geophysik, Kosmographie. — 1888–93 Assist., 1889–93 Privatdoz., 1893–97 außerord. Titularprof., 1897–1904 außerord. Prof., '04–32 ord. Prof., Univ. Budapest; '05 Gründer, '05–34 Dir., Seismol. Observat.

Budapest. – '24 Lóczi-Medaille (Ungar. Geogr. Ges.). (☒)
*1862, Sept. 1, Verona;
†1934, Okt. 11, Budapest.

Nekr. K. Oltay, Gerlands Beitr. Geophysik **43** ('35) 337–39. – J. Wodetzky, Astronomische Nachr. **255** ('35) 99. – Csillagászati Lapok **1** ('38) 67.

Astronomische Nachr. Béla von Harkányi †: **245** ('32) 47.

V, VI **KOGBETLIANTZ,** Ervand Georgiéwitch. Math., Geophysik. – 1921–33 Wiss. Tätigkeit in Paris, zuletzt b. d. Geophysikal. Erkundung; '33–38 Prof., Univ. Teheran; '38–48 wiss. Forschungstätigk., Centre National de la Recherche Scientifique, Paris; '42–44 Instrukteur f. Math., Lehigh Univ., Bethlehem, Pa.; '44–54 Prof., New School for Social Research, New York; '44–67 Prof., Free School for Advanced Study, New York; '45–46 Beratender Geophysiker, Standard Oil Developm. Co.; '46–53 Lektor, Columbia Univ., New York; '52–61 Beratender Mathematiker, International Business Machines Corp.; '56–67 Prof., Rockefeller Univ., New York; seit '68 in Paris im Ruhestand. – '38 Orden f. Verdienste in d. Wiss. (Iran).
*1888, Febr. 9, Nakičevan-na-Donu, Rußland.

S. Verhandlungen des internationalen Mathematiker-Kongresses, Zürich 1932, **2** (Zürich-Leipzig '33) 143 f.: Convergence et sommabilité de développements en séries des polynômes d'Hermite et de Laguerre; 322: Projet d'une expérience de laboratoire permettant de mesurer la vitesse V de l'attraction universelle. – Proc. International congress of mathematicians, Amsterdam 1954, **2** (Amsterdam '57) 356 f.: Diagonalization of general complex matrices as a new method for solution of linear equations.

W. Voies naturelles et bases des mathématiques **1**: Algèbre et analyse (Paris '59) 18 + 576 S. – Fundamentals of mathematics from an advanced viewpoint **1/2**: Algebra and analysis: Evolution of the number concept; Determinants, equations, logarithms (New York–London '68) 2 + 547 + 45 S.; **3/4**: Geometry and geometric analysis; Solid geometry and spherical trigonometry ('69) 60 + 1126 + 69 S.

Annales sci. Ecole norm. sup. Recherches sur la sommabilité des séries d'Hermite: (3) **49** ('32) 137–221.

Annali Mat. pura ed appl. Note on the use of second partial derivatives of Newtonian potential in geophysical prospecting: **57** ('62) 109–15.

Chiffres Sur une identité remarquable concernant la fonction I_0: **1** ('58) 121 f. – Pour devenir un excellent programmeur il faut d'abord être un bon mathématicien: **5** ('62) 5–9 [m. engl., deutscher, russ. Zusammenfassg.].

C. R. hebd. Séances Acad. Sci., Paris Sur la convergence des séries d'Hermite: **194** ('32) 161–63. – Sur les développements de Laguerre: 1422–24. – Sur la détermination du saut $D(x_0)$ de $f(x)$: **196** ('33) 464–66. – Sur la série de Laguerre: 523–25. – Expression approchée du polynôme de Laguerre $L_n^{(\alpha)}(x)$: 1079 f.

C. R. hebd. Séances Acad. Sci., Paris, Sér. A Quelques observations sur les nombres premiers: **266** ('68) 849–51.

Enseignement math. Quelques observations sur les nombres premiers: **15** ('69) 193–99.

Geophysics Estimating depth and excess-mass of point-sources and horizontal line-sources in gravity prospecting: **11** ('46) 195–210.

IBM J. Res. and Development Computation of e^N for $-\infty < N < +\infty$ using an electronic computer: **1** ('57) 110–15. – Computation of arctan N for $-\infty < N < +\infty$ using an electronic computer: **2** ('58) 43–53. – Computation of arcsin N for $0 < N < 1$ using an electronic computer: 218–22. – Computation of sin N, cos N and $\sqrt[m]{N}$ using an electronic computer: **3** ('59) 147–52.

J. Math. and Physics Sur les moyennes arithmétiques des séries noyaux des développements en séries d'Hermite et de Laguerre et sur celles de ces séries-noyaux dérivées terme à terme: **14** ('35) 37–99.

Oil and Gas J. Electronic computers aid geophysical interpreters: **54** ('55/56) 136 f., 139.

Quarterly appl. Math. Quantitative interpretation of maps of magnetic and gravitational anomalies by mathematical methods: **3** ('45) 55–75. – Solution of linear equations by diagonalization of coefficients matrix: **13** ('55) 123–32.

Trans. amer. math. Soc. Contribution à l'étude du saut d'une fonction donnée par son développement en série d'Hermite ou de Laguerre: **38** ('35) 10–47.

V, VI **KOHLER,** Elmer Peter. Chem. (org.). — 1912–38 Prof., Harvard Univ., Cambridge, Mass.

*1865, Nov. 6, Egypt, Pa.;

†1938, Mai 25 (24 ?), Cambridge, Mass.

Nekr. J. B. Conant, Biographical Mem., Nation. Acad. Sci. USA **27** ('52) 265–91 (m. Bildn., Faks., Schr.verz.). — L. F. Fieser, Nucleus [Cambridge, Mass.] **16** ('38) 35–46 (m. Bildn.); Proc. amer. Acad. Arts and Sci. **74** ('40) 130–41 (m. Schr.verz.). — A. B. Lamb, L. S. Marks, L. J. Henderson, Science [USA] **89** ('39) 595 f.

J. amer. chem. Soc. The reaction between organic magnesium halides and α-bromo ketones[20]): **54** ('32) 1594–600; The reaction between organic magnesium compounds and α-bromo ketones, 2[20]): **57** ('35) 217–24. — Steric hindrance in certain mesitylenic ketones[1]): **54** ('32) 4015–26. — The reaction between α,β-unsaturated ketones and organic magnesium compounds. The structure of the addition products[12]): 4667–78. — The autoxidation of certain ethylene oxides[13]): **55** ('33) 310–14. — The reaction between α,β-unsaturated ketones and organic magnesium compounds. Unsaturated mesitylenic ketones[26]): 690–95. — The reaction between unsaturated ketones and organic magnesium compounds. The secondary products[14]): 1073–82. — The supposed enolizing power of organic magnesium compounds[17]): 3822 f. — The reactions of halogenated ketones, 2: The action of potassium cyanide on desyl chloride[5]): 4299–304. — Hydroxyl derivatives of α,γ-diphenylbutyric acid[9]): 4632–39. — The tautomerism of α-diketones, 1: Benzyl phenyl diketone[2]): **56** ('34) 211–14; ~ 2: Benzhydryl phenyl diketone[22]): 434–38. — The reactions of certain γ-ketonic acids, 1: Ketonic β-lactones[9]): 729–31; ~ 2: Hydroxyl derivatives[11]): 981 f.; ~ 3: Ketonic β-lactones[14])[3]): 2000–06; ~ 4: The ketonic esters[14]): 2192–97; ~ 5: Ketonic β-lactones and the Walden inversion[7]): **60** ('38) 2142–48. — Fulvenes in the ionone series[8]): **56** ('34) 2756 f. — Steric hindrance in compounds of mesitylene and triphenylbenzene[4]): **57** ('35) 367–71. — The Diels-Alder reaction in the fulvene series[8]): 917 f. — The properties of certain β-oxanols[3]): 1099–101. — The properties of unsaturated sulfur compounds, 1: α,β-Unsaturated sulfones[15]): 1316–21; ~ 2: α,β-Unsaturated ketosulfones[10]): 1448–52; ~ 3: ≈[10]): **58** ('36) 1518–22. — The resolution of an allenic compound[21])[20]): **57** ('35) 1743–45. — The structure of the metallic derivatives which are formed by adding Grignard reagents to unsaturated ketones[20])[15]): 2517–21. — Hydroxy furans, 1: β-Hydroxy triphenylfuran[23])[20]): **58** ('36) 264–67; ~ 2: β-Hydroxy diphenylfuran[25]): 1933–36. — The acylation and alkylation of β-diketones and β-sulfonyl ketones[15]): 2166–70. — The tautomerism of certain derivatives of acetomesitylene[19]): **59** ('37) 887–93. — The influence of α-halogen substitution on the enolization of ketones[16]): **60** ('38) 2650–52. — The preparation of cyclic ketones by ring enlargement[20])[15])[18]): **61** ('39) 1057–61. — Hexahydroacetomesitylene[6])[16]): **62** ('40) 785–93. — Optically active α,γ-diphenyl-α-carbomethoxy-γ-naphthylallene[24]): 1489 f. — Mutarotation of α,β-lactone[3]): **63** ('41) 1531 f.

Mit: [1]) R. Baltzly; [2]) R. P. Barnes; [3]) C. L. Bickel; [4]) L. W. Blanchard, jr.; [5]) F. W. Brown; [6]) T. L. Jacobs; [7]) J. E. Jansen; [8]) J. Kable; [9]) R. H. Kimball; [10]) R. G. Larsen; [11]) L. Leers; [12]) W. E. Mydans; [13]) E. M. Nygaard; [14]) W. D. Peterson; [15]) H. A. Potter; [16]) H. M. Sonnichsen; [17]) D. Thompson; [18]) H. T. Thompson; [19]) R. B. Thompson; [20]) M. Tishler; [21]) J. T. Walker; [22]) N. Weiner; [23]) F. H. Westheimer; [24]) W. J. Whitcher; [25]) D. W. Woodward; [26]) C. E. Barnes.

V, VI **KOHN,** Moritz. Chem. (org., pharmaz.). — 1917–38 Außerord. Titular-prof., Univ. Wien; '27–38 Lehrer, Drogistenfachsch. Wien; '32–38 wiss. Mitarbeiter, Inst. f. chem. Technol., Techn. Hochsch. Wien; '41–43 wiss. Mitarbeiter, Chem. Labor., Univ. de la Habana, Cuba; '43–53 Research Chemist, Benzol Products Co., Newark, N.J. — '27 Haitinger-Preis (Österr. Akad. Wiss.).

*1878, Juni 6, Teschen, österreich. Schlesien;

†1955, Febr. 19, New York.

Analytica chim. Acta Some reactions of uranyl ferrocyanide: **3** ('49) 34 f. — The reduction of ferricyanides and a sensitive test for the detection of hydrogen peroxide: 38–40. — Precipitations by copper in presence of alkali cyanides and alkali: 295 f. — Some reactions of ferrocyanides and ferricyanides: 297–99. — Reaction of thiocyanates with iron-cyanogen compounds of silver: 557 f. — Solubility of ferrocyanides and ferricyanides in sodium pyrophosphate: 559 f. — The detection of cobalt by the microcosmic salt bead: 569–71. — Some important moments in the development of organic elementary analysis: **5** ('51) 337–44. — Einwirkung der Natriumcitrate auf das Berlinerblau: 525–28. — New reactions of nickel and cobalt with iron-cyanogen compounds and a new method for the determination of ferricyanide: **8** ('53) 317–24. — Coloration of melted polyphosphates by cobalt, nickel, and copper, and an explanation of the reactions in the microcosmic salt bead: **9** ('53) 226–28. — Solubility of silver pyrophosphate in alkali pyrophosphates: 229–31. — The origin of some methods of quantitative organic analysis via functional groups: 249–55. — Reductions and oxidations of iron-cyanogen compounds of copper: **10** ('54) 401–04. — Iodometric determination of ferricyanide in the presence of copper, silver, cadmium, and zinc: 405–07. — Oxidations and reductions of iron-cyanogen compounds of cobalt, nickel, cadmium, and zinc: 501–05. — Solubility of Prussian blue: **11** ('54) 18–27.

Chemist-Analyst Detection of uranium by potassium ferrocyanide: **35** ('46) 52 f. — Reduction of silver ferricyanide: 88. — Reaction between chloride ions and silver ferrocyanide: **36** ('47) 65.

Experimental Med. and Surgery Reduktionen durch Kupfer in Gegenwart von Ammoniumcyanid und Ammoniak: **8** ('50) 226 f.

J. amer. chem. Soc. Derivatives of 1-methyl-2-hydroxy-4-chlorobenzene[5]): **70** ('48) 3950 f. — Bromination of catechol: **73** ('51) 480. — Bromination of guaiacol and debromination of tribromoguaiacol[2]): 5469 f. — Bromination of resorcinol monomethyl ether and debromination of tribromoresorcinol monomethyl ether: **74** ('52) 1601 f.

J. chem. Educat. Preparation of pentabromophenol and bromanil from phenol: **20** ('43) 117. — Demonstration of some properties of Prussian blue: 198. — A chapter of the history of chemistry in Vienna: Adolf Lieben (1836–1914); Zdenko Hans Skraup (1850–1910): 471–73. — Hugo Weidel (1849–1899): **21** ('44) 374–76, 379. — The discovery of red phosphorus (1847) by Anton von Schrötter (1802–1875): 522, 554. — Heinrich Hlasiwetz (1825–1875): **22** ('45) 55 f., 73. — Josef Loschmidt (1821–1895): 381–84. — Adolf Lieben (1836–1914): 562–64. — Joseph Redtenbacher (1810–1870): **24** ('47) 366–68. — Remarks on the history of laboratory burners: **27** ('50) 514–16. — Friedrich Rochleder (1819–1874): **31** ('54) 317. — Karl Freiherr von Reichenbach (1788–1869). Investigation of paraffin (1830) and wood tar (1830–1833): **32** ('55) 188 f.

J. org. Chemistry The preparation of tetrahalogenated o-anisidines[1]): **11** ('46) 641–45. — The reduction of bromo derivatives of catechol, resorcinol, and pyrogallol[4]): **12** ('47) 30–33. — The action of benzene and aluminum chloride on tetrahalogenated phenols[3]): 213–16. — A new application of reductive acetylation[1]): **13** ('48) 329 f. — Bromination of o-acetanisidide, o-anisidine and a molecular rearrangement in the bromination of 4,5-dibromo-o-anisidine: **18** ('53) 530–33.

Monatsh. Chem. Eisencyanverbindungen, 6: Einwirkung von Oxalaten auf die blauen Eisencyanverbindungen: **66** ('35) 393–405.

Publicación bimestr., Univ. La Habana A propósito de la reducción de los ferricianuros y de un método sensible para investigar el peroxido de hidrogeno: Nr. **40/42** ('42) 187–92. — Sobre la bromuración de los fenoles: Nr. **43/45** ('42) 283–88. — Oxidación y reducción de los bromofenoles: Nr. **46/48** ('43) 357–61.

Außerdem Veröff. in: Memorias Soc. cubana Historia natur.

Mit: [1]) O. Krasso; [2]) S. Kreisky; [3]) S. Reichmann; [4]) L. Steiner; [5]) E. Syreia.

V, VI **KOHN-ABREST,** Emile Jacques. Chem., Toxikol. — 1903–11 Préparateur, '11–13 Chef des Travaux chim., '13–45 Dir., Labor. de Toxicol., Préfecture de Police de la Ville de Paris; '04–13 Préparateur et '13–24 Chef des Travaux chim. et Chargé d'Enseignem. toxicol., Inst. de Méd. légale, '24– Prof. Toxicol. profess., Inst. d'Hygiène, Fac. de Méd., Univ. de Paris; Expert toxicol. judiciaire; Propriétaire et Chef du Labor. de Recherches toxicologiques Kohn-Abrest, Brunoy; '04–20 Secrétaire des Séances, Archiviste-bibliothécaire et Membre du Conseil, Soc. d'Hygiène alimentaire; '29 Vice-prés., Soc. de Méd. légale; '31–34 Vice-prés., '45–48, '55–58 Prés., '48–55, '58– Prés. d'Honneur, Soc. des Chimistes Experts de France; '52–54 Prés., Soc. de Méd. et d'Hygiène du Travail. — '06 Chevalier de Mérite agricole; '22 Chevalier, '54 Officier de la Légion d'Honneur (Ministère d'Hygiène); '25 Prix Montyon de Physiol., '27 Prix Montyon des Airs insalubres, '27 Prix Berthelot (Acad. Sci. Paris); '51 Chevalier, '60 Officier de la Santé publ.; '57 Médaille d'argent (Inst. nation. de Prévention).

*1880, März 9, Paris.

Zum 80. Geb.tag Boletín Informac., Asoc. nacion. Médicos forenses Nr. **18/19** ('61) 562–75 (m. Bildn., Schr.verz.).

W. Précis de toxicologie (Liège-Paris '34) 8 + 388 S.; [2]('48) 453 S.; [3]('54) 507 S. — Le gaz butane, toxicologie et inflammabilité (Paris '37) 37 S.

Annales Chim. analyt. et Chim. appl. Recherches sur le tétrachlorure de carbone, sa décomposition au rouge. Procédés d'analyses. Applications toxicologiques: (2) **15** ('33) 199–207.

Annales Falsificat. et Fraudes Nouveau dispositif pour la détermination rapide de certains gaz ou vapeurs dans l'air: **28** ('35) 457–61. — Nouveau dispositif pour la recherche toxicologique de l'arsenic: 537–39. — Procédé de recherche et de dosage de l'alcool dans le sang post-mortem. Quelques résultats: **30**

('37) 210–16. – Nouveau dispositif pour la recherche et le dosage sur place de l'oxyde de carbone par le procédé „au sang" avec détermination de l'indice de toxicité: 263–76, 492. – L'extraction des gaz et plus particulièrement des gaz du sang: **31** ('38) 8–13, 85. – Sur l'élimination de l'oxyde de carbone en cas d'intoxication aiguë et en cas d'intoxication chronique: 198–210. – La recherche des tricrésylphosphates[4]): **41** ('48) 22 f. – Accidents dus au bromure de méthyle et l'expertise chimique[4]): 349 f. – Nouvelle technique pour la recherche de l'oxyde de carbone dans le sang. Recherches sur l'oxycarbonémie: 361. – Sur les empoisonnements par le thallium: 575–78. – La présence de l'acétaldéhyde dans les viscères humains: **42** ('49) 39–42. – Avantages de l'emploi de l'aluminium pour le transport et la manipulation du lait: 161–65. – Sur la présence de l'alcool méthylique dans l'organisme humain: 184–88. – Le cuivre dans les aliments: **43** ('50) 226 f. – Le zinc dans les aliments: 228–30. – Mise au point de la toxicologie chimique de l'arsenic. Sa recherche dans les crustacés et mollusques: **44** ('51) 13–16. – Toxicologie des alcools en 1950. L'alcool méthylique „normal": 390–95. – Méthode de dosage de l'arsenic par radioactivation dans un prélèvement d'os: **49** ('56) 407 f. – Toxicologie des alcools en 1955 et 1956: 502–06; **50** ('57) 22; ~ 1957: **51** ('58) 65–76; ~ 1958: **52** ('59) 294–97; ~ 1959: **53** ('60) 132–35. – Enquêtes sur l'origine de l'alcool méthylique dans le corps humain: **50** ('57) 55–58.

Annales Hyg. publ., industr. et soc. Rapport sur l'utilisation des braseros aux terrasses des cafés: (N. S.) **10** ('32) 213–15. – Précautions à recommander pour éviter les accidents dus à l'oxyde de carbone: **14** ('36) 583–99. – Rapport sur une demande d'augmentation de la teneur en oxyde de carbone dans le gaz distribué par la Société du Gaz de Paris: **15** ('37) 12–39. – Contribution à l'étude de la décomposition au rouge des carbures d'hydrogène et des dérivés halogénés de ces carbures mélangés à l'air[3]): 373–84. – Mesures prises en France pour prévenir l'oxycarbonisme notamment dans les foyers domestiques: **18** ('40) 121–46.

Annales Méd. légale, Criminol. et Police sci. Procédé de recherche et de dosage de l'alcool dans le sang post-mortem. Quelques résultats[4]): **17** ('37) 517–27. – L'extraction des gaz et plus particulièrement des gaz du sang. Elimination de l'oxyde de carbone en cas d'intoxication aiguë et en cas d'intoxication chronique: **18** ('38) 767–90. – Détermination toxicologique de l'alcool méthylique et de l'alcool éthylique. L'alcool méthylique „normal": **31** ('51) 450–63. – Intoxication mortelle par le parathion (Thiophosphate de diéthyl et paranitrophényl): **33** ('53) 236–39.

Archives Maladies profess., Méd. Trav. et Sécurité soc. Intoxications par le bromure de méthyle[2])[4]): **7** ('46) 85–91. – Sur l'oxycarbonisme et l'oxycarbonémie. Nouvelle technique d'analyse des gaz du sang: **8** ('47) 51–55. – Effet des poudres métalliques (magnésium) sur l'eau et les dangers d'explosion[1]): 282–86. – Sur la présence de l'acétaldéhyde dans les viscères humains et sa signification: 531–34. – Nouvelles données toxicologiques sur les alcools [en 1949][4]): **10** ('49) 500–03; ~ en 1950: **12** ('51) 428–30; ~ en 1951 et 1952: **14** ('53) 149–54; ~ en 1954: **16** ('55) 57–60; ~ en 1955: **17** ('56) 52–54; ~ en 1957: **19** ('58) 280 f.; ~ en 1959: **21** ('60) 349–52; ~ en 1960: **22** ('61) 332–35. – Sur la toxicologie de l'alcool: **15** ('54) 37–42.

Bull. Acad. vétérin. France Blei in Muskeln und Haut von bleivergiftetem Vieh: **9** ('36) 122 f. [französ.].

Chimie et Industrie Unfälle durch gasbeheizte Wasserboiler und Methoden zu ihrer Verhütung: **27** ('32) No. spéc. 3bis, 970–78 [französ.]. – Les stupéfiants et la chimie légale: **29** ('33) 1477–90.

C. R. hebd. Séances Acad. Sci., Paris Recherche toxicologique rapide des alkylhalogènes (chloroforme, tétrachlorure de carbone etc.). Application à la détection de ces produits dans l'air: **199** ('34) 237–39.

Crónica méd. [Valencia] La présence des sulfocyanures dans les viscères humains et sa signification toxicologique: **39** ('35) 449–67.

Documentat. sci. Recherche toxicologique de l'arsenic: **4** ('35) 257–61. – Détermination rapide de certains gaz ou vapeurs toxiques dans l'air: 297–304. – Procédé de recherche et de dosage de l'alcool dans le sang post-mortem[4]): **6** ('37) 193–202.

J. Méd. Bordeaux et Sud-Ouest Quelques aspects actuels de l'expertise toxicologique: **134** ('57) 583–87.

Orientation méd. Les hypnotiques et la série barbiturique en toxicologie: **2** ('33).

Revue Chim. industr. et Moniteur sci. Quesneville Nouvelles données concernant l'analyse toxicologique de l'air: **46** ('37) 2–14, 40–45, 66–70.

Revue gén. Sci. pures et appl. Der Nachweis flüchtiger Gifte: **46** ('35) 14–18 [französ.].

Technique sanit. et municip. Sur les fumées domestiques. Protection des villes contre les fumées et vapeurs nocives[5]): **1932**.

Über einige weitere Arbeiten in denselben und anderen Zeitschriften [vgl. Schr.verz. in: Boletín Informac., Asoc. nacion. Médicos forenses Nr. **18/19** ('61) 566–75] lagen keine exakten bibliographischen Nachweise vor.

Mit: [1]) Beinier; [2]) L. Dérobert; [3]) H. Mafi; [4]) L. Truffert; [5]) M. Florentin; [6]) R. Michon.

V, VI **KOHNSTAMM,** Philipp Abraham. Thermodyn., Pädagogik, Literatur, Philos., Psychol. – 1919–46 Prof., Dir. des Nutsseminarium voor Paedagogiek, Univ. Amsterdam; außerdem '32–39 außerord. Prof. Päd., Fak. Lit. u. Philos., Univ. Utrecht.

*1875, Juni 17, Bonn;

†1951, Dez. 31, Ermelo, Niederlande.

Zur Biogr. O. C. Erasmus, Die personalisme van Kohnstamm als grondslag vir sy filosofie van die opvoeding (Leiden '62) 2 + 127 S. (Verdiept inzicht, 5). – P. A. Hoogwerf, De paedagogiek van Prof. Dr. Ph. Kohnstamm. Met een inleiding tot zijn werken (Groningen '33) 8 + 429 S. (m. Bildn.). – P. A. Hoogwerf in: Paedagogische encyclopaedie (R. Casimir, J. E. Verheyen) **2** (Groningen '40) 207–09 (m. Schr.verz.). – Gedenkboek voor Prof. Dr. Ph. A. Kohnstamm (Groningen '57) 6 + 304 S.

Nekr. M. J. Langeveld, Tijdschr. Philos. **14** ('52) 387–94. – J. G. van der Ploeg, Gids **115** ('52) 120–24. – H. J. Pos, Nieuwe Stem **7** ('52) 81–83. – H. van Praag, Philipp Abraham Kohnstamm. Een man Gods (Amsterdam '52) 23 S. (m. Bildn.). – Gedenkschrift: Paedagogische Studien [Groningen] **33** ('52) Febr.-H.

Autobiogr. in: Groei [Wachstum] **3** (Utrecht '33).

Ausgewählte Werke Keur uit het didactisch werk van Prof. Dr. Ph. Kohnstamm (Groningen '48) 16 + 477 S.; ^{2}('52) 26 + 477 S., darin Biogr. S. XI–XIX v. M. J. Langeveld.

H. De psychologie van het ongeloof. Een serie geschriften (Amsterdam '33 ff.); davon eig. Beiträge: **1**: Algemene inleiding ('33) 80 S.; **3**: Psychologie van het anti-semitisme ('33) 87 S.; **6**: Het ongeloof en de natuurwetenschap ('35) 84 S. – Stil lezen en zelf doen. Proeve van een leergang voor het stillezen op de lagere school, op experimentele basis samengesteld (Groningen '38–51).

MH. Losse paedagogische studiën (Groningen '25 ff.); davon eig. Beiträge: Democratie, dictatuur en opvoeding ('34) 39 S.; De aansluiting tussen lager en middelbaar onderwijs (m. G. Bolkestein, G. van Veen, Th. A. Verdenius) ('35) 102 S.; Meisjesstudie (m. H. W. F. Stellwag, M. J. Langeveld) ('48) 51 S.; Algemeen vormend onderwijs voor de gehele Nederlandse jeugd (m. I. C. van Houte, H. Nieuwenhuis, I. van der Velde) ('50) 85 S. – Didactische monographieën (Groningen '33 ff.). – Getuigen van Christus (Amsterdam '41 ff.); davon eig. Beitr.: Nr. **16**: Mr. J. J. L. van der Brugghen (Amsterdam '48) 38 S. – Eerste Nederlandse systematische encyclopaedie **1**: Wijsbegeerte, godsdienst, psychologie, opvoeding en onderwijs (Amsterdam '46). – Naar een nieuwe didactiek in de lagere school (Groningen '46 ff.); davon eig. Beitr.: **1**: Naar een nieuwe didactiek (Algemene inleiding) (m. I. van der Velde, L. Welling) ^{3}('46) 88 S., ^{4}('48), ... ^{11}('64) 116 S. – Moderne onderwijssystemen (Groningen '48 ff.). – Cultuurgeschiedenis van het christendom **1**: Jezus van Nazareth (Amsterdam '48); **2**: Christus overwint het heidendom in Europa ('49); **3**: Het Christendom in de branding ('50); **4**: Verval en herleving ('51); **5**: Gisteren, heden, morgen ('51), darin eig. Beitr. S. 427–: Heutige Philosophie und christlicher Glaube [niederländ.].

S. De wijsbegeerte in haar verhouding tot ons hoger onderwijs (Haarlem '33): [Mitarbeit]. – Scientia. Handboek voor wetenschap, kunst en godsdienst (A. W. de Groot) **1** (Utrecht '38, '41) 209–38: Pädagogik [niederländ.]. – Wijsbegeerte, wetenschap, mensenbeschouwing. Een achttal voordrachten, gehouden voor de studenten van de medische en andere faculteiten te Amsterdam (Amsterdam '39) 135–37: Methode und Ziel der philosophischen Anthropologie [niederländ.]. – Drie vragen, gesteld door de N.C.S.V. en beantwoord door ... (Nijkerk '39) 9–25: Wo ist Gott? [niederländ.]. – Het oecumenische gesprek der kerken ('s Gravenhage '39) 169–81: Kirche, Volk und Staat in bezug auf Unterricht und Erziehung [niederländ.]. – Feestbundel, uitgegeven ter gelegenheid van het 25jarig jubileum als hoogleraar van Doctor Jan Waterink (Amsterdam '51) 107–: Paedagogiek, personalisme en wijsbegeerte der wetsidee. – Gesprek der opvoeders. Een liber amicorum voor R. Casimir, 29 Sept. 1952 (m. G. A. van Poelje) (Amsterdam '52) 47–49: Die Bedeutung des Kleinkindalters für die Charakterbildung [niederländ.]. – M. J. Langeveld, Inleiding in de psychologie (Groningen '55), ^{2}('57), ^{3}('61): [Mitarbeit].

W. (Mitarb.) L. C. T. Bigot, Psychologie, Hoofdzaken van de zielkunde ten behoeve van aanstaande onderwijzers en onderwijzeressen (Groningen '26), ^{2}('30), ... ^{5}('35) 181 S., ^{6}('38), ... ^{8}('46), ... ^{11}('50), ^{12}('52) 212 S., ... (Handboek voor opvoedkunde ten dienste van kweekscholen, 1). – (Mitarb.) L. C. T. Bigot, Het kind (Groningen '30), ^{2}('31), ^{3}('36) 160 S., ... ^{5}('39), ^{6}('43), ^{7}('46), ... ^{9}('50), ^{10}('52) 177 S., ... (∼ 2). – (Mitarb.) L. C. T. Bigot, Gilles van Hees, Verleden en heden, Beknopte geschiedenis van opvoeding en onderwijs vooral in Nederland $^{1\cdot 2}$(Groningen '34) 245 S., ^{3}('38), ^{5}('51), ^{6}('55) 265 S., ... (∼ 4). – Aanschouwing en abstractie als momenten van „leren denken". Rede, uitgesproken bij de aanvaarding van het ambt van hoogleraar in de paedagogiek aan de Rijksuniversiteit te Utrecht, op 20 Juni 1932 (Groningen '32) 26 S. – Hoofdstukken uit de psychologie. Een boek voor candidaat-hoofdonderwijzers (m. L. C. T. Bigot) (Groningen '33) 155 S. — Hoe mijn „Bijbelsch personalisme" ontstond (Haarlem '34) 43 S.; ²('52) 7 + 48 S. — Godsdienst en opvoeding (Amsterdam '36) 104 S. (Fakkel-reeks, 2). — Onderwijs in bijbelkennis op de openbare lagere school (m. J. N. Bakhuizen van den Brink, C. A. Mennicke, H. Nijboer u. G. van Veen) (Lochem '36) 63 S. — Het nationaalsocialisme als geestelijk gevaar (Assen '36) 30 S. (Waakzaamheid. Brochures uitgeg. door het Comité van waakzaamheid van antinationaalsocialistische intellectuelen, 1). — Geloof en wetenschap (Haarlem '36) [Broschüre]. — Volk en Staat (Haarlem '36) [Broschüre]. — Democratie in de branding (Amsterdam '38) 191 S. (Moderne opvoeding en wereldbeschouwing, 3). — [1:] Planmatige leiding in onderwijs en volksontwikkeling. [2:] Werkloosheid en volksopvoeding (Assen '39) 47 S. (Sociaalpaedagogische voordrachten, 1/2). — Gezag en vrijheid in het christelijk leven. Gedachten naar aanleiding van Gal. 5,1 (Amsterdam '42) 89 S. — Het Oude Verbond. Een inleiding in oud-testamentische theologie (Amsterdam '45) 120 S. — De A. R. partij en het socialisme (Amsterdam '47) 29 S. — Vrije wil of determinisme. Een mathematisch-fysische en kennistheoretische uiteenzetting voor juristen, paedagogen, theologen en andere niet-fysici (Haarlem '47) 11 + 296 S. — Staat dan in de vrijheid **1**: Brieven over het Oude Testament (Amsterdam '47) 236 S.; **2**: Brieven over het Nieuwe Testament ('48) 228 S. — Mensch en wereld. Een personalistische inleiding in de wijsbegeerte (Amsterdam '48) 332 S. — De toekomstige taak der Nederlandse Volksbeweging (Rotterdam '48) 24 S. — Beknopt leerboek der psychologie ten dienste van studerenden voor de akte van hofdonderwijzer(es) (m. L. C. Th. Bigot, B. G. Palland) (Groningen '48) 254 S.; ²('49), ³('51), ⁴('53), ⁵('58), ⁶('59), ⁷('61); 8. Aufl. red. v. B. G. Palland, J. Jonges ⁸(Groningen '64) 333 S. — De christen-academicus en de wetenschap (m. J. J. Louet Feisser, G. C. van Niftrik, J. A. Diepenhorst, A. E. Loen) (Amsterdam '49) 112 S. — Algemeen vormend onderwijs voor de gehele Nederlandse jeugd (Amsterdam '50) 24 S. — Persoonlijkheid in wording. Schets ener christelijke opvoedkunde ⁴(Haarlem '63) 19 + 626 S. [1. Aufl. '29].

Hollandsche Rev. De nieuwe koers bij het onderwijs: **38** ('33) 344.

Keerpunt Idealisme contra existentialisme en personalisme: **1947**, Dez.-Nr.

Mededelingen Nutsseminarium Paedagogiek Univ. Amsterdam Over „denken" en „leren denken": Nr. **22** ('32) 23 S. — De lagere school en het stil-lezen. Een onderzoek inzake het zelfstanding verwerken van leesstof door leerlingen der hoogste klassen van lagere scholen in de gemeente Utrecht¹)²): Nr. **23** ('33) 224 S. — Stil-leesstof als denk-materiaal en denk-maatstaf. Een onderzoek aangaande de vorming en toetsing van „theoretische intelligentie"¹)²): Nr. **24** ('35) 6 + 288 S. — De formele logica en het kinderlijke denken: Nr. **26** ('35) 32 S. — Logica en psychologie van het denken: Nr. **27** ('35) 26 S. — Paedagogiek als wetenschap: Nr. **28** ('36) 15 S. — De betekenis der psychologie voor de didaktiek bij het nijverheidsonderwijs: Nr. **29** ('36) 15 S. — Het werk van het Nutsseminarium in de jaren 1926/1936: Nr. **30** ('36) 44 S. — Over lees- en rekenopgaven en hun didaktische en diagnostische waarde¹)²): Nr. **31** ('37) 40 S. — Taak en positie der paedagogiek in de opbouw ener nieuwe gemeenschap: Nr. **38** ('49) 23 S. — Existentialisme, personalisme en paedagogiek: Nr. **41** ('49) 20 S.

Nederlandsch Tijdschr. Psychol. Logica en psychologie van het denken: **2** ('34) 305–30. — De herontdekking van het geweten bij Freud: **9** ('41) 1–18.

Opbouw [Assen] Herziening der schoolwet?: **15** ('32) 97–104, 142–48. — Hervorming van het onderwijs, in't bijzonder dat der kweekscholen: **17** ('34) 79–102. — De geestelijke gevaren van het nationaal-socialisme: 337–47. — Democratie in Nederlandsen zin: **19** ('36) 306–20. — Religie en staatkunde: **20** ('37) 371–85.

Paedagogische Studien [Groningen] Amerikaansche studieresultaten over onderwijs en opvoeding, 3: **13** ('32) 23–27. — Bijbelkennis en openbaar onderwijs: 33–44, 339f. — Het werk van E. R. Jaensch en zijn betekenis voor paedagogiek en didaktiek: 105–10. — Het probleem van de moderne vrouw en het huwelijk: 209–20. — Denken en leren denken: 241–50, 284–94. — Opleiding tot christelijke en maatschappelijke deugden: **13** ('32). — Ovide Decroly en zijn werk: **14** ('33) 1–8. — Paul Ehrenfest als tolk van dezen tijd: 271–81. — Democratie, dictatuur en opvoeding: **15** ('34) 33–49, 73–87. — De formeele logica en het kinderlijk denken: 265–80, 347–59. — De aansluiting tussen lager en middelbaar onderwijs, C: Het rekenen: 377–. — Tijdstromingen en hun waardering: **16** ('35) 65–77. — Aanleg en milieu-invloed: 138–46. — F. Bordewijk en zijn „Bint": 257–62. — Het verslagopstel. Een nieuwe methode voor het godsdienstonderwijs³): 338–45. — Een schip op 't strand: **16** ('35). — Het werk van het Nutsseminarium in de jaren 1926–1936: **17** ('36) 9–24, 33–47, 65–75. — William Stern en zijn „Allgemeine Psychologie auf personalistischer Grundlage": 142–46. — Nietzsche als opvoeder?: 245–48. — Over lees-rekenopgaven en hun didactische en diagnostische waarde¹)²): **18** ('37) 137–64, 201–17. — Een nieuwe ethiek: 258–61. — Over paraatheid: **18** ('37). — Didactiek: ibid. — Over intelligentie en verstand: ibid. — Decroly herdacht: ibid. — William Stern †: **19** ('38) 97–105. — Angst als paedagogisch probleem: 175–79. Correlatie: **19** ('38). — De uitweg: ibid. — Rapporten en cijfers: ibid.

Personalist [Los Angeles] Personalism and the world situation: **20** ('39) Nr. 4.

Recueil Trav. chim. Pays-Bas Die Axiomatik des Nernstschen Theorems und die Grenzen der Thermodynamik: **51** ('32) 538–42.

Stemmen des Tijds Wetenschappelijke samenwerking: **25** ('36) Nr. 7, 51–55. — Theologie en wijsbegeerte: **30** ('41) 405–19.

Tijdschr. Philos. Over het probleem van „psychische metingen“ in't algemeen en van „intelligentie-metingen“ in't bijzonder: **4** ('42) 323–44, 547–80.

Volksontwikkeling Wereldcrisis: **14** ('32/33) Nr. 11. — Onderwijsleiding: **14** ('32/33). — Aansluiting van middelbaar en hoger onderwijs: **15** ('33/34). — A. H. Gerhard 80 jaar: **19** ('37/38) 201f. — De geestelijke grondslagen van het openbaar onderwijs: 233–39. — P. A. Diels †: 329. — Tekenen des tijds. Rechtsstaat en volksopvoeding: **20** ('38/39) 33–36. — „Germaanse“ of „christelijke en maatschappelijke“ deugden?: **21** ('39/40) 152–57. — Professoren-benoemingen: 201–07. — De structuur der universiteit in het verband der volksontwikkeling: 225–34. — De christelijke en maatschappelijke deugden van art. 42 der wet op het lager onderwijs u.a.): 248–52. — Nederlanders in het bezette gebied: 289–91.

Mit: [1]) A. H. van der Hoeve; [2]) G. van Veen; [3]) P. ten Have.

VI **KOLLER,** Lewis Richard. Physik. — 1922–26 Physicist, Edison Lamp Works, General Electric Co., Harrison, N.J.; '26–60 Research Assoc., Research Labor., General Electric Co., Schenectady, N.Y.; '60–65 Research Assoc., Nation. Research Corp., Cambridge, Mass.

*1895, Sept. 12, New York.

Zur Biogr. Science [USA] **132** ('60) 885 (m. Bildn.).

S. Measurement of radiant energy (W. E. Forsythe) (New York '37) 216–45: Measurement of spectral radiation by means of the photoelectric tube. — Industrial electronics handbook (W. D. Cockrell) (New York '58) 2.88–2.98: Electron tubes: Basic phenomena of electron flow. — Report 18th Annual conference of physical electronics, Cambridge, Mass., 1958 (Cambridge, Mass. '58): A new method for forming thin films of phosphors.

W. The physics of electron tubes (New York–London '34) 13 + 205 S.; [2]('37) 17 + 234 S. (International series in physics). — Ultraviolet radiation (New York–London '52) 9 + 270 S.; [2]('65) 312 S.

American J. Diseases Children Air contamination and air sterilization[10])[5])[13])[14]): **58** ('39) 1023–37.

General Electric Rev. Production, transmission, and reflection of ultraviolet radiation: **39** ('36) 232–36. — Infrared: Production and transmission, reflection and measurement: **44** ('41) 167–73. — Electrostatic precipitation: **48** ('45) Nr. 8, 13–15. — Production and decomposition of ozone by low-pressure mercury-vapor lamps: **49** ('46) Nr. 4, 25–30. — Ozone production by low-pressure mercury arcs: 50–53. — Secondary emission, 1: **51** ('48) Nr. 4, 33–40; ~ 2: Nr. 6, 50–52.

Industrial and Engng. Chem. High temperature control: Photoelectric-tube pyrometry: **23** ('32) 1379–.

Instruments [Pittsburgh, Pa.] A decade of advances in the field of technical phototubes and photocells: **11** ('38) 51.

J. appl. Physics [USA] Bactericidal effects of ultraviolet radiation produced by low-pressure mercury-vapor lamps: **10** ('39) 624–30. — The production and decomposition of ozone by low-pressure mercury-vapor lamps: **16** ('45) 816–20. — Negative wire corona at high temperature and pressure[6]): **21** ('50) 741–44. — Electron excitation of bilayer screens[3]): **29** ('58) 1064–66.

J. electrochem. Soc. The voltage drop through phosphor screens and its bearing on the performance of cathodoluminescent lamps: **103** ('56) 214–18. — Formation of phosphor films by evaporation[3]): **107** ('60) 973–76.

J. Franklin Inst. Ionization of the atmosphere and its biological effects: **214** ('32) 543–68.

J. gen. Physiol. The effects of ultraviolet radiation on spores of the fungus Aspergillus niger[15])[8]): **22** ('39) 689–98.

J. opt. Soc. America Cadmium magnesium alloy photo-tubes[12]): **25** ('35) 184. — Monolayer fluorescent screens: **43** ('53) 620.

Physical Rev. Visual observations on the Malter effect[9]): (2) **52** ('37) 519–23. — Secondary emission from germanium, boron, and silicon[2]): **70** ('46) 571. — Electron penetration and scattering in phosphors[1]): **83** ('51) 684f. — Electroluminescence in thin films of ZnS·Mn[7]): **93** ('54) 349f.

Physics Cathode sputtering in arc discharges: **7** ('36) 225–31. — A method for studying phenomena at the cathode in arc discharges: 295f.

Review sci. Instruments Note on rating of photoelectric tubes: (N.S.) **3** ('32) 760f.

Science [USA] Energy loss of electrons in passing through a phosphor[1]): **112** ('50) 449.

Trans. amer. Inst. chem. Engr. Atmospheric electricity: **28** ('32) 29–55.

Wallerstein Labor. Commun. Killing germs with ultraviolet: **4** ('41) 183–88.

Mit: 1) E. D. Alden; 2) J. S. Burgess; 3) H. D. Coghill; 4) –; 5) M. E. Doyle; 6) H. A. Fremont; 7) R. E. Halsted; 8) C. P. Haskins; 9) R. P. Johnson; 10) E. C. Robertson; 11) –; 12) A. H. Taylor; 13) F. F. Tisdall; 14) F. S. Ward; 15) P. A. Zahl.

VI **KOLMOGOROV,** Andrej Nikolaevič. Math. — Bis 1925 Stud., '30– Prof., '33– Dir. d. Math. Inst., Univ. Moskva; '35 Dr. d. math.-physikal. Wiss.; '39– Leiter d. Abteilg. Wahrscheinlichkeitsrechnung u. math. Statistik, Steklov-Inst. f. Math., Akad. d. Wiss. d. UdSSR. — '55 Dr. h. c. (Univ. Paris); '60 Dr. h. c. (Univ. Stockholm). — '41 Staatspreis (UdSSR); Leninpreis (2mal), Rotbannerorden (UdSSR); '63 Held d. sozialist. Arbeit (UdSSR); '63 Goldmedaille „Sichel u. Hammer" (UdSSR); '63 Balzan-Preis (Balzan-Stiftg., Italien). (⊠)

*1903, April 25 (12), Tambov.

Zum 50. Geb.tag P. S. Aleksandrov, A. Ja. Chinčin, Usp. mat. Nauk **8** ('53) Nr. 3, 176–200 (m. Bildn. u. Schr.verz. 168 Nrn.); deutsch in: Sowjetwissenschaft **7** ('54) 128–41 (Schr.verz. S. 141–49, Bildn. vor S. 157). — Izvest. Akad. Nauk SSSR, Ser. mat. **17** ('53) 181–88 (m. Bildn., Faks. u. Schr.verz. 169 Nrn.).

Zum 60. Geb.tag Festgabe: Usp. mat. Nauk **18** ('63) Nr. 5, S. 3–123 (m. Bildn.); darin S. 5–11: B. V. Gnedenko, Über die Arbeiten A. N. Kolmogorovs auf dem Gebiet der Wahrscheinlichkeitsrechnung [russ.]; 13–114: [Weitere wiss. Arbeiten mit Bezug auf Kolmogorovs Werk]; 115–20: P. S. Aleksandrov, B. V. Gnedenko, A. N. Kolmogorov als Pädagoge [russ.]; 121–23: Schr.verz. 1953–1962. — P. S. Aleksandrov, Vestn. mosk. Univ., Ser. I **18** ('63) Nr. 3, 3–6 (m. Bildn.). — G. Anfilov, Ogonek **41** ('63) Nr. 48, 11f. (m. Bildn. u. Titelbild d. Heftes). — M. Arató, Magyar tudományos Akad. mat. és fizik. Tudományok Osztályának Közleményei **13** ('63) 225–28. — B. V. Gnedenko, Matematika v Škole **1963**, Nr. 2, 67f. (m. Bildn.). — B. V. Gnedenko, N. V. Smirnov, Über die Arbeiten A. N. Kolmogorovs zur Wahrscheinlichkeitsrechnung: Teorija Verojatnostej i Primenenija **8** ('63) Nr. 2, 167–74 [russ.] (m. Bildn. u. Schr.verz.).

Zur Biogr. T. Nemčuk, Smena [Moskva] **1967**, Nr. 17, 26–28.

H. (Redakt.) A. Lebeg, Ob izmerenii veličin [Henri Lebesgue, Sur la mesure des grandeurs] (Moskva '38) 208 S.; darin eig. Beitr.: Vorwort [russ.]. — (Redakt.) G. Kramer, Matematičeskie metody statistiki [Mathematische Methoden der Statistik] (Moskva '48); darin eig. Beitr.: Vorwort [russ.].

MH. (Mitredakt.) F. Chausdorf, Teorija množestv [F. Hausdorff, Mengenlehre] (Moskva–Leningrad '37); darin eig. Beitr.: Anhang²) [russ.]. — (Mitredakt.) Akademija Nauk SSSR. Naučno-issledovatel'skie raboty institutov, vchodjaščich v Otdelenie fiziko-matematičeskich nauk za 1940 god. Sbornik referatov [Akademie der Wissenschaften der UdSSR. Wissenschaftliche Forschungsarbeiten der Institute, die bei der Abteilung der physikalisch-mathematischen Wissenschaften während des Jahres 1940 eingelaufen sind. Sammlung von Referaten] (Moskva–Leningrad '41). — (Mitredakt.) Trudy 2-go Vsesojuznogo soveščanija po matematičeskoj statistike [Arbeiten der 2. Unionskonferenz über mathematische Statistik] (Taškent '49); darin eig. Beitr.: 240–68: Die reale Bedeutung der Ergebnisse der Dispersionsanalyse [russ.]. — (Mitredakt.) S. N. Bernštejn, Sobranie sočinenij [Gesammelte Werke] **1** (Moskva '52), **2** ('54), **3** ('60), **4** ('64). — (Mitredakt.) Matematika, ee soderžanie, metody i značenie [Mathematik, ihr Inhalt, ihre Methoden und ihre Bedeutung] **1**ff. (Moskva '56ff.); eig. Beitr. in **2**, 252–84: Die Wahrscheinlichkeitsrechnung [russ.]; engl.: Mathematics, its content, methods and meaning **1–6** (Providence, R.I. '62/63).

HZ. Trudy mat. Inst. im. Steklova **12** ('45) = Sbornik statej po teorii strel'by [Sammlung von Aufsätzen zur Theorie des Schießens] **1**.

S. Matematika v SSSR za 15 let [15 Jahre Mathematik in der UdSSR] (Moskva–Leningrad '32) 37–48: Theorie der Funktionen einer reellen Veränderlichen [russ.]. — Trudy 2-go Vsesojuznogo matematičeskogo s-ezda [Arbeiten der 2. mathematischen Unionskonferenz], Leningrad 1934, **1** (Leningrad–Moskva '35) 349–58: Über einige moderne Strömungen in der Wahrscheinlichkeitsrechnung [russ.]. — Sbornik statej po filosofii matematiki [Sammlung von Aufsätzen zur Philosophie der Mathematik] (Moskva '36) 7–13: Moderne Mathematik [russ.]. — Matematika i estestvoznanie v SSSR. Očerki razvitija matematičeskich i estestvennych nauk za dvadcat' let [Mathematik und Naturwissenschaften in der UdSSR. Aufsätze zur Entwicklung der Mathematik und der Naturwissenschaften seit 20 Jahren] (Moskva–Leningrad '38) 51–61: Die Wahrscheinlichkeitsrechnung und ihre Anwendungen [russ.]. — Bol'šaja sovetskaja ėnciklopedija [Große Sowjetenzyklopädie] **38** (Moskva–Leningrad '38) 152 f.: Andrej Andreevič Markov [russ.]; 359–402: Mathematik [~]; 405 f.: Mathematische Induktion [~]; **39** ('38) 577 f.: Mehrdimensionaler Raum [~]; **43** ('39) 342–44: Orientierung [~]; **45** ('40) 746–48: Fläche [~];

52 ('47) 508 f.: Mittelwert einer Größe [~]; **56** ('36) 163–65: Gleichung [~]; Tom SSSR [Band UdSSR] ('47) 1318–23: Entwicklung der Mathematik in der UdSSR [~]; **1** ^{2}('49) 613–16: Axiom [~]; **2** ^{2}('50) 61 f.: Algebra in der Oberschule [~]; 65: Algorithmus [~]; 65–67: Euklidischer Algorithmus [~]; **5** ^{2}('50) 67–71: Das Unendlichkleine[21]) [~]; 73 f.: Das Unendliche (in der Mathematik) [~]; **7** ^{2}('51) 340 f.: Größe [~]; **9** ^{2}('51) 417 f.: Auswahlmethode[24]) [~]; **11** ^{2}('52) 370 f.: D. Hilbert [~]; **14** ^{2}('52) 498 f.: Differential [~]; 520–26: Differentialrechnung[7])[30]) [~]; **17** ^{2}('52) 115–19: Mathematische Symbole[5])[20]) [~]; **22** ^{2}('53) 524 f.: Koordinaten [~]; **23** ^{2}('53) 55–58: Korrelation (in der mathematischen Statistik) [~]; **25** ^{2}('54) 167–70: Kurve [~]; **26** ^{2}('54) 464–83: Mathematik [~]; 485–90: Mathematische Statistik [~]; **28** ^{2}('54) 14–17: Mengenlehre[2]) [~]; **31** ^{2}('55) 188 f.: Orientierung [~]; **33** ^{2}('55) 346 f.: Fläche[43]) [~]; **34** ^{2}('55) 498 f.: Statistische Abnahmekontrolle [~]. — Moskovskij universitet-pamjati Isaaka N'jutona, 1643–1943. Sbornik statej [Die Moskauer Universität zum Gedenken Isaac Newtons. Sammlung von Aufsätzen] (Moskva '46) 27–42: Newton und das moderne mathematische Denken [russ.]. — Jubilejnyj sbornik, posvjaščennyj tridcatiletiju Velikoj Oktjabr'skoj socialističeskoj revoljucii [Jubiläumsband (der Akademie der Wissenschaften der UdSSR) zum 30. Jahrestag der Großen Sozialistischen Oktoberrevolution] **1** (Moskva–Leningrad '47) 242–52: Statistische Theorie der Schwankungen mit kontinuierlichen Spektren [russ.]. — Obščee sobranie Akademii Nauk SSSR, posvjaščennoe tridcatiletiju Velikoj Oktjabr'skoj socialističeskoj revoljucii [Hauptversammlung der Akademie der Wissenschaften der UdSSR zum 30. Jahrestag der Großen Sozialistischen Oktoberrevolution] (Moskva '48) 465–72: Statistische Theorie der Schwankungen mit kontinuierlichem Spektrum [russ.]. — Matematika v SSSR za tridcat' let, 1917–47. Sbornik statej [30 Jahre Mathematik in der UdSSR. Sammlung von Aufsätzen] (Moskva–Leningrad '48) 701–27: Wahrscheinlichkeitsrechnung[16]) [russ.]. — P. L. Čebyšev, Polnoe sobranie sočinenij, **3**: Matematičeskij analiz [Vollständige Sammlung der Werke, **3**: Mathematische Analysis] (Moskva–Leningrad '48) 404–09: Über zwei Sätze über Wahrscheinlichkeiten (Kommentare) [russ.]. — N. I. Lobačevskij, Polnoe sobranie sočinenij [Vollständige Sammlung der Werke] **3** (Moskva–Leningrad '51) 329–32: Übersicht über die Arbeit „Die Wahrscheinlichkeit der Mittelwerte, die sich aus wiederholten Beobachtungen ergeben" [russ.]. — C. R. 1er Congrès des mathématiciens hongrois, Budapest 1950 (Budapest '52) 367–86: Satz über die Konvergenz der bedingten mathematischen Erwartungen und seine Anwendungen [russ. u. ungar.]. — Bericht über die Tagung Wahrscheinlichkeitsrechnung und mathematische Statistik, Berlin 1954 (Berlin '56) 113–26: Zufällige Funktionen und Grenzverteilungssätze[37]). — Trudy 3-ego Vsesojuznogo matematičeskogo s-ezda [Arbeiten der 3. mathematischen Unionskonferenz] (S. M. Nikol'skij) **2** (Moskva '56) 28 f.: Einige prinzipielle Fragen der näherungsweisen und der genauen Darstellung von Funktionen einer und mehrerer Variablen [russ.]; 47: Die Informationsmenge und die Entropie für stetige Verteilungen[18])[14]) [russ.]; **3** ('58) 300–20: Die Größe der Information und die Entropie für kontinuierliche Verteilungen[14]) [18]) [russ.]. — Proc. 7th International congress of mathematicians, Amsterdam 1954, **1** (Groningen–Amsterdam '57) 315–33: Allgemeine Theorie dynamischer Systeme und die klassische Mechanik [russ.]. — Sessija Akademii Nauk SSSR po naučnym problemam avtomatizacii proizvodstva [Sitzung der Akademie der Wissenschaften der UdSSR über wissenschaftliche Probleme der Automatisierung der Produktion] 1956, [**1**]: Plenarnye zasedanija [Plenarsitzung] (Moskva '57) 66–99: Theorie der Informationsübertragung [russ.]. — Arbeiten zur Informationstheorie **1** (Berlin '57) (Mathematische Forschungsberichte, 4) 91–116: Theorie der Nachrichtenübermittlung; **2** ('58) (~ 6) 57–60: Zur allgemeinen Definition der Information[14])[18]). — Matematika v SSSR za 40 let [40 Jahre Mathematik in der UdSSR], 1917–1957, **1** (Moskva '59) 781–95: Wahrscheinlichkeitsrechnung [russ.]. — Sammelband zur statistischen Theorie der Turbulenz (H. Goering) (Berlin '58) 71–76: Die lokale Struktur der Turbulenz in einer inkompressiblen zähen Flüssigkeit bei sehr großen Reynoldsschen Zahlen; 77–81: Die Energiedissipation für lokalisotrope Turbulenz; 147–50: Zur Entartung der isotropen Turbulenz in einer inkompressiblen zähen Flüssigkeit; 151–56: Über die Zerstäubung von Tropfen in einer turbulenten Strömung. — Mécanique de la turbulence. Actes du colloque international, Marseille 1961 (Paris '62) (Centre National de la Recherche Scientifique, Colloques internationaux, 108) 447–58: Précisions sur la structure locale de la turbulence dans un fluide visqueux aux nombres de Reynolds élevés. — Selected translations in mathematical statistics and probability **2** (Providence, R. I. '62) 109–29: A local limit theorem for Markov chains. — Proc. 9th International congress of mathematicians, Stockholm 1962 (Djursholm '63) 351–56: Verschiedene Zugänge zur Abschätzung der Schwierigkeit des approximativen Gebens und der Berechnung von Funktionen [russ.].

W. Vvedenie v teoriju funkcij dejstvitel'nogo peremennogo [Einführung in die Theorie der Funktionen einer reellen Veränderlichen] (m. P. S. Aleksandrov) (Moskva–Leningrad '32) 270 S.; ^{2}('33) 270 S.; ^{3}('38) 268 S.; ukrain.:

(Kiev '41) 268 S. – Grundbegriffe der Wahrscheinlichkeitsrechnung (Berlin '33) 4 + 62 S. (Ergebnisse der Mathematik und ihrer Grenzgebiete, 2, 3); russ.: Osnovnye ponjatija teorii verojatnostej (Moskva–Leningrad '36) 80 S.; engl.: Foundations of the theory of probability (New York '50) 8 + 70 S., ²('56) 84 S. – Algebra [russ.] (m. P. S. Aleksandrov) 1 (Moskva '39) 192 S. – Nikolaj Ivanovič Lobačevskij. 1793–1943 (m. P. S. Aleksandrov) (Moskva–Leningrad '43) 100 S. – Predel'nye raspredelenija dlja summ nezavisimych slučajnych veličin (m. B. V. Gnedenko) (Moskva–Leningrad '49) 264 S.; ungar.: (Budapest '51) 256 S.; engl.: Limit distributions for sums of independent random variables (Cambridge '54) 9 + 264 S.; poln.: (Warszawa '57) 263 S.; deutsch: Grenzverteilungen von Summen unabhängiger Zufallsgrößen (Berlin '59) 8 + 279 S. – Statističeskij priemočnyj kontrol' pri dopustimom čisle defektnych izdelij, ravnom nulju [Statistische Abnahmekontrolle, falls die zulässige Zahl defekter Erzeugnisse gleich Null ist] (Leningrad '51) 24 S. (Vsesojuznoe obščestvo po rasprostraneniju političeskich i naučnych znanij. Leningradskij Dom naučnotechničeskoj propagandy). – O professii matematika (V pomošč postupajuščim v vuzy) [Über den Beruf des Mathematikers (Als Hilfsmittel für neuimmatrikulierte Studenten der Hochschulen)] (Moskva '52) 32 S., ²('54), ³('59, '60) 30 S.; armenisch: (Erevan '53) 32 S. – Größe. Axiom (Leipzig '54) 20 S. (Große Sowjetenzyklopädie, Reihe Mathematik, Physik und Astronomie). – Ėlementy teorii funkcij i funkcional'nogo analiza (Kurs lekcij), 1: Metričeskie i normirovannye prostranstva (m. S. V. Fomin) (Moskva '54) 155 S., engl.: Elements of the theory of functions and functional analysis, 1: Metric and normed spaces (Albany, N. Y. '57) 129 S.; 2: Mera, integral Lebega, gil'bertovo prostranstvo (m. S. V. Fomin) (Moskva '60) 119 S., engl.: Measure, Lebesgue integrals, Hilbert space (Albany, N. Y. '61) 9 + 128 S.; 2. russ. Aufl. in 1 Band: ²(Moskva '68) 496 S. – Arbeiten zur Informationstheorie, 3: ε-Entropie und ε-Kapazität von Mengen in Funktionalräumen (m. W. M. Tichomirow) (Berlin '60) 88 S. (Mathematische Forschungsberichte, 10).

Analele romîno-soviet., Ser. Mat.-Fizică Die Theorie der Informationsübertragung: **13** ('59) Nr. 1, 5–33 [rumän.].

Annales Inst. Henri Poincaré Sur les propriétés des fontions de concentrations de M. P. Lévy: **16** ('58) No. 1, 27–34.

Annals Math. Zur Begründung der projektiven Geometrie: (2) **33** ('32) 175 f. – Zufällige Bewegungen (Zur Theorie der Brownschen Bewegung): **35** ('34) 116 f. – Zur Größenordnung des Restgliedes Fourierscher Reihen differenzierbarer Funktionen: **36** ('35) 521–26. – Über die beste Annäherung von Funktionen einer gegebenen Funktionenklasse: **37** ('36) 107–10. – Über offene Abbildungen: **38** ('37) 36–38.

Annals math. Statistics Confidence limits for an unknown distribution function: **12** ('41) 461–63.

Atti reale Accad. nazion. Lincei, Rend. Sulla forma generale di un processo stocastico omogeneo: (6) **15** ('32) 805–08, 866–69.

Bjul. mosk. gos. Univ., Mat. Markovsche Ketten mit abzählbar vielen Zuständen: **1** ('37/38) Nr. 3, 16 S. – Untersuchungen der Diffusionsgleichung bei zunehmender Stoffmenge und ihre Anwendung auf ein biologisches Problem[32])[33]): Nr. 6, 26 S. – Stationäre Folgen im Hilbertschen Raum: **2** ('41) Nr. 6, 40 S. – – Alle Arbeiten russ.

C. R. hebd. Séances Acad. Sci., Paris La transformation de Laplace dans les espaces linéaires: **200** ('35) 1717 f. – Les groupes de Betti des espaces localement bicompacts: **202** ('36) 1144–47. – Propriétés des groupes de Betti des espaces localement bicompacts: 1325–27. – Les groupes de Betti dès espaces métriques: 1558–60. – Cycles relatifs. Théorème de dualité de M. Alexander: 1641–43. – Une généralisation de l'inégalité de M. J. Hadamard entre les bornes supérieures des dérivées successives d'une fonction: **207** ('38) 764 f. – Sur l'interpolation et extrapolation des suites stationnaires: **208** ('39) 2043–45.

Dodatek Roczn. polsk. Towarz. mat. Algèbres de Boole métriques complètes: **22** ('51) 21–30 [ ].

Dokl. Akad. Nauk SSSR Über Unstetigkeitspunkte von Funktionen zweier Veränderlichen[48]): **1934** I, 105–07 [auch deutsch]. – Sur la convergence des séries de polynômes orthogonaux: 291–94 [m. französ. Zusammenfassg.]. – Weitere Untersuchungen über Unstetigkeitspunkte von Funktionen zweier Veränderlichen[48]): **1934** IV, 361–64 [auch deutsch]. – Abweichungen von den Hardyschen Formeln für partielle Isolation: **1935** III, 129–32. – Über Ringe stetiger Funktionen über topologischen Räumen[14]): **22** ('39) 11–15. – Kurven im Hilbertschen Raum, die gegenüber einer einparametrigen Gruppe von Bewegungen invariant sind: **26** ('40) 6–9. – Die Wienersche Spirale und einige andere interessante Kurven im Hilbertschen Raum: 115–18. – Über eine neue Bestätigung des Mendelschen Gesetzes: **27** ('40) 37–41. – Die lokale Struktur der Turbulenz in einer inkompressiblen zähen Flüssigkeit bei sehr großen Reynoldsschen Zahlen: **30** ('41) 299–303. – Punkte lokaler Topologie von abzählbar vieldeutigen offenen Abbildungen von Kompakten: 477–79. – Über ein logarithmisch-normales Verteilungsgesetz für die Größen von Teilchen bei Zerkleinerung: **31** ('41) 99–101. – Zur Entartung der isotropen Turbulenz in einer inkompressiblen zähen Flüssigkeit: 538–41. – Die Energiedissipation für lokalisotrope Turbulenz: **32** ('41) 19–21. – Zur Frage des Gesetzes des Widerstandes bei einer turbulenten Strömung in glatten Röhren: **52** ('46) 669–71. – Sich verzweigende zufällige Prozesse[8]): **56** ('47) 7–10. – Berechnung finaler Wahrscheinlichkeiten für sich verzweigende zufällige Prozesse[40]): 783–86. – Zur Frage der „geometrischen Auslese" der Kristalle: **65** ('49) 681–84. – Die Lösung eines Problems aus der Wahrscheinlichkeitsrechnung, das mit der Frage nach dem Mechanismus der Schichtbildung zusammenhängt: 793–96. – Über die Zerstäubung von Tropfen in einer turbulenten Strömung: **66** ('49) 825–28. – Zur Frage nach dem Widerstand und dem Geschwindigkeitsprofil bei turbulenter Strömung in Röhren: **84** ('52) 29 f. – Über dynamische Systeme mit einer Integralinvariante auf dem Torus: **93** ('53) 763–66. – Über die Erhaltung von bedingt periodischen Bewegungen bei kleiner Änderung der Hamiltonschen Funktion: **98** ('54) 527–30. – Über die Darstellung stetiger Funktionen mehrerer Veränderlicher durch Superpositionen stetiger Funktionen einer kleineren Anzahl der Veränderlichen: **108** ('56) 179–82. – Über einige asymptotische Charakteristika vollständig beschränkter metrischer Räume: 385–88. – Zur allgemeinen Definition der Informationsmenge[14])[18]): **111** ('56) 745–48. – Über die Darstellung stetiger Funktionen mehrerer Variabler durch Superpositionen stetiger Funktionen je einer Variabler und Addition: **114** ('57) 953–56. – Eine neue metrische Invariante transitiver dynamischer Systeme und Automorphismen in Lebesgueschen Räumen: **119** ('58) 861–64. – Über die lineare Dimension topologischer Vektorräume: **120** ('58) 239–41. – Über die Entropie pro Zeiteinheit als metrische Invariante von Automorphismen: **124** ('59) 754 f. – Über ein Wahrscheinlichkeitsproblem der optimalen Steuerung[29])[35]): **145** ('62) 993–95. – Über die Abschätzung der Parameter eines komplexen stationären Gauss-Markovschen Prozesses[3])[42]): **146** ('62) 747–50. – – Alle Arbeiten russ.

Fiziko-mat. Spisanie, Bulgarsk. Akad. Nauk. Automaten und Leben: **5** ('62) 282–89 [bulgar.].

Front Nauki i Techn. Moderne Mathematik: **1934**, Nr. 5/6, 25–28 [russ.]. – Das Institut für Mathematik und Mechanik der Staatlichen Universität Moskau: 75–78 [russ.].

Fundamenta Math. [Warszawa] Endliche Überdeckungen topologischer Räume[2]): **26** ('36) 267–71.

Giorn. Ist. ital. Attuari Sulla determinazione empirica di una legge di distribuzione: **4** ('33) 83–91. – Sulla teoria di Volterra della lotta per l'esistenza: **7** ('36) 74–80.

International J. Computer Math. Three approaches to the quantitative definition of information: **2** ('68) 157–68.

IRE Trans. On the Shannon theory of information transmission in the case of continuous signals: **IT-2** ('56) 102–08.

IEEE Trans. Logical basis for information theory and probability theory: **IT-14** ('68) 662–64.

Izvest. Akad. Nauk SSSR Über die Grenzwertsätze der Wahrscheinlichkeitsrechnung: **1933**, 363–72 [m. russ. Zusammenfassg.].

Izvest. Akad. Nauk SSSR, Otdel. techn. Nauk Diskussionsbeitrag zu einem Artikel von M. A. Velikanov: **1946**, 781–84 [russ.].

Izvest. Akad. Nauk SSSR, Ser. geogr. i geofizič. Zur Frage der Bestimmung des Koeffizienten der Wärmeleitfähigkeit des Bodens: **14** ('50) Nr. 2, 97 f. [russ.].

Izvest. Akad. Nauk SSSR, Ser. mat. Zur statistischen Theorie der Kristallisation von Metallen: [1] ('37) 355–59. – Sergej Natanovič Bernštejn zum 60. Geburtstag[17]): **4** ('40) 249–60. – Interpolation und Extrapolation von stationären zufälligen Folgen: **5** ('41) 3–14 [m. deutscher Zusammenfassg.]. – Die Bestimmung des Streuzentrums und des Maßes der Genauigkeit bei einer beschränkten Zahl von Beobachtungen: **6** ('42) 3–32 [m. französ. Zusammenfassg.]. – Gaußsche Formel aus der Theorie der Methode der kleinsten Quadrate[31])[44]): **11** ('47) 561–68. – Lokaler Grenzwertsatz für klassische Markovsche Ketten: **13** ('49) 281–300. – Unverfälschte Schätzungen: **14** ('50) 303–26. – – Alle Arbeiten russ.

Izvest. naučno-issled. Inst. Mat. i Mech. tomsk. gos. Univ. Zur Lösung einer biologischen Aufgabe: **2** ('38) Nr. 1, 1–12 [russ.].

Izvest. vysšich učebnych Zavedenij, Kazan', Mat. Brief an die Redaktion zum Aufsatz von S. N. Mergeljan „Gleichförmige Näherung von Funktionen einer komplexen Veränderlichen" in der Zeitschrift „Uspechi mat. Nauk" **7** ('52) Nr. 2: **1961**, Nr. 1, S. 177 [russ.].

J. Fluid Mech. A refinement of previous hypotheses concerning the local structure of turbulence in a viscous incompressible fluid at high Reynolds number: **13** ('62) 82–85.

Magyar tudományos Akad. mat. és fizik. Osztályának Közleményei Die Theorie der Informationsübertragung: 8 ('58) Nr. 1, 113–42 [ungar.].

Mašinyj Perevod i prikl. Lingvistika Automaten und Leben: Nr. **6** ('61) 3–8 [russ.].

Matematičeskij Sborn. Quelques remarques sur l'approximation des fonctions continues: **41** ('34) 99–103 [m. russ. Zusammenfassg.]. – Über die Dualität im Aufbau der kombinatorischen Topologie: (N. S.) **1** ('36) 97–102 [~]. – Anfangsgründe der Theorie der Markovschen Ketten mit unendlich vielen möglichen

Zuständen: 607–10 [∼]. – Homologie-Ring des Komplexes und des lokal-bikompakten Raumes: 701–06 [∼]. – Zur Plessnerschen Bedingung für das Gesetz der großen Zahlen: 847–49 [russ. m. deutscher Zusammenfassg.]. – Ein vereinfachter Beweis des Birkhoff-Khintchineschen Ergodensatzes: 2 ('37) Nr. 2, 367 f. [m. russ. Zusammenfassg.].

Matematičeskoe Prosvešč. Zur Begründung der Theorie der reellen Zahlen: **2** ('57) 169–71 [russ.].

Matematika v Škole Eigenschaften von Ungleichungen und der Begriff der angenäherten Berechnungen[2]): **1941**, Nr. 2, 1–12. – Die irrationalen Zahlen[2]): Nr. 3, 1–15. – Geometrische Transformationen in der Schulgeometrie: **1965**, Nr. 2, 24–29. – Über den Inhalt des Mathematik-Lehrgangs in der Schule[19]): Nr. 4, 53–62. – Funktionen, graphische Darstellungen, stetige Funktionen: Nr. 6, 12–21. – Über die Definition der Identität im Schulunterricht: **1966**, Nr. 2, 33–35. – Über die Lehrbücher für das Schuljahr 1966/67: Nr. 3, 26–30; Nr. 6, 31–37; **1967**, Nr. 1, 43–48. – Die neuen Lehrpläne und einige grundsätzliche Fragen zur Verbesserung des Mathematikunterrichts in der Oberschule: Nr. 2, 4–13. – Verallgemeinerung des Potenzbegriffs und die Exponentialfunktion: **1968**, Nr. 1, 24–32. – Zu den neuen Mathematik-Lehrplänen: Nr. 2, 21 f. – Exponentialfunktion und Logarithmen in der achtklassigen Schule: 23–25. – Einführung in die Wahrscheinlichkeitsrechnung und in die Kombinatorik. Materialien für den fakultativen Unterricht: 63–72. – Die wissenschaftlichen Grundlagen des Mathematikunterrichts in der Schule: **1969**, Nr. 3, 12–17. – – Alle Arbeiten russ.

Matematikai Lapok Über die Ausbildung der Wissenschaftler in der Sowjetunion: **8** ('57) 272–80 [ungar.].

Matematyka [Wrocław] Über den Beruf des Mathematikers: **6** ('53) Nr. 6, 10–19 [poln.].

Mathematische Ann. Beiträge zur Maßtheorie: **107** ('32/33) 351–66. – Zur Theorie der stetigen zufälligen Prozesse: **108** ('33) 149–60. – Zur Theorie der Markovschen Ketten: **112** ('35/36) 155–60. – Zur Umkehrbarkeit der statistischen Naturgesetze: **113** ('37) 766–72.

Mathematische Z. Zur Deutung der intuitionistischen Logik: **35** ('32) 58–65.

Nauka i Žizn' Begegnungen mit französischen Mathematikern: **1956**, Nr. 5, 5 f. – Was ist Leben? Eine neue Definition des Lebens ist erforderlich: **1962**, Nr. 4, 7–13 (m. Bildn.). – Neues in der Schulmathematik: **1969**, Nr. 3, 62–66. – – Alle Arbeiten russ.

Ogonek Wie ich Mathematiker wurde: **41** ('63) Nr. 48, 12 f. [russ.].

Physikalische Z. Sowjetunion Zur Berechnung der mittleren Brownschen Fläche[27]): **4** ('33) 1–13.

Priroda [SSSR] Der Grundgedanke der „stochastischen Theorie des Unterrichts" bei N. A. Romanov: **1966**, **Nr. 7**, 88 f. [russ.].

Problemy Kibernetiki Über die Realisierung von Netzen im dreidimensionalen Raum[4]): **19** ('67) 261–68 [russ.].

Problemy Peredači Informacii Drei Wege zur Bestimmung des Begriffes „Informationsmenge": **1** ('65) 3–11 [russ.].

Revista mat. şi fizică Über den Beruf des Mathematikers: **4** ('53) 109–15 [rumän.].

Sankhyā On the approximation of distributions of sums of independent summands by infinitely divisible distributions: **25A** ('63) 159–74. – On tables of random numbers: 369–76.

Séminaire Bourbaki Dimension linéaire des espaces vectoriels topologiques: **10**.1957/1958 ('58) Exposé 165 (1 S.).

Séminaire Méc. analyt. et Méc. céleste Janet Théorie générale des systèmes dynamiques de la mécanique classique: **1**.1957/1958 ('58) 6·1–6·20.

Soviet Educat. On the defining of identity in school: **8** ('65/66) Nr. 10, 35–39.

Sowjetwissenschaft Einige Arbeiten der letzten Jahre auf dem Gebiet der Grenzverteilungssätze der Wahrscheinlichkeitsrechnung: **7** ('54) 249–59. – Mögliches und Unmögliches in der Kybernetik – Automaten und Leben: **1964**, 1153–65.

Studia math. [Polonia] Zur Normierbarkeit eines allgemeinen topologischen linearen Raumes: **5** ('34) 29–33.

Technika Molodeži Automaten und Leben: **1961**, Nr. 10, 16–19 [russ.]; Nr. 11, 30–33 [russ.].

Teorija Verojatnostej i Primenenija Über die Konvergenz A. V. Skorochods: **1** ('56) 239–47 [m. engl. Zusammenfassg.]. – Zwei uniforme Grenzwertsätze für die Summen unabhängiger Summanden: 426–36 [m. französ. Zusammenfassg.]. – Die Anwendung der Theorie sich verzweigender Prozesse auf Diffusionsprobleme und damit zusammenhängende Probleme der Genetik: **4** ('59) 233–36. – Bemerkungen über die Arbeiten von R. A. Minlos und V. V. Sazonov: 237–39. – Über die Arbeiten S. N. Bernštejns auf dem Gebiet der Wahrscheinlichkeitsrechnung (Zum 80. Geburtstag)[39]): **5** ('60) 215–21. – Über die Voraussetzungen starker Mischung für einen stationären Gaußschen Prozeß[38]): 222–27 [m. engl. Zusammenfassg.]. – Über die Arbeiten N. V. Smirnovs auf dem Gebiet der mathematischen Statistik[16])[39])[37]): 436–40. – Über die Arbeiten B. V. Gnedenkos auf dem Gebiet der Wahrscheinlichkeitsrechnung (Zum 50.

Geburtstag): **7** ('62) 323–29. — Igor' Vladimirovič Girsanov[9])[34])[13]): **12** ('67) 532–35. — — Alle Arbeiten russ.

Trabajos Estadística Stationäre Folgen im Hilbertschen Raum: **4** ('53) 55–73, 243–70 [span.].

Trudy mat. Inst. im. Steklova Die Zahl der Treffer bei Schüssen und allgemeine Prinzipien für die Abschätzung der Wirksamkeit von Schießsystemen: **12** ('45) 7–25 [russ.]. — Die künstliche Streuung im Falle eines Aufschlags durch einen Treffer und Streuungen in einer Dimension: 26–45 [russ.].

Trudy mosk. mat. Obšč. Über die Approximation von Verteilungen von Summen unabhängiger Summanden durch unbeschränkt teilbare Verteilungen: **12** ('63) 437–51 [russ.].

Trudy Semin. vektorn. i tenzorn. Analizu Schiefsymmetrische Größen und topologische Invarianten: **4** ('37) 342–47 [russ.].

Uč. Zap. mosk. gos. Univ. Sur la détermination empirique d'une loi de distribution: Nr. **1** ('33) 9 f. — Über Ungleichungen zwischen den oberen Grenzen sukzessiver Ableitungen einer beliebigen Funktion auf einem unendlichen Intervall: Nr. **30** ('39) 3–16 [russ. m. engl. Zusammenfassg.]. — Die Rolle der russischen Wissenschaft bei der Entwicklung der Wahrscheinlichkeitsrechnung: Nr. **91** ('47) 53–64 [russ.]. — Zur Frage der Differenzierbarkeit von Übergangswahrscheinlichkeiten bei zeitlich homogenen Markovschen Prozessen mit einer abzählbaren Anzahl von Zuständen: Nr. **148** ('51) 53–59 [russ.].

Usp. fizič. Nauk Die lokale Struktur der Turbulenz in einer inkompressiblen zähen Flüssigkeit bei sehr großen Reynoldsschen Zahlen [Neudruck d. Arbeit in Dokl. Akad. Nauk SSSR **30** ('41)]: **93** ('67) 476–81 [russ.].

Usp. mat. Nauk Über den Abschnitt „Mitteilungen" im 1. Heft dieser Zeitschrift: **4** ('38) 326 f. — Eine Bemerkung zu D. Hilberts „Grundlagen der Geometrie" (Zur Frage der Notwendigkeit einer Neuübersetzung): 347 f. — Zur Artikelserie zur Theorie der zufälligen Prozesse: **5** ('38) 3 f. — Über analytische Methoden in der Wahrscheinlichkeitsrechnung: 5–41. — Ein vereinfachter Beweis der Ergodentheorie von Birkhoff-Chinčin: 52–56. — Einige Probleme der Theorie der Funktionen einer reellen Veränderlichen[11])[14]): 232–34. — Valerij Ivanovič Glivenko, 1897–1940: **8** ('40) 379–83. — Zur Begründung der Methode der kleinsten Quadrate: (N. S.) **1** ('46) Nr. 1, 57–70. — Zur Begründung der Theorie der reellen Zahlen: 217–19. — Bemerkung über Čebyševsche Polynome, die am wenigsten von einer gegebenen Funktion abweichen: **3** ('48) Nr. 1, 216–21. — Evgenij Evgen'evič Sluckij †: Nr. 4, 143–51. — Über Summen einer zufälligen Anzahl zufälliger Veränderlicher[37]): **4** ('49) Nr. 4, 168–72. — Lazar' Aronovič Ljusternik zum 50. Geburtstag: **5** ('50) Nr. 1, 234 f. — Eine Verallgemeinerung der Poissonschen Formel auf den Fall der Auswahl aus einer endlichen Gesamtheit: **6** ('51) Nr. 3, 133 f. — Ivan Georgievič Petrovskij zum 50. Geburtstag: 161–64. — Arbeiten von I. M. Gel'fand über algebraische Fragen der Funktionalanalysis: Nr. 4, 184–86. — Arbeiten N. V. Smirnovs zur Untersuchung der Eigenschaften der Variationsreihe und zu den nichtparametrischen Problemen der mathematischen Statistik[6]): 190–92. — Über die Arbeiten S. M. Nikol'skijs: **7** ('52) Nr. 5, 234–37. — Abschätzungen für die minimale Elementenzahl von ε-Netzen in verschiedenen Funktionalklassen und ihre Anwendung auf die Frage der Darstellbarkeit von Funktionen mehrerer Veränderlicher durch Superpositionen von Funktionen mit geringerer Variablenzahl: **10** ('55) Nr. 1, 192–94. — Sergej Michajlovič Nikol'skij zum 50. Geburtstag[50]): **11** ('56) Nr. 2, 239–44. — Mark Grigor'evič Krejn zum 50. Geburtstag[25]): **13** ('58) Nr. 3, 213–24. — Zur Definition des Algorithmus[47]): Nr. 4, 3–28. — ε-Entropie und ε-Kapazität der Mengen in Funktionalräumen[45]): **14** ('59) Nr. 2, 3–86. — Aleksandr Jakovlevič Chinčin †[16]): **15** ('60) Nr. 4, 97–110. — Boris Vladimirovič Gnedenko zum 50. Geburtstag[15])[23]): **17** ('62) Nr. 4, 191–200. — Izrail' Moiseevič Gel'fand zum 50. Geburtstag[49])[12])[41]): **19** ('64) Nr. 3, 187–205. — Lev Abramovič Tumarkin zum 60. Geburtstag[2]): Nr. 4, 219–21. — Sergej Michajlovič Nikol'skij zum 60. Geburtstag[10])[26]): **20** ('65) Nr. 5, 275–83. — Pavel Sergeevič Aleksandrov zum 70. Geburtstag und zum 50. Jahr seiner wissenschaftlichen Tätigkeit[28])[44])[46])[12]): **21** ('66) Nr. 4, 4–7. — P. S. Aleksandrov und die Theorie der δs-Operationen: 275–78. — Sergej Natanovič Bernštejn †[2])[1])[16]): **24** ('69) Nr. 3, 211–18. — Viktor Nikolaevič Zasuchin, 1915–1941: **25** ('70) Nr. 3, 243. — Gleb Aleksandrovič Seliverstov, 1905–1944: 244 f. — — Alle Arbeiten russ.

Vestn. Akad. Nauk SSSR Probleme der Wahrscheinlichkeitsrechnung und der mathematischen Statistik: **35** ('65) Nr. 5, 94–96 [russ.].

Vestn. mosk. Univ. Einige Arbeiten der letzten Jahre auf dem Gebiet der Grenzwertsätze der Wahrscheinlichkeitsrechnung: **1953**, Nr. 10, 29–38 [russ.]. — Vladimir Vasil'evič Golubev, 1884–1954[32])[2]): **1955**, Nr. 2, 169–72 [russ.].

Vestn. vysšej Školy Mathematische Schulen für Jugendliche[19]): **1959**, Nr. 11, 66–69 [russ.].

Vopr. Jazykoznanija [Moskva] Die Rhythmik der Gedichte Majakovskijs[22]): **11** ('62) Nr. 3, 62–74. — Zum Studium der Rhythmik Majakovskijs: **12** ('63) Nr. 4, 64–71. — Über den Dol'nik [russisches Versmaß] der modernen russischen Poesie: Allgemeine Charakteristik[36]): Nr. 6, 96–106; ∼: Statistische Charakteristik des Dol'nik bei Majakovskij, Bagrickij und Achmatova[36]): **13** ('64) Nr. 1, 75–94. — Bemerkungen zur rhythmischen Analyse des „Gedichtes über den sowjetischen Paß" [Majakovskij]: **14** ('65) Nr. 3, S. 70. — — Alle Arbeiten russ.

Wissenschaftliche Ann. Über den Beruf des Mathematikers: **2** ('53) 774–79.

Ž. Geofiz. Zur Frage der Brauchbarkeit einer Prognose, die durch statistische Formeln gefunden wurde: **3** ('33) Nr. 1, 78–82 [russ.].

Einige der wichtigsten neueren Arbeiten sind auch in engl. Sprache erschienen in: Translations, American Mathematical Society.

Mit: 1) N. I. Achiezer; 2) P. S. Aleksandrov; 3) M. Arato; 4) Ja. M. Barzdin'; 5) I. G. Bašmakova; 6) A. Ja. Chinčin; 7) B. P. Demidovič; 8) N. A. Dmitriev; 9) E. B. Dynkin; 10) V. K. Dzjadyk; 11) G. M. Fichtengol'c; 12) S. V. Fomin; 13) M. I. Frejdlin; 14) I. M. Gel'fand; 15) I. I. Gichman; 16) B. V. Gnedenko; 17) V. L. Gončarov; 18) A. M. Jaglom; 19) I. M. Jaglom; 20) A. P. Juškevič; 21) V. F. Kagan; 22) A. M. Kondratov; 23) V. S. Koroljuk; 24) T. I. Kozlov; 25) M. A. Krasnosel'skij; 26) L. D. Kudrjavcev; 27) M. Leontovič; 28) L. A. Ljusternik; 29) E. F. Miščenko; 30) V. V. Nemyckij; 31) A. A. Petrov; 32) I. G. Petrovskij; 33) N. S. Piskunov; 34) B. T. Poljak; 35) L. S. Pontrjagin; 36) A. V. Prochorov; 37) Ju. V. Prochorov; 38) Ju. A. Rozanov; 39) O. V. Şarmanov; 40) B. A. Savost'janov; 41) G. E. Šilov; 42) Ja. G. Sinaj; 43) L. A. Skornjakov; 44) Ju. M. Smirnov; 45) V. M. Tichomirov; 46) A. N. Tichonov; 47) V. A. Uspenskij; 48) I. Verčenko; 49) M. I. Višik; 50) S. B. Stečkin.

V, VI **KOLOSOV,** Gurij Vasil'evič. Mech. — Studium, 1894–1903 Kustos am Mech. Kabinett, '10 Dr., Univ. Petersburg; 1894–1903 pädagog. Tätigkeit an versch. Instituten in Petersburg; '03–11 außerord. Prof., '11–13 ord. Prof., Univ. Jur'ev (Dorpat); '13– ord. Prof., Elektrotechn. Inst., Petersburg (→ Leningrad); '13–16 Doz., '16–31 ord. Prof., Univ. Petersburg (→ Leningrad). (⊠)

*1867, Aug. 24 (12), Ust'e, Gouv. Novgorod;

†1931.

Zur Biogr. G. Rjago, Uč. Zap. tartusk. gos. Univ. Nr. **37** ('55) 96–102. — N. I. Muschelišvili, Usp. mat. Nauk **1938**, Nr. 4, 279–81.

S. Atti Congresso internazionale dei matematici, Bologna 1928, **6** (Bologna '32) 302 f.: Sur l'application des diagrammes complexes (imaginaires) dans la théorie de la résistance des matériaux.

W. Primenenie kompleksnych diagramm i teorii funkcij kompleksnoj peremennoj k teorii uprugosti [Die Anwendung komplexer Diagramme und der Theorie der Funktionen komplexer Veränderlicher auf die Theorie der Elastizität] (Moskva–Leningrad '35) 224 S.

Prikladnaja Mat. i Mech. Über Flächen, die die Verteilung der Schubspannungen in einem Punkte eines deformierten Körpers veranschaulichen: **1** ('33) 125 f. [russ. m. deutscher Zusammenfassg.].

VI **KOLOSOVSKIJ,** Nikolaj Aleksandrovič. Chem. (physikal.). — 1930– Prof. u. Leiter d. Physikal.-Chem. Abteilg., Mittelasiat. Staatl. Univ., Taškent; '33–35 Prof. u. Leiter d. Physikal.-Chem. Abteilg., Usbek. Staatl. Univ., Samarkand. (⊠)

*1886, Juni 27, Petersburg;

†1935, Jan. 24, Taškent.

Nekr. É. Fricman, Priroda [SSSR] **1935**, Nr. 5, 80 f. — L. N. Nikolaev, Ž. obščej Chim. **5** ('35) 1029–36 (m. Schr.verz. 161 Nrn.). — A. K. Ždanov, Bjul. sredne-aziatsk. gos. Univ. **1935**, Nr. 21, 223–40 (m. Schr.verz. 162 Nrn.). — Bull. Soc. chim. France (5) **3** ('36) 749–61 (m. Bildn. u. Schr.verz. 162 Nrn.).

W. Chimičeskaja termodinamika [Chemische Thermodynamik] (Leningrad '32) 16 + 446 S.

Bjul. sredne-aziatsk. gos. Univ. Les chaleurs latentes internes de vaporisation des liquides et les élasticités des vapeurs saturées[1]): **19** ('34) 33–40 [russ.]. — Recherches dilatométriques dans le domaine des liquides purs et des mélanges azéotropiques[6]): **20** [oder **21** ?] ('35) [russ.].

Bull. Soc. chim. France Sur le partage des acides gras saturés entre l'eau et le toluène [,1][9]): (4) **51** ('32) 1000–04; ∼ 2[10]): (5) **1** ('34) 66–69. — Détermination des chaleurs latentes internes de vaporisation des liquides, 2[1]): 877–80; Détermination des chaleurs latentes internes de vaporisation des mélanges azéotropiques, 3[1]): **2** ('35) 686–89; Détermination des chaleurs latentes internes de vaporisation des liquides, 4[1]): 690 f.; Détermination des chaleurs latentes de vaporisation des mélanges azéotropiques, 5[12]): 692–700. — Partage des acides organiques saturés entre deux phases liquides[7])[3]): 460–79.

C. R. hebd. Séances Acad. Sci., Paris Contribution à la théorie thermodynamique des liquides: **197** ('33) 517–19. — Mesure des chaleurs spécifiques moléculaires de quelques liquides[13]): 519 f. — Détermination des chaleurs spécifiques des liquides: **198** ('34) 1394 f.

Science Forum On the thermodynamical theory of the formation of mists: **1** ('33/34) Nr. 3, 14–18.

Trudy sredne-aziatsk. gos. Univ., Ser. 6 Recherches dans le domaine de la thermodynamique des liquides et des vapeurs saturées: 7 ('34) 3–36. — Thermodynamique des systèmes à tendance de transformation unilatérale: 37–73. — Les déterminants fonctionnels en thermodynamique: 75–91. — Partage de la nicotine entre l'eau et les dissolvants organiques[7]): 8 ('35) 28 S. — — Alle Arbeiten russ.

Ukraïnskyj chem. Ž. Die Verteilung der Bernsteinsäure zwischen zwei sich berührenden flüssigen Phasen[3])[11]): 9 ('34) wiss.-techn. Teil, 34–36. — Die Verteilung des Wasserstoffsuperoxids zwischen Wasser und Estern[7]): 37–40. — Der Einfluß der Elektrolyte auf die Verteilung der einbasischen Fettsäuren zwischen Wasser und Toluol[9]): 41–45 [m. französ. Zusammenfassg.]. — Die Verteilung von Wein- und Zitronensäure zwischen Wasser und Isoamylalkohol[7]): 143–47. — — Alle Arbeiten russ.

Z. physik. Chem., Abt. A Über die spezifischen Wärmen der gesättigten Dämpfe am Siedepunkt und über die Theorie der Nebelbildung und des Regenfalles, 3[13]): **159** ('32) 161–71. — Verteilung der Chloressigsäuren zwischen zwei unmischbaren flüssigen Phasen[7]): **169** ('34) 459–71.

Ž. fizič. Chim. Versuch zu einer thermodynamischen Theorie der Flüssigkeiten: 5 ('34) 505–11 [russ.].

Ž. obščej Chim. Über die Beziehungen zwischen dem Volumen des gesättigten Dampfes und den Kapillareigenschaften der Flüssigkeit[4]): 2 ('32) 189–92. — Über die Verteilung gesättigter Fettsäuren zwischen Wasser und Toluol[9]): 197–201; ~[10]): 4 ('34) 1064–69. — Bestimmung von integralen Lösungswärmen[5]): 2 ('32) 906–10; ~ 2[5]): 4 ('34) 1289–93. — Über die spezifische Wärme von Flüssigkeiten bei Siedetemperatur: 269–72; Über die spezifischen Wärmen von Flüssigkeiten, 2[13]): 1027–34. — Über die Verdampfungswärme und den Dampfdruck von gesättigten Acetondämpfen[1]): 710–12. — Verteilung der Trichloressigsäure zwischen zwei sich berührenden flüssigen Phasen[7]): 915–26. — Die Verteilung von Triäthylamin zwischen Wasser und aromatischen Kohlenwasserstoffen[2]): 1070–72. — Die Verteilung von Benzoesäure zwischen Wasser und Isobutylalkohol[3]): 1073–76. — Die Verteilung von Dimethylmalonsäure zwischen zwei sich berührenden flüssigen Phasen[10]): 1077–80. — Die Verteilung der Monochloressigsäure zwischen zwei sich berührenden flüssigen Phasen[7]): 1091–95. — Die Verteilung der Dichloressigsäure zwischen zwei sich berührenden flüssigen Phasen[7]): 1096–98. — Verteilung der Isovaleriansäure zwischen zwei sich berührenden flüssigen Phasen[3])[7]): 1153–56. — Thermodynamik der Lösungen, 1: Allgemeine Theorie und die wahren chemischen Konstanten der gelösten Stoffe: 1180–92. — Tabelle der Werte für die freie Energie von festen Körpern bei hohen Temperaturen: 1197 f. — Verteilung der Propionsäure zwischen zwei sich berührenden flüssigen Phasen[7])[3]): 1224–30. — Verteilung der Butter- und Isobuttersäure zwischen zwei sich berührenden flüssigen Phasen[7])[3]): 1231–37. — Verteilung gesättigter einbasischer Fettsäuren zwischen Wasser und o-Nitrotoluol[7]): 1370–77. — Die Verteilung der Phenylessigsäure zwischen zwei sich berührenden flüssigen Phasen[3]): 5 ('35) 60–62. — Die Verteilung der Chloressigsäuren zwischen Wasser und den Halogenderivaten gesättigter Kohlenwasserstoffe[7]): 63–68. — Die Verteilung der Malonsäure und Äthylidenmilchsäure zwischen Wasser und gesättigten einwertigen aliphatischen Alkoholen[3]): 69–72. — Die Verteilung gesättigter einbasischer Fettsäuren zwischen zwei sich berührenden flüssigen Phasen[3])[7]): 319–26. — Ein Paradoxon auf dem Gebiete der Verteilung[7]): 1037–40. — Verteilung gesättigter einbasischer Fettsäuren zwischen Glycerin und anderen organischen Lösungsmitteln[7]): 1041–44. — Über die Zentren der Vereinigung von Verteilungskurven von Substanzen in zwei sich berührenden flüssigen Phasen: 1045–47. — Verteilung der Capronsäure zwischen zwei sich berührenden flüssigen Phasen[8]): 1048–55. — — Alle Arbeiten russ.

Ferner Veröffentlichung eines an der Univ. Samarkand gehaltenen Vorlesungskurses über statistische Mechanik für Physikochemiker (1934).

Mit: [1]) A. Alimov; [2]) S. V. Andrjuščenko; [3]) A. Bekturov; [4]) B. N. Grebenščikov; [5]) E. V. Griškun; [6]) E. N. Ivanova; [7]) F. S. Kulikov; [8]) M. O. Levitas; [9]) I. S. Meženin; [10]) N. P. Ponomareva; [11]) M. Rasulev; [12]) R. L. Teodorovič; [13]) V. V. Udovenko.

V, VI **KOLTHOFF,** Izaak Maurits. Chem. (physikal., analyt.). — 1927–62 Prof., Chief of the Division of Analyt. Chem., '62 Prof. Emer., Univ. of Minnesota, Minneapolis, Minn.; '53–57 Vice Pres., International Union of Pure and Applied Chem. — '55 Hon. D. Sc. (Univ. of Chicago, Chicago, Ill.); '64 Dr. rer. nat. h. c. (Univ. Groningen). — '36 Karls-Medaille (Karlova Univ., Praha); '49 Nichols Medal (New York Sect., Amer. Chem. Soc.); '50 Fisher Award in Analyt. Chem. (Amer. Chem. Soc.); '60 Minnesota Award (Amer. Chem. Soc.); '61 Anachem Award (Assoc. Analyt. Chemists, Detroit); '64 Willard Gibbs Medal (Chicago Sect., Amer. Chem. Soc.); '64 Silver Medal (Polarogr. Soc. USA).

*1894, Febr. 11, Almelo, Holland.

Zum 70. Geb.tag Festgabe: Talanta **11** ('64) Febr.-H.; darin Schr.verz. u. Würdigung v. J. J. Lingane S. 67–73.

Zur Biogr. Chemical and Engng. News **27** ('49) 834; **28** ('50) 1212 (m. Bildn.); **45** ('67) 93. – Mitteilungsbl., Chem. Ges. DDR **11** ('64) 76, 252. – Nachr. Chem. u. Techn. **12** ('64) 10 f., 314, 456.

MH. Organic analysis **1** (New York–London '53); **2** ('54); **3** ('56); **4** ('60). – Treatise on analytical chemistry. A comprehensive account in three parts, **1** (NewYork–London '59) ff.; darin eig. Beiträge: **1** ('59) 405–20: Concepts of acids and bases; 421–74: Acid-base strength and protolysis curves in water [13]); 475–542: Acid–base equilibria in non-aqueous solutions[13]). – Progress in polarography **1** (NewYork–London '62); **2** ('62), darin eig. Beitr.: 257–81: Recent modifications of the Heyrovský dropping mercury electrode[90]).

S. Festskrift tillägnad J. Arvid Hedvall den 18 januari 1948 (Göteborg '48) 97–116: Thermal aging of silica[23]). – Sbornik 1. Mezinárodního polarografického sjezdu, Praha 1951, **1** (Praha '51) 145–54: Kinetic (catalytic) [polarographic] currents for systems containing hydrogen peroxide[94]); 386–96: Polarographic protein tests with milk[123]). – Modern aspects of polarography (T. Kambara) (New York '66) 11–20: Effect on polarograms of the product formed in the one-electron reduction of hexaamminecobalt(III) ion[56]).

W. Säure–Basen-Indikatoren. Ihre Anwendung bei der kolorimetrischen Bestimmung der Wasserstoffionenkonzentration (m. H. Fischgold) (Berlin '32) 11 + 416 S. (= 4. Aufl. von: Der Gebrauch von Farbindikatoren); engl.: Acid–base indicators (New York '37) 9 + 414 S. – Textbook of quantitative inorganic analysis (m. E. B. Sandell) (New York '36) 15 + 749 S.; rev. Aufl. ('43) 17 + 794 S.; [2](New York–London '50) 17 + 794 S.; [3](New York '52) 15 + 759 S. – pH and electro titrations; the colorimetric and potentiometric determination of pH; potentiometry, conductometry, and voltammetry (polarography); outline of electrometric titrations (m. H. A. Laitinen) [2](New York '41) 9 + 190 S.; deutsch [Übersetzg. d. 1. Aufl. v. 1931]: Die kolorimetrische und potentiometrische pH-Bestimmung; die Anfangsgründe der elektrometrischen Titrationen (Berlin '32) 9 + 146 S. – Half-wave potentials of inorganic substances (m. J. J. Lingane) (New York '41) 9 S. – Polarography; polarographic analysis and voltammetry, amperometric titrations (m. J. J. Lingane) (New York '41, '46) 16 + 510 S.; 2. Aufl. in 2 Bänden: **1** ('52) 17 + 420 S.; **2** ('52) 17 S. + S. 421–990. – Volumetric analysis [Übersetzung d. deutschen Ausgabe „Maßanalyse" (m. H. Menzel) (Berlin '27)] **1**: Theoretical fundamentals (m. V. A. Stenger) [2](New York '42) 16 + 309 S.; **2**: Titration methods: acid–base, precipitation, and complex-formation reactions (m. V. A. Stenger) [2](New York–London '47) 13 + 374 S.; **3**: Titration methods: oxidation–reduction reactions (m. R. Belcher, V. A. Stenger, G. Matsuyama) [2]('57) 9 + 714 S. – Emulsion polymerization (m. F. A. Bovey, A. I. Medalia, E. J. Meehan) (New York–London '55) 12 + 445 S. (High polymers, 9).

Analyst Amperometric titration of copper and ferric iron with cupferron[66]): **74** ('49) 635–41. – Aging of crystalline precipitates: **77** ('52) 1000–11. – The amperometric titration of traces of ammonia with hypobromite at the rotated platinum wire electrode. Application to the determination of nitrogen in organic compounds[123])[83]): **78** ('53) 405–14. – Voltammetry of silver halide suspensions and amperometric titration of halides[121]): **80** ('55) 860–70.

Analytica chim. Acta Amperometric titrations: **2** ('48) 606–21. – The use of cacotheline as an oxidation–reduction indicator before the volumetric oxidation of iron[44]): **16** ('57) 415–18. – Voltammetric behavior of the iron(II)–(III) and cerium (III)–(IV) couples in potentiometric titrations at constant current and amperometric titrations with two indicator electrodes[86]): **17** ('57) 329–38. – Factors to be considered in quantitative polarography with the rotated dropping mercury electrode [90]): **18** ('58) 83–96. – Application of the rotated dropping mercury electrode to the analysis of mixtures of electroactive substances[90])[32]): 295–309. – International Union of Pure and Applied Chemistry, Section of Analytical Chemistry, 1957 report: 385–91. – Potentiometric titrations with an attackable electrode. The bimetallic electrode pair platinum–tungsten[86]): **19** ('58) 593–600. – Voltammetric, potentiometric, and amperometric studies with a rotated aluminum wire electrode, 1: Voltammetric behavior of the rotated aluminum electrode[106]): **21** ('59) 17–24; ~ 2: The rotated aluminum electrode as indicator electrode in potentiometric and amperometric acid–base titrations[106]): 155–65; ~ 3: Amperometric determination of fluoride with the rotated aluminum electrode [106]): 233–45; ~ 4: A comparison of the Baker and Morrison cell with a rotated aluminum electrode[106]): **22** ('60) 253–60; ~ 5: Amperometric titration of fluoride with aluminum[76]) [106]): 351–63. – Amperometric titration of albumin in blood serum by copper(II)[140])[114]): 92–95. – Amperometric argentimetric and mercurimetric titration of sulfhydryl (groups), 1: Argentimetric titration[28]): **24** ('61) 83–90; ~ 2: Mercurimetric titration[28]): 280–93.

Analytical Biochem. A critical study of amperometric titration methods for sulfhydryl determination in native and denatured bovine serum albumin [113][128][72]: **12** ('65) 497–508.

Analytical Chem. Amperometric titration of styrene with potassium bromate using the rotating platinum electrode[10]: **19** ('47) 498–500. — Polarographic and amperometric determination of barium[34]: **20** ('48) 541–44. — Accumulation of traces of arsenate by coprecipitation with magnesium ammonium phosphate[17]: 728–30. — Equilibrium and kinetic studies on the formation and dissociation of ferroïn and ferriïn[62][64]: 985. — Indicators: **21** ('49) 101–03; **22** ('50) 65–69. — Polarographic determination of pentavalent antimony in the presence of pentavalent arsenic[146]: **21** ('49) 753f. — Amperometric determination of primary and tertiary mercaptans in their mixtures[41]: 963–65. — Polarographic procedure for determination of cobalt as cobalt(III) ammine[136]: 1466–69. — The polarography of chloroform and carbon tetrachloride[62][122][94]: **22** ('50) 521–25. — Determination of unsaturation of butyl rubbers and certain branched olefins. Iodine monochloride method[62][48]: 995–1001. — Determination of free carbon in cured rubber stocks[38]: 1002f. — Polarographic determination of cobalt as trioxalatocobaltate(III) [136]: 1422–26. — Polarography of tin(IV) in presence of traces of tetraphenylarsonium chloride[49]: **23** ('51) 574–76. — Determination of organic peroxides by reaction with ferrous iron[75]: 595–603. — Polarographic investigations of reactions in aqueous solutions containing copper and cysteine (cystine)[123]: 763–68. — Determination of traces of chloride by potentiometric titration to the apparent equivalence potential[58]: 1304–06. — Argentometric-amperometric titration of traces of chloride with the rotated platinum electrode as indicator electrode[58]: 1306–09. — The reduction of carbon disulfide at the dropping mercury electrode[132][99]: **24** ('52) 1037f. — Exaltation of the limiting current of oxygen by hydrogen peroxide at the rotated gold electrode as a means for amperometric determination of traces of oxygen[51]: 1071f. — Determination of osmium. Application of a polarographic kinetic hydrogen peroxide current[94]: **25** ('53) 188f. — Volumetric determination of persulfate in the presence of organic substances[18]: 298–301. — Voltammetric determination of lead as lead dioxide at the rotated platinum wire electrode[51][42]: 884–87. — Amperometric titration of oxidized glutathione in the presence of cystine. Polarographic determination of cystine and oxidized glutathione in a mixture[123]: 1050–57. — Amperometric titration and voltammetric determination of iodide with rotated platinum wire indicator electrode[51]: 1833–37. — Polarographic and amperometric mercurometric determination of disulfide groups in cystine, oxidized glutathione, and proteins[123][129]: **26** ('54) 299–303. Amperometric mercurimetric titration of sulfhydryl groups in biologically important substances at the rotated platinum wire electrode as indicator electrode[123][83]: 366–72. — Rotated and stationary platinum wire electrodes. Residual current-voltage curves and dissolution patterns in supporting electrolytes[129]: 632–36. — Anodic polarographic wave of vanadium(IV) aged in alkaline solution[132]: 1361f. — Relations between voltammetry and potentiometric and amperometric titrations: 1685–91. — Analytical chemist visits Soviet Union: **30** ('58) Nr. 3, 31 A–. — Education of chemists in the USSR: **35** ('63) 41 A–. — Polarographic kinetically controlled currents in systems containing persulfate, copper(II), and an agent which reacts with sulfate free radical[142]: **38** ('66) 1297–302. — Acid–base indicator constants in acetonitrile[19][7]: **39** ('67) 315–20. — Effect of water and some other hydrogen bond donors and acceptors on p_aH in acetonitrile of mixtures of acids and their salts[19]: 1080–84. — Titration of bases in acetonitrile [19][7]: 1627–33.

Annals New York Acad. Sci. Analysis of mixtures based on rates of reaction[62]: **53** ('51) 1093–107.

Biochemistry Disulfide reactive with sulfite in native serum albumin[72][128][113]: **4** ('65) 2389–94.

Bull., Soc. chim. Belgique Les propriétés adsorbantes du sulfate de baryum: **45** ('36) 270–78. — Expériences sur l'adsorption effectuées avec un échantillon de sulfate de baryum mis à notre disposition par Mlle de Brouckère[15]: **47** ('38) 689–701.

Chemical and Engng. News Physicochemical principles in analytical research: **27** ('49) 835–39. — Analytical chemistry as a technique and as a science: **28** ('50) 2882–86, 2937.

Chemical Reviews Adsorption indicators: **16** ('35) 87–98. — Induced precipitations and properties of metal sulfides[81]: **17** ('35) 293–325. — The fundamental principles and applications of electrolysis with the dropping mercury electrode and Heyrovský's polarographic method of chemical analysis[67]: **24** ('39) 1–94. — Inhibition and retardation of vinyl polymerization[10]: **42** ('48) 491–525.

Chemisch Weekbl. Bildung und Eigenschaften von Niederschlägen, Theorie der Mitfällung, 1: Klassifizierung der Mitreißerscheinungen: **29** ('32) 286–91; ~ 2: Das thermodynamische Potential eines Ionengitters; Adsorption eigener Ionen durch einen Niederschlag: 307–10; ~ 3: Die Adsorption fremder Ionen durch ein Ionengitter: 332–38; ~ 4: Löslichkeit und Teilchengröße: 346–48; ~ 5: Die Filtrierbarkeit von Niederschlägen

[107]): 362f.; ~ 6: Die Bildung von Niederschlägen: 378–80; ~ 7: Adsorption und Kristallisationsgeschwindigkeit; Fällung metastabiler Modifikationen; reelle und ideale Kristalle: 395–400; ~ 8: Die Theorie der Mitfällung; Mischkristallbildung; Adsorption und eigentliche Mitfällung: 442–48; ~ [N.F.] 1[81]): **31** ('34) 102f.; ~ 2 A: 230–37; ~ 2 B: 244–51; ~ 3: 395–400; ~ 4: Die Bildung von Mischkristallen: 526–33; ~ 5: Veränderungen des Adsorptionsvermögens und der Struktur von Niederschlägen beim „Altern" und beim Erhitzen: 550–58; ~ 6: Experimentelle Prüfung der Mitfällungsregeln; Mitfällung mit Calciumoxalat: 598–603. – „Absurd" niedrige Konzentration und das Massenwirkungsgesetz. Die Ionentheorie: **32** ('35) 246–49. – Antwort an N. A. Brunt: 448f. – Über die Adsorption von Elektrolyten an Kristalloberflächen. Antwort an Fräulein Lucia de Brouckère: **33** ('36) 321–24. – Der Zusammenhang zwischen Gleichgewichtskonstanten in Wasser und in anderen Lösungsmitteln. Ionenverteilungskoeffizienten: **34** ('37) 785–92. – Adsorptionsproben mit einer Probe Bariumsulfat von L. de Brouckère[15]): **36** ('39) 51–54. – Analytische Chemie als selbständige wissenschaftliche Disziplin: **60** ('64) 701–04. – – Alle Arbeiten niederländ.

C. R. Trav. Labor. Carlsberg, Sér. chim. Acid–base indicators in methanol[37]): **22** ('38) 264–71.

Discuss. Faraday Soc. The use of rotating and stationary electrodes for fast reactions [102]): **17** ('54) 167–73.

Experientia Das polarographische Verhalten von Ti(III) und Ti(IV) in Äthylendiamintetraazetat[8]): **8** ('52) 138f., 284 [m. engl. Zusammenfassg.].

Experientia, Suppl. Interpretation of acid-base titrations in glacial acetic acid: Nr. **5** ('56) 33–45.

Frontiers Chem. Voltammetry (polarography) and amperometric titrations: **7** ('49) 1–30.

Glasn. chem. Druš. [Beograd] Kinetics and mechanism of emulsion polymerization. Analytical methods developed for research in emulsion polymerization: **15** ('50) 1–7. – Amperometrische Titrationen: Jubilarni Broj 1897–1947 ('51) 127–43 [serb.].

Industrial and Engng. Chem. Formation of bound rubber of GR-S type polymers with carbon blacks[26])[126]): **43** ('51) 2885–92.

Industrial and Engng. Chem., Analyt. Edit. Titration of zinc with potassium ferrocyanide. Use of diphenylamine or diphenylbenzidine as internal indicators[95]): **4** ('32) 147–50. – Detection and estimation of small amounts of fluorine. Application of the zirconium purpurin test[118]): **6** ('34) 118–21. – Calcium hypochlorite as a volumetric oxidizing agent. Stability and standardization of the solution. Determination of ammonia[120]): **7** ('35) 79–81. – Catalytic and induced reactions in microchemistry[147]): 209–13. – Modified persulfate-arsenite method for manganese with special reference to steel analysis[107])[67]): 256–58; **8** ('36) 73. – Indicators: 237–39. – Volumetric determination of bromide after oxidation to bromate in the presence of much chloride[144]): **9** ('37) 75f. – Calcium oxalate monohydrate as a weighing form for calcium[107]): **11** ('39) 90–93. – Determination of potassium with hexanitrodiphenylamine (dipicrylamine) reagent[5]): 94–98. – Cerimetric determination of small amounts of arsenic after reduction with hypophosphite reagent[1]): **12** ('40) 177–79. – Factors to be considered in quantitative polarography: **14** ('42) 195–200. – Elimination of the water wave in polarographic work at relatively high indifferent electrolyte concentrations[91]): 321–23. – Amperometric titrations. Amperometric determination of phosphate with uranyl acetate[23]): 412–18. – Polarographic determination of potassium, sodium and lithium[145]): 473–77. – Determination of pyrophosphate by precipitation with cadmium and polarographic measurement of cadmium in the precipitate[23]): 886–90. – Polarographic determination of manganese as tri-dihydrogen pyrophosphatomanganiate[136]): **15** ('43) 8–13. – Determination of iodate in the presence of bromate and chlorate[44]): 174f. – Iodometric determination of iodates, bromates or permanganates in the presence of Cu[44]): **16** ('44) 103f. – Determination of Mn after oxidation to tri-dihydrogen pyrophosphatomanganiate[136]): 187–89. – Polarographic analysis of aluminum alloys (for iron, copper, lead, nickel and zinc) [73]): **17** ('45) 615–20. – Amperometric titration of mercaptans with silver nitrate using the rotating platinum electrode[41]): **18** ('46) 161f. – Amperometric microtitration of very dilute chromate solutions using the rotating platinum electrode[74]): 208f. – Determination of alkyl disulfides in the absence and presence of mercaptans[74])[82])[59])[88]): 442–44. – Assay of hydroquinone[62]): 452.

Información Quím. analít. Physikochemische Prinzipien in der analytischen Forschung: **3** ('49) Nr. 6, 183–92 [span.].

Inorganic Chem. Acid–base strength in dimethyl sulfoxide[100]): **1** ('62) 189–94. – N-Methylacetamide as a polarographic solvent [57]): 195–203. – The composition and reactivity of the precipitate formed at the dropping mercury electrode upon one-electron reduction of hexaamminecobalt(III)[56]): **2** ('63) 133–38. – Arsenic(IV) as an intermediate in the iron(III) and copper(II) catalyzed arsenic-(III)-persulfate reaction[142])[76]): **4** ('65) 697–704.

Inorganic Syntheses Potassium iodide for use as a primary standard[67]): **1** ('39) 163–65.

J. amer. chem. Soc. Properties of active charcoal reactivated in oxygen at 400°: **54** ('32) 4473–80. — The specific surface and the adsorbent properties of lead sulfate[104]): **55** ('33) 851. — Diphenylaminesulfonic acid as a reagent for the colorimetric determination of nitrates[87]): 1448–53. — The volumetric determination of nitrates with ferrous sulfate as reducing agent[107])[84]): 1454–57. — The volumetric determination of uranium with potassium dichromate as reagent and the application of the method to the indirect titration of minute quantities of sodium[67]): 1871–76. — The nephelometric determination of chloride[144]): 1915–22. — Exchange adsorption and its influence upon the solubility of precipitates with ionic lattices in electrolyte solutions[107]): 2170f. — The adsorbent properties and the specific surface of lead sulfate[104]): 2656–64. — The adsorption of Ponceau R4 (New Coccine) and methylene blue by lead sulfate and the influence of adsorbed Ponceau on the speed of kinetic exchange[104]): 2664–72. — The benzoate method, a new procedure for the separation of iron, aluminum and chromium from the other ions of the third group and the alkaline earth ions[120])[84]): **56** ('34) 812–15. — The adsorption of wool violet (4BN) by lead sulfate and the influence of the adsorbed dye on the speed of kinetic exchange [31])[104]): 832–36. — The dissociation of some inorganic acids, bases and salts in glacial acetic acid as solvent, 1[141]): 1007–13; The acid strength of inorganic cations and the basic strength of inorganic acetates in acetic acid, 2[141]): 1014–16. — Structural changes taking place during the aging of freshly formed precipitates, 1: Aging of lead sulfate precipitated at room temperature[104]): 1264–69; ∼ 2: The free mobility of lead ions in amicroscopic crystals of lead sulfate[104]): 1658–61; ∼ 3: The mechanism of the aging of lead sulfate precipitated at room temperature[104]): **57** ('35) 597–600; ∼ 4: Aging of fresh lead sulfate at room temperature in the air-dried state, and of precipitates covered with an adsorbed layer of wool violet[104]): 607–11; ∼ 5: The thermal aging of freshly prepared lead sulfate[104]): 2573–77; ∼ 6: The perfection and aging of lead sulfate precipitated under various conditions[104]): 2577–79; ∼ 7: The kinetics of the distribution of thorium B through fresh lead sulfate[104]): **58** ('36) 116–20; ∼ 8: Influence of agitation upon the aging and the speed of distribution of thorium B[104]): 121f.; ∼ 9: The mechanism of the adsorption of lead on aged barium sulfate[68]): 499–504; ∼ 10: The distribution coefficient of lead between the surface of barium sulfate and solution; the determination of the specific surface of barium sulfate[68]): 725–28; Aging of fresh precipitates, 12: The equilibrium between mixed crystals of silver chloride and bromide and solutions [144]): **59** ('37) 916–21; ∼ 13: The aging of freshly precipitated silver chloride as indicated by the adsorption of wool violet[144]): 1215–19; ∼ 14: The aging of silver chloride as indicated by the speed of penetration of bromide ions into the solid[144]): 1634–39; ∼ 15: The mechanism of the interaction between dissolved bromide and solid silver chloride[144]): 2029–32; ∼ 16: The distribution coefficient of chromate ions between barium sulfate and aqueous solutions[87]): **60** ('38) 39–41; ∼ 17: The equilibrium between mixed crystals of barium-lead sulfate and solutions[87]): 197–201; ∼ 19: Aging of freshly precipitated barium sulfate in dilute barium and sulfate solutions [87]): 499–505; ∼ 20: Aging of freshly precipitated barium sulfate[87]): 505–08; ∼ 21: Properties of barium sulfate precipitated from ammonium acetate medium and the coprecipitation of lead[87]): 508–11; Aging and properties of precipitates, 22: The induced precipitation of mercuric sulfide from sodium mercuric sulfide solutions by zinc sulfide; a new case of postprecipitation[35])[81]): 1576–82; ∼ 23: The postprecipitation of ferrous sulfide with cupric sulfide[35]): 2036–39; Aging of precipitates, 24: The apparent effect of filtration upon the aging of fresh lead sulfate; aging of lead sulfate in excess of lead and of sulfate[31]): **61** ('39) 191–94; ∼ 25: The speed of solution of lead sulfate as an indication of the progress of aging[31]): 195–97; Studies in aging and coprecipitation, 26: The coprecipitation of silver chloride with colloidal and flocculated silver bromide[27]): 1036–40; Aging and formation of precipitates, 30: The determination of the specific surface of silver bromide by the radioactive and dye methods [88]): 3409–14; ∼ 31: The aging of silver bromide [88]): 3414–19; Aging and coprecipitation, 32: The adsorptive properties and the determination of the specific surface of lead chromate[27]): **62** ('40) 2125–31; ∼ 34: Aging of freshly precipitated lead chromate[27]): **63** ('41) 1412–18; ∼ 43: Thermal aging of precipitated silica (silica gel)[112]): **72** ('50) 776–82; ∼ 44: Aging of silver bromide in the colloidal state [11]): **76** ('54) 1503–09; ∼ 45: The irreversible flocculation of colloidal silver bromide and the aging in the flocculated state[11]): 1510–15. — Chronometric catalytic method for the determination of microquantities of iodine[107]): **56** ('34) 1426. — Titration of chloride and bromide with mercurous nitrate using bromophenol blue as adsorption indicator[61]): 1881–84. — The detection and colorimetric estimation of micro quantities of bromide[120]): **57** ('35) 831–33. — The acidimetric titration of p-hydroxybenzoic acid alone and in the presence of acetic acid: 973f. — Potassium thiocyanate as a primary standard substance[67]): 2126–31. — The accuracy of the titration of thiocyanate with mercuric mercury[67]): 2377–79. — The constitution of β-iron oxide monohydrate[84]): **58** ('36) 777–79. — The accuracy of the potentiometric iodide-silver titration[67]): 1524–28. — The adsorption of silver and iodide ions by freshly precipitated silver iodide. The isoelectric point of the fresh precipitate[67]): 1528–33. — The adsorption of barium salts on barium sulfate from solutions in 50% ethanol [68]): 1543–46. — The potentiometric iodide-silver titration at extreme dilutions[67]): 2457–59. — Electrochemical properties of diphenylbenzidine sulfonic acid[109]): **59** ('37) 23–25. — Electric potentials at crystal surfaces, and at silver halide surfaces in particular[108]): 416–20. — Potassium iodide as a primary standard substance in permanganimetry[59])[67]): 429–32. — Exchange adsorptions on the surface of barium sulfate[87]): 1237–39. — The determination of the specific surface of barium sulfate[68]): 1639–43. — Exchange adsorption phenomena with calcium oxalate monohydrate[107]): 1643–48. — The relation between equilibrium constants in water and in other solvents[67])[61]): **60** ('38) 2512–15. — Ionization constants of acid–base indicators in methanol [,1][37]): 2516–22; ~ 2: The dissociation of triphenylcarbinols in methanol[37]): **61** ('39) 16–19; ~ 3: Concentration ionization constants of indicators and acids in methanol[37]): 330–33. — Fundamental studies with the dropping mercury electrode, 1: The Ilkovič equation of polarographic diffusion currents[67]): 825–34; ~ 2: The migration current[67]): 1045–51. — The standardization of strong oxidizing agents with potassium iodide by the acetone method [59]): 1690f. — A study of diffusion processes by electrolysis with microelectrodes[59]): 3344–49. — Amperometric (polarometric) titrations, 1: The amperometric titration of lead with dichromate or chromate[93]): 3402–09; ~ 2: The titration of nickel with dimethylglyoxime using the dropping mercury electrode as indicator electrode[60]): **62** ('40) 211–18; ~ 5: Titration of cobalt with α-nitroso-β-naphthol [60]): 3172–75; ~ 6: Titration of sulfate and some other anions with lead and the reverse titrations[93]): 3332–35. — Ionization constants of acid–base indicators in ethanol[37]): 249–51. — Polarographic study of the reduction of chromate ion at the dropping mercury electrode[67]): 852–58. — The distribution of protons between water and other solvents[37]): 1494–96. — Mixed potentials at the dropping mercury electrode[77]): 2171–74. — The anodic reaction and waves of cysteine at the dropping mercury electrode and at the platinum micro wire electrode[4]): 3061–65. — The reduction of cystine at the dropping mercury electrode[4]): **63** ('41) 520–26. — The use of the dropping mercury electrode as an indicator electrode in poorly poised systems[91]): 664–67. — The reduction of oxygen at the dropping mercury electrode[77]): 1013–17. — The chemistry of vitamin E, 29: Studies of the behavior of compounds related to vitamin E at the dropping mercury electrode[116])[137])[105]): 1018–24; ~ 35: Behavior of tocopherols at the dropping mercury electrode[116])[117]): **64** ('42) 447–51; ~ 36: Behavior at the dropping mercury electrode of quinones related to vitamin E [116])[117]): 644f.; ~ 37: Amperometric titration of α-tocopherol with auric chloride at the dropping mercury electrode[116])[117]): 646–48. — Anodic waves involving electro-oxidation of mercury at the dropping mercury electrode[77]): **63** ('41) 1405–11. — A quantitative expression for the extractability of metals in the form of dithizonates from aqueous solutions. The equilibrium constant of zinc dithizonate. Preliminary paper[107]): 1906–08. — An application of the Ilkovič equation to the analysis of mixtures of reducible substances with the dropping mercury electrode[91]): 2085–88. — Current–voltage curves of mercurous and mercuric salts at the dropping mercury electrode[77]): 2732–34. — The silicon carbide electrode[44]): 2805f. — Reduction of sulfurous acid (sulfur dioxide) at the dropping mercury electrode[77]): 2818–21. — The anomalous electroreduction of water at the dropping mercury electrode in relatively concentrated salt solutions[91]): **64** ('42) 833–38. — The reaction of iodate and bromate in acid medium at the dropping mercury electrode[91]): 1044–52. — The validity of the Ilkovič equation in the polarographic analysis of alkali metals and the characteristics of the alkali waves in various media[145]): 1297–301. — The reduction of iodate and bromate at the dropping mercury electrode in neutral and basic media and the effects of salts on the current–voltage curves[91]): 1970–77. — The attachment and detachment of dropping mercury under various conditions[52]): 2553–57. — A revision of the oxidation potentials of the o-phenanthroline- and bipyridyl-ferrous complexes[44]): **65** ('43) 1895–97. — The oxidation potential of the chromocyanide–chromicyanide couple and the polarography of the Cr cyanide complexes [44]): 1897–901. — Polarographic studies of sulfonamides, 1: Oxidation products of sulfanilamide[65])[21])[148]): 2265–68. — Polarographic behavior of alkaline earth metals, 1: Ba and Sr[145]): **66** ('44) 1431–35. — The behavior of SO_2 as an acid in MeOH[37]): 1484–88. — A new method for the polarographic determination of nitrate[41])[73]): 1782–86. — The polarography of uranium, 1: Reduction in moderately acid solutions[41]): **67** ('45) 1484–90; ~ 2: Polarography in strongly acid solution [41]): **68** ('46) 1175–79; ~ 3: Polarography in very weakly acid, neutral or basic solution[41]): **69** ('47) 446–51. — The mechanism of emulsion polymerizations, 1: Effect of persulfate concentration in emulsion polymerization of styrene[24]): **67** ('45) 1672–74; ~ 2: Effect of oxygen on emulsion polymerization of styrene [24]): **69** ('47) 441–46; ~ 3: Oxygen as a comonomer in the emulsion polymerization of styrene[10]): 2143–53. — Studies of retarders and inhibitors in the emulsion polymerization of styrene, 1: Retarders[10]): **70** ('48) 791–99. — Polarographic behavior of phenolphthalein[63]): 1879–85. — Polarographic behavior of nitrosophenylhydroxylamine[66]): 1885–89. — Reaction of ferrous and ferric iron with 1,10-phenanthroline, 1: Dissociation constants of ferrous and ferric phenanthroline[62])[64]): 2348–52; ∼ 2: Kinetics of formation and dissociation of ferrous phenanthroline[62])[64]): 3596–600; ∼ 3: The ferrous monophenanthroline complex and the colorimetric determinations of phenanthroline[64])[62]): **72** ('50) 2173–77; ∼ 4: Application to investigation of zinc phenanthroline complexes[64])[62]): **73** ('51) 390–94. — Potentiometric investigation of tripyrophosphatomanganic(III) acid[136]): **70** ('48) 2455–60. — A polarographic study of cobalt cyanide complexes[44]): **71** ('49) 867–69. — Polarographic determination of the molecular weight of serum albumin by its effect on the diffusion current of methyl orange[123]): 1519. — The reaction between ferrous iron and peroxides, 1: Reaction with hydrogen peroxide in the absence of oxygen[75]): 3777–83; ∼ 2: Reaction with hydrogen peroxide in the presence of oxygen[75]): 3784–88; ∼ 3: Reaction with cumene hydroperoxide, in aqueous solution[75]): 3789–92; ∼ 4: Reaction with potassium persulfate[75])[98]): **73** ('51) 1733–39. — Argentometric amperometric titration of cysteine and cystine[123]): **72** ('50) 1952–58. — The locus of the initiation in an emulsion-polymerization recipe containing ferrous iron and benzoyl peroxide[143]): 3431–35. — The polarography of the nickel cyanide complexes and the solubility and constitution of nickel cyanide[44]): 4423–26. — Polarographic investigations of reactions in aqueous solutions containing copper and cysteine, 1: Cuprous copper and cysteine in ammoniacal medium [123]): **73** ('51) 1723–27; ∼ 2: Reaction in ammoniacal medium in the presence and absence of sulfite[123]): 1728–33. — The chemistry of persulfate, 1: The kinetics and mechanism of the decomposition of the persulfate ion in aqueous medium[79]): 3055–59; ∼ 2: The reaction of persulfate with mercaptans solubilized in solutions of saturated fatty acid soaps[79]): 5118–22; ∼ 3: The reaction of persulfate with mercaptans solubilized in sodium laurate solutions in the presence of unsaturated compounds[79]): **74** ('52) 4419–22. — Catalytic polarographic waves of hydrogen peroxide, 1: The kinetic wave for the ferric iron – hydrogen peroxide system[94]): **73** ('51) 3718–23; ∼ 2: Kinetic waves for the peroxy compounds of molybdenum(VI), tungsten(VI), and vanadium(V)[94]): 5315–21. — Determination of the degree of dissociation of micelles of 1-dodecanesulfonic acid by use of the acid-catalyzed reaction between iodine and acetone[50]): 4563–68. — Equilibrium constants of the reactions of sulfite with cystine and with dithiodiglycolic acid[123]): 4569–74. — Solubilization of dodecylammonium thiosulfate in dodecylammonium bromide solutions at 50° [50]): **74** ('52) 20f. — A study of the reaction between dodecyl bromide and thiosulfate ion solutions of dodecylammonium bromide[50]): 22–28. — Anodic and cathodic voltammetry of thallium at the rotated platinum wire electrode[51]): 382–85. — Oxygen induced electroreduction of hydrogen peroxide at the rotated platinum electrode[51]): 570. — Studies on the system iron – ethylenediamine tetraacetate[3]): 1452–56. — Polarography of glutathione[123]): 4646–53. — Oxygen-induced electroreduction of hydrogen peroxide and reduction of oxygen at the rotated gold wire electrode[51]): 4801–05. — Polarography of nitroprusside. Equilibrium constant of the reaction between nitroprusside and hydroxyl ions[132]): **75** ('53) 1197–201. — Mechanism of initiation of emulsion polymerization by persulfate[76])[18]): 1439–41. — Voltammetry of iodine and iodide at rotated platinum wire electrodes[51]): 1571–75. — Acid strength of iodine monochloride, antimony trichloride and picric acid with reference to the bases pyridine and aniline in nitrobenzene [122])[62]): 1834–39. — The solubility product of ferrous hydroxide and the ionization of the aquo-ferrous ion[64]): 2476–79. — Iron-thioglycolate complexes[64]): 3904–11. — Electrodes with convection controlled limiting currents ("convection electrodes")[51]): 4869. — Reactions between mercuric mercury and cysteine and glutathione. Apparent dissociation constants, heats and entropies of formation of various forms of mercuric mercapto-cysteine and -glutathione[123]): 5673–81. — Formation and properties of various mercuric mercapto thioglycolates formed in reactions between mercuric mercury and thioglycolic acid[123])[42]): **76** ('54) 1515–19. — Convection controlled limiting currents (convection currents), 1: The platinum wire convection electrode[51]): 3843–45; ∼ 2: The convection mercury electrode [51])[97]): 5221–25. — Iron-cysteinate complexes [129])[123]): **77** ('55) 1996–2004. — Oxidation of ferrous-cysteinate complex by cystine. Oxidation potential of the cystine–cysteine system [129])[123]): 2004–06. — Equilibrium constants of the reaction between sulfite and oxidized glutathione[123])[55]): 2057–61. — N,N'-Dihydroxyethylglycine and its complexes with iron[132]): 2061–64. — Halide films at the convection mercury electrode[51]): 3215–17. — Equilibrium constants of exchange reactions of cystine with glutathione and with thioglycolic acid both in the oxidized and reduced state[123])[55]): 4733–39. — The polarographic prewaves of cystine (RSSR) and dithiodiglycolic acid (TSST) and the oxidation potentials of the systems RSSR–RSH and TSST–TSH [123])[129]): 4739–42. — The anodic waves of cysteine at the convection and dropping mercury electrodes[123)129)]: 5211–15. — Polarographic reduction of cystine and of dithiodiglycolic acid in the presence of iron[103)129)]: 5215–18. — Acid–base equilibria in glacial acetic acid, 1: Spectrophotometric determination of acid and base strengths and of some dissociation constants[13)]: **78** ('56) 1–9; ~ 2: Spectrophotometric determination of the ionization and dissociation constants of p,p'-dimethylaminoazobenzene and pyridine; the abnormal effect of water on indicator bases[13)]: 10–15; ~ 3: Acidity scale; potentiometric determination of dissociation constants of acids, bases and salts[13)]: 2974–79; ~ 4: Quantitative interpretation of acid–base titrations in glacial acetic acid[13)]: **79** ('57) 1–7; ~ 5: The effect of water on potentiometric and indicator end-points in acid–base titrations in acetic acid[13)]: 5915–21. — Equilibria in alkaline argentocyanide solutions[121)]: **78** ('56) 2081–85. — The rotated dropping mercury electrode as a new electrode in polarography[123)]: 2085–94. — Polarography in acetonitrile, 1: Metal ions which have comparable polarographic properties in acetonitrile and in water[22)]: **79** ('57) 870–74; ~ 2: Metal ions which have significantly different polarographic properties in acetonitrile and in water; anodic waves; voltammetry at rotated platinum electrode[22)]: 1852–58; ~ 3: Brønsted acids; titration of amines with perchloric acid; oxygen[22)]: 6110–15. — A stable equimolar copper(II)-albumin complex[140)]: 2656f. — Equations for the limiting current at the rotated dropping mercury electrode[90)]: 3326–39. — The composition and formation of cobalt complexes with 1-nitroso-2-naphthol [47)]: 3677–81. — Reactivity of sulfhydryl and disulfide upon denaturation of proteins, 1: Sulfhydryl in native serum albumin and upon denaturation in guanidine hydrochloride solution[2)123)128)25)]: 5102–10; ~ 2: Reactive disulfide as related to viscosity and optical rotation in denatured bovine serum albumin [2)128)]: **80** ('58) 3235–40; ~ 3: Oxidation with ferricyanide of sulfhydryl in native and denatured bovine serum albumin[2)]: 4248–50; ~ 4: Reaction between disulfide and sulfite in bovine serum albumin denatured in guanidine hydrochloride and urea solutions[2)128)]: **81** ('59) 2047–52; ~ 5: Reversal of denaturation of bovine serum albumin in 4 M guanidine hydrochloride or 8 M urea and of splitting of disulfide groups in 4 M GHCP [2)128)]: **82** ('60) 4147–51; ~ 6: Effect of heat denaturation of bovine serum albumin (BSA) on sulfhydryl and reactive disulfide content [128)]: **87** ('65) 2717–20. — Controlled current polarography at the dropping mercury electrode[90)]: **80** ('58) 4452–58. — The interaction of copper(II) with bovine serum albumin[140)]: 5673–78. — Amperometric determination of fluoride at a rotated aluminum electrode[106)]: **81** ('59) 1516f. — The induced reduction at the dropping mercury electrode of colloidal silver bromide by dicyanide argentate(I) ion [11)]: 1836–40. — Effects of surface-active substances on polarographic waves of copper-(II) ions[90)]: 2296–302. — Mechanism of oxidation of hydrazine by ferric ethylenediaminetetraacetate (FeY^-)[80)76)3)]: 6168–73. — Characteristics of irreversible waves and kinetic currents at the rotated dropping mercury electrode[90)]: **82** ('60) 324–29. — Post-adsorption wave of cuprous thiocyanate in polarograms of dilute thiocyanate solutions containing copper(II)[90)]: 3528–33. — Effects on polarographic waves of the formation of insoluble films on dropping mercury[90)]: **83** ('61) 47–53. — Reaction of cumene hydroperoxide with hydrazine induced by the reaction between iron(III) EDTA and hydrazine [76)3)80)]: 2232–34. — Acid–base equilibria in acetonitrile. Spectrophotometric and conductometric determination of the dissociation of various acids[13)19)]: 3927–35. — Calculated and experimental conductometric titration curves of intermediately strong acids and bases in acetonitrile[19)]: **85** ('63) 426–30. — Effect of iodide and bromide on the one-electron polarographic reduction of hexaamminecobalt(III) chloride[56)]: 664–67. — Effect of heteroconjugation on acid–base conductometric titration curves of 3,5-dinitrobenzoic acid in acetonitrile[19)]: 2195–201. — Arsenic(IV) as an intermediate in the induced oxidation of arsenic(III) by the iron(II)-persulfate reaction and the photoreduction of iron(III), 1: Absence of oxygen [142)76)]: 2385–90; ~ 2: Presence of oxygen [142)76)]: 3334–37. — The ratio of the first to the second diffusion current of oxygen at the dropping mercury electrode. Diffusion coefficient of oxygen[46)]: **86** ('64) 1275–79. — Arsenic(IV) as an intermediate in the induced oxidation of arsenic(III) by the iron(II)-hydrogen peroxide reaction[142)76)]: 1698–700. — Characteristics of anodic currents at dropping amalgam electrodes[90)85)]: **87** ('65) 423–30. — Effect of molecular acid–base dissociation of salts on conductometric titration curves in acetonitrile[19)]: 1004–12. — Calibration of the glass electrode in acetonitrile. Shape of potentiometric titration curves. Dissociation constant of picric acid[19)]: 4428–36. — Polarographic kinetic currents in mixtures of persulfate and copper(II) in chloride medium[142)]: **88** ('66) 1371–75. — Acid–base properties of mono- and dinitrophenols in acetonitrile[19)7)]: 5430–39. — Hydration of ions in acetonitrile[19)]: **89** ('67) 1582–86. — Hydration of undissociated salts in acetonitrile[19)]: 2521–24. — The second dissociation constant of sulfuric acid in acetonitrile and in dimethyl sulfoxide[19)]: **90** ('68) 5961–64. — Heteroconjugation of the sulfate and bisulfate ions in acetonitrile with uncharged hydrogen bond donors[19)]: **91** ('69) 25–31.

J. amer. pharm. Assoc. The gravimetric and volumetric determination of antipyrine as hydroferrocyanide in the presence of amidopyrine: **22** ('33) 947–50. – The determination of strychnine and brucine as hydroferrocyanides and their separation by means of ferrocyanide[67]): **23** ('34) 302–08. – The gravimetric and volumetric determination of brucine and strychnine as dichromate[67]): 404–08.

J. appl. Polymer Sci. Redox recipes, 10: Recipe with ferric versenate, sodium dithionite, and hydroperoxide as activating system (Veroxathionite recipe)[76]): **1** ('59) 200–11.

J. Assoc. offic. agric. Chemists Analytical applications of the rotated platinum wire electrode: **39** ('56) 47–49.

J. biol. Chemistry Determination of calcium by precipitation with picrolonic acid and polarographic measurement of the residual picrolonic acid[23]): **147** ('43) 705–09. – Amperometric titration of picrolonic acid and indirect volumetric determination of Ca by precipitation as picrolonate and back titration of the excess of picrolonic acid with methylene blue[23]): **148** ('43) 711–18.

J. chem. Educat. Beginning course in quantitative analysis: **25** ('48) 597–99. – Instrumental methods in analytical curricula: **33** ('56) 423 f. – Undergraduate courses in quantitative analysis: **37** ('60) 276–78. – N. Howell Furman. A biographical note: **44** ('67) 328–30.

J. chem. Physics Studies on aging and formation of precipitates, 29[88]): **7** ('39) 401–04; Aging of precipitates and coprecipitation, 39: Low temperature conductivity of silver bromide[112]): **15** ('47) 41–46.

J. electroanalyt. Chem. The effect of cell resistance on acute polarographic maxima[71]) [36]): **3** ('62) 209–16. – Polarography of molybdenum(VI) in aqueous sulfuric acid solutions[43]): **4** ('62) 369–81. – Polarographic study of the molybdenum catalysed reduction of chlorate, perchlorate and nitrate[43]): **5** ('63) 2–16. – Effect of tungsten(VI) on molybdenum(VI)-catalysed reduction waves of chlorate, nitrate, and perchlorate[43]): 165–70. – Exaltation of the first oxygen wave at the dropping mercury electrode[46]): **7** ('64) 85–93. – Polarographic kinetic currents in mixtures of hydrogen peroxide and copper(II) in chloride medium[142]): **12** ('66) 385–90.

J. electroanalyt. Chem. and interfacial Electrochem. Kinetic waves in systems containing cobalt(II) and cysteine-like compounds, 1: Prewave of cobalt in borate medium[69])[56]): **18** ('68) 315–27.

J. electrochem. Soc. Amperometric titrations with m-nitrophenylarsonic acid[49]): **98** ('51) 138–45. – Amperometric titrations of stannic and mercuric ions with tetraphenylarsonium chloride[49]): 231–33. – Polarography of thioglycolic acid[64]): **100** ('53) 334–38. – Polarography and voltammetry in dimethyl sulfoxide[100]): **108** ('61) 980–85. – Polarography in acetonitrile of titanium tetrachloride and tetraiodide in various supporting electrolytes[130]): **111** ('64) 1065–74.

J. nation. Cancer Inst. Nitrogen, sulfhydryl, and disulfide contents in normal and cancer sera and in their albumin and globulin fractions. Action of sulfite on disulfide groups in normal and cancer sera[123])[83])[42]): **14** ('54) 1233–45.

J. physic. (and Colloid) Chem. The promoting action of copper sulfide on the speed of precipitation of zinc sulfide (The so-called coprecipitation of zinc with copper sulfide) [,1][95]): **36** ('32) 549–66; Theory of coprecipitation [,2]: The formation and properties of crystalline precipitates: 860–81; Studies in coprecipitation, 3: The water content of calcium oxalate monohydrate[107]): **37** ('33) 153–70; ~ 4: The coprecipitation of alkali ions with calcium oxalate and the adsorbent properties of the latter[107]): 443–58; ~ 5: The coprecipitation of anions with calcium oxalate[107]): 459–73; ~ 6: Internal structural changes on aging of freshly prepared precipitates[107]): 723–33. – Composition of precipitated copper sulfide[95]): **36** ('32) 642–45. – The activity coefficient of benzoic acid in solutions of neutral salts and of sodium benzoate[9]): 1685–94. – The ionization constant of benzoic acid and the activity coefficient of the benzoate ion in presence of neutral salts[9]): 1695–701. – The mean and individual ion activity coefficients of silver benzoate in salt solutions[9]): 1702–11. – [The adsorption from ammoniacal solutions, 1:] The adsorption of cations from ammoniacal solution by silica gel[120]): 2113–26; ~ 2: The adsorption of alkali hydroxides by silica gel in the presence of ammonia and ammonium salts[120]): **38** ('34) 249–58; ~ 3: The adsorption of calcium and copper from ammoniacal medium by silica gel[120]): 475–86. – The solubilities of calcium hydroxide, calcium iodate, and ammonium perchlorate in dilute ammoniacal solutions[120]): 639–43. – The oxidation potential of the system potassium ferrocyanide – potassium ferricyanide at various ionic strengths[131]): **39** ('35) 945–54. – The fourth ionization constant of ferrocyanic acid[131]): 955–58. – The oxidation potential of the system potassium molybdocyanide – potassium molybdicyanide, and the effect of neutral salts on the potential[131]): **40** ('36) 247–55. – Mixed-crystal formation of zinc sulfide postprecipitated with mercuric sulfide. The aging of mercuric sulfide and of zinc sulfide[81]): 637–43. – The postprecipitation of zinc sulfide with mercuric sulfide[81]): 779–98. – Adsorption on ionic lattices: 1027–40. – Electrode potentials of platinum, gold, and silver in various solutions of electrolytes[135]): **41** ('37) 539–44. – Studies on coprecipitation and aging, 11: Adsorption of ammonio copper ion on and coprecipitation with hydrous ferric oxide; aging of the precipitate[84]): 629–44; Studies on aging of fresh precipitates, 18: The mixed-crystal formation between barium sulfate and potassium permanganate[87]): **42** ('38) 237–43; Studies on aging and coprecipitation, 27: The coprecipitation of nitrate with lead sulfate and the decomposition of coprecipitated nitrate on heating[39]): **43** ('39) 605–11; ~ 28: Adsorption of divalent ions on and coprecipitation with ortho ferric hydroxide in ammoniacal medium[92]): 767–80; ~ 29: The aging of ortho ferric hydroxide in the absence and presence of divalent ions in ammoniacal medium[92]): 909–22; ~ 33: Thermal aging of imperfect barium sulfate[68]): **44** ('40) 921–35; ~ 35: Aging of lead chromate in the colloid state [27]): **46** ('42) 458–63; ~ 36: Mixed-crystal formation of lead molybdate with colloidal and flocculated lead chromate[27]): 616–20; ~ 37: Distribution coefficient of arsenate between magnesium ammonium phosphate and solution[17]): **47** ('43) 148–52; ~ 38: Compressibility of silver bromide powders[112]): **51** ('47) 483–93; ~ 40: The solubility of lead chromate as a function of the particle size[74]): **52** ('48) 836–54; ~ 41: The bulkiness and porosity of silica powder[112]): 1020–23; ~ 42: Aging of silver bromide in the dry state[112]): 1319–31; Studies on formation and aging of precipitates, 46: Precipitation of lead sulfate at room temperature[103]): **63** ('59) 817–23; ~ 47: Maxima in particle size of lead sulfate formed under various conditions[103]): **64** ('60) 1045–47. – The solubility and activity coefficient of silver iodate in potassium nitrate solutions. The standard potential of the silver – silver iodate electrode[67]): **42** ('38) 133–40. – The postprecipitation of zinc sulfide with bismuth sulfide[35]): 531–39. – A preliminary study of the postprecipitation of nickel sulfide with copper, mercuric, and zinc sulfides[35]): 541–45. – Photovoltaic behavior of pure silver bromide[108]): **44** ('40) 936–43. – Voltammetry with stationary microelectrodes of platinum wire[59]): **45** ('41) 1061–79. – Voltammetric determinations and amperometric titrations with a rotating microelectrode of platinum wire[59]): 1079–93. – The solubility of lead sulfate and of lead oxalate in various media[96][138]): **46** ('42) 561–70. – The Lewis and the Brønsted-Lowry definitions of acids and bases: **48** ('44) 51–57. – Polarographic behavior of alkaline earth metals, 2: Polarographic determination of calcium alone and in the presence of other alkaline earth metals[145]): **49** ('45) 386–405. – Solubilization of p-dimethylaminoazobenzene in soap solutions[50]): **50** ('46) 440–42. – The electrokinetic potentials of precipitates[101][149]): **51** ('47) 321–32. – The use of membrane electrodes in the study of soap solutions[17][50]): 636–44. – Laurate-ion activity in solutions of potassium laurate in the absence and presence of neutral salts[50]): **52** ('48) 22–27. – Solubilization of dimethylaminoazobenzene in solutions of detergents, 1: The effect of temperature on the solubilization and upon the critical concentration[123]): 915–41; ~ 2: Effect of electrolytes on the critical concentration and the solubilization of dimethylaminoazobenzene, orange OT, and transazobenzene in detergent solutions[123]): **53** ('49) 424–54. – The sorption of GR-S type rubber by carbon black, 1: Sorption from benzene solution by Graphon[53]): **54** ('50) 251–56; ~ 2: Effect of variables on the sorption by Graphon[38][53]): **55** ('51) 1240–46; ~ 3: Sorption by commercial blacks[38]): **56** ('52) 740–45. – Cosolubilization in solutions of potassium laurate. Effect of cosolubilized alcohol and hydrocarbons on the solubilization of several aromatic compounds in potassium laurate solutions[33]): **55** ('51) 699–712. – The reaction between aquo ferrous iron and cumene hydroperoxide[102]): **60** ('56) 969–74. – The reactions of ferrous versenate and ferrous pyrophosphate with cumene hydroperoxide[102]): 996–1001. – Kinetics of the reaction between chromate and arsenic trioxide in alkaline medium. Induced reduction of oxygen by this couple[30]): 1383–88. – Reduction of hexavalent chromium at the rotated platinum electrode. Permeability of the film formed[111]): 1564–68. – Polarographic and acid properties of thorium perchlorate in acetonitrile[45]): **65** ('61) 1020–26. – Oxidation of n-octyl mercaptan by ferricyanide in acetone–water solution[76][134][20]): **66** ('62) 1233–37. – Reaction between ferricyanide and 2-mercaptoethanol[76][54]): 1238–41. – The stability constant of the $H_2SO_4 \cdot HSO_4^-$ ion and its mobility in acetonitrile[19]): 1675–78. – Electrode potentials in acetonitrile. Estimation of the liquid junction potential between acetonitrile solutions and the aqueous saturated calomel electrode[130]): **69** ('65) 3049–58. – Conductometric, potentiometric, and spectrophotometric determination of dissociation constants of substituted benzoic acids in acetonitrile[19]): **70** ('66) 856–66. – Autoprotolysis constant of acetonitrile[19]): **72** ('68) 2270–72.

J. polarogr. Soc. Polarography of sodium hydrosulfite and sodium formaldehyde sulfoxylate at the dropping mercury electrode[127]): **3** ('58) 54–63. – Review of fundamentals of polarography in inert organic solvents: **10** ('64) 22–36.

J. Polymer Sci. Determination of persulfate in emulsion polymerization latexes[37][74][75]): **1** ('46) 340–52. – Determination of polystyrene of GR-S rubber[62][17]): 429–33. – Thiols as promoters and modifiers in emulsion copolymerization of butadiene and styrene using potassium persulfate as catalyst, 1: Thiols as promoters[41]): **2** ('47) 41–48; ~ 2: Thiols as modifiers[41]): 49–71; ~ 3: Calculation of molecular weights, and intrinsic viscosities of polymers from thiol-consumption data[41]): 72–81; ~ 4: Definition and calculation of modifier efficiency[41]): 82–89. – Use of perbenzoic acid in analysis of unsaturated compounds, 1: Preparation and stability of solutions of perbenzoic acid[62])[70]): 199–205; ~ 2: Determination of external double bonds in synthetic rubbers[62]): 206–19; ~ 3: Results of determinations of external double bonds in synthetic rubbers[62])[70]): 220–28. – Ethanol–toluene–water as solvent mixture for extraction of nonpolymer from GR-S[17])[16]): 637–42. – Determination of unsaturation of synthetic and natural rubbers by means of iodine monochloride[62])[70]): **3** ('48) 66–84. – Combination of potassium ferricyanide, diazothio ether and mercaptan as "catalyst" for emulsion polymerizations of butadiene and styrene [,1][24]): 400–09; The potassium ferricyanide – diazothio ether – mercaptan recipe for emulsion polymerization of butadiene and styrene, 2: Effect of some chemical variables[24]): **5** ('50) 301–06; ~ 3: Determination of p-methoxyphenyl diazothio-(2-naphthyl)ether[24])[79]): 667–72. – Redox recipes, 1: Reaction between ferrous ions and peroxides; general consideration[75]): **4** ('49) 377–98; ~ 2: Redox recipes in alkaline medium initiated by the system cumene hydroperoxide – iron – sugar at 30 °C [75]): **5** ('50) 391–427; ~ 3: Use of various sugars at 0 °C and 30 °C in a cumene hydroperoxide – iron – sugar recipe[75])[143]): **6** ('51) 93–109; ~ 4: Dihydroxyacetone recipes at 0 °C[75]): 189–207; ~ 5: The redox system, ferrous sulfide – cumene hydroperoxide[75]): 209–23; ~ 6: Redox systems containing potassium chromate as oxidizing constituent[76]): **9** ('52) 327–42; ~ 7: A recipe with ferric versenate, hydrazine and hydroperoxide as activating system (veroxazine recipe)[76]): 343–67; ~ 8: A recipe with ferric versenate, sodium sulfide, and hydroperoxide as activating system (veroxasulfide recipe)[76]): 433–52; ~ 9: Alkaline nitroprusside – hydroperoxide recipes[76]): **11** ('53) 71–82. – Determination of disappearance of bis-isopropyl xanthogen (Dixie) in synthetic rubber latex during polymerization[74]): **4** ('49) 735–43. – Studies on the rate of the emulsion polymerization of butadiene–styrene (75:25) as a function of the amount and kind of emulsifier used, 1: Polymerizations with commercial and pure soaps[17])[76])[119]): **5** ('50) 191–200; ~ 2: Polymerization with fatty acid soaps, rosin soaps and various synthetic emulsifiers[17])[76])[119]): 201–06; ~ 3: Effect of amount of soap on rate of polymerization[76])[17]): **6** ('51) 73–81; Studies on the rate of emulsion polymerization of butadiene–styrene (75:25) as a function of the amount and kind of emulsifier used with persulfate as activator, 4: Addition of emulsifier during reaction; seeding effects[76])[17]): **7** ('51) 577–86. – The mechanism of emulsion polymerizations, 4: Kinetics of polymerization of styrene in water and detergent solutions[10]): **5** ('50) 487–504. – Studies of retarders and inhibitors in the emulsion polymerization of styrene, 2: Inhibitors[10]): 569–86. – Determination of microgel in GR-S rubber[75]): **6** ('51) 433–55. – Electrolytic initiation of polymerization[29]): 563–74. – Peter J. W. Debye on the occasion of his seventieth birthday: **13** ('54) 1 f. – Effect of detergent on the polymerization of allyl acetate[76])[18]): 113–21. – Mechanism of emulsion polymerization of styrene with persulfate as activator in the absence and presence of mercaptan and a retarder[89])[40]): **15** ('55) 459–73. – Apparent transfer constants of mercaptans in emulsion polymerization, 1: Role of diffusion and distribution coefficients[76])[115]): **16** ('55) 471–82. – A redox system utilizing N-nitrosoacetanilide for the emulsion polymerization of styrene and of butadiene-styrene[12])[76]): **21** ('56) 519–34. – Mechanism of retardation in emulsion polymerization of styrene[76])[127])[110]): **24** ('57) 215–32.

J. Polymer Sci., A Apparent transfer constants of mercaptans in emulsion polymerization, 2: Effect of reactions other than polymer chain transfer[76])[115]): **2** ('64) 4911–19. – Kinetics of reaction of ferricyanide with mercaptan solubilized in polystyrene latex[76])[134]): **3** ('65) 3957–65.

Japan Analyst Säure–Basen-Gleichgewichte und Titrationen in nichtwäßrigen Lösungsmitteln mit mittlerer Dielektrizitätskonstante: **12** ('63) 666–74 [japan.].

Kolloid-Z. Austauschadsorption und Adsorptionsindikatoren: **68** ('34) 190–200.

Lancet Experimental study of the polarographic cancer test and of the sulfhydryl titration for the differentiation of normal, cancerous and other pathological sera[123])[14])[58]): **73** ('53) 328–35.

Microchemical J. Voltammetry and amperometric titration at the rotated platinum electrode of manganese(II), (III) and (VII) in pyrophosphate medium[47]): **1** ('57) 3–16. – Determination of traces of hydroperoxide by reaction with arsenic(III). Application to determination in polymer latex[76])[13])[80]): **4** ('60) 33–41. – Amperometric cerimetric titration of iron(II) with ferroin as indicator[6]): 451–57.

Mikrochemie Detection of copper with phenolphthalein-cyanide reagent[67]): Festschrift Hans Molisch ('36) 274–78.

Mikrochimica Acta [Wien] Micro determination of iodine by a catalytic method[107]): **1** ('37) 9–25 [m. deutscher u. französ. Zusammenfassg.]. – The volumetric determination of bismuth as bismuth hydrogen iodide oxin[35]): **3** ('38) 46–51 [~].

Nature [London] Study of diffusion processes by electrolysis with micro-electrodes[59]): **144** ('39) 549 f.

Österreichische Chemiker-Ztg. Das Altern von frischen Fällungen bei Anwesenheit eines flüssigen Mediums: **41** ('38) 113–18. – Amperometrische Titrationen: **44** ('41) 179–81.

Pharmaceutisch Weekbl. The analytical adaptation of bromine substitution in phenols[67]): **69** ('32) 1147–58 [niederländ.]. – Bromine substitution in salicylic acid: 1159–61 [~]. – The polarographic (Brdička) and the amperometric titration proof of sulfhydryl groops in blood sera for the detection of cancer. The sulfhydryl contents of albumin and globulin in normal and cancer sera: **88** ('53) 733–44.

Physical Rev. The free mobility of lead ions in amicronic crystals of lead sulfate[104]): (2) **45** ('34) 341. – The mechanism of the aging of freshly prepared lead sulfate crystals[104]): **47** ('35) 631.

Proc., Koninkl. Akad. Wet. Amsterdam Aging of fresh precipitates in contact with a liquid medium. The irreversible flocculation of colloids: **40** ('37) 82–92.

Proc. nation. Acad. Sci. USA Acid–base indicator properties of sulfonephthaleins and benzeins in acetonitrile[7])[19]): **56** ('66) 1370–76.

Recueil Trav. chim. Pays-Bas Amperometric titrations, 3: The location of the minimum in amperometric titrations with regard to the equivalence point[59]): **59** ('40) 922–28. – Polarography of copper(II) thiocyanate solutions[90]): **79** ('60) 551–56.

Review Polarogr. [Kyoto] Effect on polarograms of the product formed in the one-electron reduction of hexaamminecobalt(III) ion[56]): **11** ('63) 11–.

Revista portug. Quím. Development and status of analytical chemistry: **7** ('65) 2–7 [ ].

Rubber Chem. and Technol. Determination of polystyrene in GR-S rubber[62])[17]): **20** ('47) 546–50. – Determination of unsaturation of synthetic and natural rubbers by means of iodine monochloride[62])[70]): **21** ('48) 835–52. – Determination of free carbon in cured rubber stocks[38]): **24** ('51) 224–27. – Sorption of GR-S type of polymer on carbon black, 3: Sorption by commercial blacks[38]): **26** ('53) 102–14.

Science [USA] Perfection and agglomeration of crystalline precipitates on aging: **84** ('36) 376 f. – The voltammetric determination of oxygen[59]): **92** ('40) 152–54.

Suomen Kemistilehti Diffusion processes in electrolysis with the dropping mercury electrode and with stationary micro-electrodes[59]): **13B** ('40) 4–8. – Aging of crystalline precipitates: **16A** ('43) 89–96.

Talanta The status of and trends in analytical chemistry: **11** ('64) 75–84.

Tekniska Samfundets Handl. The aging of crystalline precipitates: **1939**, 119–34.

Trans. electrochem. Soc. Amperometric titrations: **78** ('40) 16 S.

Trudy Komissii analit. Chim., Akad. Nauk SSSR, Inst. Geochim. i analit. Chim. im. Vernadskogo Utilization of radioactive isotopes in the study of aging of crystalline precipitates: **9** ('58) 98–114 [russ.].

Wissenschaftliche Z. techn. Hochschule Chem., Leuna-Merseburg The status of and trends in analytical chemistry: **6** ('64) 236–41.

Z. analyt. Chem. Mitfällen und Nachfällen. Altern von Niederschlägen (Eine Erwiderung auf D. Balarew): **104** ('36) 321–33.

Z. anorg. u. allg. Chem. Mikro-Drahtelektroden in der Polarographie und bei amperometrischen Titrationen[64]): **262** ('50) 160–64.

Mit: 1) E. Amdur; 2) A. Anastasi; 3) C. Auerbach; 4) C. Barnum; 5) G. H. Bendix; 6) B. B. Bhatia; 7) S. Bhowmik; 8) M. Blumer; 9) W. Bosch; 10) F. A. Bovey; 11) R. C. Bowers; 12) D. S. Brackman; 13) S. Bruckenstein; 14) D. G. Bush; 15) A. Bushey; 16) B. J. Carr; 17) C. W. Carr; 18) E. M. Carr; 19) M. K. Chantooni, jr.; 20) Q. W. Choi; 21) W. G. Clark; 22) J. F. Coetzee; 23) G. Cohn; 24) W. J. Dale; 25) G. S. Deshmukh; 26) J. Duke; 27) F. T. Eggertsen; 28) J. Eisenstädter; 29) L. L. Ferstandig; 30) M. A. Finemann; 31) W. von Fischer; 32) T. Fujinaka; 33) W. F. Graydon; 34) H. P. Gregor; 35) F. S. Griffith; 36) S. L. Gupta; 37) L. S. Guss; 38) R. G. Gutmacher; 39) R. A. Halversen; 40) J. L. Hansen; 41) W. E. Harris; 42) A. Heyndrickx; 43) I. Hodara; 44) D. N. Hume; 45) S. Ikeda; 46) K. Izutsu; 47) E. Jacobsen; 48) E. Johnson; 49) R. A. Johnson; 50) W. F. Johnson; 51) J. Jordan; 52) G. J. Kahan; 53) A. Kahn; 54) H. Kakiuchi; 55) R. C. Kapoor; 56) S. E. Khalafalla; 57) L. A. Knecht; 58) P. K. Kuroda; 59) H. A. Laitinen; 60) A. Langer; 61) W. D. Larson; 62) T. S. Lee; 63) D. J. Lehmicke; 64) D. L. Leussing; 65) N. I. Levitan; 66) A. Liberti; 67) J. J. Lingane; 68) W. M. MacNevin; 69) P. Mader; 70) M. A. Mairs; 71) J. C. Marshall; 72) M. Matsuoka; 73) G. Matsuyama; 74) D. R. May; 75) A. I. Medalia; 76) E. J. Meehan; 77) C. S. Miller; 78) –; 79) I. K. Miller; 80) H. Minato; 81) D. R. Moltzau; 82) P. Morgan; 83) L. M. Morren; 84) B. Moskovit; 85) T. Murayama; 86) E. R. Nightingale, jr.; 87) G. E. Noponen; 88) A. S; O'Brien; 89) P. R. O'Connor; 90) Y. Okinaka; 91) E. F. Orlemann; 92) L. G. Overholser; 93) Yu-Djai Pan; 94) E. P. Parry; 95) E. A. Pearson; 96) R. W. Perlich; 97) S. Prager; 98) H. P. Raaen; 99) R. W. Ramette; 100) T. B. Reddy; 101) L. H. Reyerson; 102) W. L. Reynolds; 103) B. van't Riet; 104) C. Rosenblum; 105) P. M. Ruoff; 106) C. J. Sambucetti; 107) E. B. Sandell; 108) H. L. Sanders; 109) L. A. Sarver; 110) C. L. Segal; 111) A. M. Shams El Din; 112) I. Shapiro; 113) W. S. Shore; 114) D. Singh; 115) P. R. Sinha; 116) L. I. Smith; 117) L. J. Spillane; 118) M. E. Stansby; 119) R. J. Stenberg; 120) V. A. Stenger; 121) J. T. Stock; 122) D. Stočesová; 123) W. Stricks; 124) –; 125) –; 126) W. K. Taft; 127) N. Tamberg; 128) B. H. Tan; 129) N. N. Tanaka; 130) F. G. Thomas; 131) W. J. Tomsicek; 132) P. E. Toren; 133) –; 134) M. S. Tsao; 135) Ch. Wang; 136) J. I. Watters; 137) S. Wawzonek; 138) D. Weiblen; 139) –; 140) B. R. Willeford, jr.; 141) A. Willman; 142) R. Woods; 143) M. Youse; 144) H. C. Yutzy; 145) I. Zlotowski; 146) L. Probst; 147) R. S. Livingston; 148) D. J. Tenenberg; 149) K. Coad.

VI **KOMATSU,** Shigeru. Chem. (org.), Biochem. – 1915 D. Sc.; '20–42 Prof.,

Kyoto Imperial Univ., Kyoto. – '26 Imperial Acad. Prize; '36 Sacred Treasure Award of Second Decoration (Japanese Government).

*1883, Aug. 3, Kôchi Prefecture; †1947, Okt. 21, Kanagawa Prefecture.

Zur Biogr. S. Tanaka, Kagaku [Kyoto] **19** ('64) 48– (m. Bildn.).

J. chem. Soc. Japan Catalytic action under high pressure and high temperature, 10: Catalytic reduction of aromatic alcohols[3]): **54** ('33) 546–52. – Chemical reactivity of carboxylic acid esters[8]): 558–69. – Chemical studies on the vitality of soybeans[10]): 570–81. – Chemical studies on cresols[14])[16]): 794–834. – Proteins, 14: Action of superheated water on glycinin from soybeans[2])[17]): **55** ('34) 791–801. – Biochemical study on the cocooning of the silkworm[1]): **58** ('37) 1069–84. – Biochemical studies on the uronic acid in rice, 1[7]): **62** ('41) 1113–19. – Fat of rice grown with various fertilizers[18]): 1243–50. – Studies of dienes, 1: Gum formation in gasolines[5]): **63** ('42) 327–. – Catalytic action of nickel-magnesium on the reaction between methane and steam[4]): 1551–54. – Synthesis of isobutyraldehyde from isobutyl alcohol by the catalytic action of copper-magnesium oxide[15]): **64** ('43) 696–711.

J. oriental Studies [Tokyo] Chemical studies on the ancient weapons[20])[23]): **11** ('40) 161–68 [ ].

J. Soc. chem. Industry, Japan; Suppl. Binding Biochemical studies on beer[11])[14])[13]): **41** ('38) 82 f.

Memoirs College Sci., Kyoto imp. Univ., Ser. A Sesquiterpenes, 1: Sesquiterpenes and sesquiterpene alcohols in camphor oil from Formosa[19])[14]): **14** ('31/32) 149–71. – Hydrolysis of polysaccharides, 1: Influence of neutral salts on the acid inversion of sucrose[21]): 267–72. – Biochemical studies on the soy bean, 1: Chemical changes of the protein during the germination of the soy bean in darkness[22]): 287–92. – Catalytic action of high temperature and high pressure, 5: Catalytic hydrogenation of benzoic acid[6]): 297–301. – Biochemical study of the autumn fall of the leaf[12]): **15** ('32) 57–65. – Chemistry of Japanese plants, 10: Utilisation of plant ash in chemical industries[9]): 341–47. – Biochemical studies on the "maturity" of sugar cane, 1: Indroduction to the study of sugar cane: **16** ('33) 1–4; ~ 2: Investigations on the chemical life-history of the "Hayaue" plant canes[12]): 4–42; ~ 3: The meaning of sucrose accumulation in the sugar cane[12]): 43–55; ~ 4: The significance of water in "maturity" and the possibility of making cane mature earlier by inundation: 56–78. – Biochemical studies on beer[11])[14])[13]): **22** ('39) 157–93.

Recueil Trav. chim. Pays-Bas On the function of a catalyst[6]): **57** ('38) 586–90.

Mit: [1]) Ch. Hayashi; [2]) T. Hibino; [3]) R. Kubo; [4]) H. Kuraku; [5]) T. Kuwata; [6]) K. Mitsui; [7]) Ch. Nakayama; [8]) T. Nakayama; [9]) Y. Ogata; [10]) T. Okada; [11]) Sh. Otsuka; [12]) Sh. Ozawa; [13]) T. Suzuki; [14]) Sh. Tanaka; [15]) M. Takayasu; [16]) T. Waida; [17]) S. Yamaguchi; [18]) S. Yamasaki; [19]) H. Fujimoto; [20]) E. Koizume; [21]) G. Nomura; [22]) W. S. Tao; [23]) Y. Yamauchi.

VI **KOMENDANTOV**, Nikolaj Vasil'evič. Astron. – 1926– Prof., Astron. Inst., Leningrad; '33– wiss. Sekretär, Sternwarte Pulkovo. – Weitere Daten unbekannt. (⊠)

*1895, Okt. 7 (Sept. 25), Peterhof.

W. On the determination of the general perturbations of the minor planets of the Minerva group (700″–800″) (Moskva–Leningrad '35) 74 S. [russ. u. engl.].

Astronomičeskij Ž. General perturbations and mean elements of the planet (308) Polyxo: **12** ('35) 152–56 [m. russ. Zusammenfassg.]. – Methods and results of planetary work at the Astronomical Institute of Leningrad: 489–93 [~]. – Approximate tables of perturbations for minor planets of the Minerva group: **13** ('36) 190–97 [~].

Astronomische Nachr. Notiz: Planetenentdeckung und -benennung: **248** ('33) 315. – Beobachtungen von kleinen Planeten und eines Kometen: **252** ('34) 187 f. – Elements and general perturbations of the planet (1206) Numerovia: **256** ('35) 283 f. – Ephemeride von 1 Ceres: **258** ('36) 135 f. – Practical tables of general perturbations of minor planets from Saturn: **259** ('36) 17–34. – The orbit of the binary Σ 2822 (μ Cygni): **260** ('36) 15 f.

Bjul. astron. Inst. Notes sur l'extrapolation: Détermination des éléments osculateurs par les coordonnées rectangulaires troublées: **32** ('33) 150–52 [m. russ. Zusammenfassg.]; ~: Correction des coordonnées de départ par leurs variations arbitraires: **35** ('35) 236–39 [m. russ. Zusammenfassg.]. – Perturbations absolues et éléments moyens de la planète (22) Kalliope: 243–46. – Improved orbit of planet (1143) Odysseus: **35** ('35).

Cirkuljary glavn. astron. Observat. v Pulkove Observations micrométriques de la planète Eros faites à l'équatorial de 15 pouces: **4** ('32) 13–16. – Orbite corrigée du système binaire O Σ 298: **8** ('33) 25–29. – Measures of double stars, 2: **9** ('33) 26–31. – Preliminary orbit of the binary Σ 1932 (I Coronae): **12** ('34) 21–26. – Normal places of Ceres for 1899–1915: **14** ('35) 3–21. – On the orbit of binary Σ 2130 (μ Draconis): **16** ('36) 13–20.

J. Observateurs Approximate tables of perturbations for minor planets of the Minerva group: **19** ('36) 33–40.

Trudy glavn. astron. Observat. v Pulkove Micrometrical measures of 408 double stars made with the 15-inch refractor and their discussion: (2) **47** ('35) 80 S. [m. russ. Zusammenfassg.].

Ferner: Fünfstellige Tafeln der Logarithmen der Zahlen und trigonometrischen Funktionen für in Bogen- und Zeitmaß ausgedrückte Winkel (Leningrad '32).

IV–VI **KOMPPA,** Gustav. Chem. (org.). – 1908–37 Prof., Vorstand der Chem. Abteilung, '37 Prof. Emer., Techn. Hochsch. Helsinki; '08 Mitbegründer d. Finn. Akad. Wiss.; '08 Mitbegründer, '35–45 Kanzler, Univ. Turku. – '27 Dr. phil. h. c. (Univ. København); '32 Dr. phil., Magister Artium liberalium (Univ. Uppsala). – '37 Gadolin-Medaille (Finn. Chem. Ges.); '42 A.W.-von-Hofmann-Gedenkmünze (Ges. Deutscher Chemiker). *1867, Juli 28, Wiborg, Finnland; †1949, Jan. 20, Helsinki.

Zum 75. Geb.tag H. Roschier, Suomen Kemistilehti **15A** ('42) 48.

Zum 80. Geb.tag H. Roschier, Suomen Kemistilehti **20A** ('47) 117 f.

Nekr. B. Holmberg, Svensk kem. Tidskr. **61** ('49) 67–69 (m. Bildn., Schr.verz.). – W. Hückel, Chemische Ber. **85** ('52) I–XXX (m. Bildn., Faks., Schr.verz.). – J. Palmén, Acta chem. scand. **4** ('50) 1150–70; Suomen Kemistiseuran Tiedonantoja **58** ('49) 52–54. – J. Palmén, J. L. Simonsen, J. chem. Soc., London **1950**, 2912 f. – S. Schmidt-Nielsen, Kongel. norske Vid. Selsk. Forh. **22** ('49) 9–11 (m. Bildn., Faks.). – N. J. Toivonen, S.-Ber. finn. Akad. Wiss. **1949**, 77–117 (m. Bildn.). – Chemical and Engng. News **27** ('49) 696.

Schriftenverzeichnis Suomen Kemistilehti **26** ('53) 145–50.

HZ. (Redakt.) S.-Ber. finn. Akad. Wiss. **1908** ('09) - **1943** ('44). – Suomalaisen Tiedeakatemian Toimituksia, Sarja A **1** ('09) - **59** ('43).

MHZ. Suomen Teolisuuslehti **11** (1893) - **19** (1901). – Teknillinen Aikakauslehti 8 ('18) - **37** ('47).

S. Forhandlinger 4. Nordiske Kjemikermøte, Oslo 1932 (Oslo '33) 280 f.: Über den Ledumcampher [norweg.]. – Forhandlinger 5. Nordiske Kemikermøde, København 1939 (København '40) 213 f.: Synthetische Arbeiten in der Pinanreihe [dän.]. – Trabajos IX Congreso internacional de química pura y aplicada, Madrid 1934, 4 (Madrid '35) 321 f.: Untersuchungen in der Norcampher-Gruppe.

Acta forest. fenn. Zur Kenntnis der Nadelöle einiger in Finnland gewachsener ausländischer Nadelhölzer: **40** ('34) 3–9.

Ber. dtsch. chem. Ges. Über ein neues bicyclisches Imin: das Iso-granatanin: **65** ('32) 792 f. – Synthetische Arbeiten in der Santenreihe: 1708–10; Totalsynthese der Santensäure[11]): **67** ('34) 828 f. – Zur Kenntnis des D,L-Fenchylalkohols[1]): **68** ('35) 10 f. – Über eine Synthese des 2-Methyl-bicyclo-[1,2,2]heptanons-(3): 1127–29. – Über eine Totalsynthese des bicyclo-[2,2,2]-Octanons und des bicyclo-[2,2,2]-Octans: 1267–72. – Eine neue Synthese des D,L-Fenchons[6]): 2001–03. – Über die Wasser-Abspaltung aus Camphenilol, 4-Methyl-camphenilol und 4-Methyl-borneol. Zur Kenntnis der Santen-Verschiebung und der Nametkinschen Umlagerung[9]): **69** ('36) 334–40. – Über 4-Methyl-isosantenol und 4-Methyl-santenylamin[9]): 712–14. – Über die wahre Konstitution des Camphenilyl- und 4-Methyl-camphenilylchlorids und ein stereoisomeres α-Fenchocamphorol[9]): 1813–20. – Eine neue Totalsynthese des Camphenilons sowie des α- und β-Fenchocamphorons[7]): 2606–10. – Über den angeblichen Übergang von Campher bzw. Campholensäure in Pinonsäure. Die Dehydratation der Dioxy-dihydro-α-campholensäure[1]): 2783–89. – Totalsynthese des D,L-Verbanons, D,L-δ-Pinens und D,L-Pinans[6]): **70** ('37) 788–91. – Über 1-Methyl-santenoxyd und Methyl-santenglykol[9]): **72** ('39) 16–18. – Neuere synthetische Arbeiten in der Campher- und Terpengruppe: **75A** ('42) 1–13. – Eine Synthese des 8,8-Dimethyl-bicyclo-[1,2,3]-octanons-(2) oder Homo-apocamphers[2]): **75B** ('43) 1607–10.

Chemische Fabrik Ein Halbmikro-Apparat zur Bestimmung des Kohlenstoffes und Wasserstoffes nach der Methode von Orthner und Reichel[11]): **6** ('33) 201 f. – Ergänzende Bemerkungen zum Halbmikro-C-H-Bestimmungsapparat[11]): **7** ('34) 239 f.

C. R. Trav. Labor. Carlsberg, Sér. chim. Über die Konstitution des Ledumcamphers und des Ledens[9]): **22** ('38) 272–74.

J. amer. chem. Soc. A contribution to the chemistry of dihydroretene[4]): **54** ('32) 2900–08.

J. prakt. Chem. Studien in der Normaldecylreihe [14]): **135** ('32) 193–203. – Untersuchungen in der Thionaphthengruppe, 3[16]): **138** ('33) 109–27. – Über Selenonaphthen[9]): **139** ('34) 229–36. – Über die Lage der Substituenten in der Reychlerschen Sulfocamphersäure und dem sog. β-Bromcampher: **162** ('43) 19–28.

Kongel. norske Vid. Selsk. Forh. Über eine allgemeine Reaktion zur Darstellung von Ketosäuren, ungesättigten Säuren und disubstituierten Lactonen, 3: **9**.1936 ('37) 157–60.

Kongel. norske Vid. Selsk. Skr. Über die Konstitution des Ledumcamphers und des Ledens: **1933**, Nr. 1 ('34) 16 S. [norweg. m. deutscher Zusammenfassg.].

Liebigs Ann. Chem. Über die den eigentlichen Campherarten entsprechenden Kohlenwasserstoffe, 1: Fenchan, Apocamphan, β-Apofenchan und Santenan[5]): **496** ('32) 164–70; ~ 2: Apo-isofenchen (Camphenilen), Apocyclen und Apobornylen[5]): **497** ('32) 116–30; ~ 3: Kohlenwasserstoffe aus den Dichloriden der Campherarten[5]): **502** ('33) 272–81. – Studien in der Fenchenreihe, 3: Über γ-Fenchen und β-Fenchenhydrat[1]): **503** ('33) 130–42; ~ 4: Über α-Fenchenhydrat (Methyl-α-fenchocamphorol), α- und β-Fenchan[1]): **508** ('34) 205–14; ~ 5: Über die sekundären und tertiären Fenchylchloride[1]): **509** ('34) 51–60; ~ 6: Über zwei homologe Fenchene; zur Kenntnis der Racemisierung von Kohlenwasserstoffen des Pentoceansystems[9]): **523** ('36) 87–100; ~ 7: Über 2-Phenyl-isofenchol und von diesem sich herleitende Phenyl-fenchene[9]): **533** ('38) 290–95; ~ 8: Zur Kenntnis des Reaktionsmechanismus bei der Dehydratation des Fenchylalkohols[9]): **535** ('38) 252–66; ~ 9: Über die stereoisomeren D,L-β-Fenchocamphorole[1]): **537** ('39) 140–43; ~ 10: Zur Kenntnis der Isomerisierung des α-Fenchens[9]): **543** ('40) 111–18. – Über eine allgemeine Reaktion zur Darstellung von Ketonsäuren, ungesättigten Säuren und disubstituierten Lactonen, 1[11]): **509** ('34) 259-68; ~ 2[11]): **521** ('36) 227–42. – Über die Norcamphergruppe, 1[1]): **512** ('34) 172–85. – Über das tertiäre 2-Methyl-santenol. Zur Kenntnis der Wagnerschen Umlagerung bei tertiären Alkoholen[9]): **517** ('35) 105–19. – Über das tertiäre 2,4-Dimethyl-santenol und das 1,4-Dimethyl-santen[9]): **518** ('35) 204–10. – Über die Synthese des bicyclo-[1,2,3]-Octanons und des bicyclo-[1,2,3]-Octans[15])[11])[1]): **521** ('36) 242–61. – Zur Kenntnis der endo-exo-Isomerie bei alicyclischen Alkoholen vom Borneol-Typus, 1[1]): **522** ('36) 137–50. – Zur Kenntnis der struktur- und stereoisomeren Methyl-bicyclo-[1,2,2]-heptanole und -heptanone[1]), 2: **523** ('36) 68–86. – Totalsynthese des Pinocamphons, der Pinonsäure und des α-Pinens[6])[8]): **547** ('41) 185–94.

Naturwissenschaften Der Grundkörper der Camphergruppe, das bicyclo-[1,2,2]-Heptan, und die stereoisomeren Norborneole[1]): **22** ('34) 171. – Totalsynthese des Pinens[6])[8]): **27** ('39) 197 f.

Suomalaisen Tiedeakatemian Toimituksia, Sarja A Über die Darstellung der Hexahydroisophthalsäure: **37** ('33) Nr. 6, 10 S. – Beitrag zur Kenntnis des anomalen Verhaltens des β,β-Dimethyl-trimethylenglykols und dessen Dibromids[12]): Nr. 7, 8 S. – Über das ätherische Öl der amerikanischen Fichte Picea alba Lk. (Picea canadensis Sarg.): **38** ('33) Nr. 8, 8 S. – Über eine allgemeine Reaktion zur Darstellung von Ketosäuren, ungesättigten Säuren und dialkylierten resp. diarylierten Lactonen bei der Einwirkung von Grignardschem Reagens auf die Anhydride zweibasischer Säuren[11]): **39** ('34) Nr. 6, 11 S. – Über Norborneol und Norbornylan[1]): Nr. 7, 11 S. – Über die Darstellung der Hexahydroterephthalsäure[11]): **41** ('35) Nr. 8, 6 S. – Synthetische Arbeiten in der Campher- und Terpenreihe, 3: Totalsynthese der Santensäuren[11]): **44** ('35) Nr. 3, 29 S.; ~ 4: Synthese einer neuen cis- und einer trans-Methyl-santensäure[10])[11]): Nr. 10, 12 S.; ~ 5: Totalsynthese der Pinononsäure, des Verbanons, des Pinans, des Pinocamphons, der Pinonsäure sowie des α-,β- und δ-Pinens: **59** ('43) Nr. 1, 23 S. – Über 4[1]-Oxy-4-äthyl-benzoesäure-(1): **44** ('35) Nr. 9, 6 S. – Über die stereoisomeren Santenone und Santenole[9]): **45** ('37) Nr. 1, 8 S. – Über Kondensations- und Reduktionsversuche mit Acetondiessigsäure: **51** ('39) Nr. 3, 15 S. – Eine neue Totalsynthese des Norcamphers[13]): **57** ('41) Nr. 15, 22 S. – Beitrag zur Kenntnis des Ozonabbaues von Camphen. Die Konstitution der 3-Isopropyliden-cyclopentancarbonsäure-(1): **58** ('41) Nr. 2, 6 S.

Suomalaisen Tiedeakatemian Toimituksia, Sarja A II Beitrag zur Kenntnis des Triöls[3]): **22** ('46) 8 S.

Suomen Kemistilehti Über die Darstellung der Hexahydroisophthalsäure: **6B** ('33) 57. – Über das ätherische Öl der amerikanischen Fichte Picea alba Lk. (Picea canadensis Sarg.): **7B** ('34) 86. – Über Ledumcampher und die Konstitution des Ledens: **8B** ('35) 19f. – Neue Synthesen in der Campher- und Terpenreihe: **15A** ('42) 15–22 [finn.].

Mit: [1]) S. Beckmann; [2]) A. Bergström; [3]) E. Elomaa; [4]) H. P. Fogelberg; [5]) T. Hasselström; [6]) A. Klami; [7]) O. Komppa; [8]) A.-M. Kuvaja; [9]) G. A. Nyman; [10]) H. Paasivirta; [11]) W. Rohrmann; [12]) J. Sevón; [13]) A. Talvitie; [14]) Y. Talvitie; [15]) T. Hirn; [16]) S. Weckman.

VI **KON,** George Armand Robert. Chem. (org.). – 1922 D. Sc., '23–25 Private Assist., '25– Lecturer, then till '34 Reader, '34–42 Assist. Prof., Imperial College of Sci. and Technol., London; '42–51 Prof., Chester Beatty Research Inst., Royal Cancer Hospital, London.

*1892, Febr. 18, Petersburg;
†1951, März 15, Manchester.

Zur Biogr. Nature [London] **151** ('43) 49f.

Nekr. R. P. Linstead, J. chem. Soc., London **1952**, 4550–60; Nature [London] **167** ('51) 752f.; Obituary Notices Fellows roy. Soc. London **8** ('52/53) 171–92 (m. Bildn., Faks., Schr.verz.).

S. Proc. 11th International congress of pure and applied chemistry, London 1947, 4 (London '52) 93–96: The growth-inhibitory and carcinogenic properties of 4-aminostilbene and derivatives[16)18)29)].

Analyst Jocelyn Field Thorpe † [40)]: **65** ('40) 483f.

Annual Rep. Progr. Chem. Organic chemistry, 2: Homocyclic division: **29**.1932 ('33) 136–78; **30**.1933 ('34) 176–225; **31**.1934 ('35) 193–240.

Biochemical J. Inhibition of growth by amino-s-diarylethylenes[16)18)]: **39** ('45) IIf.

British med. Bull. Chemistry of carcinogenic compounds[16)]: **4** ('46/47) 314–26.

Chemistry and Industry The constitution of strophanthidin [,1]: **12** ('34) 593–95; ~ 2: 956–58. — Uzarigenin: 1008.

J. chem. Soc., London The structure of glutaconic acids and esters, 2: α-Substituted derivatives of β-methylglutaconic acid[38)]: **1932**, 1–11; ~ 3: α-Carbethoxyglutaconic esters[14)42)]: 1027–40; ~ 4: Some cyclic glutaconic derivatives[24)]: 2426–33; ~ 5: α-Benzyl- and α-benzyl-β-methylglutaconic acids[38)]: 2434–43; ~ 6: Derivatives of β-phenylglutaconic acid[14)]: 2443–51; ~ 7: Derivatives of 3-methylcyclopropene-1,2-dicarboxylic acid[24)]: 2557–68; ~ 8: Some cyclic compounds of the glutaconic and the citraconic acid series[23)]: **1933**, 1628–34; ~ 9: α-Methyl- and α-ethylglutaconic acids[10)]: **1937**, 725–27. — The identification of α-ethoxypropionic acid[5)]: **1932**, 2283. — α-Methylhexenoic and α,β-dimethylpentenoic acids[21)22)]: 2452–54. — The chemistry of the three-carbon system, 29: Tautomerism of unsaturated esters[21)22)]: 2454–61. — The dehydration of β-hydroxy esters[25)]: 2461–63. — The action of sodium ethoxide on itaconic, citraconic, and mesaconic esters[4)]: 2568–73. — Derivatives of α,α'-diketoadipic acid[23)]: 2958f. — Syntheses of polycyclic compounds related to the sterols, 1: **1933**, 1081–87; ~ 2: Diels's hydrocarbon $C_{18}H_{16}$ [17)31)]: **1934**, 124–28; ~ 3: 9-Methyl- and 3',9-dimethylcyclopentenophenanthrene[12)]: **1935**, 443–45; ~ 4: The identification of 3'-methyl-1,2-cyclopentenophenanthrene and its preparation from cholesterol[12)32)]: 644–46; ~ 5: Methoxy- and hydroxy-derivatives of phenanthrene[31)]: **1936**, 187–92; ~ 6[26)]: **1938**, 672–76; ~ 7: The cyclisation of γ-5-methoxy-1-naphthylbutyric acid[35)]: **1939**, 790–92. — Ethyl Δ¹-cyclopentenylmalonate[20)]: **1934**, 596–99. — Investigations of the olefinic acids, 12: β-Phenylhexenoic and β-methylpentenoic acids[21)43)]: 599–604. — The effect of the nitro-group in three-carbon tautomerism[11)]: 604–10. — Catalytic influences in three-carbon tautomerism, 5: Acid catalysis in ketones and esters[25)]: 623–29. — Sapogenins, 1: The sapogenins of Sarsaparilla root[1)9)]: **1936**, 1399–403; ~ 2: Sarsasapogenin and smilagenin[9)]: **1937**, 414–20; ~ 3: The dehydrogenation products of methylsarsasapogenin and methylcholestanol[41)]: **1939**, 794–800; ~ 4: The sapogenin of Balanites aegyptica Wall.[39)]: 800f.; ~ 5: Basic acid[19)37)]: 1124–29; ~ 6: Quillaic acid[6)]: 1130–35; ~ 7: The structure of quillaic acid and its relation to echinocystic acid[6)35)]: **1940**, 612–17; ~ 8: The sapogenin of Fuller's herb[35)]: 617–20; ~ 9: The occurrence and constitution of basic acid[19)]: 713–20; ~ 10: The carbon skeleton and the position of the second hydroxyl group of quillaic acid[2)]: 1469–74; ~ 11: Further evidence of the constitution of quillaic and oleanolic acids[2)]: **1941**, 552–61; ~ 12: The position of the carboxyl group in certain triterpene acids[2)30)]: **1942**, 35–42; ~ 13: The position of the double bond in acids of the β-amyrin group[2)30)]: 532–34; ~ 14: The constitution of glycyrrhetic acid and its relation to oleanolic acid: 535–39; ~ 15: Siaresinolic acid[2)30)]: 540–44; ~ 16: The acids of the elemi resin[2)]: 544–50; ~ 17: The position of the carboxyl group in oleanolic and glycyrrhetic acids[30)]: 741–44. — The Michael reaction with acetylenic esters[8)13)]: **1936**, 1804–09. — The synthesis of dicyclic α-ketones with an angular methyl group[21)33)]: **1937**, 814–17. — 1-Methyl-2-n-propylphenanthrene[26)27)]: **1938**, 778. — The condensation of 2-methylnaphthalene with acetyl chloride[39)]: **1939**, 792–94. — Smilagenone: a correction[35)41)]: 1201. — The conversion of quillaic acid into a hydrocarbon[35)]: **1940**, 1335. — Sir Jocelyn Field Thorpe (1872–1940)[21)]: **1941**, 444–64. — The constitution of β-boswellic acid[34)]: 793f. — The direct hydroxylation of 1',2',3',4'-tetrahydro-3,4-benzpyrene[29)]: **1945**, 143–46. — The preparation of 2-amino-7-hydroxyfluorene[15)]: 930. — 4-Styrylbenzylamine and 4-styrylbenzyldimethylamine: **1948**, 224–27. — 1-Phenyl-2-naphthyl- and 1,2-dinaphthylethylenes[7)]: 1601–03. — Some heterocyclic analogues of stilbenes[3)]: 2147–54. — Isomeric methoxystilbenes[36)]: **1949**, 2724f. — Isomeric propenylnaphthalenes[36)]: 2725. — Some compounds related to the aromatic "nitrogen mustards"[28)]: **1950**, 978–82. — Arnold Stevenson †: 1220. — The preparation of some cytotoxic epoxides[7)]: 3131–35. — 1-Nitromethylcyclohexanol: **1951**, 843.

Nature [London] Microtechnique in organic chemistry: **143** ('39) 442f. — Position of the carboxyl group in oleanolic and related acids[2)]: **147** ('41) 745. — Effects upon tumours of various haloalkylarylamines[16)30)]: **162** ('48) 824f.

Philosophical Trans. roy. Soc. London, Ser. A The growth-inhibitory and carcinogenic properties of 4-aminostilbene and derivatives[16)18)29)]: **241** ('48) 147–95.

Mit: ¹) F. A. Askew; ²) P. Bilham; ³) D. M. Brown; ⁴) E. H. Coulson; ⁵) A. Demolis; ⁶) D. F. Elliott;

[7]) J. L. Everett; [8]) E. H. Farmer; [9]) S. N. Farmer; [10]) J. S. Fitzgerald; [11]) H. B. Fraser; [12]) D. J. C. Gamble; [13]) S. C. Ghosal; [14]) Bh. Sh. Gidvani; [15]) F. Goulden; [16]) A. Haddow; [17]) S. H. Harper; [18]) R. J. C. Harris; [19]) B. J. Heywood; [20]) Z. T. Ling; [21]) R. P. Linstead; [22]) G. W. G. Maclennan; [23]) B. L. Nandi; [24]) H. R. Nanji; [25]) K. S. Nargund; [26]) E. S. Narracott; [27]) C. Reid; [28]) J. J. Roberts; [29]) E. M. F. Roe; [30]) W. C. J. Ross; [31]) F. C. J. Ruzicka; [32]) B. C. Saunders; [33]) C. Simons; [34]) J. C. E. Simpson; [35]) H. R. Soper; [36]) R. G. W. Spickett; [37]) L. L. Ware; [38]) E. M. Watson; [39]) W. T. Weller; [40]) M. A. Whiteley; [41]) A. M. Woolman; [42]) C. R. Wright; [43]) J. M. Wright.

IV–VI **KONDAKOV,** Ivan Lavrent'evič. Chem. (org.). – 1895–1917 Prof., Univ. Jur'ev (→ Tartu); '17 ord. Prof., Univ. Voronež; '18– Lehr- u. Forschungstätigkeit, Karls-Univ., Praha. (⊠)

*1857, Okt. 8 (Sept. 26), Viljujsk, Gouv. Jakutsk, Sibirien;

†1931.

VI **KONDÔ,** Heizaburô. Chem. (pharmaz.). – 1912–15 Instructor, '15–37 Prof., '37 Prof. Emer., Imperial Univ., Tokyo. – '28, '38 Prizes of the Japanese Acad.

*1877, Dez. 11, Matsuzaki;

†1963, Nov. 17, Tokyo.

Nekr. E. Ochiai, Chemical and pharm. Bull. [Tokyo] **12** ('64) IIf. (m. Bildn.).

Vorbemerkung: Die Seitenzahlen in ⟨...⟩ bei einigen der folgenden Zeitschriften weisen auf die Originalabhandlung in japanischer Sprache hin.

Annual Rep. Itsuu Labor. Über Menispermaceae-Alkaloide [Alkaloids of Menispermaceae plants], 75: Über die Alkaloide von Stephania japonica Miers, 10: Protostephanin, 3[70]): **1** ('50) 37–41 ⟨1–4⟩; ~ 76: ≈ 11: ≊ 4: Synthese der Tetramethoxyphenanthrene[32])[3])[17]): 41–45 ⟨5–9⟩; ~ 77: ≈ 12: ≊ 5: Synthesis of 3,3′,4,4′-tetramethoxydiphenic acid[48])[38]): 45–50 ⟨9–12⟩; ~ 78: ≈ 13: ≊ 6: Testing for the morphine alkaloid reactions[70]): 50–53 ⟨12–15⟩; ~ 84: ≈ 14: Hasubanonine, 1[48])[38]): **2** ('51) 35–43 ⟨1–7⟩; ~ 98: ≈ 16: Protostephanine, 7[70])[57]): **3** ('52) 45–48 ⟨7–9⟩; ~ 107: ≈ 17: Hasubanonine, 3[48])[38]): **4** ('53) 45–50 ⟨1–5⟩; ~ 108: ≈18: Protostephanine, 8[57]): 51–58 ⟨6–11⟩; ~ 109: Examination of "Bebeerine hydrochloride" (Gehe)[48])[38]): 59–64 ⟨12–15⟩; ~ 117: Alkaloids of Stephania japonica Miers, 19: Protostephanine, 9[57]): **5** ('54) 51–54 ⟨1–4⟩; ~ 129: ≈ 21: ≊ 10[57]): **6** ('55) 34–40 ⟨4–8⟩; ~ 139: ≈ 22: ≊ 11[57]): **7** ('56) 71–78 ⟨30–36⟩; ~ 154: ≈ [ohne Nr.]: Hasubanonine, 4: The double bond in the third ring[48]): **8** ('57) 41–45 ⟨6–10⟩; ~ 170: ≈ 25: Protostephanine, 13[57]): **9** ('58) 78–85 ⟨33–38⟩. – Synthesis of cepharanthine [Synthese des Cepharanthins], 1: 5,6-Methylenedioxy-2′-methoxydiphenylether-3,4′-dicarboxylic acid and 6-methoxydiphenylether-3,4′-diacetic acid[16])[13])[30])[78]): **1** ('50) 54–61 ⟨15–21⟩; ~ 2: 5,6-Methylenedioxy-2′-methoxydiphenylether-3,4′-diethylamine[16]): **2** ('51) 43–48 ⟨7–11⟩; ~ 3: Eine neue Darstellungsmethode des 5-Brompiperonylsäuremethylesters aus Piperonylsäuremethylester[16])[30]): 48f. ⟨11–13⟩; ~ 4: Versuche der Darstellung der 5,6-Methylendioxy-2′-methoxydiphenyläther-3,4′-dicarbonsäure[48])[9]): 50–54 ⟨13–18⟩; ~ 5[16])[30]): **3** ('52) 49–54 [engl.] ⟨10–14⟩; ~ 7 [oder 6 ?][16])[1]): **4** ('53) 70–72 ⟨20–29⟩; ~ 8[16])[1]): **5** ('54) 55–58 ⟨5–⟩; ~ 9[16])[1]): **6** ('55) 41–45 ⟨9–12⟩. – Structure of andrographolide, 1 [21])[44]): **1** ('50) 65–71 ⟨25–30⟩; ~ 2[44]): **2** ('51) 66–72 ⟨29–33⟩; ~ 3[44]): **4** ('53) 78–83 ⟨36–39⟩; ~ 4[44]): **5** ('54) 89–93 ⟨34–37⟩; ~ 5[44]): **7** ('56) 53–56 ⟨16–18⟩; ~ 6[44]): **9** ('58) 85–91 ⟨38–42⟩; ~ 7[44]): **10** ('59) 46f. ⟨11f.⟩. – Alkaloids of Uncaria species, 9: Structure of uncarine, 6[36]): **1** ('50) 71–74 ⟨30–32⟩; ~ 10: ≈ 7[36]): **2** ('51) 72–74 ⟨33f.⟩; ~ 11: ≈ 8[36])[62]): **4** ('53) 77 ⟨33–35⟩; ~ 12: ≈ 9: On the structure of the neutral substance formed by the decomposition of uncarine[36])[62]): **5** ('54) 80–83 ⟨26–29⟩; ~ 13: ≈ 10[36])[62]): 84–88 ⟨30–33⟩; ~ 14: ≈ 11: Synthesis of the neutral substance $C_{10}H_9ON$ formed by the decomposition of uncarine[36])[67]): **6** ('55) 53–57 ⟨18–21⟩; ~ 15: ≈ 12: Structure of the bond between oxindole and piperidine[36]): **7** ('56) 44–48 ⟨7–11⟩; ~ 16: Structure of rhynchophylline, 3: Relation between rhynchophylline and uncarine[36]): 49–52 ⟨12–15⟩. – Synthesis of 2,3-furoindole, 1 [36])[62]): **1** ('50) 74–79 ⟨32–36⟩; ~ 2[36])[62]): **3** ('52) 70–73 ⟨34–36⟩. – Lycorisalkaloide, 18: Über die Konstitution des Lycorenins, 4[9]): 55–64 ⟨19–29⟩; ~ 19: Über die Konstitution des Tazettins, 2[9])[42]): **1** ('50) 61–65 ⟨21–25⟩; ~ 20: ≈ 3[9]): **2** ('51) 55–60 ⟨18–24⟩; ~ 21: ≈ 4: Synthese des 6-Phenyl-3,4-methylendioxydihydrozimtalkoholmethyläthers[9])[57]): 60–65 ⟨24–29⟩; ~ 22: ≈ 5[9])[52]): **3** ('52) 65–69 ⟨30–34⟩; ~ 23: ≈ 6[9])[52]): **4** ('53) 73–76 [engl.] ⟨30–33⟩; ~ 26: Reaction of lycorine with halogenation reagents[56])[22]): **5** ('54) 66–71 ⟨14–18⟩; ~ 27: Structure of tazettine, 7[9])[52]): 72–79 ⟨19–25⟩. – Synthesis of tetrandrine, 1[16])[1]): 59–65 ⟨8–13⟩; ~ 2[16])[20]): **6** ('55) 46–52 ⟨13–17⟩. – Stemona alkaloids, 15: Structure of tuberostemonine, 6: On dehydrogenation reaction[48])[38]): **5** ('54) 95–98 ⟨43–45⟩; ~ 16: On a new alkaloid from the root of Stemona tuberosa Loureiro[48])[38]): 99–102 ⟨46–49⟩; ~ 17: Structure of tuberostemonine, 7[48])[15]): **6** ('55) 63–66 ⟨26–29⟩; ~ 18: ≈ 8[48])[15]): **7** ('56) 57–63 ⟨19–23⟩; ~ 19: New alkaloids, isotuberostemonine and hypotuberostemonine from the root of Stemona tuberosa Loureiro [48])[15]): 64–70 ⟨24–29⟩; ~ 20: Structure of tuberostemonine, 9: Zinc-dust dry distillation and lithium hydride reduction of tuberostemonine [48)15)]: **8** ('57) 51-55 ⟨15-17⟩; ~ 21: Examination of the catalytic reduction of tuberostemonine[48)15)]: 55-60 ⟨17-22⟩; ~ 22: On regenerated tuberostemonine[48)15)]: 61-⟨22-25⟩; ~ 23: Structure of tuberostemonine, 10: Separation of oxotuberostemonine and a neutral substance of m.p. 178-179° [48)15)]: **9** ('58) 99-107 ⟨48-54⟩; ~ 24: ≈ 11 [48)15)]: 107-13 ⟨54-58⟩; ~ 25: ≈ 12[48)15)]: **10** ('59) 48-53 ⟨12-15⟩. – Synthesis of 4-substituted α-phenylbutyric acid derivatives[36)62)]: **6** ('55) 58-62 ⟨22-25⟩. – Synthesis of tubocurarine-type compounds, 1[16)20)]: **7** ('56) 37-43 ⟨1-6⟩. – Synthesis of biscoclaurine-type bases, 15[16)6)68)]: **9** ('58) 59-65 ⟨1-6⟩. – Structure of taxine, the alkaloid of Taxus baccata L., 1[52)]: 67-71 ⟨16-19⟩; ~ 2: Taxinine, 1[52)]: 71-75 ⟨20-22⟩; ~ 3: ≈ 2[52)55)]: **10** ('59) 43-46 ⟨9-11⟩. – Serotonin and related compounds[16)6)2)]: 33-43 ⟨1-9⟩. – Determination of mesoxalic acid, 1: Microqualitative and microquantitative methods[15)34)39)59)]: 56-60 ⟨17-21⟩; ~ 2: Determination of mesoxalic acid in blood, urine and feces[15)34)39)59)]: 61-67 ⟨21-26⟩. – Bufotenine and related compounds[24)2)]: **11** ('60) 56-60 ⟨53-56⟩.

Archiv Pharm. u. Ber. dtsch. pharm. Ges. Über die Alkaloide von Sinomenium- und Cocculusarten, 45: Stereochemische und biogenetische Betrachtungen über die Biscoclaurinalkaloide[64)]: **274** ('36) 65-82. – Über ein Alkaloid der chinesischen Droge „Kuh-Seng"[37)65)]: **275** ('37) 493-96.

Ber. dtsch. chem. Ges. Über die Darstellung der N-Phenyl-lutidon-β-carbonsäure[31)]: **65** ('32) 791f. – Über das 7-Amino-dihydrothebainon (ein neues Verfahren für Sauerstoff-Ringschluß der Alkaloide vom Thebainon-Typus)[8)]: 1214-17. – Über die Alkaloide von Sinomenium- und Cocculusarten, 39: Die Konstitution des Dauricins, 4[33)69)]: **68** ('35) 519-28; ~ 46: Über das Methyl-isochondodendrin[64)69)]: **70** ('37) 1890-93; ~ 48: Über die Konstitution des Cepharanthins[19)]: **71** ('38) 2553-60. – Über die Konstitution des Matrins, 15: Über die Natronkalk-Destillationsprodukte des Kaliummatrinates[37)65)77)]: **68** ('35) 570-81; ~ 16: Über die Dehydrierung des Matrins[65)]: 644-50; ~ 17[37)65)]: 1899-904. – Bemerkung zur Konstitution des Phaeanthins[19)]: 1503-05. – Untersuchung über Lycoris-Alkaloide, 9: Über das 6,7-Methylendioxy-N-methyl-phenanthridon als Abbauprodukt des Lycorins[69)]: 1756-60; ~ 10: Über die Konstitution des Lycorins[69)]: **70** ('37) 1087-93; ~ 11: Über die Konstitution des Lycoramins[12)]: 2427-37; ~ 13: Zur Kenntnis der N-Isomerie des Lycorin-jodmethylats[18)69)]: **71** ('38) 1529-33; ~ 14: Über die Konstitution des Lycorins, 6[18)]: **72** ('39) 2083-88; ~ 15: ≈ 7[18)]: **73** ('40) 112-15; ~ 16: Über die Konstitution des Lycorenins, 3[9)]: 867-74; ~ 17: Über die Konstitution des Lycorins, 8 [18)]: 1424-30. – Über die Identität des Tazettins (aus Narcissus tazetta L.) mit der „Base VIII" aus Lycoris radiata Herb.[49)25)]: **69** ('36) 1086f. – Über die Konstitution des Perillens [51)]: 2459-73. – Über die Synthesen einiger isomeren Äthyl-phenanthridine[69)]: **70** ('37) 1094-97.

Enzymologia Über die Teilvorgänge der Kohlensäureassimilation[72)79)]: **14** ('50/51) 30-38 [m. engl. Zusammenfassg.]. – Distribution of oxime in plant and animal tissues[72)43)]: 153-56 [m. deutscher Zusammenfassg.].

J. chem. Soc., London Lycoris alkaloids, 28: The constitution of lycorine and the synthesis of its degradation products[7)22)54)56)60)61)66)80)69)71)75)]: **1954**, 4622-30.

J. pharm. Soc. Japan Lycoris-Alkaloide, 5.6 [63)12)]: **52** ('32) 51-54 ⟨433-58⟩; ~ 7: Base IX [12)41)]: **53** ('33) 149-51 ⟨807-19⟩; ~ 8: Lycorin, 2[18)]: **54** ('34) 194-96 ⟨997-1001⟩; ~ 9: Über das Lycorenin, 2[27)]: 196-98 ⟨1001-09⟩; ~ 11: Über die Konstitution des Lycoramins, 2[12)]: **58** ('38) ⟨1-12⟩; ~ 13: Zur Kenntnis der N-Isomerie des Lycorinjodmethylats[18)69)]: **60** ('40) ⟨612-23⟩; ~ 14: Konstitution des Lycorins, 6[18)]: **59** ('39) ⟨733-42⟩; ~ 15: ≈ 7 [18)]: **60** ('40) ⟨101-05⟩; ~ 17: ≈ 8[18)]: ⟨623-29⟩; ~18: Struktur von Lycorenin, 4[9)]: **65** ('45) Nr. 9-10 A, 5f. [ ]. – Alkaloide von Uncariaarten, 2: Uncaria kawakamii Hayata [46)]: **52** ('32) 63f. ⟨528-31⟩; Über die Ourouparia-Alkaloide, 3: Über das Rhynchophyllin, 2[10)]: **57** ('37) 237-41 ⟨881-86⟩; Alkaloide von Uncariaarten, 4: Struktur des Uncarins, 1[10)]: **61** ('41) 130-37 ⟨416-29⟩; ~ 5: ≈ 2[10)]: 145-49 ⟨453-60⟩; ~ 8: ≈ 5[58)]: **63** ('43) ⟨273-80⟩. – 7-Aminodihydrothebainon[8)]: **52** ('32) ⟨777-83⟩. – Über das Bufotalin und Bufotoxin im „Senso" und dessen Rohmaterialien, 1[8)]: **53** ('33) 2-7; Bestandteile des „Senso", 2[8)]: 62-67 ⟨385-89⟩; ~ 3: Desacetylpseudobufotalinsäureamid und Hofmannsche Umlagerung[8)]: **54** ('34) 22-28 ⟨120-36⟩; Untersuchung über die Bestandteile des „Senso", 6[40)]: **58** ('38) 15-18 ⟨37-44⟩; ~ 7: Ein neuer Bestandteil des einheimischen Krötengifts: „F_3-Bufotalin" [40)]: 102f. ⟨413-15⟩; ~ 8: Über die Ozonoxydation des Acetylpseudodesacetylbufotalins[40)]: 232-34 ⟨753-59⟩; ~ 9: Über eine neue Begleitsubstanz des Cinobufagins, „Cinobufotalidin"[40)]: 235-37 ⟨759-63⟩; ~ 10: Zur Kenntnis der Isomeren des Anhydrogamabufotalins[40)]: **59** ('39) 186-89 ⟨531-37⟩; ~ 12: Ausmittelung einer diuretisch wirkenden reinen Substanz[40)]: **60** ('40) 230-32 ⟨566-69⟩. – Synthese der 6-Methoxydiphenyläther-3,4'-diessigsäure[69)]: **53** ('33) 92-95 ⟨557-65⟩. – Synthese der Pyrrolderivate, 1: α-Pyrroylessigester und seine Derivate[40)4)]: **54** ('34) 82-86 ⟨491-97⟩; ~ 2: Kondensation der α-Aminoketone mit den β-Diketonen[40)]: 123f.

⟨683–87⟩; ~ 3: Über die Kondensation der α-Aminoketone mit den β-Diketonen in alkalischem Medium[40][47]): **57** ('37) 1–4 ⟨1–5⟩; ~ 4: Kondensation von β-Bromlävulinsäureester mit Acetessigester und NH_3[40][11]): 73–81 ⟨404–06⟩. — Alkaloide von Sinomenium- und Cocculusarten, 37: Alkaloide von Stephania cepharantha Hayata, 1[73][19]): **54** ('34) 108–11 ⟨620–33⟩; ~ 38: ≈ 2[19]): **55** ('35) 25–29 ⟨121–32⟩; ~ 40: ≈ 3[19]): 63–66 ⟨234–41⟩; ~ 41: Über die Alkaloide von Cocculus sarmentosus Diels, 3: Konstitution des Menisarins[64]): 100–04 ⟨637–45⟩; ~ 42: Über das phenolische Alkaloid von Cocculus trilobus DC., 2: Konstitution des Trilobamins[64]): 104–06 ⟨646–49⟩; ~ 44: ≈ 3: Konstitution des Normenisarins[64]): 170–72 ⟨911–13⟩; ~ 45: Stereochemische und biogenetische Betrachtungen über die Biscoclaurinalkaloide[64]): ⟨914–33⟩; ~ 47: Alkaloide von Stephania japonica Miers, 6: Protostephanin, 2[70]): **58** ('38) 46–51 ⟨268–75⟩; ~ 49: Über die Alkaloide von Stephania cepharantha Hayata, 6: Eine systematische Trennungsmethode von Alkaloiden derselben [64][48][9]): 52- ⟨276–79⟩; Alkaloide von Menispermaceae, 50: Alkaloide von Stephania sasakii Hayata, 1[64]): **59** ('39) 207f. ⟨542–46⟩; ~ 53[33][28]): **61** ('41) 117 ⟨375f.⟩; ~ 56: Alkaloide von Cyclea insularis[64][69]): **62** ('42) ⟨534–37⟩; ~ 63: Alkaloide von Stephania japonica, 7: Struktur von Epistephanin, 4[58]): **63** ('43) ⟨267–73⟩; ~ 64: ≈ 8: ≊ 5[58]): ⟨273–80⟩; ~ 65: ≈ 9: Struktur von Hypoepistephanin (ψ-Epistephanin)[36]): ⟨333f.⟩. — Ringschluß der β-[Tetrahydrochinolyl-(2)]-propionsäure[70]): **54** ('34) 169–71. — Über die katalytische Hydrierung des n-Propyl-α-furylcarbinols[56]): **55** ('35) 140–42 ⟨734–40⟩. — Untersuchungen über Furylfuranderivate, 2 [51][56]): 142–44 ⟨741–47⟩. — Kondensation des 2,5-Dimethyl-4-oxybenzaldehyds mit Brenztraubensäure[58]): 209–13. — Synthese von Aminoindolizinderivaten[35]): **56** ('36) 2f. ⟨1–6⟩. — Diensynthesen in der Indolizinreihe[5]): 4–6 ⟨7–10⟩. — Äthoxylumlagerung der α-Äthoxycinchoninsäure in α-Oxycinchoninsäureäthylester[36]): 6–8 ⟨10–16⟩. — Einwirkung von Grignardschem Reagens auf 1-Acetyl-2-methylindolizin, 1[45]): 73f. ⟨452–54⟩; ~ 2[23]): **57** ('37) 108–12 ⟨573–79⟩. — Tetrahydro-2-methylpyrimidazol und sein Hofmannscher Abbau[26]): 81–87 ⟨397–403⟩. — Kondensation von 2,4,6-Trimethylpyrimidin und Benzaldehyd, 1[74]): 173–76 ⟨747–51⟩. — Chromatographische Analyse der organischen Molekularverbindungen: 218–29 ⟨832–39⟩. — Aktivität der Methylseitenketten im Thiazolring[29]): 249–52 ⟨909–19⟩. — Synthese des Thiazolopyrrol- und Thiazoloimidazolrings[29]): 308–10 ⟨1050–53⟩. — Über die Bestandteile der Wurzel von Lindera strychnifolia Vill., 3[56]): **59** ('39) 162–69 ⟨504–19⟩. — Alkaloide von Stemona tuberosa Loureiro, 7: Tuberostemonin, 2[50][48]): 177–84; ~ 9: ≈ 3[50][48]): **60** ('40) 149–57 ⟨389–98⟩; ~ 10: ≈ 4[50][48]): **61** ('41) 111–16 ⟨369–74⟩; ~ 11: ≈ 5[50]): **63** ('43) ⟨334–38⟩; ~ 12: Alkaloide aus den Wurzeln von Stemona japonica und S. sessilifolia, 1[48]): **67** ('47) 182–84 [ ]; ~ 13: ≈ 2[48]): 185–87 [ ]; ~ 14: ≈ 3[48]): 188–90 [ ]. — Fermentation von Zucker durch einen neuen Acetobacillus, 1[33]): **63** ('43) 289–96 [ ].

Liebigs Ann. Chem. Über die Alkaloide von Sinomenium- und Cocculusarten, 34: Die Alkaloide von Stephania tetrandra Moore, 4: Die Konstitution des Tetrandrins[76]): **497** ('32) 90–104; ~ 35: Über die Konstitution des Trilobins und Isotrilobins, 6[64]): 104–15.

Mit: 1) Y. Baba; 2) T. Dodo; 3) M. Fujii; 4) Z. Fujinaga; 5) K. Hamamoto; 6) Y. Hayashi; 7) L. G. Humber; 8) Sh. Ikawa; 9) Takato Ikeda; 10) Tetsutaro Ikeda; 11) Sh. Irie; 12) S. Ishiwata; 13) G. Ito; 14) —; 15) T. Kaneko; 16) H. Kataoka; 17) T. Kato; 18) H. Katsura; 19) I. Keimatsu; 20) K. Kigasawa; 21) Sh. Kobayachi; 22) K. Kodera; 23) K. Kokeguchi; 24) H. Kotaoka; 25) F. Kuffner; 26) Y. Mitsugi; 27) K. Mitsuhashi; 28) M. Murakami; 29) F. Nagasawa; 30) K. Nakagawa; 31) K. Nakajima; 32) T. Nakamura; 33) Z. Narita; 34) N. Nishiyama; 35) T. Nishizawa; 36) T. Nozoye; 37) E. Ochiai; 38) T. Odera; 39) Sh. Ohashi; 40) S. Ohno; 41) S. Okayama; 42) N. Okuda; 43) H. Omura; 44) A. Ono; 45) Sh. Osawa; 46) K. Oshima; 47) N. Sato; 48) M. Satomi; 49) E. Späth; 50) K. Suzuki; 51) H. Suzuki; 52) J. Taga; 53) —; 54) S. Takagi; 55) M. Takahashi; 56) Keniti Takeda; 57) Kyoji Takeda; 58) K. Tanaka; 59) Sh. Tanaka; 60) W. I. Taylor; 61) B. R. Thomas; 62) M. Tobita; 63) K. Tomimura; 64) M. Tomita; 65) K. Tsuda; 66) Y. Tsuda; 67) H. Tsukamoto; 68) T. Uchibori; 69) Sh. Uyeo; 70) T. Watanabe; 71) H. Yajima; 72) K. Yamafuji; 73) Y. Yamashita; 74) M. Yanai; 75) N. Yanaihara; 76) K. Yano; 77) Sh. Yoshida; 78) M. Ikechi; 79) F. Yoshihara; 80) K. Tsukamoto.

VI **KONDRAT'EV,** Viktor Nikolaevič. Chem. (physikal.). — 1920–24 Stud., '24–34 Assist., '34–41 Prof. am Lehrstuhl f. Molekularspektroskopie u. photochem. Reaktionen, Polytechn. Inst. Leningrad; '21– Assist., später bis '31 Laborleiter, Physikal.-Techn. Inst. Leningrad; '31–48 Leiter d. Labor. f. chem. Elementarprozesse, '48–54, '58– stellvertr. Dir., '54–57 Leiter d. Abteilg. f. Hochspannung, '54– Leiter d. Labor. f. Elementar- u. Kettenreaktionen, '57– Leiter d. Abteilg. f. Kinetik u. Verbrennungsreaktionen, Inst. f. chem. Physik, Akad. d. Wiss. d. UdSSR, Moskva; '34 Dr. d. physikal.-math. Wiss.; '48–51 Prof., Lomonosov-Univ. Moskva; '51–57 Prof., Physikal. Inst. f. Ingenieure, Moskva; '51– Prof., Mechan. Inst., Moskva; '65–67 Vizepräs., '67–69 Präs., Internat. Union of Pure and Applied Chem. — '58 Gastprof. in England (London, Sheffield, Leeds, Oxford, Cambridge). — '45, '62 Rotbannerorden

(UdSSR); '46 Staatspreis II. Kl. (UdSSR); '53 Leninorden (UdSSR); '67 Aug.-Wilh.-v.-Hofmann-Denkmünze (Ges. Deutscher Chemiker); '68 Lewis Gold Medal (Combustion Inst., USA).

*1902, Febr. 1 (Jan. 19), Rybinsk, Gouv. Jaroslavl'.

Zum 50. Geb.tag N. Ja. Buben, V. V. Voevodskij, N. D. Sokolov, Usp. Chim. **21** ('52) 988–95 (m. Bildn.).

Zur Wahl als Akademiemitglied Izvest. Akad. Nauk SSSR, Otdel. chim. Nauk **1954**, Nr. 1, 186–91 (m. Bildn.). – Vestn. Akad. Nauk SSSR **23** ('53) Nr. 12, S. 66 (m. Bildn.).

Zum 60. Geb.tag Kinetika i Kataliz **3** ('62) 163f. (m. Bildn.). – Vestn. Akad. Nauk SSSR **32** ('62) Nr. 4, 116f.

Zur Biogr. Angewandte Chem. **79** ('67) 260.

Zur Biobibliogr. V. V. Voevodskij, A. P. Purmal', R. I. Gorjačeva, Viktor Nikolaevič Kondrat'ev (Moskva '64) 50 S. (m. Bildn., Faks., Schr.verz.) (Materialy k biobibliografii učenych SSSR, Ser. chim. nauk, 33).

H. (Redakt.) A. B. Nalbandjan, N. S. Enikolopjan, Formal'degid – material dlja plastmass [Formaldehyd – Ausgangsmaterial für plastische Massen] (Moskva '59). – (Redakt.) A. S. Sokolik, Samovosplamenenie, plamja i detonacija v gazach [Selbstentzündung, Flamme und Detonation in Gasen] (Moskva '60). – (Redakt.) M. B. Nejman, Atomnaja ėnergija i ee primenenie [Atomenergie und ihre Anwendung] (Moskva '61).

MH. (Redakt.) Voprosy chimičeskoj kinetiki, kataliza i reakcionnoj sposobnosti. Doklady k Vsesojuznomu soveščaniju po chimičeskoj kinetike i reakcionnoj sposobnosti [Fragen der chemischen Kinetik, Katalyse und Reaktionsfähigkeit. Vorträge zur Unionskonferenz für chemische Kinetik und Reaktionsfähigkeit] (Moskva '55).

S. Trudy VI Vsesojuznogo Mendeleevskogo s-ezda po teoretičeskoj i prikladnoj chimii [Arbeiten des 6. Mendeleev-Unionskongresses für theoretische und angewandte Chemie], Char'kov 1932, **2**, 1 (Char'kov–Kiev '35) 66–74: Die heutigen physikalischen Methoden zur Untersuchung der Molekülstruktur [russ.]. – Sbornik fizičeskich konstant [Sammlung physikalischer Konstanten] (Ja. G. Dorfman, S. Ė. Friš) (Leningrad–Moskva '37) 427–58: Molekülspektren [russ.]. – Fizičeskij slovar' [Physikalisches Wörterbuch] (P. N. Belikov u. a.) **3** (Moskva '37) 632–38: Das Molekül [russ.]. – Tezisy dokladov na Soveščanii po teorii gazifikacii i gorenija tverdych topliv [Thesen der Vorträge der Konferenz über die Theorie der Vergasung und Verbrennung fester Brennstoffe] (Moskva–Leningrad '38) 63f.: Homogene Oxydation des Kohlenmonoxids [russ.]. – Bol'šaja sovetskaja ėnciklopedija [Große Sowjetenzyklopädie] **3** ²(Moskva '50) 394–417: Atom [russ.][34]. – Sostojanie teorii chimičeskogo stroenija v organičeskoj chimii. Vsesojuznoe soveščanie 1951 g. Stenografičeskij otčet [Stand der Theorie der chemischen Struktur in der organischen Chemie. Unionskonferenz 1951. Stenographischer Bericht] (Moskva '52) 12–71: Stand der Theorie der chemischen Struktur in der organischen Chemie [russ.][39,16,18,13,32]). – Primenenie izotopov v technike, biologii i sel'skom chozjajstve [Anwendung von Isotopen in Technik, Biologie und Landwirtschaft] (Moskva '55) 134–51: Anwendung markierter Atome zur Untersuchung des Mechanismus chemischer Reaktionen [russ.]. – Actes de la Conférence internationale sur l'utilisation de l'énergie atomique à des fins pacifiques, Genève 1955, **15**: Les isotopes radioactifs et les produits de fission dans la recherche et l'industrie (Genève '56) 3–12: Utilisation des atomes marqués pour l'étude du mécanisme des réactions chimiques. – 6th Symposium (international) on combustion, New Haven, Conn., 1956 (NewYork–London '57) 821–23: Chemical reactions in adiabatic compression[22,28,36]; 932–34: Future problems in combustion research. – 7th ~, London–Oxford 1958 (London '59) 41–44: Reactions of some radicals and their concentration in flames. – 10th ~, Cambridge 1964 (Pittsburgh, Pa. '65) 319–22: Bestimmung der Konstanten für das thermische Kracken von Methan mittels adiabatischer Kompression und Expansion [engl.]. – Progress in reaction kinetics (G. Porter, B. Stevens) **1** (Oxford–London–NewYork–Paris '61) 41–65: Determination of rate constants for elementary steps of branched chain reactions[40]. – Transfert d'énergie dans les gaz. 12me Conseil de chimie, Bruxelles 1962 (NewYork–Bruxelles '62): On the mechanism of vibrational energy relaxation. – Chimičeskaja kinetika i cepnye reakcii. K semidesjatiletiju akad. Semenova [Chemische Kinetik und Kettenreaktionen. Zum 70. Geburtstag des Akademiemitgliedes N. N. Semenov] (Moskva '66) 165–72: Die thermische Zersetzung von Methan [russ.]. – Comprehensive chemical kinetics (C. H. Bamford, C. F. H. Tipper), Sect. 1, **2**: The theory of kinetics (Amsterdam '69) 81–: Chain reactions.

W. Struktur und Spektren komplexer Moleküle [ukrain.] (Char'kov '32) 44 S. – Ėlementarnye processy obmena ėnergii v gazach [Elementarprozesse der Energieumwandlungen in Gasen] (M. El'jaševič) (Moskva–Leningrad '33) 99 S. – Fotochimija [Photochemie] (Moskva–Leningrad '33) 68 S. – Zadačnik po fizike [Aufgabensammlung zur

Physik] (m. A. F. Val'ter, Ju. B. Chariton) (A. F. Ioffe) [5](Leningrad–Moskva '33) 103 S., [6]('34), [7]('35), [8]('36), [9]('37), [10]('38), [11]('38) 124 S.; ukrain.: [4](Char'kov–Kiev '32) 76 S., [5](Char'kov '35), [11]('39) 134 S.; grusin.: (Tbilisi '37) 182 S.; usbek.: (Taškent '39) 136 S. — Stroenie atoma i molekuly [Der Atom- und Molekülbau] (Leningrad–Moskva '34) 284 S. — Stroenie molekul i ėlementarnye chimičeskie processy [Molekülbau und chemische Elementarprozesse] (Leningrad–Moskva '34) 104 S. (Problemy novejšej fiziki, 7). — Ėlektronnaja oboločka molekul i valentnost' [Elektronenhülle der Moleküle und Wertigkeit] (Char'kov–Kiev '34) 28 S. — Ėlementarnye chimičeskie processy [Chemische Elementarprozesse] (Leningrad '36) 2 + 146 S. — Svobodnyj gidroksil [Freies Hydroxyl] (Moskva '39) 136 S. — Spektroskopičeskoe izučenie chimičeskich gazovych reakcij [Spektroskopische Untersuchung chemischer Gasreaktionen] (Moskva–Leningrad '44) 80 S. (Akademija Nauk SSSR). — Struktura atomov i molekul (Moskva–Leningrad '46) 318 S.; Neubearb. (Moskva '59) 524 S., [2]('67) 528 S.; engl.: The structure of atoms and molecules (Moskva '62) 530 S., (Groningen '64) 532 S.; französ.: La structure des atomes et des molécules (Paris '64) 467 S. — Stroenie i chimičeskie svojstva molekul. Stenogramma publičnoj lekcii [Aufbau und chemische Eigenschaften der Moleküle. Nachschrift eines öffentlichen Vortrags] (Moskva '53) 32 S. (Vsesojuznoe obščestvo po rasprostraneniju političeskich i naučnych znanij, Ser. 3, Nr. 41). — Naučnye itogi Meždunarodnoj konferencii po mirnomu ispol'zovaniju atomnoj ėnergii, Ženeva 1955 g. Stenogramma publičnoj lekcii [Wissenschaftliche Ergebnisse der Internationalen Konferenz für friedliche Nutzung der Atomenergie, Genf 1955. Nachschrift eines öffentlichen Vortrags] (Moskva '56) 32 S. (∼, Ser. 3, Nr. 4 [?]). — Sostojanie teorii chimičeskogo stroenija v organičeskoj chimii [Stand der Theorie der chemischen Struktur in der organischen Chemie] (m. A. N. Terenin, M. I. Kabačnik, N. D. Sokolov, O. A. Reutov) (Moskva '54) 124 S. — Kinetika chimičeskich gazovych reakcij (Moskva '58) 688 S.; chines.: (Peking '63) 573 S.; engl.: Chemical kinetics of gas reactions (Oxford–London–New York–Paris '64; Reading, Mass. '64) 14 + 812 S.; ungar.: (Budapest '66) 803 S. — Energy exchange in interactions between ions and molecules (London '60) 17 S. (Royal Institute of Chemistry. Lectures, monographs and reports, 1960, 3. – Humphrey Davy lectures, 2). — Svobodnye radikaly – aktivnaja forma veščestva [Die freien Radikale – aktive Form des Stoffes] (Moskva '60) 56 S.; chines.: (Peking '64) 44 S. — Ėnergii razryva chimičeskich svjazej. Potencialy ionizacii i srodstvo k ėlektronu. Spravočnik [Spaltungsenergien chemischer Bindungen. Ionisationspotentiale und Elektronenaffinität. Ein Nachschlagewerk] (m. V. I. Vedeneev, L. V. Gurvič, V. A. Medvedev, E. L. Frankevič) (Moskva '62) 215 S. Konstanty skorosti gazofaznych reakcij. Spravočnik [Geschwindigkeitskonstanten von Gasphasen-Reaktionen. Ein Nachschlagewerk] (Moskva '70) 351 S. — Opredelenie konstant skorosti gazofaznych reakcij [Bestimmung der Geschwindigkeitskonstanten von Gasphasen-Reaktionen] (Moskva '71) 95 S.

Acta physicochim. URSS Induced chemiluminescence of mercury in the carbon monoxide – oxygen flame: **2** ('35) 126–28. — Induced predissociation and energy exchange in nitric oxide[17]): **3** ('35) 1–10. — Induced predissociation in the kinetics of the photochemical reactions: 203f. — The photochemical oxidation of nitrogen: 247–54. — Investigations of the flame of CO and O_2, 1: The influence of pressure on the intensity of the visible radiation from the flame[17]): **4** ('36) 547–55; ∼ 2: The influence of the composition of the mixture on the intensity of the visible radiation from the flame[17]): **6** ('37) 625–36; ∼ 3: The absolute intensity of the electronic radiation from the flame[17]): 748–54; ∼ 4: The influence of moisture on the intensity of the visible radiation of the flame[17]): **8** ('38) 481–90; ∼ 6: Photochemical oxidation of CO near the region of self-inflammation[17]): **10** ('39) 805–12; ∼ 7: The OH radical in flames of moist carbon monoxide[17]): **12** ('40) 1–8. — On the nature of the spectrum of the flame of ether: **4** ('36) 556–58. — Radicals of OH in the electric discharge in water vapour[42]): **5** ('36) 301–24. — The radical OH in hydrogen flames at low pressures[42]): **6** ('37) 307–19. — The spectrum of the hydrogen flame[42]): **7** ('37) 65–74. — The light absorption and absolute concentration of hydroxyl[1]): 567–80. — On the mechanism of the recombination of OH radicals in the electric discharge: **8** ('38) 315–22. — On the mechanism of the recombination of the hydroxyl radical in the electric discharge through water vapour: **10** ('39) 791–804. — The radiation of the low-temperature flame of carbon disulphide: **12** ('40) 637–46. — Production of sulphur monoxide by photochemical processes[12]): **13** ('40) 241–46. — The radiation of the CO + O_3 flame and the mechanism of this reaction[41])[33]): **14** ('41) 663–74. — Photochemical oxidation of COS: **16** ('42) 272–81. — On the reaction of water-gas conversion in quartz vessels[42]): **18** ('43) 197–209. — Detection and measurement of the concentration of hydrogen atoms in a hydrogen flame[17]): **21** ('46) 1–12. — Hydrogen atoms in hydrogen flames[17]): 629–40.

Bjul. Komiss. Issled. Solnca Absorptionsspektrum der Erdatmosphäre, 1[8]): **7** ('34) 1–15 [russ. m. engl. Zusammenfassg.]; ∼ 2[8]): **8** ('34) 1–16 [russ. m. französ. Zusammenfassg.]; ∼ 4: Messungen im Bereich 7380–6880 Å [8]): **10/11**

('34) 45–74 [~]; ~ 5[8])[12]): 12 ('35) 1–23 [russ. m. engl. Zusammenfassg.].

Bjul. vses. chim. Obšč. im. Mendeleeva Ermittlung von Zwischenstufen bei Oxydationsreaktionen durch optische Untersuchung: **1938**, Nr. 1, 26–28 [russ.].

Chemische Techn. Die Aufgaben der chemischen Kinetik: **6** ('54) 553–55.

Combustion and Flame Vladislav V. Voevodskij †: **11** ('67) 515f. [engl.].

C. R. (Dokl.) Acad. Sci. URSS Die atmosphärische Wasserdampfbande 6324 Å im Sonnenspektrum[8]): **1934** I, 170–75 [russ. u. deutsch]. – Die atmosphärischen Banden $^{16}O^{18}O$ im Sonnenspektrum[8]): 445–49 [~]. – On the absorption spectrum and life-time of the carbon sulphide radical: **20** ('38) 547f. – Explosive oxidation of sulphur monoxide[17]): **31** ('41) 128. – Computation of the temperature dependence of the lower limit of ignition of hydrogen from spectroscopic measurements of hydroxyl: **44** ('44) 20–25. – Displacement of the ignition limits for carbon monoxide by small admixtures of hydrogen: **49** ('45) 37–39. – Measurement of the ignition limits by the jet method: 116–18. – Detection and concentration measurements of H atoms in hydrogen flames[17]): **51** ('46) 607f.

Dokl. Akad. Nauk SSSR Geschwindigkeitskonstante der Reaktion $HO_2 + H_2O = H_2O_2 + OH$: **137** ('61) 120–22. – Die Geschwindigkeitskonstanten der thermischen Anregung des Natriums in Natriumdampfgemischen mit Argon und Stickstoff: **153** ('63) 1108–10. – Ermittlung der Konzentration atomaren Sauerstoffs und Wasserstoffs in einer verdünnten Wasserstoffflamme mit der EPR-Methode[3])[9])[23]): **154** ('64) 883–85. – ESR-Nachweis des freien Hydroxyls in verdünnten Wasserstoffflammen[3])[9])[23]): 1142–44. – Quantitative Untersuchung der Verbrennungsmechanismen von Wasserstoff in der Nähe der unteren Entflammbarkeitsgrenze[3])[9])[23]): **170** ('66) 1117–20. – Untersuchung der Kinetik von Elementarreaktionen von Sauerstoffatomen in der Gasphase mit der ESR-Methode. Die Reaktion $O + H_2 = OH + H$ [3])[6]): **193** ('70) 374–77. – – Alle Arbeiten russ.

Fizika Gorenija i Vzryva Kinetik der Verbrennungsreaktionen in Gasphasensystemen: **4** ('68) 446–54 [russ.].

Front Nauki i Techn. Die Dispersion und die Absorption von Ultraschallwellen: **1935**, Nr. 5/6, 60–64 [russ.].

International J. chem. Kinetics Die Reaktion von Kohlenmonoxid mit atomarem Sauerstoff[11]): **1** ('69) 105– [russ.].

Izvest. Akad. Nauk SSSR, Ser. chim. Die optische Methode zur Bestimmung der labilen Produkte in Flammen: **1936**, 363–78 [m. engl. Zusammenfassg.]. – Spektroskopische Untersuchung der Zwischenprodukte bei der Oxydation von H_2, CO und CS_2: **1940**, 501–09 [m. engl. Zusammenfassg.]. – Bedeutung der Berechnung der Diffusion bei der Bestimmung der Kinetik nach der Strömungsmethode: **1964**, 166–68. – Thermische Zersetzung des Ozons[11]): **1967**, 2440–46. – – Alle Arbeiten russ.

Izvest. Akad. Nauk SSSR, Ser. fizič. Diskussionsbeitrag zum Vortrag von D. S. Roždestvenskij „Analyse der Spektren und Spektralanalyse" auf der Sitzung der Akademie der Wissenschaften der UdSSR, März 1936: **1936**, Nr. 1/2, 230–33. – Die Spektroskopie des Hydroxyls: **1938**, 371f. [m. engl. Zusammenfassg.]. – Das Spektrum des Radikals CS: **4** ('40) 71f. [m. engl. Zusammenfassg.]. – – Alle Arbeiten russ.

J. chem. Physics Rate constants for the process $O_2 + Ar \rightleftharpoons O + O + Ar$ [24]): **45** ('66) 1078f.

Kinetika i Kataliz Über die Gasphasenreaktion von Kohlenmonoxid mit ozonisiertem Sauerstoff[27]): **2** ('61) 492–96. – Chemische Relaxation im Verbrennungsgas[11]): **5** ('64) 585–91. – Bestimmung der Geschwindigkeitskonstanten elementarer chemischer Prozesse: **8** ('67) 965–76. – Reaktion von Kohlenmonoxid mit atomarem Sauerstoff[11]): **9** ('68) 477–81. – ESR-Untersuchung der Reaktion von Sauerstoffatomen in mit Wasserstoff verdünnten CO-Flammen[3])[6])[37])[2])[9]): 676–78. – Untersuchung der Reaktionen von Sauerstoffatomen mit Kohlenmonoxid mittels der ESR-Methode[2])[43])[11]): **11** ('70) 290–. – – Alle Arbeiten russ.

Magyar tudományos Akad., Kém. Tudományok Osztályának Közleményei Aktuelle Aufgaben der Kinetik von Gasreaktionen: **22** ('64) 1–14 [ungar.]. – Thermische Bildung aktiver Zentren bei Radikal-Oxydationsreaktionen organischer Stoffe: 183–97 [ungar.].

Nature [London] A. F. Ioffe †[31]): **190** ('61) 761–63.

Ogonek Nobelpreis für N. N. Semenov: **1956**, Nr. 46, S. 8 [russ.].

Oktjabr' [Moskva] An der Schwelle des Atomzeitalters: **1955**, Nr. 11, 136–43 [russ.].

Physical Rev. The ultraviolet absorption spectrum of ozone[12]): (2) **39** ('32) 533.

Physikalische Z. Sowjetunion Ultraviolettes Absorptionsspektrum des Ozons und die Struktur des O_3-Moleküls[12]): **1** ('32) 471–84. – Über die Bildung von Molekülen aus Atomen unter Lichtausstrahlung: 501–09. – Beitrag zum spektroskopischen Nachweis der monomolekularen Schichten des adsorbierten Gases [10]): 619–29. – Die Auslöschung der Atomfluoreszenz[15])[20]): **2** ('32) 201–20. – Über einige elementare Prozesse in hochverdünnten Flammen: **4** ('33) 57–75. – Das sichtbare Absorptionsspektrum von Jod und die induzierte

Prädissoziation der J_2-Molekeln[26]): 764–86. – Auslöschung der Fluoreszenz von adsorbierten Farbstoffen durch verschiedene Gase[42]): **6** ('34) 293–308. – Auslöschung der Natriumfluoreszenz[42]): **8** ('35) 644–66. – The structure of the ultraviolet absorption spectrum of ozone[12]): **9** ('36) 106–08. – Ramanspektrum der wässerigen Lösung von KSeCN[30]): 279–86. – Induzierte Prädissoziation im sichtbaren Bromspektrum[1]): **10** ('36) 741–50. – The air afterglow and the thermal radiation of nitrogen peroxide: **11** ('37) 320–25.

Priroda [SSSR] Linus Pauling [Zur Verleihung des Nobelpreises für Chemie 1954]: **1955**, Nr. 12, 38–41 [russ.]. – Chemische Elementarprozesse: **1962**, Nr. 4, 42–47 [russ.].

Problemy Kinetiki i Kataliza Photochemische Zersetzung des Wasserstoffperoxids: **4** ('40) 63–70 [russ.].

Pure and applied Chem. Problems connected with the investigation of elementary processes in low-temperature plasma[24])[38]): **13** ('67) 367–88.

Sovetskoe Foto Über den Sabattier-Effekt: **1938**, Nr. 4, S. 34 [russ.].

Sowjetwissenschaft Entwicklungswege der Theorie des chemischen Prozesses in der UdSSR: **1957**, Nr. 1, 6–19. – Die Kettenreaktionen und die Verbrennungen und Explosionen[7]): Nr. 3, 199–227.

Studii şi Cercetări Chim., Acad. Republ. popul. romîne, Bucureşti Kinetik der chemischen Reaktionen: **6** ('58) 193–211 [rumän.].

Usp. Chim. Struktur und Spektrum von komplexen Molekülen: **1** ('32) 531–77. – Physikalische Methoden der Untersuchung der Struktur und der Eigenschaften von Molekülen: **2** ('33) 73f. – Freies Hydroxyl: **8** ('39) 195–240. – Homogene Oxydation von Kohlenmonoxid: **10** ('41) 1–15. – Chemilumineszenz von Flammen: **12** ('43) 308–17. – Radikale bei Kettenreaktionen[40]): **19** ('50) 673–96. – Kettenreaktionen und Verbrennungs- und Explosionsprozesse[7]): **25** ('56) 393–418. – Energie chemischer Bindungen: **26** ('57) 861–94. – Entwicklung der chemischen Physik in der UdSSR in den letzten 40 Jahren: 1310–19. – Der quantitative Aspekt der chemischen Gasphasenkinetik: **34** ('65) 2081–97. – Temperaturabhängigkeit der Geschwindigkeit von Gasphasenreaktionen[24]): **36** ('67) 2007–25. – D. I. Mendeleev und seine Entdeckung: **38** ('69) 1345–55. – – Alle Arbeiten russ.

Usp. fizič. Nauk Effekte des Austauschs von Schwingungsenergie beim Zusammenstoß von Molekülen: **14** ('34) 982–1008. – Wechselwirkung von Neutronen und Kernen: **34** ('48) 169–261. – Die Verteilung aktiver Reaktionszentren in der Verbrennungszone: **36** ('48) 359–66. – Energetische Niveaus der Atomkerne: **38** ('49) 153–221. – Zum 60. Geburtstag von Aleksandr Iosifovič Šal'nikov[5])[4])[u.a.]): **87** ('65) 171f. – Nikolaj Nikolaevič Semenov zum 70. Geburtstag: **88** ('66) 765–68. – Die moderne Theorie der Kettenreaktionen: 769–81. – – Alle Arbeiten russ.

Vestn. Akad. Nauk SSSR Aufgaben der chemischen Kinetik: **23** ('53) Nr. 11, 49–64. – Entwicklungswege der Theorie der chemischen Prozesse (homogene Reaktionen): **26** ('56) Nr. 5, 9–21. – Über die Feiern anläßlich der Verleihung der Nobelpreise 1956: **27** ('57) Nr. 3, 90–94. – In den Laboratorien kanadischer Chemiker: **31** ('61) Nr. 1, 86–89. – Aktuelle Probleme der chemischen Kinetik: **40** ('70) Nr. 6, 121f. – – Alle Arbeiten russ.

Vopr. Istorii Estestvoznanija i Techn. Überblick über die geschichtliche Entwicklung der chemischen Reaktionskinetik: Nr. 2 ('56) 9–49 [russ.].

Z. Physik Die Verstärkung der Prädissoziation durch Stöße und das Beersche Gesetz[26]): **76** ('32) 386–89. – Induzierte Prädissoziation der Te_2-Moleküle[19]): **92** ('34) 741–46. – Die induzierte Prädissoziation im Absorptionsspektrum des Schwefels[25]): **99** ('36) 671–76.

Z. physik. Chem. [Leipzig] The HO_2 radical in gas-phase reactions: **223** ('63) 337–44.

Ž. èksper. i teoret. Fiziki Zur Frage der spektroskopischen Auffindung monomolekularer Schichten eines adsorbierten Gases[10]): **2** ('32) 42–49. – Ultraviolettes Absorptionsspektrum des Ozons und die Struktur des O_3-Moleküls[12]): 50–58. – Über die Natur der Verschiebung der infraroten Emissionslinien in Flammenspektren: **3** ('33) 265–72. – Auslöschung der Fluoreszenz von adsorbierten Farbstoffen durch verschiedene Gase[42]): **4** ('34) 910–19. – Über den Wirkungsquerschnitt der Rekombination von Atomen: **5** ('35) 250–54 [m. deutscher Zusammenfassg.]. – Induzierte Prädissoziation und Energieaustausch in Stickstoffmonoxid[17]): 797–802. – Auslöschung der Natriumfluoreszenz[42]): **6** ('36) 110–25. – OH-Radikale in der elektrischen Entladung in Wasserdampf[42]): 1083–100. – Induzierte Prädissoziation im sichtbaren Bromspektrum[1]): **7** ('37) 249–55. – Lichtabsorption von Gasen bei Untersuchungen mit Hilfe von Apparaten geringer Auflösung: 256–64. – Über die Intensitäten in Spektren zweiatomiger Moleküle: 477–82. – Das Nachleuchten von Luft und die thermische Strahlung von Stickstoffperoxid: 645–49. – Lichtabsorption und absolute Konzentration des Hydroxyls: 842–50. – Nachleuchtspektrum bei der Entladung im Wasserdampf[42]): 937–42. – Über die Quantenempfindlichkeit der spektrographischen Methode der Strahlungsregistrierung: 1380 f. – Photochemische Oxydation von Schwefelkohlenstoffdämpfen[12]): **10** ('40) 1038–42. – Diffusion von Wasserstoff in Quarz: **13** ('43) 59–64. — — Alle Arbeiten russ.

Ž. fizič. Chim. Flammenspektrum und Mechanismus der Verbrennungsprozesse: **2** ('31) 526–29. — Die Bildung von Molekülen aus Atomen in einem elementaren Akt: **3** ('32) 383–89. — Über einige Elementarprozesse in hochverdünnten Flammen: **4** ('33) 783–92. — Die photochemische Oxydation von Jodwasserstoff[17])[19]): **5** ('34) 1411–23. — Rolle der induzierten Prädissoziation in der Kinetik photochemischer Reaktionen: **7** ('36) 177 f. — Photochemische Oxydation von Stickstoff: 192–97. — Untersuchungen über die $CO+O_2$-Flamme, 1: Der Einfluß des Druckes des $CO+O_2$-Gemisches auf die Intensität der sichtbaren Strahlung der Flamme[17]): **8** ('36) 124–29; ~ 2: Der Einfluß der Zusammensetzung des Gemisches auf die Intensität der sichtbaren Strahlung der Flamme[17]): **9** ('37) 736–45; ~ 3: Absolute Intensität der Elektronenstrahlung der Flamme[17]): 746–51; ~ 4: Der Einfluß der Feuchtigkeit auf die Intensität der sichtbaren Strahlung der Flamme[17]): **11** ('38) 331–37; ~ 5: Einfluß der Temperatur auf die Ausbeute an sichtbarem Licht im Spektrum der $2CO+O_2$-Flamme[17]): **13** ('39) 169–73; ~ 6: Die photochemische Oxydation von CO in der Nähe des Gebiets der Selbstentzündung[17]): 1053–57; ~ 7: Das OH-Radikal in Flammen von feuchtem Kohlenmonoxid[17]): **14** ('40) 1–5. — Zur Frage der photochemischen Aktivität des Quarzquecksilberbogens im Falle der Reaktionen $CO+O_2$ und $CO+NO$[42])[35]): 8 ('36) 281–89. — Das OH-Radikal in der Wasserstoffflamme bei niedrigen Drucken[42]): **9** ('37) 542–52. — Über das Spektrum der Wasserstoffflamme[42]): **10** ('37) 360–66. — Über den Rekombinationsmechanismus des Hydroxyls in elektrischen Entladungen im Wasserdampf: **13** ('39) 880–88. — Spektroskopische Untersuchung der Schwefelkohlenstoffflamme, 1: 1260–70. — Über einige Eigenschaften des freien CS-Radikals[21]): **14** ('40) 6–9. — Die Strahlung der Tieftemperaturflamme des Schwefelkohlenstoffs: 281–86. — Die Verteilung des CS-Radikals in der Zone der Tieftemperaturflamme des Schwefelkohlenstoffs: 287–90. — Bildung von CS bei der Photodissoziation von CS_2 und COS[12]): 853–58. — Bildung von Schwefelmonoxid auf photochemischem Wege[12]): 859–62. — Untersuchung der $CO+O_3$-Flamme und der Mechanismus dieser Reaktion[41])[33]): 1521–27. — Über Schwefelmonoxid[17]): 1528–34. — Thermische Zersetzung und Oxydation von Schwefelmonoxid[17]): **15** ('41) 731–38. — Mechanismus der Oxydation von Schwefelmonoxid[17]): 18 ('44) 102–09. — Verbrennung von Sauerstoff–Kohlenmonoxid-Gemischen in Quarzgefäßen: 110–14. — Photochemische Oxydation von COS: 261–67. — Thermische Zersetzung von Wasserstoffperoxid-Dampf[17]): **19** ('45) 178–84. — Über die Theorie der Verbrennung von Kohlenwasserstoffen: **20** ('46) 345–54. — Neue Wege zur Entwicklung der Photochemie (A. N. Terenin zum 50. Geburtstag): 443–48. — Der chemische Reaktionsmechanismus der Wasserstoffverbrennung: 1231–37. — Die katalytische Rekombination aktiver Zentren und ihre Anwendung zur Ermittlung ihrer Konzentration in der Reaktionszone: 1239–47. — Aktive Zentren in der Acetylenflamme[17]): **21** ('47) 761–68. — Aktive Zentren bei der Verbrennung von Kohlenmonoxid[17]): 769–76. — Über den Mechanismus der Verbrennung mit kalter Flamme[14])[17]): **22** ('48) 561–64. — Messung der Konzentration der Sauerstoffatome in Flammen mittels NO[14]): **25** ('51) 312–22. — Über die Hydratationswärme von Ionen[32]): **29** ('55) 1265–72. — Prof. Alfred Edgerton † [u. a.]): **34** ('60) 941. — Information über die Zeitschrift „Čistaja i prikladnaja Chimija“: **37** ('63) 950 f. — Zur Erinnerung an A. F. Belaev[31]) [u. a.]): **41** ('67) 1838 f. — — Alle Arbeiten russ.

Ferner Redakteur einiger weiterer Sammelbände von Referaten bzw. Thesen von Kongreßvorträgen sowie einiger aus dem Englischen übersetzter Fachbücher.

Mit: [1]) L. I. Avramenko; [2]) V. V. Azatjan; [3]) V. P. Balachnin; [4]) A. S. Borovik-Romanov; [5]) Ju. B. Chariton; [6]) V. I. Egorov; [7]) N. M. Ėmanuėl'; [8]) D. I. Eropkin; [9]) Ju. M. Geršenzon; [10]) S. Golub; [11]) E. I. Intezarova; [12]) A. V. Jakovleva; [13]) M. I. Kabačnik; [14]) L. V. Karmilova; [15]) B. Kizil'baš; [16]) I. L. Knunjanc; [17]) E. I. Kondrat'eva; [18]) V. V. Koršak; [19]) A. A. Lauris; [20]) A. I. Lejpunskij; [21]) E. Magaziner; [22]) A. M. Markevič; [23]) A. B. Nalbandjan; [24]) E. E. Nikitin; [25]) E. Olsson; [26]) L. Polak; [27]) I. I. Ptičkin; [28]) Ju. N. Rjabinin; [29]) –; [30]) O. Setkina; [31]) N. N. Semenov; [32]) N. D. Sokolov; [33]) S. Solnyškova; [34]) R. Ja. Štejnman; [35]) T. Suškevič; [36]) I. I. Tamm; [37]) P. J. van Tiggelen; [38]) V. L. Talrose; [39]) A. N. Terenin; [40]) V. V. Voevodskij; [41]) M. Zaciorskij; [42]) M. S. Ziskin; [43]) N. E. Andreeva.

[V, VI] **KONEK [DE NORWALL]**, Frigyes (Fritz). Chem. (org.). — 1908–44 Außerord. Prof., Univ. Budapest.
*1867, Sept. 17, Győr;
†1945, Jan. 27, Budapest.

W. Balló Mátyás emlékezete [Gedenkband für M. Balló] (Budapest '34) 16 S. (A Magyar Tudományos Akadémia elhúnyt tagjai fölött tartott emlékbeszédek, 22, 6).

Matematikai és term. Értesítő Bemerkungen und Beiträge zur gravimetrischen Bestimmung des Nitrations[1]): **51** ('34) 294–304. — Verfahren zur quantitativen Trennung und Bestimmung der im Wein enthaltenen organischen Säuren[3]): 305–24. — Über den Einfluß verschiedener Substituenten auf die Löslichkeit der Salze – speziell der Nitrate – sekundärer aromatischer Basen[1]): 325–28. — Anwendung der partiellen oder differenzierenden Alkylierung auf andere biazotische Alkaloide, wie Hydrochinin, Spartein, Peganin usw.: **54** ('36) 436–50. — Verhalten der Alkaloide vom Chinazolintypus bei der differenzierenden Methylierung: 452–56. — Über die Jodmethylate von Chinidin und Hydrochinidin: 821–29. — Beiträge zur Chemie des Sparteins: **55** ('36/37) 449–65. — Über die Jodmethylate von Hydrocinchonin oder Cinchotin: 466–75. — Über die beiden α- und β-Jodmethylate des Hydrocinchonidins oder Cinchamidins: **56** ('37) 249–61. — Beiträge zur Chemie der Alkaloide von „Cinchona cuprea": 570–81. — Über das Verhalten der höheren Hydrochinin-Homologen bei der differenzierenden Alkylierung: **57** ('38) 256–68. — Alkaloidbetaine, 1: Die α-Betaine des Chinins und Chinidins: 1004–19. — — Alle Arbeiten ungar. m. deutscher Zusammenfassg.

Wiener Chemiker-Ztg. Neuere synthetische Versuche auf dem Gebiete der Lokalanästhetika, 1: Über einige neue Derivate der α-Oxy-β-keto-n-buttersäure[2]): **46** ('43) 266–70.

Z. analyt. Chem. Beiträge zur gravimetrischen Bestimmung von Nitrat-Ion. Analyse von technischen Düngesalzen mit α-Dinaphthomethylamin: **97** ('34) 416–18.

Mit: [1]) H. Rupe-Basel; [2]) K. Szász; [3]) E. Wettstein.

VI **KOOPMAN,** Bernard Osgood. Math. — Stud., 1926 Ph. D., Harvard Univ., Cambridge, Mass.; '27–28 Instructor, '28–40 Assist. Prof., '40–46 Assoc. Prof., '46–68 Prof., '51–57 Chairman of the Departm. of Math., Columbia Univ., New York; '68– Staff Member, Arthur D. Little, Inc., Cambridge, Mass.; '44–46 Member, '46–56 Consultant, Naval Operations Research Group; '56–57 Staff Member, '59–61 U.S. Liaison Representative on Operations Research in the United Kingdom and NATO, '64–65 Dir., Weapons Systems Evaluation Group, Inst. for Defense Analyses, Washington, D. C.; '65– Member, Advisory Panel Operations Research, NATO; '56–57 Pres., Operations Research Soc. of America.

*1900, Jan. 19, Paris.

S. Proc. International congress of mathematicians, Cambridge, Mass., 1950 **2** (Providence, R. I. '52): Unlikely events in general stationary-transition Markoff chains. — Applied probability. Proc. 7th Symposium in applied mathematics, Brooklyn, N. Y., 1957 (NewYork–Toronto–London '57) 97–102: Quantum theory and the foundations of probability. — Proc. 1st International conference on operational research, Oxford 1957 (London '57) 14–19: Combinatorial analysis of operations. — Proc. 3rd ~, Oslo 1963 (G. Kreweras, G. Morlat) (Paris–London '64) 725–35: Analytical treatment of a war game. — Stochastic processes in chemical physics (K. E. Schuler) (New York '69) (Advances in chemical physics, 15): Relaxed motion in irreversible molecular statistics.

Annals Math. The axioms and algebra of intuitive probability: **41** ('40) 269–92. — Intuitive probability and sequences: **42** ('41) 169–87.

Bull. amer. math. Soc. On analytic functions with positive imaginary parts[3]): **40** ('34) 601–05. — The bases of probability: **46** ('40) 763–74. — William Fogg Osgood - in memoriam: **50** ('44) 139–42.

J. Operations Res. Soc. America New mathematical methods in operations research: **1** ('52/53) 3–9. — The optimum distribution of effort: 52–63.

Operations Research The theory of search, 1: Kinematic bases: **4** ('56) 324–46; ~ 2: Target detection: 503–31; ~ 3: The optimum distribution of searching effort: **5** ('57) 613–26. — A study of the logical basis of combat simulation: **18** ('70) 855–81.

Proc. amer. math. Soc. Necessary and sufficient conditions for Poisson's distribution: **1** ('50) 813–23. — A probabilistic generalization of matric Banach algebras: **2** ('51) 404–13.

Proc. nation. Acad. Sci. USA Dynamical systems of continuous spectra[4]): **18** ('32) 255–63. — Recent contributions to the ergodic theory[1]): 279–82. — A generalization of Poisson's distribution for Markoff chains: **36** ('50) 202–07.

Scuola in Azione Applicazione di alcuni metodi di ricerca operativa al problemi economici: **1963/1964**.

Trans. amer. math. Soc. On the covering of analytic loci by complexes[2]): **34** ('32) 231–51. — The Riemann multiple-space and algebroid functions[2]): **36** ('34) 618–26. — On distributions admitting a sufficient statistic: **39** ('36) 399–409. — Exponential limiting products in Banach algebras: **70** ('51) 256–76. — A law of small numbers in Markoff chains: 277–90.

Herausgeber und Mitautor des Buches „Search and screening" ('47) für die U.S. Navy sowie Autor zahlreicher Berichte und Schriften für den Dienstgebrauch der U.S. Navy.

Mit: [1]) G. D. Birkhoff; [2]) A. B. Brown; [3]) J. L. Doob; [4]) J. von Neumann.

VI **KOPACZEWSKI,** Wladislas. Chem. (physikal., med.), Biochem. — 1921 Dr. med., Univ. de Paris; '21–39 Médecin consultant à Paris; '41–47 activité médicale à l'Afrique; '48–53 activité sci. à Paris; Chargé de conférences, de cours et de missions en France et en pays étrangers nombreux.

*1886, Juni 27, Leczyca, Polen; †1953, Mai 5, Paris.

Zur Biogr. G. Garnier, Wladislas Kopaczewski. Le savant et son œuvre (Lunéville '59) 60 S. (m. Bildn., Faks., Schr.verz.).

S. Rapports sur les questions du Congrès international technique et chimique des industries agricoles, Paris 1934 (Paris '34): pH+ et activité des ferments. – Libro de oro, dedicado al Prof. Dr. Angel H. Roffo en ocasión de sus bodas de plata con la cancerología 1910–1935 (Buenos Aires '35) 686–93: Tension superficielle et processus de néoformation [m. span. Zusammenfassg.]. – Atti I Congresso internazionale di elettro-radiobiologia, Venezia 1934, **1** (Bologna '35) 575–90: L'action des rayons U-V et des rayons X sur les biocolloïdes.

W. Traité de biocolloïdologie **3**: Phénomènes colloïdaux, Fasc. 1: Phénomènes de contact, Phénomènes électrocapillaires (Paris '32) 8 + 168 + 4 S.; Fasc. 2: Conditions d'équilibre des colloïdes ('32) S. 169–363 + 7 S.; Fasc. 3: Caractères généraux de l'état colloïdal ('33) S. 365–592; **4**: Etat colloïdal et biologie, Fasc. 1: Essais de morphogénie ('33) 8 + 104 S.; Fasc. 2: Considérations physico-chimiques sur la cellule ('34) S. 105–236 + 8 S.; Fasc. 3: Problème de la perméabilité ('34) S. 237–426; Fasc. 4: Manifestation de la matière vivante ('35) S. 427–600 + 6 S.; Fasc. 5: Problème de sensibilisation et de choc ('35) S. 601–762 + 8 S.; Fasc. 6: Narcose ('36) S. 763–929; **5**: Etat colloïdal et médecine, Fasc. 1: Le sang ('37) 16 + 152 S.; Fasc. 2: Liquides et tissus organiques ('38) S. 153–299. – Perméabilité cellulaire et problème du cancer (Paris '34) 167 S. – La médecine en désarroi (Paris '38) 191 S. – Essai de météoropathologie. Physique, clinique, thérapeutique (Paris '39) 296 S. – L'état colloïdal et l'industrie **1**: Industrie des colloïdes [2](Paris–Liège '42) 16 + 560 S.; **2**: Applications industrielles des propriétés colloïdales [2](Paris–Liège '49) 16 + 606 S. – Colorant nouveau du Ficus macrophylla Desf.: la ficophylline (m. M. Zaborski) (Paris '44) 7 S. (Publ. Centre Nation. Rech. Sci.). – Lavoisier et la chimie (Rabat '44) 6 + 83 S. (Les bâtisseurs de la science moderne, 1). – Claude Bernard et la physiologie (Rabat '45) 10 + 85 S. (~ 2). – Pasteur et la bactériologie (Rabat '45) 2 + 89 S. (~ 3). – D'Arsonval et la biophysique (Rabat '47) 8 + 65 S. (~ 6). – Plantes à latex. Etude critique et expérimentale (Paris '46) 63 S. – Physico-chimie du lait, aspect théorique et industriel (Paris '50) 8 + 177 S. – Physico-chimie du latex, aspect théorique et industriel (Paris '51) 6 + 183 S. – Les détersifs, bases expérimentales (Paris '52) 210 S. – Les détersifs en pharmacie (Paris '53) 164 S. – Les détersifs en hygiène et cosmétique (Paris '54) 2 + 146 S.

Acta cancrol. [Budapest] Lactogélification et protides sériques dans le cancer: **2** ('36) 453–84.

Annales agron. Analyse électrocapillaire du sol: **18** ('48) 417–25.

Annales Inst. nation. Rech. agron., Sér. A Conditions physiques de la pénétration des matières colorantes dans les tissus végétaux: **1** ('50) 26–40. – Pectine et agents gélifiants: 212–42.

Archives int. Pharmacodyn. et Thérapie Recherches sur les phénomènes électrocapillaires, 11: Analyse des extraits d'organes[1])[13]): **43** ('32) 327–36.

Art méd. L'asthme et l'électricité atmosphérique: **9** ('32) Nr. 143, 14–19. – Homéopathie et homéopathes, 1: Principes essentiels de l'homéopathie; ~ 2: Utilisation pratique des principes homéopathiques: **10** ('33) Nr. 156, 18–22. – Le problème de cancer: Nr. 167, 17–20. – Le problème de vieillissement: **11** ('34) Nr. 182, 12–16. – La crise en médecine: Nr. 195, 16–19. – La crise en médecine. La médecine et la science expérimentale: **12** ('35) Nr. 205, 14–16. – La biologie et la médecine: Nr. 215, 16–19. – La crise en médecine et les pouvoirs publics: **15** ('39) Nr. 275, 13–21. – Mal de montagne: Nr. 282, 10–14.

Avenir méd. Réflexions sur la recherche d'une réaction humorale spécifique du cancer: **49** ('52) 110.

Boletín Inst. Med. exper. Estudio y Tratamiento Cáncer Diagnóstico precoz del cáncer: **13** ('36) 551–61.

Bull. Acad. Méd. Action phylactique de l'acide lactique et de ses sels, 1: **111** ('34) 509–12. – Viscosité sanguine et protection contre les états de choc: 845–49. – La réaction de lacto-gélification sérique dans la tuberculose: **113** ('35) 334–36.

Bull. Assoc. Chimistes Activité des ferments et pH+: **53** ('36) 344–56.

Bull. Assoc. franç. Etude Cancer Réponse à la communication de M. Guy au sujet de la réaction de lacto-gélification: **24** ('35) 551–55.

Bull. Inst. Hygiène Maroc Recherches sur la stabilisation du sang[5]): **4** ('44) 29–57. – Essais de transfusion sur les animaux du sang stabilisé: 59–63. – Lacto-gélification sérique et formation des cals osseux[12]): 65–72. – Caractères physiologiques du latex d'Euphorbia resinifera: 73–79. – Lacto-gélification et lèpre: **6** ('46) 41–49. – L'iode et la tuberculose: 51–54.

Bull. et Mém. Soc. thérapeut., Paris Action phylactique de l'acide lactique: **38** ('33) 241–43. – Etiologie et prophylaxie du coup de soleil: **41** ('36) 51–68.

Bull. Sci. pharmacol. Phénomènes de labilisation colloïdale et ses applications: **39** ('32) 242–60, 309–20. – L'analyse électrocapillaire et ses applications: **40** ('33) 33–43. – Perméabilité et narcose: 402–08. – Activité des ferments et effet anionique: **41** ('34) 391–402. – Caractères physiques de l'acide lactique au cours de son vieillissement: **42** ('35) 87–89. – La réaction de lacto-gélification sérique dans le cancer. Bases expérimentales. Techniques d'exécution: 135–45. – Composition, caractères physiques et rôle physiologique de la sueur: **46** ('39) 28–35. – Analyse chromatographique: 455–61.

Bull. Soc. Chim. biol. Caractéristiques colloïdales de la précipitation anaphylactique. (A propos du mémoire de MM. A. Lumière et P. Meyer): **17** ('35) 180–83. – Etudes physicochimiques du latex, 1: Latex de Ficus macrophylla et de Ficus elastica: **28** ('46) 399–404; ~ 2: Latex d'Euphorbia helioscopia: 661–68; ~ 3: Latex d'Euphorbia resinifera: 878–95; ~ 4: Latex d'Euphorbia nereïdum: **29** ('47) 830–32; ~ 5: Latex d'Euphorbia tirucalli: 924–26; ~ 6: Latex de Cryptostegia grandiflora: 926–28; ~ 7: Latex de Dyera costulata: 928–30.

Bull. Soc. chim. France, Mém. Contribution à l'étude des résines d'Euphorbiacées, 1: Extraction et historique[4]): **1947**, 909–11; ~ 2: Latex d'Euphorbia resinifera[4])[2]): 1068–71. – Gélification des hydroxydes métalliques: **1950**, 149–58.

Bull. Soc. Sci. natur. Maroc Perméabilité cellulaire et ses incidences biologiques et médicales: **22** ('42) 29–39. – Conditions d'équilibre des biocolloïdes complexes, 1: Stabilisation du latex, du lait et du sang: **23** ('43) 4–9; ~ 2: Gélification du latex, de la pectine, du lait (caséine) et du sang: 12–20.

Chimie et Industrie Le vieillissement des colloïdes. Son aspect industriel: **63** ('50) 27–33. – Caractères physico-chimiques du latex des élastomères de synthèse: **65** ('51) 56–60. – Contribution à l'étude de la biosynthèse des latex: 485–87. – Analyse électrocapillaire des détersifs: **67** ('52) 761–66.

C. R. hebd. Séances Acad. Sci., Paris La gélification du sérum par les acides organiques: **198** ('34) 1271–73. – Rôle des facteurs physiques dans la lacto-gélification du sérum: 1947–50, 2127. – Lacto-gélification des protides sériques: 2282–85. – Lacto-gélification sérique considérée comme indice de néoformation: **199** ('34) 324–26. – Gélification du sérum humain par les acides: **200** ('35) 266–68. – Gélification des protides par les acides: 418–21. – Gélification sérique par les agents cancérigènes: 974–76. – Anaphylaxie du point de vue de l'altitude[8]): **201** ('35) 568–70. – Les protides sériques dans le cancer: 1229–31. – Phénomènes anaphylactiques interchangeables[8]): 1509–11. – Lactogélification des protéides sériques dans le cancer: **202** ('36) 990–92. – Réversibilité spontanée de la gélification sérique[7])[8]): 1212–14. – Pluralité des zones de floculation et de gélification sériques[7]): 1716–18. – Gélification des constituants sanguins: **204** ('37) 453–56. – Gélification du sang intégral[11]): 726–28. – L'absorption des rayons ultraviolets par le sérum et anaphylaxie[3])[8]): 815–17. – Sur une modalité particulière des phénomènes de choc: **208** ('39) 679–81. – Analyse électrocapillaire et caractères physico-chimiques du sol: **224** ('47) 294 f. – Vieillissement des eaux minérales[10])[9]): **225** ('47) 135–37. – Sensibilisation et choc croisés obtenus à l'aide de sérum et de la résine d'Euphorbe[14]): 705–07. – Un test sérologique nouveau: gélification, opacification, liquéfaction (G.O.L.): **226** ('48) 198–200. – Vieillissement du sérum sanguin: 1320–22. – Le sérum sanguin et les ferments gélifiants: **229** ('49) 388 f. – Le lait et les ferments gélifiants: 498–500. – La pectine et les agents gélifiants: 517–19. – Le sang et les agents gélifiants: 630–32. – Stabilisation du sang total par les sels de calcium: 1265–67. – Le passage des corps hydrosolubles à travers la barrière lipidique: **233** ('51) 956–58. – Le rôle des facteurs physiques dans le passage des hydrosols à travers une barrière d'huile: **234** ('52) 210–12. – Le rôle des facteurs biochimiques dans le passage des hydrosols à travers une barrière lipidique: 1491–93. – Le passage des hydrosols à travers les couches lipidiques et la nature du support: **235** ('52) 102–04.

C. R. (hebd.) Séances (et Mém.) Soc. Biol. L'action phylactique du camphre et de ses dérivés: **115** ('34) 1613–16. – Lacto-gélification du sérum humain normal: **116** ('34) 869 f. – Lacto-gélification du sérum dans la syphilis: 932–37. – Tension superficielle sanguine et protection contre les états de choc: 1334–37. – Gélification sérique et espèce animale: **118** ('35) 339–41. – La réaction de lacto-gélification sérique dans les affections hépatiques: 846–48. – Tension superficielle des substances cancérigènes: 1142–45. – Lacto-gélification sérique et formation de cals osseux[12]): **140** ('46) 387 f.

Echos Méd. Charles Richet: **6** ('35) 15. Dez. – Stéphane Leduc (1853–1939): **1939**, Apr.-H., S. 1, 3.

J. Méd. Bordeaux et Sud-Ouest L'analyse électrocapillaire et le procédé "guttadiaphot": **112** ('35) 904–09.

J. Physiologie et Pathol. gén. Phylaxie et antagonismes physico-chimiques, 1: Revue critique et mise au point: **33** ('35) 7–22; ~ 2: Recherches expérimentales: 23–38. – Les protides et la lactogélification sérique dans divers états pathologiques: **35** ('37) 50–70. — Anaphylaxie et dispersion micellaire plasmique: 653–72.

Kolloid-Z. Über die Gelierung der Proteinkörper durch Basen: **79** ('37) 102 f.

Lait La tension superficielle du lait: **16** ('36) 356–59. — Gélification de la caséine dans ses rapports avec celle du lait: 801–10. — Etude physico-chimique du lait, 1: Caractères physico-chimiques: **28** ('48) 113–41; ~ 2: Gélification du lait et de ses composants: 237–56, 365–400; ~ 3: Stabilisation du lait: 466–505; ~ 4: Disjonction du lait: **29** ('49) 140–56.

Maroc méd. La gélification du sérum sanguin et ses applications: **21** ('41) Partie sci., 168–77.

Nature [Paris] Essai de morphogénie: **61** ('33) 289–94. — L'analyse électrocapillaire: **62** ('34) 155–59. — L'action des anions sur les ferments: **63** ('35) 245–49. — Que savons-nous sur le cancer?: **64** ('36) 172–75. — Météoropathologie: **66** ('38) 272–76.

Paris méd. L'asthme et l'électricité atmosphérique: **1933** I, 313–17. — Etiologie et prophylaxie du coup de chaleur: **1936** II, 205–12. — Caractères physico-chimiques et rôle régulateur de la salive: **1937** II, 141–47.

Protoplasma Etat actuel de nos connaissances sur les ferments: **16** ('32) 132–61. — Rôle de tension superficielle en biologie: **19** ('33) 255–92. — La couche limitante cellulaire: **20** ('33) 407–39. — Problème de la perméabilité cellulaire: **21** ('34) 433–68. — Gélification sérique et espèce animale: **25** ('36) 16–24. — Gélification des sérums par la soude caustique et son mécanisme[7]): **27** ('37) 212–28. — Le problème de spécificité en microbiologie: **28** ('37) 469–86. — Über die Gelierung der Proteinkörper: **29** ('37) 180–93. — Problème de vieillissement: Recherches sur les colloïdes: **30** ('38) 291–308.

Revue Actinol. et Physiothérapie En marge du 1er Congrès international de radiobiologie: **10** ('34) 353–58.

Revue Physiothérapie Météorobiologie: **14** ('38) 99–128.

Revue gén. Caoutchouc Le latex de l'Euphorbia resinifera du Maroc. Composition chimique et incidences pratiques: **23** ('46) 106–10. — Composition chimique du latex de l'Euphorbia resinifera: 345–51. — Contribution à l'étude des résines d'Euphorbiacées[4])[2])[6]): **25** ('48) 103 f. — Etude physicochimique du latex: Euphorbia dendroïdes: **27** ('50) 215 f.

Revue gén. Sci. pures et appl. Considérations sur la composition et la structure du sérum: **50** ('39) 234–46.

Revue méd.-chirurg. Maladies Foie, Pancréas et Rate Lacto-gélification sérique dans les états hépatiques: **11** ('36) 270–86.

Revue sci. Le terrain, le microbe et l'état infectieux. Claude Bernard ou Pasteur?: **74** ('36) 417–25. — Le problème de la spécificité en pathologie: **75** ('37) 45–51.

Siècle méd. La doctrine de l'homéopathie française: **6** ('32) Nr. 118, S. 1, 10.

Thérapie Nouveaux procédés de stabilisation du sang: **1** ('46) 97–100. — Propriétés thérapeutiques du latex de l'Euphorbia resinifera: 101–06. — Caractères biologiques du suc de "Senecio anteuphorbium": **2** ('47) 262–66. — Caractères physiques et biologiques du suc des fruits de "Whithania somnifera": **3** ('48) 98–103. — Contribution à l'étude des actions oligométalliques: Le manganèse: **5** ('50) 299–306.

Tumori [Milano] Ricerche di controllo alla lattogelificazione dei sieri: **10** ('36) 537–43.

Z. Krebsforsch. Eine frühzeitige Diagnose der Neubildungen: **42** ('35) 262–71.

Mit: [1]) W. Arciszewski; [2]) Brodski; [3]) A. Dognon; [4]) G. Dupont; [5]) J. Gaud; [6]) Julia; [7]) I. Kopaczewska; [8]) S. Marczewski; [9]) B. Ninard; [10]) J. Ninard; [11]) R. Paille; [12]) A. Pocoulé; [13]) M. Rosnowski; [14]) P. Valade.

VI **KORDYŠ**, Leon Iosifovič. Physik. — Bis 1901 Studium, Univ. Kiev; '08 Magister, '16 Dr. d. Physik; '01– Praktikumsassist., '07– Lektor, '21– Prof. theoret. Elektrotechn., Polytechn. Inst. Kiev; '09– Privatdoz., '17– Prof., Univ. Kiev u. Höhere Lehranst. f. Frauen, Kiev; '10 Prof., Med. Lehrinst. f. Frauen, Kiev; '11 Prof., Geogr. Inst., Kiev; '21–32 Prof. u. Leiter d. Abteilg. f. theoret. Physik, Volksbildungsinst., Kiev; '23– Begründer u. Leiter d. röntgenphysikal. Labor., Röntgen-Inst., Kiev; '25–32 Leiter d. Theoret. Abteilg., Physikal. Forschungsinst., Kiev. (⊠)

*1878, Aug. 3 (Juli 22), Kiev;
†1932, Juni 11.

Nekr. L. Štrum, Usp. fizič. Nauk **13** ('33) 970–75 (m. Bildn. u. Schr.verz. 31 Nrn.).

VI **KORENMAN**, Izrail Mironovič. Chem. (analyt., pharmaz.), Arbeitshygiene. — Dr. d. chem. Wiss.; 1935– Doz., Chem.-Pharmaz. Inst., Odessa; '37– Leiter d. Inst. f. analyt. Chem., '40– Prof., Staatsuniv. Gor'kij. — '51 Rotbannerorden (UdSSR). (⊠)

*1904, Jan. 15, Aleški, Gouv. Cherson, Ukraine.

Zum 50. Geb.tag Ž. analit. Chim. **9** ('54) 180 (m. Bildn.).

Zum 60. Geb.tag Ž. analit. Chim. **19** ('64) 404 (m. Bildn.).

H. (Redakt.) Sbornik rabot po količestvennomu ul'tramikroanalizu [Sammlung von Arbeiten über quantitative Ultramikroanalyse] (Gor'kij '49). – (Redakt.) Kratkoe rukovodstvo po kačestvennomu besserovodorodnomu metodu analiza [Kurzer Leitfaden für die qualitative Analyse ohne Schwefelwasserstoff] (Gor'kij '59) (Gor'kovskij gosudarstvennyj universitet im. N. I. Lobačevskogo); ²('65); ³('68). – (Redakt.) E. A. Peregud, E. V. Gernet, Chimičeskij analiz vozducha promyšlennych predprijatij [Chemische Analyse der Luft in Industriebetrieben] (Moskva–Leningrad '65). – Polučenie i analiz veščestv osoboj čistoty [Herstellung und Analyse von besonders reinen Substanzen] (Moskva '66).

MH. (Mitredakt.) Sbornik rabot i materialov po sanitarno-chimičeskim metodikam [Sammlung von Arbeiten und Materialien zur sanitär-chemischen Methodik] (Gor'kij '41) (Gor'kovskij institut gigieny truda i profzabolevanij). – (Mitredakt.) Gor'kovskij institut gigieny truda i profboleznej. Naučnye raboty chimičeskich laboratorij [Institut für Arbeitshygiene und Berufskrankheiten Gor'kij. Wissenschaftliche Arbeiten aus den chemischen Laboratorien] (Gor'kij '50) (Gor'kovskij naučno-issledovatel'skij institut gigieny truda i profboleznej Ministerstva zdravoochranenija RSFSR, Sbornik 4).

W. Organičeskie veščestva v vozduche promyšlennych predprijatij [Organische Substanzen in der Luft von Industriebetrieben] (Leningrad '35) 348 S. – Kratkoe posobie po kačestvennomu mikrochimičeskomu analizu [Kurzer Leitfaden der qualitativen mikrochemischen Analyse] ²(Leningrad '35) 101 S. – Količestvennyj mikrochimičeskij analiz [Quantitative mikrochemische Analyse] (Leningrad '36) 292 S. – Indikacija boevych otravljajuščich veščestv [Das Aufspüren von Kampfgiftstoffen] (Gor'kij '42) 78 S. (Gor'kovskij gosudarstvennyj naučno-issledovatel'skij institut gigieny truda i profboleznej). – Mikrokristalloskopija. Kačestvennyj mikrochimičeskij analiz neorganičeskich veščestv [Mikrokristalloskopie. Qualitative mikrochemische Analyse anorganischer Substanzen] (Moskva–Leningrad '47) 320 S. – Analiz vozducha promyšlennych predprijatij [Analyse der Luft in Industriebetrieben], **1**: Obščaja čast' [Allgemeiner Teil] (Moskva–Leningrad '47) 72 S.; **2**: Svojstva i sposoby opredelenija v vozduche veščestv, soderžaščich azot [Eigenschaften stickstoffhaltiger Substanzen und Methoden zu deren Bestimmung in der Luft] ('48) 104 S.; **3**: Svojstva i sposoby opredelenija uglevodorodov v vozduche [Eigenschaften von Kohlenwasserstoffen und Methoden zu deren Bestimmung in der Luft] ('48) 96 S.; **4/5**: Svojstva i sposoby opredelenija v vozduche veščestv, soderžaščich galogeny, cian i seru [Eigenschaften von halogen-, cyan- und schwefelhaltigen Substanzen und Methoden zu deren Bestimmung in der Luft] ('49) 143 S. – Količestvennyj mikrochimičeskij analiz [Quantitative mikrochemische Analyse] (Moskva–Leningrad '49) 320 S.; poln.: (Warszawa '52) 372 S. – Mikrokristalloskopija [Mikrokristalloskopie] (Moskva '55) 432 S. – Analitičeskaja chimija tallija (Moskva '60) 172 S.; engl.: Analytical chemistry of thallium (New York '64) 138 S., (Jerusalem '64) 6 + 138 S. – Vvedenie v količestvennyj ul'tramikroanaliz (Moskva '63) 192 S.; engl.: Introduction to quantitative ultramicroanalysis (New York–London '65) 9 + 234 S. – Analitičeskaja chimija kalija (Moskva '64) 255 S.; engl.: Analytical chemistry of potassium (Jerusalem–NewYork '65) 8 + 242 S. – Analitičeskaja chimija malych koncentracij [Analytische Chemie kleiner Konzentrationen] (Moskva '66) 167 S.; ²('67).

Archiv Hyg. u. Bakteriol. Kolorimetrische Bestimmung von Amylalkohol- und Amylacetatdämpfen in der Luft: **109** ('32) 108–23. – Bestimmung geringer Acetonmengen in Gegenwart von anderen Stoffen: **112** ('34) 235–44.

Farmacevtičnyj Ž. Über Reaktionen mit Kaliumjodid und Basen auf Blei-, Wismut-, Quecksilber-, Kupfer-, Cadmium- und Antimonsalze: **7** ('34) 98–102 [ukrain.].

Farmacija [Moskva] Mikrochemische Reaktionen von Rivanol und Acrichin[62]): **4** ('41) Nr. 6/7, 23–25 [russ.]. – Qualitative Halbmikroanalyse: **9** ('46) Nr. 1, 12–18 [russ.].

Gigiena i Bezopasnost' Truda Über die Bestimmung von Fluorwasserstoff in der Luft: **1933**, Nr. 5/6, 190 f. [russ.].

Gigiena Truda i Techn. Bezopasnosti Bestimmung der Stickstoffoxide in der Luft: **1934**, Nr. 3, 70–72 [russ.].

Izvest. vysšich učebnych Zavedenij, Ivanovo, Chimija i chim. Technol. Farbreaktionen von Mercurosalzen[34]): **1** ('58) Nr. 6, 34–38. – Farbreaktionen auf Zirkonium[68])[34]): **2** ('59) 15–19. – Einige Probleme der Extraktionstheorie[120]): 151–56. – Mitfällung von Kobalt mit Kupferhydroxychinolat[65])[85]): 161–64. – Zusammensetzung und Löslichkeit der Ceroxinate[140])[131]): **3** ('60) 580–82. – Dissoziationskonstante von Bleisulfat: **4** ('61) 554–57. – Fluoreszenzreaktionen des Scandiums[133]): 561–64. – – Alle Arbeiten russ.

Laboratornaja Praktika Mikrochemische Identifizierung von Quecksilbersalzen: **7** ('32) Nr. 10, 2 S. – Die Stabilität der Lösungen für die volumetrische Mikroanalyse: **12** ('37) Nr. 6, 25–28. – Mikrobestimmung der Essigsäure: 36 f. — Mikrobestimmung von Chlor: Nr. 9, 24–26. — Zur Frage der quantitativen Bestimmung von Arsen: **13** ('38) Nr. 4, 23 f. — Empfindliche mikrochemische Reaktion auf komplexe Cyanide: **14** ('39) Nr. [?], 86 f. — — Alle Arbeiten russ.

Mikrochemie Empfindlicher Ceriumnachweis mittels Phosphormolybdänsäure und über einige Fälle der Molybdänblaubildung in alkalischer Lösung[57]): **12** ('32) 211–14. — Nachweis und Mikrobestimmung von Silber, Quecksilber und Jodiden: **14** ('34) 181–88. — Über die Empfindlichkeit der Jodstärkereaktion: **15** ('34) 25–31. — Eine Schnellmikromethode zur Manganbestimmung: 289–94. — Eine Schnellmikrobestimmung des Eisens: 315–18. — Mikrochemischer Quecksilbernachweis: **16** ('35) 223–26. — Mikrojodatometrische Bestimmungen: **17** ('35) 361–64. — Verwendung von Indigokarmin in der Mikromaßanalyse: **18** ('35) 31–38. — Zur Mikrobestimmung von Chlor: **19** ('36) 144–46. — Über die Mikroreaktion auf Blei[83]): **20** ('36) 189–93. — Eine empfindliche Reaktion auf Chlorate, Bromate und Sulfite: 225 f. — Über einige Mikroreaktionen: **21** ('36) 17–20. — Über die Mikrobestimmung von Antimon, Arsen, Jodiden und Rhodaniden durch direkte Titration mit Kaliumjodat[4]): 60–67.

Pharmazeutische Zentralhalle Deutschland Mikrochemische Reaktion der Kupfersalze: **73** ('32) 738–41. — Mikrochemische Identifizierung von Quecksilbersalzen und einigen Schwermetallen: **74** ('33) 54–56. — Über die Reaktion von T. Takahashi und L. Ekkert auf Amylalkohol: 453 f. — Über Rivanol: 485–88.

Sborn. Statej obščej Chim. Bestimmung des Löslichkeitsproduktes von Aluminiumhydroxid[31])[66]): **1** ('53) 83–85 [russ.].

Soobšč. naučn. Rabot. Členov vses. chim. Obšč. im. Mendeleeva K. A. Timirjazev – der Begründer der Gasmikroanalyse: **1949**, Nr. 2, S. 21. — 150 Jahre mikrokristalloskopische Analyse: Nr. 4, S. 29. — Zur Geschichte der chemischen Mikroanalyse: **1950**, Nr. 3, 43–45. — Aus der Geschichte der mikrokristalloskopischen Analyse: **1952**, Nr. 1, 46 f. — Die Mitfällung von Cäsium mit Tetramethylammoniumdipikrylaminat[71]): **1955**, Nr. 2, 42–45. — — Alle Arbeiten russ.

Sovetskaja Farm. Über die Reaktionen von Takahashi und Ekkert auf Amylalkohol: **1932**, Nr. 1, 3 S. [russ.]. — Über eine Methode zur Bestimmung von Nitriten: Nr. 7, 4 S. [russ.].

Trudy Chim. i chim. Technol. Extraktion bei der radiometrischen Titration einiger Kationen[120])[110])[38]): **1** ('58) 109–17. — Radiometrische Bestimmung von Thallium, Silber und Blei unter Verwendung nichtisotopischer Indikatoren[120])[90]): 118–24. — Gleichzeitige Fällung von Eisen, Zink und Quecksilber mit Antipyrintetrabromcadmionat[140]): 125–31. — Oxyanthrachinone als Reagenzien auf Germanium[68])[24]): 134–37. — Fluoreszenzreaktionen mit 8-Oxychinolin[7]): 138–43. — Farbreaktionen auf Nitrite[51]): 144–47. — Radiochemische Bestimmung der Zusammensetzung farbloser Komplexverbindungen[120]): 343–45. — Zusammensetzung einiger Komplexverbindungen des Kupfers, Cadmiums und Nickels mit Pyridin[37]): 346–51. — Bestimmung der Zusammensetzung einiger schwerlöslicher komplexer Jodide[117]): 352–56. — Azofarbstoffe als Reagenzien auf Kobalt[68])[55]): 377–82. — Fluoreszenzreaktionen auf Beryllium und Aluminium[40]): 383–88. — Mikrokristalloskopische Reaktionen auf Thalliumsalze[34])[11]): 389–92. — Untersuchung der Derivate von Thioxanthen-9-ol-10,10-dioxid als Farbindikatoren[148]): 393–96. — Extraktion kleiner Mengen Thallium aus verdünnten Lösungen[33]): 397–99. — Radiometrische Titration von Kupfer und Zink[120])[23]): 400–04. — Radiometrische Bestimmung der Löslichkeit von Thalliumkobaltinitrit unter Verwendung nichtisotopischer Indikatoren[120])[22]): 496–501. — Untersuchung der Zusammensetzung einiger Zirkoniumverbindungen[140]): 502–06. — Mitfällung von Cadmium und Zink mit Kupferoxychinolat[65]): 514–20. — Farbreaktionen auf Barium und Calcium[34]): 545–51. — Abscheidung kleiner Cäsiummengen aus verdünnten Lösungen[33])[60]): 557–59. — Bestimmung kleiner Fluoridmengen in biologischen Medien[59]): 560–67. — Mitfällung von Zink mit Tetrapyridincupribichromat[37])[122]): 567–72. — Anthrachinonderivate als Reagenzien auf Borsäure[68]): 573–77. — Überschuß des Fällungsmittels und Löslichkeit des Niederschlags: **2** ('59) 63–65. — Einige Fragen zur Verwendung festwerdender Extraktionsmittel[120])[118]): 66–69. — Radiometrische Bestimmung der Löslichkeit von Rubidiumperchlorat unter Verwendung nichtisotopischer Indikatoren[120])[22]): 70–75. — Zusammensetzung und Löslichkeit von Zirkoniumphenylarsonat und von Zirkonium-o-nitrophenylarsonat[140]): 76–79. — Mitfällung von Zink mit Quecksilbersulfid[37])[35]): 80–84. — Mitfällung von Cäsium mit Thalliumpikrat[33])[82]): 85–89. — Radiometrische Bestimmung von Kalium in metallischem Natrium, in einer ternären Legierung und in Elektrolyten[120])[140])u.a.): 94–101. — Bestimmung von Kalium auf der Grundlage seiner eigenen Radioaktivität[93]): 102–04. — Farbreaktionen auf Yttrium[134]): 105–07. — Ein neuer Indikator zur Bestimmung des Calciums[34])[74]): 108–11. — Fraktionierte Reaktionen auf Antimon und Wismut[74])[129]): 112–14. — Untersuchung einiger Diazoaminoverbindungen als Reagenzien auf Cadmium und Magnesium[8]): 115–18. — Löslichkeit von Cadmiumhydroxid[13]): 366–68. — Fraktionierter Nachweis und quantitative Bestimmung von Selen und Tellur[34])[68]): 369–75.

— Fraktionierter Nachweis von Thallium[34])[81]): 376–79. — Untersuchung einiger Farbstoffe als Reagenzien auf Magnesium[74])[129]): 380–85. — Mitfällung von Zink, Cadmium und Quecksilber mit Kupferanthranilat[9]): 386–92. — Mitfällung von Kobalt mit Nickeldicyandiamidinat[120])[115]): 393–96. — Die Konzentrierung von Thalliumspuren[33])[44]): 397–400. — Mitfällung von Zink bei der Fällung von Nickel durch eine ammoniakalische Lösung von Naphtholgelb[33])[125]): 401–05. — Fällung von Quecksilber nach der Antipyrinbromid-Methode in Gegenwart von Eisen[140]): 406–09. — Extraktion und radiometrische Bestimmung des Indiums[120])[87])[137]): 414–20. — Kolorimetrische Bestimmung kleiner Mengen von Urotropin[119]): 424 f. — Löslichkeitsprodukte der Oxalate von seltenen Erden und die Unbeständigkeitskonstanten ihrer komplexen Oxalate[127]): 530–37. — Löslichkeit der Oxychinolate von Blei und Kobalt in Elektrolytlösungen[65]): 538–40. — Über eine logarithmische Methode zur Bestimmung der Zusammensetzung von Verbindungen in Lösung[120])[47]): 541–47. — Untersuchung der Zirkon–Alizarin-Reaktion auf Fluoride[59]): 548–54. — Mitfällung von Zink mit Tetramminnickelpikrat[33])[36]): 555–59. — Bestimmung von Schwermetallverunreinigungen in Aluminiumsalzen[58]): 579–81. — Säure–Basen-Methode der qualitativen Analyse[34])[65])[68]): **3** ('60) 67–69. — Löslichkeit von Thalliumjodat und Thalliumchromat[34])[100])[98]): 81–85. — Zusammensetzung und Löslichkeit einiger Komplexverbindungen des Indiums[140])[50]): 86–90. — Untersuchung des Volumens von Niederschlägen[128])[70]): 91–95. — Zusammensetzung von Kalium- und Natriumnitrokobaltiat[58]): 96–100. — Löslichkeitsprodukt des Thoriumoxalats[61]): 106–09. — Löslichkeitsprodukt schwacher Elektrolyte: 272–77. — Löslichkeitsprodukte der Malonate und Succinate von seltenen Erden und die Unbeständigkeitskonstanten der entsprechenden komplexen Ionen[127]): 278–83. — Verwendung einiger Nitroarylalkane als Indikatoren bei Titrationen mit nichtwäßrigen Lösungen[99])[25]): 284–87. — Farb- und Fluoreszenzreaktionen mit Quercetin[120])[119]): 303–06. — Bestimmung kleinster Mengen an Verunreinigungen im Schwefel[120])[119])[20]): 314–20. — Physikalisch-chemische Analysenmethode auf der Grundlage der Löslichkeit[140]): 437–42. — Farbreaktionen auf festen Trägersubstanzen[120])[2]): 572–78. — Zusammensetzung und Löslichkeit von Ceroxinaten[140])[131]): 580–82. — Einfache Konstruktion eines Mikromanipulators[93]): 613 f. — Thioxin als Lumineszenzreagens[120]): **4** ('61) 216. — Über thermische Reaktionen auf Papier: 216 f. — Löslichkeitsprodukt von Thorium-o-oxychinolat[61]): 304–06. — Löslichkeit von Seltenerdoxinaten[127]): 307–10. — Löslichkeit von Verbindungen des Lanthans, Samariums und Erbiums mit einigen Dicarbonsäuren[127]): 311–17. — Sulfonsäuren als analytische Reagenzien: 318–22. — Azomethin-Derivate (Schiffsche Basen) als Lumineszenzreagenzien[22]): 323–25. — Bestimmung von Chloriden in Reinschwefel[120])[3])[20]): 336–41. — Radioaktivität des Kaliums und seine Anwendung zur Kaliumbestimmung: 498–509. — Thermometrische Titration einiger organischer Verbindungen[120])[93])[1]): 753–60. — Untersuchung einiger Oxyanthrachinone als Reagenzien auf seltene Erden[34])[68]): 761–66. — Löslichkeit von Bleithionalidat in Elektrolytlösungen[65]): [**5** ('62)] **1962**, Nr. 1, 28 f. — Reaktion von Yttriumsalzen mit Alkalien[94]): 41–44. — Salicylaldehydsemicarbazid als Lumineszenzreagenz auf die Salze einiger Elemente[22]): 104–13. — Über einige lumineszierende Verbindungen des 2-Salicylidenaminophenols[22]): 114–19. — Löslichkeit des Kobaltanthranilats in Elektrolytlösungen[65]): [**6** ('62)] **1962**, Nr. 2, 303–05. — Bestimmung kleiner Mengen Molybdän im Boden[37]): 354–56. — Kinetische Mikrobestimmung des Mangans[72]): 357–61. — Katalytische Bestimmung kleiner Kupfermengen[120])[63]): 362–65. — Azofarbstoffe als Reagenzien auf Salze des zweiwertigen Zinns[34])[68])[74]): 366 f. — Bestimmung kleiner Mengen Selen im elementaren Schwefel[37]): 368–71. — Bestimmung kleiner Aluminiummengen[120])[96]): 395–401. — Titration gefärbter und trüber Lösungen mit Hilfe von fluoreszierenden Indikatoren[93])[126]): 406–09. — Reaktionen des Furfurols mit einigen aromatischen Aminen[108]): 410–15. — Biologische Methoden der chemischen Analyse: 437–44. — Untersuchung der Reaktion zwischen Yttriumsalzen und Dinatriumphosphat[94]): [**7** ('63)] **1963**, Nr. 1, 87–89. — Metallhaltige Reagenzien als Fluoreszenzindikatoren bei der Neutralisationsmethode[120])[101]): 125–29. — Reaktionen des Methylfurfurols und des Oxymethylfurfurols mit einigen aromatischen Aminen[108]): 130–34. — Alkalische Methode zur Trennung des Zinks von Lanthan[92]): **8** ('63) 238–42. — Lumineszenzreaktionen mit Thiooxin[120])[132]): 243–45. — Mitfällung des zweiwertigen Zinns mit Cadmiumhydroxid[141]): **9** ('64) 113–17. — Wechselwirkung zwischen Hexamethylendiamin und Berylliumsalzen[16]): **10** ('64) 242–47. — Fällung von Cadmiumhydroxid in Anwesenheit von Beryllium, Aluminium und Blei[141]): 248–51. — Mitfällung des Chroms mit Cadmiumhydroxid[141]): 252–54. — Alkalischer Aufschluß zur Trennung von Lanthan und Aluminium[92]): 255–58. — Mitfällung des Aluminiums mit Yttriumhydroxid[94]): 259–61. — Fotometrische Bestimmung des Bors[123]): **11** ('64) 431–41. — Azofarbstoffe als Farbreagenzien auf Zirkon [,1][120])[45]): 442–47; $\sim$ 2[120])[45]): **12** ('65) 116–21. — Alkalischer Aufschluß zur Trennung des Zinks von Cadmium[141]): **11** ('64) 448–53. — Alkalischer Aufschluß zur Trennung des Berylliums von Lanthan[92]): 454–58. — Trennung des Berylliums von Kupfer[26]): 459–65.

— Wechselwirkung von Hexamethylendiamin mit Indium- und Galliumsalzen[16]): **12** ('65) 35–40. — Alkalischer Aufschluß zur Trennung des Chroms von Lanthan[92]): 80–83. — Trennung des Berylliums von Magnesium[48]): 84–87. — Fotometrische Bestimmung von Scandium[145]): 99–104. — Fotometrische Bestimmung von Bor[123]): 105–10. — Mitfällung von Cadmium mit Eisenhydroxid[141]): 122–25. — Dissoziationsgrad und Hydrolyse in sehr verdünnten Lösungen: **13** ('65) 91–94. — Alkalischer Aufschluß zur Trennung des Galliums von Lanthan[92]): 156–59. — Alkalischer Aufschluß zur Trennung des Bleis von Lanthan [92]): 160–63. — Trennung des Magnesiums von Beryllium und Aluminium[26]): 164–66. — Spektrophotometrische Bestimmung des Zirkons[120])[45]): 167–70. — Mitfällung von Nickel und Kupfer mit Yttriumhydroxid[94]): 171–73. — Bestimmung kleiner Cadmiummengen in Arsen[120])[80]): 174–77. — Aminocaprohydroxamsäure als Reagens auf Salze des dreiwertigen Eisens[68])[34])[88]): 178–81. — Über die Verbindungen des Hexamethylendiamins mit Quecksilber- und Kupfersalzen[16]): 190–93. — Fluorimetrische Bestimmung des Scandiums[145]): 194–97. — Trennung des Berylliums von Kupfer[26]): **14** ('65) 91–95. — Mitfällung von Beryllium, Zink und Blei mit Yttriumhydroxid [94]): 96–98. — Reaktion des Hexamethylendiamins mit Bleisalzen[16]): 99–102. — Trennung des Indiums von Aluminium, Zink und Cadmium durch Hexamethylendiamin[16]): 103–06. — Desorption des Scandiums von Filterpapier[145]): 191–94. — Konzentrierung von Zirkon aus verdünnten Lösungen an Oxyzellulose[120])[45]): 195–98. — Komplexbildung des Scandiums mit anorganischen Liganden [145]): **15** ('66) 80–87. — Extraktion der Produkte der Reaktion von Nitrophenolen mit basischen Farbstoffen[120])[80]): 88–90. — Das Verhalten kleiner Zinkmengen in Lösungen beim Filtrieren[95]): 122–27. — Säuredissoziationskonstanten einiger Reagenzien auf Scandium[145]): 128–32. — Stabilität verdünnter Lösungen von Borsäure und Natriumtetraphenylborat[123]): 133–36. — Basische Farbstoffe als Reagenzien auf einige organische Säuren [120])[80]): 137–41. — Monothioglykol und Unithiol als Reagenzien auf Molybdän[68])[34]): 142–44. — Einige basische Farbstoffe als analytische Reagenzien. Kurze Übersicht[120]): 184. — Das Verhalten kleiner Wismutmengen in Lösungen beim Filtrieren (Sorption des Wismuts aus verdünnten Lösungen seiner Nitrate und seine anschließende Desorption durch verschiedene Desorbentien)[143]): **16** ('66) 273–79. — Untersuchung der Extraktion einiger basischer Farbstoffe[120])[80])[56]): 280–83. — Stabilität verdünnter Lösungen von Scandiumsalzen[145]): 284–87. — Photometrische Bestimmung von Natriumtetraphenylborat in Lösungen[123]): 288–91. — Azofarbstoffe als Farbreagenzien auf Zirkon[120])[45]): 292–97. — Trennung des Zinks von Aluminium[26]): 301–04. — Über den Zustand kleinster Zinkmengen in Lösungen[95]): **17** ('67) 44–48. — Trennung einiger Kationen durch Ausfällen mit Diäthylaminoäthanol[26]): 96–100. — Basische Farbstoffe als Reagenzien auf einige organische Säuren[120])[80]): 105–08. — Extraktionsphotometrische Bestimmung des Rheniums[120])[54]): 109–12. — — Alle Arbeiten russ.

Trudy Inst. Istorii Estestvoznanija i Techn. Die Arbeiten des russischen Chemikers F. V. Vil'm über die Mikrochemie der Platinmetalle: **6** ('55) 205–08 [russ.].

Trudy Komissii analit. Chim., Akad. Nauk SSSR, Inst. Geochim. i analit. Chim. im. Vernadskogo Titration kleiner Volumina[42]): **3** ('51) 150–61. — Mikrochemische Reaktionen einiger Anionen mit organischen Quecksilberverbindungen[79]): 200–07. — Mikroreaktion auf Wismut: 333–36. — Nichtisotopische Indikatoren bei radiometrischen Titrationen [120]): **9** ('58) 205–12. — Fällung von Zirkon durch Dihalogen-8-oxychinolin[140])[65]): 294–300. — Untersuchung der Fällung und Mitfällung einiger Oxychinolinate mit Hilfe radioaktiver Indikatoren[140])[65]): **11** ('60) 198–208. — — Alle Arbeiten russ.

Uč. Zap. gor'kovsk. gos. Univ. Methode zur Angabe der Empfindlichkeit qualitativer Reaktionen: Nr. **7** ('39) 95–102. — Materialien zur Geschichte der mikrokristalloskopischen Analyse: Nr. **24** ('53) 91–107. — Die Lehre von den analytischen Reagenzien und Reaktionen in den Arbeiten der russischen Chemiker des 18. und 19. Jahrhunderts: 109–16. — Analytische Waagen des 18. Jahrhunderts: Nr. **32** ('58) 59–62. — Aus der Geschichte der Mitfällung: 63–72. — Prozesse, die der Mitfällung ähnlich sind: 73–77. — Umfällung als Methode zur Reinigung von Niederschlägen: 79–83. — Mikrokristalloskopische Reaktionen auf Halogene mit quecksilberorganischen Verbindungen[10]): 85–91. — Mikrokristalloskopische Reaktionen auf Sulfide und Sulfite[10]): 93–96. — Organische Reagenzien auf die Salze des vierwertigen Vanadins[104])[139]): 109–11. — Derivate der Chromotropsäure als Reagenzien auf Titan[31])[114]): 113–17. — Die relative Wirksamkeit lösender Reagenzien: 131–34. — Das Löslichkeitsprodukt des Quecksilberoxids: 135–37. — Farbreaktionen auf Chromate: 145–47. — Azofarbstoff-Derivate der Chromotrop- und Salicylsäure als Reagenzien auf Magnesium[75]): 149–60. — — Alle Arbeiten russ.

Usp. Chim. Mitfällung in der analytischen Chemie: **23** ('54) 89–104 [russ.]. — Nichtisotopische radioaktive Indikatoren in der analytischen Chemie[120]): **26** ('57) 936–40 [russ.]. — Quantitative Bestimmung von Mikrobeimengungen: **28** ('59) 772–82 [russ.].

Vestn. vysšej Školy Fabrik oder Laboratorium? (Fragen der Organisation des Produktionspraktikums der Studenten der chemischen Fakultät der Universität): **1964**, Nr. 12, 54f. [russ.].

Z. analyt. Chem. Über einige Farbreaktionen [,1]: **88** ('32) 249–57; ~ 2: **93** ('33) 438–47. — Eine mikrochemische Reaktion auf Ammoniak und dessen Nachweis in Pyridin: **90** ('32) 114f. — Über Ammoniaknachweis in der Luft: 115–18. — Zur Steigerung der Empfindlichkeit einer mikrochemischen Reaktion auf Chrom: **93** ('33) 268–71. — Über die Empfindlichkeit der Jodoformreaktion: 335–43. — Das Verhalten von Zirkonium, Thorium und einigen seltenen Erden zu Chinalizarin[57]): **94** ('33) 247–49. — Über die Steigerung der Empfindlichkeit einer mikrochemischen Reaktion auf Co^{2+} und Cu^{2+} und die induzierte Reaktion auf Fe^{2+}, Fe^{3+} und Ni^{2+}: **95** ('33) 44–48. — Über die Anwendung von Chloramin (p-Toluolsulfochloramin-Natrium) in der Maßanalyse[57])[29]): **96** ('34) 321–28. — Über einige Mikroreaktionen: **97** ('34) 418–21. — Über Reaktionen mit Kaliumjodid und Basen auf Blei-, Wismut-, Quecksilber-, Kupfer-, Cadmium- und Antimonsalze: **99** ('34) 402–10. — Nachweis von Ferricyaniden in Gegenwart von Ferrocyaniden: **101** ('35) 417–19. — Qualitative Reaktion auf Bromate: **103** ('35) 269–71.

Ž. analit. Chim. Zur Theorie der organischen analytischen Reagenzien [,1]: **1** ('46) 64–72; ~ 2: Organische Reagenzien auf Borsäure: **2** ('47) 153–58; ~ **3**: Untersuchungen der Biuretreaktion: **3** ('48) 52–62; ~ 4: Aminosäuren und Verbindungen mit analoger analytischer Wirkung: 314–21. — Eine empfindliche Reaktion auf das Quecksilberion[104]): **2** ('47) 122–25. — Titration im kleinen Volumen[41]): **4** ('49) 26–34. — Mikrokristalloskopische Reaktionen auf Nitrate und Nitrite[10]): **7** ('52) 52–55. — Neue Gruppe von Reagenzien auf Borsäure [120]): 128–30. — Mikrokristalloskopische Reaktionen auf Cyanide[10]): **8** ('53) 168–71. — Spezifische Gruppierung von Atomen in Reagenzien auf Wolframate[75]): **9** ('54) 170–74. — Farbreaktionen einiger mercurierter Arylamine mit Nitriten[10]): 220–23. — Mitfällung von Caesium mit Kaliumpikrat[33])[39]): **10** ('55) 327–30. — Mikrosynthese und Identifizierung einiger mercurierter Arylamine[10]): **11** ('56) 77–80. — Chromotrope Azofarbstoffe als Reagenzien für dreiwertiges Thallium[104])[27]): 307–09. — Mitfällen des Cadmiums mit Antipyrintetrabrommercuriat[140]): 430–36. — Extraktion beim radiometrischen Titrieren[120])[84])[97]): **12** ('57) 48–54. — Extraktion als physikochemische Analysenmethode[120]): 285–95. — Untersuchung einiger Azofarbstoffe als Reagenzien auf Indium[120])[111]): 476–80. — Anorganische mikrochemische Analyse: 665–67. — Mitfällung von Zink, Cadmium und Quecksilber mit Anthranilsäure[9]): 690–94. — Mitfällung von Caesium mit schwerlöslichen Dipikrylaminaten[117]): **13** ('58) 299–303. — Mikrokristalline Reaktionen in Schmelzen[69]): 423–25. — Über die Mitfällung von Zink mit pyridinhaltigen Komplexverbindungen[37]): 528–32. — Farbreaktionen von Scandium[43])[138]): **14** ('59) 547–49. — Farb- und Fluoreszenzreaktionen auf Gallium[120])[67]): **15** ('60) 36–42. — Fluorimetrische Scandiumbestimmung[22]): **17** ('62) 425–28. — Reaktion von Hexamethylendiamin mit Aluminiumsalzen[16]): **18** ('63) 1457–63. — Borsäureverluste beim Eindampfen und Glühen[123]): **22** ('67) 388–93. — Neue Trübungsindikatoren für die Neutralisationsmethode[120])[146]): 1305–09. — — Alle Arbeiten russ., die neueren mit engl. Zusammenfassg.

Ž. chim. Promyšl. Über den Nachweis von Ammoniak in Luft: **1932**, Nr. 10, 79f. [russ.].

Ž. neorg. Chim. Untersuchung der Extraktion einiger innerkomplexer Verbindungen mit Hilfe radioaktiver Indikatoren[120]): **1** ('56) 852–62. — Mitfällung einiger Komplexverbindungen, die sich unter dem Einfluß organischer Fällungsmittel gebildet haben [140])[37])u.a.): 863–73. — Bestimmung der Zusammensetzung von Kobaltxanthogenaten[120])[106]): **2** ('57) 65–67. — Löslichkeit von Thallium- und Cäsiumnitrocobaltaten[120])[142])[12]): **3** ('58) 1188–91. — Die Löslichkeit von Thalliumchromat[34])[73]): 1265–67. — Beständigkeitskonstanten von Zirkoniumkomplexverbindungen mit einigen organischen Liganden[121])[45]): **11** ('66) 2761–66. — Zusammensetzung und Unbeständigkeitskonstanten einiger Scandiumkomplexverbindungen[145]): 2774–79. — — Alle Arbeiten russ.

Ž. obščej Chim. Zusammensetzung und Unbeständigkeitskonstanten komplexer Blei- und Silberhalogenide: **16** ('46) 157–64. — Löslichkeit von Sulfiden in sauren Lösungen von Jodiden und Chloriden: 165–70. — Polyhalogenverbindungen sowie die Löslichkeit von Jod und Brom in Haloidsalzlösungen: **17** ('47) 1608–17. — Über die Unbeständigkeitskonstante von $CdCl_4^{2-}$: **18** ('48) 1233–36. — Fällung der Hydroxide in Abhängigkeit vom pH der Lösung: **21** ('51) 10–18. — Löslichkeitsprodukt von Hydroxiden: 1961–63. — Löslichkeitsprodukt von Bleihydroxid[31])[15]): **22** ('52) 1731–34. — Löslichkeitsprodukt der Oxalate einiger seltener Erden sowie die Unbeständigkeitskonstanten ihrer komplexen Sulfate: **24** ('54) 1910–16. — Löslichkeitsprodukt der Hydroxide einiger seltener Elemente: **25** ('55) 1859–61. — Unterschiedsmerkmale der isomorphen Mitfällung und der Adsorptionsmitfällung: 2399–401. — Bestimmung der Löslichkeit von $Co[Hg(CNS)_4]$ [120])[9]): **26** ('56) 365–70. — Löslichkeitsprodukt des Berylliumoxyhydrats[31])[17]): 1558–60. — Die Rolle des pH bei der Bildung und Extraktion von innerkomplexen Verbindungen [120]): 1849–57. – Bestimmung der Löslichkeit von schwerlöslichen Verbindungen mit nichtisotopischen radioaktiven Indikatoren[120])[103]): 2114–18. – Gesetzmäßigkeiten der Eigenschaften des Thalliums: **29** ('59) 1390–93. – – Alle Arbeiten russ.

Ž. prikl. Chim. Über die Anwendung von p-Toluolsulfochloramin-Natrium („Chloramin") in der Maßanalyse[57])[29]): **6** ('33) 742–48. – Über die Bestimmung der Fluoride: 986f. – Bestimmung geringer Mengen Aceton in Gegenwart anderer Substanzen: 1002–04. – Empfindlichkeit der Jodstärkereaktion: **7** ('34) 847–51. – Eine Schnellmikrobestimmung des Eisens: 1092f. – Nachweis und Mikrobestimmung von Silber, Quecksilber und Jodiden: 1094f. – Mikrojodatometrische Bestimmungen: **8** ('35) 1087–89. – Nachweis von Ferricyaniden in Gegenwart von Ferrocyaniden: 1465f. – Quantitative Mikrobestimmung von Acrolein: 1476f. – Empfindliche Reaktion auf Chlorate, Bromate und Sulfite: **9** ('36) 157f. – Nachweis und Bestimmung von Phosphaten in Gegenwart von Salzen der arsenigen und anderer Säuren: 1507–09. – Ein mikrochemischer Nachweis von Jodiden in Gegenwart von Bromiden und Chloriden: **10** ('37) 936f. – Empfindliche induzierte mikrochemische Reaktionen des Permanganats: 938f. – Eine Mikroreaktion auf Lithium[32]): 1494f. – Mikrochemische Reaktionen auf Caesium und Rubidium[49]): 1496–99. – Flotationsreaktion auf Wismut [130]): **12** ('39) 1740f. – Spezifische Flotationsreaktion auf Nickel[21]): 1742f. – Flotationsreaktion auf Aluminium: **13** ('40) 309f. – Fraktionierte Flotationsreaktion auf Kupfer [5]): 1262f. – Fraktionierte mikrochemische Reaktion auf Palladium: 1523f. – Die qualitative mikrochemische Bestimmung der Nikotindämpfe in der Luft[14]): 1525–28. – Tüpfelnachweis von Aluminium: 1722f. – Fraktionierte Bestimmung von Molybdaten[135]): **14** ('41) 666–68. – Eine fraktionierte Flotationsreaktion auf Palladium[52]): 669f. – Mikrochemischer Nachweis von Silber in seinen schwerlöslichen Salzen: **16** ('43) 413–15. – Fraktionierte Reaktion auf Molybdän[31]): 416–19. – Mikrochemischer Nachweis von Wolframaten: **18** ('45) 571f. – Eine Nachweisreaktion auf Salze des Quecksilbers: **19** ('46) 445–48. – Über eine spezifische Reaktion auf Mangan[53]): 603. – Über einen spezifischen chromatographischen Nachweis von Cadmium [65]): 604f. – Spektrophotometrische Bestimmung des pH mit Hilfe eines Mischindikators [105]): **21** ('48) 834–38. – – Alle Arbeiten russ., zum Teil mit französ. Zusammenfassg.

Zavodskaja Labor. Über die Steigerung der Empfindlichkeit einer Mikroreaktion auf Chrom: **2** ('33) Nr. 5, 39f. – Schnelle Mikromethode zur Manganbestimmung: **3** ('34) 699–702. – Über die Erhöhung der Empfindlichkeit der mikrochemischen Reaktionen auf Co^{2+} und Cu^{2+} und die induzierte Reaktion auf Fe^{2+}, Fe^{3+} und Ni^{3+}: 713f. – Quantitative mikrochemische Analyse (Übersicht): 961–67. – Anwendung von Indigocarmin in der volumetrischen Mikroanalyse: **4** ('35) 297–300. – Eine qualitative Reaktion auf Bromate: 427. – Erhöhung der Genauigkeit der volumetrischen Mikrobestimmungsmethoden: **5** ('36) 32–36. – Untersuchung über Mikroreaktionen auf Blei[83]): 168f. – Mikrobestimmung von Antimon, Arsen, Jodiden und Rhodaniden[4]): 749–51. – Die Mikrobestimmung von Nickel[136])[76]): 1051–53. – Mikrochemische Bestimmung von Kupfer mit $(NH_4)_2Hg(CNS)_4$ [77]): 1438–40. – Mikrochemischer Nachweis einiger Metalle: **6** ('37) 308–11. – Mikroschnellbestimmung von Kobalt und Kupfer[78])[89]): 682–84. – Zur Bestimmung des Cadmiums mit Brucin und Kaliumbromid: 1461. – Nachweis von Nickel in sehr verdünnten Lösungen: **7** ('38) 428f. – Schnellbestimmung von Nickel in Stählen und Gußeisen[144]): **8** ('39) 664f. – Schnellbestimmung von Kieselsäure[64]): **9** ('40) 43–45. – Schnellbestimmung von Kupfer[86]): 469f. – Quantitative Bestimmung von Mangan in Schwarzmetallen[6]): 1144f. – Übersicht über die Arbeiten sowjetischer Autoren über die quantitative Mikroanalyse: 1185f. – Selektive Reaktion auf Kupfer[19]): **10** ('41) 493. – Selektive Reaktion auf Kobalt[6]): 493. – Spektrophotometrische Bestimmung des m-Dinitrobenzols und Trinitrotoluols[30]): **14** ('48) 1058–60. – Neue Konstruktionen von Kapillar-Mikrobüretten [112]): 1391f. – Bestimmung sehr kleiner Mengen Blei[37]): 1416–20. – Bestimmung des Kobalts aus dem Volumen des Niederschlages [105]): **15** ('49) 134f. – Bestimmung sehr kleiner Calciummengen[46]): 136–38. – Eine Ultramikrowaage[28]): 785–96. – Mikrokolorimetrische Bestimmung von Nitriten, Sulfiten und Furfurol[31])[113]): **16** ('50) 3–7. – Torsionsultramikrowaage[28])[112])[107])[124]): 800–06. – Radiometrische Mikrobestimmung von Kalium in Form von $K_2Na[Co(NO_2)_6]$[120])[37]): **21** ('55) 774–76. – Die radiometrische Bestimmung von Kalium[147]): 1419–21. – Mitfällung bei Anwendung organischer Reagenzien: **22** ('56) 146–54. – Die Messung der Radioaktivität schwacher β-Strahler[9]): 413–16. – Radiometrische Titration von Zink und Kupfer [120])[18])[116]): 1143–49. – Die Hauptaufgaben zur Entwicklung der analytischen Chemie[91]): **28** ('62) 1411–13. – Extraktionsphotometrische Bestimmung von Nitrophenolen[120])[80]): **34** ('68) 1300–02. – – Alle Arbeiten russ.

Ferner 6 Arbeiten über physiologisch-chemische Mikrobestimmungen im Blutserum, erschienen in einem Sammelband des Forschungsinstituts für Arbeitshygiene und Berufskrankheiten, Gor'kij ('57).

Mit: 1) O. B. Abramov; 2) T. S. Aleškina; 3) N. K. Ananyčeva; 4) Z. A. Anbroch; 5) A. I. Anfilov; 6) E. M. Ašbel'; 7) N. F. Avrova; 8) Z. F. Babinceva; 9) M. N. Baryšnikova; 10) A. A. Beljakov; 11) V. V. Bočkarev; 12) B. I. Bratanov; 13) V. N. Burova; 14) A. I. Burštejn; 15) V. G. Čebakova; 16) S. F. Čelyševa; 17) G. A. Cygankova; 18) Ė. A. Demina; 19) L. E. Dicent; 20) N. S. Dubovskaja; 21) V. V. Dudnik; 22) V. S. Efimyčev; 23) N. A. Efremov; 24) E. A. Emelin; 25) V. S. Ėtlis; 26) U. Fajziev; 27) L. S. Fedorova; 28) Ja. N. Fertel'mejster; 29) V. F. Filonova; 30) A. M. Fišer; 31) F. S. Frum; 32) M. M. Fursina; 33) P. A. Ganičev; 34) V. G. Ganina; 35) Z. A. Gavrilina; 36) L. A. Glazkova; 37) Z. I. Glazunova; 38) L. V. Gorbunova; 39) V. V. Gorškov; 40) I. A. Grišin; 41) E. Š. Gronsberg; 42) E. V. Gronsberg; 43) V. P. Gunina; 44) I. A. Gur'ev; 45) Z. M. Gur'eva; 46) G. B. Gutnik; 47) G. K. Il'ina; 48) V. N. Inozemceva; 49) G. A. Jagnjatinskaja; 50) V. Ja. Janaeva; 51) V.I. Junina; 52) S. I. Kaplanskij; 53) L. N. Karčkova; 54) L. N. Karjakina; 55) A. A. Karnišin; 56) T. D. Kljukvina; 57) A. S. Komarovskij; 58) Ja. I. Korenman; 59) A. A. Kornakova; 60) L. A. Koroleva; 61) V. V. Korolichin; 62) G. A. Kostylev; 63) I. Z. Kozina; 64) L. A. Kožuchin; 65) Z. V. Krajnova; 66) A. I. Kudinova; 67) S. D. Kunšin; 68) N. V. Kurina; 69) V. P. Kut'in; 70) Z. M. Lazareva; 71) O. L. Lebedev; 72) A. N. Lebedeva; 73) N. P. Lebedeva; 74) Ė. I. Lejfer; 75) Ė. I. Levina; 76) S. M. Ljaljuško; 77) E. N. Lukaševa; 78) A. M. Lysenko; 79) T. P. Maksakova; 80) S. N. Maslennikova; 81) R. P. Maštakova; 82) I. I. Melechonova; 83) Š. Š. Mesonžnik; 84) N. M. Mezina; 85) L. A. Miluškova; 86) N. G. Minina; 87) T. N. Mitrochina; 88) I. P. Mokryševa; 89) Ch. V. Mordušenko; 90) P. V. Muljanov; 91) V. A. Nazarenko; 92) G. V. Nazarova; 93) B. A. Nikolaev; 94) A. M. Novikova; 95) M. S. Okunev; 96) N. I. Osipova; 97) M. I. Ostaševa; 98) Ju. A. Paršutkin; 99) E. M. Perepletčikova; 100) N. M. Pjatnickaja; 101) Ė. G. Pomeranceva; 102) —; 103) M. A. Potapova; 104) V. G. Potemkina; 105) E. M. Punčik; 106) S. A. Rjabova; 107) K. A. Rodionov; 108) Z. M. Rodionova; 109) —; 110) N. K. Romanova; 111) R. V. Roščina; 112) A. P. Rostokin; 113) A. A. Ruskich; 114) L. V. Ryžkova; 115) G. A. Šapkin; 116) M. I. Šapošnikova; 117) G. A. Šatalina; 118) M. I. Savel'eva; 119) Z. F. Ščerbakova; 120) F. R. Šejanova; 121) F. R. Šernova; 122) A. N. Sidorenko; 123) L. V. Sidorenko; 124) T. Ja. Skučalin; 125) A. T. Slepneva; 126) G. B. Šmakov; 127) D. N. Sokolov; 128) L. N. Sokolova; 129) Z. F. Solov'eva; 130) N. T. Sorokina; 131) V. M. Sorokina; 132) N. I. Starodubova; 133) G. P. Starostin; 134) R. N. Šurepova; 135) N. P. Tardov; 136) A. L. Tenenbojm; 137) T. N. Trapeznikova; 138) L. K. Trifonova; 139) L. A. Trusova; 140) A. A. Tumanov; 141) T. D. Verbickaja; 142) T. N. Višnevskaja; 143) T. E. Voroncova; 144) G. D. Voronov; 145) N. V. Zagljadimova; 146) G. M. Zimina; 147) E. I. Zorin; 148) D. V. Zvezdova.

VI **KOREVAAR,** Arie. Chem. Technol., Bibliothekswesen. — 1919–45 Privatdoz. chem. Technol., Univ. Leiden; '25–51 Bibliotheksdir., Techn. Hochsch. Delft; Mitglied u. Vorsitzender zahlreicher Komitees u. Vereine im Bibliothekswesen; Techn. Berater d. Verlags Elsevier, Amsterdam.

*1886, März 11, Amsterdam;
†1964, Dez. 25, Delft.

Nekr. L. J. van der Wolk, Bibliotheekleven **50** ('65) 57–59.

MH. Kroniek der Stadt Delft ('s Gravenhage '37); darin eig. Beitr.: 81–92: De geschiedenis der Technische Hogeschool. — (Redakt.) Technische Winkler Prins encyclopedie **1** (Amsterdam '52), ²('57); **2** ('53), ²('57). — Bouwkundige encyclopedie **1** (Amsterdam '54); **2** ('55). — Elektrotechnische Winkler Prins encyclopedie **1.2** (Amsterdam '58).

S. Handelingen van het derde Wetenschappelijk vlaamsch congres voor boek- en bibliotheekwezen, Leuven 1934 (Gent '35) 103–20: Het systeem der wetenschappen van Auguste Comte-Ostwald [m. engl. Zusammenfassg.]. — Het bedrijfsleven tijdens de regering van H. M. Koningin Wilhelmina 1898–1938 (Amsterdam '38) 70–78: Was haben die Niederlande während der 40 Jahre auf dem Gebiet der chemischen Industrie getan? [niederländ.]. — Les problèmes de la documentation dans les bibliothèques universitaires. Journées d'étude organisées par la Bibliothèque de l'Université de Liège, 1949 (Liège '50) 138–42: La Bibliothèque de l'Université technique de Delft.

W. Techniek en wereld-beschouwing (Haarlem '34) 11 + 267 S. — Titelbeschrijving aan de Bibliotheek der Technische Hogeschool te Delft (Delft '33) 4 + 82 S. (m. E. Ellerbroek-Fortuin); 2. Aufl. m. C. de Goede de Koning ²('49) 98 S. — De systematische catalogus van de Bibliotheek der Technische Hogeschool te Delft (Delft '51) 114 S.

Bibliotheekleven Die Theorie der bibliographischen Systematik: **17** ('32) 210–27. — Das System der Wissenschaften: **22** ('37) 34–43, 55–61. — Dokumentation [in wissenschaftlichen und Spezialbibliotheken]: **23** ('38) 71–83. — Einführung zur Besichtigung des Technischen Zentralkatalogs, der Buchbinderei, der Druckerei und des Fotoateliers der Bibliothek der Technischen Hochschule Delft: **25** ('40) 164–69. — Eröffnungsrede bei der Zusammenkunft 1941 der Sektion für Spezialbibliotheken auf dem Gebiet von Handel und Industrie: **27** ('42) 19–22. — Der Technische Zentralkatalog für die Niederlande in der Praxis: 92–97. — Die Aufgabe des Bibliothekars: **33** ('48) 143–52. — Titelaufnahme auf Karten: **34** ('49) 227–30. — Probleme der bibliographischen Systematik: **36** ('51) 217–29. — In memoriam Ir. F. Donker Duyvis: **46** ('61) 393–96. — Klassifizierung und Erkenntnistheorie: **47** ('62) 782–84. — — Alle Arbeiten niederländ.

Documentreproductie Dokumentenreproduktion an der Bibliothek der Technischen Hochschule [Delft] im wissenschaftlichen Leihverkehr: **3** ('50) 9–11 [niederländ.].

Ingenieur ['s Gravenhage] Dokumentation: **51** ('36) 255–57 [niederländ.]. — Dokumentation auf dem Beton-Gebiet: **58** ('46) Beil. Beton, 45–49 [niederländ.].

Polytechnisch Weekbl. Die Dezimalklassifikation und die 10. Internationale Bibliographische Konferenz in 's Gravenhage: **26** ('32) 1–5, 23–30. — Neue Erkenntnisse auf dem Gebiete der Ökonomie: 213–15. — Philosophie der Technik: 261–64. — Die Psychologie des Erfinders: 517–21. — Bibliotheken in Paris: **28** ('34) Nrn. v. 9. u. 23. Aug. — Normung: **28** ('34) 196–98, 216–18, 233–36. — — Alle Arbeiten niederländ.

Prodiscon Wirtschaftlichkeit: **1** ('36) 106f. [niederländ.]. — Die Dezimalklassifikation: **2** ('37) 6–12 [niederländ.].

VI **KORFF,** Serge Alexander. Physik. — 1931–33 Research Fellow, '36–46 Research Assoc., Nation. Research Council, Mount Wilson Observat., Pasadena, Calif.; '33–35 Research Fellow, California Inst. of Technol.; '38–42 Research Fellow, Bartol Research Foundation, Pasadena, Calif.; '41–43 Assist. Prof., '44–46 Assoc. Prof., '47– Prof., New York Univ., New York; '39–42 Advisor Cosmic Rays, U.S. Antarctic Service; '51– Senior Consultant, UN Atomic Energy Commission; '46 Vice Pres., New York Acad. Sci. — '52 Commendatore, Order of Cyprus; '55 Fritz-Pregl-Preis (Akad. Wiss. Wien); '57 Ordre du Mérite (Républ. franç.). (☒)
*1906, Juni 5, Helsingfors.

H. (Bearb.) J. B. Hoag, Electron and nuclear physics ³(New York '48), (Princeton, N.J. '58) 11 + 522 S. — The world's high altitude research stations. A list of high altitude research facilities (New York '54) (International Council of Scientific Unions. Joint Commission on High Altitude Research Stations).

MH. Physical sciences; some recent advances in France and the United States. Proc. Symposium on basic science, New York 1960 (New York '62).

MUe. G. Lemaître, The primeval atom. An essay on cosmogony (New York '50) 11 + 186 S.

S. Atti X Congresso internazionale di chimica, Roma 1938, **4** (Roma '39) 381–84: Chemistry and the various forms of energy. — Actas y trabajos. 5° Congreso sudamericano de química, Lima 1951, **1** (Lima '52) 204–16: Application of Geiger counters in chemistry [ ]. — Handbuch der Physik (S. Flügge) **45**: Instrumentelle Hilfsmittel der Kernphysik, 2 (Berlin–Göttingen–Heidelberg '58) 52–85: Geiger counters. — Symposium on the July 1959 events and associated phenomena, Helsinki 1960 (Paris '60) (Union géodésique et géophysique internationale, Monograph No. 7) 33f.: Observations of cosmic ray neutrons at the time of the July 1959 event[21]). — Proc. 8th International conference on cosmic rays, Jaipur, India, 1963 (R. R. Daniel u. a.) **5** (Jaipur '64) 255–59: Fast cosmic ray neutrons in the atmosphere. — Proc. 9th ~, London 1965, **1** (London '66) 573–76: Measurements of neutrons produced by the cosmic radiation[29])[23]).

W. Electron and nuclear counters. Theory and use (London–NewYork–Toronto '46); Neudrucke ('47), ('48) 11 + 212 S.; Neuaufl. (m. H. Kallmann) ²('55) 13 + 363 S. — Meteorología de la estratosfera en el Perú (m. G. A. Wagner) (Lima '35) 8 S. (Ministerio de fomento. Dir. de agricultura y ganadería. Servicio meteorol. nac., Lima, Perú).

American J. Physics Cosmic-ray neutrons: **19** ('51) 226–29.

American Scientist The origin and implications of the cosmic radiation: **45** ('57) 281–300.

Annals New York Acad. Sci. The effects of cosmic rays on the terrestrial isotope distribution: **67** ('56/57) 37–54.

Astrophysical J. Width of the D lines of sodium in absorption: **76** ('32) 124–33. — On the measurement and interpretation of Fraunhofer lines: 291–98.

Boletín Soc. quím. Perú Cosmic rays. Experiments in Perú: **1** ('35) Nr. 3, 6–28 [ ]. — Recent developments in the study of the atomic nucleus: **3** ('37) Nr. [?], 3–13 [span.]. — Recent developments in the study of cosmic rays: **6** ('40) Nr. 4, 43–49 [ ]. — Cosmic rays as a tool for nuclear investigation: **13** ('47) Nr. [?], 3–7 [ ]. — The effects of cosmic radiation on terrestrial isotope distribution: **20** ('54) Nr. [?], 77–82.

Bull. amer. meteorol. Soc. A photoelectric hygrometer[20])[40]): **28** ('47) 330–34.

Canadian J. Physics Cosmic-ray fast neutron flux measurements in the atmosphere at various latitudes: **46** ('68) 1023–26.

Contributions Mount Wilson Observat. Width of the D lines of sodium in absorption: Nr. **455** ('32) 10 S. — On the measurement and interpretation of Fraunhofer lines: Nr. **459** ('32) 8 S.

Electronics Electronic techniques in nuclear science: **20** ('47) Nr. 12, 80–87.

Gazeta Física The origin and implications of the cosmic radiation: **3** ('57) 161–76.

Geographical Rev. Geographical aspects of cosmic-ray studies: **50** ('60) 504–22.

J. Franklin Inst. Present status of the theory of the effect of the earth's magnetic field on cosmic rays: **227** ('39) 33–35. — Correlation of counter and electroscope measurements of cosmic radiation in the stratosphere

[15]): **228** ('39) 159–67. – A neon tube coupled amplifier circuit for radio cosmic-ray receivers: 511–14. – Bursts in cosmic radiation in the equatorial zone: 516–18. – Solar influences on cosmic ray intensity at high elevations: **229** ('40) 21–27. – An improved radiobarograph [24]): 252. – Geiger-counter measurements in the upper atmosphere bearing upon the nature of the radiation from solar flares and radio fade-outs[24]): 252f. – Neutron measurements with boron-trifluoride counters[15]): 253–55. – Fast neutron measurements with recoil counters: 802–04. – Report of cosmic ray observations made on the U.S. antarctic expedition in co-operation with the Bartol Research Foundation[12]): **230** ('40) 567–81. – The latitude effect in cosmic rays at far southern latitudes[12]): 659–61. – On the interpretation of neutron measurements in cosmic radiation[6])[36]): 776f. – On the contribution to the ionization at sea level produced by neutrons in the cosmic radiation: 777–79. – Relative efficiencies of radioactive neutron sources[32])[9])[52])[12]): **231** ('41) 357–71. – Operation of proportional counters: **232** ('41) 73–75. – The radiosonde: the stratosphere laboratory[12]): 217–38, 339–55. – An investigation of the properties of proportional counters, 1: 382f. – Nuclear particles in the cosmic radiation: 383f. – The production of neutrons by the cosmic radiation: 497. – The production of neutrons and protons by the cosmic radiation at 14,125 feet[12]): **234** ('42) 195. – New cosmic ray radio-sonde techniques[20]): **241** ('46) 355–68.

J. geophysic. Res. High neutron and radiation intensities at balloon altitudes during auroral display[21]): **65** ('60) 3163–67. – A measurement of slow cosmic-ray neutrons up to 200 kilometers[39])[21]): **67** ('62) 459–65. – Fast-neutron flux in the atmosphere[29]): **68** ('63) 5487–95.

Nature [London] Tritium content of antarctic snow[43])[34]): **199** ('63) 60f.

Naturwissenschaftliche Rdsch. Internationale Höhenforschung: **6** ('53) 200.

Nucleonics Proportional counters, 1: **6** ('50) Nr. 6, 5–10, 36; ~ 2: **7** ('50) Nr. 5, 46–52; ~ 3: **8** ('51) Nr. 1, 38–43. – Nuclear techniques will aid International Geophysical Year: **14** ('56) Nr. 2, 50–53.

Physical Rev. The frequency of resonance radiation: (2) **41** ('32) 538. – Density of energy in the universe: **44** ('33) 300f. – Azimuthal asymmetry of cosmic radiation: 515. – Penetrating power of asymmetric component of cosmic radiation: **46** ('34) 74f. – The latitude effect in cosmic rays at altitudes up to 29,000 feet[7])[31])[33]): **50** ('36) 579–81. – The latitude effect in cosmic radiation at high altitudes[14])[2]): **53** ('38) 14–22. – Cosmic-ray observations in the stratosphere [14])[2])[48])[10]): 23–29. – Neutron measurements with boron-trifluoride counters[15]): **55** ('39) 980. – The upward radiation produced by cosmic rays at high altitudes[12]): **56** ('39) 704. – Fast neutron measurements with recoil counters: 1241f. – On the interpretation of neutron measurements in cosmic radiation [6])[36]): **57** ('40) 573–87. – Comparative efficiencies of radioactive neutron sources[32])[9])[52]) [12]): **58** ('40) 88. – Latitude effects in cosmic rays at far southern latitudes[12]): 179f. – Fast neutrons and particles with high specific ionization in the cosmic radiation at high elevations: **59** ('41) 214. – An investigation of the properties of proportional counters, 1[42]): 850–59. – Nuclear particles in the cosmic radiation: 949–54. – The production of neutrons and protons by the cosmic radiation at 14,125 feet [,1][12]): **61** ('42) 422–27; ~ 2[13]): **73** ('48) 1010–14. – On the role of polyatomic gases in fast counters[37]): **65** ('44) 274–82. – Experiments on counters with grids: **68** ('45) 53. – The energy distribution and number of cosmic-ray neutrons in the free atmosphere[20]): **69** ('46) 155–59. – The multiple production of neutrons by cosmic radiation[20]): **70** ('46) 429. – The production of nucleons by the cosmic radiation[20]): **71** ('47) 842–45. – On the rise of the wire potential in counters: **72** ('47) 477–81. – The energy distribution of neutrons in the atmosphere[18])[26]): **73** ('48) 1133. – Tests of self-regenerating fillings for Geiger counters [27]): **76** ('49) 1412. – Cosmic radiation and the maintenance of a potential gradient in the atmosphere: **77** ('50) 144. – The solar atmosphere and the origin of radiofrequency radiation[4]): **80** ('50) 489f. – The latitude effect of cosmic-ray neutrons[46])[35]): **81** ('51) 889f. – Effect of the melting of polar ice on the length of the day: **95** ('54) 296f. – High-altitude cosmic-ray neutron density at the geomagnetic pole[34])[44])[49]): **97** ('55) 1276–79. – Variation of the position of the cosmic-ray neutron-intensity maximum with geomagnetic latitude[44])[5]): **100** ('55) 859f. – Slow neutron intensity at high balloon altitudes[21]): **120** ('60) 1460–62.

Physics today Detecting atomic particles: **1** ('48) Nr. 2, 12f., 25–27. – High altitude laboratories: **3** ('50) Nr. 11, 17–23. – A survey of Alaskan peaks: **5** ('52) Nr. 7, 18–20. – High-altitude laboratories. Joint Commission meeting in Denver: **6** ('53) Nr. 11, 30–32. – The International Geophysical Year: **7** ('54) Nr. 3, S. 6. – Physics south of the Sahara: **8** ('55) Nr. 3, 10f. – Physics in the Hawaiian Islands: **9** ('56) Nr. 2, 14f. – Physics in South America: Nr. 12, 20–23. – Canadian high-altitude station at Sulphur Mountain: **11** ('58) Nr. 1, 24f. – Bariloche cosmic-ray conference [11]): **12** ('59) Nr. [?], 32f. – Cosmic ray research facilities in Africa and the Orient: Nr. 12, 46f. – Cosmic rays or machines?: **16**

('63) Nr. 9, 46–50, 52. — IQSY-EQEX cosmic-ray expedition to India: **18** ('65) Nr. 6, 26–29.

Proc. amer. philos. Soc. The production of neutrons by the cosmic radiation: **84** ('41) 589–603. — Report on cosmic-ray observations made on the United States Antarctic Service expedition, 1939–1941[3][12]): **89** ('45) 316–23.

Publ., Amer. astron. Soc. Observing conditions in Peru for the eclipse of June, 1937: **9** ('37) 9. — Some cosmological implications of the cosmic radiation[3][42]: **10** ('41) 135.

Publ. astron. Soc. Pacific The structure of the corona: **45** ('33) 205f.

Review sci. Instruments Eclipse cinematography: (N.S.) **4** ('33) 86f., 341. — A neon tube coupled amplifier circuit for radio cosmic-ray receivers: **9** ('38) 256f. — An improved radiobarograph[24]: **10** ('39) 82–85. — Use of a grid to reduce operating voltage in Geiger-Mueller counters[38]: **11** ('40) 267–69. — Operation of proportional counters: **12** ('41) 94–96. — Temperature coefficients in self-quenching counters[45][22]: **13** ('42) 127. — Deterioration of boron trifluoride counters due to high counting rates[44][17][25]: **24** ('53) 1058–60. — Some remarks about the discharge mechanism in Geiger counters: 1071f. — Plateau slopes and pulse characteristics of large, high-pressure BF_3 counters[29]: **30** ('59) 442–44. — Effect of gaseous impurities on BF_3 proportional counters[1]: **31** ('60) 532–36. — Fast-neutron detector with discrimination against background radiation[29]: **34** ('63) 1356–60.

Reviews modern Physics Optical dispersion [8]: **4** ('32) 471–503. — Recent studies at high elevations: **11** ('39) 211–21. — The operation of proportional counters: **14** ('42) 1–11. — The production of nuclear disruptions by the cosmic radiation: **20** ('48) 327–33. — A critique of ionization measurements of nuclear disruptions produced by cosmic radiation: **21** ('49) 75–81.

Revista meteorol. Meteorología de la estratosfera en el Perú[51]: **6** ('47) Nr. 22.

Science [USA] The Mount Wrangell Observatory: **118** ('53) 420.

Scientific American Counters: **183** ('50) 40–43.

Sky Exploring the stratosphere: **2** ('37) Nr. 2, Nr. 11. — Sun-spots and cosmic rays: Nr. 8. — Measuring cosmic rays: **3** ('38/39) Nr. 3. — Recent developments in cosmic rays: Nr. 4. — Cosmic rays in the stratosphere: Nr. 5. — What are cosmic rays?: Nr. 6.

Suppl. Nuovo Cimento Cosmic ray neutron studies: (10) **8** ('58) 796–800.

Terrestrial Magnetism and atmospher. Electr. Bursts in cosmic radiation in the equatorial zone: **43** ('38) 227–30. — Geiger-counter measurements in the upper atmosphere bearing upon the nature of the radiation from solar flares and radio fade-outs[24]: **44** ('39) 23–27. — On the contribution to the ionization at sea-level produced by the neutrons in the cosmic radiation: **45** ('40) 133f. — A note on fluctuations in the cosmic radiation observed in connection with magnetic storms: **48** ('43) 217f.

Trans. amer. geophysic. Union Solar influences on cosmic ray intensity at high elevations: **20** ('39) 367f. — Effects of the cosmic radiation on terrestrial isotope distribution: **35** ('54) 103–06. — Report of the Special Committee on Cosmic-terrestrial Relationships for the year ending June 30, 1956[47][19][28][30][41][50]: **37** ('56) 491–96.

Yearb., Carnegie Instn. Washington Studies of cosmic rays: Nr. **36**.1936/1937 ('37) 361–63.

Mit: 1) J. D. Aponte; 2) A. V. Astin; 3) D. K. Bailey; 4) Y. Beers; 5) A. Beiser; 6) H. A. Bethe; 7) I. S. Bowen; 8) G. Breit; 9) W. C. Bright; 10) B. W. Brown; 11) R. L. Chasson; 12) E. T. Clarke; 13) A. Cobas; 14) L. F. Curtiss; 15) W. E. Danforth; 16) –; 17) S. S. Friedland; 18) M. S. George; 19) R. Gunn; 20) B. Hamermesh; 21) R. C. Haymes; 22) N. Hilberry; 23) S. S. Holt; 24) T. H. Johnson; 25) H. S. Katzenstein; 26) J. W. Kerr; 27) A. D. Krumbein; 28) R. A. McMath; 29) R. B. Mendell; 30) D. H. Menzel; 31) R. A. Milikan; 32) E. J. Murphy; 33) H. V. Neher; 34) H. A. C. Neuburg; 35) M. Pavalow; 36) G. Placzek; 37) R. D. Present; 38) W. E. Ramsey; 39) W. P. Reidy; 40) F. Reines; 41) H. Riehl; 42) M. E. Rose; 43) S. P. Shen; 44) R. K. Soberman; 45) W. D. B. Spatz; 46) W. P. Staker; 47) H. T. Stetson; 48) L. L. Stockmann; 49) M. J. Swetnick; 50) W. H. Thom, jr.; 51) I. C. A. Wagner; 52) M. D. Whitaker.

VI **KOŘÍNEK,** Vladimír. Math. — 1931–35 Wiss. Mitarbeiter, Statist. Amt d. Tschechoslowakei; '31–35 Privatdoz., '35–39 außerord. Prof., '40– ord. Prof., Karls-Univ., Praha; '56– stellvertr. Vorsitzender d. Tschech. Math. u. Physikal. Ges. — '62 Orden d. Arbeit (ČSSR); '69 Goldene Bernard-Bolzano-Medaille (Tschechoslowak. Akad. d. Wiss. u. Künste); '69 Goldmedaille (Karls-Univ., Praha); '69 Silbermedaille (Purkyně-Univ., Brno).

*1899, Apr. 18, Praha.

Zum 60. Geb.tag J. Holubář, V. Jarník, V. Vilhelm, Pokroky Mat., Fysiky a Astron. **4** ('59) 724–30 (m. Bildn.). — J. Ivan, Matematicko-fyzik. Čas. **9** ('59) 69f. — Š. Schwarz, Čas. Pěst. Mat. **84** ('59) 222–35 (m. Bildn., Schr.verz. 45 Nrn.). — Czechoslovak math. J. **9** ('59) 305–08 (m. Bildn., Schr.-verz. 29 Nrn.).

Zum 70. Geb.tag K. Drbohlav, L. Procházka, Čas. Pěst. Mat. **94** ('69) 242–44 (m. Bildn.); Czechoslovak math. J. **19** ('69) 368f. (m. Bildn.). — M. Kolibiar, Matematický Čas. **19** ('69) 167f.

S. Zprávy o druhém sjezdu matematiků zemí slovanských (C.R. 2e Congrès des mathématiciens des Pays slaves), Praha 1934 (Praha '35) 133f.: Définition de la norme d'un idéal dans une algèbre simple. – C. R. Congrès international des mathématiciens, Oslo 1936, 2 (Oslo '37) 21f.: La décomposition d'un groupe en produit direct des sousgroupes. – Zdeněk Nejedlý a Universita Karlova. Sborník k 75. narozeniám Zdeňka Nejedlého [Z. N. und die Karls-Universität. Sammelband zum 75. Geburtstag von Z. N.] (Praha '53) 684–93: Parel Petr – der Lehrer [tschech.].

W. Základy algebry [Grundlagen der Algebra] (Praha '53) 488 S.; ²('56) 520 S.

Aktuárské Vědy Les tables de mortalité pour les provinces tchèques: **5** ('35) 53–56.

Bull. Inst. int. Statistique La formule de Rahts pour la probabilité de mort, sa démonstration et sa validité: **30** ('40) Nr. 3, 81–86.

Bull. int., Acad. tchèque Sci. Lattices in which the theorem of Jordan-Hölder is generally true: **50.** 1949 ('51) 307–24.

Čas. Pěst. Mat. (a Fysiky) Définition de la norme d'un idéal dans une algèbre simple: **64** ('34/35) 133f. – Emmy Noether: **65** ('36) D1–D6 [tschech.]. – Sur la décomposition d'un groupe en produit direct des sousgroupes: **66** ('37) 261–86 [m. tschech. Zusammenfassg.]; **67** ('38) 209f. [~]. – Neue Resultate aus dem Goldbach-Problem: D36–D38 [tschech.]. – Kurze Übersicht der wissenschaftlichen Arbeiten von Professor Karel Petr aus dem Jahrzehnt 1928–1938. Anläßlich seines 70. Geburtstages: D245–D253 [~]; ~ 1938–1948. Anläßlich seines 80. Geburtstages: **73** ('48) D9–D18 [~]. – Anleitung zum Studium der Mathematik für Anfänger: **70** ('40) D25–D39 [~]. – Gemeinsamer 3. Kongreß der tschechoslowakischen Mathematiker und 7. Kongreß der polnischen Mathematiker: **75** ('50) D1–D9 [~]. – Zusammenarbeit der Tschechischen Akademie der Wissenschaften und der Karls-Universität auf dem Gebiet der Mathematik: 78 ('53) 11f. [~]. – 8. Kongreß der polnischen Mathematiker in Warschau 1953: **79** ('54) 89–92 [~]. – Mitglied der Slowakischen Akademie der Wissenschaften Štefan Schwarz erhielt den Klement-Gottwald-Staatspreis für das Jahr 1955: **80** ('55) 501–03 [~]. – 8. Internationaler Kongreß für Geschichte der Naturwissenschaften: **82** ('57) 121–23 [~]. – Jubiläumssitzung der Mathematischen Gesellschaft „János Bolyai" in Szeged: **83** ('58) 129f. [~]. – Sitzung des Ständigen Internationalen Komitees für Forschung in den exakten Naturwissenschaften bei der UNESCO, Gießen 1959: **84** ('59) 496–98 [~]. – „Freundschaftswoche" der Karls-Universität Prag und der Humboldt-Universität zu Berlin: 498f. [~]. – Grundlagen der Theorie der Kategorien: **85** ('60) 100f. [~]. – Direkte Produkte im Lichte der Theorie der Kategorien: 101f. [~]. – Zum 75. Geburtstag von Prof. Dr. Karel Rychlík: 492–98 [tschech.]. – Die Reformbewegung im mathematischen Unterricht in der Welt und der Anteil der Tschechoslowakischen Akademie der Wissenschaften an dieser Reform bei uns: **90** ('65) 490–96 [~].

Čechoslovackij mat. Ž. Mitglied der Slowakischen Akademie der Wissenschaften Štefan Schwarz erhielt den Klement-Gottwald-Staatspreis für das Jahr 1955: **5** ('55) 573–75 [russ.]. – Bemerkung zu der Arbeit: „Die Anwendung der Polarität auf die direkten Produktzerlegungen einer Gruppe" von František Šik: **6** ('56) 139. – The Frattini subgroup of a direct product of groups[1]): **10** ('60) 350–58 [m. russ. Zusammenfassg.]. – A century of the Union of Czechoslovak Mathematicians and Physicists: **12** ('62) 167f. [russ.: S. 165f.].

Colloques int. Centre nation. Rech. sci. Le théorème de Jordan-Hölder dans les treillis: **24.**1949 ('50) 155–57.

Dodatek Roczn. polsk. Towarz. mat. Théorème de Jordan-Hölder et son rôle dans la théorie des groupes et dans la théorie des structures: **22** ('51) 30–32.

Matematika ve Škole [Praha] Die Arbeit der Kommission der Tschechoslowakischen Akademie der Wissenschaften für den mathematischen Unterricht: **6** ('56) 2–8 [tschech.].

Pokroky Mat., Fysiky a Astron. 8. Internationale Konferenz zur Geschichte der Naturwissenschaften und die Internationale Union für Geschichte der Naturwissenschaften: **2** ('57) 612–16. – Zum 60. Geburtstag des Akademiemitglieds Vojtěch Jarník[4]): **3** ('58) 1–8. – Die Stellung der Mathematik, Physik, Astronomie und Darstellenden Geometrie im Lehrbuch der allgemeinbildenden Mittelschule und der polytechnischen Schule[3])[2])u.a.): **5** ('60) 371–77. – Zur Arbeit der terminologischen Zentrale des mathematischen Komitees der JČMF: **10** ('65) 93f. – Die Mengenlehre, ihre Entstehung und Entwicklung: 131–60. – – Alle Arbeiten tschech.

Rozpr. české Akad. Věd. a Umění Lattices in which the theorem of Jordan-Hölder is generally true: **59.**1949 ('50) H. 23, 1–31 [tschech.].

Statistický Obzor Die Kalenderreform und die Bedürfnisse der Statistik: **13** ('32) 36–38. – Analyse der passendsten Methode zur Ausrechnung der tschechoslowakischen Sterblichkeitstabellen aus einer Periode um die Volkszählung 1930: **15** ('34) 40–53. – Die Sterblichkeit in der Tschechoslovakischen Republik nach den neuen Sterblichkeitstabellen: **17** ('36) 40–51. – – Alle Arbeiten tschech.

Věstn. král. české Spol. Nauk Maximale kommutative Körper in einfachen Systemen von hyperkomplexen Zahlen: **1932** ('33) Nr. 1, 25 S. [m. französ. Zusammenfassg.]. – Une remarque concernant l'arithmétique des nombres hypercomplexes: Nr. 4, 8 S. [tschech. m. französ. Zusammenfassg.]. – Les groupes qui ne contiennent pas de sousgroupes caractéristiques propres: **1938** ('39) Nr. 9, 20 S. [m. engl. Zusammenfassg.]. – Bemerkung über charakteristisch einfache Gruppen: **1940** ('41) Nr. 8, 8 S. – Der Schreiersche Satz und das Zassenhaussche Verfahren in Verbänden: **1941** ('42) Nr. 14, 29 S. [m. tschech. Zusammenfassg.].

Wissenschaftliche Z. Humboldt-Univ. Berlin Das algebraische Seminar der mathematisch-physikalischen Fakultät in Prag: **9** ('59/60) 693–95 [m. russ., engl., französ. Zusammenfassg.]. – Die Frattini-Untergruppe eines direkten Produktes von Gruppen: 697f. [~].

Ferner Sterblichkeitstabellen für die ČSR, berechnet für 1929–1932, erschienen in der Reihe der Mimořádné zprávy Státního úřadu statistického Republiky Československé [Außerordentliche Mitteilungen des Staatlichen Amtes für Statistik der ČSR] **4** ('35) Nr. 17/23, S. 123–68.

Mit: [1]) V. Dlab; [2]) J. Fuka; [3]) M. Jelínek; [4]) F. Vyčichlo.

VI **KORŠUN,** Jurij (Georgij) Vasil'evič. Chem. – Prof., Dr. d. chem. Wiss.; 1899– leitende pädagog. Tätigkeit an d. Lehrstühlen f. techn., allg. u. anorg. Chem., Univ. Char'kov, später am Polytechn. Inst. Char'kov, zeitweise auch in Dnepropetrovsk; leitende wiss. Tätigk., Physikal.-Chem. Inst., Dnepropetrovsk; Prof. am Bergbau-Inst. u. am Inst. f. Volksbildg., Dnepropetrovsk. – Orden „Roter Stern" (UdSSR). (☒)

*1873, März 26 (14);

†1951, Aug. 8.

Nekr. A. E. Luckij, Ž. obščej Chim. **27** ('57) 2304–07 (m. Schr.verz. 49 Nrn.). – I. I. Steklov, Trudy char'kovsk. politechn. Inst. im. Lenina **1** (Ser. chim.-technol. 1) ('52) 159–69 (m. Bildn. u. Schr.verz. 22 Nrn.).

W. Fiziko-chimičeskie osnovy kačestvennogo analiza [Physikalisch-chemische Grundlagen der qualitativen Analyse] (Char'kov–Kiev '32) 151 S. – Kurs organičeskoj chimii [Lehrgang der organischen Chemie] (Char'kov–Kiev '32) 351 S.

Naučnye Zap. ukrainsk. poligr. Inst. Zur Frage des Zusammenhangs zwischen Struktur und Farbe organischer Verbindungen, Nr. 1 ('39) 5– [russ.]. – Ausgewählte Kapitel des Lehrgangs der allgemeinen Chemie, 1: Die Lehre vom Atom: Nr. **3** ('39) 3– [~]; ~ 2: Heteropolare Bindung: Nr. **5** ('40) 3– [~].

Trudy char'kovsk. chim.-technol. Inst. im. Kirova Über die Herstellung von Trichloracetonitril zur Bekämpfung krankheitsübertragender Insekten: Nr. **4** ('44) 119– [russ.]. – Zur Frage der Erläuterung der Redoxprozesse: Nr. **5** ('45) 35– [~].

Uč. Zap., Char'kovsk. gos. Univ. im. Gor'kogo Absorptionsspektren von Pyrrol und seinen Derivaten, 9: Absorptionsspektren von Acetylderivaten[1]): **1** ('35) 9–18 [russ.].

Ž. obščej Chim. Professor Ivan Sergeevič Teletov †: **18** ('48) 1873–76 [russ.].

Mit: [1]) K. V. Roll.

III–VI **KORTEWEG,** Diederik Johannes. Math. – 1881–1918 Prof., '18 Prof. Emer., Univ. Amsterdam.

*1848, März 31, 's-Hertogenbosch;

†1941, Mai 10, Amsterdam.

Bildnis Chemisch Weekbl. **37** ('40) 499.

Nekr. H. J. E. Beth, W. van der Woude, Jaarb. koninkl. nederl. Akad. Wet. **1945/46**, 194–208 (m. Bildn.). – L. E. J. Brouwer, Euclides [Groningen] **17** ('41) 266f. (m. Bildn.). – W. van der Woude, Nieuw Arch. Wiskunde (2) **21** ('41/43) 1f. (m. Bildn.).

VI **KOSAKEWITSCH,** Paul → VI **KOZAKEVIČ,** Pavel Pavlovič

VI **KOŠLJAKOV,** Nikolaj Sergeevič. Math. – 1925–42 Prof. u. Leiter d. Lehrstuhls f. allg. Math., Univ. Leningrad; '26–42 Prof., Elektrotechn. Inst. Leningrad; '33 Dr. d. physikal.-math. Wiss.; '45–51 wiss. Forschungsleiter, '51–55 Laborleiter, '55–58 wiss. Berater in einem Industriebetrieb, Moskva. (☒)

*1891, Juli 23 (11), Petersburg;

†1958, Sept. 23, Moskva.

Nekr. V. I. Smirnov, Ju. V. Linnik, Usp. mat. Nauk **14** ('59) Nr. 3, 115–22 (m. Bildn. u. Schr.verz. 68 Nrn.). – Inženerno-fizič. Ž. **2** ('59) Nr. 4, 120–25 (m. Bildn. u. Schr.verz.).

H. (Redakt.) Leonard Ėjler, Metod nachoždenija krivych linij, obladajuščich svojstvami maksimuma, libo minimuma, ili rešenie izoperimetričeskoj zadači [Leonhard Euler, Methodus inveniendi lineas curvas maximi minimive proprietate gaudentes, sive solutio problematis isoperimetrici, latissimo sensu accepti (1744)] (Moskva–Leningrad '34); darin eig. Beitr.: 7–22: Einführung: Kurzer historischer Abriß der Entstehung der Variationsrechnung [russ.].

S. Trudy 2-go Vsesojuznogo matematičeskogo s-ezda [Arbeiten der 2. mathematischen Unionskonferenz], Leningrad 1934, 2 (Moskva–Leningrad '36) 14: Über einige analytische Funktionen in der Zahlentheorie [russ.].

W. Osnovnye differencial'nye uravnenija matematičeskoj fiziki [Grundlegende Differentialgleichungen der mathematischen Physik] (Leningrad '32) 432 S.; [3](Leningrad–Moskva '32) 512 S.; [4](Moskva–Leningrad '36) 505 S. — Teorija sferičeskogo ėkrana dlja peremennogo magnitnogo polja [Theorie der sphärischen Abschirmung eines magnetischen Wechselfeldes] (m. A. V. Svetlov, V. G. Strogonov) (Moskva–Leningrad '36) 33 S. — Vvedenie v teoriju malych kolebanij, imejuščich priloženie v akustike [Einführung in die Theorie kleiner Schwingungen in der Akustik] (m. A. V. Svetlov, V. G. Strogonov) (Leningrad–Moskva '37) 121 S. — Differencial'nye uravnenija matematičeskoj fiziki (m. Ė. B. Gliner, M. M. Smirnov) (Moskva '62) 767 S.; engl.: Differential equations of mathematical physics (New York–London–Amsterdam '64) 701 S.

C. R. (Dokl.) Acad. Sci. URSS On a certain definite integral connected with the cylindric function $K_\nu(x)$: **1934** I, 103f. [russ. m. engl. Zusammenfassung]. — On a certain definite integral connected with the cylindric function $J_\mu(x)$: **1934** II, 145–47 [~]. — Some identities in the analytical theory of numbers: 342–45 [~]. — Some integral representations of the square of Riemann's function $\Xi(t)$: 401–05 [~]. — Some identities in quadratic fields: 527–31 [~]. — On some summation formulae connected with the theory of numbers, 1: **1934** III, 401–04 [~]; ~ 2: 553–56 [~]. — On a general summation formula and its application: **1934** IV, 187–91 [~]. — Integral for the square of Riemann's function: **1936** II, 87–90. — Note on some infinite integrals: **1936** IV, 247–50. — On some developments into Fourier-Bessel series: **14** ('37) 173–76. — On a transformation of definite integrals and its application to the theory of Riemann's function $\zeta(s)$: **15** ('37) 3–8. — Some formulae for the function $\zeta(s)$ and $\zeta_\Omega(s)$: **25** ('39) 567–69.

Inženerno-fizič. Ž. Über die Berechnung bestimmter Integrale durch mechanische Quadratur nach einer Hermiteschen Formel: **1** ('58) Nr. 2, 89–93 [russ.]. — Über eine gewöhnliche Laplacesche Differentialgleichung 3. Grades[1]): Nr. 5, 71–75 [russ.]. — Über eine gewöhnliche Laplacesche Differentialgleichung 4. Grades[2]): Nr. 8, 73–83 [russ. m. engl. Zusammenfassg.].

Izvest. Akad. Nauk SSSR Sur le calcul des intégrales définies aux limites infinies au moyen des formules de quadratures mécaniques: **1933**, 801–08 [russ.].

Izvest. Akad. Nauk SSSR, Ser. mat. Note on certain integrals involving Bessel functions: **1938**, 417–25 [russ. u. engl.]. — Application of Mellin's transformation to the deduction of some summation formulae: **5** ('41) 43–56 [russ. m. engl. Zusammenfassg.]. — Untersuchung einer Klasse von Differentialgleichungen mit doppeltperiodischen Koeffizienten: **16** ('52) 537–62 [russ.]. — Untersuchung einiger Fragen aus der analytischen Theorie des rationalen und des quadratischen Zahlkörpers, 1–3: **18** ('54) 113–44, 213–60, 307–26 [russ.]; **19** ('55) 271 [russ.].

Izvest. leningr. ėlektrotechn. Inst. im. Ul'janova (Lenina) Theorie der zylindrischen Abschirmung eines magnetischen Wechselfeldes[4])[3]): Nr. **19** ('36) 3–15 [russ.]. — Über eine Transformation einer Differentialgleichung mit partiellen Ableitungen zweiter Ordnung: Nr. **20** ('37) 3–7 [russ.]. — Über Funktionen, welche unvollständigen Gammafunktionen analog sind: Nr. **21** ('38) 3–7 [russ.].

Izvest. naučno-issled. Inst. Mat. i Mech. tomsk. gos. Univ. On Kronecker's fundamental limit formula in the theory of quadratic field: **1** ('37) 237–41.

Matematičeskij Sborn. Remarks on the paper of I. J. Schwatt "The sum of like powers of a series of numbers, forming an arithmetical progression and the Bernoulli numbers": **40** ('33) 528 [russ.]. — An extension of Bernoulli's polynomials: **42** ('35) 425–34 [russ. m. engl. Zusammenfassg.].

Proc. London math. Soc. On an extension of some formulae of Ramanujan: (2) **41** ('36) 26–32.

Trudy fiziko-mat. Inst. im. Steklova Anwendung der Methode von Green auf die Lösung des Fundamentalproblems der Schweremessung: **4** ('33) 71–76 [russ.]. — On a problem of small oscillation of a rope: **5** ('34) 283–94. — Über eine partielle Differentialgleichung zweiter Ordnung: **9** ('35) 189–200 [russ.].

Trudy Inst. Istorii Nauki i Techn., Ser. 2 Die Variationsrechnung Eulers: **1** ('35) 39–50 [russ.].

Mit: [1]) N. K. Guseva; [2]) I. G. Maksimova; [3]) V. G. Strogonov; [4]) A. V. Svetlov.

IV–VI **KOSTINSKIJ,** Sergej Konstantinovič. Astron. — 1902–36 Oberastronom, Hauptsternwarte Pulkovo; zugleich Prof., Univ. Leningrad u. Militärakad. Leningrad. (⊠)

*1867, Aug. 12 (Juli 31), Moskva;

†1936, Aug. 22, Leningrad.

Bildn. Bol'šaja sovetskaja ėnciklopedija **23** ²(Moskva–Leningrad '53) 126.

Nekr. A. N. Dejč [Deutsch], Astronomičeskij Ž. **13** ('36) 505–07. – A. N. Deutsch, Astronomische Nachr. **261** ('37) 15f. – M. S. Ėjgenson, Priroda [SSSR] **1936**, Nr. 9, 128–32. – Astronomičeskij Kalendar' **1938**, 132–35.

Zur Biogr. A. N. Dejč in: Sto let pulkovskoj observatorii. Sbornik statej [100 Jahre Observatorium Pulkovo. Sammlung von Aufsätzen] (Moskva–Leningrad '45): Photographische Astronomie in Pulkovo [russ.]. – A. N. Dejč, Istoriko-astron. Issled. **3** ('57) 611–24. – S. N. Korytnikov, Kostinskij und das Engelhardt-Observatorium: Istoriko-astron. Issled. **3** ('57) 531–40 [russ.]. – S. N. Korytnikov, Briefe S. K. Kostinskijs an D. I. Dubjago und M. A. Gračev (1897–1920): Izvest. astron. ėngel'gardtovsk. Observat. [Kazan'] Nr. **32** ('60) 51–65 [russ.]. – Ju. G. Perel', Vydajuščiesja russkie astronomy [Hervorragende russische Astronomen] (S. N. Blažko) (Moskva–Leningrad '51): S. K. Kostinskij [russ.]. – In: Archiv Akademii Nauk SSSR. Obozrenie archivnych materialov [Archiv der Akademie der Wissenschaften der UdSSR. Übersicht der Archivmaterialien] **3** (Moskva–Leningrad '50): 29–31.

S. Kurs astrofiziki i zvezdnoj astronomii [Lehrbuch der Astrophysik und der Stellarastronomie] **1** (Leningrad '34): Einführung in die Astrophotographie [russ.]; Grundsätze der photographischen Astrometrie [russ.]; **2** ('36): [Mitarbeit].

Cirkuljary glavn. astron. Observat. v Pulkove Positions précises de la planète Pluton, observées à l'astrographe normal de Poulkovo en 1930/11: **1** ('32) 29. – Astrographische Positionen des kleinen Planeten Eros (433) nach Beobachtungen am Pulkowoer Normal-Astrographen im Jahre 1930/31: **6** ('33) 29–32. – Photographic observations of the planet „Pluto" in 1932[1]): **7** ('33) 22–24. – Stars with appreciable proper motions found stereoscopically: **10** ('34) 26f. – The star streaming in the region of spiral nebula Messier 51 (NGC 5194): **15** ('35) 18–21. – Stereoscopic durchmusterung of proper motions in four regions of the sky, 3: **20** ('36) 23–31.

Izvest. glavn. astron. Observat. v Pulkove Photographische Beobachtungen des Kometen 1911c (1911 V) in Pulkowo und ihre Vergleichung mit gleichzeitigen visuellen Beobachtungen: **13**, 6 ('34) 9 S. [m. russ. Zusammenfassg.].

Mit: ¹) H. Lonhauer.

VI **KOTAKE,** Munio. Chem. (org.). – 1928 D. Sc., Tôhoku Univ.; 1920–23, '25–32 Research Worker, Inst. of Physical and Chem. Research, Tokyo; '29–32 Lecturer, Tokyo Imperial Univ. of Techn.; '29–32 Lecturer, Tokyo Univ. of Literature and Sci.; '32–55 Prof. and Dir. of Org. Chem. Inst., '55 Prof. Emer., Osaka Imperial Univ.; '49 Cofounder, '49–55 Prof. and Dir. of Org. Chem. Inst., '55 Prof. Emer., Osaka City Univ.; '55–62 Dir., Scientific Inst. for Brewery, Suita; '62– Dir., Sci. Educat. Inst. of Osaka Prefecture; '58–59 Pres., Chem. Soc. of Japan. – '41 Majima Prize (Chem. Soc. of Japan); '44 Prize (Imp. Acad. Japan). *1894, Nov. 30, Toyama.

Zum 60. Geb.tag T. Kubota, J. Inst. Polytechn., Osaka City Univ., Ser. C **5** ('56) I–X (m. Bildn., Schr.verz.).

H. Yukikagaku no shinpo [Progress of organic chemistry] **1–6** (Tokyo '38–43); eigene Beiträge in **1** ('38): Action of selenium and selenous acid on organic compounds [japan.], New flavonols and hydroflavonols [japan.]; in **2** ('39): On Matin alkaloids [japan.].

W. Organic chemistry (Tokyo '32) [japan.]; Neuaufl. in 2 Bänden: **1** ('38), **2** ('38); 2. Neuaufl. in 3 Bänden: **1** ('49), **2** ('50), **3** ('51). – Experimental methods in natural pigments (Tokyo '38) [japan.]. – Experimental methods in alkaloids (Tokyo '38) [japan.]. – Experiments in organic chemistry (Tokyo '42) [japan.]; Neuaufl. ('50). – The alkaloids (Tokyo '60) [japan.] (Dai yukikagaku 17).

Bull. chem. Soc. Japan Über die katalytische Hydrierung von ungesättigten organischen Verbindungen mit Selen[63]): **10** ('35) 138. – Chemical constitution of strychnine, 3: Strychninolone and its derivatives[34]): **11** ('36) 231–38. – Chemical structure of deoxynupharidine, the alkaloid obtained from Nuphar japonicum[46])[28]): **30** ('57) 195f. – Über die Flavonglykoside aus den Pollen von Lilium auratum Lindle, 3: Über den Zucker des Narcissins[3]): 862f. – Synthesis of DL-4(3-furyl)-1-methylquinolizidinedimethyl analog of deoxynupharidine[24])[48])[28])[20]): **32** ('59) 892. – Resolution of DL-deoxynupharidine; the total synthesis of nupharidine[24])[31])[28])[20]): **35** ('62) 698f. – The stereochemistry of deoxynupharidine: The absolute configuration of deoxynupharidine[24])[48])[31])[28])[20]): 1335–41. – Resolution of DL-deoxynupharidine[24])[28])[31])[20]): 1494–98. – Untersuchung der freien Fettsäuren, der freien Sterine, der Sterinester und der Glyceride im Regenwurm (Lumbricus Spencer)[40]): **40** ('67) 880–84. – Constituents of leaf oil from Japanese pepper[29])[47])[65]): **41** ('68) 1950–53. – The structure and the stereochemistry of solidagonic acid[29])[66])[47]): **42** ('69) 812–. – Natural occurrence of humuladienone, humulenone-II and corocalene, new constituents of hop oil[40]): 2088–. – Natural occurrence of humulol and tricyclohumuladiol[40]): 2405–. – The constituents of hops, 4: The volatile composition of Humulus lupulus L. var. cordifolius Maxim.[40]): **43** ('70) 2956–; ~ 5: The volatile composition of Humulus japonicus Sieb. et Zucc.[40]): 3594–.

Bull. Inst. physic. and chem. Res. [Tokyo] Chemische Untersuchungen über Glykoside, 2: Vergleich des Saponins von Panax ginseng C. A. Mey. var. japonicum Makino mit dem von Aralia elata Seem.[67])[64]): **11** ('32) 450– [japan.]; ~ 7: Über das Glykosid von Sanguisorba officinalis L.[1]): **12** ('33) 694–98 [~].

Chemische Ber. Die Spaltung des α-Oxytryptophans in die optischen Antipoden[53])[35]): **85** ('52) 690f.

Chemistry and chem. Industry [Japan] Organic chemistry in Japan: **6** ('53) 476–79 [japan.].

Helvetica chim. Acta Über Krötengifte, 25: Papierchromatographische Prüfung weiterer Krötensekrete[5])[6])[7])[9])[17])[19])[51])[52])[55])[62]): **44** ('61) 362–67; ~ 31: Die Sterine und Bufadienolide der Haut von Bufo formosus Boulenger[17])[62])[52]): **48** ('65) 1093–112 [m. engl. Zusammenfassg.].

J. amer. chem. Soc. Studies on amino acids, 3: The synthesis of α-hydroxytryptophan[53])[35]): **72** ('50) 5085–87; ~ 4: The synthesis of 3-hydroxykynurenine[53])[56]): **73** ('51) 1832–34; ~ 6: Resolution into optical isomers of some amino acids by paper chromatography[53])[39])[56]): 2973f.

J. chem. Soc. Japan Chemical studies on the poisons of the toad, 5: Bufagin and bufalin: **55** ('34) 179–85. – Catalytic reduction of unsaturated organic compounds with selenium[63]): **56** ('35) 336. – Catalytic action of selenium on unsaturated organic compounds[63]): **57** ('36) 183–86. – Chemical constitution of strychnine, 3: Strychninolone and its derivatives[34]): 228–35; ~ 4: Action of perbenzoic acid on strychnine and its derivatives[34]): 236–39; ~ 5: Neostrychnine[63]): 240–46; ~ 6: Alkaline decomposition of strychnine and its derivatives[34])[36]): **58** ('37) 310–12; ~ 8: On neostrychnine (a supplement)[63]): 739f. – Crystalline constituents of Dodonaea viscosa L.[30]): **57** ('36) 837f. – Action of selenous acid on cholesterin[71]): **58** ('37) 546–. – Reduction of azo dyestuffs with tetraline and a method for determining the constitution of azo dyestuffs[33]): **59** ('38) 634–36. – Condensation of oxindolealdehyde and hydantoin[18])[21]): **60** ('39) 454–56. – Acetylene and its polymers, 1: Rhodanoprene and its polymer[33])[32]): **62** ('41) 88f. – Synthesis of lubricating oil by the polymerization of 3-hexene[4])[10]): **64** ('43) 953–56. – Unsaturated bond of carbon compounds, 1: Catalytic reduction of divinylacetylene[10])[60]): **65** ('44) 423–27. – – Alle Arbeiten japan.

J. chem. Soc. Japan, Industr. Chem. Sect. Untersuchungen über die Synthese von Cyanwasserstoff mit festen Katalysatoren[37])[46])[13])[41]): **59** ('56) 121–24 [japan.]. – Synthese von Cyanwasserstoff nach dem katalytischen Fließverfahren[37])[46])[13])[41]): 151–54 [~].

J. chem. Soc. Japan, Pure Chem. Sect. Chemical structure of strychnine, 11: ψ-Strychninonal methyl ether[26])[53]): **70** ('49) 182f.; ~ 12: Alkaline fusion of ethoxymethyldihydroneostrychnine[53])[35]): **72** ('51) 245f.; ~ 13: Oxidation of strychnine with osmium tetroxide[26]): 1010–12. – Synthesis of glutamyl choline[57])[27]): 320f. – Constituents of the leaves of "Hakucha", 6: Synthesis of ampeloptin[27])[15]): 322f. – Chemical studies on fragrant components of flowers, 1: Fragrant components of plum blossoms[44]): **74** ('53) 871f. – Synthesis of nicotinoyl and isonicotinoyl choline[28])[24])[22]): **76** ('55) 346f. – Fragrant principles of gold-banded lily (Lilium auratum Lindl.)[59]): **77** ('56) 1231–33. – Isoboldine, a new alkaloid from Nandina domestica Thunb.[8])[61]): **82** ('61) 1708–12. – Alkaloids from Nuphar japonicum, 1: Isolation of nupharamine methyl and ethyl ether[24])[31])[28])[20]): **84** ('63) 160–62. – A constituent of rhizomes of Nymphaea species[40]): **86** ('65) 313–15. – Constituents of the earth-worm Lumbricus Spencer, 1: Analysis of the free fatty acids[40]): **87** ('66) 482–85; [~ 2 ?] Studies on the free sterols, steryl esters and glycerides[40]): 867–69. – Fragrant components of the flower buds of Zingiber mioga Roscoe[29])[47]): 887. – Volatile constituents of hops, 1[40]): **88** ('67) 1302–05; ~ 2[40]): **89** ('68) 1113–17; ~ 3[40]): **91** ('70) 275–80. – Non-volatile constituents of the leaves of Japanese pepper[71])[29])[47]): **89** ('68) 717–19. – Saponins of Sanguisorba officinalis L.[29])[73])[47]): 1118–21. – – Alle Arbeiten japan., meist m. engl. Zusammenfassg.

J. Inst. Polytechn., Osaka City Univ., Ser. C Amino acids, 3: The synthesis of α-hydroxytryptophan[53])[35]): **1** ('50) Nr. 1, 1–6; ~ 4: The synthesis of 3-hydroxykynurenine[53])[56]): Nr. 2, 35–41; ~ 5: The synthesis of DL-ar-N-formylkynurenine[53])[56]): **2** ('51/52) Nr. 1, 29–. – Chemical structure of strychnine, 12: The alkaline fusion of ethoxymethyldihydroneostrychnine[53])[35]): **1** ('50) Nr. 1, 7–10; ~ 13: The oxidation of strychnine with osmium tetroxide[26]): **2** ('51/52) Nr. 1, 39–43; ~ 17: Formation of ψ-strychninonal methyl ether[26])[53]): Nr. 2, 67–69. – Synthesis of prunetin[10]): **1** ('50) Nr. 1, 11–13. – The chemistry of toad poison, 12: Chemical structure of gamabufotalin[16])[37]): 15–18. – Synthesis of glutamylcholine[57])[27]): Nr. 2, 43–45. – Constituents of the leaves of "Hakucha", 6: The synthesis of ampeloptin[27])[15]): 47f. – Reactions of organosulfur compounds, 1: Diphenyl disulfide as dehydrogenating agent[68]): **2** ('51/52) Nr. 1, 19–. – Studies on the chemical structure of ginkgetin, 1[26])[27]): Nr. 2, 47–. – Über das Kugelfischgift, 1: Isolierung des Giftes aus den Ovarien von Spheroides strictonotus[3]): **5** ('56) 57–62. – Studies on the synthesis of hydrogen cyanide[37])[46])[13])[41]): 171–80.

J. japan. Chem. Indole derivatives: **4** ('50) 68–72 [japan.]. – Dr. Riko Majima †: **16** ('62) 790f. [~].

Kagaku [Kyoto] In memoriam: Prof. Gen'itsu Kita[54])[25])[43])[11]): **7** ('52) 434–41 [ ].

Kagaku Hyôron Toad poisons: **5** ('39) 143–48 [japan.].

Liebigs Ann. Chem. Beiträge zur Konstitution des Strychnins, 1[34]): **505** ('33) 203–08. – Über Inhaltsstoffe von Ampelopsis meliaefolia Kudo (Haku-Tya)[27]): **544** ('40) 253–71. – Die Konstitution des Nupharidins, eines Alkaloids aus Nuphar japonicum[28])[46]): **606** ('57) 148–52. – Über die Riechstoffe der Chrysanthemen. Die Konstitution des Chrysanthenons[42]): **607** ('57) 153–59. – Synthese von DL-Desoxynupharidin[24])[20])[48])[28]): **636** ('60) 158–64.

Mitt. med. Ges. Osaka Über den Mechanismus der Krebsbildung durch „Buttergelb"[74]): **36** ('37) [japan.].

Naturwissenschaften Narcissin (Isorhamnetin-3-rutinosid) aus den Pollen von Lilium auratum Lindl.[3]): **43** ('56) 327f.

Nihon Gakujutsu Kyôkai Hôkoku Über eine geeignete Reinigungsmethode für Anthracen und eine Methode zur Herstellung des Anthrachinons: **12** ('37) 211– [japan.]. – Untersuchungen über Wurmmittel, 1: Über die wurmabtreibende Wirkung des Alantolactons[50])[69])[70]): 505– [~]. – Chemische Versuche über Krötengift: **13** ('38) 60– [~].

Proc. imp. Acad., Tokyo Über die Saponine: 8 ('32) 12–15. – Chemische Untersuchung des Strychnins, 6: Über die Alkali-Spaltung von Strychninolon, Strychninon-Säure und Strychnin: **12** ('36) 99. – Untersuchung der Antihelminthika, 1: Über die wurmabtreibende Wirkung des Alantolactons[50])[14]): 233f. – Synthese des γ-Kynurenins[53]): **18** ('42) 191–. – The chemical constitution of nupharidine [23])[27])[12]): **19** ('43) 490–93.

Proc. Japan Acad. Resolution of flavanone [38]): **29** ('53) 56–58. – Some chemical concepts of human cancer tissue[47]): 59f.

Scientific Papers Inst. physic. and chem. Res. [Tokyo] Chemische Untersuchungen in der Saponinreihe, 1: Über das Glucosid von Panax ginseng C. A. Mey.: **18** ('32) 1–4; ~ 2: Über die Saponine von Kalopanax ricinifolius [58]): 5–11; ~ 3: Über die Sapogenine von Panax repens Maxim. und Aralia chinensis L. var.[64]): 83–96; ~ 4: Über die Saponine von Fatsia japonica Decne. et Planch.[58])[49]): **21** ('33) 99–103; Über die Konstitution der Glykoside, 7: Das Glykosid von Sanguisorba officinalis[1]): **23** ('33) 44–48. – Chemische Versuche über Krötengift, 5: Zur Kenntnis des Bufagins und Bufalins: **24** ('34) 39–48; ~ 6: Zur Kenntnis der Bestandteile des Ch'an Su (Senso)[30]): **32** ('37) 1–3; ~ 7: Zur Kenntnis der Bestandteile des Ch'an Su sowie der Konstitution des Cinobufagins und des Cinobufotalins[30]): 79–82; ~ 8: Über die Konstitution des Gamabufotalins[27]): **34** ('38) 824–31; ~ 9: Die Versuche der Konstitution des Cinobufagins[30]): **35** ('39) 419–24; ~ 10: Chemische Konstitution des Bufalins[30]): **36** ('39) 106–11. – Zur Kenntnis der Konstitution des Strychnins, 2: Über die Konstitution des Strychnins und der Tafelbase[34]): **24** ('34) 119–34; ~ 3: Über Spaltung von Strychnin und seinen Derivaten mit Alkali[36])[34]): **31** ('37) 129–32; ~ 4: Über die Einwirkung von Benzopersäure auf Strychnin und seine Derivate[34]): 217–23; ~ 5: Über Neostrychnin[63]): 321–32; ~ 7: Über Absorptionsspektra von Strychnin und seinen Derivaten[36])[34]): 333f.; ~ 9: Über das Pseudostrychnin und seine Derivate [53])[28]): **35** ('39) 415–18. – Chemische Konstitution der Krötengifte[30]): **39** ('42) 361–67.

Tetrahedron Letters Isolation of new oxetone derivatives from hop oil[40]): **1967**, 1715f. – A new constituent of hop oil[40]): 2459f. – New monoterpenoids from hop oil [40]): **1968**, 1645–49. – Structure of solidagonic acid, a bitter principle of goldenrod[29])[66])[47]): 4325f.

Ferner Herausgeber weiterer Sammelwerke bzw. Serien: Jikken kagaku koza [Experimental methods in chemistry] 33 Bände + 23 Bände Supplement; Dai yukikagaku [Comprehensive organic chemistry] 23 Bände.

Mit: [1]) Sh. Abe; [2]) –; [3]) H. Arakawa; [4]) T. Asaoka; [5]) M. Barbier; [6]) M. Bharucha; [7]) K. K. Chen; [8]) H. Chikamatsu; [9]) V. Deulofeu; [10]) K. Fukui; [11]) J. Furukawa; [12]) A. Hagitani; [13]) K. Harada; [14]) K. Hayasi; [15]) N. Ichikawa; [16]) I. Imamura; [17]) E. Iseli; [18]) Z. Iwao; [19]) H. Jäger; [20]) T. Kaneko; [21]) T. Katsumara; [22]) K. Kawaguchi; [23]) K. Kawanaga; [24]) I. Kawasaki; [25]) Sh. Kodama; [26]) A. Kogure; [27]) T. Kubota; [28]) Shiro Kusumoto; [29]) Shoizi Kusumoto; [30]) K. Kuwada; [31]) Sh. Matsutani; [32]) Y. Mikami; [33]) I. Mita; [34]) T. Mitsuwa; [35]) T. Miwa; [36]) K. Mori; [37]) M. Nakagawa; [38]) G. Nakaminami; [39]) N. Nakamura; [40]) Y. Naya; [41]) M. Ninomiya; [42]) H. Nonaka; [43]) R. Oda; [44]) Y. Odaira; [45]) –; [46]) T. Ohara; [47]) A. Ohsuka; [48]) Tadashi Okamoto; [49]) Teiji Okamoto; [50]) S. Ozeki; [51]) R. Rées; [52]) T. Reichstein; [53]) T. Sakan; [54]) I. Sakurada; [55]) O. Schindler; [56]) Sh. Senoh; [57]) Y. Shimazu; [58]) K. Taguchi; [59]) T. Takasago; [60]) Y. Terashima; [61]) M. Tomita; [62]) E. Weiss; [63]) M. Yokoyama; [64]) Y. Kimoto; [65]) Ts. Sakai; [66]) T. Okazaki; [67]) T. Matsubara; [68]) M. Nakazaki; [69]) T. Hayashi; [70]) K. Fusamae; [71]) H. Komazaki; [72]) Y. Rin; [73]) T. Fujiwara; [74]) R. Kinoshita.

VI **KOTAKE,** Yashirô. Biochem. – 1931–40 Prof., Osaka Imperial Univ.;

'45–60 Pres., Wakayama Med. College. — '19 Price (Imp. Acad. Japan).

*1879, Juni 2, Okayama Prefecture; †1968, Mai 30, Osaka Prefecture.

Annual Rev. Biochem. The metabolism of proteins and amino acids: **3** ('34) 193–208; **4** ('35) 225–42.

Clinical Chem. Experiments of chronic diabetic symptoms caused by xanthurenic acid, an abnormal metabolite of tryptophan: **1957**, 432–46.

Ergebn. Physiol., biol. Chem. u. exper. Pharmakol. Zum intermediären Stoffwechsel des Tryptophans: **37** ('35) 245–63.

Hoppe-Seyler's Z. physiol. Chem. Studien über den intermediären Stoffwechsel des Tryptophans, 12: Über den Mechanismus der Anthranilsäurebildung aus Tryptophan durch Mikroorganismen[15]): **214** ('33) 1–6; ~ 13: Über die quantitative Bestimmung des Kynurenins im Harn und einige mit dieser Methode erzielte Resultate, insbesondere in bezug auf die Ausscheidungsform des Kynurenins[7]): 6–13; ~ 17: Eine Abänderung der Halogenreaktion des Tryptophans: 25; ~ 18: Über den Mechanismus der Kynureninbildung aus Tryptophan, 1[11]): **243** ('36) 237–44; ~ 22: Über die Verschiedenheiten zwischen Ratten und Mäusen bei Ernährung mit Tryptophan und seinen Abkömmlingen[4])[12]): 253–56; ~ 27: Über die Konfigurationsänderung des D-Tryptophans im Tierkörper [,1][1]): **248** ('37) 41–56; ~ 30: ≈ 2[1]): **270** ('41) 48–53; ~ 33: Über den Mechanismus der Kynurensäurebildung im Tierkörper, 2[21])[15]): 68–76; ~ 34: Über die Anthranilsäurebildung aus Kynurenin durch Organsaft[13]): 76–83; ~ 36: Studien über Darmarginase, insbesondere des Kaninchens [10]): 88–96. — Über Vitamosazon[14]): **219** ('33) 224–32. — Über die Stellung der Urokaninsäure im Histidinstoffwechsel: **270** ('41) 38–40. — Über die Entstehung der 5-Oxyanthranilsäure aus Anthranilsäure im tierischen Organismus[18]): **295** ('53) 160–63.

J. Biochemistry [Tokyo] Desaminierung von Aminosäuren im tierischen Organismus [9])[19]): **18** ('33) 395–415. — Studies on xanthurenic acid, 4: Effect of insulin on tryptophan metabolism[9])[2])[16])[20]): **40** ('53) 383–86; ~ 7: On the "xanthurenicase"[9])[6]): **41** ('54) 425–33.

J. chem. Soc. Japan Studies on tryptophan: **60** ('39) 632–40 [japan.]. — Constitution of kynurenine: **61** ('40) 511f. [~]; ~ 3: Physiological derivatives: **63** ('42) 263–69 [~].

J. japan. biochem. Soc. Hydroxyanthranilic acid: **18** ('44) 73 [japan.]. — Biochemistry of kynurenine. The formation of ommochrome, kynurenic acid, xanthurenic acid, nicotinic acid, anthranilic acid, and 3- and 5-hydroxyanthranilic acid, and their physiological significances: **21** ('49) 155–64 [~ ?].

Mitt. med. Ges. Osaka Metabolism of DL-tryptophan in mouse[12]): **35** ('36) [oder **34** ('35) ?] 257–. — Conversion of anthranilic acid to oxyanthranilic acid (6-amino-3-oxy-benzoic acid) (Preliminary communication)[9]): **41** ('42) 1028–. — Studies on oxyanthranilic acid (6-amino-3-oxybenzoic acid): **42** ('43) 1900–. — — Alle Arbeiten japan.

Proc. imp. Acad., Tokyo Über eine Art am-Hexose, die im Organismus vorkommt[14]): 8 ('32) 507–10.

Proc. Japan Acad. Research on xanthurenic acid, 4: Effect of insulin on tryptophan metabolism[9])[2])[16])[20]): **29** ('53) 143–47; ~ 7: Xanthurenicase[9])[6]): **30** ('54) 36–41.

Shinryo Amino acids and therapeutic substances from amino acids: **10** ('57) 325–28 [japan.].

Wakayama med. Rep. Anthranilic acid excreted as a result of tryptophan administration to albino rats afflicted with vitamin B_2 deficiency and its interrelations with 5-hydroxy anthranilic acid[17]): **2** ('55) 125–32.

Mit: [1]) S. Gotô; [2]) M. Hishikawa; [3]) –; [4]) K. Ichihara; [5]) –; [6]) A. Inouye; [7]) M. Kawase; [8]) –; [9]) Yahito Kotake, jr.; [10]) M. Mabuti; [11]) T. Masayama; [12]) H. Nakata; [13]) Y. Nakayama; [14]) M. Nishigaki; [15]) S. Ôtani; [16]) T. Sakan; [17]) J. Shibata; [18]) Y. Shirai; [19]) I. Taniguchi; [20]) M. Yamaguchi; [21]) T. Yoritaka.

VI **KOTHARI,** Daulat Singh. Physik, Astrophysik. — 1928–34 Lecturer, Univ. Allahabad; '34–42 Reader, '42– Prof., Univ. Delhi; '48–61 Scientific Advisor to Minister of Defense, Governm. of India; '61– Chairman, Univ. Grants Commission, '61–64 Chairman, Commission for Scientific and Technical Terminol., '64–66 Chairman, Education Commission, '66– Chairman, Nation. Council for Sci. Education, Governm. of India; '63 General Pres., Indian Sci. Congr. Assoc. — '68 Hon D. Sc. (Leningrad Univ.). — '66 Bhatnagar Medal (Indian Nation. Sci. Acad.).

*1906, Juli 6, Udaipur, Rajasthan, Indien.

Zur Biobibliogr. Jagjit Singh, Some eminent Indian scientists (Delhi '66) (m. Bildn.).

S. Studies in theoretical physics. Proc. Summer school of theoretical physics, Mussoorie, India, 1959, **2** (Delhi '59) 275–88: Statistical mechanics and the partition theory of numbers.

W. Nuclear explosions and their effects (m. H. J. Bhabha) (Delhi '56) (NewYork–Pasadena, Calif.–London '59) 186 S.

Acta physica austriaca Waves in a heavy, viscous, incompressible, electrically conducting fluid of variable density in the presence of a magnetic field[7][5]: **21** ('66) 248–61.

Astronomische Nachr. Die Opazität eines entarteten Gases[12]: **244** ('32) 65–78. – Der relativistische Opazitätskoeffizient, 3[12]: **247** ('32) 1–6.

Biographical Mem. Fellows roy. Soc. Meghnad Saha, 1893–1956: **5** ('59) 217–30.

Bull. Acad. Sci. unit. Prov. Agra and Oudh, Allahabad, India The problems of stellar structure, 1: **3** ('33/34) 129–56. – On the β-ray activity of radioactive bodies[17]: 257–68.

Bull. Assoc. int. Universités Problems of Indian higher education: **12** ('64) 113–16.

Current Sci. Distance correlation for photons[1]: **25** ('57) 169. – The degradation of high polymers and the partition theory of numbers[1][11]: **26** ('57) 173–75.

Indian J. Physics and Proc. indian Assoc. Cultivat. Sci. On the measurement of quantity of light by the photo-electric cell[6]: **9** ('35) 487–89. – Degeneracy in non-relativistic Bose-Einstein statistics[6]: **14** ('40) 21–36. – Determination of the mechanical equivalent of heat[3]: 409–13. – A note on the principle of adiabatic invariance[2]: **16** ('42) 271–75. – A note on the elementary theory of thermal diffusion[16]: **17** ('43) 103–06. – A note on thermal fluctuation[22]: **21** ('47) 307–12.

J. chem. Physics Kinetic theory of rubber[1]: **11** ('43) 387–92.

J. sci. and industr. Res. Nuclear energy and its utilization: **4** ('45) 324–28.

Mathematics Student Symposium on statistical mechanics and the partition theory of number[1]: 28 ('62) 189–92.

Monthly Notices roy. astron. Soc. Applications of degenerate statistics to stellar matter: **93** ('33) 61–90. – The internal constitution of the planets: **96** ('36) 833–43. – A note on the pulsation theory of Cepheid variables[2]: **104** ('44) 192–96.

Nature [London] A suggested explanation of β-ray activity[17]: **132** ('33) 747; **133** ('34) 99. – Stationary optical paths: **136** ('35) 33. – Quantum statistics and internal constitution of planets[12]: **137** ('36) 157 f. – Joule-Thomson effect and quantum statistics[21]: **140** ('37) 970 f. – Cosmological and atomic constants: **142** ('38) 354 f. – A lower limit to energy evolution in stellar matter: 916. – The meson and its transformation into heavy particles[12]: **143** ('39) 796 f. – The meson and cosmology: **144** ('39) 548. – Mass–radius relation for a white dwarf star: **146** ('40) 24 f. – "Condensation" in Fermi-Dirac statistics[14]: **151** ('43) 420. – The hole theory of liquids[1]: **153** ('44) 777. – Distribution of energy levels for the liquid-drop nuclear model[1]: **157** ('46) 662. – Surface tension of nuclear matter and enumeration of eigenfunctions of an enclosed particle[1]: **159** ('47) 204 f. – Electromagnetic level-shift and effect of radiation field[1]: **162** ('48) 143. – Radiation and sensation of pain[1]: **164** ('49) 923. – Fermi's thermodynamic theory of the production of pions: **173** ('54) 590. – Random fragmentation[1]: **174** ('54) 565 f. – Prof. H. J. Bhabha †: **210** ('66) 11 f.

Philosophical Mag. and J. Sci. A note on the transport phenomena in a degenerate gas, 1: (7) **13** ('32) 361–79. – A note on "Modification of Brillouin's unified statistics": **18** ('34) 192. – On the theory of surface tension of liquid metals[6]: **20** ('35) 1136–44. – Three elementary examples of the uncertainty principle: **27** ('39) 62–67. – A note on the minimum radius for degenerate stellar masses[1]: **35** ('44) 783–86; **38** ('47) 368–70.

Physical Rev. Flow of energy in thermal transpiration for a Bose-Einstein and a Fermi-Dirac gas[6]: **61** ('42) 349–58. – Thompson scattering and the hole theory[1]: **76** ('49) 433. – Fermi's theory of nucleon collisions and the zero-point energy of pions[1]: **90** ('53) 1002 f.

Physics Letters Effect of small impurities on the superconducting transition temperature[13][15]: **2** ('62) 235 f. – Persistent currents in a rotating superconductor: **9** ('64) 300 f. – Electron affinity, electron mobility and size of the colloidal particles in additively coloured KCl crystals[8]: **13** ('64) 203 f.

Proc. Acad. Sci., India The quantum analogue of a theorem of Poisson in classical dynamics: **4** ('34/35) 71 f. – The quantum statistics and the internal constitution of the planets[12]: **6** ('36) 57–65.

Proc. Cambridge philos. Soc. On the possibility of a thermal effect accompanying sudden changes in the magneton-numbers in $CuCl_2$ and $NiSO_4 \cdot 7H_2O$: **28** ('32) 338–40. – The quantum mechanics of a bounded linear harmonic oscillator[1]: **41** ('45) 175–79. – The energy levels of "holes" in liquids[1]: 180–83. – Statistical mechanics and the partitions of numbers[1]: **42** ('46) 272–77.

Proc. nation. Inst. Sci. India Joule-Thomson effect and adiabatic change in degenerate gas: **4** ('38) 69–74. – Degenerate gas and the motion of a particle in a uniform field[1]: **8** ('42) 157–64. – Fermi-Dirac and Bose-Einstein gas in a uniform field of force[1]: 165–71. – Pressure ionization and maximum radius for a cold body[2]: 377–82. – The hole theory of liquid state[1][4]: **10** ('44) 397–405. – A note on the fragmentation of conical "liners" and its relation to the theory of "shaped-charge"[20]: **19** ('53) 507–10.

Proc. nation. Inst. Sci. India, Part A On the change in shape of a gravitating sphere subject to the influence of a magnetic field[1]: **23**

('57) 100–07. — Acharya Jagadis Chunder Bose – his life and work (1858–1937): **24** ('58) 441–45. — On the possibility of superconductivity in stellar matter[1]): **28** ('62) 228 f. — Ground state of interacting bosons[1])[9]): **32** ('66) 159–72. — Some properties of radiation: **34** ('68) 75–85.

Proc. nation. Inst. Sci. India, Part B Acharya Jagadis Chunder Bose – his life and work (1858–1937): **24** ('58) 325–29.

Proc. roy. Soc. London, Ser. A Neutrons, degeneracy and white dwarfs: **162** ('37) 521–28. — The theory of pressure-ionization and its applications: **165** ('38) 486–500. — Bose-Einstein statistics and degeneracy[19]): **178** ('41) 135–52. — Thermodynamics of a relativistic Fermi-Dirac gas[19]): **180** ('42) 414–23. — A note on the Riesz method and the method of residues[1]): **198** ('49) 170–73. — Effect of electromagnetic radiation on the Lamb shift[1]): **214** ('52) 137–42.

Progress theoret. Physics [Japan] Fermi's theory of the generation of pions and the partition theory of numbers[1]): **11** ('54) 120 f. — Effect of radiation on the self-energy of an electron[1]): **13** ('55) 100 f.

Science and Culture The possibility of detecting "neutrino": **1** ('35) 58. — On the theory of surface tension of fluid metals[6]): 158. — Latent heat of condensation of metals[18]): 300 f. — Electron diffraction by thin films of celluloid: **2** ('36) 271. — Note on the analytical proof of Kirchhoff's law: **3** ('37) 245 f. — Lord Rutherford of Nelson[17]): 300–06. — Source of energy in a white dwarf star: **6** ('40) 309 f. — Energy levels of an artificially bounded linear [harmonic] oscillator[1]): 370 f.

Z. Astrophysik The analysis of two-phase stellar configurations[12]): **12** ('36) 263–80. — The relation of electron gas pressure to radiation pressure in degeneracy and non-degeneracy[19]): **15** ('38) 143–53. — Effect of magnetic field on gravitating spheres[1]): **38** ('55/56) 237–44. — The influence of a magnetic field on the longitudinal stability of a gravitating cylinder[1]): **42** ('57) 101–13. — Random fragmentation in star formation in the Hyades cluster[10]): **51** ('60) 11–14. — Random fragmentation[1]): **63** ('65) 9–14.

Ferner gedruckte Wiedergabe zweier Gedenkvorlesungen: „Science, man and nonviolence" und „Education, science and national development" (1970).

Mit: [1]) F. C. Auluck; [2]) P. L. Bhatnagar; [3]) A. G. Chowdri; [4]) S. C. De; [5]) J. M. Gandhi; [6]) D. V. Gogate (Boroda); [7]) G. P. Gupta; [8]) S. J. Jain; [9]) S. Kumar; [10]) R. S. Kushwaha; [11]) S. M. Luthra; [12]) R. C. Majumdar; [13]) V. Mathur; [14]) B. Nath; [15]) N. Panchapakesan; [16]) R. N. Rai; [17]) M. N. Saha; [18]) N. K. Saha; [19]) B. N. Singh; [20]) S. Singh; [21]) B. N. Srivasava; [22]) L. S. Kothari.

VI **KOUNITZKY,** R. → VI **KUNICKIJ,** Rostislav Vladimirovič

VI **KOUNOVSKÝ,** Josef. Math. (Geom.). — 1907 Dr. rer. techn., Tschech. Techn. Hochsch., Praha; '03–08 Realschul-Prof., Hradec Králové; '09–26 Oberrealschul-Prof., Praha; '12–27 Doz., '27–48 Prof. an der Hochsch. für Maschinenwesen und Elektrotechn., Tschech. Techn. Hochsch. Praha.

*1878, Aug. 25, Chrášt'any u Rakovníka;

†1949, Dez. 22, Praha.

Nekr. F. Kadeřávek, Čas. Pěst. Mat. a Fysiky **75** ('50) D345–D349 (m. Bildn. vor S. D341, Schr.verz.).

W. Deskriptivní geometrie [Darstellende Geometrie] (m. F. Kadeřávek, J. Klíma) **1** (Praha '29) 420 S., [2]('46), [3]('50, '54) 432 S., 4. u. 5. Aufl. m. F. Vyčichlo [4]('56), [5]('59) 547 S.; **2** ('32), Nachdruck ('54) 3 + 560 S. — Zborcené plochy [Windschiefe Strahlflächen] (Praha '47) 138 S. — Teoretické základy fotogrammetrie [Theoretische Grundlagen der Photogrammetrie] (Praha '48) 112 S. — Deskriptivní geometrie pro samouky [Darstellende Geometrie für den Selbstunterricht] (m. F. Vyčichlo) (Praha '48) 514 S., [2]('51), [3]('53), [4]('56), [5]('59) 548 S.

Čas. Pěst. Mat. a Fysiky Hundertjahrfeier für drei hervorragende Gelehrte der Geometrie an der Tschechischen Technischen Hochschule zu Prag: **1946**, 52–57 [tschech.].

Rozhledy mat.-přírod. Společné prvky souosých středových kuželoseček: **1945**, 19–22, 60–66.

Zeměměřičský Věstn. Beitrag zur graphischen Lösung des räumlichen Rückwärtseinschneidens: **24** ('36) 90–94 [tschech.].

VI **KOUWENHOVEN,** William Bennett. Elektrotechn. — 1914–17 Instructor, '17–19 Associate, '19–30 Assoc. Prof., '30–54 Prof., '38–42 Dean, '54 Prof. Emer., Engng. School, Johns Hopkins Univ., Baltimore, Md.; '56– Lecturer in Surgery, Johns Hopkins Univ. School of Med., Baltimore, Md.; '58– Consultant in Appl. Physics; '31–33 Vice Pres., Inst. Electr. Engng.; '51– Dir. of the Contact Resistance Project, Office of Naval Research. — '62 Hon. LL.D., '69 Hon. M.D. (Johns Hopkins Univ., Baltimore, Md.); '70 Hon. D. Sc. (Syracuse Univ., Syracuse, N.Y.). — '54 Certificate of Distinction (Polytechn. Inst. of Brooklyn, N.Y.); '61 Hektoen Gold Medal (Amer. Medical Assoc.); '61

Edison Medal (Amer. Inst. Electr. Engineers); '62 Metropolitan Life Award of Honor (National Safety Council); '69 American College of Physicians Award; '69 Award of Merit (Amer. Heart Assoc.); '70 Helen Taussig Award (Maryland Heart Assoc.); '70 Power Life Award (Power Groups of IEEE).

*1886, Jan. 13, Brooklyn, N.Y.

Bildn. Poly Men **38** ('62) Nr. 2 (Titelbildn.).

Zur Biogr. Electrical Engng. **81** ('62) 202–07. – Insulation [USA] **1958,** 42. – National Safety News **86** ('62) Nr. 5, 20 f. (m. Titelbildn.). – Speaker [Baltimore, Md.] **7** ('61/62) Nr. 12, S. 15.

S. C. R. Congrès international d'électricité, Paris 1932, 8 (Paris '32) Sect. 10, Rep. 7, 321–48: Troubles physiologiques provoqués par le contact avec les circuits électriques[15)]. – Résumés des communications. 3rd World congress of cardiology, Brussels 1958 (Bruxelles '58) 508–: Closed chest electrical treatment of ventricular fibrillation[21)]. – Mémoires 4e Congrès mondial de cardiologie, México 1962 (México '63) IV B, 653–56: Non-surgical resuscitation from sudden circulatory arrest[12)14)]; 657–62: The external defibrillator[12)14)].

W. Thermal stability of laminated thermosetting plastics, 1 (m. G. G. Knickerbocker, K. Wechsler) (New York '57) (American Institute of Electrical Engineering, Conference paper 57/141).

Acta anaesthesiol. scand., Suppl. Closed-chest cardiac massage[12)]: **9** ('61) 132–34.

América clín. [New York] Masaje cardiaco con tórax cerrado[12)14)]: **38** ('61) 22–.

American J. Hyg. Injuries produced by contact with electric circuits[15)]: **16** ('32) 625–66.

American J. Physiol. The current flowing through the heart under conditions of electric shock[10)15)]: **100** ('32) 344–50. – The effect of alternating electrical currents in the heart[10)15)]: **103** ('33) 444–54. – Pole top method of artificial respiration: **133** ('41) 335–. – Volume of air moved by artificial respiration in anaesthetized men[10)17)]: **137** ('42) 649–.

Anesthesia and Analgesia External cardiac massage[4)12)]: **42** ('63) 75–83.

Annals intern. Med. The development of the defibrillator: **71** ('69) 449–58.

Annals Surgery A new approach to cardiac resuscitation[12)14)]: **154** ('61) 311–19.

Biographical Mem., Nation. Acad. Sci. USA John Boswell Whitehead: **37** ('64) 343–61.

Bull., Edison electr. Inst. Progress report on electrical resuscitation research project: **1954,** 425–.

Bull. Johns Hopkins Hospital The effects of electricity on the human body: **115** ('64) 425–46.

Chicago Med. Closed chest resuscitation of cardiac arrest: **64** ('61/62) Nr. 6, 7–9.

Circulation The closed-chest method of cardiopulmonary resuscitation. Revised statement[12)14)]: **31** ('65) 641–43.

Circulation Res. Cardiac responses to transthoracic capacitor discharges in the dog[21)14)]: **6** ('58) 60–65.

Collected Papers, School Hyg. and publ. Health, Johns Hopkins Univ. Current flowing through the heart under conditions of electric shock[10)15)]: **13** ('31/32) 344–50. – Effect of alternating electrical currents on the heart[10)15)]: **14** ('32/33) 444–54.

Dental Digest A simple method of cardiac resuscitation[12)14)]: **67** ('61) 14–.

Electrical Engng. [USA] Heart injury from electric shock[10)15)]: **51** ('32) 242–44. – Further research in injuries from electric shock[15)]: 693–96. – Resuscitation by countershock[10)]: **52** ('33) 475. – A new method of calculating circuits[23)]: 776–79. – Electric shock effects of frequency[10)18)]: **55** ('36) 384–87. – Electrical accidents: **56** ('37) 1077–. – Effects of electricity on the human body: **68** ('49) 199–203. – Arcs between moving electrodes[11)]: 834–. – Obligations of the engineer: **69** ('50) 1057–. – Contact resistance – the contribution of non-uniform current flow[24)]: **71** ('52) 264–68. – The electric arc in argon and helium[11)26)]: **72** ('53) 429. – Electric defibrillation[21)]: **74** ('55) 218–20. – Field treatment in electric shock cases [,1][21)]: **76** ('57) 220–22; ~ 2[14)21)12)]: **79** ('60) 500–. – Electrical techniques and the heart in health and disease[14)]: **80** ('61) 761–66.

Electrical World Counter-shock resuscitation studied: **142** ('54) Sept. 13, 22–27. – Body currents measured in live line work[40)39)41)]: **162** ('64) 425–46.

Electrician Resuscitation by countershock[10)]: **111** ('33) 174–76.

Elektrotechnik u. Maschinenbau Die Wirkung des elektrischen Stromes auf den menschlichen Körper: **67** ('50) 60–63.

Engineering Safety Electricity and the human body: Nr. **240** ('50).

Industrial Med. and Surgery (Trauma) Effects of electricity on the human body: **18** ('49) Nr. 7. – The gray area: **35** ('66) 271–.

Insulation [USA] Effects of 60-cycle electric shocks: **1957,** Dez.-Nr., 23–.

IRE Trans. The effects of high-voltage, low-capacitance electric discharges in the dog[21)]: **PGME-11** ('58) 41–.

J. amer. med. Assoc. Closed-chest cardiac massage[12)14)]: **173** ('60) 1064–67. – Cardiac arrest. Report of application of external cardiac massage on 118 patients[12][14]: **178** ('61) 1063–70. – Cardiopulmonary resuscitations by trained ambulance personnel[43][12][38]: **190** ('64) 531–34. – Electroshock for atrial flutter and atrial fibrillation[36][35][12]: **194** ('65) 1181–84.

J. appl. Physiol. Treatment of ventricular fibrillation using a capacitor discharge[21]: **7** ('54) 253–57. – A low cost treadmill for experimental animals[27][1]: 347–.

J. Franklin Inst. Injuries produced by contact with electric circuits[15]: **215** ('33) 1–27.

J. industrial Hyg. The reactions of the organism to repeated electric shocks[15]: **14** ('32) 197–205.

Johns Hopkins Mag. A new way to save lives: **1960,** Okt.-Nr.

Maryland med. J. Cardiac resuscitation without thoracotomy[12][14]: **9** ('60) 712 f.

Maryland State med. J. External cardiac massage and defibrillation[12]: **1961,** Aug.-Nr., 1–14.

Medical Bull. U.S. Army, Europe Closed-chest cardiac massage[12][14]: **18** ('61) 131–.

Modern Concepts of cardiovascular Disease Heart activation in cardiac arrest[12][14]: **30** ('61) 639–43.

Modern Med. [Minneapolis] Closed chest defibrillation of heart[21][14][6]: **1958,** 79–.

Monogr. surgical Sci. External cardiac resuscitation[12][14]: **1** ('64) 59–117.

Municipal Utilities Electric shock: **1** ('34) Nr. 7, 2–4.

National Safety News How electric shock affects the body: **31** ('35) Nr. 2, 21 f., 56 f. – Electricity and the human body: **63** ('51) Nr. 2, 30–. – Effects of electric currents on the heart: **86** ('62) Nov.-Nr.

Praxis [Bern] Einfacher elektrischer Apparat zur Behandlung des Kammerflimmerns während der Operation[13]: **41** ('52) 430.

Proc. amer. Soc. Testing Mater. A comparison of the methods for testing insulating materials for power factor and dielectric constant at 1000 cycles[20]: **34** ('34) 821–39. – A modified Schering bridge[8][19]: **35** ('35) 727–33. – The transformer bridge[8][19]: 734–43.

Quarterly Rev. Surgery, Obstetrics and Gynecol. Closed chest cardiac massage[12][14]: **18** ('61) Nr. 1.

Review sci. Instruments The measurement of specific resistance by eddy current shielding[7]: **5** ('34) 94–101.

Safety [New York] Look well to your electrical equipment: **30** ('43) 186–.

Sotilaslääketieteellinen Aikakauslehti The closed chest cardiac massage[12][14]: **35** ('60) 193–97 [finn.].

Surgery A simple electrical apparatus for the clinical treatment of ventricular fibrillation[13]: **30** ('51) 781–86. – Closed chest defibrillation of the heart[21][14][6]: **42** ('57) 550–61.

Surgical Forum Clinical and experimental application of a new treatment for cardiac arrest[12][14]: **11** ('60) 252–54. – An experimental and clinical study of a portable external cardiac defibrillator[12][14]: **13** ('62) 185–87.

Trans. amer. Inst. electr. Engr. A high sensitivity power factor bridge[2]: **51** ('32) 202–10. – Heart injury from electric shock[10][15]: 242–44. – Further researches in injuries from electric shock[15]: 693–96. – A standard of low power factor[5]: **52** ('33) 521–27. – A new method of calculating circuits[23]: 776–79. – Electric shock effects of frequency[10][18]: **55** ('36) 384–86. – Absolute power factor of air capacitors[18]: **57** ('38) 767–. – Study of artificial respiration on anaesthetized men[10][31]: **63** ('44) 1–. – Analysis and redesign of a carbon pile voltage regulator for aircraft generators[29]: **67** ('48) 6 S. – Contact resistance. The contribution of non-uniform current flow[24]: **70** ('51) 791–95.

Trans. amer. Inst. electr. Engr., Part 1 AC shocks of varying parameters affecting the heart[14][6][21][25]: **78** ('59) Nr. 42, 163–69.

Trans. amer. Inst. electr. Engr., Part 2 The electric arc in argon and helium[11][26]: **72** ('53) 16–21. – The spreading and interface resistances of electric contacts[16]: 314–23.

Trans. amer. Inst. electr. Engr., Part 3 Electric defibrillation[21]: **74** ('55) 561–64. – Effect of capacitor discharges on the heart: **75** ('56) 12–15. – Field treatment of electric shock cases, 1[21]: **76** ('57) 81–86; ~ 2[14][21][12]: **79** ('60) 47–49. – The development of a portable defibrillator[14]: **81** ('62) 428–. – A portable defibrillator[14][3]: **82** ('63) 1089–93. – Status of closed chest cardiac massage[14]: **84** ('65) 1215–18. – Exposure of mice to a strong AC electric field[14]: **86** ('67) 498–. – Medical evaluation of man working in AC electric fields[15][42][14]: 506–.

Trans., Nation. Safety Council Electric shock: **1934,** 338–40. – Physical aspects of low voltage electric shock: **1957,** Current safety topics Nr. 14, S. 39–.

Welding J. An alternating current non-destructive test for welded seams[30]: **16** ('37) Nr. 10, Suppl., 9–18. – Laminated specimens for non-destructive testing[30]: **17** ('38) Nr. 3, Suppl., 19–22. – Measurement of contact resistance[28]: **19** ('40) Nr. 10, Suppl., 408–13. – Surface polish and contact resistance[28]: **20** ('41) Nr. 10, Suppl., 468–71. – Arc phenomena with electrodes moving at high speed[11]: **27** ('48) Nr. 9, Suppl., 470–. – Thermal resistance of metal contacts[22]: Nr. 10, Suppl., 515–20. – Heat effects in anode spots of high-current arcs[11][26]: **28** ('49) Nr. 10, Suppl., 461–. – Electrical resistance offered to non-uniform current flow[24]): Nr. 10, Suppl., 466–70. — Spreading resistance of contacts[24]): **29** ('50) Nr. 10, Suppl., 512–21. — Contact resistance[10]): **31** ('52) Nr. 10, Suppl., 457–65. — Multiple contact resistance. Phenomenon of contact resistance in high-current, low-impedance applications is analyzed. Spreading resistance and interface resistance of contacts are enclosed[9]): **32** ('53) Nr. 9, Suppl., 432–40.

Ferner einige weitere Kongreßberichte sowie 3 Berichte für das U.S. Bureau of Aeronautics. — Maßgebliche Mitwirkung bei der Herstellung von Filmen über Herzmassage und Wiederbelebung.

Mit: 1) B. Baker; 2) A. Baños, jr.; 3) E. M. Becker; 4) D. W. Benson; 5) L. J. Berberick; 6) W. R. Chesnut; 7) G. P. Daiger; 8) P. H. Dike; 9) D. R. Hagner; 10) D. R. Hooker; 11) T. B. Jones; 12) J. R. Jude; 13) J. H. Kay; 14) G. G. Knickerbocker; 15) O. R. Langworthy; 16) C. W. Little, jr.; 17) Lord; 18) E. L. Lotz; 19) J. B. McCurley; 20) L. W. Marks; 21) W. R. Milnor; 22) J. H. Potter; 23) M. W. Pullen; 24) W. T. Sackett, jr.; 25) D. J. Sass; 26) M. Skolnik; 27) T. E. Starzl; 28) J. Tampico; 29) G. J. Thaler; 30) A. E. Vivell; 31) York; 32) —; 33) —; 34) —; 35) J. O'N. Humphries; 36) J. B. Jensen; 37) —; 38) M. C. McMahon; 39) C. J. Miller, jr.; 40) H. L. Rorden; 41) J. W. Simpson; 42) M. L. Singewald; 43) R. J. Wilder.

VI **KOVALENKO,** Michael Stephanovitch. Math., Astron. — 1927–39 Assoc. Prof., Swarthmore College, Swarthmore, Pa.

*1888, Nov. 20, Taganrog, Rußland; †1954, Apr. 2, Stamford, Conn.

Nekr. P. van de Kamp, J. roy. astron. Soc. Canada **48** ('54) 161 f.; Monthly Notices roy. astron. Soc. **115** ('55) 128 f.; Publ. astron. Soc. Pacific **66** ('54) 160.

Astronomical J. The parallax and proper motion of a faint star in the field of γ Coronae borealis (15^h39^m $+36°36'$): **41** ('32) 176, 204. — The mass ratio of 85 Pegasi: **43** ('34) 195 f. — The parallax and mass ratio of β 101[1]): **44** ('35) 67 f. — Trigonometric parallaxes and relative proper motions of fifty stars determined with the 24-inch refractor of Sproul Observatory: **45** ('36) 94 f.

Sproul Observat. Publ. Parallaxes of fifty stars determined at the Sproul Observatory[1]): **12** ('33) 19–117.

Mit: 1) J. H. Pitman.

VI **KOVAN'KO,** Aleksandr Sergeevič. Math. — 1932–35 Prof., Univ. Leningrad; '35–36 Prof., Univ. Tomsk; '36–38 Prof., Univ. Baku; '38 Dr. d. physikal.-math. Wiss.; '45–71 Prof. u. Leiter d. Inst. f. math. Analysis, Univ. L'vov.

*1893, Juli 18 (6), Konstantingrad, Gouv. Poltava.

Zum 60. Geb.tag A. N. Kostovskij, Usp. mat. Nauk **9** ('54) Nr. 2, 215–21 (m. Bildn. u. Schr.verz. 90 Nrn.).

H. (Redakt.) Fragen der polytechnischen Ausbildung in der Mittelschule. Sammlung von Aufsätzen [ukrain.] (L'vov '54). — (Hauptredakt.) Pytannja mechaniky i matematyky [Fragen der Mechanik und Mathematik] 8 (L'vov '57).

S. Ėlementarnaja matematika v srednej škole [Elementarmathematik in der Mittelschule] (S. Ljapin) 1 (Moskva–Leningrad '34) 75–87: Irrationale Zahlen [russ.]; 156–60: Begründung der Theorie der Flächenmessung [russ.]; 2 ('36) 71–87: Über die regelmäßigen Polyeder [russ.]; 88–: Über das Cavalierische Prinzip [russ.]. — Trudy 2-go Vsesojuznogo matematičeskogo s-ezda [Arbeiten der 2. mathematischen Unionskonferenz], Leningrad 1934 2 (Leningrad–Moskva '36) 161–63: Über eine Klasse verallgemeinerter fastperiodischer Funktionen [russ.]. — Trudy 3-go Vsesojuznogo matematičeskogo s-ezda [Arbeiten der 3. mathematischen Unionskonferenz] 1 (Moskva '56) 114: Über die Kompaktheit von Systemen stetiger Funktionalen [russ.]. — Funkcional'nyj analiz i ego primenenie. Trudy 5 Vsesojuznoj konferencii [Die Funktionalanalysis und ihre Anwendung. Arbeiten der 5. Unionskonferenz] (Baku '61) 143–45: Über ein Kriterium der Kompaktheit von Systemen $\tilde{B}$- und B^p-fastperiodischer Funktionen [russ.]. — Pytannja mechaniky i matematyky [Fragen der Mechanik und Mathematik] 9 (L'vov '62) 41–45: Über ein Kriterium der Kompaktheit von Systemen $\tilde{B}$- und B^p-fastperiodischer Funktionen [ukrain.]; 46 f.: Ein Beispiel ungleichartiger Konvergenz einer Folge von Funktionen [ukrain.].

W. Vysšaja matematika 1. Konspekt lekcij, čitannych v 1933–34 gg na fizičeskom fakul'tete Leningradskogo gosuniversiteta [Höhere Mathematik 1. Konspekt der 1933/34 an der physikalischen Fakultät der Staatsuniversität Leningrad gehaltenen Vorlesung] (Moskva–Leningrad '34) 64 S. — Integral Lebega [Das Lebesguesche Integral] (L'vov '51) 200 S. — Teorija funkcij dejstvitel'nogo peremennogo i osnovy funkcional'nogo analiza [Theorie der reellen Funktionen und Grundlagen der Funktionalanalysis] (m. I. G. Sokolov) (L'vov '61) 404 S.

Annales polon. math. Sur une propriété périodique des fonctions $\tilde{B}$ presque-périodiques: **8** ('60) 271–75.

C. R. hebd. Séances Acad. Sci., Paris Sur la structure de fonctions presque-périodiques généralisées: **198** ('34) 792–94.

Dokl. Akad. Nauk SSSR Über die Kompaktheit von Systemen verallgemeinerter Stepanov-fastperiodischer Funktionen: **26** ('40)

219–21. – Über die Kompaktheit von Systemen verallgemeinerter Bezikovič-fastperiodischer Funktionen: **32** ('41) 117 f.; **43** ('44) 53 f. – Über die Kompaktheit von Systemen verallgemeinerter Weyl-fastperiodischer Funktionen: 291 f. – – Alle Arbeiten russ.

Dokl. l'vovsk. politechn. Inst. Über eine neue Eigenschaft und eine neue Definition der verallgemeinerten Bezikovič-fastperiodischen Funktionen: **1** ('55) Nr. 1, 3 f. [russ.]. – Über die Kompaktheit eines Systems stetiger Funktionalen: **2** ('57) Nr. 1, S. 11 [russ.].

Dopovidi Akad. Nauk Ukraïns'k. RSR On certain properties of the indefinite integral and the derivation of an S^p-almost-periodic function[1]): **1963**, 705 f. [ukrain. m. russ. u. engl. Zusammenfassg.].

Dopovidi ta Povidomlennja, L'viv'sk. deržavn. pedagog. Inst., Ser. mat.-fiz. Über die geometrische Theorie der reellen Zahlen: **2** ('57) 3–9 [russ. oder ukrain. ?].

Dopovidi ta Povidomlennja, L'vivs'k. deržavn. Univ. im. Franka Zur Frage der Vollständigkeit einiger Räume: Nr. **1** ('47) [ukrain.]. – Über die Konvergenz von Folgen von Funktionen in einigen metrischen Räumen: **3** ('52) Teil 2, 47 f. [russ.]. – Über die Kompaktheit von Systemen Levitan-fastperiodischer Funktionen: **4** ('53) Teil 2, S. 57 [russ.]. – Über die Anwendbarkeit des Fischer-Rieszschen Satzes auf Weyl-fastperiodische Funktionen: **5** ('55) Teil 2, S. 93 [russ.]. – Bemerkung zu einer Eigenschaft B^p-gleichmäßig-summierbarer Funktionen: **6** ('55) Teil 2, 74–78 [russ.]. – Über ein Kriterium der Kompaktheit von $\tilde{B}$- und B^p-fastperiodischen Funktionen: **9** ('61) Teil 2, 8 f. [ukrain.].

Izvest. naučno-issled. Inst. Mat. i Mech. tomsk. gos. Univ. Sur quelques modes de convergence des suites de fonctions, à une variable réelle sur $(-\infty, +\infty)$: **1** ('35) 148–53. – Sur une méthode directe de l'analyse de quelques surfaces quarrables: **2** ('38) 38–56 [russ. u. französ.]. – Définition de l'intégrale de Riemann-Stieltjes d'une fonction à deux variables avec deux fonctions adjointes, et son application à la théorie de la mesure d'une surface: 64–107 [russ. m. französ. Zusammenfassg.]. – Sur la correspondence entre les classes diverses de fonctions presque-périodiques généralisées: **3** ('46) 1–36 [russ. m. französ. Zusammenfassg.].

Matematičeskij Sborn. Sur la structure des fonctions presque-périodiques généralisées: **42** ('35) 3–18 [französ. u. russ.]. – Sur les systèmes compacts de fonctions presque-périodiques de W. Stepanoff: (N. S.) **9** ('41) 389–401. – Sur la compacité des systèmes de fonctions presque-périodiques généralisées de A. Besicovitch: **16** ('45) 365–82 [russ. m. französ. Zusammenfassg.].

Matematičeskoe Prosvešč. Analytische Untersuchung einiger Arten projektiver Abbildungen: Nr. **2** ('35) 45–47 [russ.]. – Verallgemeinerte Formulierung des Satzes von Lagrange für Funktionen mehrerer Veränderlicher: Nr. **5** ('36) 55–57 [russ.].

Matematika v Škole Über die Abwandlung einiger Beweise die Theorie der Größen von Figuren betreffend: **1940**, Nr. 6, 31–33 [russ.].

Naučnye Zap., L'vovsk. gos. pedagog. Inst. Über eine neue Methode zur Berechnung der Volumina und Oberflächen runder Körper: Nr. **6** ('56) 3–14 [ukrain.].

Uč. Zap., Ivanovsk. gos. pedagog. Inst. Das Stieltjes-Lebesguesche Integral von Funktionen zweier unabhängiger Veränderlicher mit zwei Zusatzfunktionen: **1** ('41) Nr. 1 (Fiz.-mat. Fak.), 10–26 [russ.]. – Über einige neue Methoden und Formeln in der Analysis: 47 f. [russ.].

Uč. Zap., L'vovsk. gos. Univ. im. Franko, Ser. fiziko-mat. Über die Quadrierbarkeit einiger spezieller Arten von Flächen im Sinne von Lebesgue: Nr. **1** ('47) 34–52 [ukrain.]. – Über die Kompaktheit von Systemen verallgemeinerter Weyl-fastperiodischer Funktionen: 53–67 [ukrain.]. – Das Stieltjessche Integral und der Mittelwertsatz: 162 f. [ukrain.]. – Über die Existenz des integrierenden Faktors eines Differentials dreier Veränderlicher: 164–68 [ukrain.]. – Über einige stetige Abbildungen einer Ebene auf eine Ebene und die Bestimmung der Fläche: Nr. **3** ('49) 21–34 [russ.]; **5** ('53) 17–26 [russ.]. – Zur Frage der Entwickelbarkeit fastperiodischer Funktionen in eine endliche Summe fastperiodischer Funktionen: 12–16 [russ.].

Uč. Zap., L'vovsk. gos. Univ. im. Franko, Ser. mechaniko-mat. Über die Kompaktheit von Systemen Levitan-fastperiodischer Funktionen: Nr. **6** ('54) 45–49 [russ.]. – Zur Frage der Anwendbarkeit des Fischer-Rieszschen Satzes auf Weyl-fastperiodische Funktionen: Nr. **7** ('56) 42–47 [russ.]. – Über die Kompaktheit von Systemen stetiger Funktionalen: Nr. **8** ('57) 82–85 [ukrain.].

Ukrainskij mat. Ž. Zur Frage der Konvergenz von Funktionenfolgen im Sinne der Weylschen Metrik Dw_ω: **3** ('51) 465–76. – Über die Kompaktheit von Systemen verallgemeinerter Weyl-fastperiodischer Funktionen: **5** ('53) 185–95. – Über eine Eigenschaft und eine neue Definition der verallgemeinerten Bezikovič-fastperiodischen Funktionen: **8** ('56) 273–88; **9** ('57) 351. – Über die Entwickelbarkeit von S^p- und W^p-fastperiodischen Funktionen in endliche Summen derselben: **13** ('61) 226–31. – – Alle Arbeiten russ.

Usp. mat. Nauk Zur Frage der Vollständigkeit des Weylschen Raumes (W_p) und der Anwendbarkeit des Fischer-Rieszschen Satzes: **3** ('48) Nr. 5, 161 f. – Die Mathematikolympiade der Schüler in L'vov im Schuljahr 1953–54: **10** ('55) Nr. 1, 227 f. — Vladimir Semenovič Fedorov zum 40jährigen Dienstjubiläum: Nr. 4, 193–96. — Die Mathematikolympiaden der Schüler in L'vov in den Jahren 1955 und 1956: **11** ('56) Nr. 5, 255 f. — — Alle Arbeiten russ.

Visnik l'vivs'k. Univ. im. Franka, Ser. mechaniko-mat. Fastperiodizität der Lösungen einiger Differentialgleichungen mit S^p-fastperiodischen rechten Seiten: **1965**, Nr. 2, 3–8 [ukrain. m. russ. Zusammenfassg.].

Vopr. mat. Fiziki i Teorii Funkcij Über einige Eigenschaften des Integrals und der Ableitung einer S^p-fastperiodischen Funktion[1]: Nr. **2** ('64) 63–69 [russ.].

Ž. Inst. mat., Kiev Sur quelques espaces de fonctions presque-périodiques généralisées: Nr. **1** ('35) 75–96. — Sur l'intégrale de Stieltjes d'une fonction à deux variables avec deux fonctions adjointes: **4** ('38) 61–63.

Ferner Redaktion von Lehrbriefen für das mathematische Fernstudium.

Mit: [1]) L. N. Lisevič.

V, VI **KOVARIK,** Alois Francis. Physik. — 1916–22 Assist. Prof., '22–25 Assoc. Prof., '25–48 Prof., '48 Prof. Emer., Yale Univ., New Haven, Conn. — '16 Hon. Sc. D. (Victoria Univ., Manchester); '32 Dr. rer. nat. h. c. (Karlova Univ., Praha). — '32 Medal (Komenský Univ., Bratislava).

*1880, März 8, Spillville, Ia.;
†1965, Nov. 13, Spillville, Ia.

Nekr. New York Times **1965**, Nov. 19, 3.

S. Technický slovnik naučný (Teyssler-Kotyška) **11** (Praha '35) 365–81: Radioaktivität [tschech.]. — Dictionary of American biography **21**, Suppl. 1 to Dec. 31, 1935 (H. E. Starr) (New York '44) 611–15: Michael Idvorsky Pupin, 1858–1935.

American J. Sci. Working formula for the age determination of a radioactive mineral: (5) **27** ('34) 193–203. — Madame Pierre Curie (Maria Skłodowska Curie) †: **28** ('34) 464–66.

Biographical Mem., Nation. Acad. Sci. USA Bertram Borden Boltwood, 1870–1927: **14** ('32) 69–96.

Čas. Pěst. Mat. a Fysiky The disintegration constant of thorium and the branching ratio of thorium C[1]): **66** ('36/37) 63–66.

J. appl. Physics [USA] Rate of emission of α-particles from uranium and the relative activity of actinouranium[1]): **12** ('41) 296 f.

J. physic. Chem. Radioactive standards[2])[4])[5])[6])[3]): **44** ('40) 824 f.

Physical Rev. A new determination of the disintegration constant of uranium by the method of counting α-particles[1]): (2) **40** ('32) 718–26. — The disintegration constant of thorium and the branching ratio of thorium C[1]): **50** ('36) 99; **54** ('38) 413–21. — Radioactive standards[2])[4])[5])[6])[3]): **57** ('40) 457. — Redetermination of the disintegration constant of ^{238}U[1]): **98** ('55) 46.

Review sci. Instruments Radioactive standards[2])[4])[5])[6])[3]): **11** ('40) 205.

Science [USA] Radioactive standards[2])[4])[5])[6])[3]): **91** ('40) 294 f.

Scientific Monthly Uranium as the earth's clock: **36** ('33) 363–65.

Yearb., Amer. philos. Soc. John Zeleny, 1872–1951: **1951** ('52) 312–17.

Mit: [1]) N. I. Adams, jr.; [2]) L. F. Curtiss; [3]) R. D. Evans; [4]) C. Goodman; [5]) S. C. Lind; [6]) C. S. Piggot.

VI **KOZAKEVIČ,** Pavel Pavlovič (**KOZAKEVITCH,** Paul). Chem. (physikal., techn.-physikal.). — 1928– Prof., Leiter d. Lehrstuhls f. Chem., Inst. f. Volkswirtsch. → seit '30 Ingenieur-Ökonom. Inst., Char'kov; seit ca. '50 [?] wiss. Mitarbeiter, Forschungsinst. f. Eisenhüttenkunde, St. Germain-en-Laye, Frankreich. (⊠)

*1898, Jan. 14 (2), Perm'.

S. [1.] Soveščanie po vjazkosti židkostej i kolloidnych rastvorov [Konferenz über die Viskosität von Flüssigkeiten und kolloidalen Lösungen], Moskva 1941 (Moskva–Leningrad '44) 279–94: Viskosität von Mischungen schlackebildender Oxide bei der Stahlherstellung[7])[5]) [russ.]. — The physical chemistry of steelmaking. Proc. Conference on the physical chemistry of iron and steelmaking (J. F. Elliot), Dedham, Mass., 1956 (Cambridge, Mass.–NewYork '58) 27–34: Surface tension of pure liquid iron, cobalt, and nickel at 1550° [19]); 89–92: Formation and destruction of foams and emulsions in iron and steel making. — Physicochemical measurements at high temperatures (J. O'M. Bockris, J. L. White, J. D. Mackenzie) (New York–London '59) 208–24: Surface tension. — Physical chemistry of metallic solutions and intermetallic compounds. Symposium, Teddington, Middlesex, 1958 **1** (London '59, New York '60) 84–93: Measurement of the surface tension of metals. — Physical chemistry of process metallurgy. International symposium, Pittsburgh, Pa., 1959 **1** (NewYork–London '61) 97–116: Viskosität von Kalk–Tonerde–Silika-Schmelzen zwischen 1600 und 2100 °C [ ]. — Proc. Symposium on liquids: Structure, properties, solid interactions, Warren, Mich., 1963 (Amsterdam–NewYork '65) 243–84:

Surface tension of liquid metals and of oxide melts. — Stickstoff in Metallen (Berlin '65) (Deutsche Akademie der Wissenschaften zu Berlin, Über wissenschaftliche Grundlagen der modernen Technik, A 13) 36–50: Zur Kinetik der Stickstoffauflösung im flüssigen Eisen[19]).

Bull. Soc. chim. France Mesure des coefficients d'activité par adsorption[10]): (5) **1** ('34) 644–53. — Le phénomène de relargage en solutions non-aqueuses: **2** ('35) 1631–55.

Chimija tverd. Topliva Brikettierung der Feinkohle aus der Aufbereitungsanlage von Novojzelovsk und aus dem Birtley-Apparat: **9** ('38) 186–90 [russ.].

C. R. hebd. Séances Acad. Sci., Paris Sur la tension superficielle des alliages liquides fer–carbone[1])[16]): **236** ('53) 2064–66. — Activité superficielle et activité thermodynamique du soufre dans les alliages liquides[19])[16]): **237** ('53) 1690–92. — Tension interfaciale fonte–laitier et mécanisme de désulfuration[19])[16]): **239** ('54) 166–68. — Tension superficielle du fer, cobalt et nickel à 1550 °C[19]): **244** ('57) 335–37. — Tension superficielle du platine liquide à 1800 °C[19]): **253** ('61) 2229–31.

Fonderie Contribution à l'étude du mécanisme de formation du graphite primaire dans les fontes[12])[4]): **1965**, 87–99.

Iron and Coal Trades Rev. Interfacial tension between iron and slag and the formation of iron shot in blast-furnace slags[19])[16]): **170** ('55) 963–67. — Foaming of blast-furnace and open-hearth slags. Causes and control: **171** ('55) 857 f.

J. Chim. physique et Physico-Chim. biol. Sur la structure des films d'adsorption formés par des substances minérales: **47** ('50) 24–32, 600.

J. Iron and Steel Inst. Surface tension of pure liquid iron, cobalt, and nickel at 1550°[19]): **186** ('47) 167–73.

J. of Metals [New York] Deoxidation of liquid steel with aluminum and elimination of the resulting alumina[13])[12]): **19** ('67) Nr. 5, 45–49.

Koks i Chim. Schwefelgehalt der Kohlen aus der Gegend von Stalino und Makeevka im Donezbecken und die Herkunft des Schwefels: **1935**, Nr. 2/3, 32–44 [russ.].

Mémoires sci. Rev. Métallurgie Tension superficielle du fer liquide et de ses alliages, 1: Technique expérimentale et les résultats sur le fer pur à 1550 °C[19]): **58** ('61) 401–13; ~ 2: Eléments des groupes VI (O, S, Se, Te, Cr, W), VII (Mn), VIII (Co, Ni) et I (Cu)[19]): 517–34; ~ 3: Eléments des groupes V (N, P, As, Sb, V), IV (C, Si, Sn, Zr) et III (B, Al, La, Ce)[19]): 931–47 [m. engl., deutscher u. span. Zusammenfassg.]. — Influence de certains éléments dissous sur la vitesse de dissolution de l'azote dans le fer liquide[19]): **60** ('63) 143–56.

Metallurgical Soc. Conf. Viscosity of lime–alumina–silica melts at 1600–2100°: **7** ('61) 97–116.

Métaux Etude des stries de l'étamage à chaud[1])[15]): **30** ('55) 78–87.

Revue int. hautes Températures et Réfractaires Sur la coordinance des ions Al^{3+} dans l'alumine et aluminosilicates liquides: **3** ('66) 243.

Revue Métallurgie [Paris] Tension superficielle et viscosité des scories synthétiques: **46** ('49) 505–16, 572–82. — Viscosité et fusibilité des scories: **47** ('50) 201–10. — Etude des échantillons de laitiers prélevés au convertisseur Thomas sur charges soufflées sans addition de chaux[3]): **51** ('54) 203–09 [m. engl. Zusammenfassg.]. — Sur la viscosité des laitiers de hauts fourneaux: 569–87. — Activité superficielle et activité thermodynamique du soufre dans les alliages liquides fer–carbone–soufre[1])[19])[16]): **52** ('55) 139–60 [m. engl. Zusammenfassg.]. — Sur la tension interfaciale fonte/laitier et le mécanisme de désulfuration[19])[16]): 161–72. — Viscosité et éléments structuraux des aluminosilicates fondus. Laitiers $CaO–Al_2O_3–SiO_2$ entre 1600 et 2100 °C: **57** ('60) 149–60 [m. deutscher, engl. und span. Zusammenfassg.]. — Viscosité des laitiers phosphatés d'affinage à l'oxygène[13])[18]): **62** ('65) 291–98. — Viscosité et fusibilité des laitiers magnésiens aux faibles teneurs en silice[11]): **63** ('66) 471–76. — Estimation du pouvoir déphosphorant des laitiers suroxydés[14]): 871–76. — Viscosité des laitiers de hauts fourneaux: Laitiers des marches en ferromanganèse: **64** ('67) 9–14. — Influence du manganèse sur les propriétés des aciers de construction soudables[2])[3])[17]): **67** ('70) 451–63.

Z. physik. Chem., Abt. A Oberflächenspannung und Komplexbildung in nichtwäßrigen Salzlösungen: **166** ('33) 113–35.

Ž. fizič. Chim. Aussalzende Wirkung der Komplexsalze des Kobalts[22]): **10** ('37) 113–22 [russ.]. — Viskosität von Dreikomponentensystemen, die in Schlacken von Martinöfen gebildet werden. Das System $FeO–CaO–SiO_2$[7])[5]): **13** ('39) 248–58 [russ.]. — Oberflächenspannung in binären und ternären Oxidmischungen[6]): **14** ('40) 1118–27 [russ.].

Ž. obščej Chim. Über die Berechnung von Molekulardimensionen mittels einer Zustandsgleichung für die Oberflächenschichten[20]): **1** ('31) 1095–107 [russ.]. — Über den Einfluß von Neutralsalzen auf die Eigenschaften der Lösungen von Nichtelektrolyten, 3: Die Oberflächenspannung der Lösungen der Salze in Gemischen organischer Flüssigkeiten mit Wasser[9]): **2** ('32) 238–48 [russ.]. — Reaktionsfähigkeit von mit verschiedenen Salzlösungen getränktem Koks[21])[6]): **3** ('33) 808–18 [russ.].

Mit: [1]) S. Chatel; [2]) A. Constant; [3]) M. Grumbach; [4]) A. Kohn; [5]) E. P. Komar'; [6]) A. F. Kononenko; [7]) S. P. Lejba; [8]) P. Leroy; [9]) M. M. Lomikovskaja; [10]) F. Mikhalkow; [11]) R. N. Misra; [12]) M. Olette; [13]) O. Repetylo; [14]) P. V. Riboud; [15]) P. Rocquet; [16]) M. Sage; [17]) G. Sanz; [18]) J. Thibault; [19]) G. Urbain; [20]) E. S. Ušakova; [21]) L. A. Viksvo; [22]) R. S. Jankelevič.

VI **KRÁČEK,** Frank (Francis) Charles. Chem. (physik.). – 1923–30 Assist. Physical Chemist, '31–56 Physical Chemist, Geophysical Labor., Carnegie Instn., Washington, D. C.; '56–60 U. S. Geological Survey, Washington, D. C.

*1890, Nov. 16, Tvrzice, Böhmen; †1960, Juli 5.

S. Handbook of physical constants (F. Birch) (New York '42) (Geological Society of America, Special papers, 36) Sect. 11, 139–74: Melting and transformation temperatures of mineral and allied substances; Neuaufl. (S. P. Clark, jr.) ('66) (Memoirs, Geological Soc. of America, 97) 301–22: Melting and transformation points in oxide and silicate systems at low pressure[3]). – Phase transformations in solids (R. Smoluchowski) (NewYork–London–Toronto '51) 257–77: Phase transformations in one-component silicate systems. – Encyclopaedia Britannica (London '54): Polymorphism.

American J. Sci. The system water – boron oxide[9])[8]): **35 A** ('38) 143–71. – Thermochemistry of plagioclase and alkali feldspars[10]): Bowen Vol. **1952 I,** 293–318.

American Mineralogist The chemical formula of empressite[4])[12]): **41** ('56) 722f. – Phase relations in the silver–tellurium system [7])[13]): **51** ('66) 14–28.

Bull. geol. Soc. America Phase relations in the silver–tellurium system[7])[13]): **69** ('58) 1762f.

J. amer. chem. Soc. Molecular rotation in the solid state. The variation of the crystal structure of ammonium nitrate with temperature[6])[11]): **54** ('32) 2766–86. – Phase equilibrium relations in the system Na_2SiO_3–Li_2SiO_3: **61** ('39) 2157–61. – Phase equilibrium relations in the system Na_2SiO_3–Li_2SiO_3–SiO_2: 2863–77. – Melting point of tellurium: **63** ('41) 1989f.

J. chem. Physics Experimental investigation of the effect of pressure on phase equilibria of sodium tungstate and of related thermodynamic properties[5]): **3** ('35) 87–92, 546.

J. physic. Chem. An experimental investigation of the phase relations of $K_2Si_4O_9$ under pressure[5]): **36** ('32) 913–26. – The ternary system K_2SiO_3–Na_2SiO_3–SiO_2: 2529–42. – Equilibrium relations and factors influencing their determination in the system K_2SiO_3–SiO_2[1])[9]): **41** ('37) 1183–93.

J. Washington Acad. Sci. Solubility in the system KCNS–H_2O: **26** ('36) 307–13. – Five hundred meetings of the Chemical Society of Washington: **28** ('38) 209–13. – Thermochemistry of mineral substances, 1: A thermodynamic study of the stability of jadeite[10])[2]): **41** ('51) 373–83.

Smithsonian miscell. Collect. Densities and melting and boiling points of inorganic compounds: **120** ('54) 120f. – Reversible transitions in crystals: 126–29.

Trans. amer. geophysic. Union Phase relations in the system tellurium–silver[7]): **21,2** ('40) 363. – Phase relations in the system sulfur–silver and the transitions in silver sulfide: **27** ('46) 364–74.

Mit: [1]) N. L. Bowen; [2]) G. Burley; [3]) –; [4]) G. Donnay; [5]) R. W. Goranson; [6]) S. B. Hendricks; [7]) C. J. Ksanda; [8]) H. E. Merwin; [9]) G. W. Morey; [10]) K. J. Neuvonen; [11]) E. Posnjak; [12]) W. R. Rowland; [13]) L. J. Cabri.

VI **KRAEMER,** Elmer Otto. Chem. (physik.). – 1927–38 Colloid Group Leader, Du Pont de Nemours and Co. Exper. Station, Wilmington, Del.; '38– Research activities, Uppsala. – '38 Lalor Foundation Award. (⊠)

*1898, Febr. 27, Liberty, Wis.; †1943, Sept. 7, Pittsburgh, Pa.

Nekr. Chemical and Engng. News **21** ('43) 1570 (m. Bildn.). – J. Franklin Inst. **236** ('43) 403–06. – Rheology Bull. **14** ('43) 7–16 (m. Bildn., Schr.verz. 53 Nrn.).

Zur Biogr. J. B. Nichols, E. B. Sanigar, Advances Colloid Sci. **2** ('46) XIII–XXIV (m. Bildn. u. Schr.verz.).

MH. Advances in colloid science **1** (New York–London–Toronto '42).

S. T. Svedberg, K. O. Pedersen, The ultracentrifuge (London '40) (International series of monographs on physics) 57–66: The partial specific volume factor; 325–53: Calculation and recording of results for polydisperse systems; 416–31: The sedimentation behaviour of some linear high polymers[6]). – T. Svedberg, K. O. Pedersen, Die Ultrazentrifuge; Theorie, Konstruktion und Ergebnisse (Dresden–Leipzig '40) (Handbuch der Kolloidwissenschaft in Einzeldarstellungen, 7) 293–318: Analyse polydisperser Systeme; 380–402: Organische Kolloide (mit Ausnahme der Proteine), 1: Untersuchung einiger nichtglobularer linearer hochpolymerer Stoffe mit der Ultrazentrifuge[6]). – Frontiers in chemistry 1: Chemistry of large molecules (R. E. Burk, O. J. Grummitt) (NewYork–London–Toronto '43) 73–94: Colloidal behavior of organic macromolecular materials; 95–124: The ultracentrifuge and its application to the study of organic macromolecules.

W. Scientific progress in the field of rubber and synthetic elastomers (H. Mark, G. S. Whitby) (New York '40) 40 + 453 S. (Advances in colloid science, 2).

Annual Survey amer. Chem. Colloids: **7** ('32) Nr. 5, 58–82.

Biochemical J. The effect of ultraviolet radiation and of soft x-rays on the sedimentation behaviour and light absorption of purified human serum albumin[7])[3]): **33** ('39) 1–16.

Industrial and Engng. Chem. Molecular weights of celluloses and cellulose derivatives: **30** ('38) 1200–03.

Industrial and Engng. Chem., Analyt. Edit. Determination of minute amounts of lead in biological materials. Titrimetric-extraction method[11])[12])[8]): **7** ('35) 33–36. – Determination of lead. Removal of bismuth interference in the dithizone method[12])[11]): 285f. – Ultracentrifuge and its field of research: **10** ('38) 128.

J. amer. chem. Soc. The molecular weight of linear macromolecules by ultracentrifugal analysis, 1: Polymeric ω-hydroxydecanoic acid[4]): **55** ('33) 4319–26, 5079; ~ 3: Molecular weight analysis of mixtures by sedimentation equilibrium in the Svedberg ultracentrifuge[4]): **57** ('35) 1369–77. – Solvation and the determination of molecular weights by means of the Svedberg ultracentrifuge[4]): **58** ('36) 1471–73. – An ultracentrifugal study of gelatin[7])[3]): **60** ('38) 757–63.

J. biol. Chemistry Hemolytic streptococcus, 5: Electrophoretic isolation of the erythrogenic toxin of scarlet fever and the determination of its chemical and physical properties[3])[9])[7]): **142** ('42) 785–802.

J. Franklin Inst. The specific volume factor in ultracentrifugal analysis: **229** ('40) 393–97. – Effect of solvation upon molecular weight determinations by means of ultracentrifugal methods: 531–. – Effect of solvation on frictional constants and frictional ratios as determined with the ultracentrifuge and by diffusion: 680–87. – The molecular basis of resin behavior: **230** ('40) 405–10, 514–18, 664–69. – Determination of average molecular weights or particle sizes for polydispersed systems: **231** ('41) 1–21. – Sizes and shapes of protein molecules by ultracentrifugal methods: **232** ('41) 193–97. – Ultracentrifugation of rat plasma phosphatase[10])[7])[1]): 587–91. – An ultracentrifugal and electrophoretic investigation of an ascitic fluid from a cancer patient[7])[3]): **235** ('43) 298–313.

J. physic. Chem. The particle size and constitution of colloidal ferric oxide, 1[3])[2]): **36** ('32) 326–39; ~ 2: Dialysis and aging[6])[2]): 505–14. – Viscosity and molecular weights of polymeric materials[5]): 3175–86. – The molecular weights of cellulose and cellulose derivatives[4]): **39** ('35) 153–68. – Particle size and optical properties of emulsions[2])[6]): **40** ('36) 1149–55. – State of dispersion of gelatin in concentrated potassium thio-cyanate solutions: **45** ('41) 660–70. – State of aggregation of gelatin in non-gelating systems: **46** ('42) 177–82.

Nature [London] Molecular weights of celluloses[4]): **133** ('34) 870f.

Technical Assoc. Papers Survey of the literature on cellulose and allied substances 1938–1940, 2: Colloidal aspects of cellulose: **25** ('42) 711–16 [oder 706–11 ?].

Teknisk Tidskr. The use of giant molecules in industry: **69** ('39) Kemi Nr. 10, 73–78 [schwed.].

Mit: 1) M. T. Allen; 2) E. D. Bailey; 3) L. E. Krejci; 4) W. D. Lansing; 5) F. J. van Natta; 6) J. B. Nichols; 7) E. B. Sanigar; 8) F. L. Smith II; 9) A. H. Stock; 10) L. Weil; 11) E. S. Wilkins, jr.; 12) C. E. Willoughby.

VI **KRAÏTCHIK,** Maurice Borisovitch. Math. – 1910 Dr. en sci. physiques et math., Univ. de Liège; '23 Dr. spéc. en sci., Univ. libre de Bruxelles; '15–48 Ing., Soc. financ. des Transports et d'Entreprises industrielles (SOFINA), Bruxelles; '21–41, '46–57 Dir. de la Sect. des Sci. math., Inst. des Hautes Etudes de Belgique, Bruxelles; '23–41, '46–57 Agrégé, Fac. Sci., Univ. libre de Bruxelles; '41–46 Assoc. Prof., New School for Social Research, New York. – '30 Prix Hirn (Acad. Sci. Paris).

*1882, Apr. 21, Minsk;

†1957, Aug. 19, Bruxelles.

Erfindung Kraïtchik-Tokometer.

Zur Biogr. R. C. Archibald, Scripta math. [USA] **11** ('45) 230f. (m. Bildn. zw. S. 224 u. 225, Schr.verz. 11 Nrn.).

Nekr. A. Errera, Mathesis **66** ('57) 306–09; Rapport Année acad., Univ. libre Bruxelles **1956/57** ('58) 218–20.

HZ. Sphinx [Bruxelles] **1** ('31) – **9** ('39).

S. C.R. 2e Congrès international de récréation mathématique, Paris 1937 (Bruxelles '37) 69–73: Les grands nombres premiers. – C. R. Congrès des sciences mathématiques, Liège 1939 (Liège '39) 120–22: Tokomètre pour titres à revenu fixe remboursables à terme fixe. – Proc. International congress of mathematicians, Amsterdam 1954, **2** (Amsterdam '57) 33f.: Sur les cuboïdes rationnels.

W. Les tables graphiques financières; recueil d'abaques pour les calculs financiers [3](Bruxelles '39). – Alignment charts, construction and use (New York '44), [2]('46) 94 S.

— Théorie des nombres 3: Analyse diophantine et applications aux cuboïdes rationnels (Paris '47) 12 + 135 S. — Introduction à la théorie des nombres (Paris '52) 8 + 203 S. — La mathématique des jeux ou Récréations mathématiques ²(Bruxelles–Paris '53) 335 S.; engl.: Mathematical recreations (New York–London–Toronto '42/43) 328 S., ²('53) 330 S.; auch span.

Mathematica [Cluj] Les grands nombres premiers: **7** ('33) 92–94.

Mathesis Récréations mathématiques: **62** ('53) 130–33. — Les carrés magiques d'ordre 4: **64** ('55) 97–115.

Scripta math. [USA] On the concurrence of the legs of equiareal triangles: **11** ('45) 178. — On certain rational cuboids: 317–26. — On the divisibility of factorials: **14** ('48) 24–26. — On the factorization of $2^n \pm 1$: **18** ('52) 39–52.

Sphinx [Bruxelles] Factorisation de $2^{4\alpha} + 1$: **2** ('32) 84f. — Les grands nombres premiers: **3** ('33) 99–101, 145f., 161f.; **4** ('34) 81, 113, 161f.; **6** ('36) 162–66; **8** ('38) 82–86. — Tables de factorisation de $6^n + 1$: **4** ('34) 48. — Sur les carrés magiques d'ordre 4: **5** ('35) 65–75. — Factorisation de $2^n \pm 1$: **8** ('38) 148–50.

VI **KRALL,** Giulio. Mech., Math. — 1923 Dr. ing., Politecnico di Milano; '24 Dr. mat., Univ. di Roma; '31–32 Prof. incar., '33–36 Prof. straord., '36–38 Prof. ord. Sci. delle Costruzioni, Fac. di Architettura, Univ. di Napoli; '39–63 Prof. ord. Applicazioni dell'Analisi, Istituto nazion. di alta Mat., '63–66 Prof. ord. Meccanica razionale, Univ. di Roma; '62–66 Prof. incar., '66– Prof. ord., Istituzioni di Fisica mat., Roma. — '34 Medaglia per le Matematiche (Soc. Sci. Roma dei XL).

*1901, Juli 26, Triest.

MH. Questioni di matematica applicata, trattate nel I⁰ Convegno di matematica applicata, Roma 1936 (Bologna '39); darin eig. Beiträge: 37–101: Strutture in foglio (a scatola), volte-travi e volte secondo superfici di traslazione; applicazioni alle costruzioni civili ed idrauliche; 103–31: Intorno ad un fondamentale problema della dinamica dei ponti.

S. Enciclopedia italiana di scienze, lettere ed arti, Appendice II (1938–1948) (Roma '48/49): [Stichwörter] Vibrazioni, Volte; Appendice III (1949–1960) (Roma '61): [Stichwörter] Stabilità, Vibrazioni, Volte-Cupole. — Lezioni sulle vibrazioni meccaniche (L. Amerio, I. Bertolini, A. Danusso, O. Sesini) (Milano '52): Autoeccitazione sotto vento costante dei ponti delle torri dei camini e delle funi. — Manuale dell'ingegnere civile (M. Pantaleo) ²(Roma '60): [Stichwörter] Stabilità, Volte-Cupole.

W. Complementi al corso di scienza delle costruzioni. Strutture in foglio e volte Zeiss. Tabelle per i loro calcolo (Napoli '37) 79 S. (R. Università di Napoli, Facoltà di Architettura). — Complementi ~. Grafici per il calcolo delle sezioni e strutture in cemento armato (Napoli '37) 12 grafici (~). — Contributo ad alcune notevoli esperienze di idraulica (Roma '39) 26 S. — Meccanica tecnica delle vibrazioni 1: Sistemi discreti (Bologna '40) 21 + 410 S.; 2: Sistemi continui ('40) 11 + 445 S. — Aerodynamic stability in bridge structures (Roma '45) 15 S. (Associazione culturale aeronautica). — La diga di sbarramento a volta-cupola per laghi artificiali. Nuovo metodo di calcolo (Roma '51) 240 S.

Acta, Pontificia Acad. Sci. Problemi della dinamica dei ponti: **3** ('39) Nr. 3, 25 S. — Sul calcolo del rollio di un galleggiante tenendo conto dell'inerzia del fluido: **8** ('44) 107–17.

Annali Lavori pubbl. Sui pali infissi in terreni elastici e soggetti a forze normali all'asse: **70** ('32) 393–409. — La nuova passerella sul Bisenzio a Prato: **73** ('35) 140–47. — Problemi inerenti alla costruzione del nuovo bacino di carenaggio a Genova: 1016–40. — Un notevole esempio di ponte nel campo delle costruzioni edilizie: **74** ('36) 80–88. — Il nuovo ponte sull'Arno a Pisa: **75** ('37) 194–206. — Studi ed esperienze inerenti al progetto del costruendo bacino di carenaggio di Napoli: 637–54. — Un'arcata di 90 metri sul torrente Biedano, Viterbo: 909–21. — La barca-porta del nuovo bacino di carenaggio di Genova³): **76** ('38) 385–89.

Annali Mat. pura ed appl. Pressioni critiche e sforzi in un involucro cilindrico rinforzato con nervature solidali comunque intervallate ed eventualmente impresse: (4) **23** ('43) 241–89. — Stabilità dell'equilibrio elastico: **29** ('49) 75–90.

Atti Accad. nazion. Lincei, Mem., Sez. I Stabilità trasversale degli archi da ponte: (8) **6** ('62/63) 381–523.

Atti (reale) Accad. nazion. Lincei, Rend. Intorno agli effetti asintotici delle maree sul moto dei corpi celesti, 1: Generalità e problema dei due corpi: (6) **15** ('32) 219–25; ~ 2: Problema dei tre corpi: 371–76. — Mete lontane del moto di un sistema planetario: 664–69. — Parametri variabili e previsioni asintotiche in qualche problema di meccanica celeste: **17** ('33/34) 123–29. — Sul moto di un sistema planetario di n + 1 corpi rigidi: 927–32, 1060–64. — Sulle equazioni del moto vibratorio di un ponte percorso da carichi inerti e molleggiati: **23** ('36) 124–28. — Limiti per le vibrazioni di un ponte qualunque percorso da carichi mobili con velocità uniforme: 129–33. — Vibrazioni indotte da carichi inerti e molleggiati in moto su di un ponte: 753–61. — Propagazioni ondose e trasmissione d'energia in una rete idraulica: **27** ('38) 348–56. — Stabilità e propagazioni ondose in una rete idraulica con turbine a regolatore isodromico: 437–43. — Una nuova teoria cosmogonica fondata sul problema degli n + 1 corpi di dimensioni finite e indipendente da ogni specificazione sulla natura dei fenomeni dissipativi: (7) **1** ('40) 660–65. — Un'importante precisazione analitica occorrente per una nuova teoria cosmogonica fondata sul problema degli n + 1 corpi: 666–68. — Sicurezza rispetto ad una associazione dei tre casi di instabilità di Eulero, di Michell-Prandtl e di Reissner[4]): (8) **1** ('46) 592–99. — Vibrazioni di uno scafo galleggiante su un fluido sede di propagazioni ondose, 1: 937–48; ~ 2: 1272–80. — Moltiplicatore critico λ_{cr} d'una distribuzione di carico su una volta autoportante, 1: 1281–94; ~ 2[1]): **4** ('48) 15–21. — Sulla formazione delle galassie: **2** ('47) 221–28. — Statica dei mezzi elastici cosidetti "viscosi", 1: 233–37; Statica dei mezzi elastici viscosí e sue applicazioni, 2: 371–77. — Asismica delle torri: **3** ('47) 3–11. — Dinamica ed aerodinamica dei fili, 1: Premesse; vibrazioni visibili: 11–17; ~ 2: Vibrazioni acustiche: 17–22; ~ 3: Problemi non lineari delle vibrazioni visibili: **5** ('48) 197–203; ~ 4: Problemi non lineari delle vibrazioni acustiche: **6** ('48) 285–88. — Sul problema centrale della dinamica sui ponti [,1]: **19** ('55) 373–81; ~ 2: Il teorema del Coriolis e le velocità critiche di veicoli terra aria: **38** ('65) 760–70; ~ 3: Moto di una distribuzione di carichi inerti e pesanti su di una piastra elastica: **39** ('65) 3–10. — Moltiplicatore critico λ_{cr} per volte autoportanti[1]), 1: **30** ('61) 131–39; ~ 2: 315–22; ~ 3: 421–28; ~ 4: 608–17; [~ 5:] **31** ('61) 9–16. — Sulla stabilità dell'equilibrio di barre in profilato sottile, 1: Complementi e varianti: **32** ('62) 791–800; ~ 2: Caso dello sforzo assiale-flessione-torsione di Eulero-Prandtl-Greenhill: **33** ('62) 13–21. — Ha influenza la flessione sul λ_{cr} critico di una volta cylindrica ?[1]): **34** ('63) 340–44. — Stati tenso-flessionali nelle volte e λ_{cr} critici corrispondenti [1]): **36** ('64) 277–80.

Civiltà Macchine Tullio Levi-Civita e la meccanica del suo tempo: **1** ('53) Nr. 4, 33–37. — Tullio Levi-Civita e la relatività: Nr. 6, 42–48. — Vito Volterra e la scienza del suo tempo: **3** ('55) Nr. 1.

C. R. hebd. Séances Acad. Sci., Paris Etat limite, résultant des marées, pour le mouvement d'un système planétaire: **195** ('32) 485–87.

Ingegnere Questioni inerenti alla protezione dall'offesa aerea: **9** ('35) Nr. 20.

Memorie Cl. Sci. fisiche, mat. e natur., Reale Accad. Italia Problemi statici delle costruzioni marittime (I bacini di carenaggio): **5** ('33) 57–158.

Memorie Soc. astron. ital. Deduzione energetica di alcune tendenze asintotiche del moto Kepleriano di due pianeti rotanti: **6** ('32) 51–58.

Pubbl. Fac. Sci. e Ingegneria Univ. Trieste, Ser. A Mete lontane del moto dei sistemi dinamici: **1947**, Nr. 10, 12 S.

Pubbl. Ist. Appl. Calcolo Problemi non stazionari dell'idrodinamica: **26** ('38) 50 S.

Rend. Mat. e Appl., R. Univ. Roma Infestonamento della lastra collaborante: (5) **4** ('43) 75 S.

Rend. Semin. mat. e fisico Milano Autoeccitazione sotto vento costante dei ponti delle torri dei camini e delle funi: **20.**1949 ('50) 124–83.

Rend. Semin. mat., R. Univ. Roma Mete lontane, conseguenti a maree, del moto di un sistema planetario: (3) **1** ('33) 5–12.

Ricerca sci. Problemi non stazionari dell'idrodinamica: **9** I ('38) 445–62. — Un nuovo modello di tunnel idrodinamico per la ripresa delle schiere vorticose di Prandtl e Birnbaum: 463–74. — Contributo ad alcune notevoli esperienze di idraulica: **9** II ('38) 276–92. — Problemi sulla regolazione delle macchine idrauliche concatenate ad una rete d'alimentazione: 379–96. — Analisi del moto fluido in un tunnel idrodinamico a sezione rettangolare e radialsimmetrico (con deflusso a centro) secondo il metodo di Kármán[2]): **10** ('39) 42–48.

Ricerche Ingegneria Carico costante e carico armonico e solitario in moto su di un ponte: **1** ('33) Nr. 3, 10 S. — Carico di punta pulsante e nozione di flessopressione dinamica: Nr. 4, 8 S. — Linea d'influenza per spostamenti e momenti dinamici: **3** ('35) Nr. [?], 10 S.

Schweizer Arch. angew. Wiss. u. Techn. Über neuere Konstruktionsmethoden im Brückenbau: **17** ('51) 257–68.

Scientia Sul più lontano avvenire dei sistemi planetari: **56** ('34) 61–70 [französ.: Suppl., 31–39].

Tecnica ital. Vibrazioni di uno scafo galleggiante su un fluido sede di propagazioni ondose: **11** ('46) Nr. 2.

Ferner weitere Berichte über Brückenbauten in: „Tecnica ital." **12** ('47) Nr. 5 u. 6; **24** ('59) Nr. 8; **25** ('60) Nr. 1; „Ingegneria ferroviaria" **5** ('50) Nr. 5; „Schweizer Arch. angew. Wiss. u. Techn." **16** ('50) Nr. 2.

Mit: [1]) D. Caligo; [2]) W. Gröbner; [3]) G. Negri; [4]) C. Somigliana.

V, VI **KRAMERS**, Hendrik Anthony. Physik (theoret.). — 1926–32 Prof., Rijks-Univ. te Utrecht; '31– Prof., Techn. Ho-

geschool te Delft; '34–52 Prof., Rijks-Univ. te Leiden; '46 Präs., Wiss. Abteilung d. Atomenergiekommission d. UN; '47–51 Präs., Internationale Union f. reine u. angew. Physik. – Dr. h. c. (Univ. Oslo; Sorbonne, Paris; Univ. Lund; Univ. Stockholm). – '48 Lorentz-Medaille (Koninkl. Akad. Wet., Amsterdam); '51 Hughes Medal (Roy. Soc. London). (☒)
*1894, Dez. 17, Rotterdam;
†1952, Apr. 24, Leiden.

Zur Biogr. D. Coster, Nederlandsch Tijdschr. Natuurkunde **11** ('44) 73f. – Nature [London] **168** ('51) 1018.

Nekr. E. Bauer, J. Physique et Radium **14** ('53) 62. – J. Becquerel, C. R. hebd. Séances Acad. Sci., Paris **234** ('52) 2122–26. – F.J. Belinfante, D. ter Haar, Science [USA] **116** ('52) 555f. – J. de Boer, Nieuwe Stem **7** ('53) 573f. – J. Romein, ibid. 575–78. – N. Bohr, Fysisk Tidsskr. **52** ('54) 1–8 (m. Bildn.). – H. B. G. Casimir, Kramers' videnskabelige værk: ibid. 9–16. – N. Bohr, Nederlands Tijdschr. Natuurkunde **18** ('52) 161–66. – H. B. G. Casimir, ibid. 167–72 (m. Schr.verz. S. 173–82); Jaarb. koninkl. nederl. Akad. Wet. **1952/53**, 302–05 (m. Bildn.). – C. J. Gorter, Wetenschap en Samenleving **6** ('52) 277 (m. Bildn.). – D. ter Haar, Yearb. roy. Soc. Edinburgh **1951/52** ('53) 26–28. – E. Hylleraas, Fysikkens Verden **14.1952** ('53) 99–103. – A. van Itterbeek, Jaarb., Koninkl. vlaamse Acad. Wet., Letteren en schone Kunsten België **1952**, 268f. – J. M. Romein, Jaarb. Maatsch. nederl. Letterkunde Leiden **1951/53**, 83–91. – L. Rosenfeld, Nature [London] **170** ('52) 99f., 348.

Zur Bibliogr. Collected scientific papers (Amsterdam '56) 11 + 969 S. (m. Bildn.).

S. Magnetismus (P. Debye) (Leipzig '33) (Leipziger Vorträge) 43–58: Paramagnetische Eigenschaften der Kristalle seltener Erden. – Verhandelingen, op 25 Mei 1935 aangeboden aan P. Zeeman ('s Gravenhage '35) 403–12: Classical relativistic spin-theory and its quantization. – Actes 7e Congrès international du froid, La Haye-Amsterdam 1936, **2** (Utrecht '37) 279–300: Zur Theorie des Ferromagnetismus. – De student aan de Leidsche Academie (Leiden '39): Das Studium an der philosophischen Fakultät [niederländ.]. – Antieke en moderne kosmologie (Arnhem '41) 153–66: Kosmologische Probleme und die moderne Physik [niederländ.]. – T. P. Sevensma, Nederlandsche helden der wetenschap (Amsterdam '46) 335–51: Peter Debye. – Studies and essays presented to R. Courant on his 60th birthday (New York '48) 205–10: Remarks on the perturbation formulae of Brillouin and Wigner. – Louis de Broglie, physicien et penseur (Paris '53) 291–96: Photons et neutrinos.

W. Theorien des Aufbaues der Materie, **1**: Die Grundlagen der Quantentheorie (Leipzig '33) 222 S. (Hand- und Jahrbuch der chemischen Physik 1,1); engl.: The foundations of quantum theory (Amsterdam '57) 15 + 228 S.; **2**: Quantentheorie des Elektrons und der Strahlung (Leipzig '37) 10 S. + S. 223–502 (~ 1,2); beide Teile in einem Band u. d. T.: Quantum mechanics (Amsterdam–NewYork '57) 16 + 496 S.; (New York '64) 14 + 496 S. – De bouw der atomen en moleculen (m. H. Holst) (Amsterdam '49) 8 + 197 S.

Applied sci. Res., Sect. A The sublimation of ice in vacuo[16]): **3** ('51) 73–82.

Bull. astron. Inst. Netherlands Condensation in interstellar space[5]): **10** ('46) 137–46.

Chemisch Weekbl. Die Verleihung der Lorentz-Medaille an Prof. Dr. P. Debye: **32** ('35) 645f. [niederländ.]. – Läßt sich die moderne Atomtheorie volkstümlich darstellen?: **34** ('37) 252–54 [niederländ.].

Communications Kamerlingh Onnes Labor. Univ. Leiden Experiments on adiabatic cooling of paramagnetic salts in magnetic fields [6])[15]): **229a** ('34) 13 S. – Sur l'aimantation et le pouvoir rotatoire paramagnétique du sulfate de nickel hexahydraté α [1])[7]): **286b** ('51) 20 S.

Communications Kamerlingh Onnes Labor. Univ. Leiden, Suppl. Zur Theorie des Ferromagnetismus: Nr. **83** ('36) 22 S. – The stopping power of a metal for α-particles: Nr. **96a** ('47) 12 S. – Vibrations of a gas column: Nr. **100a** ('49) 14 S.

C. R. hebd. Séances Acad. Sci., Paris Obtention d'une température extrêmement basse par démagnétisation adiabatique d'un sel d'une terre rare[6])[15]): **196** ('33) 1975.

Current Sci. x-Rays and wave mechanics: Special Number ('37) 39–41.

Euclides [Groningen] Die ideelle Bedeutung des Unterrichts in den exakten Fächern: **11** ('34) 30–36 [niederländ.].

Faraday [Groningen] Alte und neue Naturwissenschaft: **3** ('32) 33–42 [niederländ.].

Fysisk Tidsskr. Wirklichkeit und Begriffsbildung: **30** ('32) 103–18. – Die Entwicklung der Atom- und Quantentheorie in den Jahren 1913–1925: **33** ('35) 82–96. – – Beide Arbeiten dän.

Handelingen nederl. natuur- en geneeskund. Congr. Vergangenheit und Zukunft: **24** ('33) 76–89. – Quantentheorie und Chemie: 95f. – Strahlung: **26** ('37) 141f. – Theoretische Resultate: **28** ('41) 81–84. – Quantentheorie der Molekülstruktur: **29** ('43) 99–102. – – Alle Arbeiten niederländ.

Ingenieur ['s Gravenhage] Vergangenheit und Zukunft: **48** ('33) A155. – Elektronenleitung in Metallen: **50** ('35) E1–E3. – – Beide Arbeiten niederländ.

J. amer. chem. Soc. The normal vibrations of acetylene[13]: **54** ('32) 136–38.

J. chem. Physics The behaviour of macromolecules in inhomogeneous flow: **14** ('46) 415–24.

Jaarb. koninkl. nederl. Akad. Wet. L. S. Ornstein †: **1940/1941** ('41) 225–31. – Sir J. J. Thomson †: **1941/1942** ('42) 211–13. – Dirk Coster †: **1951/1952** ('52) 198–201. – – Alle Arbeiten niederländ.

Kouter Der Professor innerhalb und außerhalb der Gesellschaft: **1** ('36) 365–69. – Irrtümer in der Naturwissenschaft: **3** ('38) 356–60. – Wissenschaft, Mensch und Gesellschaft: **4** ('39) 93–99. – Über die „Nahrhaftigkeit" der Philosophie: **5** ('40) 264–69. – – Alle Arbeiten niederländ.

Nature [London] Temperature below 0.27° reached in Holland[6][15]: **131** ('33) 719. – Prof. P. Ehrenfest †: **132** ('33) 667.

Naturwissenschaften Das Erreichen niedriger Temperaturen mittels adiabatischer Demagnetisierung[15][6]: **21** ('33) 467. – Physiker als Stilisten: **23** ('35) 297–301.

Natuurkundige Voordrachten Relativitätstheorie und Atomtheorie: (N. R.) **17** ('39) 45–60. – Was „geschieht" eigentlich in der Natur?: **28** ('49) 55–62. – – Beide Arbeiten niederländ.

Nederlandsch Tijdschr. Geneeskunde Was ist Materie?: **81** ('37) 5876–84 [niederländ.].

Nederlandsch Tijdschr. Natuurkunde Physik und Physiker: **1** ('34) 241–62. – Mechanisches und magnetisches Moment des Elektrons: **2** ('35) 25–29. – Magnetismus bei niedrigen Temperaturen: **3** ('36) 22–27. – Die Dissertation, das wissenschaftliche Werk und die Publikationen von A. D. Fokker: **5** ('38) 204–15. – J. J. Thomson †: **8** ('41) 137–41. – A.-J. Fresnel, 1788–1827: **9** ('42) 311–27. – Der psychologische Aspekt der Physik: **10** ('43) 228–35. – Quantentheorie der Molekülstruktur, 1: **11** ('44/45) 41–51; ~ 2: 57–66. – Prinzipielle Schwierigkeiten einer Teilchentheorie: 134–40. – E. C. Wiersma †: 145–48. – D. Coster, 25 Jahre Hochschullehrer: **15** ('49) 285–87. – – Alle Arbeiten niederländ.

Nuovo Cimento Die Wechselwirkung zwischen geladenen Teilchen und Strahlungsfeld: **15** ('38) 108–14.

Physica Über das Erreichen niedriger Temperaturen mit Hilfe der Entmagnetisierung[6][15]: **13** ('33) 175 [niederländ.]. – In memoriam P. Ehrenfest: 273–76. – Experiments on adiabatic cooling of paramagnetic salts in magnetic fields[6][15]: [N.S.] **1** ('33/34) 1–13. – L'interaction entre les atomes magnétogènes dans un cristal paramagnétique: 182–92. – On the classical theory of the spinning electron: 825–28. – Das Eigenwertproblem im eindimensionalen periodischen Kraftfelde: **2** ('35) 483–90. – Zum Intensitätsverlauf in der diffusen Serie des Kaliums[3]: **3** ('36) 341–45. – Brownian motion in a field of force and the diffusion model of chemical reactions: **7** ('40) 284–304. – Über freie Teilchen mit nichtverschwindender Masse und beliebiger Spinquantenzahl[2][12]: **8** ('41) 597–627. – Sur les tensions dans la cornée[5]: **9** ('42) 234–40. – On multipole radiation: **10** ('43) 261–72. – On the slip of a diffusing gas mixture along a wall[10]: 699–713. – Das Verhalten von Makromolekülen in einer strömenden Flüssigkeit: **11** ('44) 1–19 [niederländ.]. – Heat transfer from spheres to flowing media: **12** ('46) 61–80. – The stopping power of a metal for alpha-particles: **13** ('47) 401–12. – Vibrations of a gas column: **15** ('49) 971–84. – Sur l'aimantation et le pouvoir rotatoire paramagnétique du sulfate de nickel hexahydraté α [1][7]: **17** ('51) 717–36. – On the quantum theory of antiferromagnetism: **18** ('52) 101–03. – Some reflections on phonons and rotons: 653–64. – On a modification of Jaffé's theory of column-ionization: 665–75.

Physical Rev. Statistics of the two-dimensional ferromagnet, 1[14]: (2) **60** ('41) 252–62; ~ 2[14]: 263–76.

Proc. Koninkl. Akad. Wet. Amsterdam Propriétés paramagnétiques de cristaux de terres rares, 1: **35** ('32) 1272–81; ~ 2: **36** ('33) 17–26. – Ein klassisches Modell des Ferromagnetikums und seine nachträgliche Quantisierung im Gebiete tiefer Temperaturen[8]: **37** ('34) 378–85. – The use of charge-conjugated wave-functions in the hole-theory of the electron: **40** ('37) 814–23. – Didaktisches zur Verwendung der "grand ensembles" in der Statistik: **41** ('38) 10–24.

Rapport et Discuss., Cons. Physique, Inst. int. chim. Solvay Non-relativistic quantum-electrodynamics and correspondence principle: **8** ('50) 241–68.

Suppl. Nuovo Cimento (International congress on statistical mechanics, Florence) Discours d'ouverture: **6** ('49) 157–59. – On the behaviour of a gas near a wall: 297–304.

Versl. gewone Vergad. Afd. Natuurkunde, Koninkl. Akad. Wet. Amsterdam Magnetische Eigenschaften der seltenen Erden: **42** ('33) 60f. – Die Theorie des Elektronenspins: **43** ('34) 36. – Die Verleihung der Lorentz-Medaille an Prof. Dr. P. Debye: **44** ('35). – Über die Theorie des Magnetismus: **45** ('36) 61f. – Negative und positive Elektronen: **46** ('37) 91. – Über die Theorie des Ferromagnetismus: **48** ('39) 37. – Die Verleihung der Lorentz-Medaille an Prof. Dr. Arnold Sommerfeld: 59–63. – Die Diffusionstheorie der chemischen Reaktionen: **49** ('40) 10–12. — — Alle Arbeiten niederländ.

Z. Physik Wigners Erweiterung des Thomas-Kuhnschen Summensatzes für ein Elektron in einem Zentralfeld[9])[11]): **80** ('33) 178–82. — Zur Anwendung der Methode der Phasenintegrale auf das Wasserstoffmolekülion[4]): **82** ('33) 328–36.

Mit: 1) J. Becquerel; 2) F. J. Belinfante; 3) P. A. Coenen; 4) E. M. van Engers; 5) D. ter Haar; 6) W. J. de Haas; 7) J. van den Handel; 8) G. Heller; 9) C. C. Jonker; 10) J. Kistemaker; 11) T. Koopmans; 12) J. K. Lubański; 13) A. R. Olson; 14) G. H. Wannier; 15) E. C. Wiersma; 16) S. Stemerding.

VI **KRANTZ,** John Christian, jr. Pharmakol. — 1921–23 Assoc. Prof. Chem. and Instructor Physics and '23–27 Prof. Chem., School of Dentistry, '21–26 Assoc. Prof. and '26–27 Prof. Pharmacy, School of Pharmacy, '28 Ph. D., '35–65 Prof. and Head of the Departm. of Pharmacol., School of Med., '65- Prof. Emer., Univ. of Maryland, Baltimore, Md.; '27–30 Dir. of Pharmac. Research, Sharp & Dohme, Baltimore, Md.; '30–35 Chief, Bureau of Chem., Maryland State Health Departm., Baltimore, Md.; '33–34 Vice Pres., Pharmaceut. Assoc.; '51–52 Vice Pres., Soc. of Pharmacol.; '54–55 Vice Pres., College of Cardiol. — '24 Hon. Sc.D. (Maryland Acad. Sci.); '31 Hon. Ph.M. (Philadelphia College of Pharmacy and Sci.).

*1899, Okt. 8, Baltimore, Md.

H. Formulary and handbook; Johns Hopkins Hospital (Baltimore, Md. '42).

S. Honoris causa volume for Prof. G. Joachimoglu (Athenai '59): The pharmacologic and therapeutic properties of hexafluorodiethyl ether (Indoklon)[89]). — Encyclopedia of chemical technology (R. E. Kirk, D. F. Othmer) 2 [2](New York '63) 393–410: Anesthetics; 427–31: Antacids, gastric. — Encyclopaedia Britannica. A new survey of universal knowledge 2 (Chicago–London–Toronto ... '65) 130: Apothecary: United States; **17** ('65) 691f.: Pharmacy.

W. If sugar burns; a novel on man's fight against diabetes (Baltimore, Md. '42) 11 + 316 S. — The pharmacologic principles of medical practice; a textbook on pharmacology and therapeutics for medical students, physicians and the members of the professions allied to medicine (m. C. J. Carr) (Baltimore, Md.–London '49) 15 + 980 S., [2]('52), [3]('54), [4]('58), [5]('62), [6]('65), [7]('69) 1050 S. — The art of eloquence; a governor and a scientist look at public speaking; a guide to effective speech with several addresses of the authors (m. T. R. McKeldin) (Baltimore, Md. '52) 10 + 245 S. — A portrait of medical history and current medical problems (Baltimore, Md. '62) 156 S. — Profiles of medical science and inspired moments (Baltimore, Md. '67) 123 S.

Advances Carbohydrate Chem. Metabolism of the sugar alcohols and their derivatives[15]): **1** ('45) 175–92.

American J. Cancer The effect of sodium formaldehyde - sulfoxylate on rat sarcoma [69])[15])[39]): **25** ('35) 789f. — A further study of the effect of cyanide on rat sarcoma[69])[15])[39]): **27** ('36) 293–95. — Glycolysis and tumor growth [,1][69])[15])[39]): **30** ('37) 332–34; Glycolysis in tumor tissue, 2: The effect of certain sugars on the pH and lactic acid content of Walker sarcoma 319 [2])[69])[15]): **32** ('38) 434–39; ~ 3: The effect of ultrasonic vibrations on the growth and glycolysis of Walker sarcoma 319 [2]): **39** ('40) 245–50.

American J. Cardiol. The pharmacologic approach to coronary insufficiency[60]): **2** ('58) 479–88. — An approach to the action of the cardiac glycosides at a cellular level[60]): **5** ('60) 516–22.

American J. digest. Diseases and Nutrit. Etiology of gallstones, 2: The relationship of the pH of bile to the formation and the dissolution of gallstones[29])[67]): **4** ('37) 13–15; ~ 3: The hydrogen-ion concentration of gall-bladder bile and its effect upon gallstones[29])[67])[15]): 223–25; An experimental study of the hydrogen-ion concentration and chemistry of bile, its effect upon stones, and a suggestion as to therapeutic application of ox-bile in gall-bladder disease, 4[67])[29])[2]): **5** ('38) 288–92.

American J. Gastroenterol. Cholinergic blocking agents of the gastrointestinal tract: **24** ('55) 31–35.

American J. Psychiatry The use of hexafluorodiethyl ether (Indoklon) as an inhalant convulsant[24])[89])[56]): **114** ('57) 461.

American J. veterin. Res. Intravenous administration of a new volatile anesthetic 2,2-dichloro-1,1-difluoroethyl methyl sulfide in dogs and monkeys[82])[79])[16]): **29** ('68) 165–72.

Analytical Chem. Determination of inorganic phosphate produced by arterial enzyme action[3])[15]): **24** ('52) 1184f.

Anesthesia and Analgesia A new series of volatile anesthetics: **21** ('42) 234–36. — Pharmacodynamics and therapeutics of acetyl-5-bromosalicylic acid[48])[27]): **25** ('46) 221–27. — A new pharmacoconvulsive agent[89])[86])[59]): **37** ('58) 152f. — Anesthesia, 64: Intravenous administration of methoxyflurane (Penthrane) emulsions in animals and man[16])[80]): **41** ('62) 257–62; ~ 65: The anesthetic properties of 2,2,2-trifluoroethyl iodide[62])[86])[80])[16]): **42** ('63) 12–18; ~ 75: Relative effects of haloforms and epinephrine on cardiac automaticity[44)]: **47** ('68) 56–67. — The rationale of the use of fluorinated hydrocarbons and ethers as volatile anesthetic agents: **44** ('65) 260–64.

Anesthesiology Anesthesia, 7: Studies with cyclopropylethyl ether (cypreth ether) in man [51)32)25)]: **3** ('42) 414–17; ~ 10: The irritative action of volatile anesthetics on the mucous membranes and the relationship between potency and chemical constitution[15)25)]: **5** ('44) 291–93; ~ 12: Studies with isoprenylvinyl ether in man[20)]: 159–62; ~ 14: Certain physical properties of isopropenylvinyl ether [15)50)]: 495–99; ~ 15: A comparative study of liver and kidney changes under propethylene [25)15)]: **6** ('45) 39–47; ~ 17: Cardiac effects and blood gases under anesthesia with propethylene[25)]: 159–62; ~ 21: Propylmethyl ether as an inhalation anesthetic in man[93)85)]: **7** ('46) 663–67; ~ 23: The anesthetic properties of three isomeric ethers[15)27)]: **8** ('47) 53–56; ~ 27: Narcosis with vinyl chloride[73)15)83)]: 359–61; ~ 30: The anesthetic properties of cyclobutane, a preliminary report[15)90)1)]: **9** ('48) 594–600; ~ 32: A further study of anesthesia with cyclobutane[15)20)90)]: **10** ('49) 469–72; ~ 33: The pharmacologic response to methylcyclobutane[15)90)]: 625f.; ~ 35: The local anesthetic action of metahydroxyprocaine[15) 90)69)]: **12** ('51) 57–62; ~ 36: Anesthesia with deuteriocarbons and cardiac automaticity[15) 12)3)]: 230–33; ~ 38: Quantitative measurement of mucosal irritation of volatile anesthetics[62)7)]: **14** ('53) 143–52; ~ 39: The in vitro studies of the influence on adenosine triphosphate (ATP) dephosphorylation by central depressants and stimulants[62)]: 348–58; ~ 41: The anesthetic properties of certain fluorinated hydrocarbons and ethers[62)60)]: 466–72; ~ 45: Effect of ethyl ether on oxidative phosphorylation in the brain[46)]: **16** ('55) 627–31; ~ 47: Brain phosphokinase and anesthetics[15)3)]: 738–41; ~ 48: Anesthetic potency and the uncoupling of oxidative phosphorylation[46)]: **17** ('56) 43–46; ~ 51: A comparative study of ethylvinyl and trifluoroethyl vinyl ethers[74) 89)]: **18** ('57) 250–56; ~ 52: Pharmacologic study of certain ethinyl barbiturates [72)89)46)]: **17** ('56) 585–90; ~ 56: Stability of trifluoroethylvinyl and ethylvinyl ethers in the animal body[69)74)]: **18** ('57) 480–82; ~ 57: A further study of the anesthetic properties of 1,1,1-trifluoro-2-bromo-2-chloroethane (Fluothane) [74)89)59)]: **19** ('58) 38–44; ~ 59: Effect of anesthesia with ether, fluoromar, and thiopental sodium on Indoklon-induced cerebral cortical seizures[59)89)]: **20** ('59) 173–76; ~ 60: The anesthetic properties of 1,1,1-trichloroethane[74)60)]: 635–40; ~ 62: The effect of hexafluorodiethyl ether and trifluoroethylvinyl ether on cerebral metabolism[59)]: **21** ('60) 518–21; ~ 63: The effect of hexafluorodiethyl ether on brain cholinesterase activity [59)3)]: **22** ('61) 426–28. — A note on the intravenous use of anesthetic emulsions in animals and man with special reference to methoxyflurane[16)100)12)99)80)]: 491f.

Angiology Studies on a new coronary vasodilator, 1-chloro-2,3-propanediol dinitrate [12)62)98)]: **13** ('62) 412–17.

Annals intern. Med. Studies in the metabolism of dextrose fragments in man[2)69)15)]: **14** ('40) 122–28. — Sugar alcohols, 24: Metabolism of sorbitol in diabetes[23)]: **18** ('43) 792–96.

Annual Rep. Board Regents Smithsonian Instn. Recent advances in anesthesia: **1944** ('45) 467–76.

Archives int. Pharmacodyn. et Thérapie The effect of chlorinated ethylenes on the perfused leg vessels of the frog[15)69)39)]: **52** ('36) 369–72. — Studies in the metabolism of alkalinized dextrose[69)15)2)14)]: **55** ('37) 9–14. — The effect of brominated ethylenes on the perfused leg vessels of the frog[15)32)39)]: 362–64. — A concept of the action of drugs on cells: **64** ('40) 115–21. — Respiration of coronary arteries and nitrites[7)]: **104** ('55) 29–32. — Effects of ions of alkali metals on hemolytic action of ammonium chloride[3)]: **121** ('59) 110–13.

Biochemical Pharmacol. Nitrites, 19: Studies of the mechanism of action of glyceryl trinitrate[62)8)16)]: **11** ('62) 1095–99. — The effect of bis-(2,2,2-trifluoroethyl) ether on brain electrolytes and water distribution in the rat [59)]: **12** ('63) 394f. — The biotransformation of nitroglycerin[70)]: **14** ('65) 1225–30. — Anesthesia, 69: Anesthesia with deutero ether [54)61)]: **15** ('66) 2119; ~ 72: Anesthesia with deutero chloroform[54)61)]: **16** ('67) 603f.; ~ 74: Biotransformation of fluoroxene, 1: Metabolism in mice and dogs in vivo[5)79)16)]: 1237–48.

Bull. Inst. History Med. Friendship of General Robert E. Lee and Dr. Wm. Beaumont [69)]: **6** ('38) 467–76.

Bull. School Med., Univ. Maryland New United States pharmacopoeia: **21** ('36) 22–25. — Some problems encountered in antibiotic therapy: **41** ('56) 4–6. — The choice of a sympathomimetic amine: **46** ('61) 11–14. — Anesthesia induced by emulsions of volatile anesthetics[16)]: **48** ('63) 21–23. — The laboratory animal and new drugs[80)]: **49** ('64) 11–15. — A round trip journey from anesthesia to psychiatry via the fluorinated ethers: **52** ('67) 12–16.

Cancer Res. Tumor glycolysis, 4: The effect of feeding thyroid supplemented by thiamin chloride on the growth and glycolysis of Walker sarcoma 319 in rats[2)]: **1** ('41) 188–90. — Mechanism of action of certain urea derivatives on normal and tumor tissue[34)]: **2** ('42) 833–36.

Circulation Res. Myokinase activity of coronary arteries[15,3,47]): **2** ('54) 516–19.

Coffee and Tea Industries and Flavour Field Tea – its pharmacology: **79** ('56) Nr. 3, S. 45, 52.

Current med. Digest Mannitol therapy – current status: **30** ('63) 41f.

Diseases nerv. System Some pharmacologic aspects of Indoklon, a new pharmacoconvulsive agent[89,59,56]): **19** ('58) Sect. 2, S. 62.

Drug Standards Pharmacopoeia and medical progress: **19** ('51) 80–82.

Industrial and Engng Chem. Influence of cesium ions on oxygen demand of sewage[84]): **27** ('35) 171.

Industrial and Engng. Chem., Analyt. Edit. Buffer capacity of tomato juice[71]): **8** ('36) 205f.

International Rec. Med. The physician and the population: **173** ('60) 653–58.

J. amer. chem. Soc. Sugar alcohols, 5: Chemical constitution and sweet taste[15,2]): **58** ('36) 1394f. – New method for the purification of the alcoholate of the trimer of hydroxypyruvic aldehyde[15,25]): **60** ('38) 1628f.

J. amer. dent. Assoc. Chemistry and pharmacology of sulfonamide drugs: **31** ('44) 634–39.

J. amer. dietet. Assoc. Endocrine drugs and metabolism: **14** ('38) 172–76. – Guar polysaccharide as a precursor of glycogen[15,27]): **24** ('48) 212.

J. amer. med. Assoc. Hexafluorodiethyl ether (Indoklon) – an inhalant convulsant; its use in psychiatric treatment[24,89,59,56]): **166** ('58) 1555–62.

J. amer. pharm. Assoc. The relationship of potency and hydrogen-ion concentration in tincture of digitalis[68]): **21** ('32) 16–20. – A physicochemical study of solution of magnesium citrate[71]): 132–35. – The assay of spirit of ethyl nitrite[78]): 136–38. – A note on the titration of boric acid[15]): 350–53. – A note on the assay of tincture of ferric chloride[71]): 468–70. – Turbidimetric measurements for pharmaceutical preparations[17,15]): 670–75. – The hydrogen-ion concentration of ointment of rose water[15]): 1291–93. – Studies in the extraction and hydrogen-ion concentration of tincture of digitalis[68]): **22** ('33) 14–18. – The buffer capacity of tincture of digitalis: 106–09. – The assay of nitrogen monoxide[78,15]): 218–20. – A modified assay process for alkali benzoates and salicylates[84]): 953–55. – The detection of small quantities of carbon monoxide in medicinal oxygen[84]): 1222–25. – A note on the water content of magnesium oxide[84]): 1245f. – Pharmacology in the medical curriculum and the United States pharmacopoeia: 1282f. – A study of the hydrogen-ion concentration of tincture of digitalis, tincture of aconite and fluid extract of ergot[15]): **23** ('34) 50–56. – The national conference on pharmaceutical research: 364. – Pharmacological and chemical studies of the digitalis group, 1: Adonis, Apocynum and Convallaria[68]): 988–96. – A note on the arsenic test for reduced iron[71]): 1196f. – A note on the assay of reduced iron[71]): **24** ('35) 9–11. – A study of the anesthetic properties of trichloroethylene[15,69]): 754–56. – Pharmacy and the American Association for the Advancement of Science: 942f. – A note on the assay of mass of ferrous carbonate[15]): 948f. – A contribution to the pharmacology of pinacolone[15,69,2]): **25** ('36) 852–55. – The preservative capacity of sodium formaldehyde sulfoxylate in certain medicinal preparations [15,69]): 979–81. – A further study of the assay of nitrogen monoxide[3,15]): **27** ('38) 103–05. – The detection of carbon monoxide in medicinal oxygen[3]): 118f. – Sugar alcohols, 14: The isolation of polygalitol from Polygala senega and the physicochemical and biological properties of polygalitol[15]): 318–22.

J. amer. pharm. Assoc., Sci. Edit. A monograph for Ringer's solution as a solvent[75]): **29** ('40) 28–30. – An interferometer method for the assay of nitrous oxide[3]): 126–30. – The detection of carbon monoxide in medicinal oxygen[3]): 232f. – Determination of unsaturates in cyclopropane[3]): **30** ('41) 50–52. – Alkyl nitrites, 7: Synthesis of some organic nitrites and nitrates[32,15]): 132f.; ∼ 13: Sodium theophylline alkylglycolate nitrate[48,4,15,38]): **39** ('50) 221f. – Heavy metals test for volatile oils[3]): **31** ('42) 533f. – Pharmacology of xanthium[15,3]): **32** ('43) 244–47. – Recent advances in synthetic organic antisyphilitics [49]): 281–87. – Characterization of the glycosidal principle of Viburnum prunifolium[25,48]): **34** ('45) 205–07. – Note on the pharmacology of Viburnum prunifolium and its glycoside[25,48]): 207f. – Digitalis, 4: The collaborative study of the assay of digitalis and its preparations by the chemical and cat methods[3]): **35** ('46) 260–63; ∼ 7: The effect of various alkalies on the sensitivity of the Baljet reaction of digitoxin[3]): **37** ('48) 297–301; ∼ 8: The Baljet reaction, digitoxin, and digitoxigenin[3]): **38** ('49) 107–09; ∼ 9: A spectroscopic study of the Baljet reaction for digitoxin and digitoxigenin[3]): **39** ('50) 319–22. – Sodium theophylline glycinate[43,48,15]): **36** ('47) 248–50. – A contribution to the pharmacology of 5-nitroguaiacol[75]): **38** ('49) 270–72. – The ultraviolet absorption of heparin sodium[3]): **39** ('50) 94–97. – The effect of iodides on phenobarbital narcosis[28]): **40** ('51) 511–13. – Theophylline derivatives, 1: Analogs of 2-benzyl-2-imidazoline (Priscoline) [36,38]): **42** ('53) 36–39; ∼ 2: 8-Aralkyltheophyllines and related compounds[36,38,12]): **43** ('54) 152–55. – Anesthesia, 43: The estimation of anesthetic trifluoroethyl vinyl ether in aqueous solution[3]): **42** ('53) 633f. – A note on the detection of atropine sulfate in the presence of butacaine sulfate[72)33)]: **43** ('54) 769. — A note on the effect of boric acid and sodium metaborate on the oxygen uptake of brain tissue[59)89)]: **46** ('57) 569–71.

J. Assoc. offic. agric. Chemists Report on (food) preservatives: **16** ('33) 316–18. — Report on (determination of) preservatives: **17** ('34) 193–95; **18** ('35) 372f.; **19** ('36) 205f.

J. Bacteriol. [Sugar alcohols, 4:] A study of acid and gas formation by members of the colon-aerogenes-intermediate groups in the presence of certain sugar alcohols and their anhydrides[22)35)15)]: **30** ('35) 189–92; ~ 6: The utilization of sugar alcohols and their anhydrides by various microorganisms[22)15)35)2)]: **32** ('36) 499–503; [~ 7 ?:] The fermentation of propylene glycol by members of the Escherichia-aerobacter-intermediate groups[22)58)15)35)]: **34** ('37) 9–13; ~ 17: The utilization of sorbitol, styracitol, sorbose, pinitol, primulitol and hydroxypyruvic aldehyde by various microorganisms[22)15)]: **36** ('38) 599–604.

J. biol. Chemistry [Sugar alcohols, 1:] The fate of mannitol and mannitan in the animal body[15)69)84)]: **102** ('33) 721–32; [~ 2:] The fate of dulcitol and dulcitan in the animal body[15)]: **107** ('34) 371–76; ~ 12: The fate of polygalitol and mannitol in the animal body[15)]: **124** ('38) 221–27; ~ 22: Metabolism and toxicity studies with mannitol and sorbitol in man and in animals[23)]: **141** ('41) 147–54.

J. canad. dent. Assoc. Action of antiinfective drugs: **12** ('46) 435–42.

J. chem. Educat. Volatile anesthetics and analgesics: **37** ('60) 169–72.

J. nervous and mental Diseases Hexafluorodiethyl ether (Indoklon). Its use as a convulsant in psychiatric treatment[24)89)59)56)]: **126** ('58) 530–34. — The availability of hexafluorodiethyl ether by intravenous injection as a convulsant in psychiatric treatment[66)89)59)56)]: **129** ('59) 92. — A comparative study of hexafluorodiethyl ether (Indoklon) and electroconvulsive therapy[56)37)24)96)]: 95–98. — The treatment of schizophrenia with sustained exposure to hexafluorodiethyl ether[56)89)]: **130** ('60) 155–59.

J. Neuropsychiatry The intravenous use of hexafluorodiethyl ether as a convulsant in psychiatric treatment[56)97)]: **1** ('60) 260–65. — Pharmacology of myristicin; a contribution to the psychopharmacology of nutmeg[89)13)8)]: **2** ('61) 205–10. — Volatile anesthetics and Indoklon: **4** ('63) 157–61. — The pharmacology of tranquilizing agents: **5** ('64) 433–36.

J. Nutrition [USA] A statistical study of the metabolism of the fasting albino rat[15)]: **9** ('35) 363–67.

J. Pharmacol. and exper. Therapeut. The influence of insulin-free pancreatic extract on the gaseous exchange of the white rat[15)84)39)]: **50** ('34) 151–56. — A contribution to the pharmacology of trichlorethylene[15)69)39)]: **54** ('35) 327–33. — A further study of barbiturate–picrotoxin antagonism[15)2)]: **61** ('37) 153–61. — Alkyl nitrites, 1: A pharmacologic study of a new series of aliphatic nitrites[15)32)]: **64** ('38) 298–301; ~ 2: The pharmacology of 2-ethyl-n-hexyl-1-nitrite[15)32)]: 302–13; ~ 3: A pharmacologic study of a new series of organic nitrates[15)32)23)]: **67** ('39) 187–90; ~ 4: The pharmacology of isomannide dinitrate[15)32)23)]: 191–200; ~ 6: A contribution to the mechanism of the action of organic nitrates[15)32)18)]: **70** ('40) 323–27; ~ 8: Blood nitrite content of man and other species[76)]: **76** ('42) 27–32; ~ 9: A further study of the mechanism of the action of organic nitrates[76)]: 33–38; ~ 11: Nitric esters of alkyl glycolates[4)48)15)]: **97** ('49) 475–77; ~ 14: The effect of nitrites and nitrates on arterial adenosine triphosphatase[15)10)]: **102** ('51) 16–21; ~ 15: The effect of nitrites and nitrates on the oxygen uptake of arterial tissue[15)52)]: 258–60. — Anesthesia, 1: The anesthetic action of cyclopropylmethyl ether[15)32)25)]: **69** ('40) 207–20; ~ 3: The pharmacology of methylallyl ether[15)32)39)]: **71** ('41) 126–29; ~ 4: The anesthetic action of cyclopropylethyl ether[15)32)25)94)]: **72** ('41) 233–44; ~ 6: The anesthetic action of cyclopropylvinyl ether[25)32)94)]: **75** ('42) 30–37; ~ 8: Anesthetic action of isopropenylmethyl ether[15)25)32)]: **78** ('43) 115–19; ~ 9: Anesthetic action of isopropenylvinyl ether[15)45)25)]: **79** ('43) 179–85; ~ 16: Determination of isopropenylvinyl ether in blood of anesthetized animals[25)15)92)]: **82** ('44) 288–91; ~ 18: Effect of propethylene and cyclopropane on cardiac automaticity[25)73)]: **83** ('45) 40–44; ~ 19: Anesthetic action of propylmethyl ether[25)15)50)]: **86** ('46) 138–44; ~ 22: Anesthetic action of isopropylmethyl ether[15)25)69)]: **87** ('46) 132–37; ~ 24: The effect of cholesterol on pentothal and ether anesthesia[27)15)]: **89** ('47) 222–26; ~ 28: The anesthetic action of ethyl vinyl ether[15)69)83)]: **90** ('47) 88–94; ~ 31: Cyclic and non-cyclic hydrocarbons and cardiac automaticity[15)90)]: **94** ('48) 315–18; ~ 34: Chemical constitution of hydrocarbons and cardiac automaticity[15)12)90)]: **97** ('49) 1–3; ~ 37: The anesthetic action of isopropylvinyl ether[15)62)28)]: **105** ('52) 1–6; ~ 40: The anesthetic action of trifluoroethylvinyl ether[15)62)3)]: **108** ('53) 488–95; ~ 44: The local anesthetic action of hydroxy-lidocaine hydrochloride[62)72)]: **111** ('54) 224–28; ~ 46: Fluorinated ethylenes and cardiac arrhythmias induced by epinephrine[12)72)40)33)]: **114** ('55) 470–72; ~ 50: The effect of certain narcotics on oxidative phosphorylation[95)89)3)]: **117** ('56) 358–61; ~ 55: The pharmacologic response to hexafluorodiethyl ether[89)59)86)]: **121** ('57) 362–68; ~ 61: The anesthetic properties of the azeotropic mixture of trifluoroethylvinyl ether

(Fluoromar) and 1,1,2-trifluoro-2,2,1-trichloroethane (Genetron 113)[60][53]): **130** ('60) 492–96. — A uterine principle from Viburnum prunifolium[25][39]): **75** ('42) 174–77. — Pharmacology of phenazine and certain of its derivatives [15][91]): **77** ('43) 215–19. — Pharmacology of the nitrate ester of choline perchlorate[15][3][25]): **80** ('44) 171–75. — Neutralization of gastric acidity with basic aluminum aminoacetate[50][3]): **82** ('44) 247–53. — [Digitalis, 1:] A chemical evaluation of digitalis[3]): **83** ('45) 213–19; ∼ 2: A chemical evaluation of tablets of digitoxin [3]): **87** ('46) 198–202; ∼ 3: Relationship between potency and Baljet reaction of the glycosides of digitalis[3]): **88** ('46) 14–22; ∼ 5: Baljet reaction and pharmacodynamics of diginin[3][15]): **89** ('47) 143–48; ∼ 6: Pharmacodynamic studies of gitogenin[48][3][57][15]): **91** ('47) 130–32. — Pharmacology of 5-nitro-2-furaldehyde semicarbazone[25]): **85** ('45) 324–31. — The quantitative estimation of theophylline in blood[89][15][11]): **91** ('47) 185–89. — Sugar alcohols, 26: Pharmacodynamic studies of polyoxyalkylene derivatives of hexitol anhydride partial fatty acid esters[15][4][19]): **93** ('48) 188–95; ∼ 27: Drug allergy in the canine family[15][11][4]): **97** ('49) 125–28. — The pharmacology of thiocyanobenzoic acids[88][15]): **96** ('49) 416–21. — Theophylline blood levels after oral, rectal and intravenous administration, and correlation with diuretic action[89][65]): **100** ('50) 309–15. — The effect of vasodilators upon the dephosphorylating enzymes of dogs' coronary arteries[15][3][6]): **108** ('53) 385–92. — Pharmacologic studies with 8-(para-aminobenzyl)-caffeine and certain related compounds[12][72][40]): **119** ('57) 107–13. — A pharmacologic and toxicologic study of a new series of antispasmodic compounds with special reference to structure and pharmacologic activity[10][30]): **121** ('57) 210–24. — Further evaluation of N-N-diethyl-2-pentoxy-5-brombenzyloxyethylamine HCl (E-94) as a gastrointestinal antispasmodic[10]): **122** ('58) 8 A. — Clinical observations on the action of hexafluorodiethylether (Indoklon) in the mentally ill[56][24][89]): 41 A. — Studies on the mechanism of action of hexafluorodiethyl ether (Indoklon)[59][89]): 43 A f. — A new pharmacoconvulsive agent, hexafluorodiethyl ether (Indoklon) in psychiatric therapy[89][59][86]): 77 A f. — Further pharmacologic studies on hexafluorodiethyl ether (HFE) [59][89]): **126** ('59) 366–73. — The pharmacologic response to 8-aminotheophylline[41][12]): **131** ('61) 261–64.

J. physic. Chem. The effect of certain sugar alcohols and their anhydrides on the dissociation of boric acid[71][15]): **40** ('36) 151–54. — A further study of the effect of sugar alcohols and their anhydrides on the dissociation of boric acid[15][2]): 927–31. — Sugar alcohols, 9: A physicochemical study of the erythritan – boric acid complex[2][15]): **41** ('37) 1087–90; ∼ 10: The effect of certain sugar alcohols and their anhydrides on the dissociation of boric acid[3][15][25]): **42** ('38) 507–13; ∼ 21: A study of the effect of the anhydrides of sorbitol on the dissociation constant of boric acid[3][15]): **44** ('40) 862–65.

Medical Times [New York] Some complications of the anesthetic syndrome: **90** ('62) 1219–23.

Naunyn-Schmiedebergs Arch. exper. Pathol. u. Pharmakol. Anesthesia, 42: The oil/water coefficient and water solubility of volatile anesthetics[62][3][15]): **219** ('53) 115–18.

Pharmaceutisch Weekbl. Examination of amyl nitrite[15]): **69** ('32) 101–05 [niederländ.].

Postgraduate Med. Cardiac glycosides in medical practice: **24** ('58) Special issue, 224–30.

Proc. Soc. exper. Biol. and Med. The hydrogen-ion concentration and buffer capacity of oyster liquor of the Chesapeake Bay: **30** ('33) 597–600. — Utilization of inulin from Arctium lappa and certain soluble inulins by the rat[15]): **31** ('34) 675–78. — Action of trichlorethylene on perfused vessels of the frog[15][39]): **32** ('34) 334 f. — Hydrogen-ion concentration of the bile of the guinea pig[29][67][15]): **35** ('36) 48 f. — Acute toxicity of certain sugar alcohols and their anhydrides[2][15]): 98 f. — Sugar alcohols, 8: The oxidative specificity of Acetobacter suboxydans[22][15]): **36** ('37) 564–66; ∼ 13: Primulatol and glycogen storage in the rat[42][15][25]): **38** ('38) 536 f.; ∼ 18: Studies in diuresis with isomannide[15]): **39** ('38) 577–81; ∼ 19: Relationship between chemical constitution and speed of hemolysis[55][15]): **42** ('39) 438–40; ∼ 25: Sorbitol and sorbitan as precursors of liver glycogen in the rat[15][27]): **64** ('47) 19 f.; ∼ 29: Sorbitan polyoxyethylene fatty acid esters and polyoxyethylene monostearate and respiration of kidney[69][52]): **81** ('52) 640–42. — Hydrogen-ion concentration of the gall bladder bile of the dog[2][29][15]): **37** ('37) 357–59. — Metabolism of the alcoholate of the trimer of hydroxypyruvic aldehyde[25][15]): **39** ('38) 573–76. — Alkyl nitrites, 5: The pharmacology of the high molecular weight alkyl nitrites[15][32]): **42** ('39) 472–74; ∼ 10: Effect of sodium nitrite on blood pressure of unanesthetized hypertensive rats[76]): **50** ('42) 248–50; ∼ 16: Comparative depressor responses to octyl nitrite and glyceryl trinitrate[15][12][28]): **76** ('51) 759 f.; ∼ 20: Pharmacologic studies with 1-ethylglyceryl trinitrate[12][62][3]): **111** ('62) 245–47. — Relationship between anesthetic potency and physical properties[18][32]): **48** ('41) 461–63. — Fate of mannide monooleate in the animal body[25][94]): **51** ('42) 222 f. — Anesthesia, 11: Anesthetic action of propenylethyl ether[15][32][25]): **54** ('43) 312–14; ∼ 20: Anesthesia and the steroid hormones[15][27]): **63** ('46) 70 f.; ∼ 54: Effects of viadril and some water-soluble steroids on brain oxidative phosphorylation[89)3)]: **92** ('56) 297 f.; ~ 71: Pharmacologic and physicochemical comparison of flurothyl and its isomer[80)61)]: **124** ('67) 820–22. — Action of a sulfonated succinic acid on the respiratory metabolism of frog tissues[26)]: **55** ('44) 220. — Effect of feeding calcium arabonate in diet of rats for successive generations[15)]: **59** ('45) 54–56. — Pharmacology of isomeric thiocyanobenzoic acids[15)10)]: **74** ('50) 321–23. — Adenosine triphosphatase activity of the vascular system[15)3)]: **80** ('52) 323–25. — Contribution to the pharmacology of apoatropine and its methyl bromide[33)40)]: **86** ('54) 511 f. — Effect of drugs on myokinase activity of coronary arteries[15)3)77)]: **89** ('55) 184–86.

Quarterly J. Pharm. and Pharmacol. Detection of small quantities of carbon monoxide in medicinal carbon dioxide[84)]: **6** ('33) 625–27. — The fate of mannide and isomannide in the animal body[25)15)]: **8** ('35) 213–17. — Sugar alcohols, 16: The fate of erythritol and erythritan in the animal body[2)15)]: **11** ('38) 234–39.

Quarterly J. Studies Alcohol Anesthesia, 53: Effects of alcohols and acetaldehyde on oxidative phosphorylation in brain[89)3)]: **17** ('56) 594–600.

Revista argentino-norteamer. Ci. méd. Reduction of arterial hypertension with organic nitrites and nitrates: **1** ('43) 207–11 [engl. u. span.].

Science [USA] A modified quinhydrone electrode for tissues[15)69)]: **85** ('37) 127 f. — Penicillin for oral use with basic aluminum aminoacetate[25)63)]: **101** ('45) 618 f. — New pharmacoconvulsive agent[89)86)59)]: **126** ('57) 353 f.

Scientific Monthly Detection of carbon monoxide in medicinal oxygen: **48** ('39) 291.

Toxicology and appl. Pharmacol. Sustained exposure to hexafluorodiethyl ether (Indoklon) in mental illness[89)59)56)]: **1** ('59) 362–65. — Antipyretic activity of certain fluorine-substituted benzoates[62)31)]: **4** ('62) 24–28. — Nitrites, 17: Tetra(hydroxyethyl)ethylenediamine tetranitrate as a coronary artery dilator[12)60)80)]: 116–22. — Toxicity and convulsive activity of a series of theophylline derivatives[8)]: **7** ('65) 291–300.

Trans. amer. therap. Soc. Utilization of carbohydrate in burdock root by normal and diabetic individuals: **32** ('32) 131–36.

Mit: 1) M. A. Andersch; 2) F. F. Beck; 3) F. K. Bell; 4) J. G. Bird; 5) D. A. Blake; 6) M. F. Bradyhouse; 7) L. S. Brahen; 8) M. C. Braude; 9) —; 10) H. H. Bryant; 11) H. M. Bubert; 12) R. M. Burgison; 13) E. Callaway III; 14) T. N. Carey; 15) C. J. Carr; 16) H. F. Cascorbi; 17) S. Claman; 18) N. M. Cone; 19) S. Cook; 20) E. H. Davis; 21) —; 22) K. P. Dozois; 23) F. W. Ellis; 24) A. J. Esquibel; 25) W. E. Evans, jr.; 26) G. Everett; 27) De C. B. Farson; 28) M. J. Fassel; 29) M. Feldman; 30) L. C. Felton; 31) G. Finger; 32) S. E. Forman; 33) J. W. Forrest; 34) W. C. Grant; 35) F. Hachtel; 36) G. P Hager; 37) T. E. Hanlon; 38) J. B. Harmon; 39) W. G. Harne; 40) C. K. Heisse; 41) J. C. Hensala; 42) E. P. Hiatt; 43) J. M. Holbert; 44) R. M. Hopkins; 45) A. Horney; 46) N. A. Hulme; 47) J. N. Hurst; 48) H. K. Iwamoto; 49) A. E. Jurist; 50) D. V. Kibler; 51) M. Kilborn; 52) M. J. Knapp; 53) V. F. Kozler; 54) W. S. Koski; 55) A. M. Kunkel; 56) A. A. Kurland; 57) F. O. Laquer; 58) G. A. Lee; 59) A. S. C. Ling; 60) J. S. L. Ling; 61) C. K. Löcher; 62) G.G. Lu; 63) J. G. McAlpine; 64) —; 65) V. A. McKusick; 66) L. L. Manchey; 67) S. Morrison; 68) J. C. Munch; 69) R. D. Musser; 70) P. Needleman; 71) M. Oakley; 72) W. E. O'Malley; 73) R. H. Oster; 74) Ch. S. Park; 75) N. W. Pinschmidt; 76) M. M. Rath; 77) J. Rehak; 78) W. F. Reindollar; 79) R. S. Rozman; 80) F. G. Rudo; 81) —; 82) K. N. Salman; 83) M. J. Sauerwald; 84) J. E. Schmidt; 85) S. M. Shane; 86) L. Speers; 87) —; 88) S. A. A. Tawab; 89) E. B. Truitt, jr.; 90) J. F. Vitcha; 91) D. L. Vivian; 92) V. M. Waters; 93) L. T. White; 94) H. L. Wollenweber; 95) A. Wolpert; 96) C. S. Sheets; 97) R. Cuervo; 98) R. A. Cowley; 99) M. J. Gold; 100) M. Helrich.

V, VI **KRAPIVIN**, Sergej Gavrilovič. Chem. — Bis 1889 Stud., Neuruss. Univ., Odessa; 1896– Doz., später Prof., Univ. Moskva; 1901– ord. Prof., Höhere Fraueniehranstalt, Moskva; '20– Prof., Pädagog. Inst., Tver' [jetzt: Kalinin]; '25– Leiter v. Kursen z. Methodik d. Chemieunterrichts, Höhere Techn. Lehranst., Moskva. (⊠)

*1868, März 28 (16);

†1927, Sept. 5.

Zur Biogr. D. K. Aleksandrov, P. I. Lerch, Izvest. tversk. pedagog. Inst. **1928**, Nr. 4, 138–44.

W. Količestvennyj analiz, 1: Vesovoj analiz [Quantitative Analyse, 1: Gewichtsanalyse] [4](Moskva–Leningrad '33) 2 + 110 S.

VI **KRASE**, Norman William. Chem. Technol. — 1926–36 Assoc. Prof. Chem. Engng., Univ. of Illinois, Urbana, Ill.; '36–39 Prof., Univ. of Pennsylvania, Philadelphia, Pa.; '39–45 Head of the Semi-Works Operations, Ammonia Departm., Chem. Division, '45–48 Techn. Representative, London, '48–60 Techn. Investigator, Wilmington, Del., E. I. Du Pont de Nemours & Co.; retired, Wallingford, Pa. (⊠)

*1895, Aug. 16, Chicago, Ill.

Chemical and metallurg. Engng. Design and equipment of a chemical engineering laboratory: **42** ('35) 493–95. — Carbon monoxide as a chemical raw material: **43** ('36) 590–95. — Recent developments in high-pressure industry: **44** ('37) 29.

Industrial and Engng. Chem. High-speed agitation under pressure[2)]: **24** ('32) 1001 f. — Synthesis of benzaldehyde from benzene and carbon monoxide under pressure[1]): **25** ('33) 497–502. — Synthesis of acetic acid from methanol and carbon monoxide[5]): **27** ('35) 909–14.

J. amer. chem. Soc. Vapor–liquid equilibria in the system nitrogen–water[3]): **56** ('34) 353–61.

Trans. amer. Inst. chem. Engr. Carbon monoxide as a raw material for chemical synthesis: **32** ('36) 493–510. — Properties of explosive gas mixtures, 1: Hydrogen–air and ethylene–air systems[6]): **35** ('39) 337–58. — Dropwise and film condensation of steam[4]): **36** ('40) 463–90. — Criteria for discontinuing operating investments: **52** ('56) 495–99.

Usp. Chim. Kohlenoxid als chemisches Rohprodukt: **6** ('37) 589–600 [russ.].

Mit: [1]) J. H. Holloway; [3]) A. H. MacMillan; [3]) A. W. Saddington; [4]) F. L. Shea, jr.; [5]) A. D. Singh; [6]) W. S. Young.

VI **KRASUSKIJ,** Konstantin Adamovič. Chem. — 1916–28 Ord. Prof., Univ. Char'kov; zugleich Prof. am Inst. f. Volksbildg., am Med. Inst. u. am Veterinär-Inst., Char'kov; '29– ord. Prof., Azerbajdžan. Polytechn. Inst. (→ Industrie-Inst.), Baku; '30 Prof., Industrie-Akad., Baku; später auch ord. Prof., Univ. Baku; Leiter d. Sekt. Chem., Azerbajdžan. Filiale d. Akad. d. Wiss. d. UdSSR. (☒)

*1867, Sept. 14 (2), Verwaltungsbezirk Zarajsk;
†1937, Apr. 7.

Nekr. M. M. Movsum-Zade, Ž. obščej Chim. **8** ('38) 381–88 (m. Bildn. u. Schr.verz. 67 Nrn.).

Zum 25. Todestag Ju. S. Musabekov, Vopr. Istorii Estestvoznanija i Techn. Nr. **14** ('63) 135–37 [russ.].

Ž. obščej Chim. Über die Einwirkung von Ammoniak auf Propylenoxid und die Synthese des Dimethylmorpholins: **6** ('36) 460–69. — Die Einwirkung von Phenylisocyanat auf α-Glykole und α-Oxide[2]): 1203–07. — Die Gewinnung von Glykolen aus der Fraktion Kp. 35–40° des Leichtöles aus der Pyrolyse der Erdölprodukte[2]): **7** ('37) 2909–12. — Herstellung von wasserfreiem Pinakon[1]): **8** ('38) 67–70. — — Alle Arbeiten russ.

Mit: [1]) Š. Mamedov; [2]) M. M. Movsum-Zade.

V, VI **KRAUS,** Charles August. Chem. — 1924–51 Prof. and Dir. of Chem. Research, '51 Emer. Research Prof., Brown Univ., Providence, R. I.; '22–24, '35– Consulting Chemist, Fixed Nitrogen Research Labor., U. S. Departm. of Agric.; '42–46 Consulting Chemist in Manhattan District of U. S. Army; '39 Pres., Amer. Chem. Soc. — '33 Hon. Sc. D. (Kalamazoo College, Kalamazoo, Mich.); '39 Hon. Sc. D. (Colgate Univ., Hamilton, N.Y.); '46 Hon. Sc. D. (Brown Univ., Providence, R. I.); '49 Hon. Sc. D. (Clark Univ., Worcester, Mass.). — '23 William H. Nichols Medal, '35 Willard Gibbs Medal, '36 Thomas William Richards Medal, '50 Priestley Medal (Amer. Chem. Soc.); '38 Franklin Medal (Franklin Inst., Philadelphia, Pa.); '48 Distinguished Public Service Award (Secretary of U.S. Navy).

*1875, Aug. 15, Knightsville, Ind.;
†1967, Juni 27, Providence, R. I.

Zur Biogr. W. C. Johnson, Scientific Monthly **40** ('35) 385–87 (m. Bildn.). — F. G. Keyes, News Edit., Amer. chem. Soc. **18** ('40) 763 f. (m. Bildn.); Nucleus [Cambridge, Mass.] **1936**, Mai-Nr., 1–4. — Chemical and Engng. News **28** ('50) 2704. — Science [USA] **81** ('35) 530. — Scientific Monthly **46** ('38) 291 f. (m. Bildn.).

Nekr. Chemical and Engng. News **45** ('67) 59.

W. Some problems at higher educational levels. Founder's day address, Febr. 8, 1949 (Clark University) (Worcester, Mass. '49) 2 + 11 S. (m. Bildn.). — Conductivity of electrolytes (m. R. M. Fuoss) (Paris '37) 2 + 31 S. (Annual tables of constants and numerical data, Supplementary series, 18).

Advances Chem. Ser. Nature of electronide and spinide solutions of alkali metals in liquid ammonia and similar solvents[20]): Nr. **50** ('65) 1–6.

Annals New York Acad. Sci. Interaction in solutions of electrolytes: **51** ('49) 789–806.

Chemical and Engng. News The present state of academic research: **28** ('50) 3203 f.

Chemical Reviews Reactions and reagents in liquid ammonia: **26** ('40) 95–104.

Circular, Nation. Bur. Standards Extended Onsager equation as applied to dilute aqueous solutions[5]): Nr. **524** ('53) 27–33.

J. amer. chem. Soc. Studies relating to organic germanium derivatives, 5: Reaction of sodium triphenylgermanide with halogenated methanes in liquid ammonia[53]): **54** ('32) 1622–30; ~ 6: Reactions of sodium triphenylgermanide with organic polyhalides in liquid ammonia and diethyl ether[67]): **74** ('52) 1418–20. — Aliphatic germanium derivatives, 1: Triethylgermanium compounds; some of their properties and reactions[21]): **54** ('32) 1635–44. — Properties of electrolytic solutions, 1: Conductance as influenced by the dielectric constant of the solvent medium[25]): **55** ('33) 21–36; ~ 2: The evaluations of Λ_0 and of K for incompletely dissociated electrolytes[25]): 476–88; ~ 3: The dissociation constant[25]): 1019–28; ~ 4: The conductance minimum and the formation of triple ions due to the action of Coutlomb forces[25]): 2387–99; ~ 5: The conductance of some amido salts in liquid ammonia[30]): 2776–85; ~ 6: Conductance of sodium triphenylstannide, sodium triphenylgermanide and sodium triphenylmethide in liquid ammonia[36]): 3537–42; ~ 7: Conductance of sodium trimethylstannide and of the sodium salts of certain phenols and thiols in liquid ammonia[34]): 3542–47; ~ 8: Conductance of some ternary salts in liquid ammonia[9]): 3609–14; ~ 9: Conductance of some salts in benzene[25]): 3614–20; ~ 10: The freezing point of solutions of an electrolyte in a non-polar solvent[77]): **56** ('34) 511–16; ~ 12: The influence of temperature on the conductance of electrolytes in anisole[8])[25]): 1860–65; ~ 13: Freezing points of solutions in benzene[7]): 2017–20; ~ 14: The dielectric constant of some solutions of electrolytes in benzene[32]): 2265–68; ~ 15: Thermodynamic properties of very weak electrolytes[25]): **57** ('35) 1–4; ~ 17: The conductance of some salts in benzene and dioxane[45])[41])[25]): **58** ('36) 255–58; ~ 20: Freezing points of solutions of electrolytes in benzene[62]): **59** ('37) 1699–703; ~ 21: The conductance of tributylammonium picrate in ethylene chloride at 25°[48])[25]): **61** ('39) 3257–59; ~ 22: Conductance of ethylene dichloride solutions of some quaternary ammonium salts having large negative ions[24]): **62** ('40) 2237–40; ~ 23: Conductance of several quaternary onium salts in ethylene chloride at 25°[28]): **69** ('47) 451–54; ~ 24: Conductances of some substituted ammonium salts in ethylene chloride[75]): 454–56; ~ 25: The conductance of choline and related picrates in ethylene chloride at 25°[48])[58])[62]): 528–30; ~ 26: Conductance of some onium-type salts in ethylene chloride at 25°[40]): 814–16; ~ 27: The conductance of several quaternary ammonium salts in ethylene chloride at 25°[73]): 1016–20; ~ 28: Conductance of some salts in nitrobenzene at 25°[71]): 1731–35; ~ 29: The conductance of some electrolytes in nitrobenzene at 25°[79]): 2472–81; ~ 30: Conductance of some inorganic and organic electrolytes in pyridine at 25°[45]): 2481–83; ~ 31: Conductance of some electrolytes in pyridine at 25°[12]): **70** ('48) 706–11; ~ 32: Conductance of some long-chain salts in ethylene chloride and nitrobenzene at 25°[78]): 1707–09; ~ 33: The conductance of some salts in acetone at 25°[59]): 1709–13; ~ 34: Conductance of some long-chain electrolytes in methanol–water mixtures at 25°[20]): 3049–54; ~ 35: Conductance of some long-chain salts in methanol–water mixtures[29]): 3803–11; ~ 36: Effect of addition agents on the conductance of long-chain salts[11])[29]): **71** ('49) 95–101; ~ 37: Conductance of some long-chain salts in acetone–water mixtures[80])[29]): 309–12; ~ 38: Distribution of hexadecylpyridonium chloride between water and nitrobenzene at 25°[29]): 1455–60; ~ 39: Conductance of several salts in ammonia at −34° by a precision method[31]): 1565–75; ~ 40: Conductance of aluminum bromide in several solvents and of methylaluminum bromides in methyl bromide[33]): 2405–08; ~ 41: Conductance of aluminum bromides in methyl bromide on addition of dimethyl ether[33]): 2409–12; ~ 42: Conductance of aluminum bromide in nitrobenzene on addition of dimethyl ether at 25°[76]): 2694–99; ~ 43: Effect of ammonia and water on the conductance of lithium, sodium, and silver ions in pyridine at 25°[13]): 2983–87; ~ 44: Conductance of some long-chain salts in ethylene chloride, pyridine and nitrobenzene at 25°[56]): 3288–93; ~ 45: Conductance of some salts in benzene at higher concentrations[69]): **72** ('50) 166–71; ~ 46: Conductance of long-chain salts at low concentration in water[42]): 3676–78; ~ 47: Conductance of some quaternary ammonium and other salts in water at low concentration[17])[4]): **73** ('51) 799–803; ~ 48: Conductance of some long-chain salts in water at 25°[4]): 1129–31; ~ 49: Conductance of some salts in water at 25°[46]): 2170–73; ~ 50: Effect of substituent groups on the properties of long-chain ions[46]): 2173–76; ~ 51: Conductance of some salts in ethylene chloride and pyridine[4]): 2459–61; ~ 52: Conductance of some salts in acetone[46]): 3293–96; ~ 53: Molecular weight of salts in benzene by the cryoscopic method[15]): 4557–61; ~ 54: Conductance and molecular weight of some salts in benzene at higher concentrations[80]): 4732–35. — The action of sodium upon trimethylgallium and dimethylgallium chloride in liquid ammonia[74]): **55** ('33) 3547–54. — Preparation of some derivatives of triphenylgermanium by means of sodium triphenylgermanide[66]): 4694–97. — Triphenylsilicyl ethylamine $(C_6H_5)_3Si \cdot C_2H_5NH_2$ [18]): 5008–14. — The reactions of sodium triphenylstannide with polyhalogenated methanes[18]): 5014–16. — Heats of solution and heats of reaction in liquid ammonia, 1[61]): **56** ('34) 79–86; ~ 2[57]): 86–88; ~ 3[64]): 2297–300. — The chemistry of the triethylsilicyl group[52]): 195–202. — Compounds of germanium and hydrogen: Some of their reactions and derivatives, 1: Preparation of monogermane[14]): 765 f.; ~ 2: Sodium trihydrogermanides[14]): 766–68; ~ 3: Monoalkylgermanes[72]), ~ 4: Potassium germanyl[72]); ~ 5: Electrolysis of sodium germanyl[72]): **72** ('50) 4706–09. — Further studies of the oxides of potassium[55]): **56** ('34) 2384–88. — The extraction of germanium and gallium from germanite, 1: The removal of germanium by the distillation of germanous sulfide[35)23)]: **57** ('35) 1828–31; ~ 2: The acid extraction of gallium[23)35)]: 1832–35. – Preparation of methylaluminum chlorides[31)]: **60** ('38) 2276. – Some unusual hydrates of quaternary ammonium salts[24)44)54)]: **62** ('40) 1140–42. – Quaternary ammonium salts with anions containing triphenylboron[24)]: 1143 f. – Hitherto unobserved phenomenon in solutions of long-chain salts in methanol–water mixtures[20)29)]: **68** ('46) 1137. – Maximum in the equivalent conductivity of two paraffin-chain salts in water[11)29)20)]: **69** ('47) 1835 f. – Chemistry of the tris(triphenylgermanyl)silyl group[50)]: **72** ('50) 5297–300. – Reactions of germanes[27)], 1: With alkali metals and amides, ~ 2: Polyalkylgermanes, ~ 3: Phenyl bromide and sodium germanyl: 5398–401. – Studies relating to boron, 3: Some reactions of the aliphatic boranes with alkali metals in liquid ammonia and ethylamine[68)]: **73** ('51) 2751–54; ~ 4: n-Butylboron chlorides[10)]: **74** ('52) 1415–17; ~ 5: Chemistry of the dibutylboron group[2)]: 3398–401. – The association constants of several carboxylic acids in benzene as determined cryoscopically[6)]: **73** ('51) 4561 f. – A study of interactions between dipole molecules in benzene solution by a cryoscopic method[6)62)]: **74** ('52) 786–89. – Ionic association, 2: Several salts in dioxane–water mixtures[25)]: **79** ('57) 3304–10. – Fuoss-Onsager conductance equation at high concentrations[1)37)]: **81** ('59) 2270.

J. chem. Educat. The present state of the problem of electrolytic solutions: **12** ('35) 567–73. – Chemistry of organometallic compounds: **26** ('49) 45–49. – Fragments of chemistry, 1: Reaction of potassium amide with aliphatic polyhalides in liquid ammonia: **29** ('52) 366 f.; ~ 2: Hydrides of germanium: 417 f.; ~ 3: Silicon, germanium, and tin: 488 f.; ~ 4: Germanium–silicon compounds: 489 f.; ~ 5: Some other reactions of silicon: 490 f.; ~ 6: Other reaction of tin: 491; ~ 7: Boron: 548 f.; ~ 8: Gallium: 549 f.; ~ 9: Equilibria between metals and salts: **30** ('53) 35–37; ~ 10: Physical properties of metal solutions: 83–87. – Present state of the [theory of] electrolyte problem: **35** ('58) 324–37.

J. chem. Physics Electrolytes in media of low dielectric constant[25)]: **2** ('34) 386–89. – Dielectric behavior of solutions of electrolytes in solvents of low dielectric constant, 1: A calorimetric method for measuring losses[65)63)19)]: **15** ('47) 47–54; ~ 2: Dielectric absorption[65)19)]: 54–64.

J. Franklin Inst. Solutions of electrolytes in non-aqueous solvents: **225** ('38) 687–707.

J. physic. Chem. Non-coulombic interactions in solutions of electrolytes: **43** ('39) 231–38. – Electrolytes: from dilute solutions to fused salts: **58** ('54) 673–83. – The ion-pair concept: its evolution and some applications: **60** ('56) 129–41.

Nucleus [Cambridge, Mass.] The formation of dipoles in a non-polar solvent: **13** ('36) 213–21. – The scientific contributions of Frederick George Keyes: **19** ('42) 195, 201.

Proc. nation. Acad. Sci. USA Trimethylgallium, trimethylgallium etherate and trimethylgallium ammine[74)]: **19** ('33) 292–98. – Chlorination products of trimethylgallium[74)]: 298–303. – The dielectric properties of solutions of electrolytes in a non-polar solvent[32)]: 939–43. – Extended Onsager equation[5)]: **37** ('51) 726–29. – Conductance of solutions of salts in bromine[51)]: **38** ('52) 1023–27. – The solubility of the dimethyl etherate of aluminum bromide in methyl bromide in the presence of saturated hydrocarbons[22)]: **39** ('53) 236–44. – Molecular weight of some long-chain salts in benzene by the cryoscopic method[38)]: 598–603. – Conductance and viscosity of concentrated aqueous salt solutions at 50.5°[60)]: 802–11. – Conductance of solutions of salts in o-dichlorobenzene[1)70)49)]: 917–24. – The viscosity and the conductance–viscosity of electrolyte solutions in bromine[60)]: 1118–24. – Behavior of micellar electrolytes in the neighborhood of the critical concentration [for micelle formation]: 1213–17. – The rates of reaction between alkyl halides and tertiary amines as determined conductometrically[43)]: **40** ('54) 70–76. – Deviation of aqueous electrolyte solutions from Onsager's equation[70)]: 382–88. – The association of ions in dioxane–water mixtures[47)]: **41** ('55) 9–20. – The ion-pair equilibrium of electrolyte solutions in dioxane–water mixtures[49)]: 1033–41. – Phase relations in systems comprising bromine and quaternary and ternary alkyl ammonium bromides or chlorides[49)]: **42** ('56) 65–67. – Conductance, viscosity, and vapor density for several salts in bromine at 25°[49)]: 487–98. – Ionic association in aqueous solutions of 1–1 electrolytes at 25°[3)]: 590–96. – Fuoss-Onsager conductance equation at high concentrations[1)37)]: **45** ('59) 804–07. – Mechanisms underlying the equilibrium reactions between ions and ion pairs in solutions of electrolytes, 1: Solutions in p-xylene at 52° and benzene at 25°[39)20)]: **48** ('62) 121–28; ~ 2: The effect of temperature[39)20)]: **49** ('63) 141–46.

Science [USA] A history of the National Research Council 1919–1933, 4: Division of chemistry and chemical technology: **77** ('33) 552–54. – Edward Curtis Franklin: **85** ('37) 232–34. – Josiah Willard Gibbs: **89** ('39) 275–82. – Non-aqueous solutions: **90** ('39) 281–89.

Scientific Monthly The progress of science. Arthur Amos Noyes, an appreciation: **43** ('36) 179–81.

Trans. electrochem. Soc. The properties of electrolytes as related to their constitution: **66** ('34) 385–409.

Trans. Faraday Soc. Properties of electrolytic solutions, 16: Conductance of electrolytes in anisole, ethylene bromide and ethylene chloride at 25°[16])[25]): **31** ('35) 749–61; ∼ 18: Molecular polarizations and polar moments of some electrolytes in benzene solutions[26]): **32** ('36) 585–93; ∼ 19: Conductance of mixed electrolytes in ethylene chloride. Tetrabutyl- and tetramethylammonium picrates[48])[25]): 594–606.

Trans. New York Acad. Sci. Some recent measurements of the conductance of dilute aqueous electrolyte solutions: **12** ('50) 215–20.

Mit: 1) F. Accascina; 2) R. W. Auten; 3) M. Azzarri; 4) E. J. Bair; 5) E. G. Baker; 6) B. C. Barton; 7) F. M. Batson; 8) G. S. Bien; 9) P. B. Bien; 10) R. B. Booth; 11) G. L. Brown; 12) D. S. Burgess; 13) C. J. Carignan; 14) E. S. Carney: 15) D. T. Copenhafer; 16) N. L. Cox; 17) H. M. Daggett, jr.; 18) H. Eatough; 19) H. C. Eckstrom; 20) E. C. Evers; 21) A. Flood; 22) L. M. Forster; 23) L. S. Foster; 24) D. L. Fowler; 25) R. M. Fuoss; 26) J. A. Geddes; 27) S. N. Glarum; 28) L. F. Gleysteen; 29) P. F. Grieger; 30) W. W. Hawes; 31) V. F. Hnizda; 32) G. S. Hooper; 33) W. J. Jacober; 34) E. G. Johnson; 35) W. C. Johnson; 36) H. H. Kahler; 37) R. L. Kay; 38) C. H. Keith; 39) L. C. Kenausis; 40) E. R. Kline; 41) P. B. Kraus; 42) D. W. Kuhn; 43) R. P. Larsen; 44) W. V. Loebenstein; 45) W. F. Luder; 46) M. J. McDowell; 47) R. W. Martel; 48) D. J. Mead; 49) P. L. Mercier; 50) J. G. Milligan; 51) G. W. Moessen; 52) W. K. Nelson; 53) H. S. Nutting; 54) D. B. Pall; 55) E. F. Parmenter; 56) H. L. Pickering; 57) R. F. Prescott; 58) J. B. Ramsey; 59) M. B. Reynolds; 60) M. J. Rice, jr.; 61) J. A. Ridderhof; 62) D. A. Rothrock, jr.; 63) C. Schmelzer; 64) F. C. Schmidt; 65) H. Sharbaugh, jr.; 66) C. S. Sherman; 67) F. B. Smith; 68) J. E. Smith; 69) L. E. Strong; 70) E. L. Swarts; 71) E. G. Taylor; 72) G. K. Teal; 73) W. E. Thompson; 74) F. E. Toonder; 75) L. M. Tucker; 76) R. E. Van Dyke; 77) R. A. Vingee; 78) H. E. Weaver, 79) C. R. Witschonke; 80) H. S. Young.

VI **KRAUS,** Edward Henry. Kristallogr., Mineral. — 1904–06 Assist. Prof., '06–08 Assoc. Prof., '08–45 Prof., '08–33 Dir. of the Mineral. Labor., '20–33 Dean of College of Pharmacy, '33–45 Dean of College of Literature, Sci. and Arts, '45 Prof. Emer., Univ. of Michigan, Ann Arbor, Mich.; '03–04 Pres., Onondaga Acad. Sci., Syracuse, N. Y.; '20 Pres., Michigan Acad. of Sci., Arts and Letters; '20– Cofounder and 1st Pres., '55– Hon. Pres., Mineral. Soc. of America; '25–26 Pres., Amer. Assoc. of Colleges of Pharmacy; '43–44 Michigan Schoolmasters' Club; '46– Pres., Gemological Inst. of America; '56 Vice Pres., Gemological Assoc. of Great Britain. — '20 Hon. D.Sc., '34 Hon. LL.D. (Syracuse Univ., Syracuse, N.Y.); '67 Hon. D.Sc. (Univ. of Michigan, Ann Arbor, Mich.). — '45 Roebling Medal (Mineral. Soc. of America).

*1875, Dez. 1, Syracuse, N. Y.

Zum 80. Geb.tag W. F. Hunt, American Mineralogist **40** ('55) 945–51.

S. Frontiers of geology (New York '39): New uses for old minerals (4 S.). — Geology 1888–1938. 50th Anniversary volume, Geological Society of America (New York '41) 307–32: Mineralogy. — Proc. Semicentennial celebration, University of Michigan, Biological station, Pellston, Mich., 1959 (Pellston, Mich. '61) 3–5: Founding and early days.

W. Mineralogy; an introduction to the study of minerals and crystals (m. W. F. Hunt, L. S. Ramsdell) [3](New York–London '36) 9 + 638 S.; [4]('51); [5]('59) 9 + 686 S. — Gems and gem materials (m. C. B. Slawson) [3](New York–London '39) 13 + 287 S.; [4]('41); [5]('47) 9 + 332 S.

American J. pharm. Educat. World responsibilities of education: **9** ('45) 545–53.

American Mineralogist Memorial of Friedrich J. K. Becke: **17** ('32) 226 f. — Memorial of Frank R. van Horn: **19** ('34) 101–05. — Roebling Medal presentation to Charles Palache: **23** ('38) 54–57. — Memorial of Reinhard Brauns: 131–33. — A notable centennial in American mineralogy: 145–48. — Variation of hardness in the diamond[2]): **24** ('39) 661–76. — Cutting of diamonds for industrial purposes[2]): **26** ('41) 153–60. — Symposium on diamonds: Introductory statement: **27** ('42) 157 f.; **28** ('43) 141; **31** ('46) 135. — Acceptance of the Roebling Medal of the Mineralogical Society of America: **30** ('45) 115–23. — Presentation of the Roebling Medal of the Mineralogical Society of America to Paul Niggli: **33** ('48) 158–60. — Walter Frederick Hunt: **38** ('53) 1–3. — Presentation of the Roebling Medal of the Mineralogical Society of America to Frederick Eugene Wright: 290–92. — Presentation of the Roebling Medal of the Mineralogical Society of America to William Frederick Foshag: **39** ('54) 293–95.

Bull. Assoc. amer. Colleges World responsibilities of education: **30** ('44) 406–13.

Bull. Michigan Schoolmasters' Club World responsibilities of education: **1945**, Mai-H., 9–16.

Earth Sci. Albert E. Foote, M. D., naturalist: **14** ('61) Nr. 2, 65–68, 78.

Foote Prints Albert E. Foote, M. D., naturalist[1]): **31** ('59) Nr. 1, 3–8.

Gems and Gemol. Gemology in North America: **5** ('47) 383–86, 402, 407 f. — Standardizing the nomenclature of gems: **6** ('49/50) 147–50. — Progress report on the standardizing of the nomenclature of gems: 278, 290. — Nomenclature of gems: **7** ('51) 58–67.

Guilds Have diamonds ever been made in the laboratory?: 8 ('53) 6, 11.

Industrial Diamond Rev. Minerals in industry: **5** ('45) 193–95. — Classification and definition of varieties of diamond: **13** ('53) 86.

J., Michigan Schoolmasters' Club World responsibilities of education: **1960**, März-Nr., 24–31.

Jewelers' Circ. The quest for synthetic diamonds: **102** ('32) 39, 48.

Jewelers' Circular-Keystone Did J. B. Hannay produce "laboratory diamonds" in 1880?: **1944**, April-Nr., S. 120, 122, 124.

Michigan Alumnus, Quarterly Rev. The summer session – an American development: **49** ('42/43) 69–72. — Luxury to utility – the place of gem stones in war industry: 331–36. — World responsibilities of education: **50** ('44) 293–97. — The might of a crystal: **51** ('44) 42–48. — The unfolding crystal: **52** ('45) 54–65. — Gemology serves the public: **54** ('47) 71–76. — Michigan and the family of Charles E. Wright: **63** ('57) 261–66. — Albert E. Foote, the naturalist: **64** ('58) 342–47.

Mines Mag. New uses for old minerals: **29** ('39) 480, 490, 495.

Mining and Metallurgy An entirely new Dana: **25** ('44) 592 f.

Pan-american Geologist New uses for old minerals: **47** ('40/41) 326–30.

Proc. geol. Soc. America A notable centennial in American mineralogy: **1937** ('38) 58–60.

Proc. roy. canad. Inst. Gems – luxury to utility: (3A) **9** ('43/44) 65 f.

School and Soc. Sunday morning, August 16, 1942: **56** ('42) 449–52.

Science Digest New uses for old minerals: **6** ('39) 77–80.

South african Mining and Engng. J. "Laboratory" diamonds: **55** ('44) 595.

Z. dtsch. Ges. Edelsteinkunde The development of gemology in the United States and Canada: Sonderheft ('57) 53–57.

Außerdem Fortschrittsberichte über die Mineralogie in den Jahren 1937–1956, veröffentlicht im "Britannica Book of the Year" der jeweiligen Jahre.

Mit: [1]) J. W. Donahey; [2]) C. B. Slawson.

VI **KRAUSE,** Alfons Leonard. Chem. (anorg.). — 1930–40 außerord. Prof., '46–66 ord. Prof., Dir. d. Chem. Inst., Univ. Poznań; '40–45 Prof., Poln. Untergrund-univ., Warszawa. — '53 Dr. d. chem. Wiss. (Zentrale Qualifizierungskommiss., Warszawa). — '55 Wissenschaftl. Staatspreis, '58 Gold. Verdienstkreuz, '59 10-Jahres-Medaille (Staatsrat d. Volksrepubl. Polen).

*1895, Nov. 6, Strzelno.

Zur Biogr. Review polish Acad. Sci. 8, 2 ('63) 78 f. (m. Bildn.).

Zum 70. Geb.tag Festgabe: Zeszyty nauk. Politechn. poznańsk. Nr. **30** ('65) 101 S.

S. Kataliza i katalizatory [Katalyse und Katalysatoren] (Warszawa '52): Forschungen über Katalysatoren [poln.]. — Struktura związków nieorganicznych. 2. Konferencja teoretyczna chemików polskich, Spała 1954 [Struktur anorganischer Verbindungen. 2. Theoretische Konferenz der polnischen Chemiker], 1954 (W. Trzebiatowski, A. Bielański) (Warszawa '56): Über die Struktur aktiver Oxide und Hydroxide von Metallen [poln.]. — Actes 2e Congrès international de catalyse, Paris 1960, **2** (Paris '61) 2037–54: On trace catalysis [ ].

Batterien [Utrecht] Über die inhomogene Oberfläche des Mangandioxids und deren Auswirkungen auf die Umsetzungen in der Leclanché-Zelle: **17** ('64) 588–90 [engl. u. deutsch]. — Bildung von Lithiumferrit durch Teilblockierung und Quasireduktion des aktiven Fe_2O_3 im Thermoelement Mg/LiCl–KCl/FeO_x,Ni: **18** ('64) 688 f.

Ber. dtsch. chem. Ges. Amorphe und kristallisierte Oxidhydrate und Oxide, 23: Die Bildung von Ozon bei der Oxydation von Eisen(III)-hydroxiden und Eisen(III)-oxiden; zur Existenz von Eisenperoxidverbindungen [48])[130])[93]): **68** ('35) 1734–43; ~ 24: Autoxydation und Induktionswirkungen des Ferrohydroxids in Gegenwart von γ-FeO · OH [24]): **69** ('36) 656–64; ~ 25: Die Bildung von Ozon und Wasserstoffperoxid aus Metallperoxidverbindungen, die bei der Oxydation von Metallsalzen und Metalloxiden mit Kaliumpersulfat entstehen[112]): 805–11; ~ 27: Katalytische H_2O_2-Zersetzung und die „aktiven Stellen" der amorphen Eisen(III)-hydroxide und ihrer Alterungsprodukte[44]): 1982–90; ~ 29: Katalytische H_2O_2-Zersetzung und die „aktiven Stellen" der Zwischenzustände, die bei der Entwässerung natürlicher und künstlicher Eisen(III)-hydroxide auftreten; die Kristallisation des α-Fe_2O_3 [55]): 2708–19; Die Struktur alternder und nicht alternder Eisen(III)-hydroxide, 30: Ein röntgenographisch amorphes und ferromagnetisches Eisen(III)-hydroxid definierter Zusammensetzung, welches nicht altert[33])[74]): **70** ('37) 393–401; Amorphe und kristallisierte Oxidhydrate und Oxide, 31: „Peroxydase"-Eigenschaften des amorphen Eisen(III)-hydroxids; die katalysierte Oxydation der Ameisensäure mit H_2O_2 [34]): 439–43; ~ 32: Die Oxydation von KJ mit H_2O_2 in Gegenwart von Eisen(III)-hydroxiden[24]): 443–46; ~ 33: Amorphes Eisen(III)-hydroxid als anorganisches „Oxydationsferment"; die katalysierte Oxydation der Essigsäure und anderer aliphatischer Säuren mit H_2O_2 und ihre Verbrennung zu CO_2 bei 20° [42]): 1744–49; ~ 35: Ein röntgenographisch amorphes Eisen(III)-oxidhydrat, das kein Silber bindet und wenig aktiv ist[111]) [110]): 1969–75; ~ 36: Ist Lithiumhydroxid amphoter? Ein Beitrag zur Kenntnis von Heteropolybasen[60]): 1975–79; ~ 38: Hemmungskörper, welche die Alterung und Wasserabgabe des röntgenographisch amorphen Eisen(III)-hydroxidgels verhindern[77]): **71** ('38) 423–29; ~ 41: Über aktives und nichtaktives zwei- und dreiwertiges Eisen in homogenen und heterogenen Systemen[1])[42]): 1033–40; ~ 42: „Katalase"- und „Peroxydase"-Eigenschaften des Kupfer(II)-hydroxids und Kupfer(II)-oxids[51])[89]): 1229–34; ~ 43: Magnesiumhydroxid als Verstärker der peroxydativen Eigenschaften des amorphen Eisen(III)-hydroxidkatalysators; die Geschwindigkeit der Ameisensäureoxydation mit H_2O_2 bei 20° [103]): 1296–302; ~ 45: Die Oxydation wässeriger Lösungen organischer Farbstoffe mit H_2O_2 in Gegenwart von röntgenographisch amorphem Eisen(III)-hydroxid als Katalysator im heterogenen System[84]): 1763–65; ~ 47: Die Hemmung der „Katalase"- und „Peroxydase"-Wirkung des amorphen Eisen-(III)-hydroxids[1])[103]): 2392–98; ~ 50: Ein Dreistoffkatalysator aus den Hydroxiden des dreiwertigen Eisens, zweiwertigen Kupfers und des Magnesiums als anorganisches Ferment von außerordentlicher Wirksamkeit[62]) [134])[135]): **72** ('39) 161–67; ~ 51: Die katalysierte Oxydation der Ameisensäure mit Nitritsauerstoff bei 20° in Gegenwart von aus Metallhydroxiden bestehenden Einstoff- und Mehrstoffkatalysatoren[29]): 634–37; ~ 52: Die Aktivierung des röntgenographisch amorphen Eisen(III)-hydroxid-„Ferments" durch Spuren $Cu(OH)_2$ [117])[62]): 637–41.

Chemische Ber. Anorganische Träger/Ionen-Fermentmodelle vom Katalasetypus, die die Auswirkungen des katalytischen Ionenantagonismus und der katalytischen Mutation zeigen [22]): **95** ('62) 371–74.

Biochemische Z. Die katalytischen Eigenschaften einiger Penicilline und ihre Unterscheidung nach einer katalytischen Schnellmethode[101]): **335** ('61) 217–22.

Bull. Acad. polon. Sci., Sér. Sci. chim. Radikalstruktur und Änderung des Fehlordnungszustands der oxydischen Halbleiter-Katalysatoren während der katalytischen Reaktion sowie durch Fremdoxid Zuschläge: **8** ('60) 83–88 [m. russ. Zusammenfassg. S. IX f.]. – Reaktionsmechanismus der dehydrierenden Zyklisierung von Paraffin-Kohlenwasserstoffen am Chrom(III)-oxid-Katalysator: 89–91 [~ X]. – Der Mechanismus der Äthylhydrierung am ZnO-Katalysator: 93f. [~ X]. – Für Dehydrierungsreaktionen brauchbare Metalloxidkatalysatoren mit γ-Al_2O_3 als Träger: 201f. [~ XIX]. – Über den Mechanismus der Methanol -und Methanbildung aus Kohlenoxid und Wasserstoff: 203–05 [~ XIX]. – Mechanismus des Wasserstoff–Deuterium-Austausches am Zinkoxid-Katalysator: 207f. [~ XX]. – Die Knallgasreaktion an oxidischen Kontakten: 215f. [~ XXI]. – Die Äthylenverbrennung an Oxidkatalysatoren: 249–51 [~ XXIIIf.]. – Mechanismus der katalysierten Reaktion zwischen Ammoniak und Kohlenoxysulfid: 253f. [~ XXIV]. – Der Mechanismus der Methanol-Wasserdampfkonversion: 255f. [~ XXIV]. – Über die Wirkungsweise von MgO-haltigen Oxidkatalysatoren: 257–59 [~ XXIVf.]. – Mechanismus der katalytischen Reduktion von Distickstoffmonoxid mit Wasserstoff: 271f. [~ XXVII]. – Mechanismus der Schwefeltrioxid-Synthese an Metalloxid-Katalysatoren: 273–76 [~ XXVII]. – Der Austausch von Sauerstoffisotopen an Metalloxiden: 277–79 [~ XXVII]. – Die katalytische Synthese von HCN am Platinkontakt: 301f. [~ XXIX]. – Mechanismus der Dehydratisierung und Dehydrierung der Ameisensäure am Silikagel: 303f. [~ XXIX]. – Die katalysierte Reaktion zwischen NH_3 und NO: 331f. [~ XXXI]. – Über heterogene Lösungskatalyse: 333f. [~ XXXI]. – Zerfallreaktionen von Festkörpern an festen Katalysatoren: 335f. [~ XXXI]. – Die Wirkungsweise des Ag/Al_2O_3-Kontakts als Oxydationskatalysator: 369f. [~ XXXIIIf.]. – Mechanismus der katalysierten Reduktion von CS_2: 371f. [~ XXXIV]. – Die Vergiftung der inhomogenen Katalysatoroberfläche: 373–77 [~ XXXIV]. – Mechanismus der Methanverbrennung an Oxidkatalysatoren: 437f. [~ XL]. – Die katalysierte Reaktion zwischen COS und SO_2: 439f. [~ XL]. – Mechanismus der katalytischen Chlorierung von Kohlenwasserstoffen: **9** ('61) 1–3 [~ I]. – Mechanismus der katalytischen Oxydation von CO mit N_2O: 5f. [~ I]. – Mechanismus von Hydratisierungsreaktionen an Oxidkatalysatoren: **19** ('71) 77f. [~] – Mechanismus von Dehydrierungs- und Dehydratisierungsreaktionen am γ-Al_2O_3/Ni-Katalysator, deren Vorrang von dessen Nickelgehalt abhängt: 79–81[~.]

Bull., Soc. Amis Sci. et Lettres Poznań, Sér. B On catalytic decoloration of coloured natural juices[124]): **11** ('51) 100–15. – Röntgenographie, Chemie und Fermenteigenschaften der amphoteren Metallhydroxidgele. Konstitution des Kristallgitters und neue Isomerieerscheinungen: **12** ('53) 3–35. – Cobaltous hydroxide as inorganic oxidase[10]): 37–42 [poln. m. engl. Zusammenfassg.]. – Sociology of chemical elements. Catalytic activity of chemical elements in collective systems: 43–57. – De parties surnuméraires ou superflues du réseau cristallin et de la structure des composés inorganiques dont la composition n'obéit pas à la loi des proportions singles et multiples: 59–66. – Reaktionsmechanismus der katalytischen Dehydratation des Äthanols: 67–74. – Kann Eiweiß durch anorganische Substanzen ersetzt werden?: 75–86. – Über die Beziehung der Kolloide zum Glas bzw. unterkühlten Zustand der Materie: **13.**1954/55 ('56) 91–110. – Über die Radikalstruktur der festen Körper und ihre Bedeutung für die Oberflächenchemie, die Katalyse und Chromatographie: 111–24. – Über spontane Kristallisation des Goethits und dessen Herstellung aus dem röntgenamorphen Eisen(III)-hydroxid nach einer Schnellmethode[65]: 125–30. – Die katalytische Goldprobe[10]: 131–33. – Die Umwandlung des natürlichen α-Fe_2O_3 (Haematit) in γ-FeOOH: 135–40. – Die katalytischen Eigenschaften des Meerwassers[127]: 141–45 [russ.]. – Die Benzidinreaktion des Platinmetalls[40]: 147–54. – Untersuchungen über Katalyse. Katalytisch-analytische Untersuchungsmethoden: 155–259. – Über Bildungsweise, Umwandlungsmöglichkeiten und Alterungswege der Eisen(III)-hydroxide und -oxide: **14.**1956/57 ('58) 229–36. – Über die Struktur aktiver Metalloxide und Oxidhydrate: 237–52. – Über die Verbindungen von amphoteren Metallhydroxiden und -oxiden mit starken Basen. Ein Beitrag zur Chemie der OH-Gruppe[24]: 253–60. – Über den Einfluß der Ca^{2+}-Ionen bei der katalytischen Oxydation von Arsenik mit Luftsauerstoff[8]: 261–66. – Über die besondere Bedeutung der Ionen in der Katalyse: 267–78. – Über katalytische Eigenschaften verschiedener Glassorten: **15.**1959 ('60) 5–11. – Über die Benzidinreaktion einiger Metalle und Legierungen[11][40]: 13–21. – Über die Wirkungsweise von Redox-Katalysatoren und die Struktur ihrer aktiven Zentren: 23–41. – Über Anomalien in der heterogenen Katalyse: 43–56.

Chemia analit. [Warszawa] Kolorimetrische Bestimmung des Kobalts in Pflanzenmaterial mit α-Nitroso-β-naphthol: **6** ('61) 711–14 [ ]. – Bestimmung von Wasserstoffperoxidspuren mit Hydroxylionen als Katalysator[22][69]: **13** ('68) 883–85. – Spektrophotometrischer Nachweis von 10^{-4} g Essigsäure in einer Verdünnung von 1:600000[99]: 1329f.

Chemia stosowana Der Einfluß von anorganischen Salzen auf die Luftoxydation des Paraffins[53][109]: **3** ('59) 123f. [poln. m. deutscher Zusammenfassg.].

Chemiker-Ztg. Mechanismus der Isosynthese von Kohlenwasserstoffen: **85** ('61) 539. – Die katalytische Polymerisation von ungesättigten Kohlenwasserstoffen: **86** ('62) 83. – Die Entflammung von Mischungen aus Äthylen und Chlor an Oxidkatalysatoren: 273. – Die katalytische Bildung von Aceton aus Acetylen und Wasser an n-fehlgeordnetem Zinkoxid sowie der Mechanismus dieser Reaktion: 458f. – Mechanismus der katalytischen Bildung von Alkylaminen an Oxidkatalysatoren: 780f. – Zur katalytischen Oxydation von NO: **87** ('63) 156. – Materialprüfung auf katalytischer Grundlage: 321. – Zur katalytischen Butadiensynthese aus Äthylalkohol: 577. – Zur katalytischen Spaltung von Äthylchlorid: **88** ('64) 15f. – Katalytische Mutation von Cu^{2+} und Fe^{3+} im H_2O_2-Zerfall[22]: 112f. – Zum Mechanismus der katalytischen Bromierung von Vinylbromid: 278. – Über homogene Lösungskatalyse in Redox-Systemen. Die sympathetische Wirkung von Mg^{2+}-Ionen im H_2O_2-Zerfall[83]: 350f. – Die Benzidinblaureaktion in der anorganischen Chemie[22]: **89** ('65) 76f. – Organische Verbindungen als peroxydatische Katalysatoren: **91** ('67) 180f. – Über das unterschiedliche katalytische Verhalten einiger Aminosäuren[132][99][97][88]: **92** ('68) 6f. – Katalytische Eigenschaften und Flammpunkte einiger aromatischer Kohlenwasserstoffe[79]: 774f.

Chimia [Zürich] Über die Wirkung von Al^{3+}-Ionen auf die Struktur der bei der Luftoxydation des Eisen(II)-carbonats entstehenden Eisen(III)-hydroxide[138]: **24** ('70) 221.

Colloid Chem. The importance of colloids for catalysts and trace elements: **7** ('50) 175–80.

C. R. mens. Séances Cl. Sci. math. et natur., Acad. polon. Sci. et Lettres Inorganic trace catalysts: **1951,** Nr. 5/10 ('51) 57–.

Experientia Die katalytische Mutation der Ionen Al^{3+} und MoO_4^{2-} im H_2O_2-Zerfall[22][100]: **20** ('64) 420. – Die katalytischen Eigenschaften einiger Zucker in homogener Lösung[71][61]: 426. – Über das unterschiedliche katalytische Verhalten von Fumar- und Maleinsäure[119]: **21** ('65) 618. – Magnetitfördernde Wirkung von Al^{3+}-Ionen bei der Luftoxydation des $Fe(OH)_2$ [137]: **26** ('70) 1049f.

Farmacja polska Ferments, superferments and trace elements as catalysts: **6** ('50) Nr. 5/6 [poln. m. engl. Zusammenfassg.]. – A new inorganic iron compound useful as a medicinal agent and the method of obtaining it: **12** ('56) 256f. [~].

Fundamenta balneo-bioclimatol. [Stuttgart] Die Entwicklung der katalytischen Eigenschaften des Trinkwassers durch Co^{2+}-Ionen: **2** ('62/63) 203–06. – Die Entwicklung der peroxydatischen Eigenschaften des Trinkwassers durch Cr^{3+}-Ionen[99]: **3** ('64/66) 95–97. – Die Verstärkung der peroxydatischen Eigenschaften des ortshiesigen Trink- bzw. Leitungswassers bei Zusatz von OH^-- und Mg^{2+}-Ionen[99]: 168–70.

Industrial and Engng. Chem. Mechanism of hydrocarbon cracking in the presence of aluminium silicate as catalyst: **51** ('50) 1358.

J. electrochem. Soc. On an ion-exchange property of manganese dioxide: **107** ('60) 574.

Kolloid-Z. Über kolloide Gase, 2: Die Bestimmung der Teilchengröße der kolloiden Luft[45]: **66** ('34) 288–92; ~ 3: Kolloide Luft und kolloider Sauerstoff mit einer Bläschengröße von 5 $\mu\mu$ bzw. 3 $\mu\mu$ Teilchendurchmesser[45]: **71** ('35) 55–60; ~ 4: Über Herstellung und Eigenschaften kolloidzerteilter Gase sowie ihre Bedeutung in Natur und Technik[45]: **80** ('37) 273–86. – Amorphe und kristallisierte Oxidhydrate und Oxide, 22: Über Hydroxidgele und Oxidhydratgele sowie ihre amphoteren Eigenschaften: **72** ('35) 18–25; ~ 34: Die hypotonische Außenlösung als Ursache der Alterung des röntgenographisch amorphen Eisen(III)-hydroxids[21]: **81** ('37) 45–48; ~ 40: Die osmotische Theorie der Alterung von Metallhydroxidgelen am Beispiel des röntgenographisch amorphen Eisen(III)-hydroxids; die Hemmung der Alterung durch Verhinderung der Wasserabgabe und Erhaltung des Gelturgors[10]: **82** ('38) 312–14. – Über Hydroxidgele und Oxidhydratgele sowie ihre amphoteren Eigenschaften [Antwort an R. Fricke]: **75** ('36) 288–91. – Die Zusammensetzung der Mizellen von essigsauren Hydrosolen hydrophiler und hydrophober Eisen(III)-hydroxide[41]: **178** ('61) 174f. – Über das Verhalten von Eisen(III)-hydroxid-Hydrosolen zu löslicher Stärke[2][41][57]: **179** ('61) 70–72. – Ein hitzebeständiges Hydrosol eines röntgenamorphen Eisen(III)-hydroxids[92]: 73f. – Die Alterung des röntgenamorphen Eisen(III)-hydroxid-Trockengels[66]: **181** ('62) 69. – Ein röntgenamorphes Eisen(III)-hydroxidgel, das in kochendem Wasser peptisierbar ist[66]: 70f. – Über Hydrosole von topochemischen röntgenamorphen Eisen(III)-hydroxiden[92]: **185** ('62) 63. – Peroxydatische Eigenschaften von Hydrosolen röntgenamorpher Eisen(III)-hydroxide[92]: **199** ('64) 65f. – Über das katalytische Verhalten einiger hochmolekularer bzw. hochpolymerer Naturstoffe: Polysaccharide, Sterine und Eiweißstoffe[69]: **212** ('66) 50f. – Ein Vaporosol eines Chrom(III)-hydroxid-Hydrogels[97]: **234** ('69) 1151.

Landwirtschaftliche Forsch. Die Keimfähigkeit des Weizens und dessen Beurteilung auf katalytischer Grundlage mit Hilfe von Fe^{3+}- oder Co^{2+}-Promotorionen[122]: **19** ('66) 243–45.

Liebigs Ann. Chem. Über das unterschiedliche katalytische Verhalten von Alkaloiden der Lupine[71]: **699** ('66) 210f.

Medizin heute für die Praxis morgen Katalyse und radioaktiver Niederschlag im Zusammenhang mit den peroxydatischen Eigenschaften organischer Verbindungen sowie des CO_2: **17** ('68) 373f.

Medizinische Monatsschr. Katalyse und Katalysatoren: **22** ('68) 104–09.

Mineralogische u. petrogr. Mitt. Die Struktur eines Raseneisenerzes[65]: 8 ('63) 439–43.

Monatsh. Chem. Neue Peroxydasemodelle mit Thallium(III)-oxid als Träger[6]: **93** ('62) 761–65. – Die katalytische Mutation von Substrat und Promotorionen als Mittel zur Unterscheidung von homogener und heterogener Lösungskatalyse an Träger/Ionen-Katalysatoren in Redox-Systemen[61]: 955–61. – Die Benzidinblaureaktion und ähnliche katalytische Redox-Reaktionen als Mittel zur Unterscheidung von Lanthanid-Oxiden[99]: 965f. – Die Hemmwirkung von Spurenmengen Fe^{3+}-Ionen im H_2O_2-Zerfall[79]: **94** ('63) 81–84. – Der Einfluß von PO_4^{3-}-Ionen auf die Oxydation des $Fe(OH)_2$ mit Luftsauerstoff und die Verhinderung der Magnetitbildung sowie die Struktur der Oxydationsprodukte[7]: 460–65. – Katalasemodelle mit Erdalkalicarbonaten als Träger[22][61][83]: 466–69. – Der katalytische Ionenantagonismus der Ionenpaare $Co^{2+}+La^{3+}$ und $Mn^{2+}+Cr^{3+}$ am CdO-Träger im H_2O_2-Zerfall[122]: 470–72. – Über amorphe Festkörper. Eisen(III)–Chrom(III)-Mischhydroxide und deren katalytisches Verhalten[22]: 793–96, 1274. – Zur Bildung von ferromagnetischen Ferriten aus bei Raumtemperatur gefällten Mischgelen durch wasserentziehende Mittel[4]: **95** ('64) 1f. – Über amorphe Festkörper. Die Unterscheidung von röntgenamorphen Eisen(III)-hydroxiden auf katalytischer Grundlage[66]: 203–06. – Aktivierungsenergie des H_2O_2-Zerfalls in Gegenwart einiger Hydroxid- und Oxidkatalysatoren[22][61][81]: 231–33. – Die Verstärkung der katalytischen Aktivität einer $FeSO_4$-Lösung durch Hydrolyse[81]: 277f. – Über amorphe Festkörper. Aluminiumoxidhydrat und dessen katalytisches Verhalten[22]: 279f. – Die H_2O_2-zersetzende und synergetische Wirkung der Ionen Ag^+ und WO_4^{2-} im homogenen und heterogenen System[81]: 379–81. – Über den Nachweis von frühzeitigen, subtilen Veränderungen der Festkörperoberfläche am Beispiel des V_2O_5[132]: 598f. – Ein seltener Fall aktiver Na^+-Ionen in der heterogenen Lösungskatalyse[22][71]: 600–02. – Über zwei verschiedene Sauerstoffatom-Typen der aktiven Metalloxide: 1329–31. – Aktivierungsenergie des H_2O_2-Zerfalls im mikroheterogenen System in Gegenwart von Hydrosolen röntgenamorpher Eisen(III)-hydroxide[92]: 1332–34. – Mechanismus der Äthylenhydrierung an Metallkontakten: **96** ('65) 95–97. – Über das unterschiedliche katalytische Verhalten von Glykokoll und Acetamid im H_2O_2-Zerfall[79]: 300–02, 1408. – Über röntgenographisch nicht nachweisbare kristalline Metallhydroxide in Hydroxidgemischen: 303f.

— Zur Bildung von amphoteren Metallhydroxiden mit großer Oberfläche[119]): 474–76. — Eisen(III)–Aluminium-Mischhydroxide und deren katalytisches Verhalten[81]): 679–81. — Über die Nichtoxydierbarkeit von Fe^{2+}-Ionen in wäßriger Lösung mit Luftsauerstoff: 682–84. — Über amorphe Festkörper. Beryllium–Chrom(III)-Mischhydroxide und deren katalytisches Verhalten[119]): 959f. — Zum Mechanismus der Blausäuresynthese aus Ammoniak, Methan und Luftsauerstoff am Platinkontakt: 1132f. — Über amphotere Eigenschaften der Metalle und die donator- und defektelektronischen Zentren ihrer inhomogenen Oberfläche: 1134–43. — Über ferromagnetische Ferrite. Zur Bildung eines ferromagnetischen Kupfer(II)-ferrits, $CuFe_2O_4$, auf nassem Wege[4]): 1183f. — Die Unterscheidung einiger Eiweißstoffe auf katalytischer Grundlage nach einer Schnellmethode mit Hilfe von Promotorionen[6]): 1435f. — Über das unterschiedliche katalytische Verhalten einiger ungesättigter organischer Säuren[119]): 1579f. — Metalloxide mit großer Oberfläche durch Tieftemperatur-Vorbehandlung ihrer Stammprodukte[83])[67]): 1581–85. — Über das unterschiedliche katalytische Verhalten von Harnstoff und Harnsäure[31]): 1716f. — Röntgenstruktur und katalytische Eigenschaften eines amphoteren Dreihydroxids[22]): 1718–20. — Die Hemmwirkung von SiO_3^{2-} und AsO_2^- bei der Luftoxydation von gefälltem Eisen(II)-carbonat[97]): 1809f. — Über das unterschiedliche katalytische Verhalten einiger Paraffin-Kohlenwasserstoffe[31]): 1934f. — Über das peroxidatische Verhalten einiger Ionen in einem starken magnetischen Feld[22])[69]): **97** ('66) 99f. — Ein durch Tieftemperaturbehandlung gewonnenes $Cu(OH)_2$ mit großer Oberfläche und deren spezifische Auswirkungen auf die katalytischen Eigenschaften dieses Hydroxids[83])[67]): 178f. — Peroxidatische Indigocarmin-Schnellentfärbung mit OH^--Ionen als Katalysator[99])[88]): 855f. — Aktivierungsenergie der peroxidatischen Indigocarmin-Entfärbung mit OH^--Ionen als Katalysator [132])[97]): 1193f. — Unterschiede im katalytischen Verhalten geometrisch isomerer Verbindungen. Exo- und endo-Bornyl-3-amin[81]): 1263f. — In welchem Zustand befindet sich Wasserstoff im Stahl?: 1739–41. — Über das unterschiedliche katalytische Verhalten von stellungsisomeren organischen Verbindungen. Die Äthylester von Chinolyl-2-brenztraubensäure-oxim und Chinolyl-4-brenztraubensäureoxim[81]): **98** ('67) 919–21. — Katalysatorvermehrung durch Molekelteilung[121]): 1941–43. — Über die unterschiedliche Oxydierbarkeit von niedrig- und hochmolekularen organischen Verbindungen[22])[69]): **99** ('68) 575–77. — Mechanismus der katalytischen Dehydrierung und Dehydratisierung der Ameisensäure an Oxid- und Metallkatalysatoren: 1070–72. — Indigocarmin, ein hochempfindliches Substrat in der Redox-Lösungskatalyse, insbes. zum Nachweis von Mikrospuren sowie der katalytischen Eigenschaften organischer Verbindungen und Peroxysäuren[22])[69]): 1073–75. — Vergiftung von Katalysatoren: 1489–91. — Hydroxylionen-Katalyse sowie pH- und H_2O_2-Konzentrations-Abhängigkeit dieser peroxidatischen Reaktion[22])[69]): 1492f. — Spektrophotometrischer Nachweis von 10^{-8} g H_2O_2 in einer Verdünnung von 1:5,4 Milliarden mit Essigsäure als Katalysator[99]): 1494f. — Mechanismus der dehydrierenden Zyklisierung von Paraffin-Kohlenwasserstoffen: 1496–98. — Mechanismus der katalytischen Benzolhydrierung: 1833–35. — Der künstliche Hydrargillit und dessen Verhalten bei höheren Temperaturen[97]): 2390f. — Über die Fähigkeit fester Stoffe, beim bloßen Vermengen miteinander zu reagieren[22])[69]): 2392–94. — Über die Bedeutung der Keimbildungs- und Kristallisationsgeschwindigkeit bei Fällung von Aluminiumhydroxid mit relativ großer Oberfläche, die auch bei dem entsprechenden α-Al_2O_3 vorhanden ist[88]): **101** ('70) 1136f. — Der Einfluß von Fremdkationen auf die Luftoxydation des $Fe(OH)_2$ und die Struktur der Oxydationsprodukte[137]): 1223–25. — Neues über homogene Lösungskatalyse[121]): 1226–28. — Über das homogenkatalytische Verhalten einiger organischer Salze sowie die aktivierende und hemmende Wirkung gewisser Effektorionen im System Indigocarmin/H_2O_2 [71]) [119]): **102** ('71) 494–97.

Nature [London] Structure and mode of action of the contact γ-aluminum oxide/platinum: **183** ('59) 1615f.

Naturwissenschaften Zur Existenz eines speziellen passivierenden Eisenoxids: **47** ('60) 202f. — Struktur und Wirkungsweise des Fe/γ-Al_2O_3/K_2O-Katalysators bei der Ammoniaksynthese: 203. — Ein neues Eisen(III)-hydroxid-Mineral[65]): **48** ('61) 522. — Ein neues anorganisches Superferment vom Katalasetypus[83]): 693f. — Thallium(III)-oxid, ein neuer Redox-Katalysator anomalen Verhaltens[6]): **49** ('62) 104f. — Die katalytische Aktivität von 10^{-10} g Fe^{3+} [132])[35]): 105f. — Das Spurenelement Kobalt als bevorzugter Aktivator von Hemmungskörpern in Redox-Systemen[6])[81])[99])[132]): 347. — Über das anomale Verhalten von Nickel(II)-hydroxid als Redox-Katalysator[22]): 418, 552. — Die katalytische Aktivität von 10^{-6} g Ba^{2+} [81]): 468. — Die katalytische Aktivität von 10^{-11} g Cu^{2+} [132]): **50** ('63) 18. — Eine neue anorganische Kobaltkatalase, die bei 37° mindestens 80000 Molekeln H_2O_2 in der Sekunde zersetzt[83]): 41f. — Ein neues topochemisches und oberflächengroßes Aluminiumoxyhydrat[66]): 440. — Die katalytischen Eigenschaften von Wismut(III)-hydroxiden und deren anomales Verhalten in Redox-Systemen[118]): 473. — Das Spurenelement Uran und dessen katalytische Auswirkungen in Redox-Systemen[22])[83]): 518. — Über den Nachweis von frühzeitigen subtilen Veränderungen der Festkörperoberfläche[132]): 567f. — Eine überaus starke Giftwirkung des Spurenelements Silber in Redox-Systemen[22]): **51** ('64) 136. — Eine hochaktive anorganische Katalase in homogener Lösung[79]): 160f. — Katalytische Mutation und Positionsfaktor von Mehrstoffkatalysatoren, die trotz gleicher Zusammensetzung verschieden aktiv sind[81]): 406f. — Eine sehr aktive anorganische Peroxydase in homogener Lösung[79]): 508. — Die Entwicklung der katalytischen Eigenschaften des Trinkwassers bzw. seiner Ca^{2+}-Ionen durch heterogen-katalytische Aufstockung[81]): **52** ('65) 156f. — Über das unterschiedliche katalytische Verhalten einiger Ortho-, Meta- und Para-Benzolderivate[71]): 158f. — Superadditive Wirkung von Co^{2+}- und MoO_4^{2-}-Ionen auf Selenitträgern im H_2O_2-Zerfall[22])[69])[52]): 302. — Über das unterschiedliche katalytische Verhalten von primären, sekundären und tertiären Alkoholen[71]): 641. — Der künstliche Diaspor α-AlOOH [97])[67]): **57** ('70) 88f.

Österreichische Chemiker-Ztg. Mechanismus der Ammoniakoxydation an p-Halbleiteroxiden: **61** ('60) 350f. — Mechanismus der Acetonbildung aus Äthylalkohol an Metalloxidkatalysatoren mit Halbleitereigenschaften: **62** ('61) 49f. — Chemisorption, Desorption und Mechanismus katalytischer Reaktionen an Oxidkatalysatoren: **63** ('62) 49–51. — Reaktionsfähigkeit und Elektronentransfer aktiver Oxide: 215–17. — Mechanismus und Reaktionsfähigkeit fester Stoffe mit gasförmigen Katalysatoren: **64** ('63) 41f. — Die Herstellung von Eisengelbpigmenten nach einer Schnellmethode[132]): 76f. — Chemisorption, Desorption und Mechanismus katalytischer Reaktionen an Metallkatalysatoren: 142–44. — Mechanismus der Hydrierung von Aceton und Isopropylalkohol am Platinkontakt: **66** ('65) 241f. — Benzidin als Substrat und Katalysator[99]): **67** ('66) 52f. — Über das unterschiedliche katalytische Verhalten einiger N-haltiger heterocyclischer Verbindungen[71]): 121f. — Über das unterschiedliche katalytische Verhalten von aliphatischen und aromatischen Aminen[99])[88]): 208f. — Aliphatische und aromatische Nitroverbindungen: Inhibitoren oder peroxydatisch wirksame Katalysatoren[71]): 225f. — Über das unterschiedliche katalytische Verhalten einiger Gallensäuren[22])[69]): 283f. — Warum wird bei der NaCl-Elektrolyse an der Quecksilberkathode Natrium abgeschieden, an der Eisenkathode dagegen nicht?: 284f. — Organische Inhibitoren, die durch Spurenmengen Cu^{2+} in äußerst wirksame Redox-Katalysatoren übergehen[22])[69]): **68** ('67) 54f. — Eine Gegenüberstellung der Radikaltheorie und der elektrochemischen Theorie von Lokalelementen auf der Oberfläche metallischen Eisens und dessen Korrosion: 125f. — Hoch- und Tieftemperatur-Mechanismus katalytischer Oxydationsreaktionen an Halbleiteroxiden: 126f. — Ein Vergleich von Mono- und Dicarbonsäuren in ihrer Eigenschaft als Redoxkatalysatoren[121]): 163–65. — Über das katalytische Verhalten einiger Azokörper[67]): 192. — Der katalytische Zustand – ein allgemein möglicher Zustand der Materie: 215–17. — Reaktionsfördernde und inhibitorische Wirkungen von H_2O_2 und HNO_3 bei der Indigocarminoxydation: 218. — Reaktionen an Oxidkatalysatoren, deren Sauerstoff mit dem Substratsauerstoff austauscht, sowie eine Definition des aktiven Metalloxids: 219f.

Pharmazie Über das unterschiedliche katalytische Verhalten einiger Opiumalkaloide[71]): **21** ('66) 378f. — Die Unterscheidung von optisch isomeren organischen Verbindungen (D- und L-Aminosäuren) auf katalytischer Grundlage. Zum 70. Geburtstag von Prof. Dr. Dr. h. c. W. Poethke[81]): **25** ('70) 340f. — Über die Bildung von Peroxycarbonat aus Natriumhydrogencarbonat in verdünnten Wasserstoffperoxidlösungen[121]): 433f. — Über die konzentrationsbedingte hemmende und aktivierende katalytische Wirkung von Eisen- und anderen Ionen im homogenen System an Natriumdihydrogenphosphat[119]): 435.

Postępy Fizyki Kolloidzerteilte Gase: **2** ('51) Nr. 1/3 [poln.].

Prace Komisji mat.-przyrodn., Poznańsk. Towarz. Przyjaciół Nauk, Ser. A Theory of catalytic decomposition of hydrogen peroxide: **5** ('48) 163–80 [poln. m. engl. Zusammenfassg.].

Problemy Kinetiki i Kataliza On the structure of heterogeneous catalysts and the mechanism of some catalytic reactions: **10.1958** ('60) 381–91 [russ.].

Przegląd chem. Oxidation–reduction catalysts, 58: **6** ('48) 129–35 [ ].

Przemysł chem. Sur la régénération complète des eaux-mères de sel ammoniac et sur le cycle des opérations dans la fabrication du carbonate de sodium par le procédé Solvay[126]): **18** ('34) 445–49 [poln. m. französ. Zusammenfassg.]. — Die Chemie der Katalysatoren: **28** ('49) 267–. — Katalytische Eigenschaften von Kohle und von Holzkohlen: **29** ('50) 377–83. — Der Einfluß von Spurenelementen auf die Haltbarkeit anorganischer Metallsulfidpigmente: **32** ('53) 3–5. — Charakteristik einiger Kunststoffe als katalytische Substanzen[53])[23]): 277–79. — Aktive Spurenelemente und Mehrkomponenten-Katalysatoren, die sich für den Laboratoriumsgebrauch und für Lehrversuche eignen[127]): 606–08. — Kadmiumgelbpigmente auf katalytischer Grundlage charakterisiert [56]): **33** ('54) 19–22. — Zinksulfide als Katalysatoren im H_2O_2-Zerfall[53])[72]): 66–68. — Über die Stabilisierung von Kadmiumgelbpigmenten[56]): 132–34. – Über die H_2O_2-Stabilisierung mit α-Zinnsäuregel[9]): 392–96. – Untersuchungen auf dem Gebiet der Katalyse: **34** ('55) 11–13. – Die Wirkung von Metallhydroxid-Katalysatoren mit vier Bestandteilen auf die Zersetzung von Wasserstoffperoxid: 291–94. – Die Herstellung von Eisenrot durch eine topochemische Methode [56]): **35** ('56) 312–15. – Ferromagnetische Verbindungen von Metalloxiden und eine neue Darstellungsmethode für sie: 623–25. – Beurteilung der Aktivität von Aluminiumhydroxiden und -oxiden mit Hilfe der katalytischen Schnellmethode[132]): **36** ('57) 87–90. – Katalytische Oxydation von Arsentrioxid mit Luftsauerstoff[127])[113]): 212f. – Die praktische Bedeutung der katalytischen Mutation [132]): 503–05. – Untersuchung der Aktivität und Beurteilung des industriellen Katalysators zur Methankonversion[53]): **37** ('58) 511–15. – Der Einfluß von Spurenelementen auf die Farbe und auf die Struktur gelber Eisenhydroxide[56])[124]): 580–82. – Chemie ferromagnetischer Eisenhydroxide: 637–39. – Ersatz von H_2O_2 durch NaClO bei der Darstellung von Eisengelbpigmenten[56])[27]): **38** ('59) 290–92. – Laboratoriumsmethode zur Beurteilung von Vanadinkatalysatoren für die Synthese von Phthalsäureanhydrid[53]): 616–21. – Eigenschaften des Eisen–Kupfer-Katalysators in einigen Redox-Prozessen[53]): **40** ('61) 631–34. – – Alle Arbeiten poln., meist m. engl. Zusammenfassg.

Revue roumaine Chim. Hydrierungsreaktionen am Ni-Katalysator mit Fe- und Cu-Zuschlägen, deren verstärkende oder abschwächende Wirkung durch die individuellen Eigenschaften der jeweiligen Substratmoleküle verursacht wird: **16** ('71) 87f. – Über das unterschiedliche Verhalten des Pt- und Pd-Katalysators bei der Hydrierung des Acetylens und den Mechanismus dieser Reaktion: 89f.

Roczn. Chem. Über die Struktur und Polymerisation des braunen Orthoferrihydroxids [15]): **12** ('32) 468–77 [ ]. – Der Mechanismus der Bildung von α-FeOOH und der Einfluß der Wasserstoffionenkonzentration auf den Alterungsvorgang des Orthoferrihydroxids bei höheren Temperaturen[63])[13]): **13** ('33) 264–75 [ ]. – Über ein Orthoferrihydroxid mit Seitenkette[32]): 501–08 [ ]. – Über Struktur und Ferromagnetismus der Ferroferrite sowie die Autoxydation des Ferrohydroxids[115]): **14** ('34) 60–68 [ ]. – Über kolloide Luft und die Bestimmung ihrer Teilchengröße[45]): 487–503 [ ]. – Über die mikrokristallinen Orthoferrihydroxide und die mikrokristallinen Ferrite von Natrium, Silber und Barium[60]): 504–14 [ ]. – Die Alterung des Eisen(III)-orthohydroxids und seine Umwandlung in α-FeOOH als Erscheinung unstetiger Kristallisation oder Entglasung[106])[114])[105]): **15** ('35) 15–25 [ ]. – Über die Struktur des durch Oxydation von Eisen(II)-carbonat erhaltenen Orthoeisen(III)-hydroxids[95]): 114–21 [ ]. – Über die Hydroxide des Eisens, die Silberferrite und die Ferrite des zweiwertigen Eisens. Antwort an Herrn V. Rodt: **16** ('36) 318–22 [poln. m. deutscher Zusammenfassg.]. – Amphotere Metallhydroxide als Einstoff- und Mehrstoffkatalysatoren in ihrer Eigenschaft als anorganische Fermente, 49: **19** ('39) 129–34 [~]. – Ein Vorlesungsversuch über Katalyse im homogenen und heterogenen System: 365–70 [~]. – Ein einfacher Vorlesungsversuch über die Wirkung von Einstoff- und Mehrstoffkatalysatoren im heterogenen System: 477–79 [~]. – Aktive Ferri- und Kupriverbindungen als anorganische Katalysatoren bei peroxydativen Oxydationsvorgängen im Lichte der Theorien der Sauerstoffaktivierung und Wasserstoffaktivierung: 481–85 [~]. – Probleme der modernen anorganischen Chemie: **23** ('49) 111–46 [ ]. – The benzidine reaction of ferric oxides and hydroxides[108])[40]): **24** ('50) 77–87 [poln. m. engl. Zusammenfassg.]. – Benzidine reaction of amorphous ferric hydroxides and their dehydration products[30])[9]): **25** ('51) 287–96 [~]. – Catalytic detection of 10^{-10} g of iron: **26** ('52) 3–7 [~]. – Über das Vaporosol des Iso-orthoeisen(III)-hydroxids: 525–30 [poln. m. deutscher Zusammenfassg.]. – Über die Dehydratation des röntgenamorphen Orthoferrihydroxids: **27** ('53) 3–8 [~]. – Über den katalytischen Ionenantagonismus: 9–16 [~]. – Die hemmende Wirkung von destilliertem Wasser bei der katalytischen H_2O_2-Zersetzung[80]): 17–22 [~]. – Über die Aktivierung des γ-FeOOH durch amphotere Metallhydroxide und das anomale Verhalten einiger Mischkatalysatoren von diesem Typus [123]): 232–41 [~]. – Über die spezifische katalytische Wirkung der Spurenelemente Fe, Co und Ni in Redox-Systemen[127]): 321–26 [~]. – Über einen komplexen Mehrstoff-Redox-Katalysator[132]): 327–31 [~]. – Über die Herstellung beständiger röntgenamorpher Gele von amphoteren Metallhydroxiden[92]): 417–25 [~]. – Über die katalytische Wirkung von Al^{3+}-Ionen in Redox-Systemen: **28** ('54) 3–11 [~]. – Über einen anorganischen Indikator, der in der acidimetrischen Maßanalyse verwendbar ist[18]): 134–38 [~]. – Über die Geschwindigkeit einiger katalytischer Reaktionen in gekoppelten Redox-Systemen[82]): 317–27 [~]. – Über katalytische und Trägereigenschaften des $Mg(OH)_2$ in Redox-Systemen[91])[87]): 329–36 [~]. – Blei(II)-hydroxid als Bestandteil von anorganischen Katalasen und Peroxydasen[68]): 337–50 [~]. – Über katalytische Eigenschaften des Kupfer(II)-hydroxids und dessen Aktivierung[128]): 351–58 [~]. – Über die katalytische Oxydation des Indigocarmins mit Luftsauerstoff als Endakzeptor[104]): 359–65 [~]. – Über Aluminium-oxidhydrate und deren Charakterisierung mit Hilfe der katalytischen Mutation[10]): 367–76 [~]. — Über amphotere Trägereigenschaften des Aluminiumoxidhydrats in Redox-Systemen[38])[127]): 377–84 [~]. — Über katalytische Amphoterie der Mn^{2+}-Ionen und die Aktivität von Mikrospuren dieses Elements[127]): 539–48 [~]. — Über die Wirkungsweise einiger superkomplexer Redox-Katalysatoren im Lichte der katalytischen Mutation[132]): **29** ('55) 3–9 [~]. — Über die besondere Spezifität von Phosphatträgern, die am Aufbau von Redox-Mehrstoff-Katalysatoren beteiligt sind: 165–72 [~]. — Über eine neue polychromatische Chamäleonreaktion: 173–81 [~]. — Über die Reaktionsfähigkeit fester amphoterer Metallhydroxide beim Zerreiben: 201–08 [~]. — Kalkstickstoff als Katalysator und Träger von Mehrstoff-Katalysatoren: 300–06 [~]. — Zur Charakterisierung von α- und β-Zinnsäure auf katalytischer Grundlage[9]): 307–24 [~]. — Über die Wirkungsweise eines Mischträgers von $Co(OH)_2$ und $Ni(OH)_2$ bei der katalytischen H_2O_2-Zersetzung[127]): 993–98 [~]. — Über die Oxydation des $Fe(OH)_2$ mit Luftsauerstoff in Abhängigkeit von der H^+- und OH^--Konzentration[7]): 999–1006 [~]. — Über Chrom(III)-hydroxide[53]): **30** ('56) 11–28 [~]. — Über katalytische Eigenschaften der Uranoxide[85]): 29–38 [~]. — Über katalytische und Trägereigenschaften einiger Quecksilberverbindungen in Redox-Systemen: 39–50 [~]. — Über Herstellung des Goethits aus dem röntgenamorphen o-Eisen(III)-hydroxid durch Impfen mit einem Keimgel[65])[28]): 51–58 [~]. — Über Mineralfermente[102]): 369–84 [~]. — Über die Struktur der Kobalt(II)-hydroxide [10])[127]): 671–80 [~]. — Kupfer(II)-oxid als Träger von Mehrstoffkatalysatoren[127]): 681–90 [~]. — Über den Einfluß von Spurenelementen auf die katalytische Aktivität des $Ni(OH)_2$ [127])[120]): 723–32 [~]. — Über latente Kristallbaufehler und ihre besondere Bedeutung für die Untersuchung von Kontaktkatalysatoren: 1047–54 [~]. — Über den Einfluß von niedrigen Temperaturen auf die Struktur und katalytische Aktivität einiger Eisen(III)-hydroxide[80]): 1095–102 [~]. — Über die Bestimmung der Zahl der aktiven Zentren auf der Oberfläche eines Aluminiumoxidhydratträgers[132])[129]): 1103–10 [~]. — Über eine neue einfache Herstellungsmethode von ferromagnetischen Ferriten[127]): **31** ('57) 319–21 [~]. — Über Eisen(III)-hydroxide und Eisen(III)-oxide, die zur Herstellung von ferromagnetischen Ferriten geeignet sind[127]): 323–25 [~]. — Über die Herstellung von ferromagnetischen Ferriten durch thermische Behandlung entsprechender Salze[127]): 327 f. [~]. — Über die katalytische Aktivität von Mikrospuren: 355–57 [~]. — Über die Abhängigkeit der katalytischen Eigenschaften eines komplexen Katalysators vom Alter seiner Ionenbestandteile[25]): 385–93 [~]. — Über die Aktivität des Kupfer(I)-oxids unter besonderer Berücksichtigung der katalytischen Mutation[127])[107]): 413–19 [~]. — Über das anomale Verhalten des Aluminiumoxidhydratkatalysators im System Indigocarmin/H_2O_2 bei 37° [132]): 421–28 [~]. — Über die spezifische Aktivität von Ag_3PO_4 in Redox-Systemen[132]): 429–36 [~]. — Über den Einfluß von Ceriterden auf die katalytische Luftoxydation des As_2O_3 mit $Cu(OH)_2$ als Katalysator[127])[43]): 471–79 [~]. — Über die Luftoxydation von As_2O_3 und ihre Abhängigkeit von der Temperatur in Gegenwart von Ein- und Mehrstoffkatalysatoren[132])[6]): 481–88 [~]. — Über das anomale Verhalten einiger Redox-Katalysatoren[124]): 723–26 [~]. — Über die katalytische Oxydation von As_2O_3 mit Luftsauerstoff in Gegenwart von $Mn(OH)_2$[127])[19]): 783–91 [~]. — Über die katalytische Oxydation von As_2O_3 mit $Cu(OH)_2$ als Katalysator und dessen Aktivierung[127])[58]): 793–800 [~]. — Über die katalytische Aktivität einiger heterogener Katalysatoren und die Größe ihrer Oberfläche[4]): 801–08 [~]. — Struktur und katalytische Eigenschaften von Kobalt(III)-hydroxiden[125]): 1137–45 [~]. — Über die Herstellung von ferromagnetischen Ferriten einiger seltener Erden[127]): 1343 f. [~]. — Über die reaktionsbeschleunigende Wirkung von SiO_2 bei der Luftoxydation des $Fe(OH)_2$[66]): **32** ('58) 29–38 [~]. — Amphotere Mischhydroxide als anorganische Peroxydasemodelle[36])[37])[59]): 139–42 [~]. — Struktur und katalytische Eigenschaften des durch Hydrolyse einer Natriumferritlösung entstehenden Eisen(III)-hydroxids[9]): 143–45 [~]. — Der Einfluß von Spurenelementen auf die katalytische Aktivität des γ-FeOOH[64]): 403 f. [~]. — Über das assoziierte Polyorthoeisen(III)-hydroxid[131]): 405–08 [~]. — Über die Wirkungsweise von trägerähnlichen Promotoren[3])[12]): 409–11 [~]. — Über verschiedenartige Promotoren eines Mehrstoffkatalysators[46]): 671–73 [~]. — Über den Einfluß des Trägers und der Promotormenge auf die katalytische Mutation des komplexen Mehrstoffkatalysators[78]): 675–78 [~]. — Gold als Promotor und Inhibitor bei katalytischen Redox-Reaktionen[6])[70]): 679 f. [~]. — Über die katalytischen Eigenschaften des metallischen Silbers und dessen Vergiftung[40]): 971–73 [~]. — Silberoxid als Promotor und Inhibitor eines $Fe(OH)_3/Cu(OH)_2$-Zweistoffkatalysators[117]): 975–77 [~]. — Nickel(II)-hexacyanoferrat(II) als Träger von Mehrstoffkatalysatoren[54]): 979–81 [~]. — Über die verstärkte katalytische Aktivität einiger Edelmetalle durch Ritzen ihrer Oberfläche[40]): 1025–31 [~]. — Über inaktives zweiwertiges Eisen[4]): 1045–52 [~]. — Über die aktivierende Wirkung des Kalziums als Bestandteil von Mehrstoffkatalysatoren[94]): 1191–93 [~]. — Über die optimale Zusammensetzung und Aktivität eines Zweistoffkatalysators in Abhängigkeit von der Reaktionstemperatur[117]):

1195–97 [~]. – Der Einfluß von Spurenelementen auf die katalytische Aktivität des Zinkhydroxids[72]): 1199–201 [~]. – Über die Anziehungskräfte und die Wechselwirkung zwischen Träger- und Promotor-Ionen[66]): 1203–05 [~]. – Über die Koagulation hydrophiler und hydrophober Hydrosole von Eisen(III)-hydroxiden[2]): 1385–87 [~]. – Über anorganische heterogene Katalysatoren vom Ferrittypus, die die Stärkehydrolyse beschleunigen[14]): 1389–92 [~]. – Über Faktoren, die eine Verbesserung der katalytischen Eigenschaften des röntgenamorphen Orthoeisen(III)-hydroxids hervorrufen[68]): 1393–95 [~]. – Über die Schutz- und stabilisierende Wirkung des Orthoeisen(III)-hydroxid-Hydrosols in einem Mischsol von Eisen(III)-hydroxiden[2])[41]): 1397–400 [~]. – Über die Bedeutung der sogenannten Blindprobe bei der Untersuchung katalytischer Reaktionen: 1431 f. [~]. – Über das Verhalten von metallischem Tantal in Redox-Systemen[40]): **33** ('59) 225 f. [~]. – Bariumsulfat als Träger von Mehrstoffkatalysatoren[127])[98]): 227–29 [~]. – Über die Herstellung von ferromagnetischen Ferriten aus natürlichen Rohstoffen[83]): 235–37 [~]. – Über das Verhalten des Zinkhydroxids als Bestandteil eines amphoteren Metallhydroxid-Mehrstoffkatalysators[117]): 497–99 [~]. – Über die katalytischen Eigenschaften des metallischen Goldes und dessen Vergiftung[40]): 515–17 [~]. – Struktur und Wirkungsweise des γ-Al_2O_3/Pd-Kontaktkatalysators: 533–35 [~]. – Metallisches Platin als Hemmungskörper bei der peroxydatischen Indigocarminentfärbung[40]): 537–39 [~]. – Über die Entwicklung der Radikalstruktur auf der Oberfläche eines inaktiven Trägers[78]): 541–43 [~]. – Redox-Katalyse im magnetischen Feld[4]): 545–47 [~]. – Das Cu(II)–Mn(II)–Co(II)-Mischhydroxid als Katalasemodell[90]): 811 f. [~]. – Über die katalytischen Eigenschaften des natürlichen Magnetits[4]): 819–21 [~]. – Über peroxydatische Eigenschaften der Silberferrite[47]): 823–25 [~]. – Über Struktur und Wirkungsweise des MgO/NiO-Katalysators bei der Methankonversion: 837–39 [~]. – Struktur und Wirkungsweise des Ni/γ-Al_2O_3-Katalysators: 841 f. [~]. – Über die Herstellung von ferromagnetischen Ferriten aus Sulfidmineralien[61]): 843 f. [~]. – Über die Zahl der aktiven Zentren auf der $Al(OH)_3$-Oberfläche[132]): 845–47 [~]. – Über anorganische Katalysatoren, die den molekularen Sauerstoff bei 37° aktivieren[53]): 1173–75 [~]. – Über Struktur- und Wirkungsweise von Metalloxidkatalysatoren bei der Ammoniakoxydation im Lichte der Radikaltheorie von heterogenen Katalysatoren: 1223–25 [~]. – Über den Einfluß von Spurenelementen auf die katalytischen Eigenschaften des CuS und dessen Beständigkeit in einer H_2O_2-Lösung[20]): 1227 f. [~]. – Über die bestmögliche Ausnutzung des Luftsauerstoffes bei der katalytischen As_2O_3-Oxydation[53])[76]): 1229 f. [~]. – Über den Reaktionsmechanismus der Dibutylphthalatsynthese in Gegenwart von $Fe_2(SO_4)_3$ als Katalysator: 1231 f. [~]. – Über die Wirkungsweise von Metallkatalysatoren bei der Dehydrozyklisierung von o-Äthylanilin zu Indol: 1233–35 [~]. – Über den Einfluß von Spurenelementen auf die $KMnO_4$-Reduktion mittels HCOOH[53]): 1455–57 [~]. – Über das Verhalten von γ-Fe_2O_3 als Redox-Katalysator im magnetischen Feld[4]): **34** ('60) 319 f. [~]. – Über das Verhalten von Aluminiumoxid in der Chromatographie im Lichte der Radikalhypothese aktiver Oxide: 1513–16 [~]. – Über den Mechanismus der umkehrbaren Hydrierungsreaktion von Azeton zu Isopropylalkohol an metallischen Kupferkatalysatoren: 1525 f. [~]. – Über die Bildung von höheren Alkoholen aus Kohlenmonoxid und Wasserstoff an oxidischen Mischkatalysatoren und den Mechanismus dieser Reaktion: 1819–22 [~]. – Über den Mechanismus des N_2O-Zerfalls an oxidischen Halbleiterkatalysatoren: 1823 f. [~]. – Über den Mechanismus der Vergiftung und Regenerierung des V_2O_5-Katalysators im Kontaktverfahren: 1825–27 [~]. – Über die außerordentliche katalytische und peroxidatische Aktivität des Co^{2+}-Ions[22]): 1829–32 [~]. – Die Erhöhung der thermischen Resistenz des V_2O_5-Katalysators durch Aluminiumoxidhydrat: **36** ('62) 717–19 [~]. – Mechanismus der Oxydation von Isopropylchlorbenzol mit Luftsauerstoff und die Bildung von Peroxidverbindungen: 721–23 [~]. – Mechanismus der katalytischen Oxydation von H_2S an Kohle: 779–82 [~]. – Mechanismus der katalytischen Oxydation von Phosphin: 973–75 [~]. – Mechanismus des German-Zerfalls an elementarem Germanium: 977 f. [~]. – Mechanismus der Oxydation von Cu_2O zu CuO vom Standpunkt der Radikaltheorie aktiver Oxide: 1119–21 [~]. – Über den mengenbedingten Einfluß des basischen Nickelcarbonat-Trägers auf den katalytischen Ionenantagonismus und die katalytische Mutation im H_2O_2-Zerfall[22]): 1123–25 [~]. – Mechanismus der Rekombination von H- und O-Atomen an Metalloxid-Katalysatoren: 1143–45 [deutsch m. poln. Zusammenfassg.]. – Mechanismus der Cumaronbildung aus Phenol und Äthanol an Oxidkatalysatoren: **37** ('63) 827–30 [~]. – Mechanismus der katalytischen Äthylenverbrennung an metallischem Silber und Platin: 1051–54 [~]. – Selektivität des Cu/Pd-Katalysators bei der Verbrennung von Wasserstoff/Kohlenoxid-Gemischen und der Mechanismus dieser Reaktion: **39** ('65) 355 f. [~]. – Über den Nachweis von frühzeitigen subtilen Veränderungen der Festkörperoberfläche am Beispiel der Hydroxide und Oxide des dreiwertigen Eisens und des Zinks[132]): 1193–97 [~]. – Unterschiedliches katalytisches Verhalten einiger Nitrile[121]): **40** ('66) 1173–76 [~].

— Die Unterscheidung von Camphersäure und Isocamphersäure auf katalytischer Grundlage mit Hilfe von Fe^{0} '-Promotorionen[81]): 1635–37 [~]. — Über das unterschiedliche katalytische Verhalten von Anthracen und Phenanthren[79]): 2027 f. [~]. — Unterscheidung von D- und L-Arabinose mit Hilfe der Benzidinblau-Reaktion[99]): **41** ('67) 407 f. [~]. — Die unterste Grenze der H_2O_2-Konzentration, die zur Bildung von organischen und anorganischen Persäuren erforderlich ist[132])[121]): **42** ('68) 745 f. [~]. — Bildung des Hydrargillits durch Tieftemperaturbehandlung[97]): 1149 f. [~]. — Mechanismus der Esterbildung aus Alkohol an Cu/Metalloxid-Katalysatoren: 1151 f. [~]. — Mechanismus der Benzolalkylierung und der Polymerisation von Olefinen am Kieselgur/Phosphorsäure-Katalysator: 1357 f. [~]. — Die katalytische Reduktion von N_2O durch Wasserstoff: 1359 f. [~]. — Mechanismus der Essigsäuresynthese aus CH_3OH und CO am Kohle/Phosphorsäure-Katalysator: **43** ('69) 223 f. [~]. — Die Bildung von Peroxysäuren einiger Elemente der V. und VI. Gruppe in verdünnten H_2O_2-Lösungen: 437 f. [~]. — Wasserbildung bei katalytischen Dehydrierungsreaktionen: 443 f. [~]. — Mechanismus der hydrierenden Krackung von aliphatischen Kohlenwasserstoffen: 1301 f. [~]. — Ein Aluminiumhydroxidgel, das in NaOH wenig löslich ist: 1303 [~]. — Die Entwässerung von amphoteren Metallhydroxid-Hydrogelen[4])[97]): 1605–07 [~]. — Reaktionsmechanismus der Schwefelgewinnung aus SO_2 am γ-Al_2O_3/Ni-Kontakt: 1785 f. [~]. — Mechanismus der Knallgasreaktion und deren Hemmung durch Methan: 1915 f. [~]. — Über die dehydrierende und hydrierende Wirkung des Wasserstoffes bei katalytischen Reaktionen: 1917–19 [~]. — Mechanismus der Bildung von Seitenketten bei der hydrierenden Krackung von Kohlenwasserstoffen: 2047 f. [~]. — Mechanismus der katalytischen Alkoholdehydrierung: 2167–69 [~]. — Über die Bildung von α-Al_2O_3 bei 500 °C[97])[136]): **44** ('70) 1337 f. [~].

Rozpr. Wyd. lekarsk., Polska Akad. Umiejętności Catalase and peroxidase as enzymes of the same type: **10** ('49) Nr. 7, 12 S. [ ].

Scientia pharm. [Wien] Über das unterschiedliche katalytische Verhalten einiger Hormonpräparate[69]): **34** ('66) 269–72. — Katalytisches Verhalten einiger synthetischer männlicher und weiblicher Sexualhormone beziehungsweise konstitutionsähnlicher Verbindungen und ihre gegenseitige Aktivierung[69]): **35** ('67) 193–97. — Wasserstoffperoxid, ein Gefahrenherd im Bereich radioaktiven Niederschlags [121]): **38** ('70) 145–47. — Mechanismus von katalytischen Oxydationsreaktionen aromatischer Verbindungen, wobei Maleinsäure und Benzaldehyd entstehen: 147–49. — Warum ist ein CaO-Zuschlag zum ZnO-Katalysator erforderlich, der für die Herstellung von Aceton aus Acetylen oder Äthanol verwendet wird?: 241 f. — Bildung von β-FeOOH bei der Luftoxydation von gefälltem $Fe(OH)_2$ und $FeCO_3$ bei 20° [137])[138])[136]): 242–44. — Über die außerordentliche katalytische Wirkung des Ag^+-Ions in Redoxsystemen[83]): 265 f. — Mechanismus von katalytischen Dehydrierungsreaktionen, die zum Styrol sowie zum Butadien führen: 266–68. — Sind auf dem Gebiet der Katalyse Voraussagen zulässig?: **39** ('71) 28–34. — Über katalytische Eigenschaften des Molybdäns[79]): 39–42. — Die Redox-Philosophie unseres Daseins. Elektronenwanderung und Ewigkeit: 42–44.

Wein-Wiss. Die katalytische Entfärbung von rotem Weintraubensaft[71]): **20** ('65) 563–65.

Wiadomości chem. Stand der heutigen Theorien der Oxydations- und Reduktionsreaktionen: **2** ('48) 97–104 [ ]. — Bedeutung der Kolloide und Spurenelemente für die Katalysatoren: **8** ('54) 374–81 [ ].

Z. analyt. Chem. Eine einfache Methode zur Bestimmung von Spurenmengen Kobalt-(II)-Ionen auf katalytischer Grundlage[132])[26]): **187** ('62) 350–53. — Bestimmung von Spurenmengen H_2O_2 durch Entfärbung von Indigocarmin unter Verwendung von Essigsäure als Katalysator[132])[121]): **237** ('68) 193 f. — Katalytischer Nachweis von 10^{-5}g Arsen in einer Verdünnung von 1 : $6 \cdot 10^6$ mit Hilfe der Indigocarminentfärbung durch H_2O_2[99]): **244** ('69) 44.

Z. anorg. u. allg. Chem. Über Silberferrite, 3: Struktur und Polymerisation des braunen Orthoferrihydroxids[15]): **204** ('32) 20–28; ~ 4: Die Bestimmung der Struktur von Eisen-(III)-hydroxiden mit Hilfe der Silberferritsynthese[17])[105]): 385–94; ~ 5: Der Alterungsprozeß des Orthoferrihydroxids und die Konstitution des Goethits [α-FeOOH][65]): **206** ('32) 328–36; ~ 6: Der Reaktionsmechanismus der Bildung von Böhms Goethit und der Einfluß der H^+-Ionen-Konzentration auf die Alterung des Orthoferrihydroxids bei höheren Temperaturen[63])[13]): **208** ('32) 282–92; ~ 7: Struktur und quantitative Trennung gealterter Eisen-(III)-hydroxide[114]): **211** ('33) 98–112; ~ 8: Ein Orthoferrihydroxid mit Seitenkette[32]): 296–302; ~ 9: Die Struktur des durch Oxydation von Eisen(II)-carbonat erhaltenen Orthoferrihydroxids[95]): **216** ('34) 377–85; ~ 10: γ-FeOOH aus Ferrocarbonat und die Umwandlung des γ-FeOOH in α-FeOOH[75])[86]): **219** ('34) 203–12. — Über Ferroferrite, 2: Über Konstitution und Ferromagnetismus der Ferroferrite sowie Autoxydation des Ferrohydroxids[115]): **213** ('33) 292–300. — Amorphe und kristallisierte Oxidhydrate und Oxide, 20: Die Alterung Orthoferrihydroxid → Goethit als diskontinuierliche Kristallisation oder Entglasung[106])[114])[105]): **219** ('34) 213–24; ~ 26: Die Struktur und katalytischen Eigenschaften kristallisierter Eisen(III)-hydroxide, die ein amorphes Röntgenbild geben[60]): **227** ('36) 417–22; ~ 28: Röntgenstruktur und katalytische Eigenschaften der Silberferrite[24]) [33])[49]): **228** ('36) 352–56; ~ 37: Über die Beschleunigung der Luftoxydation des Eisen(II)-hydroxids durch Blei(II)-hydroxid bzw. Pb^{2+}-Ionen, sowie den gitterrichtenden und gitterstabilisierenden Einfluß derselben[24])[39]): **234** ('37) 51–58; ~ 39: Die Kaltbearbeitung von Eisen(III)-hydroxiden und Eisen(III)-oxiden[116]): **235** ('38) 295–304; ~ 44: Die Umwandlung des röntgenographisch amorphen Eisen(III)-hydroxids in γ-Fe_2O_3[33]): **238** ('38) 406–12; ~ 46: Über die außerordentliche Reaktionsfähigkeit der Eisen(III)-hydroxide[65]): **239** ('38) 305–16; ~ 48: Die Aktivität des Eisenrostes[65]): 395–98. – Zur Frage des Reaktionsmechanismus des HCOOH-Zerfalls an Ni-Oberflächen. Bemerkung zu der Arbeit von G. Rienäcker und N. Hansen: „Über den Mechanismus des Ameisensäuredampf-Zerfalls am Nickel“: **299** ('59) 151 f. – Die katalytischen Eigenschaften des metallischen Palladiums und dessen Vergiftung[40]): 153–57. – Einfluß des Lichtes auf katalytische Reaktionen[66]): **301** ('59) 291–93. – Über den katalytischen H_2O_2-Zerfall und die peroxidatische HCOOH-Oxydation an röntgenamorphem Eisen(III)-hydroxid in Abhängigkeit von dessen Korngröße. Zugleich ein Beitrag zur Kenntnis des Mechanismus dieser Reaktionen[66]): 294–300. – Ein neuer einfacher Zweistoffkatalysator als Peroxydasemodell[99]): **305** ('60) 138–42. – Die katalytische Aktivität von 10^{-10} g Co^{2+} [132]): **306** ('60) 102–06. – Die katalytische Aktivität von 10^{-12} g Cu^{2+} [81]): 107–10. – Die Silberferritmethode in der Oxidhydrat-Chemie. Bemerkungen zu der Arbeit von W. Feitknecht und K. Moser: „Über Bildung von Silbereisenoxid aus Eisenhydroxid und Silberoxid in alkalischer Lösung“: 216–19. – Über Hydroxid- und Oxidhydratgele. Bemerkungen zu der Arbeit von Oskar Glemser und Gerhard Rieck: „Zur Bindung des Wassers in den Systemen Al_2O_3/H_2O, SiO_2/H_2O und Fe_2O_3/H_2O“: 223–27. – Einfluß des magnetischen Feldes auf katalytische Reaktionen[4]): 237–40. – H_2O_2-Zersetzung durch kolloidale Eisen(III)-hydroxide und Ferrite: **307** ('60) 229–32. – Über peroxidatische Eigenschaften von Mehrstoffkatalysatoren mit Erdalkalicarbonaten als Träger[22])[99]): **311** ('61) 76–78. – Der Einfluß von ultraroter Strahlung auf die Aktivität einiger Hydroxid- und Oxidkatalysatoren[22])[99]): 79–82. – Teilchengröße und Reaktionsfähigkeit der Eisen(III)-hydroxide: 345–48. – Über das individuelle Verhalten einiger Seltenerdmetalloxide als Hemmungskörper in Redox-Systemen[99]): **314** ('62) 281–84. – Die katalytische Aktivität von 10^{-11} g Ni^{2+} [22]): **315** ('62) 110–13. – Neue Katalasemodelle mit Thallium(III)-oxid als Träger[6]): **318** ('62) 313–17. – Der Einfluß von Ultraschallwellen auf die katalytischen Eigenschaften des Aluminiumoxid-hydrats[127])[132])[16]): **319** ('62) 9–12. – Homogene Lösungskatalyse in Redox-Systemen. Die katalytische Aktivität der Co^{2+}-Ionen beim H_2O_2-Zerfall: 12–15. – Tieftemperatursynthese von ferromagnetischen Ferriten[4]): **320** ('63) 267–69. – Über strukturelle Unterschiede einiger Limonite[65]): 270–73. – Offene und latente Aktivität eines heterogenen Redox-Katalysators im H_2O_2-Zerfall[6]): **321** ('63) 274–77. – pH-Änderungen während der Oxydation von gefälltem $Fe(OH)_2$ mit Luftsauerstoff[50])[133]): **326** ('63) 209–15. – Der Einfluß von Fremdanionen auf die Luftoxydation von $Fe(OH)_2$ und die Struktur der Oxydationsprodukte[7]): 216–24. – Die Unterscheidung von Cadmiumoxiden verschiedener Herkunft auf katalytischer Grundlage mit Hilfe von Promotorionen[122]): **327** ('64) 99–103. – Über ferromagnetische Ferrite. Die Herstellung eines wasserfreien Kobalt(II)-ferrits, $CoFe_2O_4$, auf nassem Wege[4]): **331** ('64) 231–33. – Homogene Lösungskatalyse in Redox-Systemen. Die H_2O_2-zersetzende Wirkung von Co^{2+}- und Na^+-Ionen in einer Co^{2+}-haltigen Natriumacetatlösung[79]): 234–36. – Die Unterscheidung einiger Seltenerdmetalloxide auf katalytischer Grundlage mit Hilfe von Promotorionen[99]): 350–52. – Über topochemische Metall(III)-hydroxide. Ein neues topochemisches Chrom(III)-hydroxid[132])[97]): **338** ('65) 222–24. – Eine Gegenüberstellung der Silberferrite und der Ferrite des Kobalts und Nickels sowie die methodische und strukturchemische Bedeutung dieser Synthesen für die Chemie der Eisen(III)-hydroxide[4]): **339** ('65) 99–102. – Über ferromagnetische Ferrite. Darstellung eines wasserfreien Mangan(II)-ferrits auf nassem Wege[4]): **341** ('65) 111 f. – Homogene Lösungskatalyse. Über katalytische Eigenschaften einiger anorganischer Säuren und die Aktivierungsenergie dieser Systeme[132])[99])[96])[88]): **357** ('68) 109–12. – Über flüchtige amphotere Metallhydroxide. Aluminiumoxidhydrat[97]): **363** ('68) 199–202. – Über die Bildung von röntgenamorphem Eisen(III)-hydroxid durch Luftoxydation von Eisen(II)-hydroxid und Eisen(II)-carbonat[137]) [138]): **378** ('70) 210–12. – Über das paramagnetische α-Fe_2O_3, das durch Spurenmengen gewisser Kationen ferromagnetisch wird, sowie deren Auswirkungen bei der Luftoxydation des $Fe(OH)_2$[137]): 213–16. – Eisen(II)-carbonat als Ausgangsmaterial zur Herstellung von röntgenamorphem Eisen(III)-hydroxid sowie von γ-FeOOH und α-FeOOH[138]): **379** ('70) 320 f.

Z. Chem. Das Mangan(II)-Ion als Stabilisator des γ-FeOOH[138]): **10** ('70) 272 f. – Magnetitwidriges Verhalten von Mg^{2+}-Ionen bei der Oxydation von gefälltem $Fe(OH)_2$ durch den Sauerstoff der Luft: **11** ('71) 23. – Die unterste Grenze des Fe_2O_3-Zuschlags, bei dessen Einsatz das paramagnetische Kobaltoxid ferromagnetisch wird: 113.

Z. Elektrochem. u. angew. physik. Chem. Amorphe und kristallisierte Oxidhydrate und Oxide, 21: Über das α-$Fe_2O_3 \cdot H_2O$, genannt Goethit oder Nadeleisenerz, und die Umwandlung des α-$Fe_2O_3 \cdot H_2O$ in α-Fe_2O_3: **41** ('35) 337–39. – Über Oxydationsprodukte von Ferroverbindungen. Bemerkungen zu der Arbeit von W. Feitknecht: „Über die Oxydation von festen Hydroxyverbindungen des Eisens in wäßriger Lösung": **64** ('60) 327–29.

Z. Naturforsch. Die katalytische Gipfelaktivität und das Molekulargewicht von hochmolekularen Festkörpern[99]): **15b** ('60) 683 f. – Die Polymerisation des röntgenamorphen Eisen(III)-hydroxids[92]): **16b** ('61) 757–59. – Ein neues Peroxydasemodell in homogener Lösung[79]): **19b** ('64) 650 f. – Ein neues sehr aktives Katalasemodell in homogener Lösung [79]): 1086 f. – Aktivierungsenergie des katalysierten H_2O_2-Zerfalls in homogener Lösung [79]): **20b** ('65) 185 f. – Die unterste pH-Grenze der Katalase- und Peroxydasewirkung einer $CH_3COONa/CoCl_2$-Mischlösung im homogenen System[79]): 489 f. – Anorganische Peroxydasen in homogenen und heterogenen Systemen: 627–30. – Co^{2+}-Ion in Mikrospuren als Aktivator und Inhibitor auf dem gleichen Träger einer anorganischen Peroxydase[83]): 718 f. – Rhythmische katalytische Mutationen der Ionen Cu^{2+} und $[Fe(CN)_6]^{4-}$ auf Eisen(III)-hydroxid-Mischträgern verschiedener Zusammensetzung[22])[69]): 919 f. – Über das unterschiedliche katalytische Verhalten einiger Ketone[79]): 922. – Über das unterschiedliche katalytische Verhalten von mehrwertigen Alkoholen[67]): **21b** ('66) 86 f. – Einfache organische Verbindungen in homogenen und heterogenen Systemen als offene oder latente Peroxydasemodelle von außerordentlicher Wirksamkeit: 189 f. – Natriumthiosulfat, eine neue sehr aktive anorganische Peroxydase in homogener Lösung[71]): 193. – Über das unterschiedliche katalytische Verhalten einiger Thioharnstoff-Abkömmlinge[121]): 288 f. – Äther als peroxydatische Katalysatoren von außerordentlicher Wirksamkeit[71]): 385 f. – Ester als peroxydatische Katalysatoren von außerordentlicher Wirksamkeit[79]): 1001.

Z. physik. Chem., Abt. B Über Ferromagnetismus und Struktur des Eisen(II, III)-oxids: **26** ('34) 58–62.

Z. physik. Chem. [Leipzig] Zur Kenntnis der katalytischen Alkoholdehydrierung und -dehydratisierung von Oxiden. Bemerkungen zu der Arbeit von A. Eucken und K. Heuer. Zugleich ein Beitrag zur Kenntnis des Reaktionsmechanismus dieser Reaktionen: **212** ('59) 276–78. – Der Einfluß von ultravioletter Strahlung auf die Aktivität einiger Hydroxidkatalysatoren[66]): **219** ('62) 140–42. – Quasireduktion und -oxydation von Halbleiteroxiden durch Teilblockierung sowie die Homogenisierung ihrer Oberfläche: 191–93. – Nb_2O_5, ein Träger, der den reaktionsfördernden sowie den reaktionshemmenden Einfluß gewisser Ionen im System Indigocarmin/H_2O_2 abschwächt[22])[99]): **220** ('62) 405–07. – Homogene Lösungskatalyse in Redoxsystemen. Die katalytische Aktivität von Spurenmengen Ag^+, Cu^{2+} und $[Fe(CN)_6]^{4-}$ im H_2O_2-Zerfall[79]): **222** ('63) 29–32.

Z. physik. Chem. [Frankfurt/M.] Die Radikalstruktur der Halbleiteroxide: **30** ('61) 233–37. – Katalytischer Antagonismus der Ionenpaare Co^{2+} + Mn^{2+} und Co^{2+} + Zn^{2+} am Tl_2O_3-Träger beim H_2O_2-Zerfall[6]): **33** ('62) 369–73. – Neue Fermentmodelle vom Katalasetypus in homogener Lösung[61]): **35** ('62) 65–68. – Eine Gegenüberstellung von homogener und heterogener Lösungskatalyse in Redox-Systemen gleicher Zusammensetzung[61])[83]): 289–94. – Aktivierungsenergie des H_2O_2-Zerfalls in Gegenwart einiger Träger/Ionen-Katalysatoren[99])[122]): **40** ('64) 261–63. – Aktivierungsenergie der peroxidatischen Indigocarminentfärbung im homogenen und heterogenen System gleicher Zusammensetzung[132]) [61]): **42** ('64) 257–59.

Mit: [1]) Z. Alaszewska; [2]) M. Bełżyńska; [3]) B. Bethke; [4]) A. Binkówna; [5]) –; [6]) M. Bławacka; [7]) A. Borkowska; [8]) M. Borkowska; [9]) B. Borkowski; [10]) E. Borzeszkowski; [11]) L. Bukowski; [12]) A. Całkówna; [13]) J. Cichowski; [14]) D. Ciecierska; [15]) M. Ciokówna; [16]) H. Cybulska; [17]) Z. Czapska; [18]) M. J. Daleszyńska; [19]) J. Dankiewicz; [20]) T. Depciuch; [21]) K. Dobrzyńska; [22]) F. Domka; [23]) B. Działoszyńska; [24]) Z. Ernst; [25]) E. Feret; [26]) R. Fiedorow; [27]) J. Fijałkowska; [28]) H. Forecka; [29]) J. Fularska; [30]) W. Gabryel; [31]) J. Gaca; [32]) I. Garbaczówna; [33]) S. Gawrych; [34]) M. Gawrychowa; [35]) D. Ginter; [36]) H. Gleinert; [37]) L. Gorgolewski; [38]) S. Granieczny; [39]) T. Grzeškowiak; [40]) A. Hermann[owna]; [41]) W. Jagodzińska; [42]) Z. Jankowski; [43]) M. Jasiak; [44]) D. Kaniowska; [45]) K. Kapitańczyk; [46]) H. Karpińska; [47]) H. Karwowska-Rasińska; [48]) E. Kemnitz; [49]) W. Kocay; [50]) S. Kolaczkowski; [51]) F. Kopczyński; [52]) E. Kosińska; [53]) S. Kotkowski; [54]) J. Kowalczyk; [55]) H. Krach; [56]) M. Kranz; [57]) F. Krochmal; [58]) K. Krysińsky; [59]) Z. Krzewiński; [60]) S. Krzyżański; [61]) E. Kukiełka; [62]) L. Kwintkiewiczówna; [63]) H. Łakościukówna; [64]) K. Lasiewicz; [65]) A. Lewandowski; [66]) J. Leżuchowska; [67]) L. Łomozik; [68]) S. Magas; [69]) B. Marciniec; [70]) K. Markowska; [71]) P. Meteniowski; [72]) M. Miedziński; [73]) M. Mieżyński; [74]) L. Mizgajski; [75]) K. Moroniówna; [76]) J. Myno; [77]) B. Niklewski, jr.; [78]) Z. Nowak; [79]) E. Nowakowski; [80]) G. Olejnik; [81]) J. Orlikowska; [82]) J. Pawełkiewicz; [83]) I. Plura; [84]) A. Polański; [85]) P. Poszwiński; [86]) E. Przybylski; [87]) K. Przyłęcka; [88]) W. Radecka; [89]) J. Rajewski; [90]) S. Reysner; [91]) J. Rosochowicz; [92]) M. Rychlewska; [93]) J. Sawicki; [94]) L. Schulz; [95]) L. Skorupska; [96]) W. Skupin; [97]) W. Skupinowa; [98]) F. Skrzypczak-Krzymińska; [99]) J. Sławek; [100]) W. Słeziak; [101]) C. Smarsz; [102]) A. Smoczkiewiczowa; [103]) A. Sobota; [104]) B. Stasiński; [105]) J. Stock[owna]; [106]) W. Świątkowska; [107]) K. Świątlak; [108]) A. Świda; [109]) H. Szczepańska; [110]) H. Szczekocki; [111]) A. Szeliga; [112]) G. Szmidt; [113]) M. Sztukowski; [114]) H. Torno; [115]) J. Tułecki; [116]) E. Tundak; [117]) A. Turowska; [118]) M. Urbanowicz; [119]) L. Wachowski; [120]) H. Wasiak; [121]) T. Weimann; [122]) Z. Winowski; [123]) J. Wiśniewski; [124]) A. Witkowska; [125]) W. Wojciechowska;

[126]) J. Wojciechowski; [127]) W. Wolski; [128]) E. Wosińska; [129]) H. Woźniczek; [130]) F. Wyszyński; [131]) K. Zabłocka; [132]) S. Zieliński; [133]) B. Zurawski; [134]) A. Groschowska; [135]) Z. Trzeciakowski; [136]) A. Nowacki; [137]) J. Ignasiak; [138]) E. Kostrzewa.

VI **KRAUZ,** Cyrill Jan. Chem. (org., techn.). — 1920–39 Ord. Prof., '22–23, '34–35 Dekan, '23–24, '35–36 Prodekan, Chem.-Technol. Hochschule d. Tschech. Techn. Hochsch., Praha; '27–42 Vorsitzender d. chem. Sektion, '35–42 Vizepräs., Masaryk-Akad. d. Arbeit; '24–36 Vizepräs. d. Sektion Praha, '36– Vorsitzender, Tschechoslowak. Ingenieurverein; '30–36 I. Vizepräs., Passive Verteidigung d. Bevölkerung gegen Luftangriffe; '30– Ehrenpro.f u. Vizepräs., Faculty of Sci., Univ. London; Sachverständiger b. Obersten Landesgericht u. b. versch. Ministerien sowie leitende Tätigk. in Fachkomm. f. d. Gebiet d. Sprengstoffe.
*1883, Juli 21, Moravany;
†1942, Sept. 27, Praha.

Nekr. J. Milbauer, Cyrill Krauz (Praha '48) 35 S. (m. Bildn.) (Česká Akademie Věd a Umění). — J. Schneider, Chemické Listy Vědu a Průmysl **36** ('42) 297 f. — J. G. F. D., Chemistry and Industry **1945**, 263. — Chemický Obzor **17** ('42) 160–.

S. Rubber technology conference, London 1938. Proc. of Institution of the Rubber Industry (T. R. Dawson, J. R. Scott) (London '39) 1102–09: A study of oil varnishes containing rubber[1]).

W. Zatímní předpisy pro zkoušení klihu a želatiny [Vorläufige Vorschriften zur Prüfung von Leim und Gelatine] (m. J. Štěpánek) (Praha '32) 43 S. (Jednotné zkušební předpisy, 26). — Zatímní předpisy na zkoušení silice terpentinové a jejích náhražek [Vorläufige Vorschriften zur Prüfung von Terpentinöl und seinen Surrogaten] (m. I. Franta) (Praha '34) 40 S. (~ 28). — Technologie lučebnin organických [Technologie organisch-chemischer Substanzen] **2**: Lučebniny řady isocyklické (aromatické) [Chemische Substanzen der isozyklischen (aromatischen) Reihe] (Praha '35) 879 S. (Chemická technologie 4,6); **3**: Lučebniny řady heterocyklické [Chemische Substanzen der heterozyklischen Reihe] ('38) 14 + 456 S. (~ 4, 8). — Prozatímní předpisy pro zkoušení rozpustidel **1**: Uhlovodíky a jejích deriváty [Vorläufige Vorschriften zur Prüfung von Lösungsmitteln, **1**: Kohlenwasserstoffe und ihre Derivate] (m. J. Štěpánek) (Praha '37) 75 S.

Chemický Obzor The effect of aliphatic acids on the chemical stability of smokeless nitrocellulose powders[4]): **7** ('32) 209–17. — Mechanism of the stabilizing influence of tataric acid on smokeless nitrocellulose powders[4]): **8** ('33) 213 f., 233–37. — Simplified separation of 2,4,6-trinitrobenzoic and picric acids[5]): **9** ('34) 137 f. — Preparation of tetranitromethane[5]): **10** ('35) 137–40. — New methods in the manufacture of rubber: **11** ('36) 133–37. — The chemical properties of tetranitromethane and its most probable constitution, **1**[5]): 153–55; ~ **2**: 177–82. — The determination of tetranitromethane[5]): **12** ('37) 81–85. — An apparatus for the determination of the softening point of resins[4]): **15** ('40) 1 f. — Oil varnishes from synthetic resins[2]): **16** ('41) 143–50. — Effect of ultraviolet rays on 2,4,6-trinitrotoluene[3]): **23** ('48) 81–85. — — Alle Arbeiten tschech. m. engl. Zusammenfassg.

Collection Trav. chim. tchèques Sur les esters nitriques des acides dicarboxyliques polyhydroxylés[4]): **11** ('39) 639–48.

Farben-Ztg. Studien über kautschukhaltige Ölfirnisse[1]): **44** ('39) 59–61.

Rozpr. české Akad. Věd a Umění Über die Nitroester der Polyhydrodikarbonsäuren[4]): **50** ('40) Nr. 1, 9 S. [tschech.].

Mit: [1]) I. Franta; [2]) V. Kibic; [3]) A. Kočí; [4]) A. Majrich; [5]) J. Štěpánek.

VI **KRAVČUK,** Mychajlo Pylypovyč (Michail Filippovič). Math. — Bis 1914 Stud., '22– Prof., '24 Dr. d. physikal.-math. Wiss., Univ. Kiev; '21– wiss. Mitarbeiter, Polytechn. Inst., Kiev. (⊠)
1892, Nov. 21 (9)), Čovniča;
†1942, März 9.

*) Geburtsdatum auch Sept. 27 (a. St.) angegeben.

H. (Redakt.) Vyšča matematyka. Posibnyk dlja studentiv ta samoosvity u tr'och častynach [Höhere Mathematik. Lehrbuch für Studenten und zum Selbststudium in drei Teilen] **1** (Kiev '34); darin eigene Beiträge.

S. Verhandlungen des internationalen Mathematiker-Kongresses, Zürich 1932, **2** (Zdrich–Leipzig '32) 127 f.: Sur le problème eü moments. — Trudy 2-go Vsesojuznogo matematičeskogo s-ezda [Arbeiten der 2. Mathematischen Unionskonferenz], Leningrad 1934 **2** (Leningrad '36) 11 f.: Über die Struktur vertauschbarer Gruppen von Matrizen [russ.]; 180–83: Eine Verallgemeinerung der Approximation von Funktionen mittels Polynomen [russ.]. — Rozvytok nauky v Kyïvs'komu universyteti za sto rokiv [Die Entwicklung der Wissenschaft an der Universität Kiev seit 100 Jahren] (Kiev '35): Die Mathematik und die Mathematiker an der Universität Kiev in den hundert Jahren 1834–1934 [ukrain.].

W. Zastosuvannja sposobu momentiv do rozv'jazannja linijnych dyferencial'nych ta integral'nych rivnjan' [Sur la résolution des équations linéaires différentielles et intégrales par la méthode des moments] 1 (Kiev '32) 168 S. [m. französ. Zusammenfassg.]; 2 ('36) 212 S. [~]. — Vybrani pytannja z osnov analizu neskinčenno-malych [Ausgewählte Probleme zu den Grundlagen der Infinitesimalrechnung] (m. D. B. Topoljanskij) (Kiev '33) 84 S. — Dyferencial'ni rivnjannja ta ïch zastosuvannja v pryrodoznavstvi j technici [Die Differentialgleichungen und ihre Anwendungen in Naturwissenschaft und Technik] (m. V. Možar) (Kiev '34) 184 S. — Vplyv Ėjlera na dal'šyj rozvytok matematyky [Eulers Einfluß auf die Weiterentwicklung der Mathematik] (Kiev '35) 2 + 46 S.

C. R. (Dokl.) Acad. Sci. URSS Sur une question algébrique dans le problème des moments: **1935** II, 89–93 [russ. m. französ. Zusammenfassg.]. — Application du procédé des moments à la résolution approchée des équations linéaires différentielles ayant des singularités aux coefficients[5]): **1936** III, 251–54. — Sur quelques approximations dans le problème des moments généralisé: **14** ('37) 91–95. — Sur quelques approximations dans le problème des moments pour les fonctions de deux variables: **17** ('37) 283–85.

C. R. hebd. Séances Acad. Sci., Paris Sur la distribution des racines des polynômes orthogonaux: **196** ('33) 739–41. — Sur quelques inégalités dans le problème des moments: **200** ('35) 1567–69.

Izvest. naučno-issled. Inst. Mat. i Mech. tomsk. gos. Univ. Sur la distribution des abcisses des quadratures mécaniques du type Gauss: **2** ('38) Nr. 1, 57–62 [russ. m. französ. Zusammenfassg.].

Naukovi Zap., Kyïvs'k. deržavn. Univ. im. Ševčenka Sur l'évaluation des erreurs dans le problème linéaire de la méthode des moindres carrés: Mat. Zbirn. **1** ('35) 26–41 [ukrain. m. französ. Zusammenfassg.]. — Notice sur l'intégrale de Fourier[7]): 42–44 [ukrain.]. — Sur la formule d'Hermite des quadratures mécaniques[6]): 171–77 [ukrain. m. französ. Zusammenfassg.]. — Fréquence, probabilité et loi des grands nombres: Fizič.-mat. Zbirn. **2** ('36) 13–26 [ukrain. m. französ. Zusammenfassg.]. — Sur l'équivalence des réseaux des formes bilinéaires[4]): 37–44 [~].

Sborn. naučno-issled. Rabot kievsk. industr. Inst. Über eine transzendente Gleichung: **2** ('37) [russ.]. — Über das Kriterium für die lineare Abhängigkeit von Funktionen[3]): **2** ('37) 45–50 [~].

Trudy KAI Methodische Anmerkung zur Integration linearer Differentialgleichungen mit konstanten Koeffizienten[1]): Nr. **5** ('36) 5–11 [ukrain.]. — Über vertauschbare Gruppen von Matrizen[2]): 12–23 [~]. — Über die Äquivalenz singulärer Matrizenscharen[2]): Nr. **6** ('36) 5 27 [russ.]. — Anwendung der Momentenmethode zur angenäherten Berechnung von Differentialgleichungen[7]): Nr. **7** ('36) [~].

Visti Akad. Nauk Ukraïns'k. SSR Die Momentenmethode zur Lösung linearer Differentialgleichungen mit regulären Integralen: **9** ('36) Nr. 5/6, 292–98 [ukrain.]. — Über das verallgemeinerte Momentenproblem: **10** ('37) Nr. 2/3, 56–65 [~].

Ž. mat. Cyklu, Vseukraïns'ka Akad. Nauk Sur l'évolution en séries des solutions des équations différentielles linéaires: **1932** II, 7–31 [ukrain. m. französ. Zusammenfassg.]. — Quelques résultats nouveaux dans la méthode des moments: **1933/34** I, 3–20 [~]. — Sur le problème des moments: 21–39 [~].

Ž. Inst. Mat., Kiev Sur l'approximation des solutions des équations différentielles linéaires par le procédé des moments: **1934/35** II, 23–64. — Le principe de la moyenne arithmétique et la méthode des moindres carrés: 65–86. — Sur une question algébrique dans le problème des moments: 87–92. — Sur une généralisation du procédé des moments pour l'intégration approchée des équations différentielles linéaires: **1934/35** III/IV, 77–98. — Sur l'approximation d'une fonction de deux variables dans un domaine polygonal convexe par des polynômes, sous de certaines conditions sur le contour de ce domaine: 99–119. — Sur les écartes moyens des coefficients de corrélation et de régression: 121–31. — Quelques conséquences de l'inégalité de M. Lebesgue: **1935/36** I, 31–42. — Sur le problème des moments: **1935/36** II, 13–34. — Sur une inégalité dans le problème des moments: 35–43. — Application du procédé des moments à la résolution des équations différentielles ayant des particularités dans les coefficients[5]): **1936/37** I, 3–22 — Sur la convergence du procédé des moments dans le cas des équations aux dérivées partielles: 23–28. — Sur le problème des moments généralisé: **1936/37** IV, 3–8. — — Alle Arbeiten ukrain. m. französ. Zusammenfassg.

Zap. Mat. i Mech., Char'kov Sur l'approximation des intégrales des équations différentielles linéaires: (4) **6** ('33) 11–18 [m. russ. Zusammenfassg.].

Mit: [1]) M. Fajn; [2]) Ja. S. Gol'dbaum; [3]) M. Gordon; [4]) Ju. I. Grosberg; [5]) K. Ja. Latyševa; [6]) S. S. Movšic; [7]) D. B. Topoljanskij.

VI **KREIKEN,** E. A. Astron., Physik, Pädagogik. — 1920–21 Assist., Astron. Inst., Groningen; '21–28 High-School Teacher of Physics, Amsterdam; '26 Lecturer, Univ. Amsterdam; '28–30 Astronomer, Bosscha Observat., Lembang, Java;

'30–36 Teacher at various Senior High Schools, Indonesia; '36–37 Astronomer, Mount Wilson Observatory, Pasadena, Cal.; '37–38 Teacher of Physics, Senior High School, Medan, Sumatra; '38–41 Dir., Senior High School, Surabaya; '45–46 Chief of Sect. A, '46 Chief of the Sect. of Univ. Educat., '48 Chief of the Sect. of Higher Educat. and of UNESCO Affairs, Departm. of Educat., Djakarta; '49–51 Advisor to the Minister of Educat. of the State of Indonesia; later on Dir., Observat. Ankara. (☒)

*1898;

†1964, Aug. 16, Den Haag.

Zur Biogr. OSR News [Djakarta] 2 ('50) 166–68 (m. Bildn., Schr.verz.).

Todesanzeige Astronomische Nachr. 288 ('65) 280.

W. Capita selecta der natuurkunde voor niet wiskundigen. Ruimte, tijd, materie en energie (Amsterdam '50) 323 S. – Natuurkunde voor de middelbaare school (Amsterdam '50) 203 S.; indones.: (Amsterdam '50) 238 S. – UNESCO. Buku batjaan untuk sekolah rendah [Lesebuch für Elementarschulen] (Amsterdam '50) 59 S.

Annales Astrophysique Note on the H-R diagram of binary stars[6]): **23** ('60) 528–40. – Representation of stellar systems by polytropic gas-spheres [,1]: **24** ('61) 219–36; ~ 2: **25** ('62) 271–78. – The dynamical properties of the spherical system: **26** ('63) 68–79. – The red variables in the period interval 150 $\leqq$ P $\leqq$ 200 days: **27** ('64) 1–6. – The velocity of P II stars as a function of age[9]): 672–80.

Astronomical J. Note on the autocorrelation analysis of the light curve of the RV Tauri variable R Scuti: **62** ('57) 367–71.

Astronomische Nachr. Axial rotation and stellar variability: **245** ('32) 265–68. – On some irregularities in the distribution of the variables: **254** ('35) 97–108. – On the diameters of the stars: **259** ('36) 349–56. – Note on the colour excess in the early type stars: **261** ('36) 201–04.

Astrophysical J. The surface brightness of the Milky Way: **94** ('41) 259–70.

Chronica Naturae [Batavia] The period-density relation $P\sqrt{\bar{\varrho}}$ for spectroscopic binaries: **106** ('50) 60–65. – Some remarks on the surface brightness of the stellar system: 110–18.

Communications Dep. Astron. Ankara Univ. The brightness of scattered star light in different galactic latitudes and longitudes: **1** ('54) 19 S. – Some remarks on the relation $P\sqrt{\bar{\varrho}}$ for spectroscopic binaries and eclipsing binaries: **4** ('55) 7 S. – Autocorrelation analysis of the light curve of Z Ursae Majoris: **5** ('55) 12 S. [m. türk. Zusammenfassg.]. – Some remarks on the analysis of light curves with the autocorrelation method: **6** ('55) 19 S. [~]. – Frequency curves of meteorites: **7** ('55) 32 S. [~]. – A statistical study of pulsating stars, 1: The variable stars in ω Centauri: **8** ('56) 13 S.; ~ 2: The irregular variable AR Herculis[5])[2]): **9** ('56) 5 S.; ~ 3: The variable stars in Messier 5[5])[2]): **10** ('56) 5 S.; ~ 4: The variables in Messier 3: **11** ('56) 4 S.; ~ 5: The variable stars in M 53 and N.G.C. 3201: **12** ('56) 5 S.; ~ 6: Variables in miscellaneous clusters: **13** ('56) 7 S.; ~ 7: The variables in M 2: **14** ('56) 4 S.; ~ 8: Variables in special lists: **15** ('57) 15 S.; ~ 9: Variables in the Sagittarius cloud[1])[8]): **17** ('57) 8 S.; ~ 11: The variables in and near the constellation Carina: **18** ('57) 6 S.; ~ 12: The variables in the Magellanic Clouds: **19** ('57) 10 S.; ~ 13: An analysis of galactic Cepheids[7]): **20** ('57) 20 S. – A statistical study of pulsating stars[3]): **25** ('57) 13 S. – Some remarks on the motions of the stars in the Perseus group: **26** ('60) 12 S. – A discussion of the light curve of the RV Tauri variable AC Herculis: **27** ('61) 16 S. – Note on the zero point of galactic Cepheids: **28** ('61) 18 S. – Outline of a method for determining the absorption in the surroundings of the sun: **29** [?] ('60) 25 S. – A study of the light curves of M type variables[4]): **30** ('61) 21 S. – – Die meisten Arbeiten auch in „Communications Fac. Sci. Univ. Ankara, Sér. A".

Monthly Notices roy. astron. Soc. A statistical study of pulsating stars[3]): **117** ('57) 72–84.

Observatory The mean density of Nova Herculis: **75** ('55) 82. – On the structural constants of our galactic system: **84** ('64) 115–17.

OSR News [Djakarta] Project National UNESCO Commission for Indonesia: **2** ('50) 28–.

OSR Publication [Djakarta] Some remarks on the surface brightness of the stellar system: **10** ('50).

Planetary and Space Sci. The fall-out of meteoric iron particles: **2** ('59) 39–48.

Z. Astrophysik Axial rotation and stellar temperatures: **9** ('34) 225–38. – The velocities of axial rotation of the components of spectroscopic binaries: **10** ('35) 199–208. – On the fission theory of the eclipsing variables: **11** ('36) 323–36. – Some remarks on the apparent surface brightness of the Milky Way: **12** ('36) 340–59. – The density of the components of eclipsing variables: **13** ('37) 241–54. – The apparent diameters of clusters and faint nebular objects: **14** ('37) 109–28. – On the general aspect of the Milky Way: **17** ('39) 170–81. – The period-density law $P\sqrt{\bar{\varrho}}$ = constant for spectroscopic binaries: **31** ('52/53) 256–72. — The density of stars of different spectral types: **32** ('53) 125–32. — Some remarks on the relation $P\sqrt{\varrho}$ for spectroscopic binaries and eclipsing binaries: **37** ('55) 96–102.

Mit: 1) N. Andaç; 2) H. Ballica; 3) D. Ege; 4) A. N. Eskioğlu; 5) H. Özden; 6) B. Süer; 7) R. Süslü; 8) I. Ulusry; 9) N. Vilmaz.

VI **KŘEPELKA,** Jindřich H. Chem. (anorg.). — 1921–25 Privatdoz., '25–30 außerord. Prof., '31–49 ord. Prof., '38–39 Dekan, Karls-Univ., Praha; '53–60 wiss. Mitarbeiter, Erz-Forschungsinst., Praha; ständ. Mitglied der Commission des Constantes et Données Numériques.

*1890, Juni 30, Pelhřimov;
†1964, Okt. 30, Praha.

Zum 50. Geb.tag Chemické Listy Vědu a Průmysl **34** ('40) 177–79 (m. Bildn., Schr.-verz.).

Zum 60. Geb.tag Chemické Listy Vědu a Průmysl **44** ('50) 191 (m. Schr.verz. 1940–1950).

Zum 70. Geb.tag K. Vetejška, Chemické Listy **54** ('60) 639–42 (m. Schr.verz. 81 Nrn.); Rudy 8 ('60) 206 (m. Bildn.).

Nekr. K. Vetejška, Chemické Listy **59** ('65) 471. — Mitteilungsbl., Chemische Ges. DDR **12** ('65) 24.

MHZ. Chemické Listy (Vědu a Průmysl).

S. E. Votoček, Chemie anorganická [3](Praha '40) 793–826: Die Elemente der Seltenen Erden[27][28]) [tschech.].

W. Periodický systém Mendělejevův. Vydáno na pamět stého výročí narození genia D. I. Mendělejeva (1834–1934) [Das periodische System von Mendeleev. Herausgegeben zum 100. Geburtstag D. I. Mendeleevs (1834–1934)] (Praha '34) 1 Tafel. — Jan Stanislav Štěrba-Böhm (Praha '39) 19 S. (České akademie věd a umění). — Kvalitativní chemická analysa (Praha '47) 341 S.

Bull. int., Acad. tchèque Sci. The anhydrous and the hydrated manganous sulphate [,1][16]): **33** ('32) 30f. — La tribolumінescence des halogénures mercureux[12]): 101. — On the validity of Dusart-Blondlot test for phosphorus[3]): **35** ('34) 83f. — A study of ter- and quadrivalent manganese[8]): 164–66. — The extraction and detection of veronal and luminal[21]): **37** ('36) 46–48.

Bull. Soc. chim. France, Mém. Section de chimie inorganique. Commission des poids atomiques[10][14][25][26][24]): **21** ('54) 539f.

Čas. českého Lékárnictva Neue Internationale Atomgewichtskommission: **12** ('32) 42–44. — Moderne Alchemie[12]): 272–75. — Tribolumineszenz der Mercurohalogenide[12]): **13** ('33) 26–35, 85–95. — Bericht der Internationalen Atomgewichtskommission 1933: 127f. — Volumetrische Bestimmung minimaler Arsenmengen[15]): **14** ('34) 290–301. — — Alle Arbeiten tschech.

Chemické Listy (Vědu a Průmysl) Das Anhydrid und die Hydrate des Mangansulfats, 2 [16]): **26** ('32) 165–68, 189–95. — Löslichkeit der Manganosulfathydrate[16]): **27** ('33) 51–57. — Zum 100. Geburtstag von Dmitrij Ivanovič Mendeleev: **28** ('34) 33. — Zur Erinnerung an Professor Dr. Bohuslav Brauner: **29** ('35) 57. — Reduktion des Silbernitrats durch Arsenwasserstoff und seine Anwendung zur Bestimmung kleiner Arsenmengen[4]): **31** ('37) 153–61. — Neue Additionsverbindungen des Wasserstoffperoxids mit organischen Verbindungen[2]): 447–55. — Professor Soeren Peter Lauritz Soerensen †: **33** ('39) 170. — Lösliche Salze der Acetylsalicylsäure und Hydrolyse derselben[13]): **34** ('40) 105–08, 122–26. — Terminologie der Koordinationsverbindungen: 328f. — Zur elften Mitteilung der Internationalen Atomgewichtskommission: **35** ('41) 97–99. — 75 Jahre seit der Erfindung der Dynamomaschine: **36** ('42) 67. — Die Chemie der leeren Stellen im Periodensystem: 137–41. — Die Isolierung des Elements mit der Ordnungszahl 93: 175f. — Das Atomgewicht des aus dem Joachimstaler und Birkenberger Bleiglanz stammenden Bleis[18][20]): 263–66. — Jubiläum der Britischen Chemischen Gesellschaft: **40** ('46) 271. — Neue europäische wissenschaftliche Journale: 271f. — Atomenergie für industrielle Zwecke: 295. — Die Chemie des Plutoniums und der übrigen Transurane. Übersicht: **41** ('47) 96f. — Atomkerne, Bildung und Spaltung: 100–. — Internationale Werte der Atomgewichte 1947: 165f. — Kolorimetrische Bestimmung von Thallium[5]): 173–78. — Der 11. Internationale Kongreß für reine und angewandte Chemie und die 14. Sitzung der Internationalen Chemischen Union in London: 241f. — Der Internationale Kongreß für reine und angewandte Chemie: **42** ('48) 12–14. — Herstellung reiner Orthotellursäure aus metallischem Tellur durch Einwirkung von Wasserstoffsuperoxid und ihre Bestimmung[7]): 28–30. — Das Kohlensuboxid, seine Konstitution und Giftigkeit[22]): **43** ('49) 25–30. — Chemie des Aktiniums, Astatins, Technetiums und des Elements Nr. 61: 70f. — Die vierte radioaktive Zerfallsreihe (Neptunium-Zerfallsreihe): 167f. — Konferenz der Internationalen Chemischen Union in Amsterdam: **44** ('50) 39f. — Neues Glied des Periodensystems: Element Nr. 97: 70. — Ein weiteres (sechstes) Transuran mit der Atomzahl 98 – Californium (Cf) – entdeckt: 119. — Atomgewichtswerte, ihre heutige Bestimmung und Präzision (an Hand des Berichtes der Internationalen Atomgewichtskommission vom Jahre 1951): **46** ('52) 650–52. – Änderungen bei den internationalen Atomgewichtswerten(1953): **48** ('54) 1587f. – Professor Bohuslav Brauner in unserer Erinnerung: **49** ('55) 806–11. – Internationale Atomgewichtswerte 1955. (Zur Frage des Sauerstoffs als Grundlage für das Atomgewicht): **51** ('57) 394–97. – – Alle Arbeiten tschech.

Chemický Průmysl Widerstandsfähigkeit des Titans, Zirkons und verchromten Stahls gegen Korrosion: **3** ('53) 80.

Collection Trav. chim. Tchécoslovaquie Solubility of the hydrates of manganous sulphate[16]): **5** ('33) 67–75. – La triboluminescence des halogénures mercureux[12]): 367–82, 503–17. – On the validity of the Dusart-Blondlot test for phosphorus[3]): **6** ('34) 307–24. – A study of ter- and quadrivalent manganese [8]): **7** ('35) 105–24. – The extraction and detection of veronal and luminal[21]): **8** ('36) 191–206. – Revision of the atomic weight of arsenic, 2: Synthesis and analysis of arsenic tribromide[6]): 485–95. – Reduction of silver nitrate by arsine and its use for estimating minimum amounts of arsenic[4]): **9** ('37) 47–67. – A study of the higher oxides of nickel (NiO_2)[1]): 497–520. – New uranyl salts of substituted organic acids[17]): **10** ('38) 559–81. – Soluble salts of acetylsalicylic acid and their hydrolysis[13]): **11** ('39) 325–44. – The phosphotungstic acids and their salts with alkaloids[19]): 540–56.

Collection czechoslov. chem. Commun. Trennung des Eisens von seltenen Erden[23])[9]): **24** ('59) 198–202.

Mladá Farm. Über die Reform des pharmazeutischen Studiums: **7** ('39) Nr. 3, 51f.

Rozpr. české Akad. Věd a Umění Tribolumineszenz der Mercurohalogenide[12]): **42** ('32) Nr. 35, 23 S. – Phosphorvergiftung und ihr Nachweis durch die Dusart-Blondlot-Probe[3]): **44** ('34) Nr. 20, 18 S. – Eine Untersuchung über drei- und vierwertiges Mangan [8]): Nr. 38, 19 S. – Beitrag zur Extraktion und zum Nachweis von Veronal und Luminal[21]): **46** ('36) Nr. 9, 16 S. – Das Atomgewicht des aus dem Joachimstaler und Birkenberger Bleiglanz stammenden Bleis[18])[20]): **52** ('42) Nr. 8, 10 S. – – Alle Arbeiten tschech.

Vodní Hospodářství Klärung der Abwässer von Textilfabriken mittels Magnesiumchlorid[11]): **9** ('59) 556f.

Ferner zwei Aufsätze über den chemischen Nachweis von Giften bzw. Vergiftungstod in tschechischer Sprache in: Bezpečnostní Služba **4** ('35) 353–55 und **5** ('36) 69f.

Mit: [1]) M. Blabolil; [2]) R. Buksa; [3]) J. Chmelař; [4]) J. Fanta; [5]) M. Houda; [6]) M. Kočnar; [7]) L. Kubík; [8]) J. Kubis; [9]) J. Mazáček; [10]) A. O. Nier; [11]) J. Nosek; [12]) D. F. Novotný; [13]) J. Pavlíček; [14]) M. Perey; [15]) B. Rakušan; [16]) B. Rejha; [17]) Z. Résö; [18]) B. Sedláček; [19]) O. Stieber; [20]) A. Svačina; [21]) V. Švarc; [22]) V. Vebersík; [23]) K. Vetcjška; [24]) W. Wahl; [25]) R. Whytlaw-Gray; [26]) E. Wichers; [27]) B. Brauner; [28]) J. Heyrovský.

VI **KRESTINSKIJ**, Vladimir Nikolaevič. Chem. (org.). – 1926– Prof., Herzen-Inst. f. Pädagogik, Leningrad, u. Forsttechn. Akad., Leningrad. – Weitere Daten unbekannt. (⊠)

*1882, Apr. 20 (8), Mogilev (Dnepr); †1939, Okt. 22 [oder 10 ?].

Nekr. M. S. Pešekerova, Ž. obščej Chim. **10** ('40) 281–88 (m. Bildn., Schr.verz. 49 Nrn.); Ž. prikl. Chim. **13** ('40) 723–25 (m. Bildn.).

S. N. I. Nikitin, Chimija drevesiny [Chemie des Holzes] (Leningrad '35): [Mitarbeit].

W. Lekcii po chimii terpenov [Vorlesungen über die Chemie der Terpene] (Leningrad '33) 179 S.

Ber. dtsch. chem. Ges. Untersuchungen in der Acetylenreihe, 5: Über die Isomerisierung der Acetylen-γ-glykole bei Einwirkung von Ameisensäure[2]): **66** ('33) 97–100; ~ 6: Über die Oxydation der Acetylenkohlenwasserstoffe mit Permanganat[5]): **68** ('35) 512–19.

Lesochimičeskaja Promyšl. Über den Verwendbarkeitsgrad der russischen Terpentinöle zur Gewinnung von synthetischem Campher nach der Chlorhydratmethode[7]): **5** ('36) Nr. 8, 11–15 [russ.].

Ž. obščej Chim. Untersuchungen in der Acetylenreihe, 5: Über die Isomerisierung der Acetylen-γ-glykole bei Einwirkung von Ameisensäure[2]): **2** ('32) 829–36; ~ 6: Über die Oxydation von Acetylenkohlenwasserstoffen mit Permanganat[5]): **5** ('35) 871–76. – Zur Frage der Struktur des Isoborneols, 1: Über das neue Isomere des Borneols[3]): **7** ('37) 415–22; ~ 2: Über die Esterifizierungsgeschwindigkeiten isomerer bizyklischer Alkohole der Campher-, Camphen- und Fenchylreihe[8])[1]): 423–29. – Über die Einwirkung von Ameisensäure auf Tetraäthylbutindiol[12]): 440–55. – Ergebnisse der Arbeiten aus der organischen Chemie in der UdSSR in den 20 Jahren 1917–1937: 2538–80. – Einwirkung der unterchlorigen Säure auf 1,1,4,4-Tetramethylbutin-2-diol-1,4[12]): **10** ('40) 927–34. – Untersuchungen über L(–)-Bornylamin, L(+)-Neobornylamin und ein neues Verfahren zu ihrer Trennung[1]): 1894–908. – – Alle Arbeiten russ.

Ž. prikl. Chim. Ermittlung des Einflusses der geographischen Faktoren und Waldtypen auf den Bestand der von Pinus silvestris gewonnenen Baumharzterpentine[7])[11]): **5** ('32) 950–57. – Arbeiten auf dem Gebiete der Untersuchung von Terpentin (Kurze Übersicht m. Literaturverzeichnis der russ. Arbeiten): **6** ('33) 182f. – Über die Zusammensetzung der Alkoholfraktion der Wurzelharzterpentine aus Pinus silvestris[11]): 508–18. — Über die Zusammensetzung des kaukasischen Fichtennadelöls von Abies nordmanniana[7]): 1054–62. — Zur Frage der Abhängigkeit des Balsamterpentinöls von der Zeit der Terpentingewinnung und dem Waldtypus[7]): 1063–73. — Zur Frage der Oxydierbarkeit der Terpentinöle aus Pinus silvestris[3]): 7 ('34) 535–49. — Untersuchung der Produkte, die bei der Sättigung von Δ^3-Caren mit Chlorwasserstoff entstehen[7]): **12** ('39) 878–85 [m. französ. Zusammenfassg.]. — Untersuchungen auf dem Gebiete der Harzsäuren der Abietineen, 1: Über die Abietinsäuren[10])[9]): 1407–21 [~]; ~ 2: Die Struktur der Abietinsäuren[9])[6]): 1514–28 [~]; ~ 3: Über die aus unseren Fichten extrahierten primären Harzsäuren [7])[6])[4]): 1840–47 [~]; ~ 5: Über die Struktur der α-Sapinsäure[4])[6]): **14** ('41) 229–38; ~ 8: Über die Konstitution der Dextropimarsäure [6]): **22** ('49) 1021–29. — — Alle Arbeiten russ.

Mit: [1]) I. I. Bardyšev; [2]) L. I. Bašenova-Kozlovskaja; [3]) A. Eščenko; [4]) E. V. Kaseeva; [5]) M. K. Kelbovskaja; [6]) N. F. Komšilov; [7]) S. S. Malevskaja; [8]) M. Nemilov; [9]) A. A. Novak; [10]) N. I. Persianceva; [11]) F. Solodki; [12]) N. I. Sum.

VI **KREULEN,** Dirk Jan Willem. Chem. — 1920–22 Chemiker, Rohrzuckerindustrie, Java; '22–24 Chemiker, Steenkolen-Handelsvereniging, Rotterdam; '24 Gründer, '24–66 Privatchemiker, Labor. Glückauf ('40–56 = Labor. voor Brandstof- en Olieonderzoek, '56– = Labor. Kreulen); '32– Privatdoz., Univ. Utrecht; '66– Arbeit auf d. Geb. d. Bryologie.
*1899, Febr. 22, Zutphen.

Zur Biogr. J. Spuyman, Chemisch Weekbl. **64** ('68) Nr. 37, 19–21 (m. Bildn.). — Chemische en pharm. Techn. 4 ('48/49) 136f.

S. Proc. 11th International congress of pure and applied chemistry, London 1947, 4 (London '52) 381–85: Some experiments on humic acids in relation with coalification and constitution.

W. Eenige algemeene beschouwingen over de chemie en technologie der vaste brandstoffen [Einige allgemeine Betrachtungen über die Chemie und Technologie der festen Brennstoffe] (Amsterdam '32) 20 S. — Grundzüge der Chemie und Systematik der Kohlen (Amsterdam '35) 8 + 179 S.; engl.: Elements of coal chemistry ('s Gravenhage '48) 204 S.; span.: Elementos de química del carbón (Madrid '52) 266 S. — Gasexplosies en het aantoonen van de gasvrijheid van tanks en schepen [Gasexplosionen und Prüfung auf Gasfreiheit von Tanks und Schiffen] (Delft '46) 27 S.

Bergakademie, Freiberger Forschungsh. A Braunkohle: Begriffsbestimmung und Werdegang: **119** ('58) 21 S. — Chemie der Kohle. Sechs Abhandlungen über Braunkohlen/Lignite: **244** ('62) 80 S.

Brennstoff-Chem. Die Bestimmung des Huminsäuregehaltes verdünnter Lösungen mittels Kaliumpermanganats: **12** ('31) 265f. — Über das Vorkommen von Quarz in Steinkohlen: **13** ('32) 312. — Steinkohlenklassifikation und Inkohlungsgrad des Huminanteils: **15** ('34) 11f. — Über die Zusammensetzung und die Eigenschaften von Steinkohlenextrakten: **16** ('35) 165–69. — Temperatur–Oberflächenspannungs-Linien von Steinkohlenbitumen im Zusammenhang mit dem Inkohlungsgrad und der Entstehungsweise der Kohle[8]): 365–68. — Über die Fähigkeit bei Kohlen, speziell Braunkohlen und Ligniten, zur Wasserbindung: **36** ('55) 266–71. — Neuere Untersuchungen über Huminsäuren und ihre Rolle in der Kohlengenese[9]): **37** ('56) 14–19. — Thermische Zersetzung von Lignin und Huminsäuren bei relativ niedrigen Temperaturen[9]): **38** ('57) 49–51. — Zur technischen Wasserbestimmung in Steinkohlen im Zusammenhang mit Probenahme und Analyse[2]): 217f.

Bull. Soc. chim. belges Sur une dopplerite. Contribution à l'étude des acides humiques et du processus de formation de la houille: **56** ('47) 51–64.

Chemisch Weekbl. Studien über die Neigung von Steinkohlen zur Selbstentzündung, 1: **29** ('32) 201–05; ~ 2: 367–71; ~ 3: 382f.; ~ 4: 400–04; ~ 5: 414–17; ~ 6: 518–21; ~ 7: 534–38; ~ 8: 559–61; ~ 9: 566f.; ~ 10: **30** ('33) 103–08; ~ 11: 186–88; ~ 12: 387–91; ~ 13: 504–07; ~ 14: 582–86; ~ 15: 606–10; ~ 16: 718–22. — „Inkohlungsgrad" und „Bitumen": 375f. — Die Bildung von künstlichem Bitumen aus Zellulose ohne Hydrieren: 518f. — Das Blähen von Steinkohlen während der Bestimmung der flüchtigen Bestandteile: 770 f. — Steinkohlen und Steinkohlenbitumen. Eine zusammenfassende Theorie: **31** ('34) 104–07. — Steinkohlenbitumen [,1]: 630–33; ~ 2: Methode zur Bestimmung des wahren Bitumengehalts einer Kohle: 663–65; ~ 3: Extraktionen verschiedener Kohlentypen mit Dioxan unter gewöhnlichem Druck: 758–61; ~ 4: Bestimmung des Bitumengehalts verschiedener Steinkohlentypen und der Micelphase; Xyloldruckextraktion der gleichen Steinkohlentypen[7]): 761–66. — Herstellung von Kohleproben für die Analyse: **32** ('35) 83. — Bestimmung des Schmelzverhaltens von Steinkohlenasche in reduzierender Atmosphäre: **33** ('36) 291f. — Temperaturempfindlichkeit hochviskoser Mineralöle: 466–73. — Temperatur–Oberflächenspannungs-Linien von Steinkohlenbitumen im Zusammenhang mit dem Inkohlungsgrad und der Entstehungsweise der Kohle[8]): **34** ('37) 649f. – Physikalische und chemische Konstanten von zwei nach dem Benzin-Syntheseverfahren von Fischer und Tropsch vollständig hydrierten Ölen: **35** ('38) 410f. – Neuere Untersuchungen über Steinkohle: **36** ('39) 870–81. – Mittleres Molekulargewicht von Steinkohlenbitumen und Gilsonit: **37** ('40) 674–76. – Bestimmung geringer Kupfermengen in Mineralölen[9]): **39** ('42) 648f. – Torfmoor und Torf: **42** ('46) 221–26. – Der „critical air blast test"[9]): **44** ('48) 208–11. – Die Bestimmung des Schwefelgehalts in festen Brennstoffen: **45** ('49) 76. – Die Beständigkeit von Transformatorenöl gegen Oxydation[10]): **51** ('55) 77–80. – Die Bestimmung des Gesamtwassergehalts von Steinkohlen: **56** ('60) 548f. – Beurteilung der Gefährlichkeit von auf Wasser treibenden, resp. auf Hafenböschungen angespülten Oelresten: **58** ('62) 319f. – – Alle Arbeiten niederländ.

Chemische en pharm. Techn. Die künftige Entwicklung der Steinkohlenindustrie: **2** ('46/47) 273–76. – Schmierung: **4** ('48/49) 289–91. – Das Adsorptionswasser der Kohle: **7** ('51/52) 23f. – – Alle Arbeiten niederländ.

Chimie et Industrie Chimie et technologie des combustibles solides: **28** ('32) 1011–17.

Chimie et Industrie, Congr. Chim. industr. Les conditions d'utilisation pratique du coke: combustibilité, fusibilité des cendres: **15 II** ('35) 682–87.

Fuel (Sci. and Practice) The determination of the ignition temperature and the humic acid curve of a coal: **13** ('34) 55–59. – Procedure for determining the rate of reaction of coke: 137–39. – Procedure for determining the rate of evolution of gas from coal: 190f. – A five-horse-power "National" Diesel engine converted into an apparatus for determining the cetene value of Diesel oils[1]): **15** ('36) 336–42. – The humic acid curves of coal. Coalification[6])[3]): **17** ('38) 243–53. – Coal bitumen, 1: **25** ('46) 99–103; ∼ 2: 104–08. – Critical airblast test[9]): **28** ('49) 29–31. – The B.S. swelling number of coal: **29** ('50) 112–17. – Sulfur coal of Istria: **31** ('52) 462–67.

Geologie en Mijnbouw Considérations sur la composition, la genèse et la classification de la tourbe, du lignite et de la houille: **45** ('66) 201–09.

J. Instn. Petroleum Technologists Physical and chemical constants of gas oils with different cetene numbers: **23** ('37) 253–65. – The coefficient of static friction of different lubricating oils measured with the "Redgrove apparatus": 452–58. – The temperature sensitivity of viscous oils: **24** ('38) 441–52. – Physical and chemical constants of normal paraffins: 554–61. – The rate of reaction in the system mineral oil – oxygen[3]): **27** ('41) 275–92. – The course of the reaction at 100° in the system aromatic-free mineral oil – oxygen: **32** ('46) 515–24. – Course of the reaction at 100° in the systems xylene – oxygen and aromatic-free mineral oil – xylene – oxygen: 525–28. – Course of the reaction at 100° in the system [solid] paraffin – oxygen: 656–59. – Influence of glass on the oxidation of low-viscosity mineral oils[9]): **34** ('48) 930–40. – Chemical composition of oxidized mineral oils[9]): **35** ('49) 88–96. – Stability tests of motor lubricants: **37** ('51) 316–23. – Experiments on the influence of a solid phase on the oxidation of low-viscosity mineral oil: **38** ('52) 445–48. – The influence of metal, especially copper, on the oxidation of white oil: 449–57.

Natuurwetenschappelijk Tijdschr. Neue Untersuchungen über die Einteilung von Steinkohlen: **16** ('34) 4–11. – Allgemeine Betrachtungen zur technisch-wissenschaftlichen Öluntersuchung. Öleigenschaften und Konstitution: **20** ('38) 128–34. – Über physikalische Konstanten von Steinkohlenbitumen, besonders im Zusammenhang mit dem Inkohlungsgrad und der Entstehungsweise der Steinkohle: **21** ('39/40) 279–83. – Über die Verseifungszahl oxydierter Mineralöle: **22** ('40) 77–80. – – Alle Arbeiten niederländ.

Nederlandse chem. Industrie Dichtung und Wahrheit beim Messen großer Flüssigkeitsmengen[11]): **1** ('59) Nr. 14. – Specific gravity and calculation of quantities by weight: **2** ('60) Nr. 12. – Die Bestimmung von Schwefel in festen Brennstoffen[12]): **5** ('63) Nr. 9 [niederländ.]. – Experience with a multi-purpose distillation plant: **6** ('64) 390–. – Öl- und Fettforschung: **8** ('66) 226–28 [niederländ.].

Proc., Koninkl. nederl. Akad. Wet. On the rate of reaction in the system mineral oil – oxygen and the mechanism of the influence of copper and tin on this system[3]): **43** ('40) 66–74.

Recueil Trav. chim. Pays-Bas On the determination of the number of intermediate stages through which a chemical reaction passes[3]): **59** ('40) 1165–79. – On the oxidation of methyl and ethyl alcohol. The mechanism of reaction in the gas phase[4])[9]): **61** ('42) 269–79. – The formation of carbon dioxide and water in the oxidation of coal: **62** ('43) 215–21. – On the influence of electrolytic copper on the oxidation of aromatic-free mineral oil: 512–18.

Mit: [1]) P. M. van Bemmel; [2]) M. Hissink; [3]) D. T. J. ter Horst; [4]) W. P. Jorissen; [5]) –; [6]) C. Krijgsman; [7]) H. P. den Otter; [8]) N. M. Roodenburg; [9]) F. G. van Selms; [10]) W. J. Taat; [11]) P. J. Heinrici; [12]) N. W. Elfferich.

V, VI **KREUTZ,** Stefan. Mineral., Geol. – 1916–19 Außerord. Prof., '20–41 ord. Prof. u. Dir. d. Inst. f. Mineral., Univ. Kraków; '19–20 ord. Prof., Bergakad.

Kraków; '29–30 Vizepräs., Ges. d. Poln. Naturforscher „Kopernik", Sekt. Kraków; '32–39 Vizepräs., Poln. Geol. Ges.
*1883, Juni 6, Lwów;
†1941, März 30, Kraków.

Nekr. A. Gawel, Roczn. polsk. Towarz. geol. **19**.1950 ('51) 73–89 [poln. u. französ.] (m. Bildn., Schr.verz. 80 Nrn.). — J. L. Spencer, Mineralogical Mag. and J. mineral. Soc. **28** ('47) 204. — Z. Zawirski in: Kronika Uniwersytetu Jagiellońskiego za okres wojny 1939–1945 oraz za rok akademicki 1945 (Kraków '46) 69f.

S. Skarby przyrody i ich ochrona [Schätze der Natur und ihr Schutz] (W. Szafer) (Warszawa '32) 223–47: Schutz der unbelebten Natur [poln.]. — Pamiętnik 14. Zjazdu lekarzy i przyrodników polskich [14. Kongreß der polnischen Ärzte und Naturwissenschaftler], Poznań 1933, **1** (Poznań '33) 138f.: Beitrag zur Kenntnis der kristallinen Gesteine der Tatra [poln.]; 219–22: Über die Lumineszenz von Mineralen, insbesondere von polnischen Mineralen [~]; 240: Über die Zölestinkristalle in Polen [~]. — **1.** Sprawozdanie z badań nad Kopcem Krakusa [1. Forschungsbericht über Kopek Krakusa] (Kraków '34) 6f.: Bemerkungen über die Petrographie von Kopek Krakusa und seine Umgebung [poln.]. — Zbiór prac poświęcony przez Towarzystwo Geograficzne we Lwowie Eugenjuszowi Romerowi [Sammlung von Arbeiten, Eugen Romer von der Geographischen Gesellschaft zu Lwów gewidmet] (H. Arctowski) (Lwów '34) 271–74: Die Lumineszenz der Kalzite als Hilfsmittel für die mineralogisch-geologische Forschung [poln.].

Bull. int. Acad. polon. Sci. et Lettres, Sér. A Über die Vizinalflächen des Topases: **1933**, 169–72. — Über die Lumineszenz der Mineralien in Abhängigkeit von ihrem Vorkommen und ihrer Generation: 215–25. — Sur la fluorescence de certaines fluorines à des températures basses: 573f. — Über die Lumineszenzeigenschaften der Kalzite (mit besonderer Berücksichtigung der polnischen Lagerstätten): **1935**, 486–500. — Über die Lumineszenz einiger Mineralien: **1936**, 501–09. — Sur la métamorphose des roches amphibolitiques des Tatras [,1]: **1938**, 116–19; ~ 2: 265–72.

C. R. mens. Séances Cl. Sci. math. et natur., Acad. polon. Sci. et Lettres La luminescence des minéraux en rapport avec les lieux dans lesquels ils se trouvent et avec les conditions de leur formation: **1932**, Nr. 7. — Calcites et autres minéraux caractérisés par leur luminescence: **1935**, Nr. 7, 16 S.

Roczn. polsk. Towarz. geol. Die polnischen Geschiebe[1]): **8** ('32) 219–21 [m. poln. Zusammenfassg.]. — Cendres volcaniques tombées en avril 1932 à Buenos Aires[2]): 317–30 [~]. — Können die Lumineszenz-Untersuchungen an Kalziten geologische Bedeutung haben?: **12** ('36) 802–04 [poln. m. deutscher Zusammenfassg.]. — Prof. Dr. Zygmunt Rozen †: 805–11 [poln.].

Sprawozd. Czynności i Posiedzeń polsk. Akad. Umiejętności Die Lumineszenz der Mineralien in Abhängigkeit vom Ort ihres Auftretens und den Bedingungen ihrer Entstehung (Generation): **37** ('32) 8f. — Über die Vizinalflächen des Topases: 14f. — Über die Fluoreszenz einiger Fluorite bei niedrigen Temperaturen: **38** ('33) 6. — Bemerkungen über die Petrographie von Kopek Krakusa und seine Umgebung: **39** ('34) 35–41. — — Alle Arbeiten poln.

Mit: [1]) A. Głowińska; [2]) M. Jurek.

VI **KRISHNA,** Sri. Biochem., Pharmakol. — 1925–28 Prof. Chem., Univ. of the Punjab, Lahore; '28–50 Biochemist, '50 Vice Pres. and Dir. of Research, Forest Research Inst., Dehra Dun, United Provinces of Agra and Oudh; '50–51, '53–60 Scientific Adviser to High Commissioner for India and Scientific Liaison Officer, London; '51–52 Deputy Dir., Council of Scientific and Industrial Research, New Delhi. — '44 Companion of Indian Empire, '53 Queen Elizabeth II Coronation Medal (Brit. Government); '49 Instn. of Chemists (India) Medal; '56 Golden Jubilee Medal (Forest Research Inst., Dehra Dun).
*1896, Juli 6, Lahore, Punjab.

Chemistry and Industry "Pectin"[11]): **1946**, 101.

Current Sci. Fluorescence of wood under ultraviolet light[2]): **3** ('34) 65f. — The oxidation products of vasicine with hydrogen peroxide[3])[7])[12]): **4** ('35) 158f. — Occurrence of rotenone in Millettia pachycarpa[3]): **6** ('37/38) 57. — Indian Tephrosia sp. as a source of rotenone[3]): 454. — Tamarind-seed pectin[3]): **14** ('45) 299f.; ~ [11]): **15** ('46) 168.

Forest Bull., Forest Res. Inst., Dehra Dun Calorific values of some Indian woods[10]): **79** ('32) 1–27. — Active principles of Embelia robusta Roxb., Myrsine semiserrata, Wall., and M. capitellata, Wall.[14]): **102** ('41) [3 S.].

Helvetica chim. Acta The constitution of actinodaphnine[3])[13]): **17** ('34) 919–30.

Indian Forest Rec., Chem. Minor forest products of Chakrata, Dehra Dun, Saharanpur, etc., and neighbouring forest divisions, 1: The oil-bearing seeds[8])[9]): **1** ('36) 1–44.

Indian Forester The seeds of Vateria indica, L. as a source of vegetable tallow[8]): **58**

('32) 68–74. — Fluorescence of wood under ultraviolet light[2]): **61** ('35) 221–28. — The role of chemistry in forestry: **66** ('40) 129–35, 224–31, 288–94, 365–72.

Indian Textile J. Tamarind seed[3]): **53** ('43) 236–38. — "Gum taminda", a new substitute for gum tragacanth or carob-bean gum[3]): **56** ('46) 506–08, 561. — Tamarind seed kernel powder – standard specifications for the commercial product[11]): **59** ('49) 314f.

J. chem. Soc., London Vasicine[3])[7])[12]): **1932**, 2740–44.

J. indian chem. Soc. Actinodaphnine. An alkaloid from Actinodaphne hookeri, Meissn. [3]): **9** ('32) 429–33. — The fat from the seeds of Vateria indica, L.[8]): **10** ('33) 203–11. — The fat and the oil from the seeds of Actinodaphne hookeri, Meissn. An indigenous source of lauric acid[8]): 395–400. — The oil from the seeds of Tectona grandis (Teak)[8]): 401–03. — Actinodaphne fat as a parent material for a new detergent. A note[8]): **11** ('34) 711f. — Some Indian acorn oils (Quercus incana, Roxb., Q. dilatata, Lindl., and Q. ilex, L.)[8]): 721–26. — Active principle of Myrsine africana, L.[14]): **13** ('36) 115f. — Constituents of the leaves of Vitex negundo[3]): 634–40. — The oil from the seeds of Ximenia americana, L. A new unsaturated fatty acid, ximenic acid[8]): **14** ('37) 268–74. — Fatty oil from the seeds of Bauhinia variegata, L.[8]): **17** ('40) 96–100. — Fatty oil from the seeds of Solanum indicum, L.[8]): **18** ('41) 329–34. — Latex of some indigenous rubber-yielding plants, 1: Excoecaria agallocha, L.[8]): **20** ('43) 178–80.

J. indian chem. Soc., Industr. and News Edit. Tamarind seed. A valuable source of commercial pectin[3]): **5** ('42) 114–20. — Ephedra concentrate and the extraction of ephedrine[3]): **6** ('43) 142–47.

J. sci. and industr. Res. Cinnamon-leaf oil [4])[6])[5]): **4** ('46) 464–66. — Tamarind-seed pectin [3])[11]): 705–10. — Aromatic plants of India: Umbelliferae[1]): **11** ('52) Nr. 12, Suppl., 245–66.

Quarterly J. Pharm. and Pharmacol. Storage of Strychnos nux-vomica seeds[8]): **5** ('32) 633–38. — Indian artemisias[14]): **6** ('33) 23–30.

Mit: [1]) R. L. Badhwar; [2]) K. A. Chowdhury; [3]) T. P. Ghose; [4]) H. R. Kamath; [5]) K. G. Kudva; [6]) K. T. Kudva; [7]) K. S. Narang; [8]) S. V. Puntambekar; [9]) M. B. Raizada; [10]) S. Ramaswami; [11]) P. S. Rao; [12]) J. N. Rây; [13]) E. Schlittler; [14]) B. S. Varma.

VI **KRISHNAN,** Sir Kariamanikkam Srinivasa. Physik. — 1925 D. Sc., Univ. of Madras; '28–33 Reader, Univ. of Dacca; '33–42 Research Prof., Indian Assoc. for the Cultivation of Science, Calcutta; '42–47 Prof., Head of the Physics Departm., Univ. of Allahabad; '47–61 Dir., National Physical Labor. of India, New Delhi; '39–47 Vice-Pres., Indian Acad. of Sci.; '45–46 Pres., Nation. Acad. of Sci.; '45–49, '53–56 Vice-Pres., Indian Assoc. for the Cultivation of Sci.; '47–61 Founder Pres., Indian Tamil Soc.; '48 Pres., Delhi Tamil Soc.; '53–54 Pres., Nation. Inst. of Sci., India; '53–55 Vice-Pres., Indian Standards Instn.; '55–57 First Pres., Indian Soc. of Theoret. and Appl. Mechanics; '55–61 Vice-Pres., Internation. Council of Scientific Unions; '57 Vice-Pres., Internation. Union of Pure and Appl. Physics; '57–58 Pres., Inst. of Metals, India; '57–58 Pres., Nation. Committee, Internation. Geophysical Year; Visiting Prof. at numerous Indian universities; Cofounder, Internation. Union of Crystallogr. — '51–54: Hon. D. Sc. (Univ. of Allahabad, Univ. of Delhi, Univ. of Lucknow, Univ. of Calcutta); Hon. LL. D. (Benares Hindu Univ.); '54 Title of "Padma Bhushnan" (Pres. of India); '58 Title of "National Professor". — '37 Medaille (Univ. de Liège); '41 Krishnarajendra Jubilee Gold Medal; '54 Padma Vibhushnan Dusra Varg, 2nd Class (Pres. of India); '61 Bhatnagar Memorial Award.

*1898, Dez. 4, Watrap, Madras;
†1961, Juni 13, New Delhi.

Zum 60. Geb.tag Festschr.: J. sci. and industr. Res., Sect. A **17** ('58) Nr. 12; darin Biogr. von K. R. Ramanathan: 485–88. — Nature [London] **183** ('59) 1366.

Nekr. K. Banerjee, Science and Culture **27** ('61) 386–89 (m. Bildn.). — K. Lonsdale, H. J. Bhabha, Biographical Mem. Fellows roy. Soc. **13** ('67) 245–55 (m. Bildn., Faks., Schr.verz.). — T. V. Ramamurti, Chemistry and Industry **1961**, 1920f. (m. Bildn.). — K. R. Ramanathan, ICSU Review **3** ('61) 211–13; Indian J. Meteorol. and Geophysics **12** ('61) 543–46 (m. Bildn.). — D. Shoenberg, Nature [London] **191** ('61) 541f. — J. sci. and industr. Res., Sect. A **20** ('61) 341–45. — Physics today **14** ('61) 84. — Proc. physic. Soc. **78** ('61) 1561–63.

MHZ. J. sci. and industr. Res.

S. Union Radio Scientifique Internationale, U.R.S.I., **9**: Recueil des travaux de l'assemblée générale, Sydney 1952, Fasc. 8 (Bruxelles '52): Thermionic constants of metals determined by a new method[12]); **10**: Recueil des travaux de la XIe assemblée générale, La Haye 1954, Fasc. 7 (Bruxelles '–) 136–: Thermionic properties of monovalent metals.

W. The new era of science (Delhi '57) 45 S. (Sardar Vallabhbhai Patel lectures).

Acta physica polon. On the fluorescence spectra of impurity molecules included in crystals[20]): **5** ('36) 289–99.

British J. appl. Physics Determination of the thermal conductivities at high temperatures[12]): **5** ('54) 426–30.

Current Sci. Feeble anisotropies in paramagnetic crystals[2]): **1** ('33) 239f. – Photo-dissociation of the nitrate ion and its dependence on the polarization of the exciting light-quantum[10]): **2** ('34) 476f. – Absorption spectra of single crystals of polynuclear hydrocarbons[20]): **3** ('35) 26f. – Photo-dissociation of single crystals of potassium and sodium nitrates under polarized light[18]): 417. – The influence of "swelling" on the abnormal unidirectional diamagnetism of graphite crystals[9]): 472f. – A simple method for studying the magnetic susceptibilities of very small crystals[2]): 548.

Indian J. Physics and Proc. indian Assoc. Cultivat. Sci. The pleochroism and the birefringence of the NO_3^- ion in crystals[8]): **8** ('33/34) 49–66. – The principal optical polarizabilities of the naphthalene molecule: 431–36.

J. chem. Physics The polarization of the absorption lines of single crystals of rare earth salts[5]): **6** ('38) 224f.

J. indian math. Soc. On the equivalence of certain infinite series and the corresponding integrals: (N.S.) **12** ('48) 79–88.

Journal UIT Quelques aspects du fondement scientifique des télécommunications: **27** ('60) 185f–191f.

Nature [London] Magnetic analysis of molecular orientations in crystals: **130** ('32) 313. – Magnetic constants of benzene, naphthalene and anthracene molecules: 698f. – Negative polarization in fluorescence[15]): **131** ('33) 204f. – Orientations of molecules in the p-benzoquinone crystal[2]): 653f. – Pleochroism and birefringence in crystals[17]): **132** ('33) 411. – Molecular orientations in p-diphenylbenzene crystal[2]): 968f. – Magnetic anisotropy of graphite: **133** ('34) 174f. – Crystal structure of 1,3,5-triphenylbenzene[2]): 497. – Stark splitting of the ^6S level of the manganous ion in crystalline fields[2]): **135** ('35) 873. – Temperature variation of the abnormal unidirectional diamagnetism of graphite crystals[9]): **139** ('37) 155f. – Magnetic and optical properties of crystals: 810. – Magnetic anisotropy of rare earth sulphates and the asymmetry of their crystalline fields [16]): **140** ('37) 549. – Crystal structure and the magnetic anisotropy of $CuSO_4 \cdot 5\,H_2O$ [16]): 896f. – Coupling between the orbital and the spin angular momenta of paramagnetic ions from magnetic measurements[4]): **141** ('38) 320. – Magnetic anisotropies and the valencies of paramagnetic atoms in crystals[2]): **142** ('38) 717. – Jahn-Teller theorem and the arrangement of water molecules around paramagnetic ions in aqueous solutions: **143** ('39) 600f. – Large anisotropy of the electrical conductivity of graphite[9]): **144** ('39) 667. – Landau diamagnetism and the Fermi-Dirac energy distribution of the metallic electrons in graphite: **145** ('40) 31f. – Electronic specific heat of graphite: 388. – Dimorphism of diphenyl octatetraene crystals[7])[1]): **146** ('40) 333. – Magnetic and thermal properties of crystalline copper sulphate at low temperatures: **147** ('41) 87f. – Electrical resistance of liquid metals[3]): **156** ('45) 503f. – A simple result in quadrature: **162** ('48) 215, 485. – Anharmonicity of the lattice oscillations in the alkali halide crystals: **166** ('50) 114f., 571. – Elastic constants of alkali halide crystals[19]): **168** ('51) 869f., 983. – Thermionic constants of graphite[12]): **169** ('52) 702f. – Polarization field and the acoustic modes of oscillation of alkali halide crystals[19]): **170** ('52) 159f. – Thermionic constants of the iron group of metals[12]): 759. – Temperature distribution along a wire electrically heated in vacuo[12]): **173** ('54) 166f. – Temperature distribution in an electrically heated filament[12]): 820f. – Thermionic constants of semiconductors[12]): **177** ('56) 285. – Effect of specular reflexions on the radiation flux from a heated tube: **187** ('60) 135; **188** ('60) 652f. – Radiative transfer of energy in the core of a heated tube[21]): 483f. – Quenching of cation vacancies in doped crystals of sodium chloride[12]): **191** ('61) 162–64.

Philosophical Mag. The dispersion formulae and the polarization fields[19]): (7) **43** ('52) 1000–02. – The temperature variation of the thermodynamic potential of a degenerate electron gas[13]): 1224f. – The polarization fields and the resonance frequencies of the alkali halide crystals[19]): **44** ('53) 19–32. – The Drude dispersion formula shown to be applicable to any medium irrespective of the polarization field[19]): (8) **1** ('56) 926–33.

Philosophical Trans. roy. Soc. London, Ser. A Investigations on magne-crystallic action, 1: Diamagnetics[11])[2]): **231** ('33) 235–62; ~ 2: Paramagnetics[6])[2]): **232** ('33) 99–115; ~ 3: Further studies on organic crystals[2]): **234** ('35) 265–98; ~ 4: Magnetic behaviour of paramagnetic ions in the S-state in crystals[2]): **235** ('36) 343–66; ~ 5: Paramagnetic salts of the rare earth and the iron groups[16]): **237** ('38) 135–59; ~ 6: Further studies on paramagnetic crystals[16])[4]): **238** ('39) 125–48.

Physical Rev. Large artificial crystals of graphite: (2) **45** ('34) 115. – The magnetic anisotropy of copper sulphate pentahydrate, $CuSO_4 \cdot 5\,H_2O$, in relation to its crystal structure, 1[16]): **50** ('30) 800–03; ~ 2[16]): **54** ('38) 533–39; ~ 3[16]): 841–45. — The magnetic anisotropy of $Cs_2[CoCl_4]$ [16]): **51** ('37) 528. — The magnetic anisotropy of four-coordinated Co^{++} ions in crystals[16]): 774. — The magnetic anisotropy of gadolinium sulphate octahydrate[2]): **59** ('41) 770. — Evjen's method of evaluating the Madelung constant[19]): **87** ('52) 581f.

Proc. indian Acad. Sci., Sect. A The absorption spectra of nitrates and nitrites in relation to their photo-dissociation[10]): **1** ('34) 242–49. — The entropy of manganous ammonium sulphate hexahydrate at temperatures close to absolute zero in relation to magnetic anisotropy of the salt at room temperatures[2]): **2** ('35) 82–85. — Directional vibrations in the absorption and the fluorescence of the chrysene molecule[20]): **8** ('38) Raman Number, 487–98. — Raman spectra of organic compounds, 1: **53** ('61) 151–67; ~ 2: Methyl borate: **54** ('61) 89–98.

Proc. nation. Acad. Sci., India, Sect. A Investigations on the resistivities of binary alloys, 1: Order–disorder alloys of the CuZn type under equilibrium conditions[3]): **14** ('44) 153–80. — The polarization field in an ionic crystal and its influence on the reststrahlen frequency[19]): **25** ('55) 50–57.

Proc. roy. Soc. London, Ser. A Diamagnetic anisotropy of crystals in relation to their molecular structure[14]): **156** ('36) 597–613. — The magnetic and other properties of free electrons in graphite[9]): **177** ('41) 168–82. — Light-scattering in homogenous media regarded as reflexion from appropriate thermal elastic waves[3]): **192** ('48) 181–95. — "Diffuse scattering" of the Fermi electrons in monovalent metals in relation to their electrical resistivities[3]): **194** ('48) 185–205. — The frequencies and the anharmonicities of the normal modes of oscillation of alkali halide crystals, 1: Lattice oscillations[19]): **207** ('51) 447–60; ~ 2: Low-frequency acoustic modes [19]): **210** ('52) 481–97. — The thermionic constants of metals and semi-conductors, 1: Graphite[12]): **213** ('52) 143–57; ~ 2: Metals of the first transition group[12]): **215** ('52) 431–37; ~ 3: Monovalent metals[12]): **217** ('53) 451–61; ~ 4: ≈[12]): **225** ('54) 159–72. — The distribution of temperature along a thin rod electrically heated in vacuo, 1: Theoretical[12]): **222** ('54) 167–80; ~ 2: ≈[12]): **225** ('54) 1–7; ~ 3: Experimental[12]): 7–18; ~ 4: Many useful empirical formulae verified[12]): 19–32; ~ 5: Time lag[12]): **227** ('55) 141–54; ~ 6: End-losses[12]): **229** ('55) 439–45. — The distribution of temperature along electrically heated tubes and coils, 1: Theoretical[21]): **257** ('60) 302–15.

Trans. Faraday Soc. The magnetic anisotropy of manganite crystal in relation to its structure[2]): **35** ('39) 385–87. — On an orthorhombic crystalline modification of diphenyloctatetraene[7])[1]): **36** ('40) 1153 55.

Z. Kristallogr., Kristallgeom., Kristallphysik, Kristallchem. Orientations of impurity molecules included in crystals[20]): **89** ('34) 538–40. — An orthorhombic crystalline modification of 1,2;5,6-dibenzanthracene[2]): **91** ('35) 170–72. — The magnetic anisotropy and crystal structure of 1,2;5,6-dibenzanthracene[2]): 173–80. — Magnetic studies on rhodochrosite, $MnCO_3$[2]): **99** ('38) 499–508. — Temperature variation of the magnetic anisotropy of graphite[9]): **100** ('39) 530–36. — Magnetic studies on braunite, $3\,Mn_2O_3 \cdot MnSiO_3$ [2]): **101** ('39) 507–11.

Einige weitere Kongreßbeiträge. — Einige Veröffentlichungen in malayischer Sprache.

Mit: [1]) T. S. Ananthapadmanabhan; [2]) S. Banerjee; [3]) A. B. Bhatia; [4]) A. Bose; [5]) D. C. Chakrabarty; [6]) N. C. Chakravorty; [7]) S. L. Chorghade; [8]) A. C. Dasgupta; [9]) N. Ganguli; [10]) A. C. Guha; [11]) B. C. Guha; [12]) S. C. Jain; [13]) P. G. Klemens; [14]) K. Lonsdale; [15]) S. M. Mitra; [16]) A. Mookherji [Mukherji]; [17]) B. Mukhopadhyay; [18]) L. K. Narayanaswamy; [19]) S. K. Roy; [20]) P. K. Seshan; [21]) R. Sundaram.

VI **KRISHNASWAMI AYYANGAR, A A.** Math. — 1918–48 Lecturer, then Assist. Prof., Maharaja's College, Univ. of Mysore; '49–51 Assist. Prof., Andhra Univ., Waltair, Madras Presidency.

*1892, Dez. 1;

†1953, Juni 17, Mysore.

W. New geometry for high schools **1.2** (Madras '32[?]) 232 +·426 S.

American math. Monthly Remarks on the decomposition of $4\,(x^n - 1)/(x - 1)$: **44** ('37) 587.

Biometrika Note on the recurrence formulae for the moments of the point binomial: **26** ('34) 262–64. — A note on the incomplete moments of the hypergeometrical series: 264f.

Current Sci. A new continued fraction: **6** ('37/38) 602–04. — The earliest solution of the biquadratic: **7** ('38/39) Nr. 4. — An empirical statistical formula: **9** ('40) Nr. 9. — Improved formulae for the coefficient of continuity: **11** ('42) Nr. 2.

Educational Rev. [Madras] The training of Indian almanac mathematics and their observational equipment: **41** ('35) Nr. 1. — A mathematical dream: **43** ('37) Nr. 4. — The equal bisectors of the base angles of a triangle: **44** ('38) Nr. 6. — Stars: Nr. 7. — On theorem forty five: Nr. 8. — Basic mathematics: Nr. 12. — A misunderstood chapter of Indian mathematics: **46** ('40) Nr. 10.

Half-yearly Mysore Univ. J., Theory of the nearest square continued fraction: **1940.** —

A general theory of tactical configurations: 1943. – Peeps into India's mathematical past: 1945.

Indian Rev. The broader side of mathematical education: **34** ('33) 514–.

J. indian math. Soc. On the identical relation between the line co-ordinates in a plane: **19** ('32) 181–84. – Geodesics: 277–80. – On the foci and axes of a conic: 281f. – Oriented circles: **20** ('33/34) 204–11. – A general formula for the moments of the hypergeometrical series: (2) **1** ('34) 109–14. – On the semiinvariants of two variates and their additive property: **3** ('38) 1–7.

J. Univ. Bombay Demlofication [?] of Fibonacci numbers[1]): (N.S.) **14** ('45) Nr. 5, Sect. A, 6–10.

Mathematical Gaz. Conormal points on an ellipse: **18** ('34) 324. – A generalisation of the Frégier point: **19** ('35) 43f. – Note on spherical trigonometry: **20** ('36) 149f. – Theory of the general Frégier-point: 191–98. – Queer alternatives: **21** ('37) 58f. – Euclid XI, 4: 59. – On the partition of sets of points on a rectangular hyperbola: **22** ('38) 42–49. – Postscript to note 1229 (Mathematical Gazette, Febr. 1937): 385–88. – A mysterious elimination: 493f. – Note on notes 1261, 1262, and 1274: 502f. – An algebraic identity: **33** ('49) 37f. – On tracing central conics: 38–41.

Mathematics Student Some glimpses of ancient Hindu mathematics: **1** ('33) 1–18. – A sequel to Hamilton's theorem: 94–99. – Cauchy's condensation test: 145f. – Focal lines of a cone touching four given concurrent planes: **3** ('35) 56–59. – The pole and polar. Foci and axes. Director circle and directrices: 101–04. – Geometry of the tricusped hypocycloid: **4** ('36) 130–43. – The foci of the Steiner circum-conic of a triangle: **5** ('37) 23f. – Fourteen calendars: **5** ('37) Nr. 1. – A new study of the half regular continued fraction: **6** ('38) 45–67. – The Bakshālī manuscript: **7** ('39) 1–16. – The determination of the eccentricity of a hyperbole: **7** ('39) Nr. 3. – Jacobian of three conics touching one another at the same point: ibid. – A problem in elimination: ibid. – René Descartes: **8** ('40) 101–08. – Reduction of cylinders and paraboloids: **8** ('40) Nr. 2. – Euler's function $\varphi(n)$: ibid. – Homogeneous products: ibid. – The role on unit partial fraction in some continued fractions: Nr. 4. – The theorem of Feuerbach: **9** ('41) 16–29. – The triangular distribution: 85–87. – The role of unit partial quotients in some continued fractions: 159–66. – The bear clock: **9** ('41) Nr. 4. – The greatest angle of a triangle: ibid.

Proc. indian Acad. Sci., Sect A Correlation by the method of factors: 6 ('37) 71–73.

Proc. indian Sci. Congr. Finite geometries: **19** ('32) 105f. – On sets of transformations which convert a simple continued fraction into a half regular one: **25** ('38). – The Lorentz curve and its generalisation: **28** ('41).

Sankhyā Random lines – a statistical study: **5** ('41) Nr. 3.

Scripta math. [USA] Interlocked arithmetical progressions: 8 ('41) 56f.

Mit: [1]) D. R. Kaprekar.

VI **KROGH,** Schack August Steenberg. Physiol. – 1899–1908 Assist., '03 Dr. phil., '08–16 außerord. Prof., '16–45 Prof. Zoophysiol., Univ. København. – '21 Hon. LL. D. (Univ. of Edinburgh); Dr. phil. h. c. (Univ. Göttingen); Dr. phil. h. c. (Univ. Oslo); Hon. D. Sc. (Univ. of Oxford); '35 Dr. med. h. c. (Univ. Budapest); '36 Dr. med. h. c. (Univ. Lund); '36 Hon. D. Sc. (Harvard Univ., Cambridge, Mass.); '38 Hon. D. Sc. (Rutgers Univ., New Brunswick, N. J.). – '20 Nobelpreis f. Physiol. u. Med. – '45 Baly Medal (Roy. College of Physicians, London).

*1874, Nov. 15, Grenaa;

†1949, Sept. 13, København.

Zur Biogr. S. R. Riedman, E. T. Gustafson, Portraits of Nobel laureates in medicine and physiology (New York '64) 214–22. – L. C. Stevenson, Nobel Prize winners in medicine and physiology 1901–1950 (New York '53) 96–100 (m. Bildn.). – Festskr. Københavns Univ. **1962**, Nov., 104f. (m. Bildn. S. 101). – Nature [London] **139** ('37) 1098. – Nobel lectures, physiology or medicine, 1901–1921 (Amsterdam–London–New York '67) 529–35, 547–51. – The Nobel Prize winners and the Nobel Foundation 1901–1937 (Zürich '38) 203 (m. Bildn. S. 496). – Science [USA] **88** ('38) 372.

Nekr. P. Brandt Rehberg, Festskr. Københavns Univ. **1950**, Nov., 183–203 (m. Bildn., Faks.). – C. K. Drinker, Science [USA] **112** ('50) 105–07. – H. C. Hagedorn, Meddelelser Akad. tekn. Videnskaber **1949**, Nr. 1, 33–50 (m. Bildn. u. Schr.verz. 296 Nrn.). – H. M. Hansen, Naturens Verden **34** ('50) 34–. – A. V. Hill, Obituary Notices Fellows roy. Soc. London 7 ('50/51) 221–37 (m. Bildn., Faks., Schr.verz.). – E. Lundsgaard, Experientia **6** ('50) 39f. (m. Bildn.). – R. Spärck, Videnskabelige Medd. dansk naturhist. Foren. København **111** ('48/49) V–XXX (m. Bildn. u. Schr.verz. 289 Nrn.). – Thunberg, Kungl. fysiogr. Sällsk. Lund Förh. **20** ('50) 43*–49* (m. Bildn., Faks.). – Isis **41** ('50) 56. – Lancet **257** ('49) 583.

Autobiogr. Visual thinking: Organon **2** ('38) 87–94 [poln. in: Nauka polska **24** ('38)].

MH. Medical and physiological papers. Dedicated to Dr. H. C. Hagedorn (Helsingfors '38) (Acta med. scand., Suppl. 90); darin eig. Beitr.: Extracellular and intracellular fluid.

S. Beretning. Den første danske varmekongres, København 1943 (København [ohne Jahr]): Das Wohnungsheizungsproblem vom physiologischen Standpunkt [dän.]. – Videnskaben i dag (F. Brandt, K. Linderstrøm-Lang) (København '44): Vergleichende Physiologie der Respirationsorgane [dän.]. – Haemoglobin. A symposium based on a conference held at Cambridge 1949 in memory of Sir Joseph Barcroft (F. J. W. Roughton, J. C. Kendrew) (New York–London '49) 10–12: Tribute to Joseph Barcroft. – Store danske personligheder (A. Bertelsen) **2** (København '49) 44–: Niels Steensen, 1638–1686. – Nobel lectures, physiology or medicine, 1901–1921 (Amsterdam–London–NewYork '67) 536–46: A contribution to the physiology of the capillaries.

W. Lærebog i menneskets fysiologi for gymnasiet [7](København '34) 148 S., [8]('38); (ab 9. Aufl. m. P. Brandt Rehberg) [9]('42) 146 S., [10]('46), [12]('53), [13]('55), [14]('58), [15]('60), [16]('62), [17]('65), [18]('67), [19]('69) 7 + 185 S.; engl.: Text-book of human physiology for college students (K. R. Drinker) (Philadelphia, Pa. '32) 5 + 233 S. – Osmotic regulation in aquatic animals (London–NewYork '39) 242 S. (Cambridge comparative physiology); Neuaufl. (New York '65) 9 + 242 S. – The comparative physiology of respiratory mechanisms (Philadelphia, Pa.–Oxford '41) 7 + 172 S. (Swarthmore College, William J. Cooper Foundation lecture 1939). – Boligopvarmningsudvalgets forhistorie (m. einem Beitr. v. O. J. Jørgensen) (København '48) 36 S. [m. engl. Zusammenfassg.] (Boligopvarmningsudvalgets meddelelser, Nr. 1). – En mikroklimatograf (København '48) 20 S. [~] (~ Nr. 5). – Måling af textilers varmeisolerende egenskaber (København '48) 20 S. [~] (~ Nr. 6). – The anatomy and physiology of capillaries. Neuaufl. (New York '59) 12 + 422 S.

Acta bot. fenn. Some experiments on the exchange of potassium and sodium between single cells of Characeae and the bathing fluid [15])[31]): **36** ('44) 22 S.

Acta physiol. scand. The exchange of ions between cells and extracellular fluid, 1: The uptake of potassium into the chorion membrane from the hen's egg: **6** ('43) 203–21; ~ 2: The exchange of potassium and calcium between the frog heart muscle and the bathing fluid[20])[25]): **7** ('44) 221–37; ~ 3: The exchange of sodium with glucose in the frog's heart[20]): 238–43. – Osmotic concentration of human lacrimalfluid[22])[23]): **10** ('45) 88–90.

American Scientist On the active and passive exchanges of ions through cell surfaces and membranes in general: **34** ('46).

Annales Soc. sci. Bruxelles, Sér. B La fonction des papilles anales des larves de Diptères[18]): **56** ('36) 459–61.

Bibliotek Læger Untersuchungen über schwere Muskelarbeit[5])[21]): **127** ('35) 1–38 [dän.].

Biochemical J. A micro-method for accurate determination of D_2O in water[10])[30]): **30** ('36) 1264–69.

Biological Bull. A method for the determination of ammonia in water and air: **67** ('34) 126–31. – Methods for the determination of dissolved organic carbon and nitrogen in sea water[17]): 132–44.

Biologiske Medd., Kgl. danske Vid. Selsk. On a new bottom-sampler for investigation of the micro fauna of the sea bottom with remarks on the quantity and significance of the benthonic micro fauna[27]): **13** ('36/37) Nr. 4, 12 S. – Investigations on the exchange of phosphorus in teeth using radioactive phosphorus as indicator[13])[16]): Nr. 13, 34 S. – The biochemistry of the development of buds in trees and the bleeding sap[4]): **20** ('46) Nr. 2, 28 S.

Bull. trimestr. Organisat. Hyg. Nouvel étalon d'insuline et la nouvelle définition de l'unité qu'il exige[2])[8]): **5** ('36) No. spéc., 717–19.

Bygmesteren Über die Einrichtung eines staubfreien Raumes: **26** ('33) 13–16 [dän.].

Collecting Net Conditions of life in the depths of the ocean: **8** ('33).

C. R. Trav. Labor. Carlsberg, Sér. chim. Deuterium built into proteins and their amino acids in vivo and in vitro[30]): **22** ('38) 282–87.

Ecological Monogr. Conditions of life in the ocean. Conditions of life at great depths in the ocean: **4** ('34).

Ecology A micro-climate recorder: **21** ('40).

Entomologiske Medd. Some experiments on the osmoregulation and respiration of Eristalis larvae: **23** ('43) 49–65.

Enzymologia The use of deuterium in biological work: **5** ('38) 185–89.

Experientia The comparative physiology of respiratory organs: **2** ('46) 431–38.

Fläkten Wohnungsheizung vom physiologischen und hygienischen Standpunkt: **9** ('44) [schwed.]. – Staubprobleme in Museen: **13** ('48) Nr. 1 [schwed.].

Hospitalstidende Respirator according to Philip Drinker's principle: **75** ('32) 629–32 [dän.]. – Transportation of substances through organism by diffusion and secretion: **79** ('36) 397–406 [dän.].

Industrial and Engng. Chem., Analyt. Edit. Syringe pipets: **7** ('35) 130f. — Precise determination of oxygen in water by syringe pipets: 131–33.

Isis Reminiscences of work on capillary circulation. A lecture to the students in the Harvard Medical School, 1946: **41** ('50) 14–20 (m. Bildn.).

J. clin. Investigat. The movement of fluid through the human capillary wall in relation to venous pressure and to the colloid osmotic pressure of the blood[19][29]: **11** ('32) 63–95. — A celluloid capsule for measuring venous pressures[29][19]: 357–62.

J. exper. Biology A note on the permeability of trout eggs to D_2O and H_2O[30]: **14** ('37) 35–37. — The mechanism of flight preparation in some insects[33]: **18** ('41/42) 1–10. — Respiratory exchange of the desert locust (Schistocerca gregaria) before, during, and after flight[32]: **28** ('51) 344–57.

J. Marine biol. Assoc. United Kingdom The organic metabolism of sea-water with special reference to the ultimate food cycle in the sea [17][5]: **20** ('35) 181–96.

Kemisk Maanedsbl. og Nordisk Handelsbl. kem. Industri Über Meßspritzen und ihre Anwendung, besonders zur genauen Sauerstoffbestimmung in Wasser nach Winkler: **15** ('34) 105–09 [dän.].

Militærlægen Eine Kippbahre zur künstlichen Beatmung: **40** ('34) [dän.].

Museums J. The dust problem in museums and how to solve it: **47** ('48).

Nature [London] Physiology of the blue whale: **133** ('34) 635–37. — Physiology of deep diving in the whale[9]: 874. — Microscopic observation of the absorption of insulin and protamine-insulinate[1]: **137** ('36) 458. — Active absorption of anions in the animal kingdom: **139** ('37) 755.

Naturen Einige neuere Untersuchungen über die Biologie der Wale: **58** ('34) 203–14 [norweg.].

Naturens Verden Tier und Mensch: **16** ('32) 405–23. — Einige neuere Untersuchungen über die Biologie der Wale: **18** ('34) 193–202. — Produktionsökonomische Wechselwirkung zwischen einigen Pflanzen- und Tiergemeinschaften: **19** ('35) 337–50. — Norbert Casteret, ein französischer Höhlenforscher, und sein Werk: **24** ('40) 145–51. — Die bildende Kunst und ihre magische Bedeutung vor 20000 Jahren nach Casterets Darstellung: 224–29. — Von Frischs neueste Untersuchungen über Biernes „Sprog“: **31** ('47). — — Alle Arbeiten dän.

Nordisk Med. Die Wetzelsche Technik zur Beurteilung der körperlichen Entwicklung der Kinder, nach Untersuchungen dänischen Krankengutes: **13** ('42) 726–29 [dän. m. engl. Zusammenfassg.].

Nordisk Tidskr. Vet., Konst och Industri Zum 300. Geburtstag des Biologen Niels Steensen: **13** ('37) 565–78 [dän.].

Orvosi Hetilap The use of isotopes in biological research: **79** ('35) 1047f.

Oversigt Selsk. Virksomhed, Kgl. danske Vid. Selsk. Johannes Lindhard †: **1948**, 95–103.

Proc. nation. Acad. Sci. USA The active uptake of ions into cells and organisms: **25** ('39) 275–77.

Proc. roy. Soc. London, Ser. B The active and passive exchanges of inorganic ions through the surfaces of living cells and through living membranes generally: **133** ('46) 140–200.

Quarterly Bull. Health Organisat. Investigations on heavy muscular work[5][21]: **3** ('34) 388–417.

Science [USA] The use of isotopes as indicators in biological research: **85** ('37) 187–91. — Biology and industry in cooperation: **88** ('38) 416–19. — The teaching of physiology: **89** ('39) 545–47.

Science and Culture The use of isotopes as indicators in biological research: **2** ('37) 332–37.

Scientific American The language of the bees: **179** ('48) Nr. 2, 18–21.

Scientific Monthly The production and ripening of red blood cells. A summary of Danish studies: **64** ('47) 301–05.

Skandinavisches Arch. Physiol. Sympathetic innervation of the cold spots, brought about in a reflex from the pharynx to the skin in man: **71** ('34/35) 1–6. — An arrangement for determining gas exchange and respiratory quotient during severe work[12]: 221–28. — The changes in osmotic pressure and total concentration of the blood in man during and after muscular work[34]: 251–59. — Das Verhalten der Kohlehydrate bei Ratten in einer auf erschöpfende Arbeit folgenden Ruheperiode[3]: **72** ('35) 1–10. — The permeability of the skin of frogs to water as determined by D_2O and H_2O[13][14]: 199–214. — A method of measuring venous pressure in the human leg during walking[1][11]: **73** ('36) 7–16. — Fliegeruntersuchungen, 1: Methodik der Prüfungen von Höhenfliegern[5]: 17–26; ∼ 2: Die Wirkung niedriger O_2-Spannung auf Höhenflieger[5]: 145–54. — The effect of walking on the venous pressure at the ankle[1][11]: 133–41. — A balance for the determination of insensible perspiration in man and its use[28]: 159–62. — An introduction to the studies of severe muscular exercise published in the present supplementary volume and other papers in the Skand. Arch.[5][21]: **74** ('36) Suppl. Nr. 10, I–X. — The exchange of hydrogen between the free water and the organic substances in the living organism[30]): **75** ('36) 90–104. — Osmotic regulation in the frog (R. esculenta) by active absorption of chloride ions: **76** ('37) 60–74. — Osmotic regulation by active absorption of ions in freshwater animals: **77** ('37) 50–52. — The salt concentration in the tissues of some marine animals: **80** ('38) 214–22.

Svensk bot. Tidskr. Bleeding and bud development in Carpinus[4]): **41** ('47) Nr. 1, 17–44.

Tidsskr. Ingeniørofficerer Erstickungsgefahr: **4** ('33) [dän.].

Trans. Faraday Soc. The properties and functions of membranes, natural and artificial, 1: Natural membranes, introductory paper: Animal membranes: **33** ('37) 912–19.

Ugeskr. Læger Über die Standardisierung des Hämometers: **95** ('33) 173–. — Aufstellung, Anwendung und Wartung eines selbstregistrierenden Stoffwechselapparates: **96** ('34) 737–40. — Eine Waage zur Bestimmung der Perspiratio insensibilis beim Menschen und ihre Anwendung[28]): **98** ('36) 113–15. — — Alle Arbeiten dän.

Varme Das Raumheizungsproblem, vom physiologischen Standpunkt: **7** ('42) 73–81 [dän.]. — Raumheizung, vom physiologischen und hygienischen Standpunkt: **9** ('44) [dän.].

Veterinary Rec. Nitrous oxide and nitrogen narcotisation of animals to be slaughtered according to the Jewish ritual[5])[24]): **51** ('39) 135–37.

Z. vergleichende Physiol. Osmotic regulation in freshwater fishes by active absorption of chloride ions: **24** ('37) 656–66. — The active absorption of ions in some freshwater animals: **25** ('38) 335–50. — The osmotic behaviour of frogs eggs and young tadpoles[26])[33]): **26** ('38) 230–38. — A note on the osmotic behaviour of Eriocheir in concentrated and Mytilus in dilute sea water[6]): 239–41. — Determination of temperature and heat production in insects: **31** ('48) 274–80.

Ferner Skripte seiner Vorlesung: Physiologie des Menschen [dän.] (1934).

Mit: [1]) H. K. Beecher; [2]) C. H. Best; [3]) Th. v. Brand; [4]) H. Burström; [5]) E. H. Christensen; [6]) R. E. Conklin; [7]) —; [8]) H. H. Dale; [9]) G. C. C. Damant; [10]) K. Fenger-Eriksen; [11]) M. E. Field; [12]) O. Hansen; [13]) G. v. Hevesy; [14]) E. Hofer; [15]) I. Holm-Jensen; [16]) J. J. Holst; [17]) A. Keys; [18]) H. Koch; [19]) E. M. Landis; [20]) A.-L. Lindberg; [21]) J. Lindhard; [22]) C. G. Lund; [23]) K. Pedersen-Bjergaard; [24]) V. Sahlstedt; [25]) B. Schmidt-Nielsen; [26]) K. Schmidt-Nielsen; [27]) R. Spärck; [28]) C. Trolle; [29]) A. H. Turner; [30]) H. H. Ussing; [31]) V. Wartiovaara; [32]) T. Weis-Fogh; [33]) E. Zeuthen; [34]) F. Grande Covián.

VI, VIIa **KROLL,** Wilhelm Justin. Metallurgie. — 1923–40 Research Chemist in his own Labor. in Luxemburg; '40–45 Consultant, Union Carbide Research Labor., Niagara Falls, N. Y.; '45–50 Consulting Metallurgist, Zirconium Project, Albany Oregon Station, U.S. Bureau of Mines, Corvallis, Ore.; '51–60 Consulting Engr. in USA; retired in Belgium. — Hon. D. Sc. (Univ. of Oregon, Eugene, Ore.; Univ. of Missouri, Columbia, Mo.); Dr. h. c. (Univ. de Grenoble; Techn. Hochsch. Aachen; Univ. Libre de Bruxelles). — Acheson Gold Medal (Amer. Electrochem. Soc.); James Douglas Gold Medal (Amer. Inst. of Mining Engrs.); Francis J. Clamer Medal (Franklin Inst., Philadelphia, Pa.); Sauveur Plaque (Amer. Soc. for Metals); '58 Perkin Medal (Soc. of Chem. Industry, Amer. Sect.); '60 Castner Medal (Soc. of Chem. Industry, Castner Memorial Committee); Heyn-Denkmünze (Ges. f. Metallkunde, Köln); Platin Medal (Inst. of Metals, London).

*1889, Nov. 24, Esch, Luxemburg.

Zur Biogr. R. Stumper, Luxemburger Wissenschaftler im Ausland (Luxemburg '62) 50–53 (m. Bildn.).

Autobiogr. The metallurgy of the unusual: Chemistry and Industry **1958**, 26–29 (m. Bildn.). — How commercial titanium and zirconium were born: J. Franklin Inst. **260** ('55) 169–92 (m. bibliograph. Angaben). — A contribution to the history of ductile titanium and zirconium: J. less-common Metals [Amsterdam] 8 ('65) 361–67.

S. Reine Metalle, Herstellung, Eigenschaften, Verwendung (A. E. van Arkel) (Berlin '39) 99–111: Beryllium. — Pulvermetallurgie. Vorträge 1. Plansee-Seminar „De re metallica", Reutte/Tirol 1952 (F. Benesovsky) (Wien '53) 160–70: The production of metal powders by fusion electrolysis. — Ductile chromium and its alloys. Proc. Conference held at the 1955 Metal congress (Cleveland, O. '57) 4–13: Research on chromium in America.

Advances Chem. Ser. Present and potential uses of sodium in metallurgy: **1957**, 138–54.

Archives, Inst. grand-ducal Luxembourg Métaux rares: (N. S.) **19** ('50) 125–31.

Chemical Week More waste than haste in titanium?: **79** ('56) Nr. 11, Pt. 1, 102–04, 106, 108. — Kroll supporter: **80** ('57) Nr. 5, S. 10.

Chemistry and Industry The fusion electrolysis of titanium: **1960**, 1314–22.

Engineering Influence of beryllium on steel: **136** ('33) 634 f.

Engineering and Mining J. German metallurgy in wartime, 1: **144** ('43) Nr. 9, 50 f.; ~ 2: Nr. 10, 82 f.

Industrial and Engng. Chem. Production of malleable zirconium[11]): **42** ('50) Nr. 2, 395–98.

Information Circ., U. S. Dep. Interior, Bur. Mines Extractive metallurgy of beryllium: Nr. **7326** ('45) 15 S. – Survey of literature on the metallurgy of zirconium[10]): Nr. **7341** ('46) 50 S.

J. amer. Soc. naval Engr. Titanium – a review: **65** ('53) 549–62.

J. electrochem. Soc. Reactions of carbon and metal oxides in vacuum[10]): **93** ('48) 247–58. – Large-scale laboratory production of ductile zirconium[1])[7])[13])[3]): **94** ('48) 1–20. – Melting and casting zirconium metal[3]): **96** ('49) 158–69. – Ductile chromium[6])[13]): **97** ('50) 258–64. – Improvements in methods for the reduction of zirconium chloride with magnesium[6])[13]): 305–10.

J. Four électr. et Industries électrochim. Progrès récents dans la métallurgie du titane: **61** ('52) Nr. 2, 48–50.

J. Franklin Inst. How commercial titanium and zirconium were born: **260** ('55) 169–92.

J. Metals [New York] Graphite-rod hairpin-resistor radiation furnace for high temperatures[11])[12]): **188** ('50) Trans. AIME, 1394 f. – Production of malleable zirconium on a pilot-plant scale[11])[7]): Trans. AIME, 1445–53.

Light Metal Age Rare metals as constituents in light alloys: **3** ('45) Nr. 12, 23–30, 45.

Metal Industry [London] Vacuum distillation of metals: **47** ('35) 3–6, 29–31, 103–05, 155 f. – Titanium and zirconium. Two metals of the future[10]): **69** ('46) 319–22. – Rare-metal metallurgy. Special production methods for the less-common elements: **73** ('48) 263–65, 283–86, 307 f., 310, 323–25. – Some aspects of titanium metallurgy: **80** ('52) 343–45, 383–86, 388. – Chlorine metallurgy: **81** ('52) 243–45, 252, 269–71, 284–86, 307–11, 325 f., 341–43, 365 f. – Anhydrous fluorides in metallurgy: **83** ('53) 81 f., 101–04, 124–26, 141–43. – The metallurgy of titanium and zirconium: **84** ('54) 325–27, 401–03. – Pickling chromium for ductibility: **85** ('54) 345 f. – Titanium: **87** ('55) 63–66, 83–86, 105–08, 130–34, 147–49, 173 f.

Metall Aktuelle Probleme der Metallurgie des Titans, 1: **9** ('55) 1–6; ~ 2: Reaktion bei der Reduktion des $TiCl_4$ mit Magnesium: 366–70; ~ 3: Schmelzelektrolyse von Titan: 370–76. – Das Lichtbogenschmelzen im Vakuum: **11** ('57) 1–7.

Metall und Erz Elektrothermische Raffination von Metallen: **29** ('32) 365–67. – Die Verwendung der Sperrschichtphotozelle in der Spektrographie: **31** ('34) 105–07. – Was kann der Metallhüttenmann von Spektrographen erwarten?: 201–04. – Fortschritte auf dem Gebiete der Metalltrennung: **35** ('38) 252–54, 282–86. – Hüttenmännische Verwendung wasserfreier Chloride, ihre Herstellung und Eigenschaften: **36** ('39) 101–06, 125–31. – Wasserfreie Fluoride, Eigenschaften und hüttenmännische Verwendung: **37** ('40) 63–67.

Metallwirtsch., Metallwiss., Metalltechn. Härtbares Nickel: **11** ('32) 31 f. – Legierungen des Galliums: 435–37. – Über die Entschwefelung von Eisen mit Beryllium: **13** ('34) 21–23. – Die Raffination von Metallen durch Verdampfen im Hochvakuum. Chrom, Aluminium, Silizium, Beryllium: 725–31, 789. – Argon: **17** ('38) 463–65. – Einige Eigenschaften des reinen Titans: **18** ('39) 77–80.

Metals and Alloys Beryllium–iron alloys: **7** ('36) 24–27. – Is beryllium ductile?: **8** ('37) 349–53. – A note on yttrium–aluminium alloys: **10** ('39) 332 f. – Heat-treatable nickel alloys: **20** ('44) 1604–06.

Metals Rev. Pyrometallurgy of halides: **1** ('56) 291–337.

Metals Technol. Laboratory preparation of lithium metal by vacuum metallurgy[10]): **14** ('47) Nr. 4, Techn. Publ. Nr. 2179, 9 S. – A new graphite resistor vacuum furnace and its application in melting zirconium[1])[3]): **15** ('48) Nr. 1, Techn. Publ. Nr. 2310, 6 S.

Métaux Progrès récents dans la métallurgie et les aloyages du titane: **26** ('51) 329–46.

Nickel-Ber. Nickel in den durch Ausscheidung härtbaren Legierungen: **7** ('37) 117–21.

Rep. Investigat., U.S. Dep. Interior, Bur. Mines A preliminary survey of zirconium alloys[1])[5])[8]): Nr. **4658** ('50) 48 S. – Contribution to the metallurgy of chromium[6])[2]): Nr. **4752** ('50) 19 S. – High-temperature experiments with zirconium and zirconium compounds[2])[10]): Nr. **4915** ('52) 31 S.

Revue Métallurgie [Paris] La production industrielle du titane et du zirconium malléables: **47** ('50) 1–18. – Le magnésium silicothermique: **48** ('51) 929–43.

Revue techn. luxembourgeoise Titane et zirconium malléables. Deux nouveaux métaux: **39** ('47) 199–202.

South african Mining and Engng. J. The rare metals of the earth: **57** ('46) 541–43.

Steel Desulfonation of steel with beryllium: **96** ('35) Nr. 21, 62 f., 68.

Technik-Industrie u. Schweizer Chemiker-Ztg. Nickel in den durch Ausscheidung härtbaren Legierungen: **20** ('37) 310–14.

Times Rev. Industry Vacuum techniques in metallurgy: **7** ('53) Nr. 79, 26–28. – Manufacture of titanium and zirconium: Nr. 81, 24–26.

Trans. electrochem. Soc. The production of ductile titanium: **78** ('40) 35–47. – High-temperature metallic-resistor furnaces: **79** ('41) 199–213. — (Electro) melting and evaporating metals in a vacuum: **87** ('45) 12 S. — Ductile zirconium from zircon sand[10][13]: **89** ('46) 12 S. — Recent progress in the metallurgy of malleable zirconium[10][2][13][7][3]: **92** ('47) 15 S. — Productions of fused silica[9][7]: 12 S.

Trans. metallurg. Soc. AIME The present state of titanium extractive metallurgy: **215** ('59) 546–53.

Vacuum Vacuum metallury, its characteristics and its scope: **1** ('51) 163–84. — Comments on catalytic aluminium distillation[4]: **2** ('52) 56 f.

Wissenschaftliche Veröff. aus den Siemens-Werken Über die Reduzierbarkeit des Berylliumoxydes: **11** ('32) 88–92.

Z. anorg. u. allg. Chem. Über die Reduzierbarkeit der Oxyde der Erdalkalimetalle einschließlich des Berylliums: **219** ('34) 301–04. — Das duktile Chrom: **226** ('35) 23–32. — Verformbares Titan und Zirkon: **234** ('37) 42–50. — Über die Reduzierbarkeit des Berylliumoxydes: **240** ('39) 331–36.

Z. Elektrochem. u. angew. physik. Chem. Über das sublimierte Eisen: **40** ('34) 303–06. — Vorgänge beim Schmelzen im Hochvakuum: **42** ('36) 873–76.

Z. Metallkunde Verformbare seltene Metalle. Vanadium, Thorium und Uran: **28** ('36) 30–33. — Legierungen des verformbaren Chroms: 317–19. — Verformbare Legierungen des Titans: **29** ('37) 189–92. — Blei-Calcium-Legierungen für Bleisammler und Bleikabelmäntel: **30** ('38) 373. — Das warmwalzbare Mangan und dessen verformbare Legierungen: **31** ('39) 20–23. — Zwei neuartige Laboratoriums-Schmelzöfen: **43** ('52) 259–61. — Die Metallurgie des Titans und Zirkons: **45** ('54) 67–75.

Z. VDI Der Einfluß von Beryllium auf Stahl: **79** ('35) 28 f.

Mit: [1]) C. T. Anderson; [2]) W. R. Carmody; [3]) H. L. Gilbert; [4]) P. Gross; [5]) E. T. Hayes; [6]) W. F. Hergert; [7]) H. P. Holmes; [8]) A. H. Roberson; [9]) B. A. Rogers; [10]) A. W. Schlechten; [11]) W. W. Stephens; [12]) J. P. Walsted; [13]) L. A. Yerkes.

VI **KRONIG,** Ralph Laer. Physik. — 1930–31 Konservator, '31–39 Lektor Mech. u. Quantenmech., Univ. Groningen; '39–69 Prof. theoret. Physik, '59–62 Rektor, '69 Prof. Emer., Techn. Hochsch. Delft; im Ruhestand in d. Schweiz lebend. — '62 Max-Planck-Medaille (Verb. Deutscher Physikalischer Gesellschaften).

*1904, März 10, Dresden.

H. Leerboek der natuurkunde **1**: Inleiding, mechanica, trillingen en golven, phaenomenologische electriciteitsleer en physische optica (Amsterdam '46); **2**: Atoombouw, atomistische warmteleer, atomistische electriciteitsleer, thermodynamica, electrische instrumenten, optische instrumenten en medische physica ('47); bei folg. Auflagen **1** u. **2** in einem Band: [2]('48), [3]('51), [4]('54), [5]('58), [6]('62), [7]('66); engl.: Textbook of physics (London–New York '54), [2]('59); französ.: Précis de physique générale **1**: Mécanique physique, thermodynamique (Paris '60), **2**: Electricité ('62), **3**: Optique ('60).

MH. Wolfgang Pauli, Collected scientific papers **1.2** (New York–London '64).

S. C. R. Congrès international d'électricité, Paris 1932, Sect. 1 (Paris '33) Rapport No. 21: Isotopes and band spectra (15 S.). — Handbuch der Physik (H. Geiger, K. Scheel) **24**, 2: Aufbau der zusammenhängenden Materie [2](Berlin '33) 253–332: Beziehungen zwischen Molekülbau und Kristallbau. — Handbuch der Radiologie (E. Marx) **6**, 2: Moleküle [2](Leipzig '34) 1–68: Quantenmechanik, Bandenspektren und Molekülbau. — Colloquium over ultrasonore trillingen, Bruxelles 1951 (Bruxelles '51) 280–84: Sound field boundary conditions in helium II. — Freedom and restriction in science and its aspects in society. Congress, The Hague 1954 ('s Gravenhage '55) 41–58: On the boundaries of science. — Problems of low temperature physics and thermodynamics. Proc. Meeting of Commission 1, International Institute of Refrigeration, Delft 1958 (New York '59): Double refraction in solid helium. — Theoretical physics in the twentieth century. A memorial volume to Wolfgang Pauli (M. Fierz, V. F. Weißkopf) (New York '60) 5–39: The turning point. — Die Krise des Zeitalters der Wissenschaften. Referate der Tagung des Deutschen Instituts für Bildung und Wissen, Arnsberg 1962 (Frankfurt/M. '63) 23–35: Die Krise der Naturwissenschaften. — Hauptvorträge der Jahrestagung des Verbandes Deutscher Physikalischer Gesellschaften, Heidelberg 1962 (Mosbach '63) 1–9: Elektrische Leitung bei ungeordneter Lage der Atome. — Proc. 1966 CERN School of Physics, Geneva 1966, **2** (Genf '66) 108–22: Symmetry and asymmetry in physics.

W. The optical basis of the theory of valency (Cambridge '35) 10 + 246 S. (The Cambridge series of physical chemistry). — De vaste toestand (Groningen '39) 17 S. — Eenheid en veelheid van de hedendaagse natuurkunde (Rotterdam '64) 15 S. (Nieuwe verhandelingen van het Bataafsch Genootschap der proefondervindelijke wijsbegeerte, Derde reeks, 2, 1). — De natuurkundige werkwijze en haar gevolgen (Amsterdam '65) 19 S. — Bezinning en perspectief (Delft '69) 14 S.

Annales Inst. Henri Poincaré Le neutrino: 6 ('36) 213–49.

Applied sci. Res., Sect. A On the theory of heat transfer from a wire in an electric field[27]): 1 ('49) 35–46. — The influence of an electric field on the convective heat transfer in liquids[1]): **2** ('50) 31 f., 235–44; **3** ('51) 83 f. — The theory of extraction from falling droplets[6]): **2** ('50) 142–54; ~ [36])[37]): **3** ('51) 103–10. — Theory of the heat and mass transfer from a sphere in a flowing medium at low values of Reynolds numbers[7]): **2** ('50) 439–46. — Determination of heats of transformation in ceramic materials[28]): **3** ('51) 27–30.

Applied sci. Res., Sect. B Optical impedance and surface coating[3])[25]): **1** ('50) 63–76. — New calculations on the Faraday effect in wave guides[9])[12]): **7** ('59) 441–48. — In memoriam H. B. Dorgelo: **9** ('61) 169.

Arkiv fysiske Semin., Trondheim On the congealing of a moving fluid in a narrow cold channel[13]): **1967**, Nr. 2, 12 S. — On the theory of the non-linear Compton effect [,1][20]): Nr. 3, 15 S.; ~ 2: Nr. 5, 10 S.; ~ 3: Nr. 6, 5 S.

Bull. Inst. int. Froid, Suppl. Double refraction in solid helium: **1958**, Annexe Nr. 1, 341 f. [m. französ. Zusammenfassg.].

Bull. Soc. chim. belges The statistical analysis of macromolecular mixtures, particularly with the aid of magnetic measurements: **57** ('48) 182–86.

Chemisch Weekbl. Die Elektronenspektren von Molekülen: **51** ('55) 715–20 [niederländ.]. — Einfache Moleküle: **60** ('64) 41–45 [niederländ.].

Kongel. norske Vid. Selsk. Forh. Prospects and dangers in an age of science: **36.1963** ('64) 27*–37*. — On the displacement of the energy levels of atomic systems in strong radiation fields[19])[23]): **37.1964** ('65) 63–68.

Kongel. norske Vid. Selsk. Skr. On the congealing of a moving fluid in a narrow cold channel[13]): **1967** ('67/68) Nr. 7, 10 S.

Mededelingen koninkl. vlaamse Acad. Wet., Letteren en schone Kunsten België Symmetrie und Asymmetrie in der Natur: **20** ('58) Nr. 7, 9 S. [niederländ.].

Nature [London] Remarkable optical properties of the alkali metals: **132** ('33) 601; **133** ('34) 211 f. — The neutrino theory of radiation and the emission of β-rays: **137** ('36) 149. — Anomalous magnetic behaviour of nickel–iron at high frequencies[33]): **162** ('48) 527 f.

Naturwissenschaften Zur Deutung einer Feinstruktur in den optischen Absorptionsbanden der Metalle: **22** ('34) 11.

Nederlands Tijdschr. Natuurkunde Was die moderne Metalltheorie erklären kann: **5** ('38) 70–84. — Die theoretischen Grundlagen der Elektronenoptik: **7** ('40) 171–78. — Dielektrische und magnetische Verluste, 1: Allgemeine Theorie: **9** ('42) 402–09. — Symposium über Kernphysik, 2: Kernkräfte: **10** ('43) 86–91. — Beobachtung und Voraussage in der Physik: 210–19. — Elektrische, akustische und optische Impedanz: **14** ('48) 290–97. — D. Coster: **15** ('49) 288–92. — Allgemeine Gesichtspunkte bei Beugungsvorgängen: **18** ('52) 186–95. — Der Faradayeffekt in Wellenleitern: **25** ('59) 217–26. — — Alle Arbeiten niederländ.

Physica On the Lorentz-Lorenz correction in metallic conductors[14]): **1** ('34) 255–64. — Note on the determination of isotopic masses from band spectra: 617–22. — A theoretical calculation of the fine structure for the K-absorption band of Ge in $GeCl_4$[15])[22]): 895–924; **2** ('35) 144. — A new type of Auger effect and its influence on the x-ray spectrum[8]): 13–24. — Zur Neutrinotheorie des Lichtes [,1]: 491–98; ~ 2: 854–60; ~ 3: 968–80. — On the theory of absorption and dispersion in paramagnetic and dielectric media[11]): **3** ('36) 1009–20. — On a relativistically invariant formulation of the neutrino theory of light: 1120–32. — Note on the nucleus $^8_4$Be: **4** ('37) 171–74. — On the theory of absorption and dispersion in paramagnetic crystals under alternating magnetic fields: **5** ('38) 65–80. — On the time of relaxation due to spin–spin interaction in paramagnetic crystals[5]): 521–28. — On the mechanism of paramagnetic relaxation: **6** ('39) 33–43. — Spin levels and paramagnetic dispersion in iron-ammonium alum[5]): 290–98. — On a simple statistical property of an ensemble of linear harmonic oscillators: **9** ('42) 113–16. — On the electrical breakdown in liquefied gases[32]): 139–44. — A new physical method for analysing gas mixtures containing a dipole gas as component: 632. — On time losses in machinery undergoing interruptions [,1]: **10** ('43) 215–24; ~ 2[40]): 331–36. — Zur Theorie der Bremsung schneller geladener Teilchen in metallischen Leitern[18]): 406–18, 800. — Investigation of lattice defects by means of x-rays, 1: Tin[38]): 795–800. — On the theory of the reflection of sound by porous media[18])[39]): **11** ('45) 209–30. — On a problem of heat transfer between a moving medium and an extended solid[10]): **12** ('46) 118–28. — On the internal constitution of the earth[35])[18]): 245–56. — A supplementary condition in Heisenberg's theory of elementary particles: 543 f. — The electronic structure of metals: **15** ('49) 1–12. — Ferromagnetic resonance in crystal fields: 264 f. — A note on the stopping of fast charged particles in metallic conductors: 667–70. — On the theory of the propagation of sound in helium II[30]): **16** ('50) 678–90; ~ [30])[34]): **18** ('52) 21–32. — On the hydrodynamics of non-viscous fluids and the theory of helium II [,1][30]): 749–61; ~ 3: **19** ('53) 535–44. — The anomalous skin effect and the reflectivity of metals[2]): **20** ('54) 293–

300. — Calculations on the double refraction of solid helium[29]): **24** ('58) 432–36.

Physical Rev. A collective description of electron interactions: (2) **86** ('52) 795.

Physikalische Z. Beiträge der Röntgenanalyse zur Frage der Elektronenterme in Ionengittern: **36** ('35) 729–32. — Zur Theorie der Relaxationserscheinungen: **39** ('38) 823–30.

Proc., Koninkl. Akad. Wet. Amsterdam The Lorentz-Lorenz correction in metallic conductors[14]): **35** ('32) 974–78.

Proc., Koninkl. nederl. Akad. Wet., Ser. B Non-linear effects in the reflection and refraction of light[4]): **66** ('63) 8–13. — A rigorous solution of Dirac's equation[31]): **69** ('66) 332–35. — On the theory of the non-linear Compton effect, 1[20]): **70** ('67) 376–83; ~ 2: 384–88; ~ 3: 389–91; ~ 4[16]): **71** ('68) 155–58. — Theoretical considerations on the double refraction of solid helium[2])[24]): **72** ('69) 221–29.

Tijdschr. nederl. Radiogenootschap Physikalische Versuche mit Mikrowellen: **24** ('59) 113–17 [niederländ.].

Verhandlungen dtsch. physik. Ges. Zur Theorie der Relaxationserscheinungen: (3) **19** ('38) 123 f.

Versl. gewone Vergad. Afd. Natuurkunde, Koninkl. nederl. Akad. Wet. Mechanik und Quantenmechanik von nichtviskosen Flüssigkeiten: **61** ('52) 180 f. — Dielektrische und magnetische Untersuchungen im Mikrowellenbereich: **66** ('57) 195–98. — Nichtlineare Effekte bei der Reflexion und Brechung des Lichts: **72** ('63) 18. — Die Streuung elektromagnetischer Strahlung durch freie Elektronen: **77** ('68) 17–20. — — Alle Arbeiten niederländ.

Z. Physik Zur Theorie der Feinstruktur in den Röntgenabsorptionsspektren, 2: **75** ('32) 191–210; ~ 3: 468–75. — Zur Theorie der Supraleitfähigkeit [,1]: **78** ('32) 744–50; ~ 2: **80** ('33) 203–16. — Lichtquant und Neutrino, 2: Dreidimensionales Strahlungsfeld[17]): **100** ('36) 569–83. — Zur Theorie des elektrischen Durchschlags in Flüssigkeiten einfacher Struktur: **118** ('41) 452–54.

Z. physik. Chem., Abt. B Ein neuer Typus diffuser Molekülspektren. Lichtabsorption und photochemische Zersetzung des dampfförmigen Chromoxydchlorids[26])[21]): **22** ('33) 323–32.

Z. techn. Physik Beiträge der Röntgenanalyse zur Frage der Elektronenterme in Ionengittern: **16** ('35) 335–38. — Zur Theorie der Relaxationserscheinungen: **19** ('38) 509–16.

Einige weitere Beiträge in Kongreßberichten.

Mit: [1]) G. Ahsmann; [2]) C. W. Benthem; [3]) B. S. Blaise; [4]) J. I. Boukema; [5]) C. J. Bouwkamp; [6]) J. C. Brink; [7]) J. Bruijsten; [8]) D. Coster; [9]) A. P. van Gelder; [10]) G. van Gijn; [11]) C. J. Gorter; [12]) A. M. de Graaf; [13]) W. H. A. Grasso; [14]) H. J. Groenewold; [15]) D. R. Hartree; [16]) M. H. H. Höfelt; [17]) P. Jordan; [18]) J. Korringa; [19]) G. Ooms; [20]) J. A. Pals; [21]) P. K. Peerlkamp; [22]) H. Petersen; [23]) P. J. Rijnierse; [24]) R. H. W. Salters; [25]) J. J. v. d. Sande; [26]) A. Schaafsma; [27]) N. Schwarz; [28]) F. Snoodijk; [29]) R. K. M. Sonnen; [30]) A. Thellung; [31]) J. Visser; [32]) A. I. van de Vooren; [33]) A. Wieberdink; [34]) H. H. Woldringh; [35]) J. de Boer; [36]) B. van der Veen; [37]) P. Ijzerman; [38]) J. J. Arlman; [39]) A. Smit; [40]) H. Mondria.

V, VI **KRUYT,** Hugo Rudolph. Kolloidchem. — 1912–16 Lektor, '16–21 außerord. Prof., '21–46 ord. Prof., '46 Prof. Emer., Rijksuniv. te Utrecht; '18–21 Präs., Nederlandse Chem. Vereniging; '28–34 Vizepräs., '47–51 Präs., Internation. Union of Pure and Appl. Chem.; '31–47 Vizepräs., Afdeling voor Natuurkunde, Koninkl. Akad. Wet., Amsterdam; '37–45 Vizepräs., '45–46 Präs., Internation. Council of Scientific Unions; '46–53 Präs., Centraal Organisat., Toegepast Natuurwetenschappelijk Onderzoek (TNO); '47–57 Präs., Nederlandse Unesco Commissie. — '36 Dr. h. c. (Univ. Gent); '50 Dr. h. c. (Univ. de Paris); '51 Hon. LL. D. (Univ. of Glasgow). — '37 Lavoisier Médaille (Soc. Chim. France); '55 International Gold Medal (Soc. Chem. Industry).

*1882, Juni 3, Amsterdam;

†1959, Aug. 31, 's Gravenhage.

Zur Biogr. E. Cohen, H. J. C. Tendeloo, H. G. Bungenberg de Jong, Chemisch Weekbl. **30** ('33) 414–51 [3 Aufsätze über Leben und Werk]. — H. S. van Klooster, J. chem. Educat. **19** ('42) 165. — Chemical and Engng. News **25** ('47) 2368.

Zur Emeritierung Festgabe: Recueil Trav. chim. Pays-Bas **65** ('46) Nr. 9 (S. 509–648) (m. Bildn.); darin Biogr. v. E. K. Rideal S. 511–13.

Nekr. J. M. Bijvoet, Jaarb. Rijksuniv. Utrecht **1959/60,** 7–10 (m. Bildn.). — J. H. de Boer, Chemistry and Industry **1959,** 1475 (m. Bildn.). — I. W. Breitenbach, Österreichische Chemiker-Ztg. **60** ('59) 331 f. — J. Th. G. Overbeek, Jaarb. koninkl. nederl. Akad. Wet. **1959/60,** 317–27 (m. Bildn.); Proc. chem. Soc., London **1960,** 437–40 (m. Bildn.). — Chemisch Weekbl. **55** ('59) B 189.

H. Colloid science **1**: Irreversible systems (New York–Amsterdam–London '52), darin eig. Beitr.: 1–57: General introduction; **2**: Reversible systems ('49).

S. Trabajos IX Congreso internacional de química pura y aplicada, Madrid 1934, **2** (Madrid '35) 65–76: Die moderne Entwicklung der Kolloidchemie [ ]. — Koaguljacija kolloidov.

Sbornik statej [Die Koagulation der Kolloide. Sammlung von Aufsätzen] (A. I. Rabinovič, P. S. Vasil'eva) (Moskva '36) 193–204: Elektrokapillarerscheinungen bei lyophilen Solen[14]) [russ.]. — Wetenschap en maatschappij. Inleiding tot een symposium te houden bij gelegenheid van de viering van het tweehonderdjarig bestaan van de Hollandsche maatschappij der wetenschappen op 23 Mei 1952 (Amsterdam '52): [1 Beitrag]. — Vijf radiocauserieën gehouden ten behoeve van abituriënten van lycea, hogere burgerscholen en gymnasia. Publicatie van het Ministerie van onderwijs, kunsten en wetenschappen ('s Gravenhage '55): [1 Vortrag].

W. Les colloïdes. Manuel de chimie colloïdale (Paris '33) 12 + 329 S.; russ.: (Leningrad '36) 240 S. — Inleiding tot de physische chemie. De kolloidchemie in het bijzonder voor biologen en medici [6]('Amsterdam '36) 12 + 185S., [7]('40), [8]('44), [9]('44), [10]('46), [11]('47), [12]('51), [13]('52), (ab 14. Aufl. m. J. T. G. Overbeek) [14]('54), [15]('58), [16]('61), [17]('65) 13 + 256 S.; engl.: An introduction to physical chemistry for biologists and medical students with special reference to colloid chemistry (m. J. T. G. Overbeek) (London '60, New York '62) 197 S.; französ.: Initiation à la chimie physique (chimie colloïdale en particulier) à l'usage des biologistes et des médecins (m. J. T. G. Overbeek) (Paris '61) 4 + 236 S. — De weg der wetenschap (Amsterdam '41) 27 S. — Organisatie van research en voorlichting ('s Gravenhage '42) 26 S. (Uitgaven van het Nederlandsch instituut voor efficiency, Nr. 213). — Hogeschool en maatschappij [2](Amsterdam'46) 45 S. — Centenaire des colloïdes (Alençon '48) 16 S. (Les conférences du Palais de la Découverte, 15 avril 1947). — Ordening op het gebied van het wetenschappelijk onderzoek (Haarlem '55) 23 S. (Haarlemse voordrachten, No. 14).

Archives Musée Teyler, Haarlem Die Bedeutung und die Rolle der Wissenschaft in der Gesellschaft: Beispiele aus der Chemie: (3) **9** ('40) 113–16 [niederländ.].

Bull., Soc. chim. Belgique Nouvelles recherches sur les colloïdes: **43** ('34) 559–96.

Bull. Soc. chim. France La stabilité des solutions colloïdales: (5) 4 ('37) 1925–41.

Chemisch Weekbl. Die Zellulose vom kolloidchemischen Standpunkt: **30** ('33) 24–26. — Tagung über hydrophobe Kolloide in Utrecht vom 5. und 6. November 1937: Allgemeine Einführung: **35** ('38) 44–47. — In memoriam J. J. van Laar: **36** ('39) 19 f. — Gelatine and its preparation: 375–77. — Die verschiedenen Gesichtspunkte des Adsorptionsproblems: **38** ('41) 446. — Symposium über Wasserbindung, 2: Freies und gebundenes Wasser bei Kolloiden: **39** ('42) 400–02. — In memoriam Prof. Dr. P. van Romburgh: **41** ('45) 26. — In memoriam Ernst Cohen: 126–29. — Forschung in den Niederlanden vor 50 Jahren und heute: **49** ('53) 578–81. — H. W. Bakhuis Roozeboom, 1854–1907: **50** ('54) 749–53. — Dr. Jacob Olie, 1879–1955: **53** ('57) 9 f. — — Alle Arbeiten niederländ. außer **36** ('39) 375–77.

Chemistry and Industry The general state of the Union [International Union of pure and applied Chemistry]: **1949**, 83–85; **1952**, 547–50. — Pure science, applied science, and the application of science: **1951**, 260–64. — International co-operation in chemistry: **1955**, 608–11. — The international scene. A general survey: **1956**, 36.

Chimie et Industrie La structure des gels colloïdaux: **42** ('39) 587–603.

Collegium [Darmstadt] Die Kolloidchemie des Kollagens, der Gelatine und des Leims: **1933**, 741–48.

Colloid Chem. Chemistry in wartime in the Netherlands: **6** ('47) [45 S.].

Discuss. Faraday Soc. Flocculations and recrystallization in freshly prepared silver bromide sols [15]): **18** ('54) 170–80.

J. int. Soc. Leather Trades Chemists Colloid chemistry of collagen, gelatin and glue: **17** ('33) 612–20.

Jaarb. koninkl. nederl. Akad. Wet. Biographischer Bericht über Ernest Julius Cohen (7. März 1869 – ? März 1944): **1949/50**, 265–74 [niederländ.].

Kolloid-Beih. Zur Kenntnis der lyophilen Kolloide, 11: Elektrolytbindung in Eiweißlösungen[1]): **35** ('32) 165–202; ~ 12: Der Charakter der elektrischen Erscheinungen[3]): 203–10; ~ 15: Der Einfluß hoher Elektrolytkonzentration auf die Sole von Amylum und Gummiarabikum[6]): **36** ('32) 350–84; ~ 16: Viskosität und Solkonzentration[3])[21]): 429–62; ~ 17: Der Einfluß von neutralen Salzen auf Gelatinesole[7]): **37** ('33) 154–79; ~ 18: Untersuchungen an konzentrierten Solen und der Bau der Micelle[3])[21]): 395–420; ~ 20: Kapillarelektrische Ladung und Hydratation als Zustandsvariablen der hydrophilen Gele; die Verkleisterung der Kartoffelstärke[12])[3]): **39** ('33) 105–38; ~ 22: Die Hitzekoagulation des Eialbumins[14]): **40** ('34) 55–86; ~ 28: Vergleichende Beobachtungen an Lösungen von Amylose, Amylophosphorsäure und Zellulose: **47** ('37) 100–32. — Zur Methodik der Ultramikro-Elektrophorese[8]): **45** ('36) 60–98. — Elektrokinese an Metallen[25]): **48** ('38) 377–430. — Über das Goldsol, 1: Instabilitätserscheinungen beim Goldsol[33]): **52** ('40) 87–164. — Extinktiometrische Untersuchung der Koagulation[30]): **54** ('43) 225–61. — Umladungserscheinungen[30]): 262–86. — Solkonzentration und Flockung beim AgJ-Sol[16]): 484–553.

Kolloid-Z. Über die Gültigkeit des Lambert-Beerschen Gesetzes in hydrophoben Kolloiden[9])[26]): **75** ('36) 262–68. — Untersuchungen über Gemische gleichgeladener Sole[23]): **78** ('36) 26–31. — Elektrophoretische Untersuchungen am Silberjodidsol[8]): 32–40. — Dielektrische Messungen an hydrophilen Kolloiden, 1: Messungen an Agar und Gelatine bei 261 m[5]): **81** ('37) 62–80; ∼ 2: Brückenmethode zum Messen der dielektrischen Konstante von leitenden Flüssigkeiten[5]): 151–64; ∼ 3: Messungen bei 0,857 m Wellenlänge[27]): 257–69. — Bemerkungen über die Hydratation hydrophiler Kolloide, insbesondere der polymeren Kohlenhydrate[17]): **82** ('38) 315–18. — Dielektrische Messungen an Kolloiden[20]): **91** ('40) 1–10. — Das Silbersol[24]): **92** ('40) 325–42. — Über das Goldsol, 2: Kettenbildung im elektrischen Wechselstromfelde[33]): **95** ('41) 2–20. — Deformation und Orientierung isotroper Nitrozellulosefäden, 1: Allgemeines, Quellungsanisotropie und Röntgenspektrogramme[31])[10]): **99** ('42) 244–51; ∼ 2: Die Doppelbrechung in ungequollenem Zustande[31])[10]): 251–53; ∼ 3: Die Doppelbrechung gequollener und imbibierter Fäden[31])[10]): **100** ('42) 111–21. — Elektrophoresemessungen an hydrophoben Kolloiden[30]): **101** ('42) 182–89.

Natuurwetenschappelijk Tijdschr. Kenntnis und Begriff: **17** ('35) 139–47. — Doppelschicht bei Kolloiden: **18** ('36) 29–37. — Der Charakter der hydrophilen Kolloide. Hydration: 38–43. — Der heutige Stand der Dynamik kolloider Sole: 87 f. — Die Begriffsentwicklung in der Kolloidchemie: **19** ('37) 17–19. — —Alle Arbeiten niederländ.

Physikalische Z. Sowjetunion Kapillar-elektrische Untersuchungen an Silberhalogeniden: **4** ('33) 295–303.

Proc., Koninkl. Akad. Wet. Amsterdam Les potentiels d'écoulement de capillaires en paraffine[28]): **37** ('34) 498–505. — Les potentiels d'écoulement du sulfate de baryum[28]): 624–32. — The action of electrolytes on hydrophobic colloids: **38** ('35) 464–70. — Untersuchung an positiven und negativen Kohlenoberflächen mittels ThB-Adsorption[19]): 570–77. — Extension of the theory of complex coacervation to ionical disperse systems[3]): 714–21. — Electrophoresis of amino compounds[8]): **39** ('36) 816–19. — Flow potentials on platinum[25]): **40** ('37) 404–06. — Flow potentials, electro-endosmosis and electrophoresis with platinum[25]): **41** ('38) 370–74. — Formation and properties of the silver bromide sol[15])[26]): **42** ('39) 454–60. — On colloidally bound water[2]): **43** ('40) 656–63. — On the mutual influence of potential determining and non-potential determining ions in sols[16]): 975–78. — Thixotropy of suspensions in apolar liquids[29]): 1171.

Recueil Trav. chim. Pays-Bas Light pressure and photophoresis in colloidal solutions[9])[18]): **56** ('37) 565–72. — Schutzwirkung und Sensibilisierung[13]): **57** ('38) 737–40. — The ceric hydroxide sol[22])[11]): **59** ('40) 676–80. — Apparatus for measuring the consistency of plastic suspensions[29]): **62** ('43) 398–406. — The influence of traces of water on the plasticity of starch and quartz suspensions in organic media[29]): 407–14. — The influence of a third phase on the rheology of suspensions[29]): 415–26.

Trans. Faraday Soc. Ionic micelle or electric double layer: **31** ('35) 28–31. — Theoretical treatment of the double layer and its implications[27]): **36** ('40) 110–16.

Usp. Chim. Stabilität von Kolloid-Lösungen: **7** ('38) 756–67 [russ.]. — Die Struktur kolloider Gele: **9** ('40) 682–702 [russ.].

Versl. gewone Vergad. Afd. Natuurkunde, Koninkl. Akad. Wet. Amsterdam Grenzflächenpotentiale, besonders bei Silberhalogeniden: **42** ('33) 71 f. [niederländ.].

Wetenschap en Samenleving Die Niederländische Organisation für angewandte naturwissenschaftliche Forschung: **6** ('52) 271–73 [niederländ.].

Z. physik. Chem., Abt. A Zur Kenntnis der elektrischen Doppelschicht bei Kolloiden, 2: Doppelschicht und Stabilität undialysierter AgJ-Sole[32]): **167** ('33) 137–48; ∼ 3: Doppelschicht und Stabilität dialysierter AgJ-Sole[32]): 149–63; ∼ 4: Die Aufnahme von Ionen flokkender Elektrolyte durch die Teilchen des Silberjodid-Sols[32]): 312–28; ∼ 5: Einige ergänzende Untersuchungen über Peptisation durch isomorphe Ionen[4]): **172** ('35) 49–55; ∼ 6: Peptisation durch andere Ionen als die eigenen[4]): 56–63; ∼ 7: Bestimmung des ζ-Potentials auf elektrometrischem Wege[2]): **186** ('40) 282–90.

Ž. fizič. Chim. Kapillarelektrische Untersuchungen an Silberhalogenidsalzen: **5** ('34) 284–89 [russ.].

Mit: [1]) A. B. Boelman; [2]) H. de Bruyn; [3]) H. G. Bungenberg de Jong; [4]) H. A. Cysouw; [5]) P. J. Denekamp; [6]) H. J. Edelman; [7]) H. P. Galema; [8]) G. E. van Gils; [9]) F. B. Gribnau; [10]) P. H. Hermans; [11]) H. M. R. Hintzer; [12]) J. A. van der Hoeve; [13]) C. W. Horsting; [14]) J. R. de Jong; [15]) G. H. Jonker; [16]) A. M. Klompé; [17]) P. Koets; [18]) C. J. Krom; [19]) T. Kruyt; [20]) H. Kunst; [21]) J. Lens; [22]) N. Meilink; [23]) C. A. Nierstrasz; [24]) H. L. van Nouhuys; [25]) J. Oosterman; [26]) L. S. Ornstein; [27]) J. T. G. Overbeek; [28]) R. Ruyssen; [29]) F. G. van Selms; [30]) S. A. Troelstra; [31]) D. Vermaas; [32]) E. J. W. Verwey; [33]) J. G. Vogel.

V,VI **KRYLOV,** Nikolaj Mitrofanovič. Math., Mechanik. — 1912–17 Prof., Bergbau-Inst. Petersburg; '17–22 Prof., Krim-Univ., Simferopol'; '22 Dr. d. physikal.-math. Wiss.; '22– Prof. u. Leiter d. Lehrstuhls f. math. Physik, Akad. d. Wiss. d.

Ukrain. SSR, Kiev. – Leninorden, 2 Rotbannerorden (UdSSR). (☒)
*1879, Nov. 29 (17), Petersburg;
†1955, Mai 11, Moskva.

Zur Biogr. N. N. Bogoljubov, Visti, Akad. Nauk Ukraïns'k. RSR **1940**, Nr. 1, 74–76. – T. V. Putjata, B. N. Fradlin in: Dijal'nist' vydatnych mechanikiv na Ukraïni [Die Tätigkeit hervorragender Gelehrter der Mechanik in der Ukraine] (Kiev '52) (m. Bildn.).

Zum 70. Geb.tag N. N. Bogoljubov, Ukrainskij mat. Ž. **2** ('50) Nr. 3, 3–6 (m. Bildn.); Usp. mat. Nauk **5** ('50) Nr. 1, 230–33 (m. Bildn.).

Zum 75. Geb.tag Ukrainskij mat. Ž. **7** ('55) Nr. 1, 3 f. (m. Bildn.).

Nekr. Ukrainskij mat. Ž. **7** ('55) Nr. 3, 347–59 (m. Bildn. u. Schr.verz. 176 Nrn.). – Vestn. Akad. Nauk SSSR **25** ('55) Nr. 6, 71.

Zum 80. Geb.tag N. N. Bogoljubov, Ju. A. Mitropolskij, Ukrainskij mat. Ž. **12** ('60) 205–08 [russ.].

Zur Biobibliogr. O. V. Isakova, N. N. Bogoljubov, Nikolaj Mitrofanovič Krylov (Moskva '45) 31 S. (m. Bildn. u. Schr.verz.) (Materialy k bibliografii trudov učenych SSSR, Ser. Mat., 2).

Teilsammlung N. M. Krylov, Izbrannye trudy [Ausgewählte Arbeiten] **1** (Kiev '61) 266 S., **2** ('61) 307 S. (m. Bildn.), **3** ('61) 398 S.

S. Verhandlungen des internationalen Mathematiker-Kongresses, Zürich 1932 **2** (Zürich–Leipzig '33) 270–72: Fundamental problems of the non linear mechanics[1]. – C. R. Congrès international d'électricité, Paris 1932 (Paris '33) Sect. 3, Rapport No. 14: Recherches sur la stabilité statique et la stabilité dynamique des machines synchrones [1]. – Trudy 3-j Vsesojuznoj konferencii aërodinamike [Arbeiten der 3. Unionskonferenz über Aerodynamik], Moskva 1933 (Moskva '35): Neue Methoden der nichtlinearen Mechanik in ihren Anwendungen auf die Untersuchung der Längsstabilität von Flugzeugen[1]) [russ.]. – Trudy 2-go Vsesojuznogo matematičeskogo s-ezda [Arbeiten des 2. mathematischen Unionskongresses], Leningrad 1934 **2** (Leningrad '36) 247–51: Einige Bemerkungen zum Vortrag von A. A. Markov [1]) [russ.]. – Jubilejnyj sbornik, posvjaščennyj tridcatiletiju Velikoj Oktjabr'skoj socialističeskoj revoljucii [Jubiläumsband zum 30. Jahrestag der Großen Sozialistischen Oktoberrevolution] **1** (Moskva–Leningrad '47) 231–41: Über einige Tendenzen auf dem Gebiet der Näherungslösungen von Problemen der mathematischen Physik [russ.].

W. Les problèmes fondamentaux de la physique mathématique et de la science d'ingénieur (Char'kov–Kiev '32) 252 S. [ukrain. m. französ. Vorwort]. – Recherches sur la stabilité dynamique des machines synchrones (m. N. N. Bogoljubov) (Char'kov–Kiev '32) 98 S. [russ. m. französ. Zusammenfassg.]. – Issledovanie prodol'noj ustojčivosti aëroplana [Recherches sur la stabilité longitudinale des avions] (m. N. N. Bogoljubov) (Moskva–Leningrad '32) 60 S. [m. französ. Zusammenfassg.]. – Méthodes nouvelles pour la solution de quelques problèmes mathématiques se rencontrant dans la science des constructions (m. N. N. Bogoljubov) (Char'kov '33) 95 S. [russ. m. französ. Zusammenfassg.]. – Méthodes nouvelles de la mécanique non linéaire dans leur application à l'étude du fonctionnement de l'oscillateur à lampe, **1**: Etude des régimes stationnaires dans le cas de l'absence des forces extérieures périodiques (m. N. N. Bogoljubov) (Moskva '34) 242 S. [russ. m. französ. Vorwort]. – L'application des méthodes de la mécanique non linéaire à la théorie des perturbations des systèmes canoniques (m. N. N. Bogoljubov) (Kiev '34) 54 S. (Académie des Sciences d'Ukraine, Institut de mécanique des constructions, Chaire de la physique mathématique, 4). – Pro dejaki formal'ni rozklady nelinijnoï mechaniky [Sur quelques développements formels en séries dans la mécanique non linéaire] (m. N. N. Bogoljubov) (Kiev '34) 89 S. [m. russ. u. französ. Zusammenfassg.] (∼ 5). – Priloženie metodov nelinejnoj mechaniki k teorii stacionarnych kolebanij [Les méthodes de la mécanique non linéaire appliquées à la théorie des oscillations stationnaires] (m. N. N. Bogoljubov) (Kiev '34) 109 S. [m. französ. Zusammenfassg.] (∼ 8). – Méthodes approchées de la mécanique non linéaire dans leur application à l'étude de la perturbation des mouvements périodiques et de divers phénomènes de résonance s'y rapportant (m. N. N. Bogoljubov) (Kiev '35) 111 S. (∼ 14). – Osnovni problemy nelinijnoï mechaniky. Teorija i zastosovannja v riznych techničnych i fizyčnych naukach [Problèmes fondamentaux de la mécanique non linéaire. Théorie et applications dans les différents domaines des sciences techniques et physiques] (m. N. N. Bogoljubov) (Kiev '34) 24 S. [m. französ. Zusammenfassg.].

Annals Math. La théorie générale de la mesure dans son application à l'étude des systèmes dynamiques de la mécanique non linéaire[1]): (2) **38** ('37) 65–113.

Annals Math. Studies Introduction to non-linear mechanics[1]): Nr. **11** ('43) 105 S.

Bull. Soc. math. France Sur les propriétés ergodiques de l'équation de Smoluchovsky[1]): **64** ('36) 49–56.

Čas. Pěst. Mat. a Fysiky Méthodes de mécanique non linéaire appliquées à la théorie des oscillations stationnaires[1]): **64** ('35) 107–15.

C. R. (Dokl.) Acad. Sci. URSS Sur les complexes de Galois: **55** ('47) 683f. – Sur les quaternions de W. R. Hamilton et la notion de la monogénéité: 787f.

C. R. hebd. Séances Acad. Sci., Paris Quelques exemples d'oscillations non linéaires[1]: **194** ('32) 957–60. – Sur le phénomène de l'entraînement en radiotechnique[1]): 1064–66. – Les phénomènes de démultiplication de fréquence en radiotechnique[1]): 1119–22. – Sur quelques propriétés générales des résonances dans la mécanique non linéaire[1]): **197** ('33) 908–10, 1368. – Sur les solutions quasi périodiques des équations de la mécanique non linéaire[1]): **199** ('34) 1592f. – Sur l'étude du cas de résonance dans les problèmes de la mécanique non linéaire[1]): **200** ('35) 113–15. – Sur quelques théorèmes de la théorie générale de la mesure[1]): **201** ('35) 1002f. – Les mesures invariantes et la transitivité[1]): 1454–56. – Les mouvements stationnaires généraux dans les systèmes dynamiques de la mécanique non linéaire[1]): **202** ('36) 200f. – Sur les probabilités en chaîne[1]): **204** ('37) 1386–88. – Les propriétés ergodiques des suites des probabilités en chaîne[1]): 1454–56. – Sur une propriété des suites particulières de nombres premiers impairs: **223** ('46) 966f.

Izvest. Akad. Nauk SSSR Die fundamentalen Probleme der nichtlinearen Mechanik[1]): **1933**, 475–98 [russ.]. – Les méthodes symboliques de la mécanique non linéaire dans leur application à l'étude de la résonance dans l'oscillateur[1]): **1934**, 7–34 [russ. m. französ. Zusammenfassg.].

Matematičeskij Sborn. Les mesures invariantes et transitives dans la mécanique non linéaire[1]): **1** ('36) 707–11 [m. russ. Zusammenfassg.].

Nature [London] Relaxation processes in statistical systems: **153** ('44) 709f.

Onde électr. Application de la mécanique non linéaire à quelques problèmes de la radiotechnique moderne[1]): **1936**.

Proc. indian Acad. Sci., Sect. A Upon some new results in the domain of nonlinear mechanics[1]): **3** ('36) 523–26.

Revista mat. hisp.-amer. Sur la solution approchée des problèmes de la physique, mathématique et de la science d'ingénieur: (2) **6** ('31) 213–38.

Revue gén. Sci. pures et appl. Problèmes fondamentaux de la mécanique non linéaire[1]): **44** ('33) 9–19.

Schweizerische Bauzeitung Über einige Methoden der nicht-linearen Mechanik in ihren Anwendungen auf die Theorie der nichtlinearen Resonanz[1]): **103** ('34) 255–57, 267–70.

Soobšč. Akad. Nauk Gruz. SSR Geometrische Transformation und Verallgemeinerung von Funktionen einer komplexen Veränderlichen: **8** ('47) 3–5 [russ.].

Visti ukraïns'k. Akad. Nauk D. O. Grave – zur 50jährigen wissenschaftlich-pädagogischen Tätigkeit[u. a.]): **8** ('35) Nr. 8/10, 59–64 [ukrain.]. – B. Ja. Bukreev – zur 50jährigen wissenschaftlich-pädagogischen Tätigkeit[u. a.]): 67–72 [~].

Zap. Kafedry mat. Fiziki, Inst. stroitel'n. Mech., Akad. Nauk Ukrainsk. SSR Introduction à la mécanique non linéaire (Les méthodes approchées et asymptotiques de la mécanique non linéaire)[1]): **1/2** ('37) 366 S. [russ. m. französ. Zusammenfassg.]. – Sur les travaux de la Chaire de la Physique Mathématique dans le domaine de la mécanique non linéaire [1]): **3** ('37) 5–53 [ukrain. u. französ.]. – La théorie générale de la mesure dans la mécanique non linéaire[1]): 55–118 [ukrain. m. französ. Zusammenfassg.]. – L'effet de la variation statistique des paramètres sur le mouvement des systèmes dynamiques conservatifs pendant des périodes de temps suffisamment longues[1]): 119–53 [ukrain. u. französ.]. – L'effet de la variation statistique des paramètres sur les propriétés ergodiques des systèmes dynamiques non conservatifs[1]): 154–90 [~]. – Sur les itérations répétées avec les paramètres variables[1]): 191–211 [~]. – Sur les équations de Focker-Planck déduites dans la théorie des perturbations à l'aide d'une méthode basée sur les propriétés spectrales de l'hamiltonien perturbateur[1]): **4** ('39) 5–157 [ukrain. u. französ.]. – Sur quelques problèmes de la théorie ergodique de systèmes stochastiques[1]): 243–87 [ukrain. m. französ. Zusammenfassg.].

Ferner einige Arbeiten in Veröffentlichungen des Ukrainischen Forschungsinstituts für Bauwesen.

Mit: [1]) N. N. Bogoljubov.

VI **KUBELKA,** Václav. Chem. Technol. — Stud. Techn. Hochsch. u. Karls-Univ., Praha; 1914–19 Assist., '15 Dr. Techn., '20–27 außerord. Prof., '27–51 ord. Prof., '47–48 Rektor, Techn. Hochsch., Brno; '51–62 Prof., Slowak. Techn. Hochsch., Bratislava; Dir., Tschechoslowak. Versuchsstat. f. d. Lederindustrie; '24– Vorsitzender, Tschechoslowak. Ges. d. Gerbereichemiker; '56– Präs. d. Editionsrates d. math.-naturwiss. Abteilg., Slowak. Akad. d. Wiss. — '53 Dr. h. c. (Ausschuß f. akad. Würden der ČSSR). — '47 Staatspreis f. Wissenschaft (Regierung d. ČSSR).

*1892, Jan. 11, Uherské Hradiště.

Zum 70. Geb.tag K. Vetejška, Rudy 8 ('60) 206 (m. Bildn.).

Zum 75. Geb.tag A. Blažej, Kožařství 17 ('67) 3 (m. Bildn.). – A. K., Leder 18 ('67) Nr. 3, S. 63.

HZ. Technická Hlídka koželužská 1925–1952.

S. Stiasny-Festschrift (K. H. Gustavson) (Darmstadt '37) 182–90: Beziehungen zwischen der Quellhöhe und der Menge der aufgenommenen Flüssigkeit von Hautpulver in Säurelösungen[12]). – Vodní hospodářství v závodech potravinářského průmyslu [Wasserwirtschaft in den Betrieben der Nahrungsmittelindustrie] (Knižnice potravinářského průmyslu, 41) (Praha '52): [Ein Beitrag]. – Výběr vodohospodárských problémů [Auswahl wasserwirtschaftlicher Probleme] (Brno '53) 25–62: Die Wasserverunreinigung in der Morava während der Jahre 1935–1949 [slowak.]. – Věda a výzkum v průmyslu kožedělném. Sbornik výzkumných prací v průmyslu kožedělném. Ř. 1, Sv. 1 [Wissenschaft und Forschung in der Lederindustrie. Sammlung von Forschungsarbeiten in der Lederindustrie, Reihe 1, Band 1] (Brno '56): Grundlagen der biologischen Nachklärung von Gerbereiabwässern [tschech.].

W. Kůže jako surovina průmyslová [Die Haut als industrieller Rohstoff] 1 (Brno '33) 10 + 267 S., 2 ('34) 409 S.; 2. Aufl. in 1 Band: ²('48) 19 + 683 S. – Soli chromu v koželužství [Chromsalze in der Gerberei] (Brno '38) 11 + 241 S.; ²('44) 11 + 214 S.; ³('49) 15 + 181 S. – Třislice rostlinná [Pflanzliche Gerbstoffe] (m. V. Němec, I. Binko) (Brno '41) 671 S.; 2. Aufl. u. d. T.: Třísliva rostlinná a jejich náhražky [Die pflanzlichen Gerbmittel und ihre Ersatzstoffe] (m. I. Binko) ('51) 30 + 681 S.; russ. Auszug u. d. T.: Sintetičeskie dubiteli [Synthetische Gerbstoffe] (Moskva '59) 206 S. – Koželužství [Gerberei] 1 (Brno '45) 245 S.; 2 ('47) 326 S. – Koželužské analysy a zkoušení usní [Gerbereianalysen und Beurteilung des Leders] (Brno '46) 730 S. – Odpadní vody koželužského průmyslu [Abwässer der Lederindustrie] (Praha '53) 188 S. – Tuky, oleje a emulse v koželužství [Fette, Öle und Emulsionen in der Gerberei] (Bratislava '54) 264 S.; russ.: (Moskva '57) 233 S. – Problém továrních odpadních vod v čs. vodním hospodářství a jeho řešení v různých odvětvích průmyslu [Das Problem der Fabrikabwässer in der tschechoslowakischen Wasserwirtschaft und seine Lösung in verschiedenen Zweigen der Industrie] (m. V. Kořán, V. Kubelka jr., F. Střelba (Bratislava '57) 313 S. – Kolagenové vazivo v kůži; popis fysikálních a chemických vlastností kožní škáry se zřetelem na technologii koželužského průmyslu [Das Kollagengewebe in der Haut; Beschreibung der physikalischen und chemischen Eigenschaften der Lederhaut mit Berücksichtigung der Technologie der Lederindustrie] (Bratislava '61) 295 S. – Problém továrenských odpadových vod na Slovensku [Das Problem der Fabrikabwässer in der Slowakei] (m. K. Boško u. a.) (Bratislava '62) 403 S. [m. russ. u. engl. Zusammenfassg.].

Acqua industr. Il problema delle acque di rifiuto delle concerie: **5** ('63) Nr. 28, 5–23.

Annuaire, Bourse aux Cuirs Bruxelles Les cuirs en poil en Tchécoslovaquie: **1935.** ▪

Boll. R. Staz. sperim. Industria Pelli e Materie concianti Zur Beurteilung der Methode der Gerbung des Sohlleders auf Grund der chemischen Analyse: **14** ('36) 121–39 [ ].

Buletinul Inst. politehn. Iași Beitrag zum Problem der Gerbereiabwässer. Sedimentierende Vorreinigung durch „Selbstklärung“: (N.S.) **7** ('61) 145–60 [m. russ. u. rumän. Zusammenfassg.]. – Einige Probleme der Mechanisierung bzw. Automatisierung der Gerbereien: 8 ('62) 163–76 [~].

Chemické Listy Vědu a Průmysl Über die fermentative Spaltung von Albuminen: **26** ('32) 49–54, 69–74, 95–98. – Die tschechoslowakische Lederindustrie im Jahre 1931: **26** ('32); ~ 1932: **27** ('33). – Reform des tschechoslowakischen Wasserrechts mit Bezug auf die chemischen Industrien: **32** ('38). – Prof. Dr. Vítězslav Veselý zum 60. Geburtstag: ibid. – Studie über Pufferlösungen[19]): **34** ('40) 254–57, 269–72. – – Alle Arbeiten tschech.

Chemické Zvesti Das Anwachsen der Wasserverunreinigung in unseren Flüssen. Tatbestand – Ursachen – Folgen – Abhilfe: **7** ('53) 63–106 [slowak. m. russ. u. deutscher Zusammenfassg.]. – Die Abwässer der Leimfabrikation: 317–57 [~]. – Abwässer von Zuckerfabriken[13]): **8** ('54) 410–37 [~]. – Unschädlichmachung von Industrieabwässern: **9** ('55) 521–30 [slowak.]. – Das Problem der Industrieabwässer in unserer Wasserwirtschaft: **9** ('55) [tschech.]. – Studien über die Beurteilung des Semichromleders auf Grund der chemischen Analyse[2]): **14** ('60) 282–89 [slowak.].

Chemický Obzor The determination of moisture in leather[23])[33]): **7** ('32) 219–23 [tschech. m. engl. Zusammenfassg.].

Chimie et Industrie Détermination de la teneur en eau des cuirs[23])[33]): **29** ('33) No. spéc. 6bis, 1111–16. – Adsorption et gonflement, 4: L'influence de la température sur le gonflement de la poudre de peau[26]): 1117–19.

Collegium [Darmstadt] Freie Säuren bei der Analyse von pflanzlichem Leder, 5[32]): **1932,** 63–72. – Terpentinöle[37]): 113. – Die Wirkung der Säuren auf pflanzliche Leder, 1: Beitrag zu den Lederprüfungsmethoden[31]): **1933,** 89–105; ~ 2: Beschädigung eines rein eichenholzgegerbten Leders durch Salz-, Schwefel-, Oxal- und Essigsäure[8]): **1935**, 289–94. – Neuer Apparat zur Bestimmung der Wasseraufnahmefähigkeit des Leders[23]): **1933**, 311–16. – Einfluß des Einweichens auf die Wasseraufnahmefähigkeit von Sohlleder[25]): **1935**, 74–76. – Versuche über die Wirkung des vegetabilischen Leders auf metallisches Eisen, 1: Einfluß der Lederfette auf Eisen[23]) [33]): 533–41; ∼ 2: Einfluß von eisernen Vorgelegescheiben auf verschieden gefettete Treibriemen[23])[33]): **1937**, 23–35. – Das Altern von pankreatischen Beizen[23]): **1936**, 34–36. – Zur Beurteilung der Gerbart des Sohlleders auf Grund der chemischen Analyse: 200–14. – Zur analytischen Bestimmung des Stickstoffs, des Fetts und der Feuchtigkeit in Leder[23]): 689–97. – Zur Bestimmung der Wasseraufnahmefähigkeit des Leders[23]): **1937**, 179f. – Zur Methodik der Quellungsmessungen mit Hautpulver und Gelatine [,1]: 231–40; ∼ 2: Peptisierung von Hautpulver in Lösungen von NaOH und $Ca(OH)_2$ und ihre Bedeutung für die Quellversuche[12]): **1938**, 49–54. – Über die schützende Wirkung der Tranfettung auf das vegetabilische Leder bei der hydrothermischen Prüfung[28]): **1937**, 270–76. – Die chemische Analyse des pflanzlich gegerbten Leders in den Jahren 1935/1936: 429–41; ∼ 1937/1938: **1940**, 229–54. – Einfluß der Fette auf eisenchromgares Leder[23]): **1937**, 542–49. – Zur chemischen Prüfung des pflanzlichen Leders: 549–57. – Studien über die Pufferung und den Pufferindex, 1[19]): **1940**, 273–86. – Beitrag zur sulfitierenden Extraktion der Fichtenrinde[18]): **1943**, 33–59. – Haarschädigung und ihre Bestimmung[18])[29]): 67–79.

Cuir techn. Essais sur l'action du cuir de tannage végétal sur le fer métallique, 1: L'action des graisses des cuirs sur le fer[23])[33]): **24** ('35) 300–05. – Die chemische Analyse des lohgaren Leders in den Jahren 1935/1936: **26** ('37) 316–18, 330–34 [französ.].

Revue techn. Industries Cuir Problèmes de l'appréciation analytique du cuir semichrome [34]): **50** ('58) 57–63. – Le problème des eaux résiduaires de fabriques dans l'économie de l'eau en considération particulière des eaux résiduaires de tannerie: 147–54, 168–73. – Problèmes non résolus de la science et de la fabrication du cuir: 240–46, 268–74. – Quelques problèmes de la mécanisation et de l'automatisation des tanneries: **51** ('59) 167–72, 194–200.

Gerber Über den mittleren Wassergehalt pflanzlich gegerbter Leder[25]): **58** ('32) 4f. – Die Analyse und Untersuchung pflanzlich gegerbter Leder[23])[1]): 58f., 65–68, 73–76, 81–83, 90–92, 98–101, 109f., 117–19, 126f.; **59** ('33) 3–7, 12–15. – Die Wirkung der Säuren auf pflanzliche Leder: **62** ('36) 1–4, 9–11.

Hide and Leather Chemical judging of tanned leather: **96** ('38) Nr. 24, 28f.

J. int. Soc. Leather Trades Chemists Note on the estimation of moisture in vegetable-tanned leather[20])[00]): **19** ('35) 25–29. – A new apparatus and method for determining the water-absorption capacity of leather[23]): **21** ('37) 9–12.

Kolloid-Z. Studien über Adsorption und Quellung, 4: Einfluß der Temperatur auf die Quellung des Hautpulvers[26]): **64** ('33) 84–86.

Kožařství Probleme der chemischen Analyse von Leder[2]): **4** ('54) 230–34. – Studie über die Unschädlichmachung von Gerbereiabwässern [7]): **5** ('55) 194–97, 215–17. – Die Dasselfliegenplage und ihre Bekämpfung[42])[40]): **6** ('56) 73–76. – Nachklärung von Gerbereiabwässern[7]): 93–96. – Verwendung von Eiern zum Schmieren pflanzlich gegerbter und chromgegerbter Leder[2]): 179f. – 250 Jahre Technische Hochschule in Prag: **7** ('57) 120f. – Über die Eigenschaften von Kollagen: **8** ('58) 6–11. – Polypeptidketten im Kollagen: 163–65, 195–97. – Seitenketten und Brückenverbindungen von Polypeptiden im Kollagen: 232–36, 259f., 294–97. – – Alle Arbeiten tschech. oder slowak., z. T. m. deutscher Zusammenfassg.

Leder Beitrag zur Analyse von Semichromleder. Umrechnung des Cr_2O_3-Gehaltes eines Chromleders auf Chromgerbstoff[34])[21]): **9** ('58) 125–29.

Leder-Kurier Ungelöste Probleme der Lederchemie und Ledererzeugung: **3** ('59) 3–18. – Einige Probleme der Mechanisierung bzw. Automatisierung der Gerbereien: 149–57. – Zur Beurteilung des Semichromleders auf Grund der chemischen Analyse[2]): 246–52.

Listy cukrovarnické Die Bedeutung der Reform des tschechoslowakischen Wasserrechtes für die Zuckerindustrie: **57** ('39) [tschech.].

Magyar Timár Die Prüfung von Leder: **1** ('37) 33–37, 45–48. – Über die schützende Wirkung der Tranfettung auf vegetabilisches Leder bei der hydrothermischen Prüfung, 1[28]): **2** ('38) 7–10, 25–28. – – Alle Arbeiten ungar. m. deutscher Zusammenfassg.

Naša Věda Über die Probleme der Industrieabwässer mit Rücksicht auf unsere Wasserwirtschaft: **7** ('60) 454–61 [tschech.].

Nederlandsche Lederindustrie Über die Wasseraufnahme in der Hautsubstanz: **1933**, Kongreß-Nr. [ ].

Österreichische Leder-Ztg. Ein Großversuch zur Bekämpfung der Dasselplage in der ČSR: **12** ('57) Nr. 4, 60–70.

Plyn, Voda a zdravotní Techn. Wasserverunreinigung in der Morava im Jahre 1935: **17** ('37) [tschech.].

Pol'nohospodárstvo Versuch zur Bekämpfung der Dasselfliege in der Slowakei: **5** ('58) 133–50 [tschech.]. – Die Dasselfliegenplage und die Beschädigung der Häute: 409–16 [tschech.].

Průmysl Potravin Verwertung ungenießbarer Eier in der Lederindustrie[41]): **5** ('54) 262–65 [tschech.].

Sborn. Masarykovy Akad. Práce Chemie in der Wasserwirtschaft[3]): **23** ('49) 303–23 [tschech.].

Technická Hlídka koželužská Über den mittleren Wassergehalt pflanzlich gegerbter Leder[25]): **8** ('32). – Terpentinöle: ibid. – Eine schnelle und wirtschaftliche, für das Gerbereilaboratorium geeignete Methode zur Stickstoffbestimmung[38]): ibid. – Bestimmung der Feuchtigkeit in Leder[23])[33]): ibid. – Apparat zur Bestimmung der Wasseraufnahmefähigkeit von Leder[23]): **9** ('33) 9–12. – Über den Einfluß der Temperatur auf die Quellung der Hautsubstanz[26]): 29f. – Die natürliche Beschaffenheit der Haut: **9** ('33). – Der Internationale Kongreß der Gerbereichemiker in Amsterdam: ibid. – Über die Wasseraufnahme in der Hautsubstanz: **10** ('34) 5–7. – Beschädigung der Haut am lebenden Tiere: **10** ('34). – Südamerikanische Rindshäute: ibid. – Einfluß der Verarbeitung durch den Schuhmacher auf die Wasseraufnahmefähigkeit von Sohlledern[23]): ibid. – Neue Wege in der Untersuchung der Leder: **11** ('35) 93–95, 105–08. – Verunreinigung der Flüsse durch Abwässer: **11** ('35). – Die Wirkung der Säuren auf das Leder und ihre analytische Erkennung: **12** ('36) 4–6, 11f., 17f. – Die Beurteilung der Gerbart des Sohlleders auf Grund der chemischen Analyse: 33–35, 44–47, 49–52. – Das Altern von pankreatischen Beizen[23]): 35–37. – Theorie der Hautgerbung: **13** ('37) 1–3, 21f., 52f., 72f., 82–84, 97f., 102f., 111f. – Die Wasseraufnahmefähigkeit des Leders und ihre Bestimmung[23]): 77–79. – Über die schützende Wirkung der Tranfettung auf das vegetabilische Leder bei der hydrothermischen Prüfung [,1]: 109–11; ∼ 2: 125–28. – Die Bemühungen der tschechoslowakischen Gerbereiindustrie um Rohstoffautarkie vom technischen Standpunkt betrachtet: **13** ('37). – Untersuchung über die Rohstoffautarkie der tschechoslowakischen Gerbereiindustrie: ibid. – Gesetzliche Vorschriften hinsichtlich der Leder in den skandinavischen Ländern: ibid. – Reform des tschechoslowakischen Wasserrechts mit Bezug auf die chemische Industrie: **14** ('38) 21–35, 41–45. – Situation der tschechoslowakischen Lederindustrie nach dem Verlust des Territoriums im Jahre 1938: **14** ('38). – Chemische Analyse von pflanzlich gegerbten Ledern: **15** ('39) 85–87, 95–100, 107–11. – Lederforschung in der ČSR unter neuen Bedingungen: **15** ('39). – Untersuchung über Pufferlösungen[19]): **16** ('40) 19–21, 32–34, 65–68. – Mangrove-Rinde [23]): 111–13. – Beitrag zur Verwendung einer Glaselektrode zum Messen des pH in der technischen Praxis, 1[19]): 87–90, 101–04, 113f.; ∼ 2[19]): **17** ('41) 1–3, 11–14, 40–42. – Beitrag zur sulfitierenden Extraktion von Fichtenrinde [,1][18]): **18** ('42) 73–80, 81–90, 105–10; ∼ 2 [18])[20])[4]): **19** ('43) 105–10; ∼ 3[18])[20]): **20** ('44) 1–6. – Haarschädigung und ihre Bestimmung [18])[29]): **19** ('43) 95–101. – Einfluß verschiedener Konservierungsmethoden auf den Gerbstoffgehalt in Fichtenrinde[18])[20])[4]): **20** ('44) 21–25. – Probleme der tschechischen Lederindustrie während des letzten Krieges: **21** ('46) Nr. 1. – Messung des pH mit Hilfe der Glaselektrode. Einfluß der Reinheit des destillierten Wassers auf die Bestimmung starker Säuren in Leder: 117–23. – Die Verarbeitung des Leders in der Geschichte der Menschheit, 1: **22** ('47); ∼ 2: **23** ('48). – Qualitätsvorschriften für Lederpflegemittel: **22** ('47) 93–99. – Qualitätsvorschriften für inländische Rohleder: Nr. 10. – Physikochemische Methoden bei Lederanalysen, 2: Bestimmung von Asche in Leder mit Hilfe des elektrischen Leitvermögens: **23** ('48) 11–15; ∼ 3[10])[34]): Nr. 10. – Revision der kritischen Zahlenwerte in den Qualitätsvorschriften für Weißleder und Sämischleder[25]): Nr. 1. – Vorschlag zur Qualitätsvorschrift für tschechoslowakisches Kalbsleder: Nr. 2. – Untersuchung einer Schnellmethode zur Bestimmung von Chromoxid in Ledern, 1[6]): 57–63. – Beiträge zur mechanischen Prüfung von Ledern, 1: Messungen der Kompressibilität als Meßgröße für die Zähigkeit [,1][34])[9]): 66–74, 88–90; ∼ 2: Messung des sogenannten Wasserdurchlässigkeitskoeffizienten[34])[14]): 149–58; ∼ 3: Weitere Versuche zur Bestimmung der Wasserdurchlässigkeit von Leder[22]): **24** ('49) 113–18; ∼ 4: Versuche zur Bestimmung der Zähigkeit des Leders durch Messung der Kompressibilität, 2[24]): 203–09; ∼ 5: Bestimmung der Zähigkeit des Leders durch Biegungsmessungen[30]): 209–17. – Schnellmethode zur Stickstoffbestimmung im Leder[35]): **23** ('48) Nr. **3** u. 4. – Chemische Analyse von Chromledern [,1][34]): Nr. 4; ∼ 2: **24** ('49) 75–78. – Qualitätsvorschriften für Leder Nr. 101: **23** ('48) Nr. 4. – Untersuchungen über die Qualitätsvorschriften für synthetische Gerbstoffe und deren Prüfung[16])[36]): Nrn. 4, 7, 8, 11 u. 12; **24** ('49) 302–14. – Untersuchung über die Schnellbestimmung von Tonerde in Leder [,1][6]): **23** ('48) 207–10; ∼ 2: Versuch einer polarographischen Bestimmung des Aluminiums[10]): **24** ('49) 107–13, 135f. – Untersuchungen über die oxydimetrische Bestimmung von Gerbstoffen[5]): 10–18, 51–57, 78–82. – Die Verwendung organischer Kunstharzaustauscher bei der Untersuchung komplexer Chromsalze: 97–107; **25** ('50) 10–16. – Vorschlag zur Qualitätsvorschrift für tschechoslowakisches Schweinsleder: **24** ('49) Nr. 9. – Eins ist notwendig!: **25** ('50) Nr. 1. – Kjeldahlbestimmung bei Chromleder[17]): 17–24. – Kolorimetrische Bestimmung von Phosphaten

[22]): 41–52, 77–. – – Alle Arbeiten tschech., meist m. deutscher oder engl. Zusammenfassg.

Věda a Výzkum v Průmyslu kožedělném Grundlagen einer biologischen Nachklärung von Gerbereiabwässern: **1** ('56) 113–36 [tschech. m. engl. Zusammenfassg.]. – Bildung und Entwicklung der Faserstruktur in der Haut: **4** ('58) 77–92 [tschech.]. – Die Aminosäuren und die chemischen Bindungen in Hautproteinen. Eine kritische Übersicht über die modernen Theorien: **5** ('58) 7–21 [tschech.].

Věda a Život Trinkwasser aus dem Meer: **1965**, Nr. 12 [tschech.].

Voda Neue Richtlinien zur Unschädlichmachung industrieller Abwässer mit besonderer Berücksichtigung der Gerbereiindustrie: **31** ('51) 159–68 [tschech.]. – Die Korrosion von erdverlegten Eisenrohren: **33** ('53) 40–43 [tschech.]. – Untersuchungen über die Reinheit der Wasserläufe im Flußgebiet der Morava, 2: Die Verunreinigung des Wassers der Drevnica[39]): **34** ('54) 344–46, 364–70 [tschech.].

Einige weitere Veröffentlichungen auf dem Gebiet der Lederindustrie und der Wasserwirtschaft (insbesondere Behandlung von Gerbereiabwässern).

Mit: [1]) F. Berka; [2]) A. Blažej; [3]) V. Chudárek; [4]) V. Dušánek; [5]) B. Gložić; [6]) Z. Grác; [7]) C. Halámek; [8]) O. Heger; [9]) O. Horák; [10]) J. Hradský; [11]) –; [12]) J. Knödel; [13]) V. Kořán; [14]) Z. Kotásek; [15]) –; [16]) E. Kubečková; [17]) V. Lacko; [18]) L. Masner; [19]) E. Mazal; [20]) K. Míček; [21]) Mládek; [22]) Z. Novák; [23]) V. Němec; [24]) J. Ott; [25]) F. Peroutka; [26]) V. Samec; [27]) –; [28]) Z. Schneller; [29]) M. Tomíšek; [30]) J. Vlček; [31]) E. Weinberger; [32]) K. Ziegler; [33]) S. Žuravlev; [34]) V. Kubelka, jr.; [35]) S. Ferbas; [36]) J. Gottweis; [37]) A. Schneider; [38]) K. Vignati; [39]) E. Marek; [40]) E. Markušovská; [41]) V. Orel; [42]) J. Tamchyna.

VI **KUBOTA,** Bennosuke. Chem. (org.). — Prof. 8th Higher School, Nagoya City; until 1947 Staff Member, '47 Member Emer., Science Research Inst., Tokyo; '25 D. Sc., '34–47 Prof., '47 Prof. Emer., Tokyo Imp. Univ.; then Prof., Chiba Commercial College, Chiba City, and Instructor, Waseda Univ., Tokyo. — '25 Sakurai Prize (Japan. Chem. Acad.); '29 6th, '33 5th, '34 4th, '38 3rd Order of Sacred Treasure.

*1885, Nov. 3, Chiba Prefecture;

†1962, März 10.

Bull. chem. Soc. Japan The constitution of the hydroxy derivatives of biphenylene oxide obtained from resorcinol[6]): **9** ('34) 448–57. – The constitution of the dihydroxy derivative of diphenylene oxide obtained from resorcinol[2])[6]): **10** ('35) 425–32. – On the formation of symmetrical dibenzo-cyclodocosane-dione[7]): **11** ('36) 19–26. – The formation of L-threose[3])[1]): **12** ('37) 116–21. – Synthesis of L-talose[1]): **13** ('38) 272–80.

Bull. Inst. physic. and chem. Res. [Tokyo] Production of aromatic amines by hydrogenation, 1: Catalysts and conditions of hydrogenation[10])[9]): **14** ('35) 313–20; ~ 2[10])[9]): 409–11; ~ 3[9])[8])[10]): 412–23. – The nature of Indanthrene Brilliant Violet 3B [9]): **16** ('37) 22–26. – Mass of a pectic acid molecule[4]): **22** ('43) 593–95. – – Alle Arbeiten japan.

J. chem. Soc. Japan Progress in chemistry of sugars since Emil Fischer: **55** ('34) Nr. 7, Suppl., 72–78 [ ]. – Gases produced by thermal decomposition of nitrocellulose x-ray films[2]): **56** ('35) 966–75 [ ].

J. sci. Res. Inst. [Tokyo] Synthesis of β-methyl-β-acetylacrylaldehyde[5]): **44** ('50) 186–88.

Rep. sci. Res. Inst. [Tokyo] A reaction forming acetaldehyde[5]): **24** ('48) 195–98 [ ].

Scientific Papers Inst. physic. and chem. Res. [Tokyo] The formation of L-tagatose[3]): **34** ('38) 183–86.

Mit: [1]) Sh. Fukunaga; [2]) K. Hata; [3]) K. Iwadare; [4]) A. Midorikawa; [5]) T. Takeshima; [6]) K. Tatematsu; [7]) M. Uenaka; [8]) S. Yamada; [9]) T. Yamanaka; [10]) K. Yoshikawa.

V, VI **KUBOTA,** Tadahiko. Math. — 1915– Prof., Tôhoku Imperial Univ., Sendai; Chief of the Statistical Research Inst. of Math.

*1885, Febr. 27, Tokyo;

†1952, Okt. 31.

Schriftenverzeichnis Tôhoku math. J. (2) 1 ('49) 3–13 (182 Nrn.) (m. Bildn. u. Faks. zw. S. 228 u. 229).

Nekr. Sh. Sasaki, Tôhoku math. J. (2) 4 ('52) 318–22.

MHZ. Japanese J. Math. 5 ('28) ff. – Tôhoku math. J. 1 ('11) ff.

J. math. Soc. Japan Some problems of minima concerning the oval[1]): **5** ('53) 372–89.

Japanese J. Math. Einige Bemerkungen zur Affinflächentheorie: **10** ('33) 217–20; **11** ('34) 31–33. – Ein Beitrag zur Differentialgeometrie der zweidimensionalen Mannigfaltigkeit im Raume von vier Dimensionen: 15–19. – Eine Bemerkung zum Blaschke-Howeschen Satze über die Tangenten einer ebenen algebraischen Kurve: 223f. – Une généralisation du théorème de Aiyar et du théorème de Bricard: 253f. – Krümmungstheorie in der relativen Flächentheorie: **12** ('35) 21–26.

Monatsh. Math. u. Physik Ein Satz über Zykelreihen: **43** ('36) 66–68. – Ein neuer Aufbau der euklidischen Geometrie in der affinen

Ebene: **48** ('39) Furtwängler-Festband, 96–102.

Proc. imp. Acad., Tokyo Remarque sur un théorème de M. Pacquement: **9** ('33) 86.

Proc. Japan Acad. Einige Ungleichheiten für die Eilinien und Eiflächen: **24** ('48) Nr. 7, 1–3. – Einige Sätze über Kinematik: 4–6.

Science Rep. Tôhoku imp. Univ., Ser. I A remark to the preceding note [Masaru Inagaki, Some generalizations of Gergonne's theorem]: **22** ('33) 6–8. – Quelques théorèmes sur le tétraèdre: 380–82. – Krümmungstheorie in der relativen Kurventheorie: Anniv. Vol. Honda ('36) 1–4. – Einige kennzeichnende Eigenschaften der ebenen algebraischen Kurven und der algebraischen Flächen: **26** ('37/38) 243–47. – Eine Bemerkung zum Aufsatze des Herrn Takasu: Einige Sätze über zwei Regelflächen, welche eine Erzeugende gemeinsam haben: 415–17.

Tensor [Sapporo, Japan] Characteristic properties of algebraic figures: **2** ('39) 1–7 [japan.].

Tohôku math. J. Ein Beweis des Aiyarschen Satzes über den orthopolaren Kreis: **35** ('32) 257–59. – Eine Bemerkung zum Aiyarschen Satz über den orthopolaren Kreis: **37** ('33) 409–13. – Kennzeichnende Eigenschaften der Ellipse und des Ellipsoides: **43** ('37) 392f. – Eine Bemerkung zur relativen Kurventheorie: **44** ('38) 341f. – Eine Begründung der elementaren Geometrie, 1: **45** ('39) 197–211; ~ 2: 354–68; ~ 3: Fünfter Abschnitt: Begründung der Anordnungstheorie in der projektiven Geometrie: **47** ('40) 294–303. – Einige Bemerkungen zu den Eilinien: 1–5. – Ein Satz über Eilinien: 96–98, 177–80. – Einige Bemerkungen zur Takasuschen Arbeit über L-Minimalflächen: 172–76. – Ein Beweis von der Bricardschen Verallgemeinerung des Feuerbachschen Satzes: **48** ('41) 75–77. – Einige Bemerkungen zur Kinematik: **49** ('42) 106–11. – Some inequalities concerning ovals and ovaloids: 213–19. – Matsusaburô Fujiwara, 1881–1946: (2) **1** ('49) 1f.

Ferner ein Lehrbuch über Analytische Geometrie in japanischer Sprache. – Mehrere weitere Zeitschriftenaufsätze in japanischer Sprache.

Mit: [1]) D. Hemmi.

IV-VI **KÜRSCHÁK**, József. Math. – 1891-1900 Assist. u. Privatdoz., 1900–04 außerord. Prof., '04–33 ord. Prof., Techn. Univ. Budapest.

*1864, März 14, Budapest;
†1933, März 26, Budapest.

Nekr. D. König, Középiskolai mat. és fizik. Lapok **9** ('33) 205–09 (m. Bildn.). – G. Rados, Emlékbeszédek, Magyar tudományos Akad. tagjai fölött **22** ('34) Nr. 7, 1–18 (m. Bildn., Schr.verz.). – T. Stachó in: A Budapesti Magyar Királyi József Nádor Műszaki és Gazdaságtudományi Egyetem, 1935/36. tanévi évkönyv (Budapest '37) 83–92 (m. Bildn.).

S. Die Entstehung einer internationalen Wissenschaftspolitik. Die Grundlagen der ungarischen Wissenschaftspolitik (Z. Magyary) (Leipzig '32) 155–57: Vergangenheit und Gegenwart der Mathematik [in Ungarn].

Acta Litt. ac Sci. [Szeged], Sect. Sci. math. Eine Ergänzung zur Abhandlung von Herrn L. La Paz über Variationsprobleme, für welche die Extremalflächen Minimalflächen sind: **5** ('32) 246. – Die Irrreduzibilität einer Determinante der analytischen Geometrie: **6** ('32) 21–26.

Matematikai és fizik. Lapok König Gyula: **40** ('33).

VI **KUGELMASS**, Isaac Newton. Biochem., Pädiatrie. – 1915–36 Nutritionist, New York Sect., U. S. Food Administration; '27–35 Assoc. Attending Pediatrician and Dir. of Pediatric Research, Fifth Avenue Hospital, New York; '28–35 Attending Pediatrician, The Broad Street Hospital, New York; '32–38 Attending Pediatrician, The French Hospital, New York; '35–45 Attending Pediatrician, New York Children's Hospital; '32–50 Dir., Heckscher Inst. for Child Health, New York; '35– Consultant Pediatrician of numerous hospitals; Consultant, Departments of Health and Hospitals, New York City.

*1896, Juni 28, New York.

H. American lectures in living chemistry [series] (Springfield, Ill. '55ff.). – Growing superior children (NewYork–London '35); Neuaufl. ('46).

HZ. Biochemical Clinics 1963–1968. – International Rec. Med. and General Practice Clinics 1955–1962.

S. Mother's encyclopaedia (NewYork–Toronto '33) 88–96: [1 Beitrag]. – The encyclopedia of chemistry (G. L. Clark) (New York–London '57) 88–101: Biochemistry of blood.

W. The newer nutrition in pediatric practice (Philadelphia, Pa. '40) 11 + 1155 S. – Blood disorders in children (London '41) 21 + 897 S. (Oxford medical publications). – Superior children through modern nutrition; how to perfect the growth and development of your children from birth to maturity

(New York '42) 14 + 332 S. – Clinical pediatrics (London '43) 409 S.; ²('47) 409 S. (Oxford medical outline ser.). – Handbook of the common acute infectious diseases (New York '49) 89 S. – The management of mental deficiency in children (NewYork–London '54) 12 + 312 S. – Better health for your children; a medical guide for parents (New York '55) 341 S. – Complete child care in body and mind; a modern parents' guide to the healthy growth and development of the newborn, the infant, the child and the adolescent (New York '59) 415 S. – Biochemistry of blood in health and disease (Springfield, Ill.–Oxford '59) 9 + 543 S. (American lecture ser. Nr. 348; American lectures in living chemistry, Bannerstone division). – Biochemical diseases (chemical pediatrics) (Springfield, Ill. '64) 20 + 1229 S. (~ Nr. 586; ~). – Wisdom with children; the complete guide to your child's development, well-being and care (New York '65) 8 + 529 S.

Acta paediatr. [Uppsala] Milk clotting mechanism and modification: **20** ('37/38) 29–70.

American J. clin. Pathol. Vitamin K in hemorrhagic diseases of infants and children, 1: **10** ('40) 673–87. – Hemorrhagic problems in child surgery: **12** ('42) 467–79.

American J. digest. Diseases (and Nutrit.) Acid–base values and assimilability of fruit juices: **2** ('35/36) 242f. – Blood buffer values in mineral deficiency: 730–32. – The mechanism of milk clotting, 1: Role of milk components in coagulation: **4** ('37) 170–74; ~ 2: Role of hydrogen ion concentration: 523–25. – Infant feeding – individualized vs. routine: 240–45. – The early recognition of war-nutrition deficiency in children: **11** ('44) 83–92. – The nutritional basis of nervous disorders in children: 368–73.

American J. Diseases Children Avitaminosis and blood clotting function[7]): **43** ('32) 52–57. – The mechanism of anemia associated with infection in infancy and in childhood[4]): 291–305. – Mechanism of hemophilia in infancy and in childhood: **44** ('32) 50–68. – Preventing loss of weight in the newborn[1])[2]): **46** ('33) 280–308. – Mental growth in epileptic children[5])[6]): **55** ('38) 295–303.

American J. med. Sci. The respiratory basis of periodic subcostal pain in children: (N.S.) **194** ('37) 376–81. – Nutritional improvement of child mentality[5])[7]): **208** ('44) 631–33.

American J. mental Deficiency The early recognition of nutritional deficiency in children: **47** ('43) 370–85. – Nutritional basis of nervous and mental disorders in children: **48** ('43) 142–52.

American J. Obstetrics and Gynecol. Preventing postnatal loss of weight in the newborn[1])[2]): **26** ('33) 375–86. – Prenatal prevention of potential hemorrhagic disease of the newborn[9]): **28** ('34) 259–61.

Annals Allergy Homochlorcyclizine in bronchial allergic disease of infants and children[12])[13]): **20** ('62) 450–57.

Annals New York Acad. Sci. Phenaglycodol therapy in cerebral palsy: **72** ('58) 273–92.

Archives Dermatol. and Syphilol. Early signs of latent allergy in infants: **36** ('37) 342 f.

Archives Disease Childhood Milk curd – its mechanism and modification: **12** ('37) 25–44. – Vitamin K in prenatal prevention and postnatal treatment of hemorrhagic disease of the newborn: **15** ('40) 97–102.

Archives Otolaryngol. Vitamin P in rheumatic epistaxis: **46** ('47) 684 f.

Archives Pediatrics The course of congenital kidney problems in infancy: **49** ('32) 201–06. – Nutrition for superior growth: 713–29. – Determining individual development: **50** ('33) 81–96. – Raw basic feeding in the prevention and treatment of dental caries[3]): 307–22. – Depression children: **53** ('36) 386–96. – The anemias in digestive diseases of children: **55** ('38) 268–76. – Mechanics and management of hemorrhagic disorders in children: **61** ('44) 240–58. – Nutritional basis of child growth and development: 413–27, 464–.

Ciba clin. Sympos. Hemorrhagic problems in infancy and childhood: **4** ('52) 69–91.

Current Therapy Purpuric states[11]): **1953,** 238–43. – Normal infant feeding: **1954,** 789–92.

Dental Cosmos Medical management of dental caries in children: **18** ('36) 186–96. – The mechanism of bleeding in children: 496–99.

Hospitals Influence of prenatal and infant care on child development: **15** ('41) 59–61.

Hygeia [Chicago] Myth of average child: **12** ('34) 988.

International Clinics Pediatric progress: White House Conference; infectious diseases; birth injuries: **1932** I, 269–99. – Progress in pediatrics: nutritional diseases; allergic diseases; blood diseases; heart diseases; kidney diseases: **1932** II, 255–92.

New int. Clinics Vitamin K in pseudohemophilia hepatica of childhood: **2** ('39) Nr. 4.

International J. Orthodontia Prevention of dental caries in children: **22** ('36) 490–503.

International Rec. Med. and General Practice Clinics Clinical control of hemorrhagic disorders in children: **167** ('54) 3–12. – Symposium on developmental disorders in children; their mechanism and development: Introduction: **169** ('56) 313 f.; ~: Psychochemotherapy of mental deficiency in children: 323–38. — Optimal nutrition of infants and children: **170** ('57) 240–52. — Symposium on cerebral palsy: Introduction: **171** ('58) 185; ~: Mechanism and management of cerebral palsy: 186–207. — Symposium on the mechanism and management of mental deficiency in infants and children, 1: Introduction: **172** ('59) 59 f.; ~ 2: Chemical therapy of mentally retarded children: 119–36. — Symposium on the mechanism and management of hemorrhagic disorders in children: Introduction: **173** ('60) 479 f.; ~: Management of hemorrhagic diseases in children: 553–67.

J. amer. dent. Assoc. Raw basic feeding in the prevention and treatment of dental caries[3])[10]): **21** ('32) 110–25.

J. amer. med. Assoc. The management of hemorrhagic problems in infancy and childhood: **99** ('32) 895–902. — Clinical control of chronic hemorrhagic states in childhood: **102** ('34) 204–10, 287–91. — Thrombocytopenic purpura induced by pertussis toxin in allergic children: **107** ('36) 2120 f. — Vitamin P in vascular purpura: **115** ('40) 519 f. — Dislodging foreign bodies inspired or swallowed by children, with aminophyllin: **147** ('51) 1240.

J. clin. Endocrinol. Androgenic arrest of familial enuresis in seventy-five children: **6** ('46) 823–25.

J. dent. Res. Clinical control of dental caries: **16** ('37) 843–49.

J. Labor. and clin. Med. Animal growth and space restriction[7]): **21** ('36) 655–58. — The determination of total fixed base in tissue[8]): **23** ('37) 274–77.

J. med. Soc. New Jersey Clinical control of chronic hemorrhagic states in childhood: **31** ('34) 683–94.

J. Pediatrics Nomograms for the calcium ion concentration of blood and body fluids: **7** ('35) 358–61.

Medical Clinics North America The early treatment of intracranial hemorrhage in the newborn: **15** ('32) 1313–26. — "Bleeding" and "clotting" diets: **19** ('35) 989–99.

Medical Rev. of Rev. [New York] The dynamics of life's processes: **41** ('35) 219–27. — The newborn personality: 495–505. — The nature of hemorrhagic diseases in children: **42** ('36) 269–71.

Modern Hospital Averting postoperative complications in children: **59** ('42) Nr. [?], 61–. — Feeding and caring of postoperative patients: Nr. 6, 61–63. — Postoperative management of medical problems: **60** ('43) Nr. 1, 71 f.

New England J. Med. Milk modification and infant constitution: **215** ('36) 1285–91.

New York State dental J. Fluoride therapy in caries control of children: **28** ('62) 287–.

New York State J. Med. Leprosy in a child: **32** ('32) 68 f. — Vincent's otitis media in infancy: 272. — Diagnosis and management of hemophilia in childhood: 660–67. — Alopecia associated with hypothyroidism in a child: 1371–75. — **Mechanism and management of hemorrhagic disturbances in infancy and in childhood: 33 ('33) 434–47.** — Dietary control of chronic hypothrombinemia in childhood: 1207–09. — Milk digestion; mechanism and modification: **37** ('37) 652–56. — Dental caries in children; clinical control: 1733–42. — Mental growth in epileptic children[5]): **38** ('38) 605–09. — Relation between anemias and digestive diseases in children: **39** ('39) 2202–07. — Nutritional improvement of child mentality[5])[7]): **44** ('44) 2604–. — Penicillin in pneumococcic endocarditis of infant with congenital heart disease: **45** ('45) 1460. — Androgenic arrest of familial enuresis; study in 75 children: **47** ('47) 1369 f. — Developmental arrest by infantile toxoplasmosis: **48** ('48) 208. — Antihistaminic therapy of allergic disorders in infants and children: **49** ('49) 2313–18. — Suppuration of the salivary glands in the newborn: **51** ('51) 613 f. — Cortisone in allergic purpura of children: 2504–06. — Mental deficiency of hypopituitarism in childhood: **52** ('52) 1655–59. — Congenital deficiency of fibrinogen in identical twins: **53** ('53) Nr. 17. — Stiff-man syndrome in a child: **61** ('61) 2483–87.

Nutrition and dental Health Nutritional therapy of dental caries: **1** ('35).

Pennsylvania med. J. Medical management of hemorrhagic states in childhood: **38** ('35) 679–89.

Proc., Amer. Assoc. mental Deficiency Mental growth in epileptic children[5])[6]): **61** ('37) 59–66.

Proc. Soc. exper. Biol. and Med. Preventing loss of weight in the newborn: **30** ('32) 164 f.

Science Counselor The nutritive value of dextrose: **9** ('43) 17, 25 f.

Scientific Monthly Protecting children from depression disturbances: **43** ('36) 74–79.

Trans. Sect. Pediatrics A.M.A. Management of hemorrhagic problems in infancy and childhood: **1932**, 147–72. — Birth shock of the newborn and its treatment[1]): **1933**, 188–214.

Ferner einige weitere Beiträge in Enzyklopädien und Sammelwerken. Einige weitere Schriften, insbesondere über Kinderernährung.

Mit: [1]) R. E. L. Berggren; [2]) M. Cummings; [3]) T. B. King; [4]) M. Lampe; [5]) L. E. Poull; [6]) J. Rudnick; [7]) E. L. Samuel; [8]) C. T. Snell; [9]) J. E. Tritsch; [10]) C. F. Bödecker; [11]) G. D. Penick; [12]) N. Donson; [13]) L. Samuels.

VI **KUHN,** Harry Waldo. Math. — 1901 Ph. D., Cornell Univ., Ithaca, N.Y.; '01–07 Assist. Prof., '07–08 Assoc. Prof.,

'08–43 Prof., '26–43 Chairman of Departm. of Math., '43 Prof. Emer., Ohio State Univ., Columbus, O.

*1874, Mai 26, Etna, O.;

†1965, Nov. 21, Wilmington, Del.

MHZ. Bull. amer. math. Soc. **32** ('26) - **47** ('41).

W. Elementary college algebra (m. J. H. Weaver) (New York '35) 17 + 359 S.

IV–VI **KULLGREN,** Carl Fredrik. Chem. (physikal.), chem. Technol. — 1915–38 Prof., '38 Prof. Emer., Techn. Hochschule, Stockholm.

*1873, Sept. 20, Uddevalla;

†1955, Aug. 12, Stockholm.

Nekr. E. Hägglund, Svensk Papperstidn. **58** ('55) 600.

Schriftenverzeichnis Kungl. tekn. Högskolans Handl. **1**('47) 143–45.

Handlingar, Ing. Vet. Akad., Stockholm Untersuchungen über Nitrocellulose, 2: Nr. **165** ('42) 40 S.

Kungl. Landtbruks-Akad. Handl. och Tidskr. Johan Peter Klason: **76** ('37) 113–16 [schwed.].

Papierfabrikant Über die feste Lignosulfonsäure und ihre Herauslösung: **32** ('34) Techn.-wiss. Teil, 2–6.

Suomen Paperi- ja Puutavaralehti Über die feste Lignosulfonsäure und ihre Auslösung: **1934**, 624–28 [schwed.].

Svensk kem. Tidskr. Die Auslösung von Lignosulfonsäure aus Sulfitzellstoff: **44** ('32) 15–23. — Das Auslösen von Lignosulfonsäure mittels Methylalkohol aus Sulfitzellstoff: **49** ('37) 65–75. — Johan Peter Klason †: 323–25. — Untersuchungen über Nitrocellulose: **53** ('41) 233–41; ~ 3: **56** ('44) 221–38. — Prüfung und Reinigung von destilliertem Wasser: **60** ('48) 169–76.

Svensk Papperstidn. Über die feste Lignosulfonsäure und ihre Auslösung: **36** ('33) 499–501, 532–38. — Einige Untersuchungen über Filtrierpapier: **51** ('48) 475–80. — Über Ligninsulfonsäure und ihre Herauslösung aus Sulfitzellstoff mit Wasser von Zimmertemperatur: **55** ('52) 1–12.

Teknisk Tidskr. Peter Klason (1848–1937): **67** ('37) 19 f. [schwed.].

VI **KUNICKIJ,** Rostislav Vladimirovič. Astron. — 1908–12 Stud., Univ. Petersburg; '21–38 wiss. Arbeitsleiter, '31–38 Prof., Staatl. Astron. Inst. „P. K. Šternberg", Univ. Moskva; '38 Dr. d. physikal.-math. Wiss.; '39–40 ord. Prof., Luftwaffen-Akademie „Šternberg"; '41–56 Dienst in d. Sowjet-Armee; '57– Prof., Staatl. Pädagog. Inst. „V. I. Lenin", Moskva. — Mehrere staatl. Auszeichnungen (4 Orden, 10 Medaillen).

*1890, Dez. 26 (14), Petersburg.

Zum 80. Geb.tag Ogorodnikov u. a., Zemlja i Vselennaja **1970**, Nr. 6, 40–42 (m. Bildn.). — Fizika v Škole **1971**, Nr. 3, 109 f. (m. Bildn.).

HZ. (Redakt.) Uč. Zap., Mosk. gos. pedagog. Inst. im. Lenina Nr. **189** ('62).

S. Astronomija (Moskva–Leningrad '32) (Nauka v SSSR za 15 let) 145–61: Sternstatistik²) [russ.].

W. Istorija razvitija vzgljadov na stroenie solnečnoj sistemy. (Kratkij istoričeskij očerk) [Geschichte der Entwicklung der Ansichten über den Bau des Sonnensystems. (Kurzer historischer Abriß)] (Moskva–Leningrad '33) 71 S., ²('41) 70 S., ³('44) 63 S., ⁴('51) 80 S.; estn.: (Tallin '47) 76 S.; armen.: (Erevan '48) 84 S. — Opredelenie minutnych izmenenij vysot s pomošč'ju grafika [Bestimmung geringer Höhenänderungen mit Hilfe einer Graphik] (Moskva '40) 11 S. — Astronomija. Učebnik dlja vysšich pedagogičeskich učebnych zavedenij [Astronomie. Lehrbuch für pädagogische Hochschulen] (m. P. I. Popov, K. L. Baev, B. A. Voroncov-Vel'jaminov) (Moskva '40) 572 S., ²('49) 504 S., ³('53) 544 S., ⁴('58), ⁵('67) 406 S.; ukrain.: (Kiev '50) 520 S.; estn.: (Tallin '59) 523 S. — Aviacionnaja astronomija. Posobie dlja šturmanov VVS Krasnoj Armii [Luftfahrtastronomie. Lehrbuch für Piloten der Luftstreitkräfte der Roten Armee] (Moskva '43) 144 S.; ²('47) 160 S. — Tablicy dlja opredelenija široty po Poljarnoj [Tabellen zur Bestimmung der geographischen Breite] (Moskva '43) 8 S. (Upr. aviacii dal'nego dejstvija Krasnoj Armii). — Den' i noč'. Vremena goda [Tag und Nacht. Die Jahreszeiten] (Moskva–Leningrad '46) 32 S. (Naučno-populjarnaja biblioteka. Serija: Načatki znanija), ²('51) 32 S.; weitere russ. Ausgaben: (Moskva '47, '50, '54) 32 S., (Omsk '48) 40 S., (Jaroslavl' '49) 35 S.; armenisch: (Erevan '48) 42 S.; moldauisch: (Kišinev '51) 32 S.; burjatisch: (Ulan-Udė '52) 32 S.; mariisch: (Joškar-Ola '53) 36 S.; kasachisch: (Alma-Ata '55) 32 S.; lettisch: (Riga '55) 35 S.; ukrainisch: (Užgorod '56) 32 S.; tschetschenaisch: (Alma-Ata '56) 55 S.; usbekisch: (Taškent '56); adygisch: (Majkop '57) 38 S.; tschuwaschisch: (Čeboksary '59) 32 S.; auch kirgisisch, estnisch, grusinisch, tadshikisch und tatarisch; tschech.: (Praha '52) 40 S.; deutsch: (Berlin '53) 31 S. (Neue Wissenschaft. Kleine populärwissenschaftliche Bibliothek. Grüne Reihe: Naturwissenschaft). — Bylo li načalo mira? [Gab es einen Anfang der Welt?] (Moskva–

Leningrad '48) 32 S. (Naučno-populjarnaja biblioteka), [2]('49), [3]('50), [4](Moskva '54) 32 S.; litauisch: (Vil'njus '51) 36 S.; mordwinisch: (Saransk '53) 34 S.; ukrainisch: (Užgorod '54) 32 S.; lettisch: (Riga '55) 32 S.; moldauisch: (Kišinev '55) 32 S.; tschetschenaisch: (Alma Ata '56); tschuwaschisch: (Kazan' '56) 32 S.; tadshikisch: (Stalinabad '57) 36 S.; auch poln. — Kurs aviacionnoj astronomii [Lehrbuch der Luftfahrtastronomie] [1] (Moskva '49) 376 S.; 2 ('54) 66 S. — Stroenie vselennoj [Der Bau des Weltalls] (Moskva '59) 64 S.

Astronomičeskij Ž. Approximate method of determining the azimuth of the star by observations of its passage across two horizontal wires: **10** ('33) 83–89. — On changes of space density near the galactic plane: 273–88. — On the system of the nearest B and M stars: **12** ('35) 229–42. — On improving the accuracy of the determination of spatial star densities: **16** ('39) Nr. 3, 18–26. — The simultaneous determination of latitude and longitude from absolute measurements of the altitude of two stars: **37** ('60) 1114–21. — Averaging the measured altitudes of celestial bodies: **40** ('63) 767–70. — — Alle Arbeiten russ. m. engl. Zusammenfassg.

Bjul. vses. astronomo-geod. Obšč. N. Ja. Bugoslavskaja, 1897–1958[3]): Nr. **23** ('58) 66 f. [russ.].

Fizika v Škole Über den Unterricht in sphärischer Astronomie in der Oberschule: **1960**, Nr. 2, 41–43. — Über den Inhalt des Astronomie-Lehrgangs in der Schule[3]): 53. — Der Kosmos – das Laboratorium der modernen Physik[1]): **1967**, Nr. 1, 35–39. — Über einen „zusätzlichen" fakultativen Astronomiekurs: **1969**, Nr. 4, 83 f. — — Alle Arbeiten russ.

Matematika v Škole Über die Beseitigung der Kenntnislosigkeit im Rechnen: **1962**, Nr. 3, 50–52 [russ.].

Mirovedenie Die astronomischen Bedingungen während der transarktischen Flüge der ANT-25: **26** ('37) 199–201 [russ.].

Observatory On the structure of the local system: **57** ('34) 281–83.

Trudy gos. astron. Inst. im. Šternberga On the shape of the apparent magnitude frequency curve for stars in the regions of dark nebulae: **11**, Nr. 1 ('37) 89–117 [russ. m. engl. Zusammenfassg.]. — Determination of distances and the light absorption in dark nebulae: **11**, Nr. 2 ('39) 95–124 [~].

Zemlja i Vselennaja Die Astronomie in der atheistischen Propaganda: **1** ('65) Nr. 1, 43–47 [russ.].

Ferner zahlreiche Artikel auf den Gebieten der Astronomie und Geodäsie im Lexikon „Bol'šaja sovetskaja ėnciklopedija". — Texthefte zu astronomischen Diapositiv-Serien für Unterrichtszwecke.

Mit: [1]) A. A. Kurlaeva; [2]) K. F. Ogorodnikov; [3]) P. I. Popov.

VI **KUNITZ,** Moses. Biochem. — 1913–23 Techn. Assist., '23–25 Assist. General Physiol., '25–40 Assoc., '40–50 Assoc. Member, '50–53 Member, '53 Member Emer., Rockefeller Inst., for Med. Research (→ Rockefeller Univ.), New York. (☒)

*1887, Dez. 19, Slonim, Rußland.

MH. Crystalline enzymes [2](New York–London–Toronto '48) (Columbia biological series, 12 a).

S. Handbuch der biologischen Arbeitsmethoden (E. Abderhalden) Abt. 4: Angewandte chemische und physikalische Methoden, Tl. 1, H. 9, Lief. 440: Fermentforschung (Berlin–Wien '35) 2213–24: Pepsin, Trypsin, Chymotrypsin[4]). — Enzymes (K. Myrbäck, P. Boyer) **5** (New York '61) 169–78: Inorganic pyrophosphatase.

Archives Biochem. and Biophysics An improved method for isolation of crystalline pyrophosphatase from bakers' yeast: **92** ('61) 270–72.

Biochemical Preparat. Crystalline ribonuclease from beef pancreas[3]): **3** ('53) 9–19.

Cold Spring Harbor Sympos. quantitat. Biol. Solubility curves of pure proteins and of mixtures and solid solutions of proteins[4]): **6** ('38) 325–30.

C. R. Trav. Labor. Carlsberg, Sér. chim. Solubility of proteins as a test of purity: The solubility of chymo-trypsin and chymo-trypsinogen[4]): **22** ('38) 288–94.

Enzymologia Kinetics of the formation of chymo-trypsin from crystalline chymo-trypsinogen and of trypsin from crystalline trypsinogen: **7** ('39) 1–20.

Ergebn. Enzymforsch. Isolation and properties of crystalline trypsin[4]): **2** ('33) 104–17.

Fermentforschung Über die Wirkung des krystallisierten Trypsins auf Penta-glycylglycin, Tri-L-alanyl-L-alanin und Tetra-DL-alanyl-DL-alanin[4]): **13** ('33) 597–600.

Hoppe-Seyler's Z. physiol. Chem. Spaltung von Clupean durch verschiedene Trypsinpräparate[2])[4]): **235** ('35) 19–23.

J. amer. chem. Soc. Isolation of crystalline pyrophosphatase from bakers' yeast: **73** ('51) 1387.

J. biol. Chemistry A spectrophotometric method for the measurement of ribonuclease activity: **164** ('46) 563–68.

J. gen. Physiol. Crystalline trypsin, 1: Isolation and tests of purity[4]): **16** ('32/33) 267–94;

∼ 2: General properties[4]): 295–311; ∼ 3: Experimental procedure and methods of measuring activity[4]): 313–21. – Molecular weight, molecular volume, and hydration of proteins in solution[1])[4]): **17** ('33/34) 365–73. – Inactivation of crystalline trypsin[4]): 591–615. – Crystalline chymo-trypsin and chymo-trypsinogen, 1: Isolation, crystallization, and general properties of a new proteolytic enzyme and its precursor[4]): **18** ('34/35) 433–58. – Method for determining the rennet activity of chymo-trypsin: 459–66. – Isolation from beef pancreas of crystalline trypsinogen, trypsin, a trypsin inhibitor, and an inhibitor-trypsin compound[4]): **19** ('35/36) 991–1007. – Formation of trypsin from trypsinogen by an enzyme produced by a mold of the genus Penicillium: **21** ('37/38) 601–20. – Formation of new crystalline enzymes from chymo-trypsin. Isolation of beta and gamma chymo-trypsin: **22** ('38/39) 207–37 – Effect of the formation of inert protein on the kinetics of the autocatalytic formation of trypsin from trypsinogen: 293–310. – Formation of trypsin from crystalline trypsinogen by means of enterokinase: 429–46. – Purification and concentration of enterokinase: 447–50. – Crystalline ribonuclease: **24** ('40/41) 15–32. – The effect of calcium and other ions on the autocatalytic formation of trypsin from trypsinogen[3]): **25** ('41/42) 53–73. – Isolation of crystalline hexokinase and other proteins from yeast[3]): **29** ('45/46) 143–47. – Crystalline soybean trypsin inhibitor [,1]: 149–54; ∼ 2: General properties: **30** ('46/47) 291–310. – An improved method for the crystallization of trypsin[3]): **29** ('45/46) 155 f. – Crystalline hexokinase, heterophosphatase: Method of isolation and properties[3]): 393–412. – Isolation of a crystalline protein compound of trypsin and of soybean trypsin inhibitor: **30** ('46/47) 311–20. – Isolation of crystalline ricin[3]): **32** ('48/49) 25–31. – The kinetics and thermodynamics of reversible denaturation of crystalline soybean trypsin inhibitor: 241–63. – Crystallization of salt-free chymo-trypsinogen and chymo-trypsin from solution in dilute ethyl alcohol: 265–69. – Crystalline desoxyribonuclease, 1: Isolation and general properties; spectrophotometric method for the measurement of desoxyribonuclease activity: **33** ('49/50) 349–62; ∼ 2: Digestion of thymus nucleic acid (desoxyribonucleic acid); the kinetics of the reaction: 363–77. – Crystalline inorganic pyrophosphatase isolated from bakers' yeast: **35** ('51/52) 423–50. – The proportion of mutants in bacterial cultures[4]): **41** ('57/58) 119–29. – Chicken intestinal alkaline phosphatase, 1: The kinetics and thermodynamics of reversible inactivation: **43** ('59/60) 1149–64; ∼ 2: Reactivation by zinc ions: 1164–69. – Hydrolysis of adenosine triphosphate by crystalline yeast pyrophosphatase. Effect of zinc and magnesium ions: **45** ('62) Nr. 4, Tl. 2, 31–46.

Science [USA] Isolation of a crystalline protein from pancreas and its conversion into a new crystalline proteolytic enzyme by trypsin[4]): **78** ('33) 558 f. – Autocatalytic activation of trypsinogen in the presence of concentrated ammonium or magnesium sulfate[4]): **80** ('34) 190. – The isolation of crystalline trypsinogen and its conversion into crystalline trypsin[4]): 505 f. – Isolation from beef pancreas of a crystalline protein possessing ribonuclease activity: **90** ('39) 112 f. – Crystallization of a trypsin inhibitor from soybean: **101** ('45) 668 f. – Isolation of crystalline desoxyribonuclease from beef pancreas: **108** ('48) 19 f.

Studies Rockefeller Inst. med. Res. Isolation of crystalline ricin[3]): **137** ('49) 273–79. – The kinetics and thermodynamics of reversible denaturation of crystalline soybean trypsin inhibitor: **138** ('49) 249–71. – Crystallization of salt-free chymo-trypsinogen and chymo-trypsin from solution in dilute ethyl alcohol: 273–77.

Mit: [1]) M. L. Anson; [2]) H. Holter; [3]) M. R. McDonald; [4]) J. H. Northrop.

VI **KUNIYEDA,** Motoji. Math. — 1895–98 Stud., 1919 D. Sc., Tokyo Imperial Univ.; '29–40 Prof., Tokyo Univ. of Literature and Science; '30–39 Pres., Math. Assoc. of Japan for Secondary Educat.

*1873, Aug. 14, Nagoya City;
†1954, Sept. 11, Tokyo.

S. Divisional reports on present tendencies in the development of mathematical teaching in Japan (Tokyo '36) 53–75: Mathematical teaching in middle schools[1])[2]).

W. Summary report on present tendencies in the development of mathematical teaching in Japan (Tokyo '36) 49 S.

Science Rep. Tokyo Bunrika Daigaku, Sect. A On absolute summability (A) of allied series and derived series of Fourier series: **2** ('34) 103–13.

Mit: [1]) M. Matsuo; [2]) N. Nabeshima.

VI **KUNSMAN,** Charles Henry. Physik. — 1930–34 Assist. Chief, Fertilizer and Fixed Nitrogen Unit, Bur. of Chem. and Soils, '34–39 Chief, Fertilizer Investigations, Bur. of Agric. Chemistry and Engng., Washington, D. C., '40–54 Head, Physicochem. and Analyt. Division, Western Research Labor., Bur. of Agric. and Physical Chem., '54–59 Head, Analyt. and Physical Chem. and Physics Sect., Western Utilization Research Branch,

Agric. Research Service, Berkeley, Calif., U.S. Departm. of Agriculture.

*1890, Juni 7, Flicksville, Northampton Co., Pa.;

†1970, Apr. 15, Berkeley, Calif.

MHZ. J. appl. Physics [USA] 8 ('37) - 10 ('39). — J. chem. Physics 1 ('33).

American Fertilizer Some European impressions relating to fertilizers: **91** ('39) Nr. 10, 7 f., 22, 24.

American Physics Teacher Agricultural physics: **7** ('39) 160–63.

J. Assoc. offic. agric. Chemists Quantitative spectroscopic analyses of important trace elements in mixed fertilizers[4])[6])[8]): **23** ('40) 282 f. — Moisture determination of foods by hydrogen-nuclei magnetic resonance[7])[1]): **36** ('53) 1070–76. — Color-moisture relations of yellow sweet corn[3])[2]): **37** ('54) 489–99. — Effect of scalding on the color-moisture relations of yellow sweet corn[3]): **38** ('55) 783–92. — Further results on moisture determination of foods by hydrogen nuclei magnetic resonance[1]): **39** ('56) 434–44.

J. chem. Physics The disappearance of hydrogen in the presence of potassium and lithium-ion sources[5]): **2** ('34) 752–55. — The disappearance of hydrogen in the presence of positive ions[5]): **3** ('35) 754.

Miscellaneous Publ., U.S. Dep. Agric. Sources and available supplies of commercial fertilizers: Nr. **400** ('40) 20 S.

Physical Rev. Some factors involved in the disappearance of hydrogen in the presence of potassium or lithium ion sources[5]): **40** ('32) 936–39.

Mit: [1]) R. H. Elsken; [2]) R. P. MacKenzie; [3]) H. C. Lukens; [4]) E. H. Melvin; [5]) R. A. Nelson; [6]) R. T. O'Connor; [7]) T. M. Shaw; [8]) O. R. Wulf.

V, VI **KUNZ,** Jakob. Physik. — 1909–14 Assist. Prof., '15–23 Assoc. Prof., '23–38 Prof., Univ. of Illinois, Urbana, Ill.

*1874, Nov. 3, Brittnau, Aargau, Schweiz;

†1938, Juli 18, Urbana, Ill.

Nekr. F. W. Loomis, J. opt. Soc. America **29** ('39) 307. — J. Stebbins, Popular Astron. **47** ('39) 117–21 (m. Bildn.). — Publ. astron. Soc. Pacific **50** ('38) 315 f.

Bull. Ser., Univ. Illinois, Engng. Exper. Stat. Photoelectric sensitization of alkali surfaces by means of electric discharges in water vapor[6])[2]): Nr. **325** ('40) 31 S.

Nature [London] Optical rotatory power of solutions in an electric field[5]): **136** ('35) 795 f. — Optical rotatory power of turbid solutions in an electric field[4]): **140** ('37) 194.

Philosophical Mag. and J. Sci. Theory of electromagnetic and electrostatic induction in electrodeless discharges: (7) **13** ('32) 964–75. — The ionization of caesium vapour by ultraviolet light: **17** ('34) 483–91. — Optical rotatory power of solutions in an electric field[1]): **22** ('36) 616–24.

Physics A photoelectric valve[6]): **4** ('33) 246–54. — Flow through submerged orifices: **6** ('35) 351–55.

Physikalische Z. Erhaltung der Energie und des Impulses im photoelektrischen Effekt: **34** ('33) 218 f. — Über die klassische Verteilung der Elektronen im photoelektrischen Effekt der Röntgenstrahlen: 219 f. — Farbenerscheinungen in „kolloidalen" Kaliumdämpfen: **37** ('36) 415.

Science Rep. Tôhoku imp. Univ., Ser. I Graphical solution of a differential equation of diffusion and chemical reaction[3]): Honda Anniversary Vol. ('36) 418–29.

Mit: [1]) S. H. Babcock; [2]) L. P. Garner; [3]) H. F. Johnstone; [4]) R. G. LaBaw; [5]) A. McLean; [6]) J. T. Tykociner.

VI **KURATOWSKI,** Kazimierz (Casimir). Math. — 1921–27 Doz., '34– Prof., Univ. Warszawa; '27–34 Prof., Techn. Hochsch. Lwów; '48 Mitbegründer, '48–67 Dir., '66– Vorsitzender d. Wiss. Rates, Poln. Math. Inst. (Math. Inst. d. Poln. Akad. Wiss.); '45–53 Präs., Poln. Math. Ges.; '49–52 Vizepräs., Warschauer Wiss. Ges.; '57–68 Vizepräs., Poln. Akad. Wiss.; Gastprof. an zahlreichen europ., amer. u. asiat. Universitäten. — '59 Dr. h. c. (Univ. Wrocław); '59 Hon. LL. D. (Univ. of Glasgow); '60 Dr. h. c. (Univ. Praha); '67 Dr. h. c. (Univ. de Paris). — '47 Stefan-Mazurkiewicz-Preis (Poln. Math. Ges.); '49, '51 Wiss. Staatspreis; '51 Wiss. Jahrespreis f. Math. u. Naturwiss. (Poln. Akad. Wiss. Kraków); Bolzano-Medaille (Tschechoslowak. Akad. Wiss.).

*1896, Febr. 2, Warszawa.

Zur Biogr. V. Jarník, K. Borsuk, E. Marczewski, Roczn. polsk. Towarz. mat., Ser. 2: Wiadomości mat. **3** ('59/60) Nr. 3, 223–50 (m. Bildn., Schr.verz. 158 Nrn.). — K. Urbanik, ibid. **10** ('67/68) Nr. 1, 9–11. — Ibid. **10** ('67/68) Nr. 2, 201–06. — M. Kartowicz, ibid. **12** ('69) Nr. 1, 77–82. — Pokroky Mat., Fysiky a Astron. **4** ('59) 228–32. — Review polish Acad. Sci. **2** ('57) Nr. 1/2, 70 f.; **4** ('59) Nr. 1, 87 f.; Nr. 2, 107; Nr. 4, 78.

Zum 40. Jahrestag d. ersten math. Veröffentlichung Festgabe: Colloquium math. [Polonia] 6 ('58) (m. Bildn. u. Faks.).

MH. Z. Janiszewski, Œuvres choisies (Warszawa '62). — Monografje matematyczne 1 (Warszawa '32) ff. (seit '46 Hauptredakt.).

MHZ. Fundamenta Math. [Warszawa] 11 ('28) ff. (seit '52 Hauptredakt.). — (Hauptredakt.) Bull. Acad. polon. Sci. 1953 ff.

S. Verhandlungen des internationalen Mathematiker-Kongresses, Zürich 1932, 2 (Zürich–Leipzig '33) 117 f.: Sur le problème de la mesurabilité des ensembles définissables. — Atti IV Congresso dell'Unione matematica italiana, Taormina 1951, 2 (Roma '53) 361 f.: Sur une propriété topologique fondamentale du plan euclidien. — Hauptreferate des 8. Polnischen Mathematikerkongresses, Warschau 1953 (Berlin '54) 1–9: Der Stand und die Aufgaben der Organisation des mathematischen Lebens in Volkspolen. — Der Begriff des Raumes in der Geometrie. Bericht von der Riemann-Tagung des Forschungsinstituts für Mathematik (J. Naas, K. Schröder) (Berlin '57) (Schriftenreihe des Forschungsinstituts für Mathematik bei der Deutschen Akademie der Wissenschaften zu Berlin, 1) 27–32: Sur le rôle des espaces abstraits en topologie moderne. — Abstracts of short communications. International congress of mathematicians, Edinburgh 1958 (Edinburgh '58) 98 f.: Some problems connected with cohomotopy groups of open subsets of Euclidean space. — Calcutta Mathematical Society. Golden jubilee commemoration volume (1958–1959), Part 2 (Jubilee year 1958) (Calcutta '60) 355–60: On a method of introducing topology related to a set of transformations. — Simposio matematico internazionale, Roma 1962 (Roma '63) 103–09: On extending homeomorphisms in continua contractible relatively to the circle[4]). — Atti II Riunione del Groupement de mathématiciens d'expression latine, Firenze–Bologna 1961 (Roma '63) 17–23: Quelques remarques sur le rôle des espaces et des méthodes topologiques dans les mathématiques modernes. — Seminari di analisi, algebra, geometria e topologia 1962–1963 2 (Roma '65) 449–61: Operations on semi-continuous set-valued mappings. — General topology and its relations to modern analysis and algebra. Proc. 2nd Topological symposium, Prague 1966 (J. Novák) (Praha '67) 235: On discontinuous selectors.

W. Topologie 1: Introduction, espaces métrisables, espaces complets (Warszawa '33) 9 + 285 S. (Monografje matematyczne, 3), [2]('48) (~ 20), [3]('52), [4]('58) 13 + 494 S., russ.: (Moskva '66) 594 S., engl.: (New York–London–Warszawa '67) 20 + 560 S.; 2: Espaces compacts, espaces connexes, plan euclidien (Warszawa '50) 8 + 444 S. (~ 21), [2]('52), [3]('61) 8 + 524 S., russ.: (Moskva '69) 624 S. — Wykłady rachunku różniczkowego i całkowego 1: Funkcje jednej zmiennej (Warszawa '48) (~ 15), [2]('49) 236 S.; 2. erweiterte Aufl. u. d. T.: Rachunek różniczkowy i całkowy 1: Funkcje jednej zmiennej [2]('64) 241 S. (~ 22), [3]('67) 254 S.; engl.: Introduction to calculus (New York–Oxford–London–Paris–Warszawa '61) 315 S. (International series of monographs on pure and applied mathematics, 17), ('69) 332 S.; span.: Introducción al cálculo (México '70) 310 S. — Teoria mnogości (m. A. Mostowski) (Warszawa '52) 9 + 311 S. (Monografje matematyczne, 27), [2]('66) 375 S.; engl.: Set theory (Amsterdam '67) 11 + 417 S. (Studies in logic and the foundations of mathematics); russ.: (Moskva '70) 416 S. — Elementy topologii (m. A. Granas, J. Jaworowski) (Warszawa '53) 184 S. — Wstęp do teorii mnogości i topologii (Warszawa '55) 218 S. (Biblioteca matematyczna, 9), [2]('62), [3]('65), [4]('66) 275 S.; engl.: Introduction to set theory and topology (Oxford–London–New York–Paris–Warszawa '61) 283 S. (International series of monographs on pure and applied mathematics, 13); französ.: Introduction à la théorie des ensembles et à la topologie (Genève '66) 10 + 306 S. (Monographies de l'enseignement mathématique, 15); span.: Introducción a la teoría de conjuntos y a la topología (Barcelona '66) 256 S.; rumän.: (București '69) 314 S.

Annales Soc. polon. Math. Une propriété topologique du simplexe: **16** ('37) 219. — Coupures irréductibles et multiplicités cantoriennes: 220. — Sur une propriété des décompositions semi-continues: **17** ('38) 118 f. — Sur la topologie des espaces fonctionnels: **20** ('48) 314–22. — Sur la notion de limite topologique d'ensembles: **21** ('48) 219–25. — On Janiszewski's property of topological spaces[5]): **25** ('52) 169–82.

Annali Mat. pura ed appl. Sur l'espace des fonctions partielles: (4) **40** ('55) 61–67.

Annals Math. On some analytic sets defined by transfinite induction[9]): (2) **38** ('37) 521–25.

Buletinul Soc. Şti. Cluj, România Une application des images de fonctions à la construction de certains ensembles singuliers: **6** ('32) 477–80.

Bull. Acad. polon. Sci., Cl. III Une application géométrique du théorème de Brouwer sur les points invariants[14]): **1** ('53) 83–86. — Sur une propriété analytique des homéomorphies définies sur des continus plans: **2** ('54) 9–12. — Un théorème sur les espaces complets et ses applications à l'étude de la connexité locale: **3** ('55) 75–80. — Sur quelques propriétés des fonctions définies sur des continus unicohérents[6]): 243–46. — On a characterisation of connected domains in locally connected spaces: **4** ('56) 211–14. — Quelques propriétés de l'espace des ensembles LC^n: **5** ('57) 967–74[m. russ. Zusammenfassg. S. LXXXI].

Bull. Acad. polon. Sci., Sér. Sci. math., astron. et physiques Sur l'extension de la notion de fonction rationnelle à l'espace euclidien n-dimensionnel: **6** ('58) 281–87 [m. russ. Zusammenfassg. S. XXII]. — Sur les composantes de l'espace des transformations d'un espace localement compact en un rétracte de voisinage: 565–71 [∼ S. XLVI]. — Cohomotopic multiplication and duality theorems concerning arbitrary subsets of Euclidean space: 753–58 [∼ S. LIX]. — Mappings of topological spaces into lattices and into Brouwerian algebras: **12** ('64) 9–16 [∼ S. I]. — A general theorem on selectors[12]): **13** ('65) 397–403 [∼ S. XX]. — On the completeness of the space of monotone mappings and some related problems: **16** ('68) 283–85 [∼ S. XVI]. — A theorem on the space of monotone mappings[18]): **17** ('69) 797 f. [∼ S. LIII; engl. Zusammenfassg. S. XXIII]. — Continuous selections on locally compact separable metric spaces[19])[20]): **18** ('70) 5–11 [∼ S. I; ≈ S. I].

Canadian math. Bull. Mathematics in Poland today: 8 ('65) 223–31.

Čas. Pěst. Mat. a Fysiky Quelques généralisations des théorèmes sur les coupures du plan: **74** ('50) 237 f. [m. poln. Zusammenfassg.]. — Organisation der Mathematik in Polen: 346–49 [poln.].

Colloquium math. [Polonia] Sur un problème topologique de la théorie de la mesure: **1** ('48) 210–13. — Une méthode de prolongement des ensembles relativement fermés ou ouverts: 273–78. — Sur quelques problèmes topologiques concernant le prolongement des fonctions continues: **2** ('51) 186–91. — Sur un problème de la théorie des groupes et son rapport à la topologie[8]): 212–15.

C. R. hebd. Séances Acad. Sci., Paris Sur les théorèmes topologiques de la théorie des fonctions de variables réelles: **197** ('33) 19 f. — Sur le prolongement de l'homéomorphie: 1090 f. — Sur un problème concernant l'induction transfinie: **202** ('36) 1239–41. — Les ensembles projectifs et l'opération (A): **203** ('36) 911–13.

Dokl. Akad. Nauk SSSR Charakterisierung regulärer Strukturen mit Hilfe der Exponentialtopologie: **155** ('64) 751 f. [russ.].

Elemente Math. Œuvre de l'école polonaise de mathématiques: **14** ('59) 136–38.

Enseignement math. Notion de connexité locale en topologie: **35** ('36) 229–40. — Aperçu sur la notion de quasi-composante d'un espace topologique: (2) **15** ('69) 201–07.

Fundamenta Math. [Warszawa] Les fonctions semi-continues dans l'espace des ensembles fermés: **18** ('31/32) 148–59. — Sur les cribles fermés et leurs applications[15]): 160–70. — Sur l'application des espaces fonctionnels à la théorie de la dimension: 285–92. — Quelques propriétés topologiques du produit combinatoire[16]): **19** ('32) 247–51. — Sur un problème topologique concernant les systèmes "strictement transitifs": 252–56. — Sur un théorème fondamental concernant le nerf d'un système d'ensembles: **20** ('33) 191–96. — Sur les transformations des sphères en des surfaces sphériques: 206–13. — Sur un coefficient lié aux transformations continues d'ensembles[16]): 244–53. — Sur une famille d'ensembles singuliers: **21** ('33) 127 f. — Sur une généralisation de la notion d'homéomorphie: **22** ('34) 206–20. — Sur l'isomorphie algébro-logique et les ensembles relativement boreliens[11]): 281–86. — Sur le rapport des ensembles de M. Lusin à la théorie générale des ensembles: 315–18. — Sur le prolongement des fonctions continues et les transformations en polytopes: **24** ('35) 259–68. — Sur les espaces localement connexes et péaniens en dimension n: 269–87. — Quelques problèmes concernant les espaces métriques non-séparables: **25** ('35) 534–45. — Sur les ensembles qui ne contiennent aucun sous-ensemble indénombrable non-dense[13]): **26** ('36) 137–42. — Sur les théorèmes de séparation dans la théorie des ensembles: 183–91. — Les ensembles projectifs et l'induction transfinie: **27** ('36) 269–76. — Sur la géométrisation des types d'ordre dénombrable: **28** ('37) 167–85. — Les suites transfinies d'ensembles et les ensembles projectifs: 186–96. — Sur les théorèmes du „plongement" dans la théorie de la dimension: 336–42. — Sur les suites analytiques d'ensembles: **29** ('37) 54–59. — Les types d'ordre définissables et les ensembles boreliens: 97–100. — Quelques théorèmes sur le plongement topologique des espaces: **30** ('38) 8–13. — Sur les familles monotones d'ensembles fermés et leurs applications à la théorie des espaces connexes: 17–33. — Remarques sur les transformations continues des espaces métriques: 48 f. — Sur la compactification des espaces à connexité n-dimensionnelle: 242–46. — Sur les espaces des transformations continues en certains groupes abéliens: **31** ('38) 231–46. — Théorèmes d'addition concernant le groupe des transformations en circonférence[3]): **32** ('39) 193–200. — Sur les espaces à connexité n-dimensionnelle[10]): 259–64. — Théorèmes sur l'homotopie des fonctions continues de variable complexe et leurs rapports à la théorie des fonctions analytiques: **33** ('45) 316–67. — Sur l'extension de deux théorèmes topologiques à la théorie des ensembles: **34** ('47) 34–38. — Sur l'application de la notion d'homotopie au problème du nombre algébrique des points invariants: 261–71. — Stefan Mazurkiewicz et son œuvre scientifique: 316–31. — Ensembles projectifs et ensembles singuliers: **35** ('48) 131–40. — Quelques généralisations des théorèmes sur les coupures du plan: **36** ('49) 277–82. — On a topological problem connected with the Cantor-Bernstein theorem: **37** ('50) 213–16. — Remark on an invariance theorem: 251 f. — Sur une caractérisation des alephs: **38** ('51) 14–17. — Sur un problème concernant les coupures des régions par des continus[17]): **39** ('52) 15–24. — Fonctions rationnelles qui sont homotopes à des fonctions biunivoques sur certains sous-ensembles du plan: **41** ('54) 107–21. — Sur une méthode de métrisation complète de certains espaces d'ensembles compacts: **43** ('56) 114–38. — A remark on duality[3]): **50** ('62) 515–17. — Quelques théorèmes de l'algèbre de Boole et leurs applications topologiques[4]): 519–35. — On relations between some algebraic and topological properties of lattices[7]): **58** ('66) 219–28.

General Topol. and Appl. Applications of set-valued mappings to various spaces of continuous functions: **1** ('71) 155–68.

Indagationes math. [Amsterdam] On the nonexistence of a continuous selector for arcs lying in the plane[2]): **28** ('66) 131 f.

J. Math. pures et appl. Sur quelques invariants topologiques dans l'espace euclidien: (9) **36** ('57) 191–200.

Lecture Notes Math. Some problems concerning semi-continuous set-valued mappings: **171** ('70) 45–48.

Matematičeskij Sborn. Démonstration d'un théorème de M. Alexandroff sur les limites topologiques d'ensembles: **1** ('36) 403 f. — Sur les ensembles projectifs: 713 f. [m. russ. Zusammenfassg.].

Matematikai és fizikai Osztályának Közleményei Bericht über die wissenschaftliche Tätigkeit des Polnischen Mathematischen Staatsinstituts, besonders auf dem Gebiete der Topologie: **2** ('52) 113–18 [ungar.].

Mathematica [Cluj] Une application des images de fonctions à la construction de certains ensembles singuliers: **6** ('32) 120–23.

Mathematische Z. Un critère de coupure de l'espace euclidien par un sous-ensemble arbitraire: **72** ('59) 88–94.

Nauka polska Die Planung der wissenschaftlichen Forschungen am Mathematischen Institut: **1** ('53) Nr. 2, 220–27. — Der 8. Kongreß der polnischen Mathematiker[8]): **2** ('54) Nr. 1, 147–51. — Wacław Sierpiński: **4** ('56) Nr. 1, 67–70. — 10 Jahre Mathematisches Institut: **7** ('59) Nr. 3, 29–48. — Der 50. Band „Fundamenta Mathematicae". Erinnerungen und Bemerkungen: **11** ('63) Nr. 2, 28–34. — — Alle Arbeiten poln.

Pokroky Mat., Fysiky a Astron. Entwicklung der Mathematik in Polen: **4** ('59) 235–40 [tschech.].

Problemy [Warszawa] Prof. Wacław Sierpiński ausgezeichnet mit dem Wissenschaftspreis der Stadt Warszawa: **11** ('55) Nr. 4, 273 f. [poln.].

Proc., Koninkl. nederl. Akad. Wet., Ser. A On the nonexistence of a continuous selector for arcs lying in the plane[2]): **69** ('66) 131 f.

Rend. Mat. e Appl., Univ. Roma On extending homeomorphisms in continua contractible relatively to the circle[4]): (5) **21** ('63) 305–11.

Roczn. polsk. Towarz. mat., Ser. 2: Wiadomości mat. 10 Jahre Mathematisches Institut: **3** ('60) 199–216 [poln.]. — Der fünfzigste Band „Fundamenta Mathematicae": **7** ('63) 9–17 [poln.].

Roczn. Towarz. nauk. warszawsk. Stefan Banach (1892–1945): **31/38**. 1938/45 ('54) 167 f. — Stefan Mazurkiewicz (1888–1945): 222 f. — Jakub Dawid Tamarkin (1888–1945): 257 f. — — Alle Arbeiten poln.

Sprawozd. Posiedzeń Towarz. nauk. warszawsk., Wyd. III Une condition métrique pour la rétraction des ensembles: **28** ('36) 156–58.

Studia math. [Polonia] Sur la propriété de Baire dans les groupes métriques: **4** ('33) 38–40. — Sur la structure des ensembles linéaires[1]): 95–99.

Usp. mat. Nauk Die wissenschaftliche Tätigkeit des Mathematischen Instituts der Polnischen Akademie der Wissenschaften: **10** ('55) 217–21 [russ.].

Życie Nauki [Kraków] Das Mathematische Staatsinstitut: **3** ('48) 64–67. — Organisation der Mathematik in Polen: **4** ('49). — Der heutige Stand und die Aufgaben der Organisation der polnischen Mathematik: **5** ('50) 857–66. — — Alle Arbeiten poln.

Życie Szkoły wyższej Stand und Aufgaben der Organisation der Mathematik in Volkspolen: **1** ('53) 38–46 [poln.].

Ferner eine Vorlesungsskripte „Théorie de la dimension" (Roma '55).

Mit: [1]) S. Banach; [2]) J. M. Day; [3]) S. Eilenberg; [4]) R. Engelking; [5]) A. Grzegorczyk; [6]) K. Haman; [7]) M. Karłowicz; [8]) A. Mostowski; [9]) J. v. Neumann; [10]) E. A. Otto; [11]) T. Posament; [12]) C. Ryll-Nardzewski; [13]) W. Sierpiński; [14]) H. Steinhaus; [15]) E. Szpilrajn; [16]) S. Ulam; [17]) K. Zarankiewicz; [18]) R. C. Lacher; [19]) S. Nadler, jr.; [20]) G. S. Young.

VI **KURBATOV,** Vladimir Jakovlevič. Chem. (physikal.). — Bis 1900 Stud., 1900–07 Assist., Univ. Petersburg; '07 Begründer u. '07–57 Leiter d. Lehrstuhls f. physik. Chem., Technol. Inst. (seit '30 Chem.-Technol. Inst.) Leningrad; '08–23 Prof., Polytechn. Inst. f. Frauen; wiss. Fachberater b. verschiedenen Ministerien. — Mitbegründer d. Museums f. d.

Geschichte Leningrads, Tätigk. als Kunstsachverständiger (Architektur, Parks). – Leninorden (UdSSR); Rotbannerorden (UdSSR). (⊠)

*1878, Febr. 5 (Jan. 24), Petersburg; †1957, Febr. 12.

Zum 70. Geb.tag u. zur 50jähr. wiss. Tätigkeit V. V. Razumovskij, Priroda [SSSR] **1949**, Nr. 1, 88–90 (m. Bildn.).

Zum 75. Geb. tag V. V. Razumovskij, Ž. obščej Chim. **23** ('53) 529–37 (m. Bildn. u. Schr.verz. 29 Nrn.).

Nekr. K. P. Miščenko, V. V. Razumovskij, Ž. obščej Chim. **29** ('59) 3513–23 (m. Bildn. u. Schr.verz. 165 Nrn.).

H. (Redakt.) G. Cholms, Rukovodstvo k laboratornym rabotam po kolloidnoj chimii (Übersetzg. des Buches: H. N. Holmes, Laboratory manual of colloid chemistry) (Leningrad '36).

MH. D. I. Mendeleev, Periodičeskij zakon [Das Periodensystem] (Leningrad '34); darin eig. Beitr. S. 519: Schlußwort [russ.]. – (Redakt. bzw. Kurator) D. I. Mendeleev, Sočinenija [Werke] 2 (Leningrad–Moskva '34), **4** ('37), **5** ('47), **15** ('49). – (Mitredakt.) Sergej Vasil'evič Lebedev. Žizn' i trudy [Leben und Werk] 1874–1934 (Leningrad '38).

S. 1-ja Vsesojuznaja konferencija po fizikochimičeskomu analizu, Leningrad 1933. Programma zanjatij i tezisy k dokladam [1. Unionskonferenz über physikalisch-chemische Analyse, Leningrad 1933. Programm und Thesen der Vorträge] (Leningrad '33) 28–30: Das ideale Gleichgewicht und die experimentelle Bestimmung des Grades der Annäherung an dasselbe [russ.]. – Trudy 1-j Konferencii po korrozii metallov pri Akademii Nauk SSSR [Arbeiten der Konferenz über Metall-Korrosion, Akademie der Wissenschaften der UdSSR], 1934 (Moskva–Leningrad '35) 536–45: Grundlegende Bedingungen für die Zuverlässigkeit nichtmetallischer Schutzüberzüge auf Metallen [russ.]; 546–69: Grundlegende Bedingungen für die chemische Widerstandsfähigkeit von Metallen [russ.]. – Plastičeskie massy. Sbornik statej [Plaste. Sammlung von Aufsätzen] (R. B. Akit, S. N. Ušakov) (Leningrad '35) 3–76: Verfahren zur Auflösung von Zellulosederivaten (Struktur der kolloidalen Lösungen) [russ.]. – Sbornik naučno-issledovatel'skich rabot po chimičeskim istočnikam toka [Sammlung wissenschaftlicher Forschungsarbeiten über chemische Stromerzeugung] 1 (Leningrad '35) 5–: Vollständige Theorie der Elektrolyte und der Vorgänge im Akkumulator [russ.]; 2 (Leningrad–Moskva '35) 3–: Die wesentlichen Vorgänge an der Grenzfläche Metall/Lösung und die Elektrodenpotentiale [russ.].

W. Sistema ėlementov D. I. Mendeleeva i klassifikacija v chimii [Das System der Elemente von D. I. Mendeleev und die Klassifizierung in der Chemie] (Leningrad '34) 60 S. (Akademija Nauk SSSR. Jubilejnyj Mendeleevskij s-ezd v oznamenovanie 100-letnej godovščiny roždenija D. I. Mendeleeva, Leningrad 1934). – Mendeleev (Moskva–Leningrad '50) 96 S.; (Baku '51) 88 S.; (Leningrad '54) 103 S.; (Kazan' '57) 100 S.

Archiv biol. Nauk Ansprache bei der Eröffnung des Liquorologischen Laboratoriums: **32** ('33) 871– [russ.].

Plastičeskie Massy Kristallopolyamphionentheorie von Lösungen, Kolloiden und plastischen Massen: **1931**, Nr. 1/2, 36–46 [russ.]. – Die Dampfspannung von Nitrozelluloselösungen[8]): **1935**, Nr. 1, 4–9 [russ.].

Priroda [SSSR] D. I. Mendeleev – zum 25. Todestag: **1932**, Nr. 2, 101–12 [russ.]. – Polytechnische Kurse für Frauen und die ersten weiblichen Ingenieure: **1947**, Nr. 3,76– [~].

Trudy leningr. chim.-technol. Inst. Einfluß der Kationen auf die Elektrodenpotentiale von Alkaliamalgamen[2]): **2** ('35) 43–60. – Über die Löslichkeit gelartiger Niederschläge[5]): **3** ('35) 3–24. – Einfluß der Zeit und der Zusammensetzung der Lösung auf die Nickelpotentiale[6]): **5** ('37) 119–61. – Nickelpotentiale in Sulfatlösungen[6]): **6** ('38) 108–24. – Die Diffusion von Farbstoffen und die Größe ihrer Kristallpolyamphionen[8]): **9** ('40) 15–87. – Die Adsorption von Farbstoffen an Wolle und Baumwolle in Abhängigkeit vom pH[5]): 88–112. – Über Halbgele[9]): 113–18. – Der Einfluß von Elektrolyten auf die Gelbildung von wäßrigen Aluminiumoxidlösungen: 119–24. – Abhängigkeit der Kristallform von Alaunen vom pH der Lösung[5]): 125–33. – Untersuchung der Mitauflösung von Fischleim[4]) [7]): 134–48. – – Alle Arbeiten russ.

Trudy leningr. technol. Inst. Die Abhängigkeit der Wärmeeigenschaften von Flüssigkeiten von der Temperatur: **13** ('47) 1– [russ.].

Trudy vses. naučno-issled. Inst. Metrol. im. Mendeleeva Näherungsmethode zur Berechnung der Verbrennungswärmen von Kohlenwasserstoffen mit verzweigten Ketten[3]): **34** ('58) 17–20 [russ.]. – Die Verbrennungswärmen der Phenylderivate des Methans[3]): 21–28 [russ.].

Vestn. mosk. Univ. Für die Geschichte der Chemie als Wissenschaft: **10** ('55) Nr. 2 (Ser. fiz.-mat. i estestv. Nauk Nr. 1), 165–68 [russ.].

Ž. obščej Chim. Wärmekapazitäten von Flüssigkeiten, 1: Wärmekapazitäten von aromatischen Kohlenwasserstoffen: **17** ('47) 1999–2009; ~ 2: Wärmekapazitäten und deren Abhängigkeit von der Temperatur bei Halogenderivaten azyklischer Kohlenwasserstoffe: **18** ('48) 372–87; ~ 3: Wärmekapazitäten von Kohlenwasserstoffen mit mehreren nichtkondensierten Kernen: **20** ('50) 1139–44. – Über die Natur der Kristalle, 1: Über die zwischenatomare Bindung metallischer Kristalle: 945–57; ~ 2: Über die zwischenatomare Bindung der Kristalle von Halogenverbindungen: 958–65; ~ 3: Zwischenatomare Verkettung und Löslichkeit von Salzen: 1333–46; ~ 4: Über die zwischenatomare Verkettung von Oxiden und ihren Hydraten: 1543–48; ~ 5: Über die zwischenatomare Verkettung von Schwefelverbindungen: 1549–53; ~ 6: Zwischenatomare Verkettung organischer Kristalle und die reziproke Löslichkeit organischer Substanzen: 1760–67. – – Alle Arbeiten russ.

Ferner Schriften über Kunst und Architektur, Gärten und Parks.

Mit: [1]) –; [2]) A. Lebedev; [3]) N. D. Lebedeva; [4]) E. Mandel'štamm; [5]) A. S. Moiseev; [6]) P. P. Myškovskij; [7]) I. V. Rabinovič; [8]) T. A. Řenzina; [9]) S. L. Wol'fson.

VI **KURDJUMOV,** Georgij Vjačeslavovič. Metallphysik, Metallogr. – 1932–44 Leiter d. Röntgen-Metallogr. Abteilg., Physikal.-Techn. Inst. Dnepropetrovsk ('41–44 in Magnitogorsk, Ural); '34–41 Prof. u. Leiter d. Lehrstuhls f. Metallphysik, Staatsuniv. Dnepropetrovsk; '37 Dr. d. physik.-math. Wiss.; '44– Dir. d. Inst. f. Metallogr. u. Metallphysik, Zentrales Forschungsinst. f. Eisenmetallurgie, Moskva; '46–51 Dir. d. Labor. f. Metallphysik, Ukrain. Akad. Wiss.; '62– Dir. d. Inst. f. Festkörperphysik, Akad. Wiss. UdSSR. – '67 Dr. h. c. (Akad. f. Bergbau u. Metallurgie, Kraków). – '49 Staatspreis (UdSSR); '66 Médaille LeChatelier (Soc. franç. Métallurgie); '69 Titel „Held d. sozialist. Arbeit" (UdSSR); 3 Leninorden, 2 Rotbannerorden (UdSSR).

*1902, Febr. 14 (1), Ryl'sk, Gouv. Kursk.

Zum 50. Geb.tag Problemy Metallovedenija i Fiziki Metallov **3** ('52) 3–8 (m. Bildn.).

Kurzbiogr. Vestn. Akad. Nauk SSSR **24** ('54) Nr. 3, S. 48 (m. Bildn.).

Zum 60. Geb.tag Fizika Metallov i Metallovedenie **13** ('62) Nr. 2 (m. Bildn.). – Metellovedenie i termičesk. Obrabotka Metallov **1962**, Nr. 2, 19 f. (m. Bildn.). – Stal' **22** ('62) 190 f. (m. Bildn.). – Vestn. Akad. Nauk SSSR **32** ('62) Nr. 4, 117 f.

Zum 70. Geb.tag Fizika Metallov i Metallovedenie **33** ('72) Nr. 2 (m. Bildn.). – Izvest. Akad. Nauk SSSR, Metally **1972**, Nr. 1 (m. Bildn.). – Usp. fizič. Nauk **106** ('72) Febr.-Nr. (m. Bildn.).

H. (Redakt.) Trudy 2-ja Meždunarodnaja konferencija po mirnomu ispol'zovaniju atomnoj ėnergii, Ženeva 1958, **10**: Polučenie i primenenie izotopov [Arbeiten der 2. Internationalen Konferenz für die friedliche Anwendung der Atomenergie, Genf 1958, **10**: Gewinnung und Anwendung von Isotopen] (Moskva '59). – (Redakt.) V. I. Danilov, Stroenie i kristallizacija židkosti. Izbrannye stat'i [Struktur und Kristallisation der Flüssigkeit. Auswahl von Aufsätzen] (Kiev '56).

HZ. (Redakt.) Sborn. naučn. Rabot Labor. Metallofiziki, Akad. Nauk Ukrainsk. SSR [1] ('48) ff.

S. I. V. Stalinu, Akademija Nauk Ukrainsk. SSR. Sbornik trudov [I. V. Stalin gewidmete Sammlung von Arbeiten der Ukrainischen Akademie der Wissenschaften] (Kiev '40) 557–85: Zur Theorie des Härtens und Anlassens von Stahl [ukrain.]. – Sbornik naučnych dokladov sekcii metallovedenija i termičeskoj obrabotki VNITO metallurgov [Sammlung wissenschaftlicher Vorträge der Sektion Metallkunde und Wärmebehandlung der Wissenschaftlichen Ingenieur-Technischen Unionsgesellschaft der Metallurgen] (Moskva '40) 96–125: Zur Theorie des Härtens und des Anlassens von Stahl [russ.]. – Proc. International conference on the peaceful uses of atomic energy, Geneva 1955, **15** (New York '56) 81–86: Investigations of diffusion and atomic interaction in alloys with the aid of radioactive isotopes. – Primenenie izotopov v technike, biologii i sel'skom chozjajstve. (Doklady Sovetskoj delegacii na meždunarodnoj konferencii po mirnomu ispol'zovaniju atomnoj ėnergii, Ženeva 1955) [Anwendung von Isotopen in Technik, Biologie und Landwirtschaft. (Vorträge der sowjetischen Delegation auf der Internationalen Konferenz für friedliche Anwendung der Atomenergie, Genf 1955)] (Moskva '55) 48–61: Anwendung radioaktiver Isotope zur Untersuchung der Diffusion und Atomwechselwirkung in Legierungen [russ.]. – Dejstvie jadernych izlučenij na materialy. (Doklady soveščanija 1960) [Die Wirkung von Kernstrahlung auf Werkstoffe. (Vorträge auf einer Konferenz 1960)] (Moskva '62) 160–67: Untersuchung des Einflusses von Neutronenstrahlung auf die kristalline Feinstruktur und auf die Eigenschaften von Metallen und Legierungen[6])[20])[27])[57]) [russ.].

W. Die Röntgenographie in ihrer Anwendung zur Materialprüfung [russ.] (m. S. T. Konobeevskij, V. Turjanskij) (Moskva–Leningrad '36) 15 + 568 S. – Otpusknaja chrupkost' konstrukcionnych stalej [Die Anlaßsprödigkeit von Konstruktionsstählen] (m. R. I. Ėntin) (Moskva '45) 135 S. – Javlenija zakalki i otpuska stali [Vorgänge beim Härten und Anlassen des Stahls] (Moskva '60) 64 S.

Analele romîno-soviet., Ser. Metallurgie şi Construcţ. Maşini Über das Wesen der Härte von gehärtetem Stahl: **9** ('55) Nr. 1, 5–18 [rumän.].

Archiv Eisenhüttenwesen Die Wärmebehandlung des Kohlenstoffstahls im Lichte der Röntgenuntersuchungen: **6** ('32) 117–23.

Atomnaja Ênergija Anwendung radioaktiver Isotope in der UdSSR[41)13)]: **3** ('57) 465–78 [russ.].

Dokl. Akad. Nauk SSSR Über die Natur diffusionsloser (martensitischer) Umwandlungen: **60** ('48) 1543–46. – Über den Verlauf der Austenit–Martensit-Umwandlung bei niedrigen Temperaturen[36)]: **61** ('48) 83–86. – Über das „thermoelastische" Gleichgewicht bei Martensitumwandlungen[10)]: **66** ('49) 211–14. – Über die Arbeit bei der Bildung von Martensitkeimen[36)]: **73** ('50) 95–98. – Über die Umwandlung von deformiertem Austenit in Martensit[36)61)]: 307–10. – Über den Einfluß von Kohlenstoff auf die Eigendiffusion von Eisen[19)26)]: **80** ('51) 49–51. – Über den Verlauf der Martensitumwandlung bei Temperaturen über Zimmertemperatur[36)]: **81** ('51) 565–68. – Ursachen der Abschwächung der Intensität der Röntgeninterferenzen des Martensits[20)27)]: **85** ('52) 773–75. – Anisotropie der Verzerrungen des Kristallgitters des Martensits [20)27)]: 997–99. – Über die Carbidbildung in legierten Stählen bei hohem Anlassen [51)]: **87** ('52) 41–43. – Über den Zustand der Martensitkristalle von gehärteten kohlenstoffarmen Stählen[51)56)]: **92** ('53) 955–57. – Einfluß der inneren Kornstruktur des Austenits auf die Selbstdiffusion des Eisens[19)30)]: **93** ('53) 1021–23. – Einfluß von Chrom auf die Bindungskräfte in Kristallen des α-Eisens[27)59)]: **98** ('54) 63–66. – Über die Natur der Veränderung der Koerzitivkraft beim Anlassen von gehärtetem kohlenstoffarmem Stahl[7)16)]: 385–87. – Röntgenographische Untersuchung der interatomaren Umsetzung in festen Lösungen auf Nickelbasis[63)]: **99** ('54) 77–80. – Über den Einfluß der Bearbeitung auf die Bindungskräfte in Kristallen der festen α-Lösung der Eisen–Nickel-Legierung[27)62)]: **102** ('55) 271–74. – Einfluß der inneren Struktur des Austenitkorns auf die Festigkeit bei erhöhter Temperatur[23)55)]: **109** ('56) 85–87. – Die Härtung unlegierten, kohlenstofffreien Eisens[51)]: **111** ('56) 818–20. – Der aktivierende Einfluß plastischer Verformung auf die Martensitumwandlung[36)46)]: **114** ('57) 768–71. – Über die Änderung der interatomaren Bindungskräfte in einer einphasigen festen Lösung Nickel–Aluminium[27)32)48)]: **124** ('59) 76–78. – Natur der Änderungen des Elastizitätsmoduls bei der thermischen Behandlung einphasiger Legierungen auf der Grundlage von Nickel[27)48)]: **129** ('59) 550–52. – Einfluß der Neutronenbestrahlung auf die Kristallfeinstruktur und die Eigenschaften von Metallen und Legierungen[6)20)27)57)]: **134** ('60) 802–05. – Über die Besonderheiten der Kinetik der Martensitumwandlung warmverformten Austenits[15)36)44)]: **173** ('67) 1055–58. – – Alle Arbeiten russ.

DOMEZ Einfluß eines dritten Elements auf die Alterung eines binären Systems[18)]: **1934,** Nr. 11/12, 61–65 [russ.].

Teorija i Praktika Metallurgii Einfluß eines dritten Elements auf die Alterung eines binären Systems[18)]: **1936,** Nr. 2, 100–09 [russ.]. – Die Änderung der Gitterkonstante des Austenits beim isothermen Zerfall[18)]: **113** f.

Dopovidi Akad. Nauk Ukraïns'k. RSR Elastische Kristalle der Martensitphase in Kupfer–Aluminium–Nickel-Legierungen[10)]: **1950,** Nr. 1, 27–34 [ukrain.].

Fizika Metallov i Metallovedenie Untersuchung der Abhängigkeit der Bindungskräfte vom Kristallzustand in Metallen und festen Lösungen[20)27)48)59)]: **4** ('57) 417–31. – Über die Änderung der absoluten Intensitäten der Röntgeninterferenzen von kaltverformtem Eisen[20)27)]: **5** ('57) 379–81. – Über die Schwächung der Röntgenreflexe von α-Eisen durch Extinktion[20)27)]: 381–83. – Untersuchung der physikalischen Faktoren, die die Verfestigung von legiertem Eisen bestimmen[17)20)27)51)]: 465–83. – Einfluß einer vorhergehenden plastischen Verformung auf die Martensitumwandlung in einer Fe–Cr–Ni-Legierung[36)46)50)22)]: **6** ('58) 95–105. – Über die Rolle von Verzerrungen zweiter Art bei der Verfestigung von Metallen[51)10)]: **7** ('59) 747–51. – Einfluß von Kristalleigenschaften auf die Festigkeit von Metallen im verfestigten Zustand[24)51)]: 752–56. – Das Wachsen elastischer Kristalle der martensitischen γ'-Phase unter Einwirkung äußerer Spannungen[4)10)]: **11** ('61) 272–80. – Einfluß der Kristalleigenschaften und der Kornsubstruktur auf die Festigkeit, 1: Fe–Ni- und Fe–Si-Legierungen[24)29)51)]: 609–14; ~ 2: Eisen und Nickel[24)51)]: 615–19. – Mikrospannungen und die Gebiete der kohärenten Streuung in Martensitkristallen[45)]: **12** ('61) 883–90. – Untersuchung der Intensitäten von Röntgenreflexen kaltverformter Metalle[20)27)]: **13** ('62) 132–36. – Die Feinstruktur von kaltverformtem hochkohlenstoffhaltigem Stahl[24)51)]: **15** ('63) 244–53. – Kristallstruktur von gehärtetem Stahl: **22** ('66) 752–65. – Änderung der Martensitstruktur von Nickelstählen bei der Alterung[37)]: 941–43. – Besonderheiten der Kinetik der Martensitumwandlung bei der thermomechanischen Bearbeitung von Nickelstählen[15)36)44)]: **23** ('67) 1070–81. – Über den Einfluß plastischer Verformung auf den Zustand der festen Lösung von Kohlenstoff im Martensit des gehärteten Stahls[66)25)58)]: **24** ('67) 186–88. – Verhalten von Kohlenstoff in gehärtetem Stahl: 909–17. – Kristallgitter des Martensits von Fe–Mn–C-Stählen[2)]: **25** ('68) 172–75. – Deformationsalterung des Martensits unter Anwendung der

Hydroextrusion[65])[12])[u.a.]): **29** ('70) 869–73. – – Alle Arbeiten russ.

International J. appl. Radiat. and Isotopes The use of radioisotopes in the USSR[41])[13]): **5** ('59) 1–14.

Issledovanija po žaropročn. Splavam Faktoren, die die Metallhärte vergrößern oder verkleinern[51]): **9** ('62) 3–14 [russ.].

Izvest. Akad. Nauk SSSR, Metally Struktur des Martensits und Festigkeit des Stahls[12]): **1969**, Nr. 1, 31–39 [russ.].

Izvest. Akad. Nauk SSSR, Otdel. techn. Nauk Kinetische Gesetze der Martensitumwandlungen[36]): **1957**, Nr. 6, 4–11 [russ.].

Izvest. Akad. Nauk SSSR, Otdel. techn. Nauk: Metallurg. i Toplivo Einfluß von Aluminium und Titan auf die lineare Wachstumsgeschwindigkeit der Rekristallisationszentren in verformtem Nickel und Nichrom[67])[31]): **1962**, Nr. 3, 85–87 [russ.].

Izvest. Akad. Nauk SSSR, Ser. chim. Allgemeine Gesetzmäßigkeiten der Phasenumwandlungen in Eutektoidlegierungen: **1936**, 271–84 [russ. m. engl. Zusammenfassg.].

Izvest. Akad. Nauk SSSR, Ser. fizič. Diskussionsbeitrag zum Vortrag der Direktion des Physikalisch-Technischen Instituts des Ural über die Arbeit des Instituts: **1937**, 891 f. – Eröffnungsansprache zur 4. Unionskonferenz über die Anwendung von Röntgenstrahlen zur Materialprüfung: **17** ('53) 143 f. – Röntgenographische Untersuchung der Verzerrungen und der Bindungskräfte im Kristallgitter von Metallen und Legierungen[20])[27])[35]): 297–312. – Einfluß der thermischen und mechanischen Bearbeitung auf den Wärmefaktor der Streuung von Röntgenstrahlen durch feste Lösungen[20])[27])[59]): **20** ('56) 723–28. – Einfluß der Legierungselemente auf die Kinetik der Rekristallisation von Legierungen auf Nickelbasis[67])[31]): **23** ('59) 615–19. – – Alle Arbeiten russ.

J. Iron and Steel Inst. Application of single crystals to the study of tempered martensite[35]): **156** ('47) 29–36. – Phenomena occurring in the quenching and tempering of steels: **195** ('60) 26–48.

J. less-common Metals [Amsterdam] Martensite with abnormal crystal lattice: **28** ('72) 153–55.

J. Metals [New York] Nature of martensitic transformations: **11** ('59) 449–53.

J. Physics, Acad. Sci. USSR Transformations in eutectoid copper–aluminium alloys, 4[38]): **2** ('40) 143–46; ~ 5: Crystal structure of the martensite γ'-phase[38])[59]): **3** ('40) 297–308. – State of carbon in annealed steel[3]): **5** ('41) 101–08. – Determination of the transformation energy in Cu–Al eutectoid alloys[19]): 109–14. – Orientation of iron carbide crystals in quenched steels[3]): **6** ('42) 163–66.

Kristallografija Über die Form von Martensitkristallen und die Orientierung der Zwischenphasengrenze in einer Cu–Al–Ni-Legierung[34])[10]): **6** ('61) 210–17 [russ.].

Mémoires sci. Rev. Métallurgie Structure cristalline de l'acier trempé: **64** ('67) 99–110. – Le comportement du carbone dans les aciers trempés: **67** ('70) 755–65.

Metal Progr. Kinetics of the martensite transformation above room temperature[36]): **63** ('53) 142–44.

Metallovedenie i termičesk. Obrabotka Metallov Die Natur des verfestigten Zustands von Metallen: **1960**, Nr. 10, 22–30. – Die Bedeutung der Eigenschaften der Kristalle und der Substruktur des Kornes bei der Metallfestigkeit[51]): **1961**, Nr. 9, 33–43. – Einfluß von Größe und Form der Zementitteilchen auf Struktur und Eigenschaften von Stahl nach Verformungen[24])[51]): **1964**, Nr. 2, 2–8. – Verhalten von Kohlenstoff im gehärteten Stahl: **1965**, Nr. 8, 3–8. – – Alle Arbeiten russ.

Metallurg Der eutektoide Zerfall der festen Lösungen von β-Kupfer–Aluminium-Legierungen[1]): **7** ('32) Nr. 9, 3–21. – Umwandlungen in eutektoidischen Cu–Sn-Legierungen, 1: Die beim Zerfall der β-Phase während des Anlassens entstehenden Phasen und ihre Orientierung[21]): **9** ('34) Nr. 1, 25–34; ~ 2: Über die Änderung der Eigenschaften der abgeschreckten Legierungen beim Anlassen[8])[21]): 35–39. – Über die Natur der „dritten Umwandlung" beim Anlassen von gehärtetem Stahl[19])[12]): **15** ('40) Nr. 8, 15–23. – Die Theorie des Härtens und des Anlassens von Stahl: **15** ('40) Nr. [?], 96–125. – – Alle Arbeiten russ.

Metallurgie (u. Gießerei-Techn.) Über den Zustand der Martensitkristalle gehärteter niedriggekohlter Stähle[51])[56]): **4** ('54) 273 f. – Die Anwendung der Atomenergie in der Metallurgie: **5** ('55) 121.

Metallwirtsch., Metallwiss., Metalltechn. Über den eutektischen Zerfall der Zinnbronzen [21]): **11** ('32) 554. – Über eine Zwischenphase in den übereutektoidischen Cu-Al-Legierungen [59]): **13** ('34) 304. – Über die Umwandlungen der β-Phase der Cu-Al-Legierungen[23])[42]): 373. – Einfluß des Nickels auf die Löslichkeitsgrenzen der α-Phase der Cu-Al-Legierungen[18]): **15** ('36) 229–31, 256–59. – Temperatur der Bildung der metastabilen γ'-Phase von Cu–Al-Legierungen und ihre Abhängigkeit von der Al-Konzentration[14])[23]): 370 f. – Kleingefüge der metastabilen γ'-Phase von Cu–Al-Legierungen[18]): 437. – Über die diffusionslose Umwandlung der β-Phase der Kupfer–Zink-Legierungen[23]): 905–07. – Der Einfluß der zu der Oberfläche normalen Spannungen auf die röntgenographisch gemessene Deformation [68]): 907 f.

Naturwissenschaften Ferromagnetismus des trigonalen Fe_2O_3[11])[52])[59]): **21** ('33) 177.

Novoe Vremja Atomenergie im Dienste des Friedens[60]): **1955**, Nr. 26, 9– [russ.].

Physikalische Z. Sowjetunion Über Umwandlungen in den Eutektoidlegierungen[1]): **2** ('32) 146–48. – Über den Mechanismus der Phasenumwandlungen in den Eutektoidlegierungen: **4** ('33) 488–500. – Die Umwandlungen in den Kupfer–Zinn-Eutektoidlegierungen, 1: Die bei dem Zerfall der β-Phase während des Anlassens entstehenden Phasen und ihre Orientierung[21]): **5** ('34) 6–21; ~ 2: Über die Änderung der Eigenschaften der abgeschreckten Legierungen beim Anlassen[8]): 22–30.

Problemy Metallovedenija i Fiziki Metallov Diffusionslose (martensitische) Umwandlungen in Legierungen: **1** ('49) 132–72. – Umwandlung von Austenit in Martensit bei niedrigen Temperaturen[36]): **2** ('51) 64–97. – Auf die Mikrostruktur gerichtete Untersuchung der Umwandlung von Austenit in Martensit bei niedrigen Temperaturen[10]): 98–118. – Über dieBildungsarbeit der Martensitkeime[36]): 129–34. – Einfluß plastischer Deformation auf die Kinetik der Umwandlung von Austenit in Martensit[36])[61]): 135–52. – Einfluß der Legierungsbestandteile auf die Stabilität des Martensits beim Anlassen[51]): 153–66. – Über den Mechanismus des Austenitabbaus im mittleren Temperaturgebiet[51]): 167–75. – Zur Frage der Gitterstörungen deformierter Metalle[20])[27]): 222–31. – Zur Theorie der martensitischen Umwandlungen: **3** ('52) 9–44. – Über die Kinetik der martensitischen Umwandlungen[36]): 45–82. – Untersuchung von Ausmaß und Art von Kristallgitterstörungen im Martensit[20])[27]): 95–99. – Die Anisotropie der Kristallgitterstörungen im Martensit[20])[27]): 100–04. – Der Einfluß des Kohlenstoffs auf die Selbstdiffusion des γ-Eisens[19])[26]): 225–36. – Über die Natur der Veränderungen der Koerzitivkraft beim Anlassen gehärteten kohlenstoffarmen Stahls[7])[16]): **4** ('55) 205–08. – Über den Zustand der Martensitkristalle technischen Eisens und kohlenstoffarmer Stähle nach dem Härten[51])[56]): 228–38. – Über die Natur der Festigkeit gehärteten Stahls: 321–38. – Röntgenographische Untersuchung der Störungen und der Bindungskräfte im Kristallgitter von Metallen und Legierungen[20])[27])[35]): 339–59. – Die Abhängigkeit der Kinetik der Entfestigung bei der Alterungshärtung von der Zusammensetzung der erhärtenden Phase [12])[55]): 360–76. – Röntgenographische Untersuchung der interatomaren Wechselwirkung in festen Lösungen auf Nickelbasis[63]): 402–07. – Der Einfluß von Chrom auf die Bindungskräfte in Kristallen von α-Eisen[27])[59]): 408–11. – Der Einfluß des Kohlenstoffs auf die Bindungskräfte und die statischen Störungen in Martensitkristallen[27])[47]): 455–60. – Veränderungen der Intensität der Röntgeninterferenzen bei der Alterung einer Nickel–Chrom–Titan–Aluminium-Legierung[63]): 465–72. – Der Einfluß der inneren Kornstruktur des Austenits auf die Selbstdiffusion des Eisens[19])[30]): 494–97. – Über die Gesetzmäßigkeiten der Kinetik der Martensitumwandlung[36]): **5** ('58) 13–24. – Der Einfluß einer plastischen Vorverformung auf die Martensitumwandlung in Fe-Cr-Ni-Legierungen[36])[46])[50])[22]): 41–55. – Untersuchung der physikalischen Faktoren, die die Verfestigung legierten Eisens bestimmen[17])[20])[27])[51]): 433–61. – Untersuchung der Abhängigkeit der Bindungskräfte vom Zustand der Kristalle von Metallen und festen Lösungen[20])[27])[48])[59]): 462–84. – Der Zusammenhang zwischen der Veränderung der Feinstruktur und dem Widerstand gegen plastische Verformung bei Metallen und Legierungen nach dem Härten[24])[51]): **7** ('62) 7–33. – Über die Natur der Änderungen des Elastizitätsmoduls und der charakteristischen Temperatur bei der Wärmebehandlung fester Lösungen auf Nikkelbasis[20])[27])[48]): 34–63. – Der Härtungszustand von Metallen: **8** ('64) 7–27. – – Alle Arbeiten russ.

Sborn. naučn. Rabot Labor. Metallofiziki, Akad. Nauk Ukrainsk. SSR Das Laboratorium für Metallphysik der Akademie der Wissenschaften der Ukrainischen SSR: **[1]** ('48) 3f. – Ivan Vasil'evič Isajčev: 5–7. – Verwendung von Einkristallen zur Untersuchung der Strukturänderung des Martensits während des Temperns von Kohlenstoffstahl [35]): 37–52. – Anwendung der Methoden der Röntgenstrukturanalyse zur Untersuchung des Anlassens gehärteten Stahls: **2** ('50). – – Alle Arbeiten russ.

Sborn. naučn. Rabot Inst. Metallofiziki, Akad. Nauk Ukrainsk. SSR Die Martensitumwandlung in der Mikrostruktur von Legierungen Fe-Ni[10]): **9** ('59) 3–6 [russ.].

Stal' Über die Struktur des Martensits bei geringem Kohlenstoffgehalt[43])[40]): **1935**, Nr. 4, 84f. [russ.].

Technical Physics USSR Umwandlungen in den Cu–Al-Eutektoidlegierungen, 1: Die Zwischenzustände in den übereutektoiden Legierungen[59]): **2** ('35) 3–16; ~ 2: Dilatometrische Untersuchung der Umwandlungen der β-festen Lösung im metastabilen Zustande[18]): **3** ('36) 135–41; Transformations in eutectoid copper–aluminium alloys, 3: Reversible transformation of the β-solid solution in the metastable state[18]): **5** ('38) 263–78. – Röntgenographische Untersuchung der Wärmebehandlung von magnetischen Legierungen Fe–Ni–Al[65]): **2** ('35) 431–34. – Die röntgenographische Bestimmung der Restspannungen, 1: Der Einfluß der zur Oberfläche senkrechten Spannungen auf die röntgenographisch gemessene Deformation[68]): **4** ('37) 515–23; ~ 3: Röntgenographische Einzelbestimmung der drei

Hauptspannungen in der Oberflächenschicht [54][68]: 533–36.

Trans. metallurg. Soc. AIME On specific features of strengthened metals: **224** ('62) 402–15.

Ukrainskij fizič. Ž. Change in the fine crystalline structure on the aging of certain high-temperature alloys[7][10][9]: **3** ('58) 495–505 [ukrain. m. engl. Zusammenfassg.].

Vestn. Akad. Nauk SSSR Die Physik des festen Körpers. Einige Ergebnisse und Perspektiven der Forschung[48]: **33** ('63) Nr. 5, 7–19 [russ.]. — Einige Entwicklungstendenzen der theoretischen Metallkunde[12]: **34** ('64) Nr. 10, 18–32 [russ.].

Vestn. Metallopromyšl. Die Warmbehandlung des Stahls im Lichte der röntgenographischen Untersuchung: **1932**, Nr. 9 [russ.].

Voennye Znanija Über die Erhöhung der Festigkeit von Stählen[58]: **1967**, Nr. 1, S. 38 [russ.].

Ž. techn. Fiziki Über die Umwandlungen der β-Phase in Kupfer–Aluminium-Legierungen[23][42]: **4** ('34) 1174f. — Umwandlungen in Eutektoidlegierungen Cu–Al, 1: Intermediäre Zustände in übereutektoiden Legierungen[59]: **5** ('35) 395–406; ~ 2: Dilatometrische Untersuchung der Umwandlung der β-festen Lösung im metastabilen Zustande[18]: **6** ('36) 775–80; ~ 3: Umkehrbare Umwandlungen der festen β-Lösung im metastabilen Zustand[18]: **7** ('37) 2090–102; ~ 4: Über die Umkehrbarkeit der Martensitumwandlung $\beta \to \gamma'$ [38]: **8** ('38) 1777–80; ~ 5: Die Struktur der martensitischen γ'-Phase und der Mechanismus der $\beta_1 \to \gamma'$-Umwandlung[38][59]: 1959–72; ~ 6[19]: **10** ('40) 1680–84; ~ 7[38]: 1685–90. — Röntgenographische Untersuchung der Warmbehandlung magnetischer Fe–Ni–Al-Legierungen[65]: **5** ('35) 1629–31. — Über eine diffusionslose Umwandlung der β-Phase in Kupfer–Zink-Legierungen[23]: **6** ('36) 984–87. — Die röntgenographische Bestimmung der Restspannungen, 1: Der Einfluß der Spannungen senkrecht zur Oberfläche auf die röntgenographisch gemessene Deformation[68]: **7** ('37) 1719–27; ~ 3: Die Bestimmung der drei Hauptspannungen in der Oberflächenschicht [68][54]: 1736–38. — Das Physikalisch-Technische Institut Dnepropetrovsk: 1974–78. — Die Struktur von angelassenem Martensit und das Anlassen von gehärtetem Stahl[49]: **9** ('39) 1891–909. — Der Zustand von Kohlenstoff im angelassenen Stahl[3]: **10** ('40) 1093–100. — Die Orientierung der Zementitkristalle im angelassenen Stahl[3]: **11** ('41) 412–16. — Wärmeeffekte beim Hochtemperaturanlassen von gehärtetem Stahl[69][19][12]: 1083–86. — Der Zustand des Eisens in Troostit und Temperit nach dem Anlassen[23][33]: 1089–97. — Die Alterung von technischem Stahl[23][12]: **13** ('43) 561–65. — Die Natur der Diffusität der Interferenzlinien in Röntgenogrammen von angelassenem Martensit[35]: **17** ('47) 993–1002. — Diffusionslose (martensitische) Umwandlungen in Legierungen: **18** ('48) 999–1025. — Kinetik des ersten Stadiums der Martensitbildung[35]: **19** ('49) 525–31. — Mikrostrukturuntersuchung der Kinetik der Martensitumwandlungen in den Kupfer–Zinn-Legierungen[10]: 761–68. — Kritische Bemerkung zur Arbeit von A. S. Zav'jalov „Über den Mechanismus und die Kinetik der Austenitumwandlung in Eisen–Kohlenstoff-Legierungen": **22** ('52) 169–72. — Über das Wesen der Härte von gehärtetem Stahl: **24** ('54) 1254–67. — Über die Bindungskräfte und Verzerrungen in Martensitkristallen[27][47]: **25** ('55) 177–81. — Intensitätsänderungen der Röntgeninterferenzen bei der Alterung von Nickel–Chrom–Titan–Aluminium-Legierungen[63]: 182–87. — — Alle Arbeiten russ.

Zavodskaja Labor. Über die röntgenographische Bestimmung der inneren Spannungen [in Metallen][68][53]: **3** ('34) 631–40. — Anwendung der röntgenographischen Analyse für das Studium von Problemen, die mit der Struktur von technischem Eisen verknüpft sind[28][53]: **4** ('35) 341f. — Der Einfluß der Spannungen senkrecht zur Oberfläche auf die Größe der röntgenographisch bestimmten Verformungen[68]: **5** ('36) 752–54. — Über den rationellen Genauigkeitsgrad bei der Benutzung der Methoden der röntgenographischen Strukturanalyse in Betriebslaboratorien [5]: **6** ('37) 717–21. — Röntgenographisches Prüfverfahren der Wärmebehandlung von Stahl[23]: **7** ('38) 1150–55. — Phasenanalyse von Stahl, 1: **12** ('46) 15–17. — — Alle Arbeiten russ.

Mit: 1) N. V. Ageev; 2) Ju. L. Al'ševskij; 3) M. Arbuzov; 4) I. A. Arbuzova; 5) V. I. Archarov; 6) I. V. Batenin; 7) I. A. Bil'dzjukevič; 8) V. Bugakov; 9) V. G. Černyj; 10) L. G. Chandros; 11) V. I. Danilov; 12) R. I. Ėntin; 13) G. M. Frank; 14) V. Gavranek; 15) I. Ja. Georgieva; 16) Ja. M. Golovčiner; 17) V. M. Golubkov; 18) V. N. Gridnev; 19) P. L. Gruzin; 20) V. A. Il'ina; 21) I. V. Isajčev; 22) A. M. Jampol'skij; 23) Ė. Z. Kaminskij; 24) V. M. Kardonskij; 25) L. M. Klejner; 26) Ju. V. Kornev; 27) V. K. Krickaja; 28) D. Kuralech; 29) V. G. Kurdjumov; 30) E. V. Kuznecov; 31) L. N. Larikov; 32) P. A. Latajko; 33) D. Lejvikova; 34) V. A. Lobodjuk; 35) L. I. Lysak; 36) O. P. Maksimova; 37) L. K. Michajlova; 38) V. Mireckij; 39) —; 40) V. Nečvolodov; 41) M. B. Nejman; 42) V. Nejmark; 43) P. Nekraševič; 44) V. V. Nemirovskij; 45) E. G. Nesterenko; 46) A. I. Nikonorova; 47) N. M. Nodia; 48) Ju. A. Osip'jan; 49) N. Oslon; 50) Z. D. Pavlenko; 51) M. D. Perkas; 52) E. Plušnik; 53) A. Protopopov; 54) V. Romberg; 55) V. M. Rozenberg; 56) A. E. Šamov; 57) B. V. Šarov; 58) V. I. Sarrak; 59) T. I. Stelleckaja; 60) L. Švarcman; 61) T. V. Tagunova; 62) L. V. Tichonov; 63) N. T. Travina; 64) —; 65) L. F. Vereščagin; 66) V. P. Vyležnev; 67) E. Ė. Zasimčuk; 68) M. P. Želdak; 69) R. A. Abramovič.

IV–VI **KURNAKOV,** Nikolaj Semenovič. Chem. (physikal.). — Bis 1882 Stud.,

1885–93 Adjunkt, 1893–1936 Prof., Berginst. Petersburg (→ Leningrad); 1899–1907 Prof., Elektrotechn. Inst. Petersburg; '02–30 Leiter d. Lehrstuhls f. allg. Chem., Polytechn. Inst. Petersburg (→ Leningrad); '18 Gründer u. '18–34 Dir. d. Inst. f. physikal.-chem. Analyse, '34–41 Dir. d. Inst. f. allg. u. anorg. Chem., Akad. d. Wiss. d. UdSSR; '19–27 Dir. d. Staatl. Inst. f. angew. Chem., Leningrad; '22–24 Dir. d. Platininst., Russ. Akad. d. Wiss.; '30–38 Vorsitzender d. Chem. Vereinigg., Akad. d. Wiss. d. UdSSR. – '25, '32 Mendeleev-Preis (Akad. d. Wiss. d. UdSSR); '28 Leninpreis (UdSSR); '39 Rotbannerorden (UdSSR); '40 Titel „Verdienter Wissenschaftler und Techniker der RSFSR"; '41 Stalinpreis 2. Kl. (UdSSR). (⊠)

*1860, Dez. 6 (Nov. 24), Nolinsk, Gouv. Vjatka;

†1941, März 19, Moskva.

Ehrung Institut für allgemeine und angewandte Chemie „N. S. Kurnakov" der Akad. d. Wiss. d. UdSSR, Moskva. – Kurnakov-Preis (Akad. d. Wiss. d. UdSSR); vgl. Izvest. Sekt. fiziko-chim. Analiza **16** ('48) Nr. 3, 10–12.

Zur Biogr. O. Astachov, O. Rus'ko, Vydatni vitčyznjani chimiky [Hervorragende inländische Chemiker] (Kyïv '50) 69–72. – S. A. Balezin, Velikie russkie učenye chimiki [Große russische Chemiker] (Leningrad '49) 13–15; S. A. Balezin, S. D. Beskov, Velikie russkie učenye chimiki (Moskva '50) 54–57 (m. Bildn.); S. A. Balezin, S. D. Beskov, Vydajuščiesja russkie učenye chimiki (Moskva '53) 137–48 (m. Bildn.). – Ju. Bosis, Chimija i Oborona **1939**, Nr. 7, 18f. (m. Bildn.). – I. I. Černjaev, Über die Arbeiten N. S. Kurnakovs über Komplexverbindungen: Izvest. Sekt. Platiny i drugich blagorodnych Metallov **21** ('48) 7–11 [russ.] (m. Bildn.). – A. S. Ginzberg, Die Bedeutung der Arbeiten N. S. Kurnakovs und seiner Schule für die Mineralogie und Petrographie: Vestn. leningr. Univ. **1953**, Nr. 4 (Ser. biol., geogr. i geol., 2) 165–76 [russ.]. – A. F. Kapustinskij, Očerki po istorii neorganičeskoj i fizičeskoj chimii v Rossii ot Lomonosova do Velikoj Oktjabr'skoj socialističeskoj revoljucii [Skizzen zur Geschichte der anorganischen und physikalischen Chemie in Rußland von Lomonosov bis zur Großen Sozialistischen Oktoberrevolution] (Moskva–Leningrad '49) 82–87 (m. Bildn.). – G. B. Kauffman, A. Beck, J. chem. Educat. **39** ('62) 44–49 (m. Bildn.). – S. T. Konobeevskij, Uč. Zap. mosk. gos. Univ. **92** ('46) 52–55. – A. N. Krestovnikov, Die Bedeutung der Arbeiten N. S. Kurnakovs für die Entwicklung der physikalisch-chemischen Analyse und ihre Anwendung in der Polygraphie: Naučnye Trudy, Mosk. poligr. Inst. **2** ('52) 72–80 [russ.]. – B. N. Menšutkin, Chimija i puti ee razvitija [Die Chemie und die Wege ihrer Entwicklung] (Moskva–Leningrad '37) 327f. (m. Bildn.). – V. I. Micheeva, Die Arbeiten N. S. Kurnakovs und seiner Schule zur Theorie der Zustandsdiagramme und ihre Bedeutung für die anorganische Chemie: Ž. neorg. Chim. **3** ('58) 562–70 [russ.]. – V. A. Nemilov, Die Lehre N. S. Kurnakovs über die intermetallischen Verbindungen: Izvest. Akad. Nauk SSSR, Otdel. chim. Nauk **1941**, 645–51 [russ.]. – V. A. Nemilov in: Vydajuščiesja učenye Gornogo instituta 1773–1948. Sbornik statej [Hervorragende Gelehrte des Berginstituts 1773–1948. Sammlung von Aufsätzen] (Moskva–Leningrad '51) 47–58 (m. Bildn.). – S. A. Pogodin in: Sovetskaja chimija za dvadcat' pjat' let. Sbornik statej [25 Jahre sowjetische Chemie. Sammlung von Aufsätzen] (Moskva–Leningrad '44) 23–37 (m. Bildn.). – G. B. Ravič, Die ersten Arbeiten N. S. Kurnakovs über die physikalisch-chemische Analyse organischer Verbindungen: Izvest. Sekt. fiziko-chim. Analiza **24** ('54) 5–15 [russ.]. – B. Ja. Rozen, N. S. Kurnakov – der Begründer der physikalisch-chemischen Analyse: Chimija v Škole **1952**, Nr. 2, 19–23 [russ.]. – S. A. Ščukarev, Aus den Erinnerungen an N. S. Kurnakov: Vopr. Istorii Estestvoznanija i Techn. **13** ('62) 105f. [russ.]. – V. P. Šišokin, Izloženie rabot russkich učenych v kurse obščej chimii [Beschreibung der Arbeiten russischer Wissenschaftler im Lehrgang der allgemeinen Chemie] (Leningrad '51) 33–36. – Ju. I. Solov'ev, Očerki istorii fiziko-chimičeskogo analiza [Skizzen zur Geschichte der physikalisch-chemischen Analyse] (Moskva '55) 107–16, **117–39, 150–69, 170–84, 214–20** (m. Bildn.). – Ju. I. Solov'ev, O. E. Zvjagincev, Nikolaj Semenovič Kurnakov. Žizn' i dejatel'nost' [Leben und Werk] (Moskva '60) 207 S. (m. Bildn.). – G. G. Urazov in: Akademija Nauk SSSR. Jubilejnyj sbornik, posvjaščennyj 30-letiju Velikoj Oktjabr'skoj socialističeskoj revoljucii [Jubiläumsband der Akademie der Wissenschaften der UdSSR anläßlich des 30. Jahrestages der Großen Sozialistischen Oktoberrevolution] **1** (Moskva–Leningrad '47) 473–90: Die physikalisch-chemische Analyse und ihr Begründer N. S. Kurnakov [russ.]. – G. G. Urazov in: Ljudi russkoj nauki [Russische Wissenschaftler] **1** (Moskva–Leningrad '48) 354–63 (m. Bildn.). – G. G. Urazov, N. S. Kurnakov und seine Arbeiten auf dem Gebiet der allgemeinen und anorganischen Chemie: Izvest. Sekt. fiziko-chim. Analiza **16** ('48) Nr. 4, 5–18 [russ.]. – G. G. Urazov, N. S. Kurnakov – osnovatel' fiziko-chimičeskogo analiza [N. S. Kurnakov, der Begründer der physikalisch-chemischen Analyse] (Moskva '52) 24 S. – G. G. Urazov, V. I. Nikolaev, Usp. Chim. 8 ('39) 785–812 (m. Bildn.). – O. E. Zvjagincev, Die Arbeiten N. S. Kurnakovs zur Erforschung der Chemie der Metalle der Platingruppe: Izvest. Sekt. Platiny i drugich blagorodnych Metallov 28 ('54) 133–41 [russ.] (m. Bildn.). – Gedenkheft: Usp. Chim. 21 ('52) Nr. 9 (S. 1019–136) (m. Bildn.); darin S. 1019–33: G. G. Urazov, N. S. Kurnakov, der Begründer der physikalisch-chemischen Analyse; 1034–44: S. A. Pogodin, Über die Priorität N. S. Kurnakovs bei der Entwicklung und Ausarbeitung der grundlegenden Methoden und Kenntnisse der physikalisch-chemischen Analyse; 1045–57: I. I. Kornilov, Die Arbeiten N. S. Kurnakovs über die Chemie metallischer Legierungen; 1068–78: V. K. Semenčenko, Die Arbeiten N. S. Kurnakovs über die kritischen Erscheinungen im festen Zustand; 1079–85: I. N. Lepeškov, Die Untersuchungen N. S. Kurnakovs und seiner Schule auf dem Gebiet der natürlichen Salze und der Wasser–Salz-Gleichgewichte; 1086–95: N. K. Voskresenskaja, Die Arbeiten N. S. Kurnakovs und seiner Schule auf dem Gebiet der Chemie geschmolzener Salze. [Alle Arbeiten russ.]. – Vestn. Znanija **1941**, Nr. 1, 58f. (m. Bildn.). – Ž. fizič. Chim. **15** ('41) 417f. – Chimičeskie nauki [Die chemischen Wissenschaften] (S. I. Vol'fkovič) (Moskva–Leningrad '45) (Očerki po istorii Akademii nauk 1725–1945) 10, 27, 31–35, 39–51, 54f., 81, 109, 111, 112. – Trudy Arch. Akad. Nauk SSSR **9** ('50) 45–47 (m. Bildn.). – Nauka i Žizn' **1951**, Nr. 3, 43f. – Nikolaj Semenovič Kurnakov v vospominanijach sovremennikov i učenikov [N. S. Kurnakov in Erinnerungen von Zeitgenossen und Schülern] (Moskva '61) 100 S. – Ljudi russkoj nauki [Russische Wissenschaftler] **1** (Moskva '61) 546–55.

Zum 80. Geb.tag L. S. Dlugač, Zavodskaja Labor. **10** ('41) Nr. 1, 109–11 (m. Bildn.). – S. A. Pogodin, Techničeskaja Kniga **1940**, Nr. 12, 10–16 (m. Bildn. u. Schr.verz.-Auszug). – O. E. Zvjagincev, Bjul. vses. chim. Obšč. im. Mendeleeva **1940**, Nr. 12, 4–6; Vestn. Akad. Nauk SSSR **1940**, Nr. 11/12, 139–43 (m. Bildn.). – Bjul. vses. chim. Obšč. im. Mendeleeva **1940**, Nr. 12, S. 2.

Zur 60jähr. wiss. Tätigkeit S. I. Vol'fkovič, Ž. chim. Promyšl. **18** ('41) Nr. 1, 3–7 (m. Bildn.).

Zur Verleihung d. Stalinpreises S. V. Kaftanov, Usp. Chim. **19** ('50) 24. – M. A. Kločko, Nauka i Žizn' **1941**, Nr. 6, 13–17 (m. Bildn.). – V. L. Komarov, Vestn. Akad. Nauk SSSR **1941**, Nr. 4, S. 16. – V. A. Nemilov in: Laureaty Stalinskoj premii – učenye Moskovskogo gosudarstvennogo universiteta [Stalinpreisträger – Wissenschaftler der Staatsuniversität Moskva] (Moskva '41) 18–20 (m. Bildn.). – S. A. Pogodin, Techničeskaja Kniga **1941**, Nr. 4, 18–22 (m. Bildn.); Usp. Chim. **10** ('41) 746–49. – Ž. chim. Promyšl. **18** ('41) Nr. 12, 4f.

Nekr. Gedenkband: Izvest. Sekt. fiziko-chim. Analiza **14** ('41) 430 S.; darin S. 9–14: G. G. Urazov, Akademiemitglied N. S. Kurnakov – der Begründer der physikalisch-chemischen Analyse; 15–35: Schriftenverzeichnis; 37–45: V. Ja. Anosov, Die Arbeiten N. S. Kurnakovs über die Topologie von Zustandsdiagrammen; 47–61: S. A. Pogodin, Die Arbeiten N. S. Kurnakovs über metallische Legierungen; 63–94: N. N. Efremov, Über die Arbeiten N. S. Kurnakovs und seiner Schule auf dem Gebiet der physikalisch-chemischen Analyse organischer Verbindungen; 95–111: A. G. Bergman, Die Arbeiten N. S. Kurnakovs und seiner Schule über die Chemie fester und geschmolzener Salze; 113–24: M. I. Ravič, Die Arbeiteh N. S. Kurnakovs auf dem Gebiet wäßriger Salzlösungen; 125–40: E. Ja. Rode, Die Arbeiten N. S. Kurnakovs und seiner Schule über die physikalisch-chemische Analyse von Mineralen und Erzen; 141–44: I. I. Černjaev, Über die Arbeiten N. S. Kurnakovs über Komplexverbindungen. [Alle Beiträge russ.]. – V. Ja. Anosov, Chimija v Škole **1941**, Nr. 3, 46–50 (m. Bildn.). – H. V. A. Briscoe, Nature [London] **148** ('41) 310. – N. N. Efremov, Izvest. Akad. Nauk SSSR, Otdel. chim. Nauk **1941**, Nr. 3, 449–56 (m. Bildn.). – A. F. Kapustinskij, Ž. fizič. Chim. **15** ('41) 417f. (m. Bildn.). – S. A. Pogodin, Sovetskaja Nauka **1941**, Nr. 4, 43–57 (m. Bildn.). – G. G. Urazov u. a., Ž. chim. Promyšl. **18** ('41) Nr. 15/16, 58f. –, S. I. Vol'fkovič, Usp. Chim. **10** ('41) 757–62 (m. Bildn.). – N. K. Voskresenskaja, Ž. prikl. Chim. **14** ('41) 711–15 (m. Bildn.). – Bjul. vses. chim. Obšč. im. Mendeleeva **1941**, Nr. 4, 2–4. – Chimičeskij referativn. Ž. **4** ('41) Nr. 4, 4–6. – Vestn. Akad. Nauk SSSR **1941**, Nr. 5/6, 87f. (m. Bildn.).

Zum 90. Geb.tag O. E. Zvjagincev, in: Materialy po istorii otečestvennoj chimii [2:] Vtoroe vsesojuznoe soveščanie [Materialien zur Geschichte der vaterländischen Chemie, 2. Unionsversammlung], 1951 (Moskva '53) 142–58: Die Arbeiten N. S. Kurnakovs und seiner Schule zur Erforschung der Chemie der Metalle der Platin-Gruppe [russ.].

Zum 10. Todestag A. A. Alent'ev, A. S. Plygunov, Ukrainskij chim. Ž. **17** ('51) Nr. 2, 159–. – P. Ja. Sal'dau, N. S. Kurnakov – der Begründer der physikalisch-chemischen Analyse: Zap. leningr. gornogo Inst. **26** ('52) Nr. 2, 3–16 [russ.] (m. Bildn.). – M. I. Usanovič, Vestn. Akad. Nauk Kazachsk. SSR **1951**, Nr. 4, 98–103 [russ. m. kazach. Zusammenfassg.]. – Soobšč. naučn.

Rabot. Členov vses. chim. Obšč. im. Mendeleeva **1952**, Nr. 1, 51–53. – Vestn. Akad. Nauk SSSR **1951**, Nr. 6, 123–25.

Zum 15. Todestag I. N. Lepeškov, Chimičeskaja Nauka i Promyšl. **1** ('56) Nr. 5, 579–82 (m. Bildn.). – E. G. Šumovskij, Trudy char'kovsk. politechn. Inst. im. Lenina **11** ('57) Serija metallurgič. 2, 3–19 (m. Bildn.).

Zum 100. Geb.tag A. S. Berežnoj, Ukrainskij chim. Ž. **26** ('60) 684–87 (m. Bildn.). – M. A. Kločko, Ž. obščej Chim. **30** ('60) 3509–13 (m. Bildn.). – I. N. Lepeškov, Ž. neorg. Chim. **5** ('60) 2382–94 (m. Bildn.); 4. Unionskonferenz über chemisch-physikalische Analyse anläßlich des 100. Geburtstages von N. S. Kurnakov (Moskva, Dezember 1960): Ž. neorg. Chim. **6** ('61) 1490f. [russ.]; Ein hervorragender Chemiker und Erforscher der Mineralvorkommen des Landes: Zap. vses. mineral. Obšč. (2) **89** ('60) 691–98 [russ.]. – S. Z. Makarov, Izvest. Akad. Nauk SSSR, Otdel. chim. Nauk **1960**, 2073–79 (m. Bildn.). – A. A. Opalovskij, Konferenz anläßlich des 100. Geburtstages des Begründers der chemisch-physikalischen Analyse, des Akademiemitgliedes N. S. Kurnakov (Novosibirsk, November 1960): Izvest. sibirsk. Otdel. Akad. Nauk SSSR **1961**, Nr. 2, 128–30 [russ.]. – K. Ja. Parmenov, Chimija v Škole **1960**, Nr. 1, S. 23. – S. R. Sergienko, L. S. Efimenko, A. N. Njazov, Izvest. Akad. Nauk Turkmensk. SSR, Ser. fiziko-techn., chim. i geol. Nauk **1960**, Nr. 6, 3–6 (m. Bildn.). – Ju. I. Solov'ev, Ž. strukturnoj Chim. **1** ('60) 395–98 (m. Bildn.). – Ju. I. Solov'ev, O. E. Zvjagincev, Nikolaj Semenovič Kurnakov (Moskva '60) 208 S. (m. Bildnissen u. Faks.). – V. V. Tichomirov, N. K. Voskresenskaja, Sovetskaja Geol. **1960**, Nr. 10, S. 152. – M. G. Valjaško, N. S. Kurnakov und die Bedeutung seiner Arbeit für die Geochemie: Geochimija **1960**, 653–60 [russ.] (m. Bildn.). – S. I. Vol'fkovič, Ž. vses. chim. Obšč. im. Mendeleeva **6** ('61) 449f. – N. K. Voskresenskaja, Ž. fizič. Chim. **34** ('60) 2625–29 (m. Bildn.). – O. E. Zvjagincev, Cvetnye Metally **1960**, Nr. 12, 81–83; Izvest. vysšich učebnych Zavedenij, Ordžonikidze, Cvetnaja Metallurgija **1960**, Nr. 6, 157–62 (m. Bildn.); Ž. prikl. Chim. **33** ('60) 2385–89 (m. Bildn.). – Nikolaj Semenovič Kurnakov – osnovopoložnik fiziko-chimičeskogo analiza [N. S. Kurnakov, der Begründer der physikalisch-chemischen Analyse] (Novosibirsk '60) 36 S. (m. Bildn.). – Naučnaja konferencija po fiziko-chimičeskomu analizu, posvjaščennaja 100-letnemu jubileju so dnja roždenija akademika N. S. Kurnakova. Tezisy dokladov [Wissenschaftliche Konferenz über physikalisch-chemische Analyse anläßlich des 100. Geburtstages N. S. Kurnakovs. Thesen der Vorträge] (Irkutsk '60); darin S. 33f.: A. V. Nikolaev, N. S. Kurnakov, der Begründer der physikalisch-chemischen Analyse [russ.]. – Konferencija posvjaščennaja 100-letiju so dnja roždenija akademika N. S. Kurnakova, Frunze 1963. Sbornik materialov [Konferenz anläßlich des 100. Geburtstages von N. S. Kurnakov, Frunze 1963. Sammlung der Materialien] (Frunze '63) 175 S.

Zur Biobibliogr. G. G. Urazov, I. N. Lepeškov, N. M. Asafova, N. F. Karetnikova, Nikolaj Semenovič Kurnakov (Moskva '61) 105 S. (Materialy k biobibliografii učenych SSSR, Ser. chim. nauk, 30) (m. Bildn. u. Faks.).

Zur Bibliogr. S. R. Sergienko in: Russkie chimiki. Annotirovannyj ukazatel' literatury [Russische Chemiker. Literaturverzeichnis] (Moskva '54) 111–18 (m. Bildn.). – Techničeskaja Kniga **1937**, Nr. 11, S. 37.

Gesammelte Werke, Teilsammlungen N. S. Kurnakov, Sobranie izbrannych rabot [Sammlung ausgewählter Arbeiten] **1** (Leningrad '38) 12+559 S. (m. Schr. verz. S. IV-XII); **2** (Leningrad–Moskva '39) 636 S. – N. S. Kurnakov, Raboty v oblasti cvetnoj metallurgii [Arbeiten auf dem Gebiet der Metallurgie der Buntmetalle] (A. N. Krestovnikov, A. S. Šachov) (Moskva '54) 406 S. (m. Bildn. u. Schr.-verz.); darin außerdem S. 11–26: A. N. Krestovnikov, A. S. Šachov, Leben und Werk N. S. Kurnakovs; 27–35: A. N. Krestovnikov, A. S. Šachov, Über die theoretischen Arbeiten N. S. Kurnakovs; 101–201: A. S. Šachov, Die Methoden der physikalisch-chemischen Analyse in den Arbeiten N. S. Kurnakovs und seiner Schule; 318–37: S. A. Pogodin, Die Arbeiten N. S. Kurnakovs über metallische Legierungen; 337–48: V. Ja. Anosov, Die Arbeiten N. S. Kurnakovs über die Topologie chemischer Zustandsdiagramme; 348–56: A. G. Bergman, Die Arbeiten N. S. Kurnakovs und seiner Schule über die Chemie fester und geschmolzener Salze; 356–61: I. I. Černjaev, Über die Arbeiten N. S. Kurnakovs über Komplexverbindungen; 361–78: E. Ja. Rode, Die Arbeiten N. S. Kurnakovs und seiner Schule über die physikalisch-chemische Analyse von Mineralen und Erzen. [Alle Beiträge russ.]. – N. S. Kurnakov, Izbrannye trudy [Ausgewählte Arbeiten] **1** (Moskva '60) 596 S. (m. Bildn. u. Faks.), darin S. 5–8: N. V. Ageev, N. S. Kurnakov zum 100. Geburtstag [russ.]; **2** ('61) 611 S. (m. Bildn.); **3** ('63) 567 S. (m. Bildn.). – N. S. Kurnakov, Trudy po chimii kompleksnych soedinenij [Arbeiten über die Chemie von Komplexverbindungen] (Moskva '63) 154 S. (m. Bildn.); darin S. 5–8: O. E. Zvjagincev, Über die Arbeiten N. S. Kurnakovs zur Chemie der Komplexverbindungen [russ.].

H. (Redakt.) Bor i kalij v Zapadnom Kazachstane [Bor und Kalium in Westkasachstan] (Moskva–Leningrad '35); darin eig. Beitr. S. 40–61: Der Indersee als Vertreter eines neuen Typs von Kaliumchlorid-Salzseen [russ.][27]). — (Redakt.) Soljanye ozera Kryma [Die Salzseen der Krim] (Moskva–Leningrad '36); darin eig. Beitr. S. 9–195: Geologische Bedingungen und physikalisch-chemische Charakteristik der Salzseen der Krim [russ.][26])[13]). — (Redakt.) Ja. G. Vant-Goff, Lekcii ob obrazovanii i razloženii dvojnych solej [Übersetzg. aus d. Deutschen: J. H. van't Hoff, Vorlesungen über Bildung und Spaltung von Doppelsalzen] (Moskva–Leningrad '37); darin eig. Beitr. S. 5f.: Vorwort [russ.]. — (Redakt.) Trudy Vsesojuznoj konferencii po analitičeskoj chimii [Arbeiten der Unionskonferenz für analytische Chemie], Moskva 1939 **1** (Moskva–Leningrad '39).

MH. (Mitredakt.) D. I. Mendeleev, Izbrannye sočinenija [Ausgewählte Werke] **2** (Leningrad '34), **3** ('34). — (Mitredakt.) Sbornik statej, posvjaščennyj 30-letiju professorskoj dejatel'nosti akademika A. A. Bajkova [Sammlung von Arbeiten, dem Akademiemitglied A. A. Bajkov anläßlich seines 30jährigen Professorenjubiläums gewidmet] (Moskva–Sverdlovsk '34). — (Mitredakt.) Fiziko-chimičeskij analiz v technologii mineral'nych solej. Sbornik rabot laboratorij (Gosudarstvennogo instituta prikladnoj chimii) [Die physikalisch-chemische Analyse in der Technologie der Mineralsalze. Sammlung von Arbeiten der Laboratorien (des Staatlichen Instituts für angewandte Chemie)] (Leningrad '35); darin eig. Beitr. S. 5–7: Physikalisch-chemische Analyse im Staatlichen Institut für angewandte Chemie [russ.][6])[51]). — (Mitredakt.) Solikamskie karnallity. Sbornik statej [Die Karnallite von Solikamsk. Sammlung von Aufsätzen] (Moskva–Leningrad '35); darin eig. Beitr. S. 49–65: Gleichgewichte wäßriger Lösungen von Kalium-, Natrium- und Magnesiumchlorid bei Temperaturen zwischen 10 und 110° [russ.][37]). — (Mitredakt.) Trudy Vsesojuznoj konferencii po analitičeskoj chimii [Arbeiten der Unionskonferenz für analytische Chemie], Moskva 1939 **2** (Moskva–Leningrad '43). — (Mitredakt.) Sul'fat natrija v SSSR [Natriumsulfat in der Sowjetunion] (Moskva–Leningrad '46).

HZ. Trudy kompleksn. Izučeniju Kaspijskogo Morja **11** ('40).

S. Trudy Vsesojuznogo s-ezda po osnovoj chimičeskoj promyšlennosti [Arbeiten der Unionskonferenz über die chemische Grundstoffindustrie], Leningrad 1931 **1**: Doklady [Vorträge] (Leningrad '32) 2 S.: Untersuchung der gemeinsamen Löslichkeit im System NaCl–KCl–$MgCl_2$–H_2O bei Temperaturen zwischen 10 und 110° [russ.]. — Referaty dokladov k VI Mendeleevskomu s-ezdu po obščej i prikladnoj chimii [Referate der Vorträge der 6. Mendeleev-Konferenz für allgemeine und angewandte Chemie] **1** (Leningrad '32) (Soobščenija o naučno-techničeskich rabotach v respublike, Nr. 31) 52 f.: Thermische Untersuchung der Reaktionen zwischen den Komponenten Bauxit, Kaolin, $CaCO_3$ und Na_2CO_3 [4]); 53f.: Mikrostruktur, Härte und Temperaturkoeffizient des elektrischen Widerstands von Kupfer–Iridium-Legierungen[12])[33]); 54: Das ternäre System Platin–Kupfer–Eisen[12]) [33]); 55f.: Untersuchung der gemeinsamen Löslichkeit im System NaCl–KCl–$MgCl_2$–H_2O bei Temperaturen zwischen 10 und 110° [37]). [Alle Beiträge russ.]. — Doklady, predstavlennye k toržestvennoj Jubilejnoj sessii Akademii Nauk SSSR, posvjaščennoj XV-letiju Oktjabr'skoj revoljucii [Vorträge auf der Jubiläumssitzung der Akademie der Wissenschaften der UdSSR zum 15. Jahrestag der Oktoberrevolution] (Leningrad '32) 18–22: Die Entwicklung der Lehre vom Diagramm des chemischen Gleichgewichts [russ.]. — Protokoly zasedanij Leningradskogo naučno-issledovatel'skogo chimičeskogo obščestva za 1932 [Protokolle der Sitzungen der Chemischen Gesellschaft Leningrad während des Jahres 1932] **1** (V. E. Tiščenko) (Leningrad '33) 27: Bemerkungen zum Vortrag von M. I. Usanovič: „Die Natur der Elektrolyse in nichtwässerigen Lösungen" [russ.]. — Pervaja Vsesojuznaja konferencija po fiziko-chimičeskomu analizu. Programma zanjatij i tezisy k dokladam [1. Unionskonferenz für physikalisch-chemische Analyse. Arbeitsprogramm und Thesen der Vorträge], Leningrad 1933 (Leningrad '33) 30f.: Topologie der Diagramme für das chemische Gleichgewicht; 31–33: Die Einzelelemente chemischer Diagramme[40]); 53f.: Der physikalisch-chemische Jahreszyklus von Salzseen[50]); 54–56: Die Verdunstung des Meerwassers und die chemische Apparatur der Natur[36])[26]); 86f.: Die physikalisch-chemische Untersuchung des ternären Systems Tl–Bi–Pb[2]); 87: Physikalisch-chemische Untersuchung des ternären Systems Cd–Tl–Bi[2]); 87f.: Physikalisch-chemische Untersuchung des Zustandsdiagramms Mg–Al [32]). [Alle Arbeiten russ.]. — Dopolnitel'nye tezisy k dokladam, predstavlennym k Nojabr'skoj sessii Akademii Nauk SSSR, posvjaščennoj problemam Volgo-Kaspija [Ergänzende Thesen zu den Vorträgen auf der Novembersitzung der Akademie der Wissenschaften der UdSSR über Probleme des Wolga-Kaspischen Raumes] (Leningrad '33) 38: Der gegenwärtige Stand der Frage hinsichtlich physikalisch-chemischer Studien der Wolga-Kaspischen Salzgebiete [russ.]. — Problemy Turkmenii. Trudy 1 Konferencii po izučeniju proizvoditel'nych sil Turkmenskoj SSR [Probleme Turkmeniens: Arbeiten der 1. Konferenz zur Erforschung der Produktivkräfte der Turkmenischen SSR] (Leningrad '34): Die physikalisch-chemischen Bedingungen für die Abscheidung des Glaubersalzes im Kara-Bogaz-Gol [russ.]. — Trudy VI Vsesojuznogo mendeleevskogo s-ezda po teoretičeskoj i prikladnoj chimii [Arbeiten der 6. Mendeleev-Unionskonferenz für theoretische und angewandte Chemie] Char'kov 1932 **2**,1 (Char'kov–Kiev '35) 619: Metastabile Hydrate von Magnesiumsulfat im ternären System: Magnesiumchlorid–Magnesiumsulfat–Wasser [russ.][26]; ferner Diskussionsbeiträge S. 537f. und 542f. — Trudy Jubilejnogo mendeleevskogo s-ezda [Arbeiten der Mendeleev-Jubiläums-Konferenz] **1** (Moskva–Leningrad '36) 535–77: Les points remarquables de D. I. Mendéléev dans la théorie des solutions et la topologie du diagramme chimique [russ. u. französ.]. — Bol'šaja Ėmba, **1**: Neft', bor i drugie iskopaemye resursy Uralo-Ėmbinskoj neftenosnoj oblasti [Das große Emba-Gebiet, 1: Erdöl, Bor und andere Bodenschätze des Ural-Emba-Erdölgebiets] (Moskva–Leningrad '37) 103–14: Mineralsalze und Salzseen des Ural-Emba-Gebiets[27][25]; 609–30: Einige Resultate der Arbeiten über natürliche Borate[35][36]; 753: Über die Rolle van't Hoffs bei der Erforschung der Kristallisation der Salze des Meerwassers. [Alle Arbeiten russ.]. — Matematika i estestvoznanie v SSSR. Očerki razvitija matematičeskich i estestvennych nauk za dvadcat' let [20 Jahre Mathematik und Naturwissenschaft in der UdSSR] 1917–1937 (Moskva–Leningrad '38) 331–63: Forschung auf dem Gebiet der Komplexverbindungen und der physikalisch-chemischen Analyse [russ.][11][23]. — Problemy ozera Ėl'ton [Probleme des Eltonsees] **2** (Leningrad '39) 51–72: Physikalisch-chemische Analyse der Jahreszyklen der Salzseen. Der Eltonsee 1932–1938 [russ.][15][6]. — Sbornik statej k dvadcatiletiju Gosudarstvennogo instituta prikladnoj chimii, 1919–1939 [Sammlung von Aufsätzen zum 20jährigen Jubiläum des Staatlichen Instituts für angewandte Chemie] (Leningrad '39) 29–41: Die physikalisch-chemische Analyse bei den am Staatlichen Institut für angewandte Chemie zu erforschenden Problemen auf dem Gebiet der Technologie von Mineralsalzen [russ.][54][51]. — Trudy 17 Sessii meždunarodnogo geologičeskogo kongressa [Arbeiten des 17. internationalen geologischen Kongresses] 1937, **5** (Moskva '40) 337–54: West-Kasachstan – eine neuentdeckte Kali–Magnesium-Lagerstätte der UdSSR [russ.][9]. — Trudy Tret'ego Soveščanija po ėksperimental'noj mineralogii i petrografii [Arbeiten der 3. Konferenz für experimentelle Mineralogie und Petrographie] 1939 (Moskva–Leningrad '40) 95–101: Über die Methodik der Erhitzungskurven[5][35][42]; 103–13: Versuch der Anwendung der Methode der Erhitzungskurven zur Untersuchung des Charakters der natürlichen Salze und ihrer Gemische[5][27]. [Beide Arbeiten russ.]. — Akademiku Dmitriju Stepanoviču Beljankinu k semidesjatiletiju so dnja roždenija i sorokapjatiletiju naučnoj dejatel'nosti [Dem Akademiemitglied D. S. Beljankin zum 70. Geburtstag und zur 45jährigen wissenschaftlichen Tätigkeit] (Moskva '46) 612–14: Eutektika und Eutonika [russ.][36].

W. Vvedenie v fiziko-chimičeskij analiz [Einführung in die physikalisch-chemische Analyse] [3](Leningrad '36) 193 S.; 4. Aufl. unter d. Redakt. v. V. Ja. Anosov und M. A. Kločko (Moskva–Leningrad '40) 563 S.

Chimija i socialist. Chozjajstvo Salzlager und die Grundsätze ihrer Ausbeutung: **1932**, Nr. 5/6, S. 84 [russ.].

Dokl. Akad. Nauk SSSR Kainit und Polyhalit in den Salzlagern der Sowjetunion[8][27]: **15** ('37) 333–38. — Erhitzungskurven der Borate[35][10]: **16** ('37) 89–92. — Spezifisches Gewicht und Härte der natürlichen Borate und ihrer Erhitzungsprodukte[35][10]: 92–94. — Hydratationswärme und exothermische Boratumwandlung für Inyoit. Einige Vorstellungen über die Boratumwandlung[35][10]: 95f. — Zyklochronogramme von Salzseen. Der Eltonsee, 1932–1936[15][6]: **17** ('37) 407–10. — Einige Probleme der Theorie der physikalisch-chemischen Analyse[21]: **25** ('39) 384–87. — — Alle Arbeiten russ.

Izvest. Akad. Nauk SSSR, Ser. chim. Die Kalorimetrie binärer flüssiger Systeme[53]: **1936**, 439–66 [m. deutscher Zusammenfassg.]. — Die Untersuchung von binären flüssigen Systemen der Zusammensetzung Zinnbromid–Ester mittels Methoden der physikalisch-chemischen Analyse[46]: 467–93 [~]. — Über den Dispersionstypus von festen Lösungen im System $NiCl_2$–NH_4Cl–H_2O[14]: 507–14 [~]. — Ansprache bei der Eröffnung der Mendeleev-Konferenz 1936: 611f. [auch französ.]. — Untersuchung der β- und γ-Phasen des Systems Al–Mg. (Zur Frage nach der Natur der Phasen variabler Zusammensetzung)[32]: **1937**, 259–88 [m. deutscher Zusammenfassg.]. — Das Wesen und die Struktur der mikrodispersen Mischkristalle im System NH_4Cl–$CoCl_2$–H_2O[29][26]: 577–606 [~]. — Anomale feste Lösungen im System NH_4Cl–$MnCl_2$–H_2O [53]: 607–30 [~]. — Physikalisch-chemische Untersuchungen von Blei–Wismut-Legierungen[2]: 735–42 [~]. — Wechselwirkung von Zinntetrachlorid und Zinntetrabromid mit den Estern zweibasischer Säuren und anderen organischen Verbindungen nach den Resultaten der physikalisch-chemischen Analyse der entsprechenden Systeme[53]: 797–822 [~]. — Neues Vorkommenszentrum von Kaliumsalzen und die Aufgaben der Sowjetchemie: 973–77. — Permutit und seine Eigenschaften [5][48]: 1381–96. — Kalilagerstätten des südlichen Beckens des permischen Meeres und der Salzseen Westkasachstans[27][41][9]: **1938**, 13–32 [m. engl. Zusammenfassg.]. — Gewinnung von Kaliumsulfat nach der Kali-Magnesia-Methode [28]: 39–46 [~]. — Viskosimetrie von binären flüssigen Systemen, die Brom oder Wasser und eine organische Substanz enthalten[53][17] [47]: 379–90 [~]. — Die Viskosität und

Schmelzbarkeit von binären Systemen, die Antimontribromid und Anilin (oder seine Derivate) enthalten[53])[18]): 391–401 [~]. – Die 25°-Isotherme des Vierstoffsystems $CaCl_2$–$MgCl_2$–NaCl–H_2O und die Calciumchloridseen von Perekop[35]): 403–14 [~]. – Das Eisfeld im System $FeCl_3$–HCl–H_2O[34]): 433–36 [~]. – – Alle Arbeiten russ.

Izvest. Inst. fiziko-chim. Analiza Physikalisch-chemische Untersuchung der festen Lösungen von Gold mit Kupfer[1]): **6** ('33) 25–46. – Ternäre Legierungen des Thalliums mit Blei, Cadmium und Zinn[22]): 47–68. – Untersuchung von Eisenboraten[24]): 141–58. – Das ternäre System Ammoniak–Wasser–Salpetersäureanhydrid[40]): 169–84. – Der Eltonsee[43]): 185–203. – Über die Bedeutung der Arbeiten I. F. Šreders auf dem Gebiet der physikalisch-chemischen Analyse (Zum 15. Todestag): 255–57. – Untersuchung der α-Phase des Systems Blei–Magnesium[38])[52]): 266f. – Untersuchung der α- und β-Phase im System Blei–Natrium[38]): 275. – Singulärer Punkt bei der Bildung von Ammoniumchlorid[44]): 289. – Die Expedition nach Astrachan im Jahre 1930[43]): 291–93. – Physikalisch-chemische Untersuchung fester Lösungen in Legierungen von Gold mit Kupfer[1]): 293. – Boris L'vovič Ronkin †: **7** ('35) 11f. – Physikalisch-chemische Untersuchung der γ-Phase von Legierungen des Thalliums mit Wismut[2])[1]): 49–58. – Physikalisch-chemische Untersuchung der Legierungen von Thallium mit Wismut und Blei[2]): 99–122. – Physikalisch-chemische Untersuchung der Legierungen von Thallium mit Wismut und Cadmium[2]): 123–34. – Metastabile Hydrate des Magnesiumsulfats im System Magnesiumchlorid–Magnesiumsulfat–Wasser[26]): 181–210. – Singuläre Elemente der chemischen Diagramme[40]): 211–23. – Die singuläre Falte im Dreistoffsystem Natriumchlorid–Platinchlorid–Wasser[40]): 225–33. – Das Dreistoffsystem Ammoniak–Chlorwasserstoff–Wasser[44]): 245–54. – – Alle Arbeiten russ.

Izvest. Sekt. fiziko-chim. Analiza Topologie des chemischen Gleichgewichtsdiagramms: **8** ('36) 15–55. – Physikalisch-chemische Untersuchung des Systems Aluminium–Magnesium, 1[32]): **10** ('38) 5–35; ~ 2: Das Schmelzdiagramm des Systems Aluminium–Magnesium [32]): 37–66. – Erstarrungsfelder in den Systemen Base–Säure–Wasser. Bildung von Phosphaten, Chromaten und Boraten[40])[49]): 275–304. – Das Gleichgewicht im reversiblen System Kaliumchlorid–Magnesiumsulfat bei 25° [44]): 305–16. – Das Verdampfen von Meerwasser und Seesalzlaugen durch die Sonne[36]): 333–66. – Über den mikrodispersen Typ fester Lösungen im System $NiCl_2$–NH_4Cl–H_2O [14]): **11** ('38) 101–34. – Fließdruck und Härte plastischer Körper[55]): 337–96. – Physikalisch-chemische Analyse der Jahreszyklen von Salzseen (Der Eltonsee in den Jahren 1932–1937) [15])[6]): **12** ('40) 189–212. – Untersuchung des ternären Systems m-Phenylen-diamin–Benzoesäure–Salicylsäure mit den Methoden der physikalisch-chemischen Analyse[46]): **13** ('40) 135–63. – Über die Eigenschaften der festen Lösungen von Magnesium und Aluminium im System Al–Mg[32]): 201–08. – Über die Umwandlungen im mittleren Teil des Systems Al–Mg[32]): 209–24. – Über die Phasen variabler Zusammensetzung im System Pb–Na[38])[45]) [56]): 233–50. – Singuläre Isothermen der Systeme Na_2O–SO_3–H_2O und K_2O–SO_3–H_2O [31])[16])[53]): 321–26. – Über die festen Lösungen des Magnesiums im Blei[38])[52]): **15** ('47) 74–79. – Aus der Geschichte des Studiums fester Lösungen[38]): **16** ('43/48) Nr. 1, 7–11 (m. Bildn.). – Feste Lösungen von Kalium- und Ammoniumphosphaten[57])[20]): Nr. 3, 108–26. – Kalisalze des Wolga-Emba-Gebiets und des ukrainischen Karpaten-Vorlands und ihre Wirksamkeit als Düngemittel[27])[19]): 127–41. – – Alle Arbeiten russ.

Izvest. Inst. po Izučeniju Platiny i drugich blagorodnych Metallov Über die Hydrate des Palladiumchlorids und des Platintetrammin-chlorids[3]): **1932**, Nr. 9, S. 163 [russ.]. – Über die wissenschaftlichen Arbeiten von S. F. Žemčužnyj: 163 [russ.]. – Physikalisch-chemische Untersuchung fester Lösungen in Legierungen von Gold und Kupfer[1]): 172 [russ.].

J. Inst. Metals Physico-chemical study of the gold–copper solid solutions[1]): **48** ('32) 312f.

Kalij Die Löslichkeit von Karnallit-Systemen[30])[37]): **1932**, Nr. 2, 25–30. – Der Kalireichtum des Ural-Emba-Gebiets[9])[25])[27]): **1935**, Nr. 4, 11–26. – Kalium- und Magnesiumsalze bei Ozinki[9])[27]): **1936**, Nr. 9, 1–15. – Vorwort zu Arbeiten des Instituts für allgemeine und anorganische Chemie der Akademie der Wissenschaften der UdSSR über die Erforschung der Phosphor–Ammoniak–Kalium-Gleichgewichte[36]): Nr. 10, 32f. – Kalisalze im Gebiet des Indersees[9])[27])[41]): **6** ('37) Nr. 5/6, 5–18. – – Alle Arbeiten russ.

Socialističeskaja Rekonstr. i Nauka Stetigkeit und Unstetigkeit bei den chemischen Umwandlungen der Materie: **1932**, Nr. 3, 68–75 [russ.]. – Kalisalze des Ural-Emba-Gebiets und des Indersees[27]): **1936**, Nr. 7, 50–56 [russ.].

Techničeskaja Kniga Die bestehende Grundlage der theoretischen Chemie: **1937**, Nr. 11, 32–37 [russ.] (m. Bildn. u. Schr.verz.-Auszug 23 Nrn.). – Die wichtigsten Formen der bibliographischen Arbeit: **1941**, Nr. 1, S. 28 [russ.].

Trudy kompleksn. Izučeniju Kaspijskogo Morja Historischer Abriß und gegenwärtiger Stand des Problems Kara-Bogaz-Gol[36])[14]): **11**

('40) 9–13 [russ.]. – Jährliche Zyklen der Kara-Bogaz-Bucht[u.a.]): 14–21 [russ.].

Trudy naučno-issled. torfjan. Inst. Tensometrische Diagramme bei der Entwässerung von Torf[39]): **11** ('32) 3–23 [russ.].

Usp. Chim. Topologie der chemischen Gleichgewichtsdiagramme: **5** ('36) 161–202. – Das Institut für allgemeine und anorganische Chemie der Akademie der Wissenschaften der UdSSR: 957–71. – Van't Hoff und die geometrische Darstellung chemischer Umwandlungen: **6** ('37) 121–23. – Das Problem des Kara-Bogaz-Gol[36])[14])[7]): **8** ('39) 241–70. – – Alle Arbeiten russ.

Vestn. Akad. Nauk SSSR Mineralsalze des Ural-Emba-Gebiets und des Indersees[25]): **1936**, Nr. 1, 22–30 [russ.]. – Aleksandr Petrovič Karpinskij †: Nr. 7, 40f. [russ.]. – Das Institut für allgemeine und anorganische Chemie: **1937**, Nr. 10/11, 64–81 [russ.].

Vestn. Znanija Wir werden die Vergrößerung unserer Erfolge erreichen!: **1932**, Nr. 5/6, 211f. [russ.].

Z. anorg. u. allg. Chem. Über Legierungen des Platins mit Kupfer[33]): **210** ('33) 1–12. – Über Legierungen des Platins mit Nickel[33]): 13–20.

Ž. obščej Chim. Das Gleichgewicht im System Na_2Cl_2–$PtCl_4$–H_2O[34]): **10** ('40) 577–88 [russ.].

Ž. prikl. Chim. Die Aufnahme von Erhitzungskurven als Mittel zur Untersuchung des Charakters von natürlich vorkommenden Salzen und deren Gemischen[5])[27]): **12** ('39) 525–35 [russ.].

Zavodskaja Labor. Über die Organisation der Arbeiten zur analytischen Chemie: **7** ('38) 519f. [russ.].

Mit: 1) N. V. Ageev; 2) V. A. Ageeva; 3) I. A. Andreevskij; 4) D. Avdalian; 5) L. G. Berg; 6) A. G. Bergman; 7) Ja. B. Bljumberg; 8) G. B. Bokij; 9) N. I. Bujalov; 10) A. G. Čeliščeva; 11) I. I. Černjaev; 12) N. S. Dombrovskaja; 13) A. I. Dzens-Litovskij; 14) V. S. Egorov; 15) I. B. Fejgel'son; 16) V. M. Filippeo; 17) M. Gol'cman; 18) G. D. Gurovič; 19) V. F. Kandaurova; 20) V. Ja. Ketkovič; 21) M. A. Kločko; 22) N. I. Korenev; 23) I. I. Kornilov; 24) F. A. Kotomin-Budarin; 25) D. I. Kuznecov; 26) V. G. Kuznecov; 27) I. N. Lepeškov; 28) E. I. Luk'janova; 29) N. P. Lužnaja; 30) D. P. Manoev; 31) V. A. Mazel; 32) V. I. Micheeva; 33) V. A. Nemilov; 34) E. A. Nikitina; 35) A. V. Nikolaev; 36) V. I. Nikolaev; 37) N. A. Osokoreva; 38) S. A. Pogodin; 39) N. A. Pospelova; 40) M. I. Ravič; 41) D. I. Rjabčikov; 42) E. Ja. Rode; 43) B. L. Ronkin; 44) D. N. Šojchet; 45) E. S. Špičineckij; 46) Ė. B. Šternina; 47) M. Šuvalov; 48) V. N. Svečnikov; 49) N. V. Troickaja; 50) M. G. Valjaško; 51) B. B. Vasil'ev; 52) T. A. Vidusova; 53) N. K. Voskresenskaja; 54) A. I. Zaslavskij; 55) S. F. Žemčužnyj; 56) V. S. Zorin; 57) A. Ja. Zvorykin.

VI **KUZNECOV**, Vladimir Dmitrievič. Physik. – 1920–63 Prof., '29–61 Dir. d. Sibir. Physikal.-Techn. Inst., Univ. Tomsk; '34 Dr. d. physikal.-math. Wiss.; '58–63 Mitgl. d. Präsidiums d. Sibir. Abteilg. d. Akad. d. Wiss. d. UdSSR. – '34 Verdienter Wissenschaftler der RSFSR; '42 Stalinpreis 2. Kl. (UdSSR); '57 Held der Sozialistischen Arbeit (UdSSR); 3 Leninorden (UdSSR). (☒) *1887, Mai 12 (Apr. 30), Miass, Ural*); †1963, Okt. 13, Tomsk.

*) Andere Quellen geben das ca. 100 km südöstlich gelegene Troick als Geburtsort an.

Zur 25jähr. wiss. Tätigkeit M. A. Bol'šanina, N. F. Kunin, Naučnaja i obščestvennaja dejatel'nost' V. D. Kuznecova: Trudy sibirsk. fiziko-techn. Inst. tomsk. gos. Univ. im. Kujbyševa **5** ('39) Nr. 3, 1–14 (m. Schr.-verz. 134 Nrn.).

Zum 60. Geb.tag Trudy sibirsk. fiziko-techn. Inst. tomsk. gos. Univ. im. Kujbyševa Nr. **24** ('47) 7–23 (m. Bildn. u. Schr.verz. 154 Nrn.).

Zum 70. Geb.tag Festschrift: Issledovanija po fizike tverdogo tela [Untersuchungen zur Physik des festen Körpers] (Moskva '57) 279 S. – Fizika Metallov i Metallovedenie **4** ('57) 192 (m. Bildn.). – Zavodskaja Labor. **23** ('57) 888 (m. Bildn.).

Nekr. A. M. Lavrent'ev, Ju. N. Rabotnov, A. V. Ržanov u. a., Izvest. sibirsk. Otdel. Akad. Nauk SSSR **1964**, Nr. 2, 142 f. (m. Bildn.). – Fizika Metallov i Metallovedenie **17** ('64) 321 (m. Bildn.). – Izvest. vysšich učebnych Zavedenij, Tomsk, Fizika **1963**, Nr. 6, 1 f. (m. Bildn.). – Vestn. Akad. Nauk SSSR **1963**, Nr. 12, S. 89.

Zur Biobibliogr. Vladimir Dmitrievič Kuznecov (Tomsk '72) 64 S. (m. Bildn., Biogr. u. Schr.verz.) (Materialy k bibliografii učenych Tomskogo gosudarstvennogo universiteta).

HZ. (Redakt.) Trudy sibirsk. fiziko-techn. Inst. (tomsk. gos. Univ. im. Kujbyševa) 1932–1950. – (Redakt.) Izvest. vysšich učebnych Zavedenij, Tomsk, Fizika 1957–.

S. Techničeskaja ėnciklopedija [Technische Enzyklopädie] **25** (Moskva '34) 621–26: Die Sprödigkeit der Metalle [russ.]. – Trudy, 1 Zapadno-Sibirskaja kraevaja konferencija fizikov [Arbeiten der 1. Westsibirischen Bezirkskonferenz der Physiker], Tomsk 1934, **1**: Doklady [Vorträge] (Tomsk '35) 26–33: Neue Wege bei der Untersuchung der Plastizität polykristalliner Metalle [russ.]. – Tomskij gosudarstvennyj universitet im. V. V. Kujbyševa [Die Tomsker Staatsuniversität „V. V. Kujbyšev"] (Tomsk '37) 41–49: Die wissenschaftliche Arbeit auf dem Gebiet der Physik [russ.]. – Razvitie teorii trenija i iznašivanija. Trudy soveščanija 1954 [Die Entwicklung der Theorie der Reibung und des Verschleißes. Arbeiten einer Konferenz 1954]

(Moskva '57): Die Rolle der „Auswüchse" bei der Reibung [russ.]. – Kačestvo poverchnosti detalej mašin. Trudy Seminara po kačestvu poverchnosti, 3: Šlifovanie i otdeločnaja obrabotka detalej mašin [Die Oberflächenbeschaffenheit von Maschinenteilen. Arbeiten des Seminars für Oberflächenbeschaffenheit, 3: Schleifen und Endbearbeitung von Maschinenteilen] (Moskva '57) 29–41: Einige Fragen aus dem Gebiet des Schleifens und der äußeren Reibung [russ.]. – Issledovanija po žaropročnym splavam [Untersuchungen über hitzebeständige Legierungen] 5 (Moskva '59) 361–421: Grundlegende Probleme hinsichtlich der mechanischen Eigenschaften hitzebeständiger Legierungen [russ.]; 6 ('60) 34–37: Einfluß der Temperatur und des Grades vorangehender Deformation auf die Plastizität von Aluminium und Kupfer[18]) [russ.]; 49–55: Einfluß der Dispersität der $CuAl_2$-Teilchen auf die Abhängigkeit der mechanischen Eigenschaften von Duraluminium von Temperatur und Geschwindigkeit bei Druckbeanspruchung[25])[39]) [russ.].

W. Fizika tverdogo tela [Festkörperphysik] (Tomsk '32) 8 + 504 S.; 2. neubearb. Aufl. = **1** des folgenden Titels. – Fizika tverdogo tela [Festkörperphysik] **1** (Tomsk '37) 554 S.; **2** (m. M. A. Bol'šanina) ('41) 772 S.; **3**: Materialy po fizike rezanija metallov [Material über die Physik des Metallschneidens] ('44) 742 S.; **4**: Materialy po fizike vnešnego trenija, iznosa i vnutrennego trenija tverdych tel [Material üder die Physik der äußeren Reibung, des Verschleißes und der inneren Reibung fester Körper] ('47) 7 + 543 S.; **5**: Materialy po fizike plastičnosti i chrupkosti metallov [Material über die Physik der Plastizität und Sprödigkeit von Metallen] ('49) 700 S. – Ot atomov do techničeskich metallov [Von Atomen zu technischen Metallen] (Novosibirsk '33) 58 S. – Vesy i vzvešivanie (Waage und Wägen) [5](Tomsk '34) 88 S. – Kristally i kristallizacija [Kristalle und Kristallisation] (Moskva '53) 412 S.; ('54) 412 S. – Poverchnostnaja ėnergija tverdych tel (Moskva '54) 220 S.; engl.: Surface energy of solids (London '57) 283 S.; deutsch: Einfluß der Oberflächenenergie auf das Verhalten fester Körper (Berlin '61) 12 + 253 S. – Narosti pri rezanii i trenii (Moskva '56) 284 S.; engl.: Metal transfer and build-up in friction and cutting (New York '66) 360 S.

Cvetnye Metally Der technische Fortschritt auf dem Gebiet der Konvertierung von Kupferstein (Übersicht über ausländische Literatur)[46]): **1962**, Nr. 10, 80f. [russ.].

Dokl. Akad. Nauk SSSR Zur Frage der primären Kristallisation der Metalle. Der Einfluß des Temperaturgradienten auf die Orientierung von Zinkmonokristallen[23]): **1934 I**, 248–55 [auch deutsch]. – Steigerung der Plastizität von Metallen bei plastischer Drehung mit Zeichenänderung[14])[30]): 399–402 [~]. – Über die Rolle der mechanischen Zwillingsbildung bei Rekristallisation deformierter Zink-Einkristalle[29]): **1934 II**, 13–18 [~]. – Methode des gegenseitigen Schleifens von Kristallen zur Bestimmung der relativen Werte der Oberflächenenergien: **84** ('52) 927–30. – Gegenseitiges Schleifen der Würfelflächen mit anderen Flächen von Steinsalzkristallen: 1151–53. – Anisotropie beim gegenseitigen Schleifen von Kristallen: **85** ('52) 63–65. – Gegenseitiges Abschleifen von polykristallinen natürlichen Carbonaten: 761–64. – Untersuchung von Mineralien der Härteskala nach der Methode des gegenseitigen Schleifens: **87** ('52) 739–42. – Gegenseitiges Schleifen verschiedener Kristalle: **89** ('53) 271–74. – Anwendung der Methode des gegenseitigen Schleifens zur Untersuchung von Gläsern: **90** ('53) 537–40. – Einfluß von Wasser und Alkohol auf das Schleifen von Metallen[36]): **92** ('53) 49–52. – Zur Frage des Einflusses von Schmiermitteln auf den Reibungsprozeß[18])[11]): **109** ('56) 124–26. – Zur Frage der Abhängigkeit des Reibungskoeffizienten von der Geschwindigkeit[4]): **113** ('57) 1050–52. – Über die Stauchung von Metallen beim Schneiden mit einem Schmiermittel[18])[20]): **123** ('58) 272–74. – Einfluß einer vorangegangenen Verformung auf die Plastizität von Aluminium[18]): **126** ('59) 70–73. – Einfluß der Parameter der zyklischen Wärmebehandlung auf die mechanischen und physikalischen Eigenschaften von Zink[34])[22]): **128** ('59) 927–29. – Zyklische Wärmebehandlung von Metallen des hexagonalen Systems in Richtung niedriger Temperaturen[6]): **144** ('62) 774–77. – – Alle Arbeiten russ.

Fizika Metallov i Metallovedenie Zur Frage des Schmiermitteleinflusses auf den Eindringungsvorgang einer Prüfspitze in plastische Metalle[18]): **2** ('56) 509–13 [russ.]. – Untersuchung des Schneidprozesses bei sehr hohen Geschwindigkeiten[21])[8]): **10** ('60) 425–34 [russ.]. – Einige Besonderheiten der Struktur weißer Schichten[25])[33]): **15** ('63) 145–48 [russ.].

Inženerno-fizič. Ž. Die Härte von Metallen und ihr Verschleiß in einem Strom abschleifender Teilchen[10]): **2** ('59) Nr. 10, 93–96 [russ. m. engl. Zusammenfassg.].

Iron Age Super high-speed cutting of metals: **155** ('45) Nr. 19, 66–69, 142.

Issledovanija po žaropročn. Splavam Grundsätzliche Probleme hinsichtlich der mechanischen Eigenschaften hitzebeständiger Legierungen: **5** ('59) 361–421. – Einfluß der Temperatur und des Grades vorausgegangener Deformation auf die Plastizität von Aluminium und Kupfer[18]): **6** ('59) 34–37. – Einfluß der Dispersität der $CuAl_2$-Teilchen auf die Temperatur-Geschwindigkeits-Abhängigkeit der mechanischen Eigenschaften von Duraluminium bei Druckbeanspruchung[25])[39]): 49–55. – Zur Frage des Einflusses der Temperaturänderung und der Geschwindigkeit der Deformation auf die Eigenschaften von Stahl mit unterschiedlicher Dispersität des eingeschlossenen Karbids[25])[33])[40])[37])[24]): 56–63. — — Alle Arbeiten russ.

Izvest. Akad. Nauk SSSR, Otdel. techn. Nauk Zur Frage nach den Entwicklungstendenzen der Theorie der Plastizität: **1950**, 760–69 [russ.].

Izvest. Akad. Nauk SSSR, Ser. fizič. The present state of the problem of hardness: **1937**, 751–84 [russ. m. engl. Zusammenfassg.]. — Über einige Aufgaben der Physik im 3. Fünfjahrplan: 893–95 [russ.].

Izvest. vysšich učebnych Zavedenij, Moskva, Černaja Metallurgija Thermische Entfestigung weißer Schichten[25])[13])[16]): **7** ('64) Nr. 8, 129–34 [russ.].

Izvest. vysšich učebnych Zavedenij, Tomsk, Fizika Der Einfluß von Schmiermitteln auf den Prozeß des Ritzens der Metalle[18])[13]): **1957**, Nr. 1, 32–35. — Der Einfluß zyklischer Wärmebehandlung auf die mechanischen Eigenschaften von Aluminium[18])[5]): **1960**, Nr. 2, 57–63. — Der Einfluß zyklischer Wärmebehandlung auf die Mikrostruktur des Cadmiums, 1[18])[42]): **1961**, Nr. 4, 134–39; ~ 2[18])[42]): **1962**, Nr. 1, 36–40. — Einfluß der Parameter einer zyklischen Wärmebehandlung auf die irreversible Änderung der Dimensionen von Proben aus Aluminium[18])[27]): **1961**, Nr. 4, 154–56. — Der Einfluß zyklischer Wärmebehandlung auf einige physikalisch-mechanische Eigenschaften des Zinks[18])[34]): **1962**, Nr. 5, 23–25. — — Alle Arbeiten russ.

J. Physics, Acad. Sci. USSR Work on the physics of solids in the USSR: **5** ('41) 299–317.

Physikalische Z. Sowjetunion Temperaturabhängigkeit der Streckgrenze von Metallen in der Nähe des Schmelzpunktes: **5** ('34) 31–39. — Zur Frage der Kristallumineszenz von NaCl[15]): 40–56.

Priroda [SSSR] Oberflächenenergie der Kristalle: **41** ('52) Nr. 9, 39–45 [russ.]. — Die Methode des gegenseitigen Schleifens fester Körper: **42** ('53) Nr. 11, 82–84 [russ.].

Socialističeskoe Chozjajstvo Zapadn. Sibiri Wege zur Verbesserung der Qualität des Schienenstahls aus dem metallurgischen Kombinat Kuzneck: **1936**, Nr. 9, 32–40 [russ.].

Trudy sibirsk. fiziko-techn. Inst. (tomsk. gos. Univ. im. Kujbyševa) Einfluß des Glühens auf die mechanischen Eigenschaften von Steinsalzkristallen[26]): **1** ('32) Nr. 1, 1–9. — Abhängigkeit der Fließgrenze von Metallen von der Temperatur in der Nähe des Schmelzpunktes[1]): 10–15. — Die Sprödigkeit von Schienen bei niedrigen Temperaturen und ein Verfahren zu ihrer Verringerung[43]): Nr. 2, 1–17 (auch in: Stal' **1932**, Nr. 3/4, 86–97). — Die Metallphysik im Dienste des sozialistischen Aufbaus: **2** ('33/34) Nr. 4, 1–10. — Zur Frage der Primärkristallisation der Metalle. Orientierung der Zinkeinkristalle bei ihrer Herstellung nach der Bridgman-Methode[23]): 11–22. — Methode des Wälzens von Stahlkugeln zur Quetschungsbestimmung[44])[45]): 23–27. — Zur Frage der Formulierung der Theorie des Walzens auf physikalischer Grundlage[17]): 38–68. — Elektrolytische Methode zum Nachweis von Inhomogenitäten und Rissen in Eisen und Stahl[1]): 69–76. — Zur Frage der Rekristallisation eines Eisendrahtes und der Änderung der Elastizität bei der Rekristallisation: **3** ('35) Nr. 3, 3–9. — Säulenförmige Kristallisation: **4** ('36) Nr. 1, 1–10. — Eine Bohrmethode als Methode der physikalisch-chemischen Analyse[25]): **5** ('39) Nr. 3, 175–94. — 25 Jahre Arbeit der Abteilung Festkörperphysik des Sibirischen Physikalisch-Technischen Instituts: Nr. **34** ('55) 3–21. — Die Oberflächenenergie fester Körper: 55–79. — — Alle Arbeiten russ.

Trudy tomsk. gos. Univ. im. Kujbyševa 30 Jahre Festkörperphysik in der Sowjetunion: **100** ('48) 91–132 [russ.].

Vestn. Metallopromyšl. Über die Möglichkeit überschneller spangebender Bearbeitung von Metallen: **1940**, Nr. 7, 27–35 [russ.].

Vestn. vysšej Školy Für eine einheitliche Zentralinstitution für die Planung wissenschaftlicher Arbeiten: **1941**, Nr. 8, 7–9. — Die Arbeiten der Metallphysiker an der Universität Tomsk: **1945**, Nr. 5/6, 65–69. — Zum Schutz der Priorität der sowjetischen Wissenschaft: Über eine „neue" Theorie der Spanung des Amerikaners Merchant: **1948**, Nr. 3, 26f. — Die Beurteilung des schöpferischen Wertgehaltes von wissenschaftlichen Arbeiten (Dissertationen): **1951**, Nr. 6, 29–31. — Das System der Vorbildung der Wissenschaftler muß verändert werden!: **1955**, Nr. 8, 12–20. — Gedanken eines Wissenschaftlers über die Wege zur Veränderung des Unterrichts an den Hochschulen: **1959**, Nr. 2, 28f. — — Alle Arbeiten russ.

Ž. èksper. i teoret. Fiziki Einfluß von Röntgenstrahlen auf die Elastizitätsgrenze von Steinsalz: **2** ('32) 199–205. — Änderung der Härte von Steinsalzkristallen bei plastischen Verformungen[26]): **3** ('33) 341–49. — Einfluß des Wassers auf die Härte von Steinsalzkristallen[38]): 555–62. — Untersuchung der Streckgrenze der Steinsalzkristalle in Abhängigkeit von der Geschwindigkeitssteigerung der deformierenden Kraft durch die optische Methode[2]): **4** ('34) 643–50. — Über die Rolle der mechanischen Zwillingsbildung bei der Rekristallisation deformierter Zinkeinkristalle[41]): **5** ('35) 75–86. — Die Plastizität des Bleis bei Schub: 192–201. — Die Rekristallisationszentren in deformierten Zinkeinkristallen[9]): 202–08. — Die Torsionsplastizität des Kupfers[26]): 343–51. — Scheinbare Vergrößerung der Plastizität von Metallen bei alternierender plastischer Torsion: 550–55. – Die Bestimmung der relativen Größen von Oberflächenenergien von Kristallen mittels einer Bohrmethode: 8 ('38) 213–20. – – Alle Arbeiten russ.

Ž. fizič. Chim. Zur Frage der Kristallumineszenz von $NaCl$[15]): 4 ('33) 871–82. – Zur Frage der Kristallumineszenz der Systeme $2K_2SO_4 + Na_2SO_4$: 6 ('35) 802–12. – Mechanische Eigenschaften in Abhängigkeit von der Größe des Ionenradius: 813–16. – Einfluß von Zusätzen auf die Kristallisation von Ammoniumchlorid: 817–21. – – Alle Arbeiten russ.

Ž. techn. Fiziki Wirkung bleibender Deformationen auf die elastischen und plastischen Eigenschaften von Kupferdraht[26]): **3** ('33) 1316–30. – Das Sibirische Physikalisch-Technische Institut an der Tomsker Staatsuniversität „V. V. Kujbyšev": **7** ('37) 1968–73 (engl. in: Technical Physics USSR **4** ('37) 937–39). – Physikalische Grundlagen der spanabhebenden Bearbeitung von Metallen, 1: Die Tiefe der Deformation beim Hobeln von Zinn[28]): **10** ('40) 406–10; ~ 2: Die Möglichkeit der Anwendung sehr hoher Geschwindigkeiten bei der Stahlbearbeitung: 411–13; ~ 3: Das überschnelle Fräsen[35]): 568–70; ~ 4: Die Tiefe der plastischen Verformung bei freiem Schneiden von Aluminium in Abhängigkeit von der Spandicke und dem Schneidwinkel[31]): 1340–44; ~ 5: Die Abhängigkeit der Tiefe der plastischen Verformung beim Schneiden von Aluminium von der Temperatur[3]): 1345–48; ~ 6: Vergleichende Untersuchung der Tiefe der plastischen Verformung beim Schneiden von Aluminium nach den Methoden von Brinell, des Pendelsklerometers und der Rekristallisation[19]): 1349–52; ~ 7: Plastische Verformungen in Zinn und in Aluminium bei Reibung erster und zweiter Art[7]): 1569–73; ~ 8: Untersuchung des freien Schneidens von Zinn[38]): **11** ('41) 184–96. – Gegenseitiges Schleifen von spröden Körpern: **22** ('52) 1409–27. – Untersuchung der Entstehung der „Auswüchse" bei der Reibung von Hartmetall (Pobedit) auf Zink–Aluminium-Legierungen verschiedener Konzentrationsverhältnisse[12]): **23** ('53) 1043–49. – – Alle Arbeiten russ.

Zavodskaja Labor. Mechanische Prüfmethoden: **12** ('46) 338–41 [russ.]. – Über die Einschätzung der Neigung eines Metalls zum Sprödigkeitsbruch: **17** ('51) 210–16 [russ.].

Außerdem sehr viele Beiträge in der Tomsker Tageszeitung „Krasnoe Znanija".

Mit: [1]) N. A. Bol'šanina; [2]) M. M. Degtjarev; [3]) A. B. Fatjuchin; [4]) V. I. Flerov; [5]) A. N. Golozubceva; [6]) S. A. Gribanov; [7]) G. S. Jarkina; [8]) M. P. Kalašnikova; [9]) M. P. Karpova; [10]) V. N. Kaščeev; [11]) L. M. Kisurina; [12]) A. S. Kitaeva; [13]) Ju. I. Kogan; [14]) D. V. Konvisarov; [15]) V. N. Kotler; [16]) M. P. Kudrina; [17]) N. F. Kunin; [18]) A. I. Loskutov; [19]) P. F. Pak; [20]) S. N. Pavlova; [21]) G. D. Polosatkin; [22]) L. P. Rožkova; [23]) D. D. Saratovkin; [24]) A. P. Savickij; [25]) K. V. Savickij; [26]) V. A. Semencov; [27]) L. A. Semion; [28]) N. S. Šimanskij; [29]) V. A. Solotov; [30]) V. I. Strokopytov; [31]) Ju. A. Studenok; [32]) –; [33]) N. N. Sucharina; [34]) A. I. Surnačeva; [35]) V. N. Švecov; [36]) V. D. Taranenko; [37]) G. B. Toporov; [38]) A. A. Vorob'eva; [39]) M. P. Zagrebennikova; [40]) V. N. Ždanova; [41]) V. A. Zolotov; [42]) V. M. Žukova; [43]) A. N. Dobrovidov; [44]) M. Ja. Soljanik; [45]) F. I. Vergunas; [46]) V. I. Beregovskij.

VI **KYLIN**, Johan Harald. Botanik, Pflanzenphysiol. – 1920–44 Prof., '44 Prof. Emer., Univ. Lund. – Linné-Preis u. -Medaille (Kungl. Fysiogr. Sällskap).
*1879, Febr. 5, Ornunga, Bezirk Älvsborg;
†1949, Dez. 16, Lund.

Entdeckungen 3 Rotalgenfamilien: Kylinia (Rosenvinge 1909), Kyliniella (Skuja 1926), Haraldia (Feldmann 1939).

Zum 60. Geb.tag Festschrift: Botaniska Notiser för år 1939 ('39) Nr. 1.

Nekr. H. Burström, Kungl. fysiogr. Sällsk. Lund Förh. **20** ('50) 51*–56* (m. Bildn., Faks.). – F. E. Fritsch, Nature [London] **165** ('50) 588. – S. Suneson, J. Tuneld, Botaniska Notiser **1950**, 94–116 (m. Schr.verz.).

HZ. Botaniska Notiser 1922–1928.

MHZ. (Redakt.) Kungl. fysiogr. Sällsk. Lund Förh. 1938–1949.

S. B. Ursing, Svenska växter i text och bild **2**: Kryptogamer (Stockholm '49), ²('53) 435–506: Algen [schwed.]; 507–11: Bakterien [~].

W. (Bearb.) Th. O. B. N. Krok, S. Almquist, Svensk flora för skolor **2**: Kryptogamer ⁵(Stockholm '32) 360 S.; ⁶('47) 376 S. – Anatomie der Rodophyceen (Berlin '37) 8 + 347 S. (Handbuch der Pflanzenanatomie Abt. 2, Bd. **6**, 2: Algen, Abschn. B, g). – Die Gattungen der Rhodophyceen (Lund '56) 15 + 673 S.

Archiv Protistenkunde Beziehungen zwischen Generationswechsel und Phylogenie: **90** ('38) 432–47.

Blumea [Leiden], Suppl. Zur Nomenklatur von Pylaiella litoralis und Pylaiella rupincola: **2** ('42) 64–71.

Botanical Rev. Remarks on the life-history of the Rhodophyceae: **1** ('35) 138–48.

Botaniska Notiser Einige Algenfunde von der bohuslänischen Küste: **1933**, H. 1/3, 391–94 [schwed.]. – Über die Chlorophyceengattungen Entocladia, Epicladia und Ectochaete: **1938**, 67–76. – Ectocarpus siliculosus mit unilokulären und plurilokulären Sporangien in Kultur aufgezogen: **1943**, 295–98.

Chronica bot. Beziehungen zwischen Generationswechsel und Phylogenie: **5** ('39) **171 f.**

J. indian bot. Soc. On the nature of the cell wall constituents of the algae: **25** ('46) 97–99.

Kungl. fysiogr. Sällsk. Lund Förh. Bemerkungen über einige Nitophyllaceen: **4** ('34) 3–10. — Bemerkungen über einige Florideen aus Neu-Seeland: 55–62. — Über die systematische Stellung der Gattungen Opuntiella und Turnerella: 63–68. — Über den Aufbau der Prokarpien bei den Rhodomelaceen nebst einigen Worten über Odonthalia dentata: 69–90. — Über einige kalkbohrende Chlorophyceen: **5** ('35) 186–204. — Über Rhodomonas, Platymonas und Prasinocladus: 217–29. — Zur Nomenklatur einiger Delesseriaceen: 230–34. — Über Anatomie und Fruchtentwicklung bei Polysiphonia urceolata: **7** ('37) 99–104. — Über eine marine Porphyridium-Art: 119–23. — Über die Farbstoffe und die Farbe der Cyanophyceen: 131–58. — Über die Konzentration der Wasserstoffionen in den Vakuolen einiger Meeresalgen: **8** ('38) 194–204. — Bemerkungen über die Fucosanblasen der Phaeophyceen: 205–14. — Bemerkungen über die carotinoiden Farbstoffe der Algen: **9** ('39) 213–31. — Über den Bau der Florideentüpfel: **10** ('40) 228–34. — Biologische Analyse des Meerwassers: **11** ('41) 217–32. — Über den Einfluß von Glucose, Ascorbinsäure und Heteroauxin auf die Keimlinge von Ulva und Enteromorpha: **12** ('42) 135–48. — Zur Biochemie der Rhodophyceen: **13** ('43) 51–63. — Zur Biochemie der Cyanophyceen: 64–77. — Verwandtschaftliche Beziehungen zwischen den Cyanophyceen und den Rhodophyceen: 169–75. — Über die Ernährung von Ulva lactuca: 202–14. — Zur Biochemie von Cladophora rupestris: **14** ('44) 221–25. — Über die Biochemie der Phaeophyceen: 226–38. — Über die Auxiliarzellen der Florideen: 246–56. — Weitere Angaben über die Ernährung von Ulva lactuca: **15** ('45) 22–26. — Über den Generationswechsel von Bonnemaisonia asparagoides: 207–10. — Über die Sporenkeimung bei Bangia und Porphyra: **16** ('46) 18–21. — Über den chemischen Aufbau der Zellwände bei Ulva und Enteromorpha: 102–05. — Über den Zuwachs der Keimlinge von Ulva lactuca in verschiedenen Nährflüssigkeiten: 225–29. — Über die Lebensdauer der Zygoten von Ulva lactuca: **17** ('47) 170–73. — Über die Fortpflanzungsverhältnisse in der Ordnung Ulvales: 174–82. — Algen und Kleintiere: **18** ('48) 196–98. — Über Porphyra umbilicalis und Porphyra laciniata: **19** ('49) 218–20. — Über die antibiotische Fähigkeit bei einigen Meeresalgen nebst einigen Worten über die Keimung der Sporen von Prasiola stipitata: 221–24.

Lunds Univ. Årsskr., Avd. 2 Die Florideenordnung Gigartinales: (N. F.) **28** ('32) Nr. 8, 88 S. — Über die Entwicklungsgeschichte der Phaeophyceen: **29** ('33) Nr. 7, 102 S. — Zur Kenntnis der Entwicklungsgeschichte einiger Phaeophyceen: **30** ('34) Nr. 9, 19 S. — Bemerkungen über die Entwicklungsgeschichte einiger Phaeophyceen: **33** ('37) Nr. 1, 34 S. — Verzeichnis einiger Rhodophyceen von Südafrika: **34** ('38) Nr. 8, 26 S. — Die Phaeophyceenordnung Chordariales: **36** ('40) Nr. 9, 67 S. — Californische Rhodophyceen: **37** ('41) Nr. 2, 51 S. — Die Rhodophyceen der schwedischen Westküste: **40** ('44) Nr. 2, 104 S. — Die Phaeophyceen der schwedischen Westküste: **43** ('47) Nr. 4, 99 S. — Die Chlorophyceen der schwedischen Westküste: **45** ('49) Nr. 4, 79 S.

Planta [Berlin] Über die Konzentration der Wasserstoffionen in den Zellen einiger Meeresalgen: **27** ('37/38) 645–49.

Svensk bot. Tidskr. Über den osmotischen Druck und die osmotische Resistenz einiger Meeresalgen: **32** ('38) 238–48. — Entwicklungsgeschichte der Ordnung Fucales: **34** ('40) 301–14.

Tabulae biol. [Den Haag] Neue Daten zur Physiologie der Algen: **16** ('38) 132–39.

Trans. and Proc. New Zealand Inst. On three species of Delesseriaceae from New Zealand: **63** ('33) 109–11.

VI **KYROPOULOS,** Spyro. Physik (chem.). — 1912–31 Assist., '31–35 Privatdoz., Univ. Göttingen; '37–57 Research Assoc., Departm. of Physics, California Inst. of Technol., Pasadena, Calif.; '49–53 Consultant, Naval Ordnance Test Station; '57–61 Chemical Physicist, Holloman Air Force Base, Alamogordo, N. Mex.

*1887, April 26, Leipzig;
†1961, Mai 11, Alamogordo, N. Mex.

Nekr. Holloman monthly News Bull. **6** ('61/62) Nr. 7, S. 3 (m. Bildn.).

S. Proc. 1st World petroleum congress, London 1933, **2** (London '34) 391 f.: Über die Orientierung unpolarer Kohlenwasserstoffmoleküle an Grenzflächen und den Wirkungsbereich der Grenzflächen beim Schmierungsvorgang. — Schmierung. Wissenschaftliche Grundlagen der Schmierung schnellaufender Verbrennungsmotoren (Hamburg '35) 29–56: Die physikalisch-chemischen Grundlagen der Schmierungsvorgänge; 57–65: Allgemeine Grundsätze der Kraftfahrzeugschmierung; 78 f.: Betriebsstörungen, die gelegentlich irrtümlicherweise auf das Schmieröl zurückgeführt werden. — Proc. General discussion on lubrication and lubricants, Institute of Mechanical Engineers, London 1937, **2** (London '38) 346–53: The problem of oiliness.

Archiv Wärmewirtsch. u. Dampfkesselwesen Über Schmieröle für Verbrennungskraftmaschinen: **14** ('33) 125–.

Forschung Geb. des Ingenieurwesens Die Zähigkeit von Schmierölen bei hohen Geschwindigkeitsgefällen in der Schmierschicht: **3** ('32) 287–96.

Ingenieur-Arch. Ein einfaches Verfahren zur Bestimmung des nicht-viskosen Reibungskoeffizienten dünner Schmierschichten[1]): **7** ('36) 222–28.

Instruments [Pittburgh, Pa.] Method for measuring the coefficient of non-viscous friction of lubricants[1]): **10** ('37) 185–90.

J. chem. Physics On the viscosity of nonpolar liquids: **7** ('39) 52–57.

J. Instn. Petroleum Technologists Improved methods of examining mineral oils: **18** ('32) 1010–.

Metallwirtsch., Metallwiss., Metalltechn. Schmierung und Schmiermittel: **12** ('33) 62–64.

Pacific Marine Rev. Bearings and lubrication: **41** ('44) Nr. 7, 98–101; Nr. 8, 92–96.

Refiner and natur. Gasoline Manufacturer Oiliness, meaning and value in motor oils, 1: **15** ('36) 269 f.; ~ 2: 337–40; ~ 3: 356–58. – Solvent refining; a study of its molecular physics, 1: **16** ('37) 131–35; ~ 2: 188–92. – Experimental studies on non-fluid lubrication, 1: Wear phenomena in fluid lubrication: **18** ('39) 273–77; ~ 2: High temperature reactions of addition agents, A: Acid effects and the mechanism of seizure: 320–24; ~ 2B: Chemical surface reactions and the coefficient of dry friction: 399–; ~ 3: Running properties of bearing metals: **19** ('40) 85–92.

Review sci. Instruments Simple method for measuring the coefficient of non-viscous friction of thin lubricating layers[1]): (N. S.) **8** ('37) 151–58.

Russko-germanskij Vestn. Nauki i Techn. Schmierung und Schmiermittel: **1932**, Nr. 11, 57–59 [russ.].

Verhandlungen dtsch. physik. Ges. Über neue Messungen der dynamischen Viskosität und den Wirkungsbereich der Grenzflächen beim Schmierungsvorgang: (3) **14** ('33) 11 f. – Bemerkungen zur Katalysatorvergiftung bei der Hydrierung der Kohlenwasserstoffe: **16** ('35) 31. – Über Reibung in molekularen Schichten: 31 f. – Orientierung von Kettenmolekülen auf Grenzflächen: **17** ('36) 26 f.

Z. angew. Math. u. Physik Cavitation pressures and damage: **2** ('51) 406–10 [m. deutscher Zusammenfassg.].

Mit: [1]) E. I. Shobert.

Kolibri 360 GmbH
Ferdinand-Jühlke-Straße 7
99095 Erfurt, Deutschland
produktsicherheit@kolibri360.de